大型复杂建筑结构创新与实践

傅学怡　著

中国建筑工业出版社

图书在版编目（CIP）数据

大型复杂建筑结构创新与实践/傅学怡著 . —北京：中国建筑工业出版社，2014.12
ISBN 978-7-112-17352-5

Ⅰ.①大…　Ⅱ.①傅…　Ⅲ.①建筑结构-研究　Ⅳ.①TU3

中国版本图书馆 CIP 数据核字（2014）第 241604 号

本书以"结构设计"为主题，结合笔者近几年所主持设计的国内外重大建筑工程，在系统介绍各项目的结构设计过程及技术难点，包括结构体系与方案、分析计算方法、关键技术问题、主要构造措施等的基础上，重点突出其中采用的新结构体系、新结构设计方法、新分析计算技术等。

本书适合建筑结构设计人员阅读，也可供建筑结构科研、教学及施工人员参考。

* 　 * 　 *

责任编辑：武晓涛　王　梅
责任设计：李志立
责任校对：张　颖　陈晶晶

大型复杂建筑结构创新与实践

傅学怡　著
*
中国建筑工业出版社出版、发行（北京西郊百万庄）
各地新华书店、建筑书店经销
北京红光制版公司制版
北京画中画印刷有限公司印刷
*
开本：787×1092 毫米　1/16　印张：36¼　字数：878 千字
2015 年 2 月第一版　2016 年 9 月第二次印刷
定价：**99.00** 元
ISBN 978-7-112-17352-5
（26131）

前　　言

笔者长期从事高层、大跨空间建筑结构的设计与研究，并有幸与国内外同行专家经常广泛切磋探讨有关高层、大跨建筑结构的一些关键技术问题。实践使我们一致深感，在科学技术尤其是计算机科学技术高度发展的今天，在各种计算软件已广泛应用于高层、大跨空间建筑结构设计计算的今天，在新颖复杂高层、大跨建筑不断涌现的今天，如何从概念和整体上把握住高层、大跨空间建筑结构的基本力学特性、设计方法，如何去理解并掌握新型建筑结构设计技术，进而达到使高层、大跨建筑结构设计得更加经济合理，乃是当前高层、大跨建筑结构设计迫在眉睫的重大课题。

本书以"结构设计"为主题，结合笔者近几年所主持设计的国内外重大建筑工程，在系统介绍各项目的结构设计过程及技术难点，包括结构体系与方案、分析计算方法、关键技术问题、主要构造措施等的基础上，重点突出其中采用的新结构体系、新结构设计方法、新分析计算技术等。

同时在多年的理论研究成果和实际设计经验的基础上，提出并解答了下列一些新课题：

1. 整体结构总装分析技术
2. 结构包络设计技术
3. 结构施工全过程模拟控制技术
4. 超长结构温度收缩效应分析控制技术
5. 结构线性屈曲稳定与构件计算长度分析确定技术
6. 结构非线性屈曲稳定与极限承载力分析技术
7. 结构精细化分析技术
8. 索结构与预应力技术
9. 超高层建筑混凝土长期徐变收缩效应分析与控制技术

为便于读者理解和掌握这些新颖结构体系和设计方法，同时为帮助读者拓宽结构设计思路，了解当前国内外新颖、复杂建筑结构设计发展的最新动态，所提出的创新设计理念和方法均结合国内外六个典型工程结构设计实例予以展开。

本书所选的实例均来自CCDI悉地国际设计顾问有限公司（原中建国际设计顾问有限公司）和深圳大学建筑设计研究院所承担的工程设计项目。在本书撰写过程中，学生和助手吴兵、高颖、吴国勤、杨想兵、周颖、冯叶文、邸博、黄船宁、刘平、许鸿珊等同志和中科建设计顾问有限公司的4位同志都作出了无私的奉献，并付出了辛勤的劳动，在此表示衷心的感谢。

由于笔者水平有限，书中内容缺点错误在所难免；笔者在此热忱地欢迎专家同仁批评指正。

3

目　　录

第1章 卡塔尔多哈塔

◆ 实现世界首创现浇混凝土交叉柱外网筒结构；
◆ 首次引入混凝土徐变收缩模式计算分析重力荷载下结构长期变形，揭示原标书设计将导致新"比萨斜塔"出现；
◆ 创新提出交叉柱节点核心区钢板凳加强；
◆ 创新提出考虑结构自重、温度、混凝土收缩徐变、预应力、后浇带全面施工模拟技术；
◆ 创新提出并采用了整体结构线性屈曲稳定分析确定受压构件计算长度的方法；
◆ 创新提出预应力张拉施工模拟的设计方法；
◆ 创新提出和采用了保留施工模拟重力荷载下结构实际工作状态，引入"倒塌荷载"的结构抗连续倒塌设计方法。

1.1 项 目 背 景

卡塔尔多哈塔位于卡塔尔首都多哈，南邻多哈湾，地下 4 层，地面以上 44 层钢筋混凝土主体结构，顶盖为一直径 36m 钢结构穹顶，上设 27m 高桅杆，总高 231m，总建筑面积约 10 万 m²，由世界著名建筑师法国人 John Novel 创意设计，整体建筑形态简洁淳朴，富有阿拉伯民族特色（图 1.1.1、图 1.1.2）。2008 年底项目结构主体施工封顶，2010 年 3 月整个项目竣工。

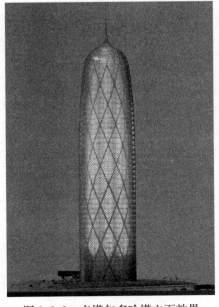

图 1.1.1　卡塔尔多哈塔立面效果

图 1.1.2　卡塔尔多哈塔实景照片

该建筑采用了世界首创钢筋混凝土交叉柱外网筒结构，项目的结构标书设计由法国工程师完成。受总承包方中国建筑工程总公司委托，中建国际设计顾问有限公司与深圳大学土木工程学院联合团队于 2005 年 12 月开始介入该项目，通过对该项目标书结构设计文件的详细分析和研究，发现项目结构标书设计不仅不经济，而且存在交叉柱节点承载力不足、混凝土斜柱变形差异将引起主楼倾斜、影响电梯运行等重大安全隐患。项目团队对该结构设计的理念、混凝土徐变、施工模拟、部分预应力、连续倒塌、交叉柱节点、温度收缩效应及屈曲稳定等多方面开展研究分析，提出了多项重大结构调整和优化建议如下：

（1）进行结构自重下完整的全过程施工模拟，逐层找平，逐层找正。计算表明，总重力荷载标准值作用下环梁最大拉力可由原标书设计未做施工模拟的 7500kN 降到 3698kN。

（2）将原标书设计楼盖与外网筒脱开改为恢复楼盖与网筒连接，提高结构整体性，楼盖参与环梁共同工作，环梁最大拉力进一步减小 20% 左右。

（3）将原标书设计环梁超预应力设计（无拉应力）改为环梁设计采用部分预应力适度强化的理念，允许环梁出现适量拉力，允许环梁在正常工作状态出现裂缝，控制裂缝宽度 <0.1mm，即 BS8110 CLASS3 的标准，从而使环梁预应力筋数量大幅度减小 90% 左右，预应力筋可只布置在环梁截面内，悬臂采用梁板结构，板厚调整为 130mm，悬臂结构自重大为减小，仅此一项，全楼结构总重减小可达 70MN，有利于减小南侧斜柱的轴力及其与北侧斜柱轴力的差异。

（4）将北侧下部 1~28 层柱实心圆截面改为空心圆截面。在保留建筑师同层斜柱截面相同和清水混凝土的设计要求前提下，平衡南、北两侧斜柱重力荷载作用下的压应力水平的差异；在满足承载力要求前提下，调整斜柱配筋率，从 4.5% 下调至 2.77%，与此同时，北侧 28 层以上斜柱配筋率适当调低至 2%。徐变效应计算分析表明，20 年后结构顶点的水平位移可由 282mm 降至 145mm；南北侧斜柱顶点竖向位移差可由 114mm 降至 64mm，巧妙地解决了结构南倾的重大隐患。

调整设计不仅消除了结构安全隐患，还取得了很好的经济效益，大大方便了施工，获得了业主、原标书设计法国工程师、审查单位独立复核第三方中国建筑科学研究院的认可。

该项目获 2009 年第六届全国优秀建筑结构设计一等奖、2010 年国际混凝土协会 FIB 特别贡献大奖（Outstanding Structure Special Mension Awards）、2011 年华夏建设科学技术二等奖、2012 年国际高层建筑都市委员会杰出大奖。

1.2 结 构 方 案

1.2.1 结构方案概述

该工程主抗侧力结构为世界首创现浇混凝土交叉柱外网筒结构，由交叉斜柱、部分预应力环梁和楼板构成，内设偏北布置较小的核心筒，平面呈圆形，底部直径约 45m，顶部直径约 35m，楼层半径沿高度不断缩小。每根斜圆柱沿半径不断递减的螺旋线曲折攀升。层内直线，截面直径由底层的 1.7m 变化到 0.9m。交叉斜柱每 4 层相交一次，柱中心线交叉点位于楼面标高，夹角约为 48°，环梁、楼板层层与斜柱连接。

北入口大厅 1～28 层楼板掏空，为观光电梯中庭，南半部分采用腹板开孔工字钢梁组合楼盖，混凝土板厚 130mm，内筒东西两侧采用厚 300mm 现浇钢筋混凝土平板。楼板圆心相对于外网筒中心南移 1.25m，南面楼盖悬臂 3.5～5.0m，北面楼盖无悬臂，南悬北不悬。典型楼层结构平面见图 1.2.1。

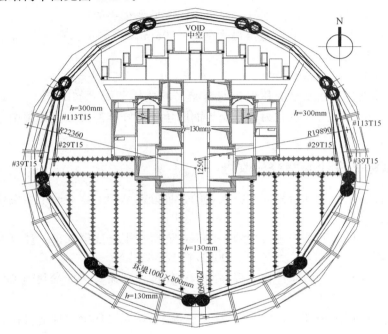

图 1.2.1　典型楼层结构平面图

1.2.2　原标书结构设计存在问题及隐患

（1）原标书设计未考虑结构自重下施工模拟

原标书的结构设计未考虑施工模拟及施工的实际工序，而本工程结构自重占建筑总重的 70%以上，且结构自重下南北侧斜柱轴力差异极大，结构刚度一次成形，一次加载，造成重力荷载下结构内力畸形，尤其是上部楼层环梁拉力偏大，上部柱出现受拉。

（2）原标书设计理念过度强化环梁

原标书结构设计强化环梁设计，楼盖与外网筒断开。考虑混凝土徐变收缩影响，环梁及相连的网筒将不断向内缩小，为避免开孔工字钢梁压屈，标书设计将组合楼盖与其周边的网筒环梁断开，设滑动支承，进一步削弱了结构整体性和楼盖协同受力性能。采用 BS8110 CLASS1 的标准，试图消除环梁中弯曲拉应力，对环梁施加超预应力，所取预应力值为被放大环梁轴拉力的 2 倍，导致大量的预应力筋不得不布置在环梁外侧的悬挑板内，迫使悬挑结构楼板板厚采用 400mm，进一步加大了南侧斜柱轴力。

（3）未考虑重力载荷与网筒中心偏心

重力荷载作用下南北两侧斜柱轴压力差异显著，由于相比结构侧向刚度中心建筑物重心南移，南侧斜柱轴压力约为北侧斜柱的 2 倍。重力荷载作用下，柱轴力间的巨大差异将引起南北侧斜柱较大的差异压缩变形并引发结构南倾。

南北斜柱采用同样的截面尺寸和同样的高配筋率 4.5%，只是一味强化环梁，经过补充考虑施工模拟计算和分析，对原标书设计结构分析徐变效应计算表明，重力荷载作用下，20 年后该结构顶层的水平位移值将可能达到 282mm；南北侧斜柱顶点竖向位移差将可能达到 114mm。整个结构将明显南倾。这个倾斜是伴随基本不变的长期重力荷载和混凝土徐变逐渐发展而成，不可能恢复，完全不同于概率很小的风、地震动力作用引起的瞬间可恢复的弹性变形，大于电梯运行最大间隙 150mm，将严重影响建筑物竖向交通正常使用，并造成结构安全隐患。

（4）交叉柱节点承载力不足

斜柱交叉节点交界面水平面积仅为两个交叉斜柱横截面之和的 70%，轴力作用下节点交界面承载力低于交叉柱承载力，且交界面阴角处短纤维汇交点应力集中，结构存在重大安全隐患。

1.2.3　对原标书设计的调整和改进

通过对原标书结构设计研究，并在大量的计算分析基础上，对原结构设计提出以下改进和优化建议：

①进行结构自重下完整的全过程施工模拟，逐层找平，逐层找正。计算表明，总重力荷载标准值作用下环梁最大拉力可由 7500kN 降到 3698kN。

②恢复楼盖与网筒、内筒连接，提高结构整体性。楼盖参与环梁共同工作，环梁最大拉力进一步减小 20% 左右。

③提出环梁设计采用部分预应力适度强化的理念，允许环梁出现适量拉力，允许环梁正常工作状态出现裂缝，控制裂缝宽度<0.1mm，即 BS8110 CLASS3 的标准，同时使环梁具有适宜的延性，从而使预应力筋数量大幅度减小 90% 左右，预应力筋可只布置在环梁截面内，悬臂采用梁板结构，板厚调整为 130mm，悬臂结构自重大为减小，全楼结构总重因此减小可达 70MN，有利于减小南侧斜柱的轴力及其与北侧斜柱轴力的差异。

④将北侧下部 1～28 层柱实心圆截面改为空心圆截面。在保留建筑师同层斜柱截面相同和清水混凝土的设计要求前提下，平衡南、北两侧斜柱重力荷载作用下的压应力水平的差异；在满足承载力要求前提下，调整斜柱配筋率为 2.77%，与此同时，北侧 28 层以上斜柱配筋率适当调低至 2%。徐变效应计算分析表明，20 年后结构顶层的水平位移 $\Delta_{y,max}$ 可降至 145mm；南北侧斜柱顶点竖向位移差 Δ_z 可降至 64mm，巧妙地解决了结构南倾的重大隐患。

⑤优化核心筒，对核心筒的内墙进行了优化和精简，并分段平缓地改变核心筒墙体的厚度，在减轻结构自重同时，方便施工，节约造价。

1.3　项目结构设计的创新

卡塔尔多哈外交大楼的结构设计，在保障结构安全的前提下，通过技术创新和突破，成功地实现了建筑师的设计思想，实现了建筑之美和建筑功能。本工程结构设计上的创新包括：

①采用现浇混凝土斜柱交叉构成的外网筒结构，并充分利用外网筒提供了主要的侧向刚度，其抗震、抗风性能优异，此结构方案在国际建筑史上尚属首例。

②斜柱交叉节点交界面水平面积仅为两个交叉斜柱横截面面积和的70%，且交界面处存在明显应力集中现象，斜柱交叉节点是网筒结构设计的关键，经过分析、计算、试验对比，结构设计最终采用了节点内设钢板凳的简捷有效的加强措施。

③整体结构屈曲分析，由欧拉临界荷载合理地计算确定网筒结构中交叉柱的计算长度。

④施工全过程模拟计算，将施工工序考虑到结构设计中，逐层找平，逐层找正，有效地揭示了结构内力，使结构构件的设计更为合理。

⑤研究并提出保留初始态、确定倒塌荷载和采用屈服承载力的结构抗连续倒塌设计概念和方法。

1.4 结构整体计算分析

1.4.1 设计规范及依据

本项目的结构设计执行英国（British Code）及欧洲规范（Eurocode）及业主标书中的技术规格书（Technical Specifications），并参照中国现行的相关规范。主要的设计规范和依据包括：

1）英国混凝土设计规范：BS8110—2000

2）英国钢结构设计规范：BS5950—2000

3）英国荷载规范：BS6399

4）欧洲规范：Eurocode 1—4 2001

5）美国抗震规范：UBC 1997

6）项目标书中的技术规格：Technical Specifications

7）风洞试验报告：The wind tunnel testes in CSTB report N° EN-CAPE 03. 76 C-vo, June 2003

8）工程场地地震安全性评估报告：SEISMIC HAZARD ASSESSMENT High Rise Office Building at West Bay（Doha，Qatar）

1.4.2 主要结构材料

（1）混凝土

本项目的结构构件采用的混凝土如表1.4.1所示。

混凝土材料 表1.4.1

柱	核心筒	环梁	板
基础～33层 C60	基础～28层 C60	地下一层～28层 C40	基础～44层 C30
34～41层 C50	29～32层 C50	28～44层 C30	
42～44层 C40	33～44层 C40		

（2）钢筋

主筋：$f_y = 460MPa$；

箍筋：$f_y = 250MPa$；

预应力筋：$f_y = 1860MPa$。

（3）钢材

S355、S275。

1.4.3 荷载作用及其效应组合

1.4.3.1 重力荷载

1）恒荷载（DL）

结构构件自重，按实际构件自重计算。

办公区考虑吊顶、架空地板、线管等做法，恒荷载取 1.5kPa，核心筒外部墙体考虑预埋和建筑需要沿外墙垂直投影，附加恒荷载 0.8kPa，外墙采用玻璃幕墙加遮阳板，附加恒荷载取 1.5kPa。大楼顶部 2 层设隔震双层地板，隔震板通过小钢柱和钢梁支承于结构混凝土楼盖，计算时隔震板及其支撑构件作为附加荷载。

2）活荷载（LL）

活荷载按照英国规范根据各房间使用功能选取，办公区活荷载包括 1.5kPa 轻质隔墙；屋面为钢结构穹顶，不上人屋面，活荷载取 0.5kPa。活荷载主要如下：

主入口 Main building entrance：	4.0kN·m²
停车场 Car park：	2.5kN·m²
餐厅 Restaurant：	4.0kN·m²
厨房 Kitchen：	4.0kN·m²
卸货区 Delivery zone：	20.0kN·m²
绕建筑通道 Access road around the tower：	20.0kN·m²
盥洗室 Lavatory areas：	2.5kN·m²
楼梯及走廊 Stairs and interior corridors：	3.5kN·m²
地上杂物间 Upper-floor utility rooms：	10.0kN·m²
开放式办公空间及会议室 Open-layout office spaces or meeting rooms：	3.5kN·m²
有隔断的办公室 Partitioned offices with lightweight partition walls：	2.5+1.0kN·m²
大厅及有盖走廊 Lobby and covered walkway：	4.0kN·m²
地下杂物间 Utility rooms below ground level：	10.0kN·m²
室外消防通道 External fire protection access：	20.0kN·m²
园林景观（不含土重）Landscaped areas：	4.0kN·m²

1.4.3.2 地震作用

卡塔尔多哈地区为地震低烈度区，项目场地反应谱和 UBC97 zone1，site B 反应谱如图 1.4.1 所示，地震作用偏安全采用了 UBC97 zone1。

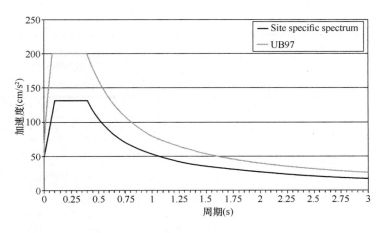

图 1.4.1　场地反应谱和 UBC97 反应谱

1.4.3.3　风载荷

主体结构风载荷根据英国规范 BS6399 确定:

基本风速 V_b＝29.2m/s(50 年重现期,高 10m 处 10min 内平均风速)

场地风速 V_s＝V_b×S_a×S_d×S_s×S_p　S_a,S_d,S_s 及 S_p 均取 1

有效风速 V_e＝V_s×S_b,S_b＝S_c[1＋(g_t×S_t)＋S_h]

S_h＝0(参见 BS6399 3.2.3.4.2)

基本风压 q＝0.613V_e^2,体型系数取 0.8。

根据上述数值及英国规范 BS6399 计算的主体结构的基本风压如表 1.4.2 所示。

主体结构风荷载计算表　　　　　　　　　　　表 1.4.2

节点	计算高度	楼层	面积	直径	楼层高度	有效风速	场地风速	基本风速	有效风速影响系数				节点水平风荷载 (kN) $0.613V_e^2AC_p$
No.	(m)	No.	A (m²)	D (m)	h (m)	V_e (m/s)	V_s (m/s)	V_b (m/s)	S_b	S_c	g_t	S_t	C_p＝0.8
54	198.037	47th	3.97	4.11	0.97	59.067	29.2	29.2	2.0229	1.73706	218121	0.07543	6.80
53	197.07	47th	21.36	11.61	1.84	59.040	29.2	29.2	2.0219	1.73561	2.18083	0.07564	36
52	195.23	47th	47.32	18.06	2.62	58.988	29.2	29.2	2.0201	1.73285	2.18009	0.07605	80
51	192.61	47th	79.87	24.65	3.24	58.914	29.2	29.2	2.0176	1.72892	2.17904	0.07663	135
50	189.37	47th	112.98	30.70	3.68	58.821	29.2	29.2	2.0144	1.72406	2.17775	0.07734	191
49	185.69	47th	132.19	33.55	3.94	58.716	29.2	29.2	2.0108	1.71854	2.17624	0.07815	223
48	181.75	46th	137.57	33.55	4.1	58.602	29.2	29.2	2.0069	1.71263	2.17466	0.07902	231
47	177.65	45th	141.30	34.46	4.1	58.482	29.2	29.2	2.0028	1.70648	2.17301	0.07992	236
46	173.55	44th	147.01	35.86	4.1	58.362	29.2	29.2	1.9987	1.70033	2.17136	0.08082	245
45	169.45	43rd	152.30	37.15	4.1	58.241	29.2	29.2	1.9946	1.69418	2.16971	0.08172	253

节点	计算高度	楼层	面积	直径	楼层高度	有效风速	场地风速	基本风速	有效风速影响系数				节点水平风荷载（kN）$0.613V_e^2AC_p$
No.	(m)	No.	A (m²)	D (m)	h (m)	V_e (m/s)	V_s (m/s)	V_b (m/s)	S_b	S_c	g_t	S_t	$C_p=0.8$
44	165.35	42nd	155.03	37.81	4.1	58.120	29.2	29.2	1.9904	1.68803	2.16807	0.08262	256
43	161.25	41st	156.56	38.19	4.1	57.997	29.2	29.2	1.9862	1.68188	2.16642	0.08353	258
42	157.15	40th	160.25	39.09	4.1	57.874	29.2	29.2	1.9820	1.67573	2.16477	0.08443	263
41	153.05	39th	162.61	39.66	4.1	57.750	29.2	29.2	1.9777	1.66958	2.16312	0.08533	265
40	148.95	38th	163.49	39.87	4.1	57.625	29.2	29.2	1.9735	1.66343	2.16147	0.08623	266
39	144.85	37th	162.91	39.73	4.1	57.499	29.2	29.2	1.9692	1.65728	2.15982	0.08713	264
38	140.75	36th	165.24	40.30	4.1	57.373	29.2	29.2	1.9648	1.65113	2.15817	0.08804	266
37	136.65	35th	167.45	40.84	4.1	57.246	29.2	29.2	1.9605	1.64498	2.15653	0.08894	269
36	132.55	34th	167.45	40.84	4.1	57.118	29.2	29.2	1.9561	1.63883	2.15488	0.08984	267
35	128.45	33rd	169.02	41.22	4.1	56.989	29.2	29.2	1.9517	1.63268	2.15323	0.09074	269
34	124.35	32nd	170.44	41.57	4.1	56.859	29.2	29.2	1.9472	1.62653	2.15158	0.09164	270
33	120.25	31st	171.46	41.82	4.1	56.729	29.2	29.2	1.9428	1.62038	2.14993	0.09255	270
32	116.15	30th	184.50	45.00	4.1	56.598	29.2	29.2	1.9383	1.61423	2.14828	0.09345	289
31	112.05	29th	184.50	45.00	4.1	56.466	29.2	29.2	1.9338	1.60808	2.14663	0.09435	288
30	107.95	28th	184.50	45.00	4.1	56.333	29.2	29.2	1.9292	1.60193	2.14499	0.09525	287
29	103.85	27th	184.50	45.00	4.1	56.200	29.2	29.2	1.9246	1.59578	2.14334	0.09615	285
28	99.75	26th	184.50	45.00	4.1	56.059	29.2	29.2	1.9198	1.5894	2.1416	0.09708	284
27	95.65	25th	184.50	45.00	4.1	55.819	29.2	29.2	1.9116	1.57956	2.13832	0.09831	281
26	91.55	24th	184.50	45.00	4.1	55.576	29.2	29.2	1.9033	1.56972	2.13504	0.09954	279
25	87.45	23rd	184.50	45.00	4.1	55.333	29.2	29.2	1.8950	1.55988	2.13176	0.10077	277
24	83.35	22nd	184.50	45.00	4.1	55.087	29.2	29.2	1.8865	1.55004	2.12848	0.102	274
23	79.25	21st	184.50	45.00	4.1	54.840	29.2	29.2	1.8781	1.5402	2.1252	0.10323	272
22	75.15	20th	184.50	45.00	4.1	54.591	29.2	29.2	1.8696	1.53036	2.12192	0.10446	269
21	71.05	19th	184.50	45.00	4.1	54.341	29.2	29.2	1.8610	1.52052	2.11864	0.10569	267
20	66.95	18th	184.50	45.00	4.1	54.088	29.2	29.2	1.8523	1.51068	2.11536	0.10692	264
19	62.85	17th	184.50	45.00	4.1	53.835	29.2	29.2	1.8436	1.50084	2.11208	0.10815	262

节点	计算高度	楼层	面积	直径	楼层高度	有效风速	场地风速	基本风速	有效风速影响系数				节点水平风荷载（kN）0.613$V_e^2 A C_p$
No.	(m)	No.	A (m²)	D (m)	h (m)	V_e (m/s)	V_s (m/s)	V_b (m/s)	S_b	S_c	g_t	S_t	$C_p=0.8$
18	58.75	16th	184.50	45.00	4.1	53.579	29.2	29.2	1.8349	1.491	2.1088	0.10938	259
17	54.65	15th	184.50	45.00	4.1	53.322	29.2	29.2	1.8261	1.48116	2.10552	0.11061	257
16	50.55	14th	184.50	45.00	4.1	53.063	29.2	29.2	1.8172	1.47132	2.10224	0.11184	254
15	46.45	13th	184.50	45.00	4.1	52.609	29.2	29.2	1.8017	1.4558	2.09467	0.11342	250
14	42.35	12th	184.50	45.00	4.1	52.121	29.2	29.2	1.7850	1.4394	2.08644	0.11506	245
13	38.25	11th	184.50	45.00	4.1	51.629	29.2	29.2	1.7681	1.423	2.07821	0.1167	241
12	34.15	10th	184.50	45.00	4.1	51.134	29.2	29.2	1.7512	1.4066	2.06998	0.11834	236
11	30.05	9th	184.50	45.00	4.1	50.636	29.2	29.2	1.7341	1.3902	2.06175	0.11998	231
10	25.95	8th	184.50	45.00	4.1	49.690	29.2	29.2	1.7017	1.36165	2.05352	0.12162	223
9	21.85	7th	184.50	45.00	4.1	48.735	29.2	29.2	1.6690	1.33295	2.04529	0.12326	214
8	17.75	6th	184.50	45.00	4.1	47.939	29.2	29.2	1.6417	1.302	2.02588	0.1288	207
7	13.65	5th	184.50	45.00	4.1	46.578	29.2	29.2	1.5951	1.2611	1.99726	0.13262	196
6	9.55	4th	184.50	45.00	4.1	44.525	29.2	29.2	1.5248	1.1965	1.9718	0.13916	179
5	5.45	3rd	184.50	45.00	4.1	41.164	29.2	29.2	1.4097	1.0735	1.9718	0.15884	153
4	1.35	2nd	184.50	45.00	4.1	35.695	29.2	29.2	1.2224	0.873	1.9718	0.203	115
3	−4.25	1st	184.50	45.00	4.1	35.695	29.2	29.2	1.2224	0.873	1.9718	0.203	115
												合计	12098

1.4.3.4 温度作用

本工程结构构件内外表面局部温差效应可通过覆盖措施予以降低，主要考虑结构整体温差效应。竣工使用后，由于幕墙、遮阳板外悬和室内空调，外界大气温度对结构的影响很小，本工程温度效应参考当地经验只计算施工阶段，整体温差近似取值：

$$混凝土结构施工阶段 \quad \Delta t = \begin{cases} -10℃ （冬季） \\ +20℃ （夏季） \end{cases}$$

$$幕墙和设备安装施工阶段 \quad \Delta t = \begin{cases} -20℃ （冬季） \\ +30℃ （夏季） \end{cases}$$

1.4.3.5 预应力等效荷载

预应力筋在梁跨范围内是直线，在梁柱节点范围内是曲线，有限元计算时模拟实际施工情况采用了在梁两端加一对集中力的等效荷载来模拟预应力对结构的作用，见图 1.4.2。

1.4.3.6 荷载组合

荷载组合按照英国和 EURO 规范分别为承载能力极限状态（ULS）和使用极限状态（SLS）组合，具体的荷载组合见表 1.4.3 及表 1.4.4。

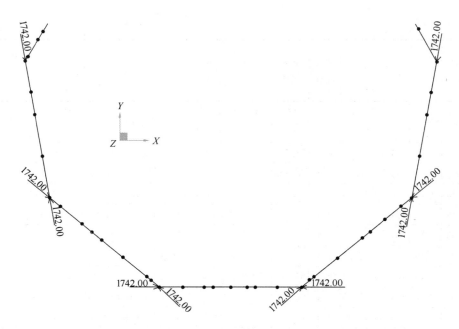

图 1.4.2 预应力等效荷载模型

承载力极限状态（ULS）荷载组合   表 1.4.3

组合	DL	SDL	LL	WL	EL	PL	TL	CL1	CL2
1	1.4	1.4				1.0			
2	1.4	1.4	1.6			1.0			
3	1.0	1.0		1.4		1.0			
4	1.4	1.4		1.4		1.0			
5	1.2	1.2	1.2	1.2		1.0			
6	1.0	1.0			1.4	1.0			
7	1.4	1.4			1.4	1.0			
8	1.2	1.2	1.2		1.2	1.0			
9	1.4					1.0	1.2	1.6	
10	1.4	1.4				1.0	1.2	1.6	
11	1.05	1.05	0.35						1

使用极限状态（SLS）荷载组合   表 1.4.4

组合	DL	SDL	LL	WL	EL	PL	TL	CL1
1	1					1.0		
2	1	1				1.0		
3	1	1	1			1.0		
4	1	1		1		1.0		
5	1	1	1	1		1.0		

其中：DL—结构构件自重；PL—预应力等效荷载；SDL—附加恒荷载；LL—活荷载；WL—风荷载；EL—地震荷载；CL1—施工荷载；CL2—倒塌荷载；TL—温度荷载。

1.4.4 结构整体计算模型及分析

1.4.4.1 主体结构组成

本工程主体结构由 4 部分组成：①内筒及两侧现浇混凝土平板；②外网筒，包括交叉斜柱、环梁和悬臂；③南半部分工字钢梁、压型钢板组合楼盖；④1～28层景观电梯区钢框架组合楼盖。

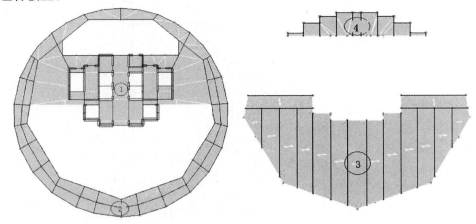

图 1.4.3　主体结构组成示意图

1.4.4.2　标书中的原结构计算模型

标书中原结构计算模型仅考虑东、西部分的楼板及北部 28 层以上的楼板与核心内筒和网筒的连接，南部及北部 28 层以下的楼板不考虑与核心内筒及网筒的连接，不与环梁共同工作。

原标书的计算分析中未考虑结构自重下的施工模拟，重力荷载一次加载，结构刚度一次形成。

1.4.4.3　对原结构计算模型的分析和研究

（1）施工模拟计算

原结构模型不考虑施工模拟的计算结果：

根据标书提供的资料，按照原结构的模型及荷载工况即未考虑施工工序及施工模拟的情况下，进行验算。原结构的计算模型中，结构自重（约占重力荷载的 75%）一次加载在整个结构上，与附加恒荷载和活荷载的加载模式一样，如图 1.4.4 考虑施工模拟重力荷载加载和结构生成的模式如图 1.4.5 所示，结构的变形及在重力荷载下［自重（W）＋附加恒载（D）＋活荷载（L）］考虑施工模拟和不考虑施工模拟的交叉斜柱的轴力及弯矩、环梁承受的拉力和弯矩如图 1.4.6～图 1.4.10 所示。

原结构模型考虑施工模拟的计算：

项目团队在原结构模型的基础上进行了结构自重下的完整的全过程施工模拟，逐层找平，逐层找正，结构重力荷载加载的模式如图 1.4.5 所示，在重力荷载作用下，不施工模拟一次生成结构一次加载和逐层施工模拟结构的变形、斜柱承受的轴力和弯矩、环梁承受的拉力和弯矩如图 1.4.6～图 1.4.10 所示。

施工模拟计算结果分析和结论：

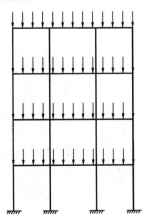

图 1.4.4　原结构计算模型的重力荷载加载模式（未考虑施工模拟）

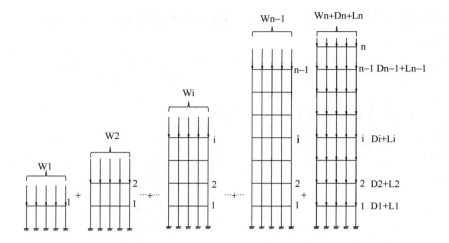

图 1.4.5 原结构计算模型考虑施工工序模拟的重力荷载加载模式

注：W1，W2，…. Wi，……Wn——1st，2nd，……，ith，……，nth 层的结构自重；

D1，D2，…. Di，…Dn——1st，2nd，……，ith，……，nth 层的附加恒荷载；

L1，L2，…. Li，…Ln——1st，2nd，……，ith，……，nth 层的活荷载。

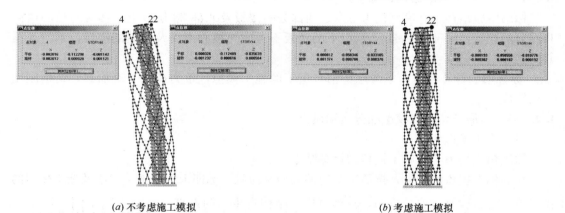

(a) 不考虑施工模拟   (b) 考虑施工模拟

图 1.4.6 原结构计算模型在重力荷载下的变形（mm）

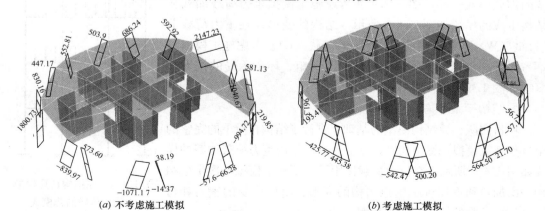

(a) 不考虑施工模拟   (b) 考虑施工模拟

图 1.4.7 原结构计算模型在重力荷载下 44 层斜柱轴力（kN）

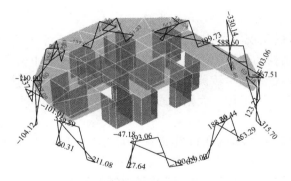 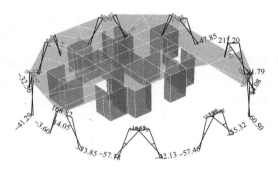

(a) 不考虑施工模拟   (b) 考虑施工模拟

图 1.4.8　原结构计算模型在重力荷载下 44 层斜柱弯矩（kN·m）

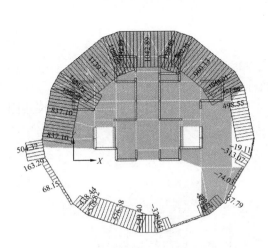 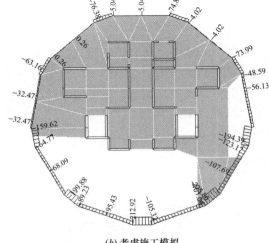

(a) 不考虑施工模拟   (b) 考虑施工模拟

图 1.4.9　原结构计算模型在重力荷载下 44 层环梁轴力（kN）

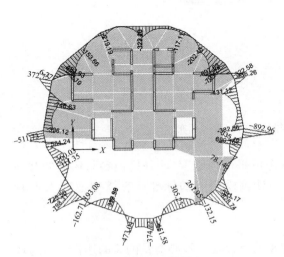 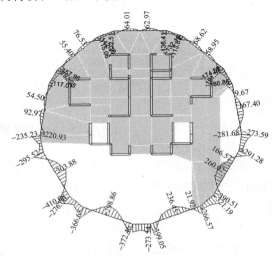

(a) 不考虑施工模拟   (b) 考虑施工模拟

图 1.4.10　原结构计算模型在重力荷载下 44 层环梁弯矩（kN·m）

通过对比未考虑施工模拟和考虑施工模拟的分析结果，可以发现：

1）原结构计算中，在下部结构自重加载的工况下，上部结构的刚度未形成，而下部结构在自重下的变形不断累积并影响到上部结构的变形，因此，在自重荷载工况下，上部结构的构件（柱、环梁及板）的内力，结构的位移和扭转被错误地高估了。计算表明，考虑施工模拟计算下，总重力荷载标准值作用下，环梁拉力大幅度减小，结构的位移也大大减小。

2）考虑全过程的施工模拟计算，更好地揭示了结构在自重荷载下的真实变形及内力情况。

3）施工模拟计算得出的自重荷载工况下的变形可以作为施工质量控制的依据。

4）结构自重占建筑总重力荷载约75％，全过程的施工模拟计算对结构的设计是相当重要和必需的。

（2）楼盖板连接的调整分析

a. 原结构模型

原结构模型中与核心筒和网筒连接的楼盖仅考虑了左、右两侧楼板，在28层以上还考虑了北部的楼盖板，对原结构的模型考虑了两种假设。

假设一：周边环梁外的悬挑板为板单元（不考虑平面内刚度），不参与环梁的共同作用，按照此假定作为计算模型1进行计算，计算模型1的标准计算模型如图1.4.11所示。

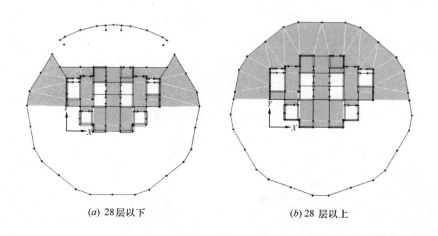

(a) 28层以下　　　　　　　　　　(b) 28层以上

图1.4.11　原结构计算模型1的标准平面布置

假设二：周边环梁外的悬挑板为壳单元（考虑平面内刚度），悬挑板参与环梁的共同作用，按照此假定作为计算模型2进行计算，计算模型2的标准计算模型如图1.4.12所示。

b. 调整后结构模型

针对原结构模型，项目设计团队提出了恢复所有楼盖与核心筒及网筒的连接，参与环梁的共同作用，提高结构的整体性，调整后的结构计算模型3如图1.4.13所示。

c. 调整前后的结构性能对比

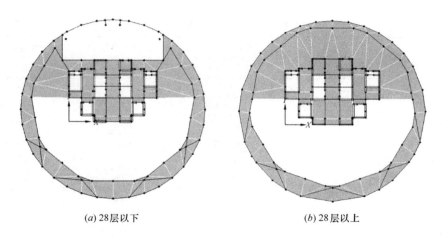

(a) 28层以下   (b) 28层以上

图 1.4.12　原结构计算模型 2 的标准平面布置

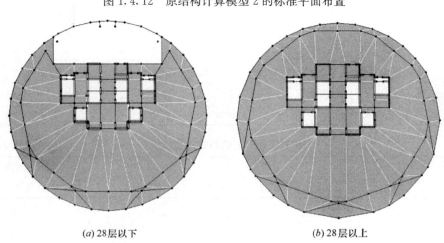

(a) 28层以下   (b) 28层以上

图 1.4.13　调整后的结构计算模型（计算模型 3）标准平面布置

3 个计算模型结构性能比较-1 　　　　　　　　　　　　　　表 1.4.5

| | 原计算模型 | | | 原设计模型 | | | 改进后模型 | | |
| | 计算模型 1 | | | 计算模型 2 | | | 计算模型 3 | | |
	质量参与系数（%）	周期（s）	方向	质量参与系数（%）	周期（s）	方向	质量参与系数（%）	周期（s）	方向
T1	3.28	Y	61.26	3.25	Y	61.15	3.24	Y	61.03
T2	3.23	X	62.60	3.19	X	62.45	3.18	X	62.36
T3	1.03	扭转	71.70	1.03	扭转	72.67	1.03	扭转	72.71
T4	0.92	X	20.40	0.91	X	20.77	0.91	X	20.74
T5	0.88	Y	21.67	0.88	Y	21.81	0.87	Y	21.69
T6	0.55	Z	0.1	0.56	Z	0.01	0.56	Z	0.01

3 个计算模型结构性能比较-2

表 1.4.6

		原计算模型	原设计模型	改进后模型
		计算模型 1	计算模型 2	计算模型 3
X 向 地震作用	δ_{max}/h	1/1810	1/1772	1/1745（38 层）
	Δ/H	1/2709	1/2749	1/2768
	V_b (kN)	19526	18913	19099
	M_0 (kN·m)	1422982	1440612	1446412
Y 向 地震作用	δ_{max}/h	1/1652	1/1666	1/1685（42 层）
	Δ/H	1/2706	1/2736	1/2753
	V_b (kN)	20061	20002	20082
	M_0 (kN·m)	1410659	1426686	1431534
X 向 风荷载	δ_{max}/h	1/2560	1/2546	1/2530（34 层）
	Δ/H	1/3098	1/3189	1/3223
	V_b (kN)	11983	11983	11980
	M_0 (kN·m)	1271821	1271813	1271525
Y 向 风荷载	δ_{max}/h	1/2155	1/2199	1/2266（44 层）
	Δ/H	1/3049	1/3111	1/3142
	V_b (kN)	11983	11983	11967
	M_0 (kN·m)	1271828	1271834	1270104

3 个计算模型结构性能比较-3

表 1.4.7

		原计算模型	原设计模型	改进后模型
		计算模型 1	计算模型 2	计算模型 3
结构自重（考虑施工模拟）	$\Delta x_{max}/\Delta x_{top}$(m)	−0.00135(1)/0.00071	0.00060(24)/0.00506	0.00054(24)/0.00045
	$\Delta y_{max}/\Delta y_{top}$(m)	−0.01202(22)/−0.00125	−0.01066(24)/−0.00109	−0.01034(24)/−0.00112
	$\Delta z_{max}/\Delta z_{top}$(m)	−0.02201(20)/−0.00292	−0.02275(20)/−0.00284	−0.02250(20)/−0.00279
	R_{bw}(kN)	819934	819934	819935
	T_{maxw}(kN)	3761	2785	2721
	$\overline{T}_w$(kN)	1161	498	375
附加恒荷载	$\Delta x_{max}/\Delta x_{top}$(m)	−0.00099(41)/−0.00088	−0.00068(44)/−0.00068	−0.00068(44)/−0.00068
	$\Delta y_{max}/\Delta y_{top}$(m)	−0.01915(44)/−0.01915	−0.01493(44)/−0.001493	−0.01477(44)/−0.01477
	$\Delta z_{max}/\Delta z_{top}$(m)	−0.01245(43)/−0.01241	−0.00880(44)/−0.00880	−0.00872(44)/−0.00872
	R_{bw}(kN)	94209	94209	94209
	T_{maxd}(kN)	691	216	205
	$\overline{T}_d$(kN)	205	54	40
活荷载	$\Delta x_{max}/\Delta x_{top}$(m)	0.00105(44)/0.00105	0.00059(44)/0.00059	0.00057(44)/0.00057
	$\Delta y_{max}/\Delta y_{top}$(m)	−0.03789(44)/−0.03789	−0.03641(44)/−0.03641	−0.03611(44)/−0.03611
	$\Delta z_{max}/\Delta z_{top}$(m)	−0.01800(43)/−0.0179	−0.01757(43)/−0.01757	−0.01738(44)/−0.01738
	R_{bL}(kN)	194278	194278	194278
	T_{maxL}(kN)	1078	433	405
	$\overline{T}_L$(kN)	282	107	79

		原计算模型	原设计模型	改进后模型
		计算模型 1	计算模型 2	计算模型 3
总重力荷载	$\sum \Delta x_{max}/\sum \Delta x_{top}$ (m)	0.00208(5)/0.0017	$-0.00078(1)/0.00051$	0.00060(1)/0.000392
	$\sum \Delta y_{max}/\sum \Delta y_{top}$ (m)	$-0.05828(44)/-0.057$	$-0.0513(44)/-0.0513$	$-0.05196(44)/-0.05196$
	$\sum \Delta z_{max}/\sum \Delta z_{top}$ (m)	$-0.04443(35)/-0.0331$	$-0.04138(35)/-0.0292$	$-0.04096(35)/-0.0288$
	$\sum R_b$ (kN)	1108507	1108421	1108422
	$\sum T_{max}$ (kN)	5530	3434	3331
	$\sum \overline{T}$ (kN)	1648	659	494
受拉 $\sum T$ ≥1300kN 的环梁数量	elow29th story	427	156	74
	Below20th story	351	154	72
	Below15th story	279	143	62
	Below10th story	192	115	43
	Below5th story	106	68	25

注：1. T_{maxw}，T_{maxd}，T_{maxL} 表示环梁分别在自重、附加恒载、活荷载工况下承受的最大拉力；

    2. $\overline{T}_w$，$\overline{T}_d$，$\overline{T}_L$ 表示分别在自重、附加恒荷载、活荷载工况下承受的平均拉力；

    3. $\sum T_{max} = T_{max} + T_d + T_L$；

    4. $\sum \overline{T} = \overline{T}_w + \overline{T}_d + \overline{T}_L$；

    5. 假定环梁的混凝土等级为 C30，混凝土轴心抗拉强度标准值 $f_{tk} = 2.1 N/mm^2$，标准环梁截面（1000mm×800mm）的混凝土受拉承载力 $0.8 \times 2.1 \times 800 = 1344 kN \approx 1300 kN$。

从上述对比分析可以得到以下结论：

计算模型 1、2 过分强调环梁，而使环梁的拉力被放大；其中模型 1 没有考虑环梁上悬挑板的共同作用，因此导致环梁拉力被放大很多，在考虑全部楼盖参与环梁的共同作用下（计算模型 3），结构整体的性能包括位移、扭转、整体性、稳定性均得到了大大改善，环梁所承受的拉力大为减少（减少 30％以上），可以有效地避免环梁过分强化而采用大量的预应力筋，结构的延性得以改善。

1.4.4.4　调整后的结构计算模型及分析

在上述分析的前提下，项目设计团队调整原结构设计，恢复楼板与核心筒和网筒连接，采用部分预应力筋对环梁进行适度强化，同时考虑南北重力荷载的偏心，把北部 28 层以下的柱实心圆截面改为空心圆截面，同时在计算分析中进行施工全过程模拟。

优化调整后结构的标准平面布置如图 1.4.14 所示。

结构核心筒的标准布置平面如图 1.4.15 所示。

（1）结构整体计算分析

本工程计算分析经历了主体混凝土结构与顶部穹顶钢结构分别建模，混凝土结构及钢结构总装整体分析两个阶段。计算软件主要采用了 ETABS、SAP2000、ANSYS、MIDAS 和 SAFE 按全楼弹性楼盖假定进行计算分析，按 BS 和 EURO 规范进行结构设计。

在钢筋混凝土结构计算模型中，将上部钢结构风荷载、恒荷载、活荷载加在与之相连的边界构件上，在计算地震作用时，考虑其质量，忽略其刚度；穹顶钢结构计算分析时，将其与混凝土结构相连的支座节点作为固定支座，本工程穹顶钢结构总高约 49m，杆件数

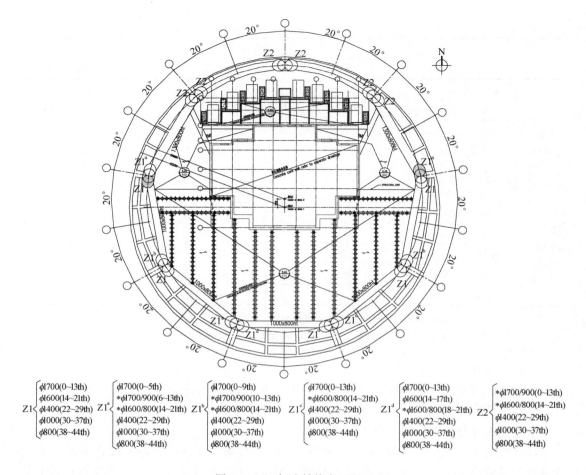

$$
Z1 \begin{cases} \phi1700(0\sim13th) \\ \phi1600(14\sim21th) \\ \phi1400(22\sim29th) \\ \phi1000(30\sim37th) \\ \phi800(38\sim44th) \end{cases}
Z1^a \begin{cases} \phi1700(0\sim5th) \\ *\phi1700/900(6\sim13th) \\ *\phi1600/800(14\sim21th) \\ \phi1400(22\sim29th) \\ \phi1000(30\sim37th) \\ \phi800(38\sim44th) \end{cases}
Z1^b \begin{cases} \phi1700(0\sim9th) \\ *\phi1700/900(10\sim13th) \\ *\phi1600/800(14\sim21th) \\ \phi1400(22\sim29th) \\ \phi1000(30\sim37th) \\ \phi800(38\sim44th) \end{cases}
Z1^c \begin{cases} \phi1700(0\sim13th) \\ *\phi1600/800(14\sim21th) \\ \phi1400(22\sim29th) \\ \phi1000(30\sim37th) \\ \phi800(38\sim44th) \end{cases}
Z1^d \begin{cases} \phi1700(0\sim13th) \\ \phi1600(14\sim17th) \\ *\phi1600/800(18\sim21th) \\ \phi1400(22\sim29th) \\ \phi1000(30\sim37th) \\ \phi800(38\sim44th) \end{cases}
Z2 \begin{cases} *\phi1700/900(0\sim13th) \\ *\phi1600/800(14\sim21th) \\ \phi1400(22\sim29th) \\ \phi1000(30\sim37th) \\ \phi800(38\sim44th) \end{cases}
$$

图 1.4.14　标准结构布置平面

量和刚度与混凝土相比,相差较大,故考虑钢结构刚度后的整体模型与混凝土模型相比,刚度变化不大。但钢结构和混凝土结构整体计算分析,能较为准确地揭示结构,尤其是上部钢结构以及钢结构和混凝土界面连接构件,在重力、地震、风和温度等荷载作用下的受力特性。

在整体计算过程中,考虑施工工序,并进行施工全过程的模拟计算,施工全过程的模拟计算按以下原则进行。

如图 1.4.3 所示,③、④部分钢结构铰接支承于①、②部分混凝土结构,③、④部分结构施工时,①、②部分混凝土结构必须要有足够的强度,①、②部分必须先于③、④部分施工。经研究确定,③、④部分滞后①、②部分 4 层施工,即①、②部分结构施工 X 层时,③、④部分施工 $X-4$ 层。

27 层以下部分楼层环梁采用部分预应力技术,预应力张拉滞后①、②部分 8 层,滞后③、④部分 4 层,预应力筋张拉产生的预应力等效荷载和结构构件自重一起伴随着结构施工逐步作用于结构。计算模型中的重力荷载考虑施工工序的加载方式如图 1.4.5 所示。

施工阶段温度效应作用亦随结构生成逐步作用于结构。

本工程主体结构从基础到顶共 48 层,其中③、④部分施工滞后 4 层,考虑桩基有限

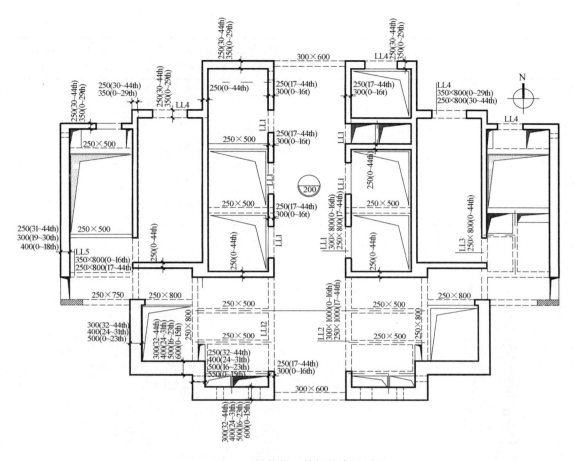

图 1.4.15　结构核心筒标准布置平面

刚度约束的有利因素，预应力和温度效应从-1层起进入计算。所以整个施工过程，结构生成一共分为 52 个阶段。在整体模型有限元计算时，采用非线性施工工况 52 个结构模型真实地模拟了这一 52 个阶段施工全过程，如表 1.4.8 所示。

施工全过程模拟计算模型　　　　　　　　　　　　　　　表 1.4.8

施工阶段	一二部分结构(层)	三四部分结构(层)	张拉预应力所在层	施工阶段	一二部分结构(层)	三四部分结构(层)	张拉预应力所在层	施工阶段	一二部分结构(层)	三四部分结构(层)	张拉预应力所在层
1	−4			19	15	11	7	37	33	29	25
2	−3			20	16	12	8	38	34	30	
3	−2			21	17	13	9	39	35	31	27
4	−1			22	18	14	10	40	36	32	
5	1			23	19	15	11	41	37	33	
6	2			24	20	16	12	42	38	34	
7	3	−2		25	21	17	13	43	39	35	
8	4	−1		26	22	18	14	44	40	36	
9	5	1		27	23	19	15	45	41	37	
10	6	2		28	24	20	16	46	42	38	

施工阶段	一二部分结构(层)	三四部分结构(层)	张拉预应力所在层	施工阶段	一二部分结构(层)	三四部分结构(层)	张拉预应力所在层	施工阶段	一二部分结构(层)	三四部分结构(层)	张拉预应力所在层
11	7	3		29	25	21	17	47	43	39	
12	8	4	—1	30	26	22		48	44	40	
13	9	5	1	31	27	23	19	49			41
14	10	6	2	32	28	24	20	50			42
15	11	7	3	33	29	25	21	51			43
16	12	8	4	34	30	26		52			44
17	13	9	5	35	31	27	23				
18	14	10	6	36	32	28					

结构的计算模型如图 1.4.16～图 1.4.18 所示。

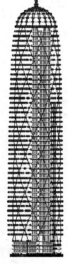

图 1.4.16 结构
计算 3D 模型

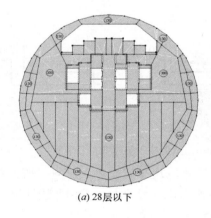
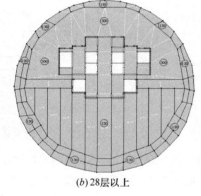

(a) 28层以下　　　　　　　　(b) 28层以上

图 1.4.17 结构计算模型标准平面图

（2）结构整体计算分析结果

质量参与系数输出信息汇总　　　　　　　　　表 1.4.9

振型	改进后结构			原标书结构		
	周期（s）	方向	质量参与系数（%）	周期（s）	方向	质量参与系数（%）
T1	3.369	Y	61.22	3.2887	Y	61.26
T2	3.333	X	61.93	3.2322	X	62.60
T3	1.054	扭转	72.77	1.0350	扭转	71.70
T4	0.957	X	21.35	0.9250	X	20.40
T5	0.907	Y	21.25	0.8845	Y	21.67
T6	0.498	X	7.00	0.5552	Z	0.1
T7	0.453	Y	7.51	0.4795	X	5.26
T8	0.428	Z	42.48	0.4748	扭转	9.87
T9	0.35	X	1.43	0.4403	Y	7.48
T10	0.32	Z	1.51	0.3964	Z	57.24

20

整体结构性能指标　　　　　表 1.4.10

性能指标		改进后结构	原标书结构
X-地震作用	δ_{max}/h	1/1683（story38）	1/1810
	Δ/H	1/2690	1/2709
	V_b （kN）	17877	19526
	M_0 （kN·m）	1284815	1422982
Y-地震作用	δ_{max}/h	1/1620（story38）	1/1652
	Δ/H	1/2584	1/2706
	V_b （kN）	18950	20061
	M_0 （kN·m）	1276577	1410659
X-风荷载	δ_{max}/h	1/2110（story38）	1/2560
	Δ/H	1/2765	1/3098
	V_b （kN）	11983	11983
	M_0 （kN·m）	1271820	1271821
Y-风荷载	δ_{max}/h	1/1990（story44）	1/2155
	Δ/H	1/2325	1/3049
	V_b （kN）	11958	11983
	M_0 （kN·m）	1270192	1271828

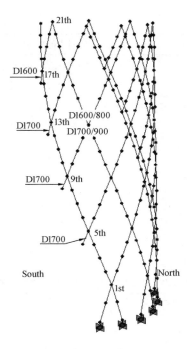

图 1.4.18　交叉
柱标准计算模型

各荷载工况下的性能指标　　　　　表 1.4.11

性能指标		改进后结构	原标书结构
自重 （考虑施工工序）	$\Delta x_{max}/\Delta x_{top}(m)$	0.0006(1)/0.00032	−0.00135(1)/0.00071
	$\Delta y_{max}/\Delta y_{top}(m)$	−0.0074(23)/−0.00024	−0.01202(22)/−0.00125
	$\Delta z_{max}/\Delta z_{top}(m)$	−0.032(23)/−0.0023	−0.02201(20)/−0.00292
	$R_{bw}(kN)$	707631	819934
	$T_{maxw}(kN)$	2521(3)	3761
	$\overline{T}_w(kN)$	338	1161
附加恒荷载	$\Delta x_{max}/\Delta x_{top}(m)$	0.00079(44)/0.00079	−0.00099(41)/−0.00088
	$\Delta y_{max}/\Delta y_{top}(m)$	−0.018(44)/−0.018	−0.01915(44)/−0.01915
	$\Delta z_{max}/\Delta z_{top}(m)$	−0.014(44)/−0.014	−0.01245(43)/−0.01241
	$R_{bw}(kN)$	135793	94209
	$T_{maxd}(kN)$	503(3)	691
	$\overline{T}_d(kN)$	79	205
活荷载	$\Delta x_{max}/\Delta x_{top}(m)$	0.00072(44)/0.00072	0.00105(44)/0.00105
	$\Delta y_{max}/\Delta y_{top}(m)$	−0.035(44)/−0.035	−0.03789(44)/−0.03789
	$\Delta z_{max}/\Delta z_{top}(m)$	−0.019(44)/−0.019	−0.01800(43)/−0.0179
	$R_{bL}(kN)$	206434	194278
	$T_{maxL}(kN)$	534(3)	1078
	$\overline{T}_L(kN)$	97	282

性能指标		改进后结构	原标书结构
总重力荷载（弹性状态）	$\sum \Delta x_{max}/\sum \Delta x_{top}(m)$	0.000968(1)/0.00059	0.00208(5)/0.0017
	$\sum \Delta y_{max}/\sum \Delta y_{top}(m)$	−0.053(44)/−0.053	−0.05828(44)/−0.057
	$\sum \Delta z_{max}/\sum \Delta z_{top}(m)$	−0.0366(44)/−0.0366	−0.04443(35)/−0.0331
	$\sum R_b(kN)$	1049858	1108507
	$\sum T_{max}(kN)$	3539(3)	5530
	$\sum \overline{T}(kN)$	536	1648
受拉$\sum T \geqslant 1300kN$的环梁数量	elow29th story	90	427
	Below20th story	82	351
	Below15th story	65	279
	Below10th story	42	192
	Below5th story	25	106

注：1. T_{maxw}，T_{maxd}，T_{maxL}表示环梁分别在自重、附加恒荷载、活荷载工况下的承受的最大拉力；

2. $\overline{T}_w$，$\overline{T}_d$，$\overline{T}_L$表示分别在自重、附加恒荷载、活荷载工况下的承受的平均拉力；

3. $\sum T_{max} = T_{max} + T_d + T_L$；

4. $\sum \overline{T} = \overline{T}_w + \overline{T}_d + \overline{T}_L$；

5. 假定环梁的混凝土的等级为C30，混凝土轴心抗拉强度标准值$f_{tk}=2.1N/mm^2$，标准环梁截面(1000mm× 800mm)的混凝土受拉承载力：0.8×2.1×800＝1344kN≈1300kN。

1.5　钢筋混凝土徐变及收缩影响分析

1.5.1　混凝土徐变机理

混凝土在其上长期应力的作用下，随时间持续发生变形——徐变变形，由于混凝土徐变效应，竖向构件压应力水平不均衡的高层及超高层建筑的结构可能出现较大的倾斜变形和内力变化，将影响建筑的长期使用功能，并造成一定的安全隐患。引起混凝土徐变的原因非常复杂。但混凝土徐变变形基本上可由两部分组成，即干徐变（Drying Creep）和浆徐变（Basic Creep），结构考虑徐变和收缩的应变可以表示为：

$$\varepsilon(t) = \varepsilon_e(t) + \varepsilon''(t) \qquad (1.5.1)$$

式中：$\varepsilon(t)$——总应变；

$\varepsilon_e(t)$——弹性应变；

$\varepsilon''(t)$——随时间的持续应变，包括徐变应变$\varepsilon_{cr}(t)$和收缩应变$\varepsilon_{sh}(t)$。

1.5.1.1　影响混凝土徐变的主要因素

影响混凝土徐变的因素很多，主要包括：

（1）混凝土压应力

混凝土徐变应变与混凝土所受的压应力大小成正比关系，当压应力$\sigma_N \leqslant 0.4f_{cu}$，可认为混凝土徐变应变与压应力成线性比例。

（2）混凝土构件尺寸

混凝土徐变与其构件体积与表面积之比 V/S——折算厚度 γ 有关：

$$\gamma = \frac{V}{S} \tag{1.5.2}$$

式中：V——混凝土构件体积；

$\quad\quad S$——混凝土构件表面积；

$\quad\quad \gamma$——混凝土构件折算厚度。

试验研究表明，当构件较粗厚即 γ 较大时，混凝土的徐变变形较小；但构件细薄即 γ 较小时，混凝土徐变变形则较大。本项目相对来讲 γ 较小，因此考虑 γ 对徐变系数的修正是必要的。

（3）混凝土构件加载龄期

混凝土构件加载龄期较早，混凝土徐变变形大，加载龄期较晚，则徐变变形小。通常，混凝土龄期 28 天时的徐变系数可作为混凝土徐变系数的标准值。

（4）环境温度和湿度

混凝土构件的徐变明显受所在环境的温度和湿度影响，一般来讲，相对高的温度和低湿度的环境条件下，混凝土徐变变形较大。

（5）荷载作用的持续时间

研究表明，混凝土在长期荷载作用下产生的徐变变形比短期荷载作用下的大。70%～80% 的徐变变形将在初始 2～3 年形成，在以后的 20～30 年徐变变形一直在持续增加。与此同时，混凝土的徐变应变随着应力的减少将有部分回弹，根据英国规范 BS8110（part2，1985），在 1 年后，徐变应变的回弹可以表示为：

$$\Delta\varepsilon_{cr} = 0.3\frac{\Delta\sigma}{E_u} \tag{1.5.3}$$

式中：$\Delta\sigma$——应力的减小（负数）；

$\quad\quad E_u$——混凝土在卸载龄期的弹性模量。

（6）混凝土材料特性

弹性模量：混凝土弹性模量小，则徐变变形较大。

材料组分：混凝土的材料组分、比例等均对混凝土的徐变有影响。

1.5.1.2　钢筋对徐变效应的影响

钢筋混凝土构件中钢筋的存在约束和限制了混凝土的自由变形。混凝土的徐变受到钢筋约束的影响，因此钢筋混凝土的徐变变形要比素混凝土的小。

弹性阶段，钢筋的存在将减小混凝土的压应力，分析如下：

若不计钢筋作用，素混凝土的压应力为：

$$\sigma_{c0} = \frac{N}{A_c} \tag{1.5.4}$$

考虑钢筋作用，弹性阶段混凝土的压应力为：

$$\sigma_c = \frac{\sigma_{c0}}{1+(n-1)\rho} \tag{1.5.5}$$

式中：N——混凝土构件承受的轴向压力；

$\quad\quad A_c$——混凝土构件截面面积；

$\quad\quad \rho$——配筋率；

n——钢筋与混凝土弹性模量之比。

塑性阶段，由变形协调和内力平衡，混凝土和钢筋的应力重新调整及分配，钢筋将进一步承受由于周围混凝土徐变卸载转移来的附加应力，钢筋的应力增大，混凝土应力减小，钢筋压应力增量产生的压应变本质上为钢筋混凝土的徐变。

混凝土的应力减小为：

$$\delta\sigma_{\mathrm{c}} = \sigma_{\mathrm{c}}F \tag{1.5.6}$$

钢筋的应力增加为：

$$\Delta\sigma_{\mathrm{s}} = \frac{\sigma_{\mathrm{c}}}{\rho}F \tag{1.5.7}$$

式中：$F = 1 - e^{-\frac{\rho n\varphi}{1+\rho n}}$；

φ——素混凝土徐变系数。

可以看到，钢筋混凝土构件配筋率高，则钢筋压应力增量将减小，钢筋混凝土徐变变形小；反之，配筋率低时钢筋压应力增量将增大，混凝土压应力减量将减小，钢筋混凝土的徐变变形大。因此，在高层建筑结构设计中，考虑混凝土结构的徐变时，减少徐变最有效的方法就是提高构件的配筋率。但是在美国 ACI 和 CEB-FIP 规范中，钢筋配筋率未被直接考虑在徐变分析中，而 PCA（Portland Cement Association）规范中改善了这一缺陷。在 MIDAS 软件的徐变分析中应用了 PCA 规范。

1.5.1.3 钢筋混凝土收缩成因基本机理

混凝土徐变和收缩是混凝土材料长期固有的特性。收缩总是与徐变同时存在，且与时间的发展有密切关系。但是，收缩与徐变不同的是，混凝土收缩变形与应力作用无关。收缩主要可以分为：自然收缩、干燥失水收缩和碳化收缩。其中自然收缩通常与干燥失水收缩结合在一起发生，都起因于混凝土失水。碳化收缩是由于水泥和 CO_2 发生反应引起的，一般情况，干燥收缩在混凝土收缩中占主要部分。

混凝土构件收缩引起的应变可与徐变应变一起考虑在公式（1.5.1）内。66%～85%的变形将在 1 年内完成，收缩变形随时间的发展速率远低于徐变。

1.5.1.4 影响收缩变形的主要因素

影响混凝土收缩的大部分因素是材料自身的组分，包括：水泥品种、水灰比、水泥用量、骨料等。

影响收缩变形的还有混凝土的养护条件，蒸汽养护可以明显地减少混凝土收缩。

环境的相对湿度是影响收缩的另一个主要因素，试验表明，相对湿度高的环境可以大大减小混凝土的收缩变形。温度对收缩有一定影响，但较小，在分析收缩时可以忽略。

1.5.2 目前国际上常用的徐变及收缩的结构分析方法及规范

国际上常用的几种关于徐变和收缩的结构分析方法、公式以及规范，主要包括 CEB-FIP MODEL CODE（1978），CEB-FIP 1990 CREEP CODE，ACICOMMITTEE 209（1982），ACI CODE（318-1978），ACI CODE（1992），PCA，以及 BS8110（PART2，1985）。一些主要的公式汇总如下：

1.5.2.1 徐变应变计算

主要有两种规范方法，如下：

欧洲规范 CEB-FIP MODEL CODE

$$\varepsilon_c(t,t_0) = \frac{\sigma_c(t_0)}{E_c(28)}\varphi(t,t_0) \qquad (1.5.8)$$

美国规范 ACI209 REPORT 和英国 BS8110

$$\varepsilon_c(t,t_0) = \frac{\sigma_c(t_0)}{E_c(t_0)}\varphi(t,t_0) \qquad (1.5.9)$$

式中：　$\varepsilon_c(t,t_0)$——在时间 t 的徐变应变；

　　　　$\sigma_c(t_0)$——混凝土在加载龄期 t_0 的应力；

$E_c(28)$，$E_c(t_0)$——混凝土在 28 天龄期和在加载龄期 t_0 的弹性模量；

　　　　$\varphi(t,t_0)$——在时间 t 的徐变系数（徐变应变与弹性应变之比）。

由此，我们可以得到混凝土在时间 t 时的包括徐变应变的总应变如下：

$$\varepsilon_{tol}(t,t_0) = \sigma_c(t_0)\left(\frac{1}{E_c(28)} + \frac{\varphi(t,t_0)}{E_c(28)}\right) \qquad (1.5.10)$$

$$\varepsilon_{tol}(t,t_0) = \sigma_c(t_0)\left(\frac{1}{E_c(t_0)} + \frac{\varphi(t,t_0)}{E_c(t_0)}\right) \qquad (1.5.11)$$

1.5.2.2　收缩应变

通常，混凝土在 t 时刻的收缩应变可以表示为最终收缩变形 $\varepsilon_{sh.\infty}$ 与时间函数 $f(t-t_0)$ 的乘积：

$$\varepsilon_{sh}(t,t_0) = \varepsilon_{sh.\infty}f(t-t_0) \qquad (1.5.12)$$

1.5.2.3　关于最终徐变应变的系数和收缩应变的建议

关于徐变应变的系数和收缩应变的取值和计算，不同规范推荐了不同的公式，主要有：

（1）美国 ACI CODE 318-1978

混凝土徐变系数表示为：

$$\varphi(t,t_0) = \frac{(t-t_0)^{0.6}}{10+(t-t_0)^{0.6}}\varphi_\infty \qquad (1.5.13)$$

式中：最终徐变应变系数为 $\varphi_\infty = 2.35K_2K_1K_4K_3K_6K_5$ 　　　　(1.5.14)

　　K_2——与混凝土养护方式有关（淋湿或蒸汽养护）；

　　K_1——与环境湿度有关；

　　K_4——与结构构件的平均厚度有关；

　　K_3——与混凝土的材料组分有关；

　　K_6——与混凝土的坍落度有关；

　　K_5——与混凝土骨料配比有关；

通常，K_1，$\cdots$，K_6 的取值在 $0.8 \sim 1.0$，因此混凝土标准状态下徐变系数的取值可以为 2.35。

关于最终收缩应变，根据 ACI 的建议在标准状态下可以取为 780×10^{-6}。

（2）欧洲规范 CEB-FIP 1978 MODEL CODE

规范中徐变效应由两部分组成：可恢复的和不可恢复的徐变。计算公式如下：

$$\varphi(t,t_0) = \beta_a(t_0) + \varphi_d\beta_d(t-t_0) + \varphi_f[\beta_f(t) - \beta_f(t_0)] \qquad (1.5.15)$$

该规范也给出了混凝土收缩应变的计算，是与结构构件名义厚度有关的时间函数。

CEP-FIP 还给出了混凝土徐变应变系数和收缩应变的取值如表 1.5.1 所示。

| Relative humidity | | 75% | | | | 55% | | | |
| Equivalent thickness （mm） | | <200 | | >600 | | <200 | | >600 | |
Ultimate creep coefficient C_{cr}	Mean shrinkage strain $\bar{\varepsilon}_{sh}$ （×10⁻⁶）	C_{cr}	$\bar{\varepsilon}_{sh}$	C_{cr}	$\bar{\varepsilon}_{sh}$	C_{cr}	$\bar{\varepsilon}_{sh}$	C_{cr}	$\bar{\varepsilon}_{sh}$
Fresh/3～7days		2.7	260	2.1	210	3.8	430	2.9	310
Middle/7～60days		2.2	230	1.9	210	3.0	320	2.5	300
Mature/longer than 60days		1.4	160	1.7	200	1.7	190	2.0	280

（3）英国规范 BS8110PART21985

在英国混凝土规范 8110 中给出了混凝土 30 年后徐变应变的徐变系数和收缩应变见图 1.5.1。

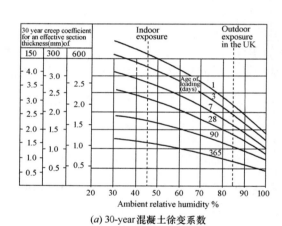

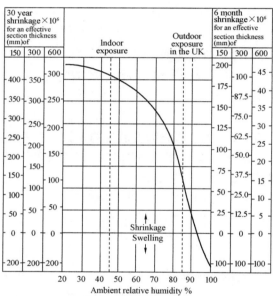

(a) 30-year混凝土徐变系数 (b) 30-year混凝土收缩应变(10⁻⁶)

图 1.5.1　BS8110 中建议的混凝土徐变应变系数和收缩应变取值

其中，主要影响因素考虑了环境相对湿度和结构构件等效截面厚度。对于徐变还考虑了混凝土加载龄期。

1.5.2.4　徐变、收缩分析的常用方法——迭代计算方法

一般认为混凝土的弹性应变和徐变与重力荷载作用下产生的应力呈线性关系。由此，如果结构构件的压应力不大于 40%～50% 的混凝土立方体抗压强度标准值 f_{cu}，那么累积计算混凝土压应变 $\varepsilon_c(t,t_0)$ 的方法是可以用来计算因应力增加 $\Delta\sigma_c(t_i)$ 引起的徐变应变及混凝土随时间发生的收缩应变，公式如下：

$$\varepsilon_c(t,t_0) = \sigma_c(t_0)\left(\frac{1}{E_c(t_0)} + \frac{\varphi(t,t_0)}{E_c(t_0)}\right) + \sum_i \Delta\sigma_c(t_i)\left(\frac{1}{E_c(t_i)} + \frac{\varphi(t,t_i)}{E_c(t_i)}\right) + \varepsilon_{sh}(t,t_0)$$

（1.5.16）

式中：t_0——混凝土初始加载龄期，此时的压应力为 $\sigma_c(t_0)$；

t_i ——加载龄期应力逐步增加 $\Delta\sigma_c(t_i)$。

用前述徐变系数的公式 $\varphi(t,t_i)$ 代入式（1.5.16），就可以得到应力和应变随时间变化下的相关函数曲线，也就有可能方便地把非线性迭代的方法应用于计算机分析中。

尽管应力应变关系的函数及曲线表达有多种方式，但基本的非线性分析方法是相同的，通用的迭代计算流程图见图 1.5.2。

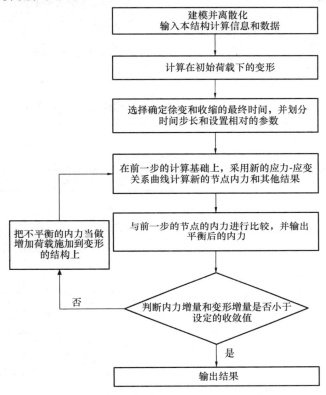

图 1.5.2　BS8110 典型的徐变和收缩应变分析迭代计算流程图

1.5.2.5　本项目选用的规范和计算方法

在研究国内外大量有关混凝土徐变和收缩计算分析的规范、理论、方法的基础上，结合本项目的工程情况，项目团队最终确定本项目的徐变和收缩计算采用了美国 ACI－PCA 的建议，并参考了欧洲 CEB-FIP 及英国 BS8110 规范有关徐变系数及收缩应变取值，结合本工程的实际情况及条件，确定有关徐变和收缩的参数，并应用 MIDAS 软件进行徐变和收缩的计算分析。

在确定了分析理论、规范及方法后，项目设计团队通过对简单的高层结构模型的分析和研究，发现调整混凝土结构的配筋率和改变结构柱截面调整柱压应力水平是控制混凝土徐变和收缩变形的最有效的方法，因此也为调整和优化原结构设计提供了最有价值的依据。

1.5.3　对原结构模型的徐变和收缩影响分析

1.5.3.1　原结构模型及主要计算参数

根据标书提供的数据，原结构模型如图 1.5.3 所示，原结构柱的混凝土强度、截面尺

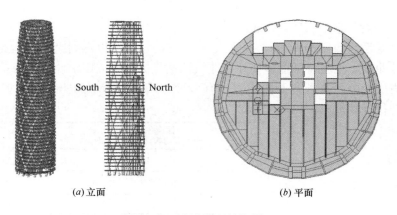

(a)立面   (b)平面

图 1.5.3　多哈塔原结构模型

寸及配筋率见表 1.5.2。

<table>
<tr><td colspan="4">原结构柱设计数据</td><td>表 1.5.2</td></tr>
</table>

楼　层	f_{cu}（MPa）	截面尺寸（mm）	配筋率
底层～7	80.0	ϕ1700	4.5%
8～13	70.0	ϕ1700	4.5%
14～17	70.0	ϕ1600	4.5%
18～21	60.0	ϕ1600	4.5%
22～28	60.0	ϕ1400	4.5%
29	50.0	ϕ1400	4.5%
30～32	50.0	ϕ1000	4.5%
33～37	40.0	ϕ1000	4.5%
38～44	40.0	ϕ800	4.5%

根据原结构数据，徐变和收缩的计算参数确定如下：

最终徐变变形的徐变变形系数 C_{cr}	2.35～2.60
最终收缩应变取值	500×10^{-6}
施工速度	3 层/20 天
变形欲求龄期	20 年
加载龄期 t_0	7 天
平均相对湿度	55%
等效厚度（V/S）	250mm
钢筋弹性模量	2.1×10^5MPa
采用规范	ACI-PCA
分析软件	MIDAS 6.3.5

1.5.3.2　原结构模型下的徐变和收缩影响计算结果及分析

对原结构模型进行徐变和收缩计算分析，分析的主要结果如图 1.5.4、图 1.5.5 所示。

从上述分析结果看，由于建筑结构存在明显的偏心，考虑结构的徐变及收缩效应影

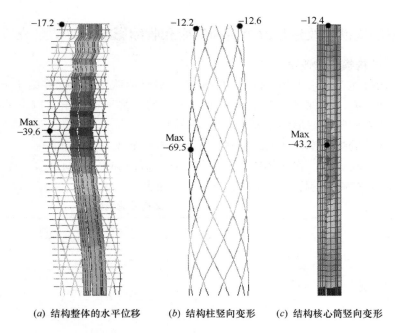

(a) 结构整体的水平位移　　(b) 结构柱竖向变形　　(c) 结构核心筒竖向变形

图 1.5.4　在施工完成后 300 天结构在重力荷载下的变形（mm）

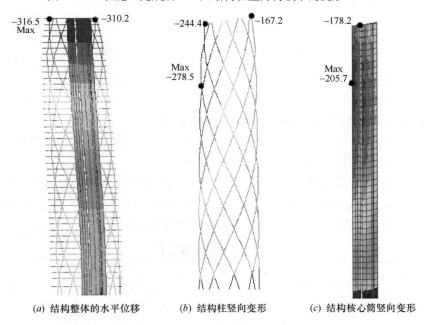

(a) 结构整体的水平位移　　(b) 结构柱竖向变形　　(c) 结构核心筒竖向变形

图 1.5.5　20 年后结构在重力荷载下的变形（mm）

响，结构在长期重力荷载作用下将发生水平倾斜。计算分析表明，20 年后在重力荷载下结构最大水平位移 Δ_y 在顶层可以达到 316.5mm，竖向最大变形发生在南侧 36 层的结构柱，Δ_z 可以达到 278.5mm，在结构顶部可达到 244.4mm。

如此大的变形不仅会影响建筑尤其是电梯正常使用，而且也使结构存在安全隐患，是结构设计不能允许的。

1.5.4 对原结构模型改进及改进后的徐变和收缩影响计算结果分析

1.5.4.1 对原结构模型的改进建议

针对原结构可能存在水平倾斜的问题和隐患，设计团队结合如同在第 1 节、第 2 节中所阐述的分析和研究，在保证原建筑设计不受影响的前提下，提出了以下调整和优化建议，以减少南北斜柱竖向变形的差异和结构水平倾斜。

①调整结构柱的配筋率，柱的配筋率由 4.5% 调整至 2.77%；

②通过反复比较分析，将北部较低层部分的柱子截面调整为空心柱，上部柱的配筋率减低为 2.0%，结构调整的详细情况，见图 1.5.6 和表 1.5.3。

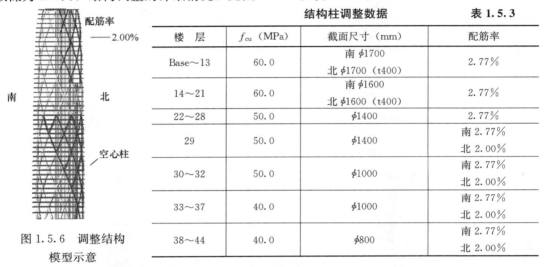

图 1.5.6 调整结构模型示意

结构柱调整数据　　　　　　表 1.5.3

楼 层	f_{cu}（MPa）	截面尺寸（mm）	配筋率
Base～13	60.0	南 $\phi1700$ 北 $\phi1700$（t400）	2.77%
14～21	60.0	南 $\phi1600$ 北 $\phi1600$（t400）	2.77%
22～28	50.0	$\phi1400$	2.77%
29	50.0	$\phi1400$	南 2.77% 北 2.00%
30～32	50.0	$\phi1000$	南 2.77% 北 2.00%
33～37	40.0	$\phi1000$	南 2.77% 北 2.00%
38～44	40.0	$\phi800$	南 2.77% 北 2.00%

1.5.4.2 改进后的结构模型下的徐变和收缩影响计算

对调整后的结构，仍采用 ACI-PCA 规范，并应用 MIDAS 软件进行混凝土徐变和收缩影响下的结构计算分析，计算分析的输出结果如下：

从调整后的结构分析计算可以看到，在重力荷载作用下，考虑混凝土徐变和收缩，20 年后的水平最大位移 Δ_y 可降低为 145.0mm；发生在南侧柱子的最大的竖向变形 Δ_z 可以减少到 132.7mm。调整结构后，详细的结构变形计算结果汇总见表 1.5.4。

调整后结构的位移汇总　　　　　　表 1.5.4

作用	Δ_y（mm）		Δ_z（mm）			
			结构柱		核心筒剪力墙	
时期	300 天	20 年	300 天	20 年	300 天	20 年
重力荷载	−5.62	−51.0	−26.9	−46.1	−13.2	−19.3
徐变	−10.1	−92.1	−26.2	−80.7	−14.5	−40.7
收缩	−1.58	−1.89	−3.23	−5.95	−2.55	−5.71
总计	−17.3	−145.0	−56.3	−132.7	−30.2	−65.7

从上述汇总表中可以看出，收缩引起的应变变形很小，徐变效应引起的变形占 20 年后最终变形的 60% 左右。通过结构的改进和调整，可以有效地减小徐变效应引起的变形，

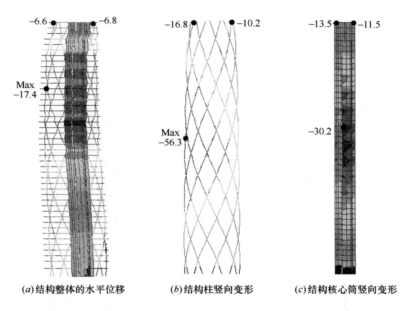

(a)结构整体的水平位移　　　(b)结构柱竖向变形　　　(c)结构核心筒竖向变形

图 1.5.7　施工完成后 300 天结构在重力荷载下的变形（mm）

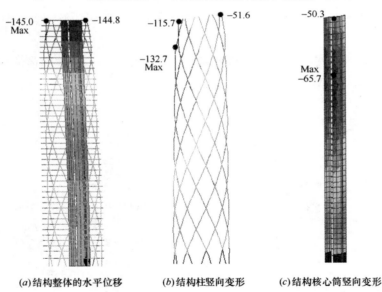

(a)结构整体的水平位移　　　(b)结构柱竖向变形　　　(c)结构核心筒竖向变形

图 1.5.8　20 年后结构在重力荷载下的变形（mm）

减小的幅度近 50%。虽然最终的结构水平倾斜不能被完全消除，但通过改进和调整后的结构的水平倾斜和位移已经足以满足建筑使用功能和安全性的要求。

1.5.5　考虑徐变收缩效应后结构构件内力的变化

在考虑混凝土徐变和收缩效应下，多哈塔结构在长期的重力荷载作用下的变化简要列举分析如下：

（1）柱轴向应力

从计算分析结果图 1.5.9 看，柱子最大的应力为 -21.0MPa，其中包括由重力荷载作用产生的-21.4MPa 和由徐变和收缩效应引起的$+0.41$MPa。通常，徐变和收缩效应会趋于调整均匀柱的轴向压应力。

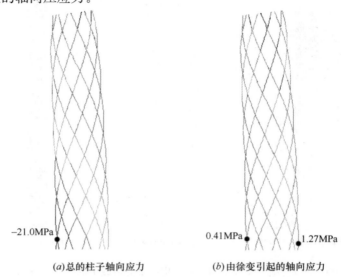

(a)总的柱子轴向应力　　　　　(b)由徐变引起的轴向应力

图 1.5.9　在考虑徐变和收缩效应下柱子在重力荷载作用下的轴向应力

（2）柱轴力

选择一个节点进行在不考虑徐变和收缩效应下（模型 1）和考虑徐变和收缩效应下（模型 2）的轴力对比分析见图 1.5.10。

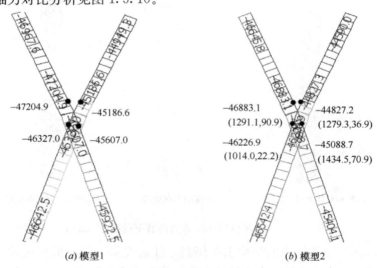

(a) 模型1　　　　　　　　　(b) 模型2

图 1.5.10　重力荷载作用下的柱轴力

从对比分析可以看出，考虑混凝土徐变和收缩效应下的柱轴力有所减小，比不考虑徐变和收缩效应下较大的柱轴力大约减少 3%。

徐变和收缩对结构板和梁的内力影响分析起来比柱子复杂，但总体上，考虑徐变和收缩效应下，结构的内力略有减小。徐变和收缩效应对结构的内力有较小的有利影响。

1.5.6 结论

通过采用 ACI-PCA 建议和用 MIDAS 软件对多哈塔结构的徐变和收缩进行分析，找到了结构在徐变和收缩影响下的结构倾斜的主要因素和变化规律，并通过采取调整配筋率、结构柱截面的调整和优化设计，有效地减小了原结构存在的南北斜柱竖向变形差异和结构倾斜很大的问题，满足了建筑的正常使用和安全的要求。

通过分析，我们也可以知道徐变和收缩效应的分析在结构，特别是高层建筑结构中的重要性，调整配筋率和结构构件截面是控制混凝土结构徐变的最有效方法。

1.6 斜柱交叉节点设计与试验研究

本工程交叉柱外网筒为主抗侧力结构，其承载能力和安全性决定着整个结构的承载力和安全度，是整个工程的关键结构，斜柱交叉节点则是整个工程的关键部位，斜柱中心线每四层相交于楼面如图 1.6.1 所示，该界面为交叉柱节点最薄弱截面。其面积大约为单柱横截面面积的 1.1 倍，受到的轴压力相当于单柱轴力的 1.8 倍左右，该节点必须予以加强，以满足承载力和强节点、弱构件要求。

图 1.6.1 斜柱交叉节点示意

本工程整体计算分析采用英国混凝土规范 BS8110 和钢结构规范 BS5950，利用 ANSYS 有限元程序，SOLID 45、65 单元对斜柱交叉节点进行了实体模型弹性和弹塑性计算分析，计算结果表明，节点区受力复杂，交叉斜柱与楼面相交的阴角区有明显的应力集中，必须提高节点核心区承载力，吸收更多的荷载，减缓阴角应力集中。经研究分析，最终选择在节点核心区加钢板凳加强的方法，有效改善应力集中现象，明显提高节点承载力。

1.6.1 标书中原结构节点的承载力复核

1.6.1.1 节点承载力验算

交叉柱汇交外网筒结构中，斜柱承受的弯矩和剪力远小于其承受的轴力，弯矩和剪力对节点设计的影响很小，节点专项设计研究和试验中，重点考虑轴力的影响。

根据整体结构计算结果得知，汇交节点柱最大轴力标准值为 46000kN，柱截面为 700mm，混凝土等级为 C60，配筋为 32T50，钢筋屈服强度 $f_y = 460MPa$。

根据英国规范，柱子的承载力可用下式验算：

$$[N] = 0.4f_{cu}A_c + 0.8A_{sc}f_y \qquad (1.6.1)$$

式中：$[N]$——柱子的设计承载力；

A_c——柱混凝土净面积；

A_{sc}——纵向钢筋总面积。

斜柱的轴向承载力验算如下：

$$[N] = 0.4f_{cu}A_c + 0.8A_{sc}f_y$$
$$= 0.4 \times 60 \times (850 \times 850 \times 3.14 - 32 \times 1963.5) + 0.8 \times 32 \times 1963.5 \times 460$$
$$= 76061808N = 76062kN$$
$$> N \approx 46000 \times 1.5 = 69000kN$$
$$K = [N]/N = 76062/69000 = 1.1 \qquad 允许$$

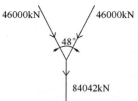

图 1.6.2 节点所承受
的垂直力示意

如图 1.6.2 所示，节点承受的内力主要来自于上部柱的轴向力垂直分力的合力。

所选节点的内力设计值为：$84042 \times 1.5 = 126063kN$，考虑斜柱的纵向配筋在节点区沿斜柱方向布置，每根斜柱配有 32 根直径为 50mm 的钢筋，每根钢筋的承载力为：

$$N_s = 0.8A_sf_y\cos\alpha = 0.8 \times 1963.5 \times 460 \times \cos24° = 660098N$$
$$= 660kN$$

其中 α 为柱与垂直面的交角，节点区最小的混凝土净面积为：

$$A_c = 850 \times 850 \times 3.14/\cos24° - 64 \times 1963.5/\cos24° = 2345907mm^2$$

节点承载力为：$[N] = 0.4f_{cu}A_c + 0.8A_{sc}f'_y$

$$= 0.4 \times 60 \times 2345.9 + 2 \times 32 \times 660.0 = 98548kN < N = 126063kN$$

$$K = [N]/N = 98548/126063 = 0.782 < 1 \qquad 不允许$$

1.6.1.2 对原节点设计进行弹性有限元分析

考虑节点区域组成及受力状态复杂，因此在上述简单复核验算的基础上，采用有限元计算方法，对原节点设计进行进一步分析。

采用 ANSYS 有限元程序，SOLID 45 单元，并选用与前述简单验算所选的节点进行分析。如图 1.6.3 所示，在分析模型中，斜柱长度取 4500mm（相当于一层的柱长），悬

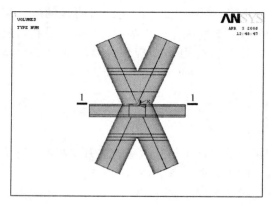

(a)节点FEM模型

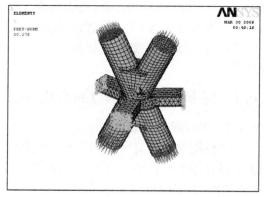

(b)有限元划分和加载及约束示意

图 1.6.3 节点的 FEM 分析模型和加载及约束图

挑梁和环梁的长度取 3000mm。为了消除由于荷载不均和约束等的影响，在每个柱端均加载 46000kN，环梁端部加竖向约束以模拟反弯点，悬挑梁端部加水平约束以模拟刚性楼板，混凝土的弹性模量 E_c 根据英国混凝土规范（BS8110：Part2，28days）取 32000MPa。

ANSYS分析的应力云图如图 1.6.4、图 1.6.5 所示，沿 X 轴的 1-1 剖面的应力值如图 1.6.6、图 1.6.7 所示。

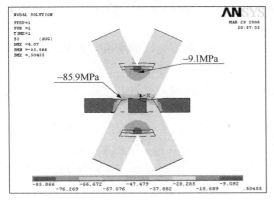

图 1.6.4　第三主应力云图

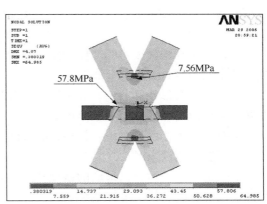

图 1.6.5　Von Mises 应力（等效应力）云图

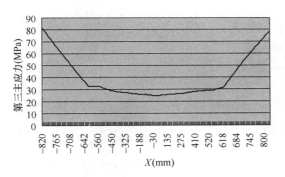

图 1.6.6　剖面第三主应力
值沿 X 轴向的分布值

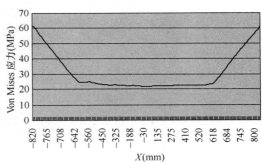

图 1.6.7　剖面 Von Mises 应力
值沿 X 轴向的分布值

从应力云图可以看出，节点内应力分布很不均匀，在交叉斜柱与楼面相交的阴角区有明显的应力集中，最大的第三主应力值 $\sigma_3 = 85.9$MPa，最大的等效应力（Von Mises stress）$\sigma_e = 65.0$MPa，二者均大于混凝土的强度值 $f_{cu} = 60$MPa，显然原设计的节点存在安全隐患。

1.6.1.3　引起应力集中的原因

节点区应力集中主要发生在阴角区，原因为：

（1）在阴角部分柱边的纤维长度比柱中心的纤维长度短，引起在阴角的高应变和高应力。

如图 1.6.8 所示，$L_1 > L_2$，对于相同的变形 Δ，柱中心应变 $\varepsilon_1 = \dfrac{\Delta}{L_1}$ 小于柱边应变 ε_2

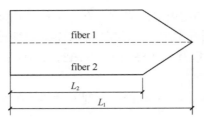

图 1.6.8 柱子的纵立面

$= \dfrac{\Delta}{L_2}$，即有应力 $\sigma_1 = E_c \times \varepsilon_1 < \sigma_2 = E_c \times \varepsilon_2$。

（2）在阴角的变形互相约束也导致阴角部分的应力集中。

1.6.2 节点加强措施

根据前述的计算和原因分析，拟采用加强的设计如下：

（1）对于纤维长度不同产生的应力集中，可以通过加强核心区的刚度，使核心承受更多荷载来减小应力集中。

（2）对于变形相互约束，可采取的有效途径就是减少混凝土承担的压应力，从而减少混凝土的变形，也就减小了阴角区的应力集中。

同时考虑上述两种措施，最理想的方法就是增加柱节点核心区的配筋率。但是，根据分析，配筋率达到 15% 以上才有效，很难实现，最终决定采取钢板凳的加强措施。

如图 1.6.9 所示，可采取的钢板凳的形状有很多种，经过对材料、生产工艺、安装难易性，经济性的比较，最终选择了如图 1.6.10 所示的钢板凳设计。

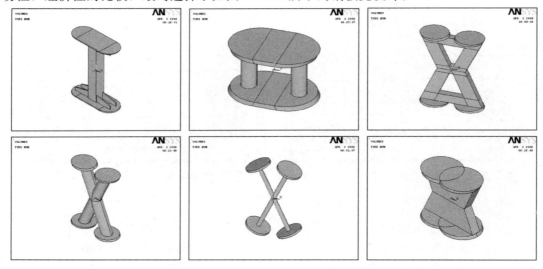

图 1.6.9 可选择的钢板凳方案

钢板凳在柱节点的位置如图 1.6.11 所示。

1.6.3 节点加强后的弹性状态下有限元（FEM）分析

针对斜柱节点采用核心区加钢板凳和节点周围加梁腋的加强措施，对节点进行弹性 FEM 分析，所选的节点、节点尺寸、荷载及边界约束条件与前述分析相同，钢板凳钢材的弹性模量 $E_s = 210000\text{MPa}$。

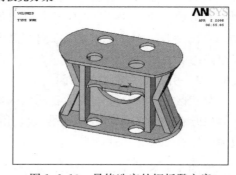

图 1.6.10 最终选定的钢板凳方案

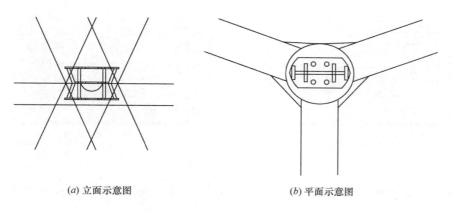

(a) 立面示意图   (b) 平面示意图

图 1.6.11　钢板凳定位示意图

分析的应力云图如图 1.6.12、图 1.6.13 所示。

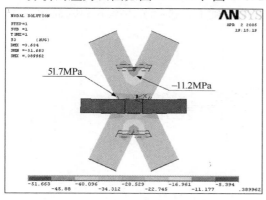

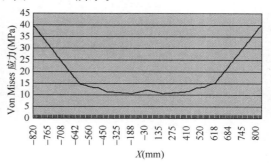

图 1.6.12　第三主应力云图   图 1.6.13　Von Mises 应力（等效应力）云图

沿 X 轴的 1-1 剖面的应力值如图 1.6.14、图 1.6.15 所示。

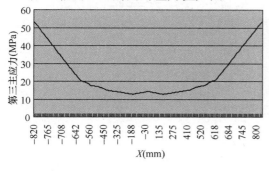

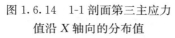

图 1.6.14　1-1 剖面第三主应力   图 1.6.15　1-1 剖面 Von Mises 应力
值沿 X 轴向的分布值   值沿 X 轴向的分布值

加强前后节点的压应力对比如图 1.6.16、图 1.6.17 所示，从应力对比图中可以清楚地看出，采取节点加强措施可以有效地减小节点核心区混凝土的应力，钢板凳提高了核心区的配筋率，提高了核心区的刚度，钢板凳分担了更多的荷载，与此同时，混凝土分担的荷载减小，变形也减少，同时在阴角的应力有较大幅度的减小。

37

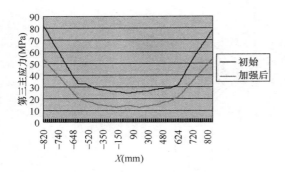 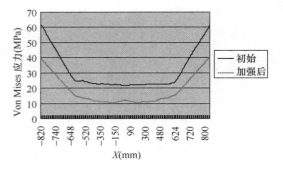

图 1.6.16　节点加强前后第三主应力值对比　　　图 1.6.17　节点加强前后 Von Mises 应力值对比

1.6.4　加强后斜柱节点的承载力

对节点采取加钢板凳和梁腋的加强措施,在此基础上,进行节点承载力的简化验算。其中,钢板凳的截面尺寸如图 1.6.18 所示。

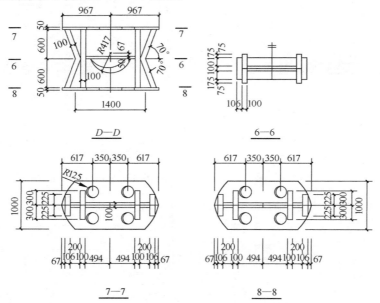

图 1.6.18　钢板凳大样

钢板凳最小的水平截面面积:

$$A_s = 174492.4 + 60000 = 234492.4 \text{mm}^2$$

节点的极限承载力:

$$[N] = 0.4 f_{cu} A_c + 0.8 A_{sc} f_y + 0.8 A_s f_y$$

$$= 173586 \text{kN} > N = 126063 \text{kN}$$

$$K = [N]/N = 173586/126063 = 1.38$$

分析表明节点的承载力明显提高,结构的安全度提高。

1.6.5　塑性状态下的斜柱节点有限元分析

混凝土是塑性材料，具有与钢筋及钢材截然不同的材料特性，因此，有必要对节点进行弹塑性分析，以复核根据弹性理论下计算得到的节点承载力。本工程采用 ANSYS 有限元程序的 SOLID 65 单元，依据英国规范对斜柱节点在加强前后进行弹塑性状态下的有限元分析。

1.6.5.1　材料特性

钢材：应力-应变曲线　　根据英国规范 BS8110：Part1 如图 1.6.19、图 1.6.20 所示
　　　屈服准则　　　　　Von Mises 准则
　　　屈服强度　　　　　f_y＝355MPa（钢筋为 460MPa）
　　　弹性模量　　　　　E_s＝200000MPa
　　　泊松比　　　　　　0.3
混凝土：应力-应变曲线　根据英国规范 BS8110：Part2 如图 1.6.21 所示
　　　破坏准则　　　　　William-Warnke 五参数模型，包括混凝土材料的开裂和压溃效应
　　　极限压应变　　　　0.0035
　　　泊松比　　　　　　0.2

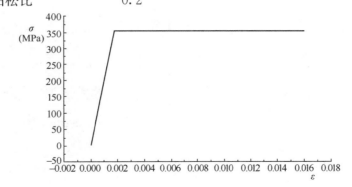

图 1.6.19　钢材应力-应变曲线

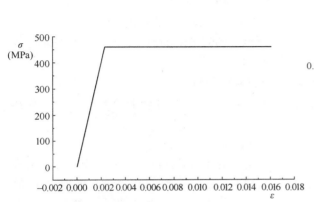

图 1.6.20　钢筋应力-应变曲线

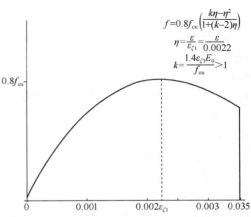

图 1.6.21　混凝土应力-应变曲线

1.6.5.2 弹塑性状态下原节点设计的 FEM 分析

仍采用前述弹性分析选用的节点，节点的内力标准值 84042kN，弹塑性状态下，FEM 分析的应力云图如图 1.6.22 所示。

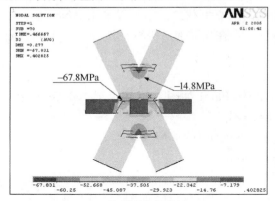

(a) 第三主应力

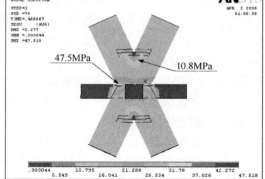

(b)Von Mises应力

图 1.6.22　正常使用状态下原设计节点的应力云图

当第三主应变达到 0.0035，节点的应力云图如图 1.6.23 所示。

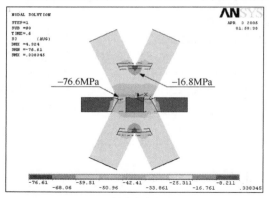

(a) 第三主应力

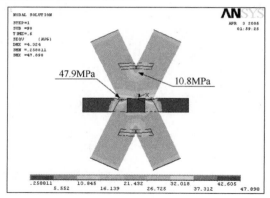

(b)Von Mises应力

图 1.6.23　极限状态下原设计节点的应力云图

从分析可以看出，当最大的第三主应变达到 0.0035，节点的最大承载力可达109620kN，相对于荷载标准 84042kN 的安全系数为 109620/84042＝1.3＜2，说明原设计节点的极限承载力不能满足结构安全和正常使用的要求。

1.6.5.3 弹塑性状态下原节点采用梁腋加强后的 FEM 分析

采用环梁和悬挑梁在节点形成腋梁的措施加强，节点的内力标准值 84042kN，弹塑性状态下，FEM 分析的应力云图如图 1.6.24 所示。

当第三主应变达到 0.0035，节点的应力云图如图 1.6.25 所示。

在荷载标准值下，加腋梁节点最大的第三主应力为 67.6MPa，与原节点的第三主应力 67.8MPa 很接近，但最大等效应力（Von Mises stresses）44.7MPa 比原节点的47.5MPa 要小。从分析可以看到，节点加腋梁后核心面积增加，虽然节点的极限承载力可达到 124236kN，但安全系数 124236/84042＝1.48＜2，还不能满足要求。

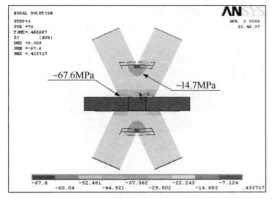
(a) 第三主应力

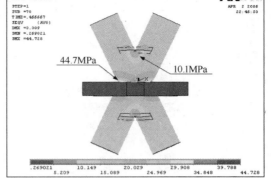
(b)Von Mises应力

图1.6.24　正常使用状态下加腋梁节点的应力云图

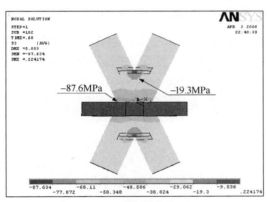
(a) 第三主应力

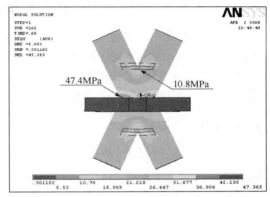
(b)Von Mises应力

图1.6.25　极限状态下加腋梁节点的应力云图

1.6.5.4　塑性状态下原节点采用梁腋和钢板凳加强后的 FEM 分析

采用加腋同时在核心区加钢板凳加强的措施，节点的内力标准值84042kN，弹塑性状态下，FEM分析的应力云图如图1.6.26所示。

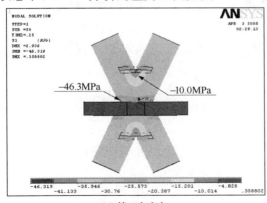
(a) 第三主应力

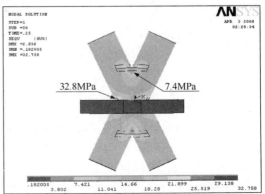
(b)Von Mises应力

图1.6.26　正常使用状态下加腋梁＋钢板凳加强节点的应力云图

当第三主应变达到 0.0035，节点的应力云图如图 1.6.27 所示。

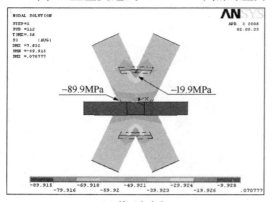 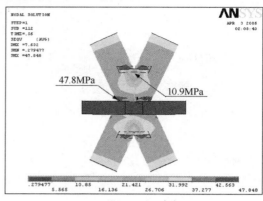

(a) 第三主应力　　　　　　　　　　　(b)Von Mises应力

图 1.6.27　极限使用状态下加腋梁＋钢板凳加强节点的应力云图

　　在荷载标准值下，加腋梁和钢板凳加强后的节点最大的第三主应力为 46.32MPa，最大等效应力（Von Mises stresses）为 32.76MPa，均比原节点的应力明显减少。从分析可以看出，加强后的节点的极限承载力明显提高，可达到 185709kN，安全系数 185709/84042＝2.21＞2，满足结构安全和正常使用的要求。

1.6.6　试验验证

　　为了进一步验证关于节点极限承载力的理论分析结果，检验节点加强设计的效果，由中国建筑科学研究院负责进行了 3 组 9 个 1∶6.8 比例缩尺模型的静载试验。

1.6.6.1　试验模型

　　结构中地面上一层处交叉节点承受轴力最大，根据该标高处节点实际尺寸和结构，按照 1∶6.8 的比例建造缩尺试验模型。共建造了 3 组共 9 个试件，钢板凳在试验中采用了两种方案，两种钢板凳的方案如图 1.6.28 所示，三组试件的详细情况为：

(a) 钢板凳1　　　　　　(b) 钢板凳2

图 1.6.28　试验采用的钢板凳的形状

　　第一组试件依据原设计钢筋混凝土节点构造缩尺建造，大样见图 1.6.29；

　　第二组试件中，在节点核心区加入钢板凳一，大样见图 1.6.30；

　　第三组试件中，在节点核心区加入钢板凳二，大样见图 1.6.31。

　　每组试件各包括 3 个，其中两个完全相同，混凝土强度为 C60；另一个节点区混凝土强度为 C80。试件中梁、柱内纵筋均为 HPB235，箍筋为铅丝；钢板凳均为 Q235B，屈服

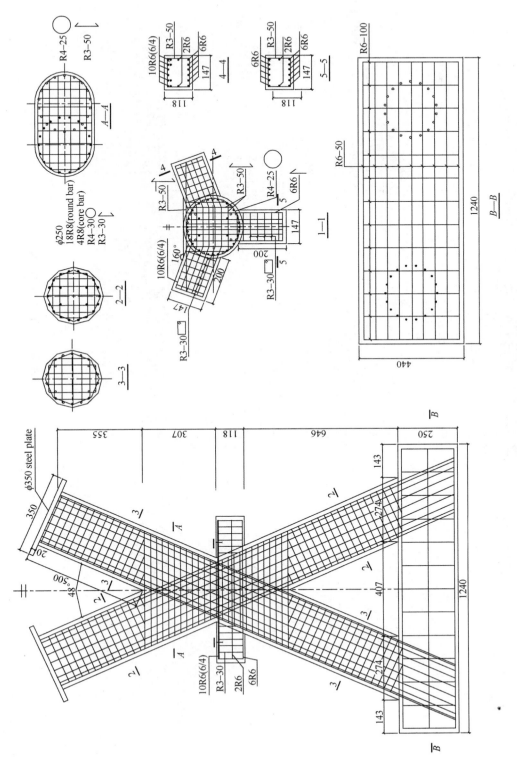

图 1.6.29 原设计钢筋混凝土节点缩尺试验模型大样

43

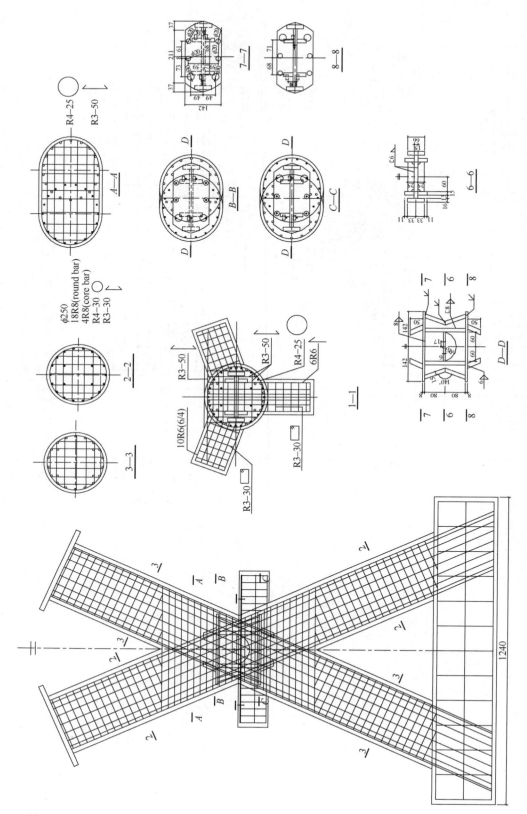

图 1.6.30 节点核心区加入钢板凳一的试验模型大样

44

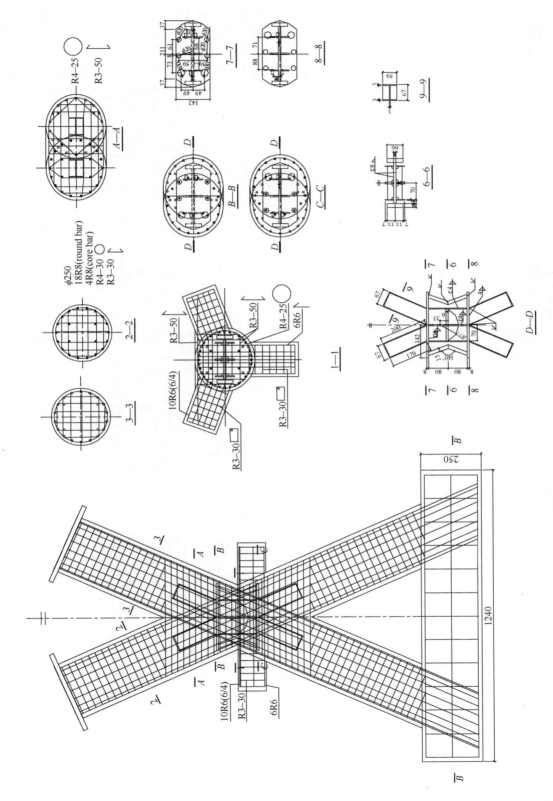

图 1.6.31 节点核心区加入钢板凳二的试验模型大样

强度 275～300MPa，抗拉强度 410～450MPa。试件外形及钢板凳尺寸完全按照 1：6.8 的比例缩尺，纵筋按照面积缩尺，箍筋按照体积配箍率缩尺。

试件汇总于表 1.6.1。

试 件 汇 总　　　　　　　　　　　　　　　　表 1.6.1

试件组别	试件编号	节点区混凝土强度（MPa）设计/实测	节点区外柱混凝土强度（MPa）设计/实测
1	M1-1	60/58.5	60/58.8
	M1-2	60/63.1	60/63.1
	M1-3	80/68.4	60/61.0
2	M2-1	60/64.9	60/64.9
	M2-2	60/64.9	60/64.9
	M2-3	80/68.4	60/63.3
3	M3-1	60/62.8	60/62.8
	M3-2	60/62.8	60/62.8
	M3-3	80/74.9	60/62.4

1.6.6.2　试验设备

实际结构中节点以受轴向压力为主，试验中仅测试节点在柱端轴向压力作用下的性能，即在柱端施加轴向压力，直至结构破坏，记录加载过程中结构的变形、应变、裂缝开展情况及破坏形态等信息。

加载装置如图 1.6.32 所示。通过分配梁及滑板，将压力机的竖向压力转化为柱端的

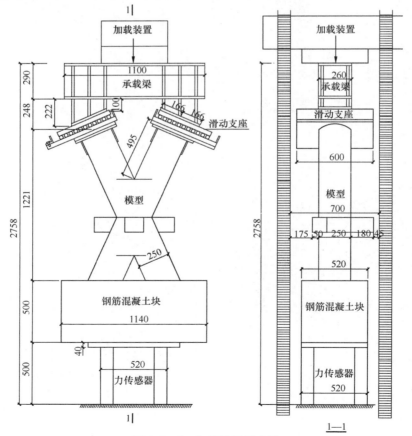

图 1.6.32　加载装置示意图

轴向压力。柱下端锚固于地梁内，地梁下布置力传感器，监测试验中施加的荷载。加载设备照片见图1.6.33。

1.6.6.3 试验结果汇总及分析

（1）破坏模式

三组9个试件破坏模式不完全相同，下面将各试件破坏形态简要总结于表1.6.2。由表1.6.2可见，没有配置钢板凳的三个试件，均在节点区发生压溃，模型丧失承载力。设置钢板凳一的试件，均在模型下端柱身或节点下部发生压溃；其中M2-1和M2-2节点区有较宽劈裂裂缝；M2-3节点区尚未破坏，模型由于柱的破坏而丧失承载力。设置钢板凳二的试件，M3-1和M3-3模型上端一侧柱身至节点上部发生斜压破坏，箍筋断裂，模型其余部分轻微破坏；M3-2下部柱身破坏，节点区有部分开裂。各组试件的破坏区域总结于图1.6.34中。可见，配置钢板凳后，节点区均得到加强，模型的破坏区域由钢板凳加强区向节点外其他部分和柱身转移。

图1.6.33　加载设备照片

试件破坏形态汇总　　　　　　　　　　　　表1.6.2

试件组别	试件编号	破坏形态
第一组	M1-1	节点区一侧压溃
	M1-2	节点区两侧同时压溃
	M1-3	节点区一侧压溃
第二组	M2-1	模型下端两柱同时压溃，节点区下部部分破坏
	M2-2	模型下端一侧柱压溃，另一侧柱及节点区部分破坏
	M2-3	模型下端两柱脚压溃，节点未破坏
第三组	M3-1	模型一侧上端柱自柱顶至节点区上部受压破坏，柱内箍筋断裂
	M3-2	模型下端两柱脚内侧压溃，柱身劈裂，节点区轻微破坏
	M3-3	模型一侧上端柱自柱顶至节点区上部受压破坏，柱内箍筋断裂

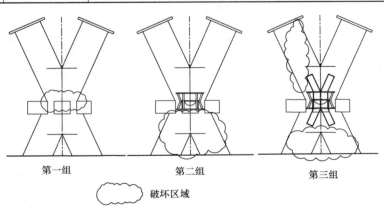

第一组　　　　　　　第二组　　　　　　　第三组

破坏区域

图1.6.34　各组试件破坏区域示意

（2）节点刚度和延性

取具有相近混凝土强度的 M1-1、M2-1 和 M3-1 对比节点的刚度和延性。三个试件的轴向压缩变形随荷载变化曲线如图 1.6.35 所示。试件的竖向刚度为第三组＞第二组＞第一组。由于第三组试件在整个节点区域内都有钢板凳，所以刚度增强作用较明显；第二组试件仅节点中心有钢板凳，刚度增强作用稍弱；第一组试件刚度最小。试件 M2-1 有最好的延性，节点变形能力最强。

M1-1、M2-1 和 M3-1 三个试件的 1-1 截面竖向应变随荷载变化曲线如图 1.6.36 所示。在相同荷载下，1-1 截面竖向应变为：第三组≈第二组＜第一组。第二组和第三组试件钢板凳对 1-1 截面的加强效果接近。

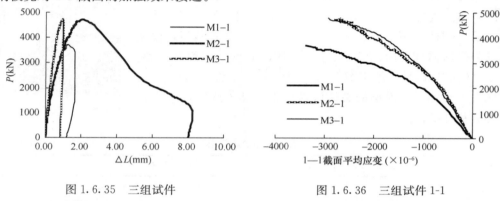

图 1.6.35　三组试件　　　　　图 1.6.36　三组试件 1-1
竖向刚度对比（P-ΔL 曲线）　　　截面应变对比

（3）承载力

各试件的承载力汇总于表 1.6.3。其中试件 M2-3 由于柱脚破坏，节点区尚未破坏，所以表中未列出其承载力。表中，P_u 为试件的实际极限承载力，f_{cu} 为试件节点区的混凝土强度实测值，填加钢板凳后，节点极限承载力与柱身承载力设计值的比值提高了约 12%～16%，可见钢板凳对节点有明显的加强作用，使节点对柱身的相对承载力提高，保证节点的安全。

承载力结果汇总　　　　　　　　　　　　表 1.6.3

试件组别	试件编号	f_{cu}（MPa）	P_u（kN）	[N]（kN）	P_u/[N]
第一组	M1-1	58.8	3709	2576	1.44
	M1-2	63.1	4450	2730	1.63
	M1-3	68.4	4110	2920	1.41
第二组	M2-1	64.9	4700	2794	1.68
	M2-2	64.9	4680	2794	1.67
第三组	M3-1	62.8	4700	2719	1.73
	M3-2	62.8	4450	2719	1.64
	M3-3	74.9	5970	3153	1.89

1.6.6.4　试验结果与有限元分析结果对比

按照试件构造分别建立三组试件的有限元模型，采用 ANSYS 的 SOLID 65 单元对试验模型进行非线性有限元分析，模拟试验过程，并将分析结果与试验结果进行对比验证。

有限元分析得到的极限承载力与试验结果总结于表 1.6.4 中。有限元分析结果和试验结果的误差基本在 10% 以内。大部分模型的有限元分析结果高于试验结果，这是由于试验模型中通常会存在几何和物理缺陷，混凝土材料强度也有一定离散性，而有限元分析模型则是理想情况，所以有限元分析得到的承载力会略偏高。承载力的对比以及下文中其他结果的对比说明有限元分析的结果是比较准确的，同样的模型可用于分析其他类似节点，并作为设计参考。

<table>
<tr><th colspan="6">有限元分析与试验结果对比汇总　　　　　　　　　　　　表 1.6.4</th></tr>
<tr><th rowspan="2">试件组别</th><th rowspan="2">试件编号</th><th rowspan="2">混凝土强度
f_{cu} (MPa)</th><th colspan="3">承载力（kN）</th></tr>
<tr><th>P_u</th><th>P_{uf}</th><th>P_{uf}/P_u</th></tr>
<tr><td rowspan="3">第一组</td><td>M1-1</td><td>58.8</td><td>3709</td><td>4046</td><td>1.09</td></tr>
<tr><td>M1-2</td><td>63.1</td><td>4450</td><td>4179</td><td>0.94</td></tr>
<tr><td>M1-3</td><td>68.4</td><td>4110</td><td>4385</td><td>1.07</td></tr>
<tr><td rowspan="2">第二组</td><td>M2-1</td><td>64.9</td><td>4700</td><td>4988</td><td>1.06</td></tr>
<tr><td>M2-2</td><td>64.9</td><td>4680</td><td>4988</td><td>1.07</td></tr>
<tr><td rowspan="3">第三组</td><td>M3-1</td><td>62.8</td><td>4700</td><td>4915</td><td>1.05</td></tr>
<tr><td>M3-2</td><td>62.8</td><td>4450</td><td>4915</td><td>1.10</td></tr>
<tr><td>M3-3</td><td>74.9</td><td>5970</td><td>5602</td><td>0.94</td></tr>
</table>

P_{uf} 为有限元分析计算结果，P_u 为试件试验实测结果。

下面对每个试件，对比试验和有限元分析得到的 P-ΔL 曲线及 1-1 截面平均应变与荷载关系曲线，结果如图 1.6.37 所示。

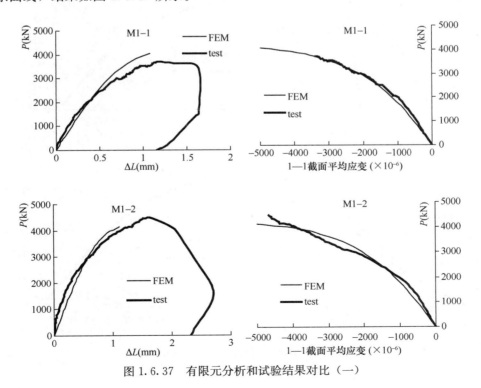

图 1.6.37　有限元分析和试验结果对比（一）

49

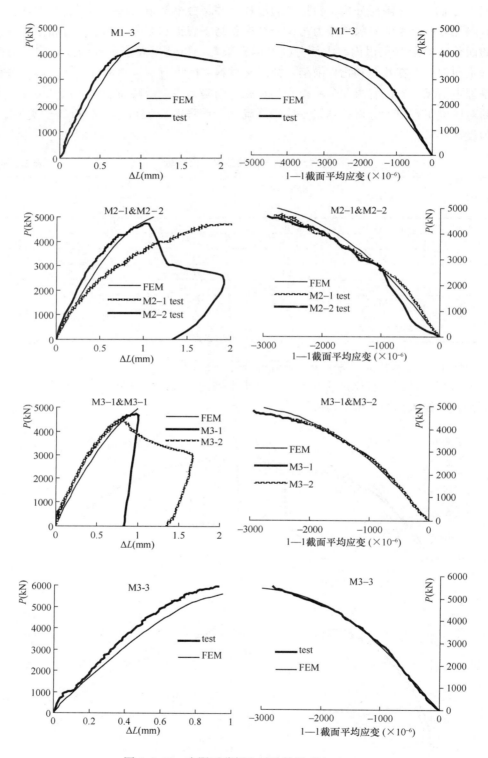

图 1.6.37 有限元分析和试验结果对比（二）

从以上结果对比中可见，有限元分析得到的结构变形和应变结果均与试验结果符合良好，说明有限元模型、材料强度及本构关系均比较准确，符合实际情况。有限元分析中，采用的混凝土本构关系中考虑了箍筋的约束作用，极限状态下，混凝土的强度超过 f_{cu}。试验模型在达到极限状态时，混凝土强度也会超过 f_{cu}。

1.6.6.5 结论

理论计算、有限元分析以及静载试验的结果表明，原设计节点存在应力集中、承载力不足的问题，试验结果表明节点的最窄截面处为薄弱位置，应力集中，易先行发生破坏，并且破坏时，该截面应变梯度很大，应力集中现象明显。配置钢板凳后，节点区得到加强，节点刚度提高，薄弱截面应变减小，模型的破坏区域由节点向柱身转移。这样的破坏模式对结构整体来说，是合理和安全的。

采用钢板凳加强后，节点的刚度得到提高，相同荷载下变形减小；节点延性得到改善，采用钢板凳一加强的模型具有最好的延性。填加钢板凳后，节点极限承载力提高了约 $12\% \sim 16\%$，节点强度比柱身强度有所提高，有利于节点的安全。

有限元分析结果与试验结果符合很好，表明有限元分析模型是合理而准确的，同类有限元模型可用于分析结构中其他类似节点，并作为设计参考。试验及分析结果表明，对节点采用钢板凳一进行加强，是必要并且合理的。

1.6.7 施工图设计

根据以上设计原则及各层各部分交叉斜柱的受力，施工图设计时所有节点均采用梁腋加强，20 层以下进一步采用节点内置钢板凳，钢板凳共 6 类，24 个，重量 $0.8 \sim 5.0t$，总重 80t。

1.7 屈曲稳定分析

本工程屈曲稳定分析主要目的：

（1）发现结构的薄弱部位，若分析部分结构构件的局部屈曲早于结构整体屈曲而发生，判断结构构件局部失稳对结构整体稳定的影响。

（2）确定北部 1~28 层没有楼板连接的交叉斜柱的计算长度。由于钢筋混凝土交叉斜柱和环梁是本工程的主要受力构件，而这种结构体系很复杂，合理地确定计算长度对结构的安全和经济性至关重要。本工程北部交叉斜柱 1~28 层没有楼板，也没有侧向支撑，如果按常规的方法把平面外的计算长度确定为 28 层高，显然不合理。事实上，各交叉斜柱之间、交叉斜柱和环梁之间相互支撑、相互约束，南部交叉斜柱每层有楼板支撑，同时都受到整体结构（核心筒、外网筒）侧向刚度相互约束，故应该从整体结构屈曲分析入手，其计算长度需要通过屈曲分析合理地确定。

1.7.1 结构稳定的概念及屈曲分析理论

1.7.1.1 结构稳定的概念

结构稳定本质上应是结构整体考虑的问题，单个结构构件的失稳可能会引起相邻构件的失稳，从而影响结构的整体稳定性。而任何结构构件的屈曲稳定必然受到其相连构件的约束作用，因此，通常构件的屈曲临界承载力要比仅考虑其自身两端约束大，构件的屈曲临界承载力或临界荷载系数可以通过整体屈曲稳定分析确定。现行设计中，结构的稳定计算通常采用近似独立的计算。而受压构件的稳定和承载力通常取决于其计算长度，合理地考虑相邻构件的约束作用确定构件的计算长度对结构构件的稳定及承载力计算十分重要。构件的计算长度系数应从整体结构的相互约束、相互影响的角度出发才能合理求解，结构构件，特别是高层建筑结构中结构构件的计算长度，应根据整体屈曲稳定分析结果确定才能更为合理。

1.7.1.2 线性屈曲分析基本理论及方法

在一定的变形状态下，结构的平衡方程可写成如下形式：

$$([K] + \lambda[K_G])\{U\} = \lambda\{P\} \tag{1.7.1}$$

式中：$[K]$——结构的弹性刚度矩阵；

$\{P\}$——荷载分布向量；

λ——荷载系数；

$[K_G]$——结构在 $\{P\}$ 作用下的几何刚度矩阵；

$\{U\}$——位移向量。

当总刚度矩阵 $[K] + \lambda[K_G]$ 的行列式等于 0 时，结构发生屈曲，屈曲临界荷载系数可由下式求得：

$$|K + \lambda K_G| = 0 \tag{1.7.2}$$

因此，线性屈曲分析最终归结为特征值求解问题。特征值 λ 为屈曲临界荷载系数，$\lambda\{P\}$ 为结构在 $\{P\}$ 荷载分布模式下的屈曲临界荷载，特征向量为屈曲临界荷载相应的屈曲模态。

1.7.1.3 几何非线性屈曲分析基本理论及方法

理论上讲，在结构极限承载力分析中几何非线性和材料非线性都应该考虑，但分析较为复杂，本工程整体屈曲分析中仅考虑几何非线性分析，以确定整体结构的弹性屈曲临界荷载。

考虑几何非线性分析时，应在考虑几何初始缺陷的情况下进行几何大变形非线性模拟分析，采用大变形下的刚度矩阵对原线性屈曲分析公式（1.7.1）中刚度矩阵进行调整。一般采用迭代法进行非线性过程的解答，进行荷载—位移全过程的模拟分析，不断修正结构几何刚度矩阵。迭代过程中，当总刚度矩阵的行列式为 0 时，结构达到极限承载力状态。

经试算，多哈塔的几何非线性分析的临界荷载接近为 $10\{P\}$，$\{P\} = 1.0DL + 1.0SDL + 1.0LL$。将 $10\{P\}$ 的荷载作用于整体结构上，采用弧长法进行循环迭代分析计算，可以得到如图 1.7.1 的荷载—位移曲线。

可以得到，在恒荷载和活荷载标准值作用下，几何非线性分析的整体稳定临界荷载为 $9.3\{P\}$，结构具有足够的整体稳定性。

1.7.1.4 受压构件计算长度的确定

现行规范关于稳定设计的近似公式是基于两端不动铰铰接这一理想构件的研究和推导得到的，而实际结构中各构件的端部约束条件十分复杂。根据实际构件和理想构件屈曲临界荷载相等的原则，可以得到实际构件的计算长度，从而可以将规范的稳定设计公式直接应用于实际构

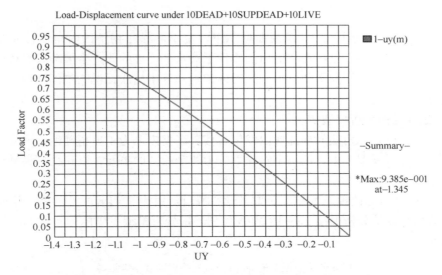

图 1.7.1　10 $\{P\}$ 荷载作用下几何非线性分析的结构顶层荷载位移曲线

件。实际结构中构件的计算长度系数体现了构件端部所受约束作用的相对大小。

　　构件计算长度系数的确定包括以下三个步骤：首先进行线性屈曲分析得到结构的各阶屈曲模态以及屈曲临界荷载系数；然后检查各阶屈曲模态形状，确定该构件发生屈曲时的临界荷载系数，得到该构件的弹性屈曲临界荷载；最后由欧拉临界荷载公式反算该构件的计算长度系数，即：

$$N_{cr} = \frac{\pi^2 EI}{(\mu l)^2}, \mu = \frac{\pi}{l}\sqrt{\frac{EI}{N_{cr}}} \tag{1.7.3}$$

式中：EI ——该构件发生屈曲方向的弹性抗弯刚度；

　　　　N_{cr} ——该构件的弹性屈曲临界荷载，由线性屈曲分析得到；

　　　　l ——构件的几何长度。

1.7.2　本工程结构线性屈曲稳定分析

　　结构的屈曲稳定与结构所受到的荷载密切相关，本工程考虑结构恒荷载和活荷载的标准值的基本组合（1.0 恒荷载＋1.0 活荷载），进行结构的线性屈曲分析。分析软件采用 MIDAS。

1.7.2.1　线性屈曲分析模型 1

　　在模型 1 中，每个结构构件模拟为一个单元，结构前 2 阶屈曲模态及相应的临界荷载系数 λ 如图 1.7.2 所示。为了清楚地表示，图中仅显示了梁与柱，北部的柱用蓝

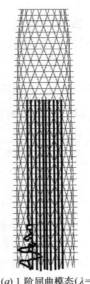
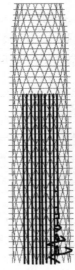

(a) 1 阶屈曲模态(λ=19)　　(b) 2 阶屈曲模态 (λ=19.26)

图 1.7.2　屈曲模型 1 的屈曲模态图

色表示。

由图 1.7.2 可以看到，1、2 阶屈曲模态下，位于电梯厅拐角的内角钢柱及相连接的钢梁发生局部屈曲，两个钢柱在压应力的作用下对水平连接的梁产生推动导致梁屈曲，梁对柱的约束提高了柱的屈曲承载能力，最后内角钢柱发生屈曲，说明整体结构对结构构件屈曲的贡献。

1.7.2.2 线性屈曲分析模型 2

从图 1.7.2 可知，角柱的局部屈曲发生在楼层高度内，为了更精确地反映柱子的屈曲模态，在屈曲分析模型 2 中，把每个斜柱划分为两个相同的单元，以获得更为准确的有限元分析结果。

模型 2 前 20 阶屈曲模态的结果汇总于表 1.7.1，由表 1.7.1 可见，第一阶屈曲模态下的临界荷载系数从分析模型 1 的 19 减小为 13.5，分析模型 1 中的内角柱的临界荷载被高估了约 41%。

屈曲分析模型 2 前 20 阶模态的临界荷载系数汇总　　　　表 1.7.1

屈曲模态	1	2	3	4	5	6	7	8	9	10
临界荷载系数	13.5	13.7	15.5	15.6	18.8	19.0	20.4	20.9	21.1	21.3
屈曲模态	11	12	13	14	15	16	17	18	19	20
临界荷载系数	21.7	21.8	22.0	22.1	23.1	23.4	24.1	24.2	24.4	24.7

柱子屈曲的部分模态及相应的临界荷载系数见图 1.7.3。

由图 1.7.3 可以看到，1、2 阶屈曲模态中，内角柱的屈曲变形是从东向西方向，而 3、4 阶屈曲模态中，内角柱的屈曲变形是从南向北。这种屈曲变形发生的方式与柱子所受的约束是一致的，南北向梁的约束要比东西向强，因此，柱子的屈曲变形首先发生在东西向。

在 7、8 阶屈曲模态中，第二层的角柱开始发生屈曲，在 17～20 阶屈曲模态中，第三层角柱发生屈曲。

1.7.2.3 观光电梯井道角钢柱计算长度系数确定

选择西侧底层柱来计算确定柱的计算长度系数。选取的屈曲模态、临界荷载、柱屈曲的其他参数以及柱计算长度系数见表 1.7.2。

斜柱的计算长度系数　　　　表 1.7.2

构　件	屈曲模态	初始荷载 (kN)	临界荷载系数	临界荷载 (kN)	弯曲刚度 (kN·m²)	几何长度 (m)	计算长度系数
1	1	5151	13.5	69549	$5.02×10^4$	5.6	0.48
2	7	3426	20.4	69901	$5.02×10^4$	5.6	0.48
3	17	2937	24.1	70803	$5.02×10^4$	5.6	0.47

从表 1.7.2 可以看到，所选的 3 个柱的屈曲临界荷载系数不同，柱 1 的临界荷载系数最小，而其初始荷载最大，因此它最先发生屈曲，但 3 个柱的临界荷载及计算长度系数基本相同，这个分析结果是合理的，因为三个柱的约束条件相同，弯曲刚度相同，临界荷载也应该是相同的。从表 1.7.2 可知，柱的计算长度系数为 0.48＜1，说明了水平钢梁对柱有相对较大的约束。表 1.7.2 中柱的计算长度系数是根据最不利的条件及东西向柱屈曲分

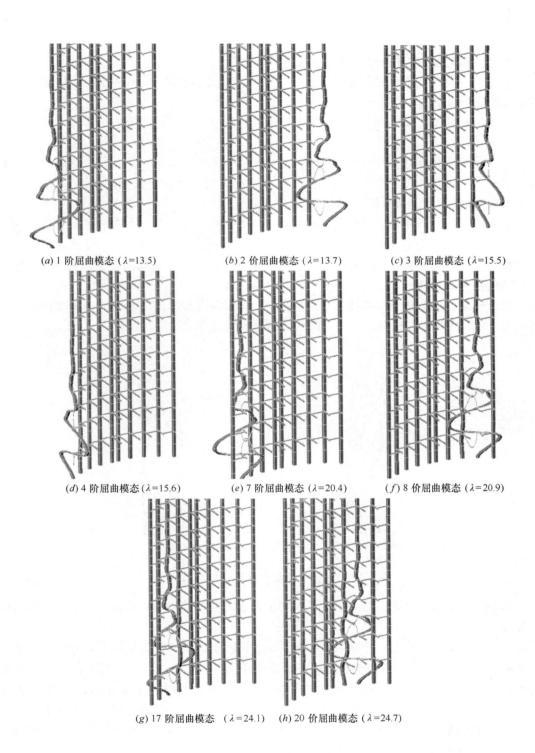

(a) 1 阶屈曲模态 (λ=13.5)　　　　(b) 2 价屈曲模态 (λ=13.7)　　　　(c) 3 阶屈曲模态 (λ=15.5)

(d) 4 阶屈曲模态 (λ=15.6)　　　　(e) 7 阶屈曲模态 (λ=20.4)　　　　(f) 8 价屈曲模态 (λ=20.9)

(g) 17 阶屈曲模态　（λ=24.1）　　(h) 20 价屈曲模态（λ=24.7）

图 1.7.3　屈曲计算模型 2 的部分屈曲模态图

析结果计算确定的，若根据南北向柱的屈曲分析结果计算，所确定的柱的计算长度系数要小于表 1.7.2 中的结果。

1.7.2.4 井道角钢柱屈曲分析结论

角柱的局部屈曲先于结构整体屈曲，为结构相对薄弱的部分。但是无论是角钢柱还是结构整体仍具有足够的安全度。

①1 阶屈曲模态下，内角柱的临界荷载系数达 13.5，斜柱的屈曲承载力是满足要求的；

②设计中，角钢柱两个方向的计算长度系数取值均为 1.0，而从屈曲分析中可以看到，角钢柱的计算长度系数实际值为 0.48，因此结构设计是偏于安全的。

1.7.2.5 线性屈曲分析模型 3

从前述分析可以看到，线性屈曲分析前 20 阶的屈曲模态基本为内部电梯井道角钢柱的屈曲，为获得结构整体屈曲模态和交叉斜柱局部屈曲模态，在计算模型 2 的基础上，把角钢柱的弹性模量调高，同时把每个角钢柱划为一个单元，作为屈曲分析模型 3 进行整体结构的线性屈曲分析。

计算模型 3 的分析结果如图 1.7.4 所示，1 阶屈曲模态是沿南北向的结构整体弹性屈曲变形，2 阶屈曲模态是结构沿东西向的结构整体弹性屈曲变形。

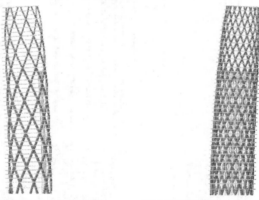

(a) 1 阶屈曲模态($\lambda=39.8$)(沿南北向)　　(b) 2 阶屈曲模态($\lambda=40.9$)(沿东西向)

图 1.7.4　屈曲分析模型 3 的 1、2 阶屈曲模态

3 阶~10 阶的屈曲模态图如图 1.7.5 所示，为方便识别构件的位置，北部空心柱用粗线表示。

由图 1.7.5 可以看出，计算模型 3 中的 3~5 阶屈曲模态主要为南部交叉斜柱的平面内屈曲变形；6 阶模态中，南部底层柱开始发生平面外屈曲变形；7 阶模态，南部柱的平面外屈曲向上部发生；8 阶和 9 阶屈曲模态，结构呈现出整体的半波屈曲；10 阶模态，南部柱屈曲发展到上部位置，同时北部柱的平面内屈曲明显地出现。从上述结果可以看到，南部柱的最不利情况下的临界荷载应该是 3 阶屈曲模态，而北部柱的临界荷载应该发生在 10 阶屈曲模态。

1.7.2.6 线性屈曲分析模型 4

屈曲模型 3 的分析中确定了交叉斜柱的局部屈曲变形模态，为了更准确地确定斜柱计

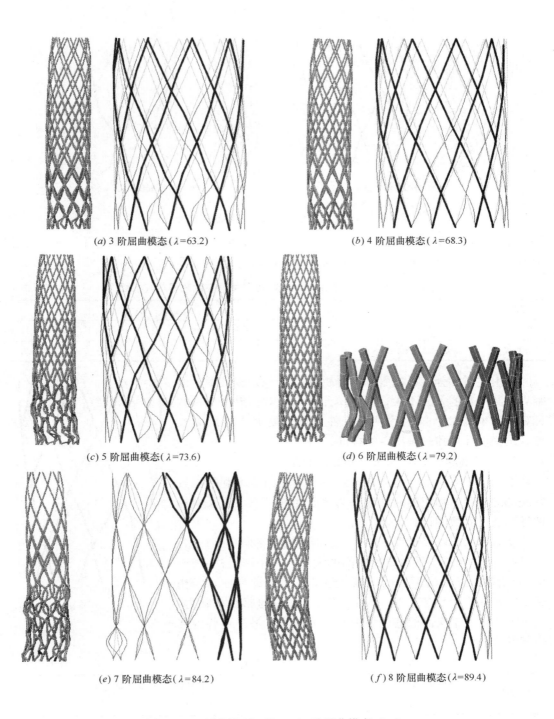

(a) 3 阶屈曲模态(λ=63.2)

(b) 4 阶屈曲模态(λ=68.3)

(c) 5 阶屈曲模态(λ=73.6)

(d) 6 阶屈曲模态(λ=79.2)

(e) 7 阶屈曲模态(λ=84.2)

(f) 8 阶屈曲模态(λ=89.4)

图 1.7.5　屈曲模型 3 的 3～10 阶屈曲模态（一）

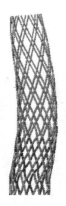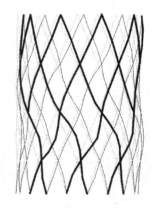

(g) 9 阶屈曲模态(λ=93.4)　　　　　　　(h) 10 阶屈曲模态(λ=99.3)

图 1.7.5　屈曲模型 3 的 3～10 阶屈曲模态（二）

算长度系数，把模型 3 中的斜柱每层划分为 2 个单元，作为屈曲模型 4 进行分析，模型 3 和模型 4 计算分析的前 10 阶临界荷载系数对比汇总于表 1.7.3。

线性屈曲分析模型 3 和 4 的前 10 阶模态下的临界荷载系数　　表 1.7.3

屈曲模态	1	2	3	4	5	6	7	8	9	10
分析模型 3	39.8	40.9	63.2	68.3	73.6	79.2	84.2	89.4	93.4	99.3
分析模型 4	39.8	40.9	62.9	68.1	73.4	78.8	83.3	88.7	93.0	98.3

从上述对比分析可以看到，分析模型 3 和分析模型 4 的临界荷载系数的差异不大，说明单元的细化对临界荷载系数计算的影响很小，同时说明，杆件计算长度大于柱层高长度，结构整体屈曲影响所有的构件。

1.7.2.7　南部斜柱的计算长度系数的确定

如图 1.7.6 所示，南部交叉斜柱发生屈曲最不利的位置在底部的两层，相应的屈曲模态为 3 阶屈曲模态，交叉斜柱的计算长度系数的计算见表 1.7.4。

从表 1.7.4 可以看到，位于东、西两边南部斜柱（1～4、9～12）的计算长度系数要比中间的大一点，中部斜柱（5～8）初始状态下为最不利的构件，最早发生局部屈曲，但相邻斜柱对其产生约束作用，从而提高了它们的屈曲承载力，另一方面，位于角部的柱的屈曲承载力较小，最终这些构件一起发生屈曲。

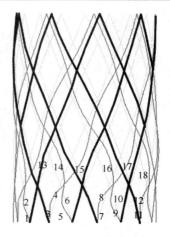

图 1.7.6　南部交叉斜柱的屈曲

南部交叉斜柱计算长度系数　　表 1.7.4

构件	初始荷载（kN）	临界荷载系数	临界荷载（kN）	弯曲刚度（kN·m²）	几何长度（m）	计算长度系数
1	40664	62.9	2557822	1.48×10^7	5.72	1.32
2	39812	62.9	2504194	1.48×10^7	5.72	1.33

构件	初始荷载（kN）	临界荷载系数	临界荷载（kN）	弯曲刚度（kN·m²）	几何长度（m）	计算长度系数
3	45537	62.9	2864290	1.48×10^7	5.72	1.25
4	44761	62.9	2815524	1.48×10^7	5.72	1.26
5	46670	62.9	2935559	1.48×10^7	5.72	1.23
6	45823	62.9	2882320	1.48×10^7	5.72	1.24
7	46666	62.9	2935298	1.48×10^7	5.72	1.23
8	45823	62.9	2882299	1.48×10^7	5.72	1.24
9	45519	62.9	2863207	1.48×10^7	5.72	1.25
10	44744	62.9	2814407	1.48×10^7	5.72	1.26
11	40615	62.9	2554728	1.48×10^7	5.72	1.32
12	39758	62.9	2500824	1.48×10^7	5.72	1.33
13	40337	62.9	2537219	1.48×10^7	4.45	1.70
14	43362	62.9	2727527	1.48×10^7	4.45	1.64
15	45611	62.9	2868957	1.48×10^7	4.45	1.60
16	45583	62.9	2867202	1.48×10^7	4.45	1.60
17	43371	62.9	2728078	1.48×10^7	4.45	1.64
18	40323	62.9	2536357	1.48×10^7	4.45	1.70

需要指出的是，受压构件的计算长度在构件的其他条件包括弯曲刚度、几何尺寸、来自连接构件的约束条件相同的情况下，构件计算长度系数将因荷载的分布不同而不同。在本项目中，仅考虑按最不利构件计算构件的计算长度系数，其他条件相同的构件采用与最不利构件相同的计算长度系数。

由于北部交叉斜柱在 28 层以下无楼板连接，因此它们受到的约束刚度小于南部柱，因此对不同部位的南部斜柱的影响不同。根据上述分析，在考虑安全的前提下，南部底部两层斜柱的计算长度系数按最不利的构件的分析结果取为 1.33。在底部两层发生屈曲后，南部 3 层到 6 层的柱子也发生屈曲，由于 3～6 层的斜柱的几何长度小于底部两层，它们的刚度比底层大，因此所受的约束相对来讲较小，因此计算长度系数要比底部两层的大。而位于 7 层以上的斜柱截面相对小，它们的线刚度小于 3～6 层的斜柱的线刚度，受到的约束影响要比 3～6 层的斜柱大，因此 7 层以上的斜柱的计算长度系数小于 3～6 层斜柱的计算长度系数。

上述计算长度的确定是基于平面内屈曲分析结果进行的，从屈曲分析看，斜柱在平面外屈曲下的计算长度系数要比平面内的计算长度系数小。

因此，本项目南部交叉斜柱两个方向（平面内外）的计算长度系数根据上述分析，偏安全取 2.0。

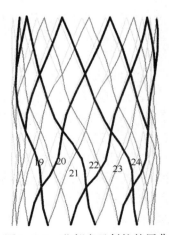

图 1.7.7　北部交叉斜柱的屈曲

1.7.2.8 北部斜柱的计算长度系数的确定

北部3~6层斜柱第10阶屈曲模态如图1.7.7所示，其计算长度系数的确定如表1.7.5所示。

北部斜柱3~6层计算长度系数   表1.7.5

构件	初始荷载 (kN)	临界荷载 系数	临界荷载 (kN)	弯曲刚度 (kN·m²)	几何长度 (m)	计算长度 系数
19	13790	98.3	1355621	1.36×10^7	4.45	2.24
20	13161	98.3	1293769	1.36×10^7	4.45	2.29
21	11399	98.3	1120606	1.36×10^7	4.45	2.46
22	11376	98.3	1118338	1.36×10^7	4.45	2.46
23	13141	98.3	1291795	1.36×10^7	4.45	2.29
24	13721	98.3	1348869	1.36×10^7	4.45	2.24

为了更安全地确定斜柱的计算长度系数，考虑北部斜柱在3阶屈曲模态下开始发生屈曲，设计采用的斜柱计算长度系数如表1.7.6所示。

北部斜柱3~6层的计算长度系数（设计采用）   表1.7.6

构件	初始荷载 (kN)	临界荷载 系数	临界荷载 (kN)	弯曲刚度 (kN·m²)	几何长度 (m)	计算长度 系数
19	13790	62.9	867432	1.36×10^7	4.45	2.80
20	13161	62.9	827854	1.36×10^7	4.45	2.86
21	11399	62.9	717051	1.36×10^7	4.45	3.07
22	11376	62.9	715600	1.36×10^7	4.45	3.08
23	13141	62.9	826591	1.36×10^7	4.45	2.86
24	13721	62.9	863111	1.36×10^7	4.45	2.80

根据表1.7.5、表1.7.6，在最不利情况下，北部斜柱的计算长度系数接近于3。考虑其他楼层的斜柱的线刚度不大于3~6层斜柱的线刚度，即斜柱受到的约束不小于3~6层的斜柱，因此计算长度系数不会大于3~6层的斜柱。因此，本项目北部斜柱两方向（平面内外）的计算长度系数最终偏于安全取值为3.0。

1.7.3 结论

通过屈曲稳定分析，可以得到以下结论：

（1）恒荷载和活荷载标准值作用下，线性屈曲分析相应的结构整体稳定临界荷载系数可达39.8；考虑几何非线性，结构整体稳定临界荷载系数为9.3，结构的整体稳定承载力满足要求，结构具有足够的整体稳定性。

（2）由于内部结构柱相对薄弱，因此部分内部结构柱的局部屈曲先于结构整体屈曲发生，相应的屈曲临界荷载系数仍可达13.5，此部分柱的计算长度系数分析结果为0.48，远小于设计取值1.0，因此内部结构柱的屈曲稳定承载力满足安全要求；另一方面，内部结构柱不是主要构件，它们的屈曲对结构整体的稳定影响较小。

（3）南部1、2层外网筒斜柱承受最大的荷载，平面内先屈曲，北部3~6层斜柱平面外先发生屈曲。

（4）通过分析，内部结构柱、南部交叉斜柱、北部交叉斜柱的平面内外两个方向计算长度系数可偏安全分别取为1.0、2.0、3.0，其初始长度取层高内长度（斜长）。

（5）构件的计算长度取决于其相连结构构件的约束条件、荷载分布及其自身的线刚度。一般而言，构件自身刚度大，计算长度大，构件自身刚度小，计算长度小；构件受到的外部约束强，计算长度小，反之，构件受到的外部约束弱，计算长度大。

1.8 预应力混凝土环梁分析

本工程结构平面采用圆形截面，底部直径约45m，顶部楼层直径约35m，主体结构由现浇钢筋混凝土交叉柱环梁外网筒＋内筒组成。楼盖中心相对于外网筒结构中心向南偏心1.25m，内筒偏北布置如图1.8.1所示，北入口28层通高，不设楼板，重力荷载偏心使南北两侧交叉柱受力产生较大差异。

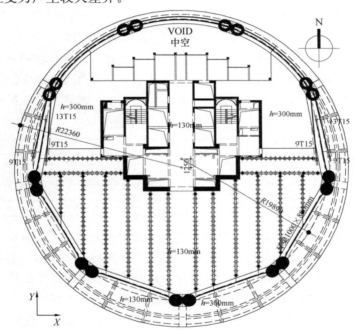

图1.8.1 五层结构平面图

外网筒由9组"X"形交叉钢筋混凝土圆形截面斜柱组成，截面直径由底层的1.7m变化到顶层的0.9m。平面位置每层转5°，层高范围内为直线，每4层相交一次，相邻柱通过环梁层层连接，环梁标准截面为1000mm×800mm。

1.8.1 环梁部分预应力设计

1.8.1.1 环梁拉力分析

（1）结构从第6层往上每层楼盖半径大约减少5～30cm，每根斜柱沿着半径不断减小的曲线曲折上升。重力荷载作用下，斜柱存在外鼓的趋势，环梁和楼盖受拉。

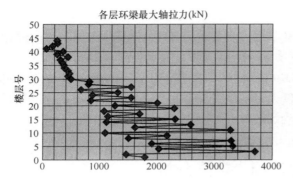

图1.8.2　重力荷载标准值下各层环梁最大拉力分布

（2）重力荷载作用下，南北侧的交叉柱轴向压力差异也使环梁和楼盖受到较大轴向拉力和压力。

（3）水平地震作用和风荷载产生的倾覆弯矩大部分由外网筒交叉柱轴力承担，从而使交叉柱轴向压力产生差异，也使环梁和楼盖受到轴向拉力和压力。

环梁轴向拉力主要由重力荷载引起。整体结构全过程施工模拟计算分析得到重力荷载作用下环梁受到的拉力标准值最大值3698kN，位于第3层北面的环梁（圆形截面梁 $D=1300$mm），拉应力2.78MPa。同时，由图1.8.2可以看到，轴向拉力大的环梁大部分分布在下部楼层，28层以上环梁拉力均小于1000kN。

1.8.1.2　原标书环梁超预应力设计

标书设计中，法国工程师采用强化环梁的理念，按 BS8110-2000 CLASS1 超预应力设计。各层环梁预应力2倍于各层环梁最大轴向拉力。该设计理念存在两个误区：

（1）希望强化环梁提高整体结构刚度。实际上，本工程主要侧向刚度由交叉柱提供，环梁裂缝刚度适当退化对整体结构刚度并没有太大的影响，如表1.8.1所示。

环梁刚度退化前后前3个周期　　　　　　　　　　　表1.8.1

环梁弹性刚度退化前		退化50%	
周期（s）（方向）	质量参与	周期（s）（方向）	质量参与
$T_1=3.27$（Y）	61.03%	$T_1=3.32$（Y）	61.1%
$T_2=3.18$（X）	62.36%	$T_2=3.20$（X）	62.4%
$T_3=1.026$（扭转）	72.71%	$T_3=1.04$（扭转）	72.7%

（2）由于未计施工模拟，环梁尤其是上部环梁拉力偏大较多，导致从下至顶需设置较多的预应力筋。在这样强大的预应力作用下，环梁、网筒将产生内缩，为避免南半部组合楼盖压屈，设滑动支座将组合楼盖及开孔钢梁与内外筒断开，削弱了结构整体性，而楼盖不参与工作，进一步导致了环梁拉力增大。由于超量预应力筋放置需要，南侧悬挑结构不得不采用400mm厚楼板，进一步加大了南北柱的轴力差异，加大了环梁的拉力。原标书环梁最大拉力约为最终设计值的2倍。

1.8.1.3　环梁部分预应力设计

最终设计采用适度强化环梁设计理念，允许环梁在预应力作用组合下存在限定的轴向拉应力，控制环梁在正常使用状态重力荷载内力组合下裂缝宽度小于0.1mm。

（1）限定拉力

本设计采用的限定拉力 $[N]$：

$$[N] \leqslant 0.8 f_t A \tag{1.8.1}$$

式中：f_t——混凝土名义抗拉强度；

　　　A——环梁横截面面积。

正常使用状态下环梁受到的重力荷载产生的轴向拉力小于限定拉力 $[N]$ 时，环梁可只配非预应力钢筋，限制重力荷载作用下弯矩、拉力标准值产生的环梁受拉钢筋拉应力小于 $170N/mm^2$，满足最大裂缝宽度≤0.1mm 的要求。本工程 28 层以上环梁拉力均小于 $[N]$，可不设预应力。

（2）部分预应力量级确定

本工程 27 层以下环梁部分预应力量级确定分为以下三步：

①取出重力荷载标准值作用下环梁轴向拉力 N_{SLS}（≥$[N]$）

②扣除损失后的有效预拉力理论值 N_p 应满足：

$$N_p \geqslant 0.7N_{SLS} \text{ 且 } N_p \geqslant N_{SLS} - [N] \tag{1.8.2}$$

③确定预应力筋数量：

采用 T15 高强钢绞线（7ϕ5，138.6mm^2，$f_{ptk}=1860N/mm^2$），后张无粘结，预拉控制应力 $\sigma_{con}=0.7f_{ptk}$，扣除预应力损失后得到有效预应力 σ_{pe}，则每股 T15 钢绞线有效预拉力 $P_1=A\times0.7\times\sigma_{pe}$。

预应力钢绞线束数
$$n_p = \frac{N_p}{P_1} \tag{1.8.3}$$

1.8.1.4　两种设计比较

采用部分预应力技术，预应力筋数量大幅度下降，取得很好的经济效益，见图 1.8.3、图 1.8.4 和表 1.8.2。同时，足够的非预应力筋的配置，既满足了结构正常状态裂缝控制和承载力要求，又提高了预应力结构的耐久性，提高了整体结构的延性，有利于结构抗震，并方便施工。

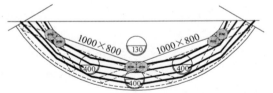

图 1.8.3　原标书预应力筋布置　　　　　图 1.8.4　调整设计预应力筋布置

南侧环梁预应力筋数量比较　　　　　　　　　　　　　　表 1.8.2

楼层 \ 束号	原标书超预应力设计					调整设计
	1 号	2 号	3 号	4 号	总计	1 号
1 层	19T15	19T15	12T15	12T15	62T15	13T15
2 层	19T15	19T15	12T15	12T15	612T15	13T15
3 层	19T15	19T15	12T15	12T15	62T15	10T15

1.8.1.5　环梁预应力线形选择

本工程预应力设置主要是为了平衡环梁的轴向拉力，而且这种轴拉力来源于交叉斜柱，故本工程的预应力筋在梁跨范围内采用直线形，且放置在梁的中心，见图 1.8.5。预应力筋进入梁柱

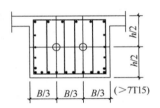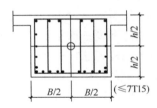

图 1.8.5　预应力束在梁内定位

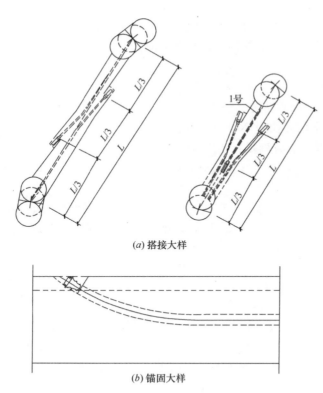

(a) 搭接大样

(b) 锚固大样

图1.8.6 预应力筋搭接、锚固大样

节点后，采用平面曲线形，但仍位于梁高中线。图1.8.6为预应力筋的搭接和锚固大样。

1.8.1.6 张拉施工控制

环梁预应力筋采用涂包成束置放于波纹管灌浆定位后，两端一次张拉，滞后网筒、内筒、环梁施工8层，滞后钢梁、组合楼盖施工4层，滞后楼盖后浇带施工2层，其典型楼层平面如图1.8.1所示。

整个张拉施工过程中除了要控制环梁楼板的拉应力外，还需控制交叉柱弯曲拉应力，标准如下：

①柱的弯曲拉应力低于C40混凝土名义抗拉强度2.3N/mm^2；

②梁和板预应力组合轴向拉应力低于C40混凝土名义抗拉强度2.3N/mm^2。整体结构全过程施工（包括预应力）模拟分析表明，此张拉施工控制能满足上述标准要求。

1.8.2 环梁预应力整体结构计算分析

1.8.2.1 钢筋混凝土结构预应力施工至使用全过程的仿真方法

预应力混凝土结构的工作原理是通过对混凝土结构合理布置预应力筋并张拉，使受拉区混凝土在荷载作用下始终受压或者受较小的拉应力，充分发挥混凝土抗压强度较高的特点，使混凝土结构截面承载能力得到提高。近年来，预应力混凝土在高层、大跨建筑结构中的应用有很大发展，实现了"预应力"由"构件"向"体系"、由"静定结构"向"超静定结构"的跨越。

现有的钢筋混凝土预应力仿真分析方法大都采用"构件法"，即从整体模型中抽取单根预应力构件或局部构件，施加预应力进行分析，预应力并未进入到整体结构模型中，不能考虑整体结构受力，不能考虑其他非预应力构件（竖向构件、梁板）所参与分担的预应力。

现有的钢筋混凝土预应力结构仅有对预应力构件张拉批次等的模拟，预应力计算时结构整体刚度一次形成，一次性施加预应力，没有考虑预应力、结构自重是随着施工逐步作用于结构，这样的计算分析是无法得到正确的结果的。更未见有结合整体结构施工顺序至使用全过程施工模拟。

目前钢筋混凝土预应力结构最常用的计算方法为等效荷载法，等效荷载法概念简单，适用于一些简单的、静定预应力构件，不适用于超静定预应力结构体系。

一般认为施加的张拉预应力与结构内的实际预应力之间的差值统一看作预应力损失值，引起预应力损失的原因主要有：张拉端锚具变形和预应力筋的应力松弛、混凝土的徐变、收缩效应。

现有的钢筋混凝土结构预应力仿真方法中，对预应力损失的考虑大都采用了总预应力损失的估算方法，即认为考虑到上述预应力损失因素的综合影响后，把施工张拉控制张力 T 折减 0.75（或其他值）作为结构的有效预应力，该折减系数仅为一经验系数，受不同结构布置、结构构成影响较大，用统一的折减系数不仅缺乏计算依据，而且也难以涵括各种混凝土结构，更难以描述预应力损失过程中结构的内力变形效应。

针对现有的钢筋混凝土结构预应力施工至使用全过程仿真计算分析的不足和缺陷，结合项目的特点，创新提出并采用了一种有效实用的方法，计算步骤如下，示意见图 1.8.7。

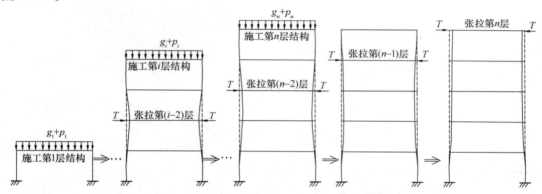

步骤一、含预应力张拉的整体结构施工模拟(预应力滞后主体结构施工2层)

g_i：第 i 层结构自重

p_i：第 i 层施工活荷载

T：预张拉力

$i=1,\dots,n$

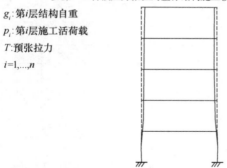

步骤二、以时间(天)为变量，模拟锚夹具及预应力筋的松弛效应和混凝土徐变、收缩效应，得到各时刻的结构构件及整体结构的实际预应力产生的内力变形

图 1.8.7 钢筋混凝土预应力施工至全过程仿真方法

步骤（1）进行包括重力荷载、预应力施工张拉的整体结构施工模拟分析；

步骤（2）进行从施工开始至使用全过程的预应力锚夹具及索体松弛的分析模拟，计算松弛效应导致的预应力损失值 $\Delta T_{松弛}(t)$；进行从施工开始至使用全过程的混凝土的徐变收缩效应分析模拟，计算混凝土徐变、收缩效应导致的任一时刻 t 的预应力损失值 $\Delta T_{徐变}(t)$、$\Delta T_{收缩}(t)$。

步骤（3）可得到从施工开始至使用全过程任一时刻 t 的结构实际预应力：$T'(t) = T - \Delta T_{松弛}(t) - \Delta T_{徐变}(t) - \Delta T_{收缩}(t)$，及结构内力变形效应。

1.8.2.2 预应力张拉施工模拟整体计算

本工程主体结构由四部分组成,如图1.8.8所示,从基础到顶共48层,其中3、4部分结构施工滞后1、2部分结构4层,预应力从-1层起进入计算。整个施工过程,结构生成一共分为52个阶段。采用SAP2000对结构的预应力张拉施工进行了全过程的整体结构模拟计算分析。整体结构预应力张拉施工顺序见表1.8.3,计算分析中,采用非线性施工工况真实模拟了这一完整施工过程。

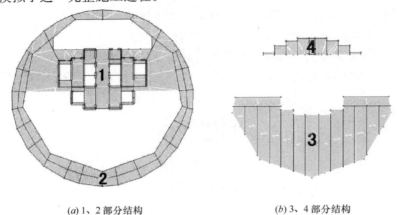

(a) 1、2部分结构　　　　　　　　(b) 3、4部分结构

图1.8.8　主体结构组成

预应力张拉施工阶段　　　　　　　　　　　　　　表1.8.3

施工阶段	1、2部分结构(层)	3、4部分结构(层)	张拉预应力所在层	施工阶段	1、2部分结构(层)	3、4部分结构(层)	张拉预应力所在层	施工阶段	1、2部分结构(层)	3、4部分结构(层)	张拉预应力所在层
1	-4			19	15	11	7	37	33	29	25
2	-3			20	16	12	8	38	34	30	
3	-2			21	17	13	9	39	35	31	27
4	-1			22	18	14	10	40	36	32	
5	1			23	19	15	11	41	37	33	
6	2			24	20	16	12	42	38	34	
7	3	-2		25	21	17	13	43	39	35	
8	4	-1		26	22	18	14	44	40	36	
9	5	1		27	23	19	15	45	41	37	
10	6	2		28	24	20	16	46	42	38	
11	7	3		29	25	21	17	47	43	39	
12	8	4	-1	30	26	22		48	44	40	
13	9	5	1	31	27	23	19	49		41	
14	10	6	2	32	28	24	20	50		42	
15	11	7	3	33	29	25	21	51		43	
16	12	8	4	34	30	26		52		44	
17	13	9	5	35	31	27	23				
18	14	10	6	36	32	28					

1.8.2.3 预应力等效荷载

两柱之间的环梁是直线，根据前面的预应力线形选择，预应力筋在梁跨范围内是直线，在梁柱节点范围内是曲线，预应力筋对结构的作用如图 1.8.9 所示。为了简化，采用梁两端加一对集中力的方式见图 1.8.10，来模拟预应力对结构的作用，这种预应力等效荷载对内力的计算确定影响很小，如图 1.8.11、图 1.8.12 所示。

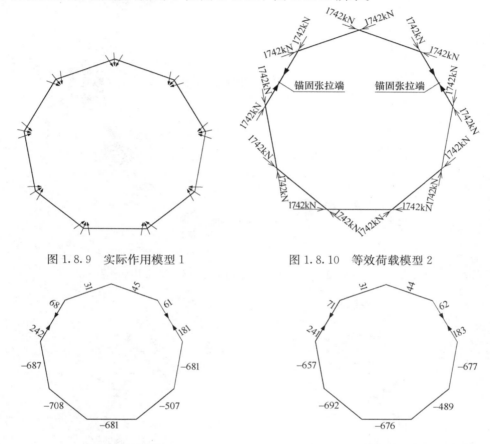

图 1.8.9　实际作用模型 1　　　　　　　图 1.8.10　等效荷载模型 2

图 1.8.11　模型 1 环梁轴力（kN）　　　　图 1.8.12　模型 2 环梁轴力（kN）

1.8.2.4 环梁预应力有效性

每个节点的一对预应力集中力使环梁受压，环梁轴向压缩变形带动与之相连的交叉柱内凹、楼板受压。对于普通结构，竖向结构以剪切刚度阻碍梁的轴向变形，以受剪的形式参与承受预应力作用。本工程的交叉斜柱，不仅以剪切刚度更主要的是以轴向刚度阻碍梁轴向变形。梁两侧的现浇楼板，本来就作为梁的有效翼缘与梁协同工作，自然与梁一起参与承受预应力的作用。预应力在环梁、楼板、交叉柱之间的分配十分复杂，必须考虑整体结构的协同变形，由整体计算分析才能得到环梁有效预应力。

考虑预应力构件和非预应力构件之间的协同变形，预应力环梁内实际预应力有效性会有所降低。以 3 层环梁为例，南半部分环梁设置预应力钢绞线 10T15，北半部分环梁设置20T15。预应力等效荷载为南面梁端一对集中力 1350kN，北面梁端一对集中力 2700kN。预应力前后的重力荷载作用下环梁轴力标准值比较见图 1.8.13、图 1.8.14。可以看到，

67

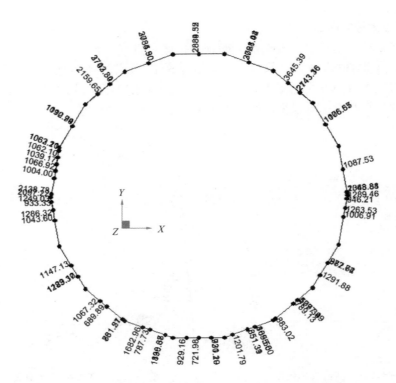

图 1.8.13　不施加预应力时重力荷载作用下 3 层环梁轴力标准值（kN）

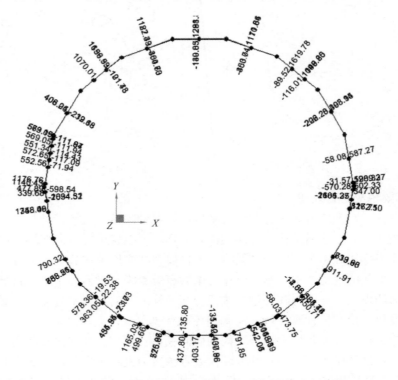

图 1.8.14　施加预应力后重力荷载作用下 3 层环梁轴力标准值（kN）

由于楼板、斜柱的约束，一部分预应力传给了楼板和柱，环梁内实际的有效预应力减少到原预应力等效集中力的 30%～80%。

与此同时预应力有效地减小了板的拉应力，见图 1.8.15、图 1.8.16。预应力张拉后，板的最大拉应力由原来的 4.29N/mm² 减小到 1.9N/mm²。

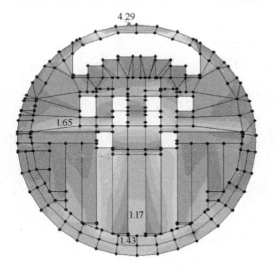

图 1.8.15　不施加预应力时重力荷载标准作用下楼板应力 S11（N/mm²）

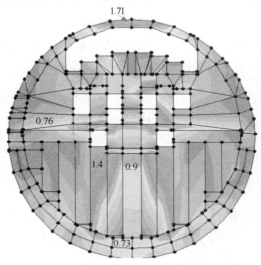

图 1.8.16　施加预应力后重力荷载标准作用下楼板应力 S11（N/mm²）

控制梁内实际有效预应力：

$$N_{po} \geqslant N_{SLS} - [N] \tag{1.8.4}$$

式中：N_{SLS}——重力荷载标准值作用下环梁轴向拉力；

$[N]$——限定拉力，$[N] = 0.8f_tA$。

反复调整环梁内预应力筋数量以满足式（1.8.4）要求，本工程大部分环梁都达到了所期望的预应力值，小部分需作调整，见表 1.8.4。

预应力筋调整结果　　　　　　　　　　　　　　　　表 1.8.4

环梁所在位置	N_{sls} （kN）	$[N]$ （kN）	调整前预应力筋数	N_p （kN）	调整后预应力筋	N_{po} （kN）
1 层南面	1800	1300	10T15	490	16T15	784
3 层南面	2101	1300	11T15	700	16T15	1018
10 层南面	2463	1690	13T15	713	18T15	987

整体结构预应力全过程施工模拟的计算结果正确地反映了重力荷载、预应力的作用，可用于正常使用状态设计；其组合温度、地震、风荷载等效应，则可用于承载能力极限状态设计。

1.8.3　预应力环梁非预应力筋设计

1.8.3.1　环梁截面非预应力筋配筋设计

（1）承载能力极限状态

环梁受弯所需的纵向钢筋面积，按 BS8110 纯弯构件计算确定。

环梁轴向拉力所需的纵向钢筋面积 A_{sN}：

$$A_{sN} = \frac{(N_{ULS} - 135 \cdot n_p)}{0.87 \cdot f_y} \tag{1.8.5}$$

式中：N_{ULS}——环梁轴向拉力最大设计值（kN）（不含预应力工况）；

n_p——环梁预应力筋数量；

f_y——非预应力钢筋屈服强度，取 460N/mm²。

环梁偏心受拉截面承载力所需非预应力钢筋总面积：

$$A_s = A_{sM} + A_{sN} / 2 \tag{1.8.6}$$

（2）正常使用状态

环梁受弯所需的纵向钢筋面积 A_{sM}，根据 BS8110，按纯弯构件计算确定。环梁轴向拉力所需的纵向钢筋面积 A_{sN}

$$A_{sN} = \frac{N_{SLS}}{0.87 \cdot f_d} \tag{1.8.7}$$

式中：N_{SLS}——环梁在重力＋预应力工况下轴拉力标准值；

f_d——非预应力钢筋设计强度，取 170N/mm²。

环梁偏心受拉截面裂缝宽度控制所需钢筋总面积：

$$A_s = A_{sM} + A_{sN}/2 \tag{1.8.8}$$

1.8.4 典型楼层环梁预应力及非预应力钢筋配置

根据上述原则所得到的典型楼层环梁钢筋配置见图 1.8.17、表 1.8.5。

1.8.5 结论

（1）本工程应用部分预应力技术，有效地平衡了环梁一部分轴向拉力，保证了环梁适宜的刚度，控制了环梁的裂缝宽度。取得了很好的经济效益，方便了施工。

（2）非预应力筋的配置，满足了裂缝和承载力要求，又提高了整体结构的延性，利于结构抗震。

（3）预应力构件与非预应力构件协同工作，非预应力构件对预应力有效性有着很大的影响，目前常用的按单根或局部构件计算有效预应力的方法存在安全隐患。

（4）张拉施工顺序对构件内力影响不容忽视。采用整体结构预应力张拉全过程施工模拟设计十分重要。

5 层环梁配筋表　　　　　　　　　　　表 1.8.5

| 5 层 | 环梁编号 | 截面尺寸 (mm) | $W_{max}<0.1mm$ 非预应力筋 $(A_s/bh_0)\%$ | | | 注 | 一侧腰筋 |
			左支座负筋	底筋	右支座负筋	部分预应力筋	
$f_y=170MPa$ C40	11～13	1300×800	0.62	0.65	0.72	18T15	4T25
	13～15	1300×800	1.16	0.90	1.34	18T15	4T25
	15～17	1000×800	1.06	0.94	1.14	13T15	3T25

5层	环梁编号	截面尺寸 （mm）	$W_{max}<0.1mm$ 非预应力筋（A_s/bh_0）%			注	一侧腰筋
			左支座负筋	底筋	右支座负筋	部分预应力筋	
	17～1	1000×800	1.89	1.50	1.95	13T15	4T25
	1～3	1000×800	1.95	1.50	1.85	13T15	4T25
$f_y=170MPa$ C40	3～5	1000×800	1.20	0.89	1.06	13T15	3T25
	5～7	1300×800	1.40	0.95	1.14	18T15	4T25
	7～9	1300×800	0.70	0.70	0.60	18T15	4T25
	9～11	D1300	0.46	0.51	0.46	18T15	3T25

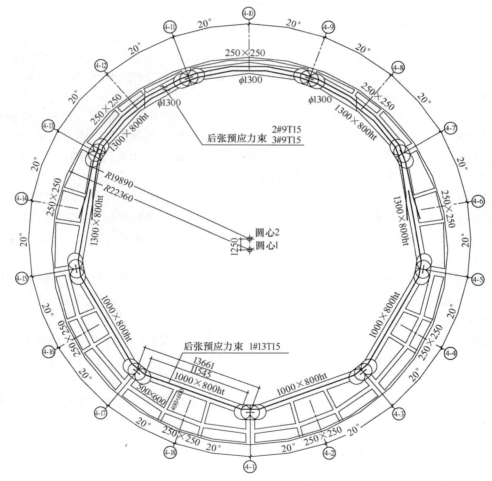

图 1.8.17　5层环梁及预应力钢绞束布置图

1.9　结构抗连续倒塌设计

结构连续倒塌是指结构因突发事件或严重超载而造成局部结构破坏失效，继而引起与失效破坏构件相连的构件连续破坏，最终导致相对于初始局部破坏更大范围的倒塌破坏。可以造成结构连续倒塌的起因可能是爆炸、撞击、火灾、飓风、地震、施工失误、基础沉降等偶然因素。当偶然因素导致局部结构破坏失效时，整体结构不能形成有效的备用荷载传递路径，破坏范围就可能沿水平或者竖直方向蔓延，最终导致结构发生大范围的倒塌甚至是整体倒塌。

卡塔尔多哈塔地处卡塔尔首都多哈，作为一栋地处伊斯兰国家、执行重要政府职能的建筑，自然更容易遭受到恐怖袭击。所以在结构设计时，除了要进行一般重力、地震、风、温度等荷载作用下结构的承载力、刚度、稳定计算外，业主还要求对其进行结构抗连续倒塌设计。本工程结构的主要抗侧力构件为交叉斜柱和环梁组成的外网筒，容易遭到外来袭击。按照业主标书的要求，本工程分析验算了外围2~9层任一对交叉柱失效破坏后结构的抗连续倒塌能力，并在此基础上，对必要的部位予以加强。

1.9.1 抗连续倒塌研究现状

2001年911事件和1995年俄克拉荷马州Murrah联邦大楼遭受恐怖袭击倒塌，提升了人们对结构连续倒塌分析与控制的关注程度。其实，早在30多年前人们就开始了对结构连续倒塌的研究。1968年5月16日发生在英国伦敦的Ronan Point公寓由于某一层厨房煤气爆炸引起连续倒塌事件后，不少规范标准、官方组织机构、结构工程师、建筑师开始了对建筑连续倒塌的研究。目前，美国、加拿大和欧洲已经有了针对防止结构发生连续倒塌的相关规范、标准和指南。我国《高层建筑混凝土结构技术规程》JGJ 3—2010中的3.12节也对建筑结构提出了抗连续倒塌的概念设计措施。

其中美国DOD（Department of Defense）起草的《国防部连续倒塌设计暂行指南》明确给出了结构抗连续倒塌的判断标准：竖直方向，破坏应限制在初始破坏构件的上一层和下一层；水平方向破坏应限制在破坏构件两侧1开间范围内（框架结构），或小于70m²、小于15%的楼层面积（其他结构）。

归结起来，结构抗连续倒塌设计的主要方法是直接设计方法和间接设计方法。间接设计方法通过相应的构造要求完成。直接设计方法又分为局部构件抵抗偶然荷载设计方法和备用荷载路径设计方法。按照结构抗连续倒塌标准，结构在突发偶然事件发生时是允许局部结构破坏的，要把每个结构构件都设计成经受得起所有偶然作用是很难做得到的，也是不经济的。因此，备用荷载路径设计方法避开了偶然因素产生影响的过程，简单有效，自然成为目前抗连续倒塌设计的主流方法。这种方法是通过"拿掉"可能遭遇破坏的结构构件来模拟它的失效，再验算"剩余结构"是否具有抗连续倒塌的能力。备用荷载路径设计方法分析的是局部结构偶然破坏的情况，其荷载组合显然应与正常设计不同。

1.9.2 抗连续倒塌设计方法

1.9.2.1 计算设计原理

（1）建筑物受到袭击、发生局部破坏前，结构正常工作，承担着结构自重和附加静荷载和35%活荷载，存在着初始内力和初始变形。抗连续倒塌计算分析应从这个结构的初始内力、初始变形——初始态进入。

（2）目前抗连续倒塌分析的主流方法是"拿掉"破坏构件来模拟其失效，构成"剩余结构"，重新加载，此方法忽略了构件失效时结构的初始内力状态，带来结构内力重分布计算失真，如图1.9.1、图1.9.2所示。

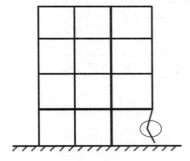
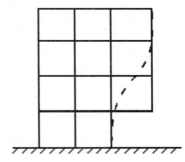

图1.9.1　构件失效示意　　　　图1.9.2　新结构一次加载荷载传力示意

（3）不考虑结构破坏前初始态、"剩余结构一次加载"的计算分析方法，一次重新加载，不能模拟施工过程的影响，导致了结构自重作用下结构内力、变形失真。

（4）当某些结构构件因破坏被去掉时，这些破坏构件中的初始内力随之消失，因此导致剩余结构内力重分布。

（5）将破坏构件消失的初始内力（杆端力）定义为"倒塌荷载"作用于"剩余结构"，求解"倒塌内力"、"倒塌变形"，叠加"剩余结构"初始内力、初始变形，即可得到真实的局部构件破坏后"剩余结构"的真实内力、真实变形。这时，与局部构件相连的结构构件首当其冲，承受最大的"局部破坏"引起的不利效应。

（6）抗连续倒塌是一个短期行为，安全度可适当降低。剩余结构中与破坏构件相连的少量构件可以适当放宽采用屈服承载力复核，剩余结构大部分构件宜采用设计承载力，整个"剩余结构"可采用弹性模型求解。

1.9.2.2　结构抗连续倒塌计算框图

1.9.3　一对交叉斜柱破坏的抗连续倒塌设计研究

外网筒由9对"X"形交叉斜柱组成，每层18根交叉斜柱。根据业主标书要求，结构在2～9层任1对"X"形交叉斜柱受到袭击破坏后，应还有足够的承载力保证整个结构处于稳定状态，不发生连续倒塌破坏。

1.9.3.1　倒塌假定

1对X形交叉柱破坏时，假定与其相连的水平构件包括环梁和楼板也遭到破坏，其中与破坏交叉柱相连的一半随着交叉柱一起消失，而与剩余结构相连的另一半则还由水平构件内支座锚固钢筋悬挂在剩余结构上，如图1.9.4～图1.9.6所示。

1.9.3.2　计算模型

1.9.3.3　倒塌荷载

破坏构件杆端初始内力为倒塌荷载，施加于倒塌区域相连的剩余结构上，破坏的交叉柱、环梁的轴力较大，为主要的倒塌荷载，对剩余结构影响最大。考虑到另一半梁板仍然悬挂在剩余结构上，这些构件端部剪力不能作为倒塌荷载；交叉柱、环梁弯矩相对较小，对剩余结构的影响可忽略。倒塌荷载施加如图1.9.7、图1.9.8所示。

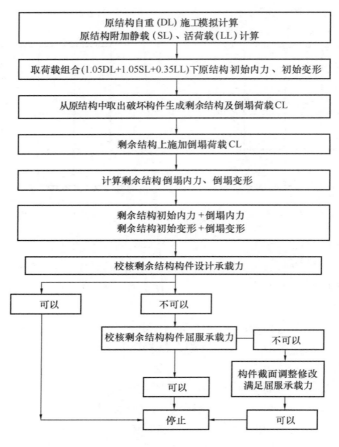

原结构自重（DL）施工模拟计算
原结构附加静载（SL）、活荷载（LL）计算

取荷载组合(1.05DL+1.05SL+0.35LL)下原结构初始内力、初始变形

从原结构中取出破坏构件生成剩余结构及倒塌荷载CL

剩余结构上施加倒塌荷载CL

计算剩余结构倒塌内力、倒塌变形

剩余结构初始内力＋倒塌内力
剩余结构初始变形＋倒塌变形

校核剩余结构构件设计承载力

可以　　　不可以

校核剩余结构构件屈服承载力　　　不可以

构件截面调整修改
满足屈服承载力

可以

停止　　　可以

图 1.9.3　结构抗连续倒塌计算框图

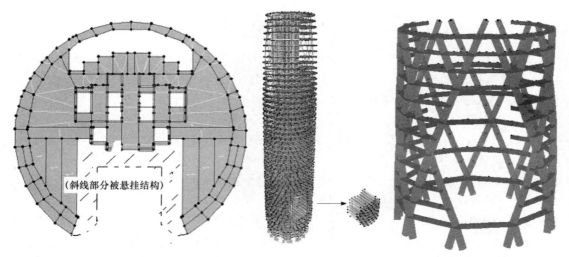

图 1.9.4　南面 1 对 X 形交叉柱破坏时
3 层楼盖被悬挂结构示意

（斜线部分被悬挂结构）

图 1.9.5　1 对 X 形交叉柱
破坏后整体模型

图 1.9.6　1 对交叉柱破坏后
局部放大

74

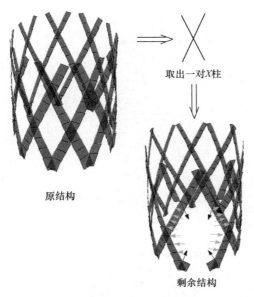

原结构

取出一对X柱

剩余结构

图 1.9.7 梁柱轴力作为倒塌荷载施加于剩余结构

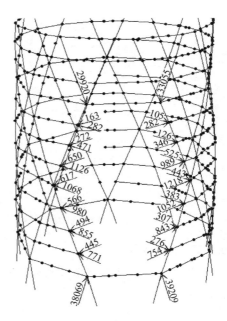

图 1.9.8 倒塌荷载作用示意

1.9.3.4 一次性重新加载错误方法计算结果

一次性加载将会把不利的倒塌局部影响淡化。表 1.9.1 中可以看到，该错误方法得到倒塌区域周边构件内力值明显低于倒塌荷载所得到的结果，选定比较内力的斜柱如图 1.9.9 所示。

错误与正确模型计算结果的比较 表 1.9.1

楼层	柱号	轴力（kN）		弯矩（kN·m）	
		错误模型	正确模型	错误模型	正确模型
6	1	−48755	−55441	3688	4829
	2	−48419	−55635	3766	4813
3	3	−43424	−55792	−12852	−13487
	4	−43356	−55792	−12804	−13487

1.9.3.5 变形分析

南面一对 X 形交叉柱失效时，图 1.9.10 所示选定点变形见表 1.9.2，结构的最大竖向位移为 -0.0412m，$U_{ZMAX}/L = 0.0412/13.51 = 1/321$，结构的变形在容许的范围。从变形的角度上看，结构在这种失效状况下具备二次防御能力。

选定点位移 表 1.9.2

点号	1	2
竖向变形 U_z (m)	−0.0412	−0.0412
Y 向变形 U_y (m)	−0.0139	−0.0139
X 向变形 U_x (m)	−0.00085	−0.00085

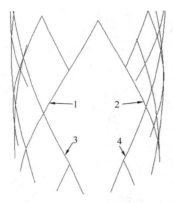

图 1.9.9 选定比较内力的斜柱

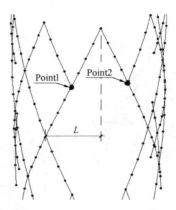

图 1.9.10 选定分析位移的点

1.9.3.6 内力分析

南面一对 X 形交叉柱失效破坏后周边结构内力见图 1.9.11～图 1.9.14。构件失效导

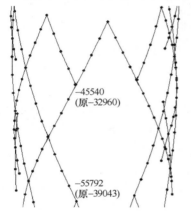

图 1.9.11 2～9 层交叉柱轴力(kN)

致剩余结构内力重分布,对破坏区域周边构件内力影响最大。失效交叉柱原本所承担的重力荷载,在构件失效后改变了传力路径,通过上下连接点以倒塌荷载的形式传给周边剩余构件,对于上节点 1(图 1.9.11),倒塌荷载向下,由于卸载效应,上斜柱轴力减小,倒塌荷载更多地被下斜柱所承担,该柱轴力由破坏前的－32960kN增大到－45540kN;对于相对应的下节点,倒塌荷载向上,下斜柱卸载,上斜柱轴力由原来到－39043kN 增大到－55792kN,增幅达 40%,如图 1.9.11 所示。

该对交叉斜柱失效,对相连环梁轴力影响很大,周边环梁轴力参与协调内力重分布,轴力增幅较大,且环梁内部分预应力筋将退出工作,如图 1.9.12～图 1.9.14 所示。

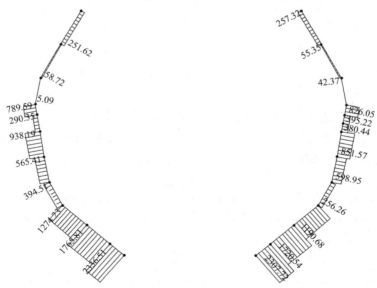

图 1.9.12 2 层(破坏区下部楼层)环梁轴力 (kN)

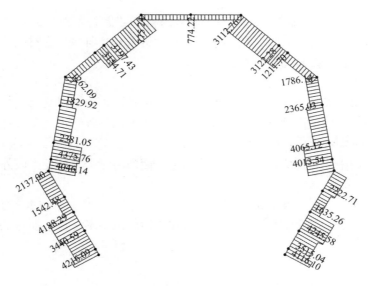

图 1.9.13　5 层（破坏区中部楼层）环梁轴力（kN）

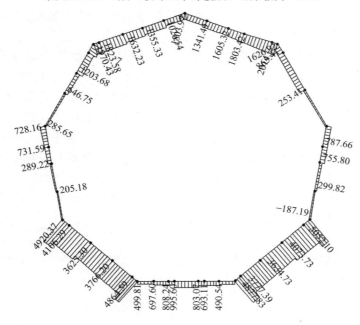

图 1.9.14　9 层（破坏区上部楼层）环梁轴力（kN）

1.9.3.7 承载力验算

抗连续倒塌为一短期行为，局部破坏一般将很快被修复。本工程对剩余结构承载力验算时，材料的设计强度 f_d 作如下调整：

$$f_d = k_d \cdot f \qquad (1.9.1)$$

式中：f——材料设计强度；

　　　k_d——提高系数，混凝土：$k_d = 1.5$（$\leqslant$C55），$k_d = 1.4$（$=$C60）；钢筋：$k_d = 1.2$（柱）；$k_d = 1.15$（梁）。

按照 BS8110 的承载力极限状态设计要求，考虑上述调整系数，混凝土的压应力和钢筋的拉应力仍基本处于弹性阶段，局部混凝土开始进入塑性阶段。它对应的设计承载力接近于屈服承载力，可为结构修复创造更有利条件。

验算主要结果：

（1）一对 X 形交叉柱失效对相连的构件有重要影响：正南一对交叉柱失效后，周边斜柱轴力显著增加，最大值高达－59979kN，压应力达 26.4MPa；该对交叉柱相连的第 9 层环梁最大拉力达到 5052kN，拉应力达 6.3MPa。

（2）剩余结构中周边柱所需的配筋需要加强。南面两侧交叉柱上下段外围配筋率由原需要的 2.08% 增大到 3%。

（3）剩余结构中 9 层环梁非预应力配筋率由原来的 1.16% 提高到 1.62%。

（4）其他情况下，剩余结构仍基本上保持在弹性状态，不需特别加强。

1.9.4 结语

结构抗连续倒塌问题是目前全世界结构工程师共同要面对的问题，对于控制实际工程因意外事故发生连续破坏问题，无论是设计理论还是具体的设计方法都还存在不少问题。本文结合工程，计算分析研究基础上，得到了以下结论：

（1）对于重要或易于受到意外破坏的建筑，应进行结构抗连续倒塌设计。

（2）计算表明，交叉网筒具有很好的连续性和延性。意外事故发生时，结构有能力在局部发生破坏之后进行荷载的重分布和内力调整，网筒结构单根或局部柱破坏时，引起的倒塌荷载可以被周边的交叉柱承担，网筒结构具有较优良的抗连续倒塌能力。

（3）目前抗连续倒塌分析的主流方法是通过"拿掉"某些构件来模拟构件失效，忽略了构件失效时结构的初始内力状态，这将会带来结构内力重分布失真的不利影响。

（4）本工程的结构抗连续倒塌计算分析，限于弹性阶段，比较方便可行，要更为全面地把握结构最终抗连续倒塌能力，必须进入材料的非线性和结构的几何非线性状态。

（5）本工程采用静荷载模拟分析构件失效，比较简单可行，但尚未能反映实际倒塌瞬间的动力效应。

（6）提高结构的整体性、赘余度和延性，可有效提高结构抗连续倒塌能力。

1.10　其他专项设计

在本工程结构设计中，除上述介绍的专项设计外，根据本项目的特点和要求，还对结构构件、温度效应、钢结构雨篷和穹顶等进行专门研究和设计。

1.10.1　开孔工字钢梁组合楼盖有限元分析

本工程应用 ANSYS 对开孔工字钢梁组合楼盖进行弹性有限元分析，开孔工字钢梁采用 shell 63 单元，混凝土板采用 SOLID 45 单元模拟。计算结果表明，标书设计的部分钢梁孔下边应力集中，最大拉应力超过钢材屈服强度，如图 1.10.1 所示，考虑钢材的塑性发展，采取以下原则进行控制：

1）孔边峰值拉应力小于 1.2 倍钢材屈服强度；

2）孔边拉应力超过钢材屈服强度的面积小于该受拉区面积的 40%；

3）部分工字钢梁腹板和翼缘适当加厚。

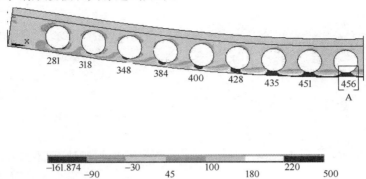

图 1.10.1　重力标准值下开孔钢梁应力（N/mm²）

1.10.2　钢结构穹顶分析

大楼顶盖为一半球形钢结构穹顶，底部直径约 33m，顶部有一直径约为 4m 的内环梁。沿环向 36 榀径向钢柱，18 个支座，每 5 榀，两钢柱斜交于内环梁，如图 1.10.2 所示，36 榀钢柱构成一个空间受力体系；沿径向设置 5 道环梁。环梁与钢柱通过普通螺栓铰接，交叉钢柱以及钢柱与内环梁之间通过熔透对接焊缝形成刚接，钢柱之间不设交叉斜撑，建筑上简洁通透。钢柱和内环梁为主要受力构件，采用 400mm×250mm×30mm 焊接方钢管；中间 5 道环梁采用 300mm×200mm×12mm×12mm 焊接方钢管。

穹顶上方设有 27m 高桅杆，通过约 6m 高基座与内环梁相连，桅杆截面为正三角形变截面焊接管，下端边长 1.27mm，上部边长 0.15m，板厚 0.03m。穹顶底部位于 180m 高的楼盖上，风荷载是设计的一个主要控制因素，柱脚采用铰接时，水平方向的刚度不能满足要求，故柱脚支座按刚接来设计，设

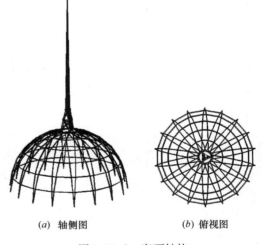

　(a) 轴侧图　　　(b) 俯视图

图 1.10.2　穹顶结构

计中分别采用 SAP 和 ANSYS 程序计算分析了环梁和钢柱刚接、铰接等各种情况下结构的稳定性及构件的强度和稳定性验算等，表明穹顶结构具有足够的安全度。

1.10.3　钢结构雨棚分析

大楼首层设有环状钢结构雨棚，内环半径为 22.36m，外环半径 41.26m，是本建筑的又一重要特点。结合功能需要和美学要求，雨棚由 36 榀沿径向的工字钢主梁和沿环向的小方钢管梁和 8 组 X 形交叉拉杆组成。方钢管柱为二力杆摇摆柱，上销支承雨棚主梁，

下销支承于－1层楼盖钢筋混凝土梁。主梁最大悬臂12.025m，内侧铰接锚固支承于首层钢筋混凝土楼盖环梁。雨棚的稳定主要由8组X形预应力拉杆提供，拉杆采用R40棒钢，每根拉杆施加68kN预应力，控制拉杆在各种工况下的组合拉应力<$0.6f_y$，最小拉应力>$0.05f_y$，拉杆预应力有效提高了雨棚结构的水平刚度和扭转刚度。

雨棚受风荷载影响较大，为此，专门做了风环境分析，每个风向角为一个工况。风向角从0°～360°按顺时针30°递增，共12个工况，采用ETABS分析，包括首层主体结构的雨棚计算模型，如图1.10.3所示，计算荷载包括静荷载、活荷载、风荷载、地震作用、预应力和温度

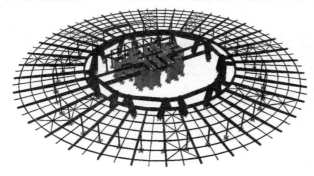

图1.10.3　雨棚计算模型

效应，同时考虑风、活荷载的不均匀分布，控制雨棚挠度和杆件应力比等，确保使用功能，满足承载力要求。

1.10.4　温度效应全过程施工模拟分析

本工程外墙采用玻璃幕墙加外悬遮阳板的做法，同时考虑到室内空调，使用阶段温度效应较小。温度效应主要体现在施工阶段，本工程利用ETABS结合实际施工次序进行了结构温度效应的全过程有限元计算。计算表明，施工顺序对温度效应有较大影响。采用整体结构温度效应全过程施工模拟十分重要。

本工程主体结构由四部分组成：（1）内筒及两侧现浇混凝土平板；（2）外网筒，包括交叉斜柱、环梁、悬臂；（3）南半部分开孔工字钢梁、压型钢板组合楼盖；（4）1～28层景观电梯区钢框架组合楼盖，如图1.8.8所示。

3、4部分钢结构铰接支承于1、2部分混凝土结构。3、4部分结构施工时，1、2部分混凝土结构必须要有足够的强度，1、2部分必须先于3、4部分施工。经研究确定，3、4部分滞后1、2部分4层施工，即1、2部分结构施工X层时，3、4部分同时施工X-4层。

施工阶段温度效应作用和结构构件自重一样也是随着结构施工阶段逐步作用于结构。

本工程从基础到顶共48层，其中3、4部分施工滞后四层，温度效应从－1层起进入计算，所以整个施工过程结构生成一共分为52个阶段。在整体模型有限元计算时，采用非线性施工工况52个结构模型真实地模拟了这一52个阶段施工全过程。

由于南半部分组合楼盖施工滞后四层，3、4部分施工时，早期混凝土收缩变形时，1、2部分结构早期收缩已经基本完成。1、2部分结构将会约束3、4部分结构的早期收缩应变，使得组合楼板中引起的拉应力过大，如图1.10.4、图1.10.5所示。

混凝土收缩等效温差－10℃引起的最大拉应力可达到4.05MPa>2.1MPa（混凝土28天时的标准抗拉强度），不满足要求。为了消除混凝土早期收缩应力，沿南半部分楼盖周边设置环向后浇带（图1.10.6）以降低较大的收缩拉应力，避免楼板出现裂缝。

后浇带设置时，需注意：后浇带混凝土宜采用无收缩混凝土；在相对低的温度下浇筑

后浇带混凝土；结合工程，后浇带浇筑滞后 3、4 部分 2 层。通过这些措施，可以逐层施加相同的温差以模拟施工顺序，忽略时间滞后引起的早期混凝土收缩的不利影响。后浇带设置有效的减低了温差收缩应力，见图 1.10.7。

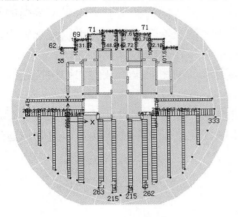

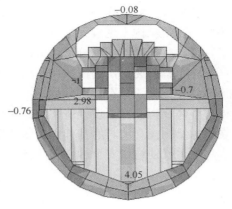

图 1.10.4　5 层组合梁轴力（kN）（−10℃）　　图 1.10.5　5 层楼板应力 S11（N/mm²）（−10℃）

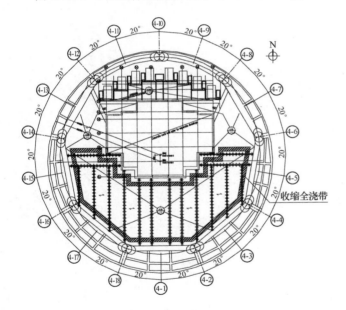

图 1.10.6　南半部分后浇带设置示意

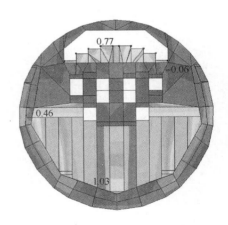

图 1.10.7　设后浇带后 5 层楼板应力
S11（N/mm²）（−10℃）

1.11　结　　语

卡塔尔多哈塔建筑采用的现浇混凝土斜柱交叉构成的外网筒结构在国际建筑史上尚属首例，通过本工程设计，可得到以下结论：

(1) 外网筒提供了结构主要的侧向刚度，抗震、抗风性能优异；

(2) 斜柱交叉节点交界面面积大幅减小，交界面处存在明显应力集中现象，交叉节点是网筒结构设计的关键，节点内设钢板凳是一种比较简捷有效的加强措施；

（3）施工模拟计算十分重要，它不局限于结构自重，对预应力、温度作用等均应进行施工全过程的模拟计算；

（4）长期重力荷载作用下，混凝土的徐变效应，将使竖向构件压应力水平不均匀的高层及超高层建筑结构出现较大的倾斜变形，影响使用，造成安全隐患，应予以重视解决；

（5）通过整体结构屈曲分析，可得到网筒结构中交叉柱合理的计算长度；

（6）本工程研究提出的保留初始态、确定倒塌荷载和采用屈服承载力的结构抗连续倒塌设计概念和方法，具有参考价值。

通过整体分析和专项设计研究的方式，并结合试验，使得结构设计从概念到细节更合理，在整体结构概念清晰的基础上，设计创新和不断优化，既完美地实现了建筑师的建筑创意和功能，又使结构安全、合理及经济。

第2章 深圳大梅沙万科中心

◆ 结构设计以独特的结构形式——"斜拉桥上盖房"诠释了漂浮的地平线这一新颖的建筑理念。采用世界首创落地钢筋混凝土筒体、墙—斜拉索—首层钢结构楼盖—上部钢筋混凝土框架混合结构体系；

◆ 结构自重大，索力大，索径粗，所用 D7×499 索为国内最大直径索，创新采取"自配重、自平衡"设计理念，避免钢丝束松弛，改善结构受力状态。实现大直径索预应力一次张拉，有效限制落地竖向构件侧移；

◆ 采取预应力微调主动控制设计方法，减小托柱柱根弯矩；

◆ 创新采用索外包钢套管，控制最大拉索应力水平，同时增大结构竖向刚度和振动频率，改善结构舒适度。

2.1 工程概况及结构构成

2.1.1 工程概况

大梅沙万科中心项目位于深圳盐田区大梅沙度假区。建筑设计由美国 STEVEN HOLL（斯蒂文·霍尔）建筑事务所与中建国际（深圳）设计顾问有限公司合作设计，结构设计由中建国际（深圳）设计顾问有限公司与中国建筑科学研究院合作完成。总用地面积 61730m²，总建筑面积 137116m²。建筑自落成以来获得了各方面的关注和好评。

建筑设计将多个功能体以水平几何形态连接在一起，并将整个建筑抬起，将基地最大限度地还原给自然并大大提升了建筑内部的景观。

结构设计以独特的结构形式——"斜拉桥上盖房"诠释了建筑理念。采用世界首创落地钢筋混凝土筒体、墙—斜拉索—首层钢结构楼盖—上部钢筋混凝土框架混合结构体系，落地筒体、实腹厚墙、柱支承离地 10～15m 的上部 4～5 层结构，底部形成了连续的开敞大空间，上部结构中间跨越 50～60m，端部悬臂 15～20m，从而使上部结构能获得良好的海景环境。上部结构重力荷载由预应力拉索、首层钢结构楼盖和上部各层混凝土结构楼盖整体协同工作传递到竖向落地构件——筒体、墙、柱；水平荷载通过各层楼屋盖传递到落地筒体。索通过铸钢节点与落地竖向构件连接，索的连接过渡区埋入型钢，前期承受索张拉应力，后期参与工作。

该体系特点如下：

1) 结构悬挑达 15～20m，中部跨越达 50～60m；

2) 结构自重大，索力大，索径粗，所用 D7×499 索为国内最大直径索；

3) 拉索张拉后上部结构逐层施工，索力增长大。

本工程整体结构平面狭长且多支，为加强各筒体之间的协同工作能力，保证斜索拉力的有效传递，在结构底层和顶层楼层平面内加设水平交叉斜撑，以加强楼屋盖面内刚度和承载力，同时兼作承重梁。中间楼层楼盖采用主次梁结构，以利于减轻结构自重，减轻索的负荷。

结构水平长度近 500m，上部结构高度变化处、地下室边界处设置伸缩兼防震缝，将上部结构分为 3 部分，缝宽 100mm。

混凝土楼板设置后浇带，筒体、墙设置后浇块，以消除索张拉过程中混凝土拉应力。

本工程结构已于 2008 年年底顺利封顶，整体结构未见裂缝，工作正常。2009 年 10 月投入使用。经业主测算，主体结构造价约人民币 2000 元/m²，较巨型钢结构方案节省结构造价约 8000 万元人民币。

本项目获 2012 年第七届全国优秀建筑结构设计一等奖、2014 年国际混凝土协会 FIB 特别贡献大奖、美国建筑师学会建筑荣誉奖以及中国土木工程詹天佑奖等奖项，学术论文为美国土木工程协会结构工程学报（ASCE Journal of Structural Engineering）2012 年下载率最高的论文之一。

图 2.1.1　建筑效果图

2.1.2　主体结构选型

本工程可选择体系有：钢框架＋巨型钢支撑结构、钢框架＋拉索结构、混凝土框架＋拉索结构、混合框架＋拉索结构。比较如下：

（1）巨型钢支撑结构，被动受力，无法调节结构内力；拉索结构则可通过调节初始张拉力，主动控制相邻柱的位移高低交错，减小上部柱根弯矩，改善结构受力状态；

（2）巨型钢支撑结构与拉索结构相比，钢材材料设计强度远低于拉索材料设计强度，在承载力相同情况下，钢支撑所需截面远大于拉索所需截面，对建筑内部空间使用影响大；

（3）混凝土框架结构，自重大，索的负担大，尤其首层混凝土结构裂缝控制较难，协调变形能力差；

（4）钢框架结构，自重小，索的负担小，协调变形能力强，受力合理，但成本高；

图 2.1.2 建成后实景照片

（5）混合框架结构，底层楼盖系统采用钢梁组合楼盖，能适应张拉需要，还可节约施工临时支撑；上部结构采用混凝土宽梁扁柱框架，降低造价；二者综合，整体结构自重小于纯混凝土框架结构，基本满足索最大应力控制的要求，在节约造价的同时保证结构有较好的安全度。

综合经济性和结构安全度，最终选用混合框架＋拉索结构体系。

2.1.3 结构构成

采用混合框架＋拉索结构体系。上部结构重力荷载由预应力拉索、首层钢结构楼盖和上部各层混凝土结构楼盖整体协同工作传递到落地竖向构件——筒体、墙、柱；水平荷载通过各层楼（屋）盖传递到落地竖向构件。筒体、墙、柱与索连接处均埋入型钢，前期承受索张拉应力，后期参与工作，加强主体结构。该结构体系如图 2.1.3 所示。

（1）楼（屋）盖结构

楼（屋）盖结构布置原则如工程概况所述，典型楼（屋）盖结构布置图如图 2.1.4～图 2.1.6 所示。

（2）结构缝设置

由于结构水平总长度将近 500m，且有高差，一侧结构下方无地下室。地上结构分为 A、B、C 三区；在中部结构高度变化处和地下室边界处设置伸缩兼防震缝，缝宽 100mm；地下室为一个整体。上部结构分区和分缝的剖面、平面示意如图 2.1.7 所示。

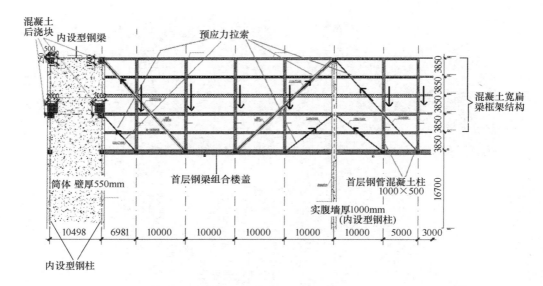

图 2.1.3 结构体系示意图

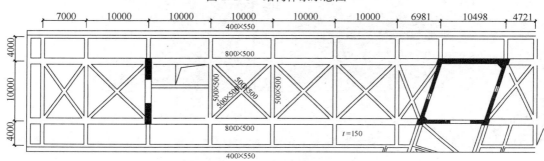

图 2.1.4 顶层典型单元平面布置图

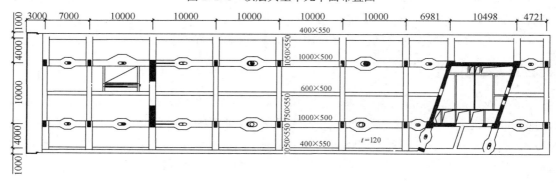

图 2.1.5 中间层典型单元平面布置图

（3）后浇带设置

首层楼盖：拉索之间的楼板拉应力较大，该部分楼板设后浇带，释放张拉过程的楼板拉应力，由楼盖钢梁承受拉力，如图 2.1.8 所示，主体结构完成后装修前合拢该后浇带。

其余各层楼盖：筒体、墙、柱边界处设后浇带，如图 2.1.9 所示，主体结构完成后装修前合拢，以适应施工加载过程中结构变形。

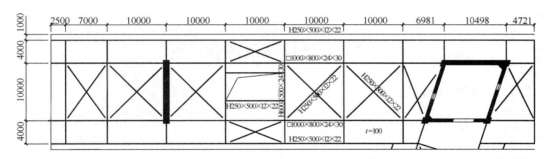

图 2.1.6 底层典型单元平面布置图

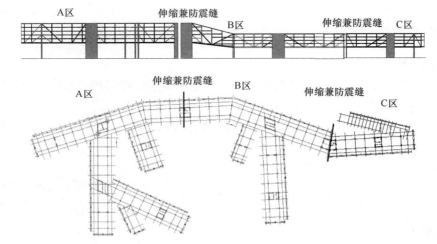

图 2.1.7 整体结构地上结构分区示意图

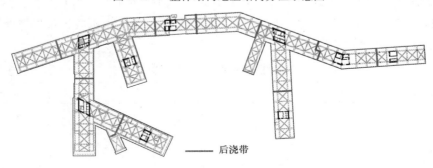

图 2.1.8 首层后浇带示意图

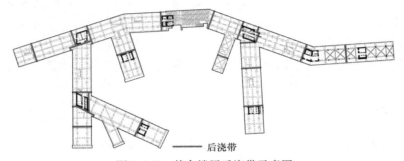

图 2.1.9 其余楼层后浇带示意图

2.2 设计标准及荷载作用

2.2.1 结构设计标准

设计使用年限：50 年

建筑结构安全等级：二级

建筑抗震设防类别：丙类

抗震设防烈度：7 度

2.2.2 重力荷载

（1）恒荷载：

梁、柱和剪力墙等结构构件的自重由计算程序根据构件截面和材料直接计算，计算中扣除楼板和梁重叠部分的混凝土自重。

屋顶：$7kN/m^2$；楼面：$3.8kN/m^2$（包括装修、隔墙、吊顶）；幕墙及遮阳：$1.5kN/m^2$。

（2）活荷载：

办公：$2.0kN/m^2$；走廊：$2.5kN/m^2$；门厅：$2.5kN/m^2$；公共区：$3.5kN/m^2$；

楼梯：$3.5kN/m^2$；屋面：$2.0kN/m^2$；机电设备：$7.5kN/m^2$。

2.2.3 地震作用

根据安评报告结果，本场地土的类型为中硬土，建筑场地类别为 Ⅱ 类，设防烈度为 7 度。设计地震分组为第一组。框架及剪力墙抗震等级为二级。根据安评报告场地设计地震动参数如表 2.2.1 所示。

安评报告提供的地震动参数   表 2.2.1

设防水准	63.2%（50 年）	10%（50 年）	2%（50 年）
α_{max}	0.092	0.255	0.453
T_g（s）	0.36	0.42	0.52
峰值加速度（cm/s^2）	39	109	194

结构大部分为混凝土结构，首层为钢结构，阻尼比取 0.04。根据结构平面布置，水平地震作用分为若干组，均按双向输入，同时考虑偶然偏心的单向地震作用。周期折减系数取 0.8。水平地震作用方向为沿（垂直）结构主要分支方向。

考虑竖向地震作用，采用反应谱法计算。竖向地震影响系数最大值取水平地震影响系数最大值的 0.65 倍，阻尼比取 0.04。

2.2.4 风荷载

根据风洞试验结果，结构整体设计时，按下式进行风荷载取值：

$$w_k = 1.38\beta_z C_p w_0 \tag{2.2.1}$$

式中：β_z——风振系数，风振系数按《建筑结构荷载规范》GB 50009 计算；

  C_p——风洞试验报告中提供的平均压力系数，其值为统计 36 个风向后得到的建筑物各表面分区的最大和最小（负压最大）值。建筑物侧面压风的压力系数为 0.2～0.8，吸风的压力系数为 $-1.5～-2.4$；上下表面均无压风，吸风的压力系数为 $-1.5～-4.0$；

  w_0——荷载规范规定的基本风压，风荷载按 50 年一遇计算，基本风压取 0.75kN/m²。

  地面粗糙度为 A 类。根据结构布置，风荷载在主体结构各段上、下、前、后表面分别输入，按最不利情况组合为以下几个工况：

  工况 a：结构侧面作用风荷载，分布如图 2.2.1 所示。

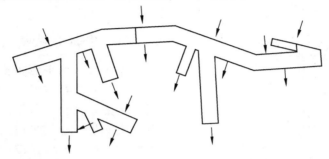

图 2.2.1 工况 a 风荷载分布示意

  工况 b：结构侧面作用风荷载，方向与图 2.2.1 所示方向相反。

  工况 c：结构侧面作用风荷载，方向如图 2.2.2 所示。

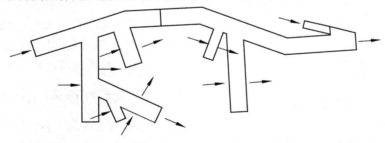

图 2.2.2 工况 c 风荷载分布示意

  工况 d：结构侧面作用风荷载，方向与图 2.2.2 所示方向相反。

  工况 a～d 中，如果不存在箭头方向所示的风荷载，则荷载值取 0。

  工况 e：结构上表面压风，下表面吸风。

  工况 f：结构上表面吸风，下表面压风。

  用于设计的风荷载工况为：a+e，a+f，b+e，b+f，c+e，c+f，d+e，d+f，共计 8 种，基本可以涵盖所有最不利情况。

2.2.5 温度作用

  深圳市详细气候特征如表 2.2.2 所示。

深圳市气温统计资料 表 2.2.2

月份	1	2	3	4	5	6	7	8	9	10	11	12
平均温度（℃）	14.1	15	18.4	22.2	25.3	27.3	28.2	27.8	26.6	23.7	19.7	15.9
极端低温（℃）	0.9	0.2	4.8	8.7	14.8	19	20	21.1	16.9	11.7	4.9	1.7
极端高温（℃）	28.4	29	30.7	33.2	35.8	35.3	38.7	36.6	36.6	33.6	32.7	29.8

2.3 工程复杂性和超限情况

本工程结构比较复杂，主要的超限情况体现在平面不规则，扭转不规则，较大的跨度和悬挑、竖向构件不连续等方面。

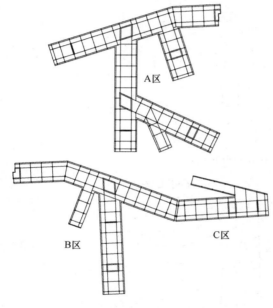

图 2.3.1 结构平面布置图

2.3.1 平面不规则

本工程结构平面布置较为复杂，根据建筑外形的需要布置了若干筒体和框架结构，因形状独特，主要抗侧力构件不完全按正交布置。建筑平面狭长，形成了若干个树枝结构，结构楼板在面内难以保证完全刚性，并且在荷载偶然偏心时结构扭转效应可能比较突出。属于平面不规则结构。

2.3.2 大悬挑结构

本工程在建筑平面各肢的端部都设有一定长度的悬挑结构，其悬挑长度都在 20m 左右，超过规范建议的最大悬挑尺寸。

2.3.3 大跨度连体结构

《超限高层建筑工程抗震设防专项审查技术要点》中规定塔体显著不同或跨度大于 24m 的连体结构属于超限结构并应进行超限

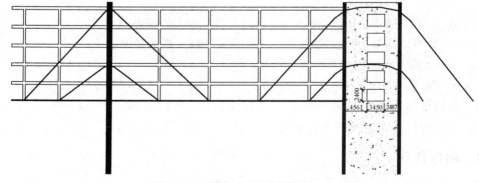

图 2.3.2 端部大悬挑结构示意图

审查。

本工程实际上是由若干个落地筒体和柱支承的大跨度连体结构，最大连体跨度超过50m，超过《超限高层建筑工程抗震设防专项审查技术要点》中的规定。

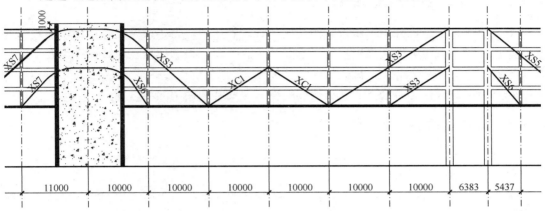

图 2.3.3　大跨连体结构示意图

2.4　针对超限情况采取的相应措施

针对本工程的复杂性和超限情况，结构设计中采取了必要的措施。

2.4.1　针对平面不规则的措施

针对本工程平面不规则的情况，采取了以下措施：

1) 加强落地筒体刚度，控制侧向位移，筒体布置尽量均匀

落地的筒体和柱是结构的主要抗侧力构件，设计中加强落地筒体刚度，筒体外墙厚度取 800mm，以控制结构在地震作用下的整体侧移。筒体布置尽量均匀，同时加强端部的落地构件侧向刚度，各肢端部的单片落地墙厚度取为 1000mm，并在中间支撑柱结构侧向刚度较小方向增设斜撑，以控制结构的扭转反应，使结构扭转基本规则。

2) 加强楼板刚度，确保结构整体性

为保证楼面的整体刚度，协调各个落地筒体之间的变形，在连体结构的顶层和底层都增设了面内的斜撑，以加强楼板刚度，确保结构整体性。

3) 详细的地震分析，控制设计指标

进行三向地震作用的弹性时程分析

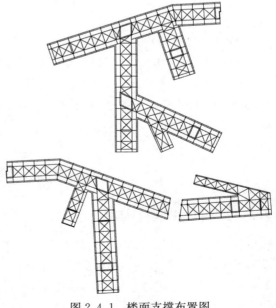

图 2.4.1　楼面支撑布置图

91

和弹塑性时程分析，并进行偶然偏心的地震分析，控制小震下各项指标满足规范要求，并保证结构在罕遇地震下的性能。

2.4.2　针对大悬挑结构的措施

本工程大悬挑结构采用了斜拉索的结构形式，利用预应力张拉控制悬挑部位的竖向变形，并在计算中采用弹性楼板模型，考虑竖向地震作用，控制拉索在荷载标准组合下应力比小于 0.4，在中震设计组合下应力比小于 0.6。

验算结构在人行走激励下竖向加速度响应，保证结构使用的舒适度。

2.4.3　针对大跨连体结构的措施

针对本工程大跨连体结构，采取了以下措施：

1）采用明确的受力结构

连体结构采用斜拉索的结构形式，在连体结构的底层采用箱形钢梁和混凝土楼板与斜拉索共同组成的主要的竖向承载体系，上部则采用比较经济的钢筋混凝土框架结构。通过控制预应力张拉时间和张拉量控制结构的竖向变形。

拉索是本结构关键的竖向承载结构，设计中对索两端连接构造、拉索与其他构件相交处的构造进行了重点研究，采用了较为合理可靠的做法。

2）采用性能化设计，加强落地筒体承载力

对于连体结构，落地结构的抗震性能是整体结构设计的关键。设计中在筒体四角设置型钢，为加强单片落地墙面外刚度和延性，在落地墙两端均设置型钢混凝土端柱。落地框架柱均采用钢管混凝土柱或型钢混凝土柱，确保筒体和落地框架柱的延性和承载力。设计中将落地构件的抗震等级由二级提高到一级。采用性能化设计思想，加强落地竖向构件的承载力，保证落地竖向构件在中震作用下保持弹性；同时加强首层钢结构，保证首层钢结构构件在中震作用下保持弹性。进行大震下整体结构动力弹塑性分析，验证结构大震下的性能。

3）详细的计算分析

对结构进行详细的计算分析，控制结构在各种工况下的性能。除地震和风工况分析外，进行详细的结构施工过程分析，全过程控制构件内力和变形；验算结构在人行走激励下竖向振动的加速度，保证结构使用的舒适度；验算温度变化对结构的影响，控制结构裂缝。

2.5　结构设计理念

2.5.1　结构自平衡自配重

"斜拉桥上盖房"不同于一般斜拉桥，其索数量少，受力大，且后期加载量大，不允许设锚固索。为满足索最小预拉应力一次张拉方便施工的同时不致使首层钢梁发生过大的上拱变形，并保证索张拉及其后逐层增加重力荷载时不致使竖向构件（墙、柱）产生过大侧移变形，设计巧妙地利用上部部分楼（屋）盖结构自重作配重，同时利用上部部分楼

（屋）盖水平刚度及承载力平衡斜索拉力的水平分力，使本工程"斜拉桥上盖房"的理念得以实现。

2.5.2 索张拉应力控制

（1）拉索张拉应力控制

为保证索一次张拉而不松弛，又能为索承受后期加载留有足够的强度储备，经测试，确定取拉索张拉应力为：$0.08f_{yk} \sim 0.18f_{yk}$（$f_{yk}$ 为索破断强度）。本工程设计拉索采用 58 根 D7×409，10 根 D7×265，52 根 D7×499。

拉索最大预拉力为 588t；最小张拉力为 192t。其中张拉应力＞$0.1f_{yk}$ 的 80 根，张拉应力＜$0.1f_{yk}$ 的 40 根。张拉力＞500t 的 10 根，张拉力为 400～500t 的 12 根，张拉力为 300～400t 的 32 根，张拉力为 200～300t 的 56 根，张拉力＜200t 的 10 根。

（2）拉索张拉应力微调

通过索初始张拉应力的微调，实现相邻柱竖向位移高低交错，如图 2.5.1 所示。此时，重力荷载下柱两侧梁弯曲产生的弯矩自平衡，柱端弯矩小，改善柱受力状态。

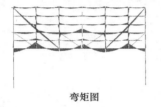 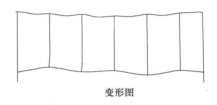

弯矩图　　　　　　　　　　　　　　　　变形图

图 2.5.1　典型跨受力变形图

（3）索应力水平控制

控制最不利组合作用下拉索应力≤$0.5f_{yk}$，≥$0.08f_{yk}$。

本工程恒+活荷载标准值下索最大应力为 $0.34f_{yk}$，最小应力为 $0.1f_{yk}$，其中索应力为 $0.3f_{yk} \sim 0.34f_{yk}$ 的 30 根，$0.2f_{yk} \sim 0.3f_{yk}$ 的 67 根，$0.2f_{yk} \sim 0.1f_{yk}$ 的 23 根；最不利荷载组合 1（1.32 恒+1.54 活+0.92 风）下索最大应力为 $0.44f_{yk}$，最小应力为 $0.12f_{yk}$，其中索应力为 $0.4f_{yk} \sim 0.44f_{yk}$ 的 20 根，$0.3f_{yk} \sim 0.4f_{yk}$ 的 61 根，$0.2f_{yk} \sim 0.3f_{yk}$ 的 31 根，$0.2f_{yk} \sim 0.1f_{yk}$ 的 8 根；最不利荷载组合 2（1.485 恒+1.078 活）下索最大应力为 $0.46f_{yk}$，最小应力为 $0.13f_{yk}$，其中索应力为 $0.4f_{yk} \sim 0.5f_{yk}$ 的 31 根，$0.3f_{yk} \sim 0.4f_{yk}$ 的 55 根，$0.2f_{yk} \sim 0.3f_{yk}$ 的 28 根，$0.2f_{yk} \sim 0.1f_{yk}$ 的 6 根。

2.5.3 采用部分钢套管

本工程 24 根 D7×499 索体外包钢套管。钢套管采用 P600×30，Q345B 钢材，主体结构封顶后由内衬短钢管焊接连接，承受后期附加重力荷载和水平荷载，控制受力最大拉索应力水平≤$0.5f_{yk}$，增大结构竖向刚度和振动频率，改善结构舒适度。A 区钢套管如图 2.5.2 加深的线所示。

以 A 区为例：

套管连接时间：在添加顶层剩余混凝土结构前连接。

加钢套管结构性能差异对比：

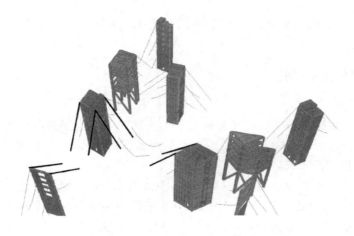

图 2.5.2　A 区钢套管示意图（图中加深的线为外包
钢管，浅色的线为索）

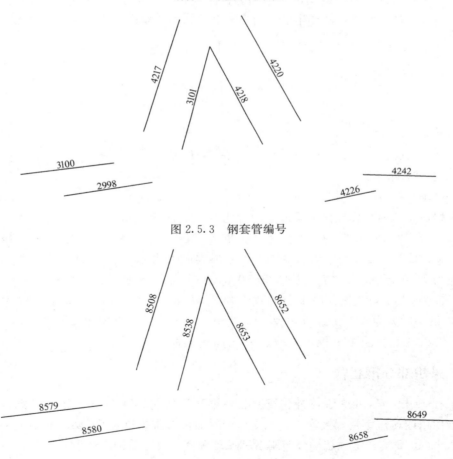

图 2.5.3　钢套管编号

图 2.5.4　与钢套管相连的索的编号

（1）与钢套管相连的索的受力对比

施工各步钢套管及对应的索的受力结果如表 2.5.1 所示。

索轴力对比

表 2.5.1

索编号	施工步	索受力 （不加钢套管） （kN）	索受力 （加钢套管） （kN）	索编号	施工步	索受力 （不加钢套管） （kN）	索受力 （加钢套管） （kN）
8580	1	0	0	8538	1	0	0
8580	2	0	0	8538	2	0	0
8580	3	3252	3252	8538	3	2977	2977
8580	4	4010	4010	8538	4	3907	3907
8580	5	4010	4010	8538	5	3907	3907
8580	6	4798	4798	8538	6	4752	4752
8580	7	5563	5563	8538	7	5469	5469
8580	8	6004	5739	8538	8	5944	5683
8580	9	8467	6583	8538	9	8062	6534
8579	1	0	0	8508	1	0	0
8579	2	0	0	8508	2	0	0
8579	3	3515	3515	8508	3	3116	3116
8579	4	4394	4394	8508	4	3982	3982
8579	5	4394	4394	8508	5	3982	3982
8579	6	5367	5367	8508	6	4764	4764
8579	7	6393	6393	8508	7	5607	5607
8579	8	6797	6616	8508	8	5880.	5732
8579	9	9584	8053	8508	9	8233	6400

结论：钢套管有效分担索的受力，降低索的应力水平。

（2）加钢套管区域振动周期对比

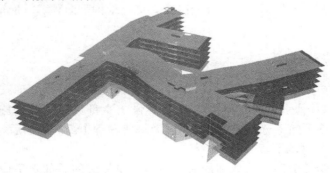

图 2.5.5 不加钢套管：第 1 周期 竖向振动主振型 $T=0.71$s

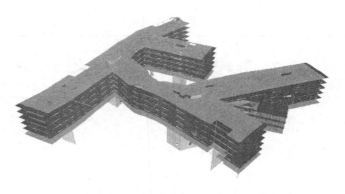

图 2.5.6　加钢套管：第八周期　竖向振动主振型 $T=0.51$s

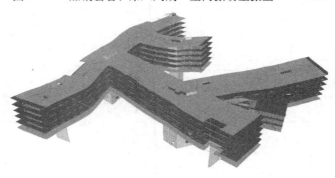

图 2.5.7　不加钢套管：第 5 周期　竖向振动主振型 $T=0.6$s

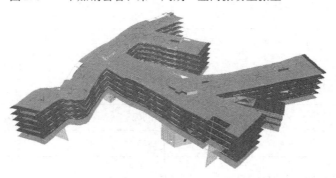

图 2.5.8　加钢套管：第十三周期　竖向振动主振型 $T=0.43$s

结论：钢套管有利于加强结构的竖向刚度，提高结构竖向频率，加钢套筒后结构竖向频率大于 2Hz。

2.5.4　关键点位移控制

（1）拉索施加初始张拉力张紧同时，控制首层钢梁跨中上拱变形＜$L/1000$，悬臂端上拱变形＜$L/500$（L 为钢梁跨度和悬臂长度）。随着上部混凝土结构施工，重力荷载不断增加，整体结构逐渐向下弯曲变形，装修、幕墙等全部恒荷载施加后，首层钢梁跨中下挠变形＜$L/1000$，悬臂端下弯变形＜$L/500$。

（2）装修、幕墙等全部恒荷载施加后，筒体和单片墙的顶部水平位移＜5mm，落地柱柱顶水平位移＜10mm。

2.5.5 成品索检验及其耐久性

考虑到索的重要性及其张拉、锚固检测的可靠性，采用成品索。成品索制作过程中全部通过预张拉检测，部分索体内埋设光纤传感器供结构健康监测，少量大索还进行了力学性能检验。

本工程索均在室内环境中工作，成品索使用寿命可达50年；索张拉锚固端均采用专门防腐耐久措施，张拉端采用粗牙螺纹固定，发生意外情况设临时支撑后可逐根更换。

2.5.6 施工顺序确定

本工程复杂的结构体系决定其施工方案的特殊性。施工方案的选择以实现最小初始张拉应力（$0.08f_{yk} \sim 0.18f_{yk}$）同时使竖向主体结构不发生过大侧移、二层楼盖不发生过大反拱变形为第一目标，以实现一次张拉、尽量减小对施工进度影响为第二目标。

施工有以下主要技术难点：

（1）由于两侧张拉力不同、两侧结构重量不同，张拉过程中墙柱顶部产生水平位移，并且随着上部结构施工的重力荷载增加和后期混凝土收缩徐变的影响不断增大，对作为拉索张拉锚固端的落地竖向构件（尤其是单片框架和单片墙）的长期受力不利。

（2）张拉对拉索的初始张拉力有一定的要求，初始张拉力太小，难以将索拉直，张拉误差较大，较难准确控制预应力值；初始张拉力太大，对所需工装要求高，首层钢梁受力较大，并且随着后期重力增大，索力太大。经与施工技术部门反复研究，结合国内工程张拉经验，确定最小初始张拉力为 $0.08f_{yk}A_s \sim 0.18f_{yk}A_s$（$f_{yk}$ 为拉索破断强度，A_s 为拉索面积）。

（3）索张拉阶段易对相连的上部柱产生附加弯矩，通过控制调节各索的初始张拉力，调节各柱点高差，减小柱端弯矩。

（4）充分利用结构本身的特点，节约施工临时支撑的用量，加快临时支撑的运转周期。

（5）由于不可能同时张拉120根索，需研究采取合理的张拉顺序，减小对结构不利影响，达到与一次同时张拉比较接近的理想结果。

施工控制准则如下：

（1）拉索施加初始张拉力，首层钢梁反拱上翘变形＜$L/1000$（L 为钢梁跨度），控制拉索张紧的同时，避免钢梁内产生过大应力。随着上部混凝土楼层施工，整体结构逐渐产生向下弯曲变形。主体结构施工完成，施加装修、幕墙等全部恒荷载后，首层钢梁下挠变形＜$L/1000$。

（2）混凝土结构全部完成，施加装修、幕墙等全部恒荷载时，落地筒体和单片墙的顶部水平位移＜5mm，落地框架柱的顶部水平位移＜10mm。

（3）施工全过程相邻柱的竖向位移高低交错，控制柱主要承受轴力，减小结构整体变形产生的弯矩效应，改善梁柱受力状态。

（4）索的初始张拉应力为 $0.08f_{yk} \sim 0.18f_{yk}$。

经过多方案技术经济比较，最终确定结构施工顺序如下：

（1）施工筒体及落地墙、柱等竖向构件（图2.5.9）；

（2）施工首层钢结构梁板体系；

（3）安装铸钢节点、预应力拉索及其外包钢管；

（4）施工二层混凝土梁板体系及相连的钢管混凝土柱；

（5）施工顶层与单片墙和筒体相连的梁板及柱；此时，首层钢梁下方需设临时支撑，支承施工结构的自重和施工荷载（图2.5.10）；

（6）顶层屋盖混凝土达到设计强度70%后，按设计确定的初始预应力值，张拉与筒体、落地墙柱相连的索，

图2.5.9 第一步施工的竖向构件示意

结构产生反拱，卸除首层临时支撑。中部区域未张拉短索下的临时支撑仍保留（图2.5.11）；

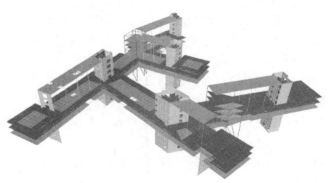

图2.5.10 索张拉前结构示意

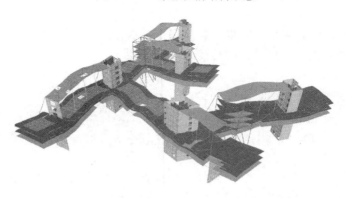

图2.5.11 筒体及落地墙索张拉后结构示意

（7）逐层施工三层到顶层混凝土结构；其中3层楼盖施工完成混凝土强度达到70%后，张拉中部短索，卸除该处保留的临时支撑（图2.5.12）；

（8）连接钢套管；

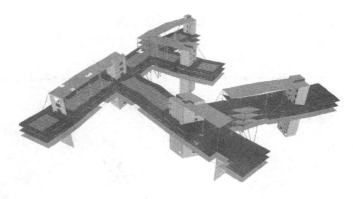

图 2.5.12　中部短索张拉后结构示意

（9）全部上部结构施工完成后，合拢后浇带（图 2.5.13）；

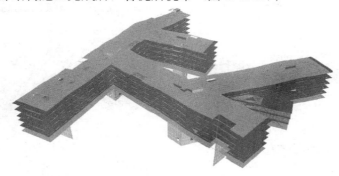

图 2.5.13　全部施工完成结构示意

（10）填充墙、幕墙装修后续施工。

本工程 120 根索，经研究确定，施工一次张拉≤10 根索。故本工程索预拉需分区分段进行。具体施工张拉以 A 区为例，分为 a、b、c、d 四个小区，每个小区被筒体、实腹厚墙、落地钢管混凝土柱分为 3~4 段，如图 2.5.14 所示。

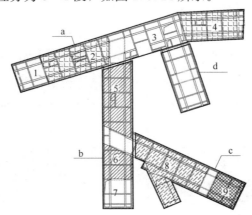

图 2.5.14　A 区分区分段示意图

对比分段张拉和一次整体张拉两种方式，索张拉和主体结构封顶两个时间点关键点位移、索的受力、首层钢梁应力比、钢管混凝土柱应力比等指标，可以得到以下结论：

a、b、c、d四个小区的先后张拉无影响，可独立施工。

每个小区需遵循规定的张拉顺序，例如 a 区段张拉顺序为 2-1-3-4，b 区段 5-6-7，c 区段 8-9，如图 2.5.15～图 2.5.17 所示。

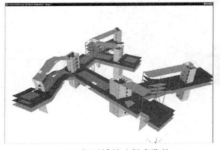

(a) 对2区域的八根索张拉

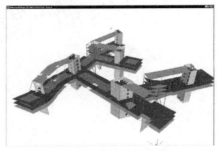

(b) 对1区域的四根索张拉

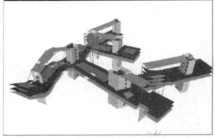

(c) 对3区域的四根索张拉

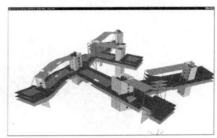

(d) 对4区域的八根索张拉

图 2.5.15　a 区段张拉顺序示意

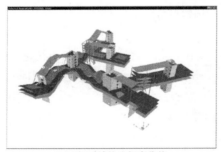

(a) 对5区域的八根索张拉

(b) 对6、7区域的四根索张拉

图 2.5.16　b 区段张拉顺序示意

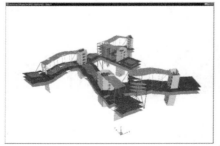

(a) 对8区域的六根索张拉

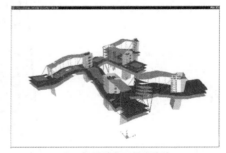

(b) 对9区域的四根索张拉

图 2.5.17　c 区段张拉顺序示意

2.6　节点设计与试验研究

本工程索节点的承载力和安全度决定着整个结构的承载力和安全度，是整个工程设计的又一关键。本工程索节点分为单索下节点、单索上节点、双索下节点、双索上节点、钢拉杆节点、钢套管连接节点等，均进行了专门的设计。

采用 ANSYS 有限元程序 SOLID 45、65 单元对各类索节点进行了实体模型弹性、弹塑性计算分析。计算结果表明，节点区受力复杂，阴角区有明显的应力集中，采用铸钢节点设置圆弧倒角可明显改善阴角处应力集中。

中国建筑科学研究院对 1/3 比例 3 组 9 个节点进行了试验研究验证，同时设计采取局部钢结构过渡措施加强铸钢节点与整体结构的连接，保证结构整体性。

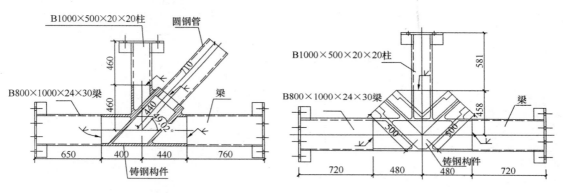

图 2.6.1　单索下节点锚固端立面图　　　　图 2.6.2　双索下节点锚固端立面图

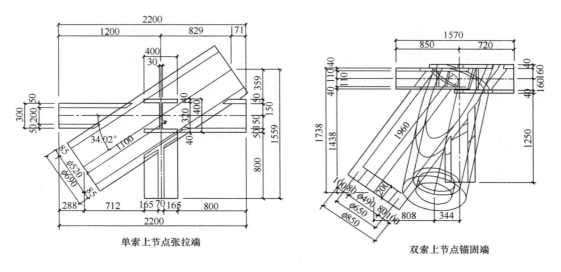

图 2.6.3　典型节点施工图

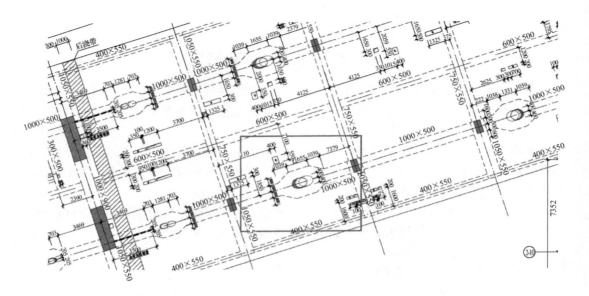

图 2.6.4 拉索穿梁节点大样施工图

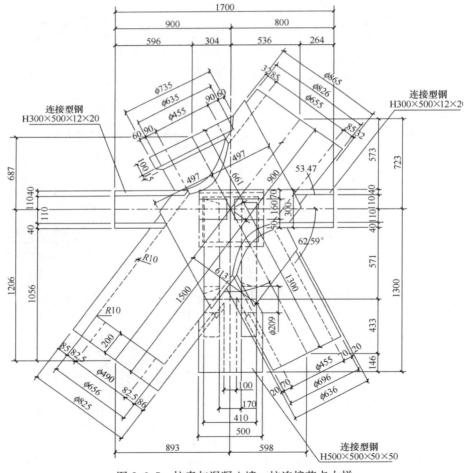

图 2.6.5 拉索与混凝土墙、柱连接节点大样

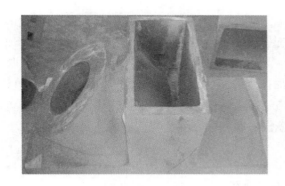

图 2.6.6　铸钢节点照片

图 2.6.7　双索节点锚固端试验照片

2.7　舒适度分析与控制

本工程上部结构最大跨度 50～60m，悬臂端部 15～20m，主体结构竖向主振动频率 2～2.5Hz，设计专门进行了人跳跃、行走和邻近路面汽车振动影响、风振下的楼盖舒适度时程分析。

1) 人跳跃行走舒适度分析

人跳跃、行走舒适度分析主要针对二层钢结构跨中和悬臂端点，楼层人流活动较大区域，业主总部办公区 2～6 层三处，分别对其施加单人跳跃、行走激励时程。整体结构阻尼比取 0.01。计算表明，最大激励效应发生在结构竖向主频率区。参考美国 ATC1999 年发布的《减小楼板振动》设计指南，住宅、办公、酒店舒适度允许的最大竖向振动加速度为 0.075m/s^2；商业、餐饮、舞厅、走道舒适度允许的最大竖向振动加速度为 0.22m/s^2。时程分析结果得出单人跳跃、行走产生的振动最大加速度远小于限值；同时同点跳跃的人数可达 121～424 人，这种最不利情况几乎不可能发生，舒适度满足要求。

2) 汽车振动舒适度分析

万科中心位于深圳市盐田区大梅沙内环路南侧，哈尔滨工业大学进行了 10 辆重载卡车加速、匀速、刹车、启动等产生的地下室底板面和顶板面汽车振动加速度时程实测，地下室底板面竖向加速度峰值为 $0.345 \mathrm{cm/s^2}$，水平短向加速度峰值为 $0.166 \mathrm{cm/s^2}$，时长 50s，时间步长 0.005s；地下室顶板面竖向加速度峰值为 $1.6967 \mathrm{cm/s^2}$，水平短向加速度峰值为 $2.1023 \mathrm{cm/s^2}$，时长 25s，时间步长 0.005s。分析计算表明，汽车振动引起的楼盖加速度响应峰值均小于 ATC40 所规定的楼盖舒适度指标，满足楼盖舒适度要求。

3）风振舒适度影响分析

根据《万科中心风洞试验报告》提供的风洞时程，进行结构风振加速度响应分析。选择最不利风向角，并根据对应的测点和最不利风向角，选择压力时程曲线。

风振动力荷载取值＝激励时程波×激励点负荷的面积。分析结果表明：各点水平振动加速度响应远小于风振舒适度水平加速度限值 $0.2 \mathrm{m/s^2}$ 的要求，处于无感阶段。各点竖向振动加速度响应小于美国 ATC（Applied Technology Council）1999 年发布的《减小楼板振动》设计指南规定，舒适度满足要求。

本项目投入使用以来，得到业主好评，也未发现舒适度问题。

2.8 结构的抗震性能

本工程具有平面不规则、扭转不规则、较大的跨度和悬挑、竖向构件不连续等多种抗震不利因素。

结构落地筒体四角全高设置了型钢，单片落地墙两端均设置了型钢混凝土端柱。落地框架柱均采用钢管混凝土柱或型钢混凝土柱，确保筒体和落地框架的延性和承载力。对拉索两端连接构造、拉索与其他构件相交处的构造进行了重点研究，采用成品索和铸钢节点。

为保证结构的抗震性能，设计中进行三向地震作用的弹性时程分析和弹塑性时程分析，控制中震下各项指标满足规范要求，并保证结构在罕遇地震下的性能，同时进一步进行了整体结构振动台试验研究与验证。

动力弹塑性分析结果表明：结构具有良好的抗震性能，罕遇地震作用下，各项指标均满足规范的要求。罕遇地震下结构最大层间位移角为 1/118，结构下部钢筋混凝土核心筒

图 2.8.1 振动台模型模拟地震试验照片

局部部位和连梁个别单元最大受压损伤因子达到 0.91，其余墙体受压损伤因子均小于 0.5。在三条三向罕遇地震波输入计算完成后，所有剪力墙、筒体均未发生压溃破坏，仍能够承受结构竖向荷载，因而结构未发生倒塌。预应力拉索构件截面在三向罕遇地震作用下拉应力均小于 $0.5f_{ptk}$，未出现受压情况。

2.9 温度应力分析

本工程地上部分 A、B 区分别长约 140m 和 150m（最外侧落地构件间距），地下室平面尺寸约为 220m×130m，均超过我国《混凝土结构设计规范》GB 50010 和《高层建筑混凝土结构技术规程》JGJ 3 中规定的混凝土结构伸缩缝的最大间距。为了减小温度和收缩效应，在施工中拟采取以下措施：

（1）在结构中预留后浇带。地下室后浇带的布置结合施工组织确定，间距约 50m 左右，混凝土浇筑完成后 2 个月左右封闭后浇带。地上部分，在每个筒体及单片墙边缘预留后浇带，地上结构混凝土施工全部完成后封闭后浇带。

（2）控制混凝土结构合拢温度。根据深圳市气候资料，控制在月平均气温合拢。

采取以上措施后，混凝土早期收缩引起的应力将得到控制。同时，对结构在整个施工及使用过程中的温度应力进行分析。分析过程中考虑以下几点：

（1）采用带有地下室的整体模型进行分析，模型中考虑基础梁板的影响；

（2）结合施工模拟，全面考虑温差取值；

（3）计算模型上摒弃基础固定端或不动铰假定，考虑桩基的线性约束刚度。

分析中没有考虑徐变的影响，结构偏于安全。下面为详细的分析过程及计算结果。

2.9.1 温度作用取值

根据深圳市当地气温统计资料选取温度作用。

建筑从施工到使用，结构构件所经历的整体温差（以下简称温差）可以分为施工阶段和使用阶段。施工阶段，整体温差＝结构构件经历最不利温度－合拢温度。根据施工计划，混凝土结构施工于夏季进行。分析中将施工过程分为 4 个阶段：

（1）基础及地下室施工，历时 2 个月，结构降温。

（2）筒体及落地构件施工，历时 1 个月，结构降温。

（3）地上结构施工，历时 2 个月，结构降温。

（4）装修阶段，结构先降温至年最低温，再升温至年最高温。过程中不考虑装修的有利作用，偏于安全。

施工过程各阶段中，结构的温差取值如表 2.9.1 所示。

施工阶段温差选取 表 2.9.1

阶段	时间	合拢温度（℃）	经历最低温（℃）	经历温差（℃）			
				基础梁板	地下室	落地构件	地上结构
地下室施工	7～8 月	27.8	21.1	−3.35	−6.7	0	0
落地构件施工	9 月	26.6	16.9	−2.1	−4.2	−9.7	0

阶段	时间	合拢温度（℃）	经历最低温（℃）	经历温差（℃）			
				基础梁板	地下室	落地构件	地上结构
地上结构施工	10～11 月	19.7	4.9	−6	−12	−12	−14.8
装修	12～2 月		0.2	−2.35	−4.7	−4.7	−4.7
装修	2～8 月		38.7	19.25	38.5	38.5	38.5

在使用过程中，结构整体温差＝结构构件使用温度－合拢温度。

结构构件使用温度：

室内构件：有空调采暖，取夏季 30℃，冬季 15℃；

室内外交界构件：（室内构件温度＋室外构件温度）/2；

地下室构件：无空调采暖，取月平均气温；

基础梁板：（月平均气温＋年平均气温）/2。

结构使用阶段整体温差取值如表 2.9.2 所示。

使用阶段温差取值 　　　　　　　　　　　表 2.9.2

	基础梁板	地下室	落地构件	地上结构
合拢温度（℃）	27.8	27.8	26.6	19.7
经历最低温（℃）	18.05	14.1	15	15
经历最高温（℃）	25.1	28.2	30	30
降温（℃）	−9.75	−13.7	−11.6	−4.7
升温（℃）	−2.7	0.4	3.4	10.3

2.9.2　桩基刚度计算

计算模型中，地下室柱底仅约束竖向自由度，采用水平和转动弹簧模拟桩基的线性约束刚度。桩基的刚度计算方法根据《建筑桩基技术规范》JGJ 94—94 附录 B 进行。本工程中，偏于保守，认为桩基的水平和转动刚度均在线性范围内。

2.9.3　施工期间温度效应

施工期间，结构降温阶段，地下室结构收缩，地下室结构基础梁以及顶板以受拉为主。地上结构首层为钢结构，受拉力较大；上层受拉力较小，甚至受压。升温阶段，变化规律与降温相反。

取温度最低点（第 4 阶段结束时）和温度最高点（第 5 阶段结束时）结果进行分析。地下室、筒体及上部结构中混凝土主拉应力如图 2.9.1、图 2.9.2 所示。

可以看出，第四阶段结构主拉应力大于第五阶段。各阶段中，筒体中混凝土主拉应力均小于 2MPa，地下室顶板以及上部结构楼板中混凝土主拉应力基本都在 2MPa 以内，仅局部位置超过 2MPa，但均小于 2.5MPa。

第五阶段结构压应力大于第四阶段，但各部分结构混凝土压应力均不超过 3MPa，对结构影响较小。

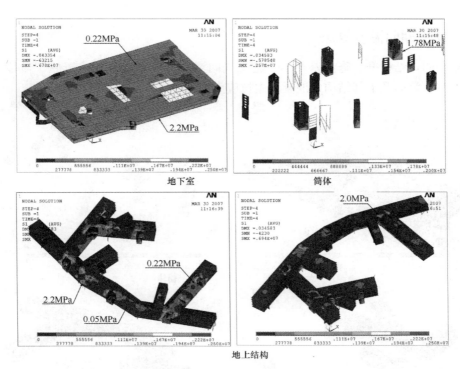

图 2.9.1　第 4 阶段结构主拉应力（Pa）

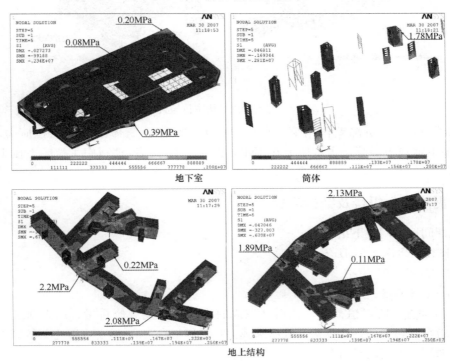

图 2.9.2　第五阶段结构主拉应力（Pa）

2.9.4 使用期间温度效应

使用期间，结构升、降温差均小于施工期间温差，应力结果均小于施工阶段分析结果。地下室、筒体及上部结构中混凝土主拉应力如图 2.9.3、图 2.9.4 所示。

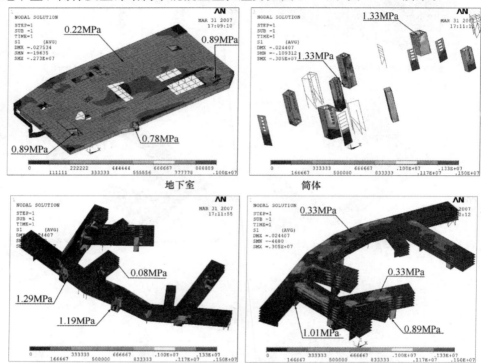

地下室

筒体

地上结构

图 2.9.3 升温阶段结构主拉应力（Pa）

使用阶段，在正负温差作用下，结构中应力均较小。筒体混凝土主拉应力均小于 2MPa，地下室顶板混凝土主拉应力在 1MPa 以内，上部结构楼板中主拉应力在 1.5MPa 以内。

2.9.5 温度荷载组合及结构验算

施工期间，采用以下组合：
(1) $1.2D + 1.0 \times 1.4L \pm T$
(2) $1.0D + 1.0L \pm T$
(3) $1.0D + 0.5L \pm T$

其中 D 为施工阶段恒荷载，包括已完成的构件自重及装修重量；L 为施工活荷载。采用基本组合（1）、（2）验算构件截面承载力；采用组合（3）验算混凝土裂缝宽度。

使用期间，采用以下组合：
(4) $1.2D + 1.0 \times 1.4L \pm T$
(5) $1.0D + 1.0L \pm T$
(6) $1.0D + 0.5L \pm T$

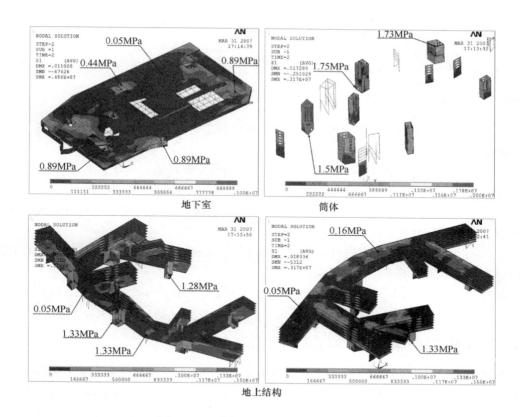

图 2.9.4　降温阶段结构主拉应力（Pa）

其中 D 为恒荷载，包括构件自重及附加恒荷载；L 为使用期间活荷载。采用基本组合（4）、（5）验算构件截面承载力；采用准永久组合（6）验算混凝土裂缝宽度。

考虑桩基刚度以后，温度应力效应对结构影响不大。在基本组合作用下，截面承载力满足要求。

准永久组合作用下，最不利的筒根角部约束边缘构件在最大拉应力作用下，忽略混凝土受拉作用，约束边缘构件内型钢及钢筋拉应力仅为 76MPa（1.2％配筋率，4.02％型钢含钢率），混凝土裂缝宽度满足要求。

2.10　结构动力弹塑性时程分析

如前所述，本工程的结构十分复杂，具有平面不规则、扭转不规则、较大的跨度和悬挑、竖向构件不连续等多种抗震不利因素，在地震作用下，尤其是罕遇地震作用下的结构行为复杂，仅通过弹性分析难以把握结构的抗震性能，因此有必要进行结构的动力弹塑性分析，了解结构在罕遇地震的变形行为。

通过弹塑性分析，拟达到以下目的：

1）对结构在罕遇地震作用下的非线性性能给出定量解答，研究本结构在罕遇地震作用下的变形形态、构件的塑性及其损伤情况，以及整体结构的弹塑性行为，具体的研究指标包括最大顶点位移、最大层间位移角、最大扭转位移比以及最大基底剪力等；

2）验证结构"大震不倒"的设防水准要求；

3）研究结构关键部位、关键构件的变形形态和破坏情况；

4）根据以上研究结果，对结构的抗震性能给出评价，并对结构设计给出参考意见。

2.10.1　分析方法及软件

本节采用动力弹塑性时程分析方法对本工程结构进行整体地震输入分析。计算分析过程中涵盖了以下非线性因素：

1）几何非线性：结构的动力平衡方程建立在结构变形后的几何状态上，"$P-\Delta$"效应、非线性屈曲效应、大变形效应等都被精确考虑；

2）材料非线性：直接在材料应力－应变本构关系层面上进行模拟，对钢骨混凝土构件考虑了约束效应对混凝土承载力的提高。

计算采用 ABAQUS 程序进行，动力方程积分采用显式积分方法，计算软件及计算方法可以准确模拟结构的破坏情况甚至倒塌形态。

此外，本节计算中同时使用了广州数力公司开发的应用于钢筋混凝土梁、柱构件的材料用户子程序。

2.10.2　构件模型及材料本构关系

本结构中的构件类别主要有梁、柱、斜撑及剪力墙，分析中采用如下有限元模型：

1）梁、柱及斜撑等杆件：采用纤维梁单元，该单元基于 Timoshenko 梁理论，可以考虑剪切变形刚度，而且计算过程中单元刚度在截面内和长度方向两次动态积分得到；

2）剪力墙：采用 4 节点缩减积分壳单元模拟。

本工程中主要有两类基本材料，即钢材和混凝土。计算中采用的本构模型依次为：

1）钢材

采用双线性随动硬化模型（如图 2.10.1 所示）。考虑包辛格效应，在循环过程中，无刚度退化。

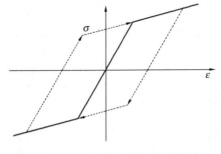

图 2.10.1　钢材双线性随动硬化模型示意图

设定钢材的强屈比为 1.2，极限应变为 0.025。

2）混凝土

采用弹塑性损伤模型，该模型能够考虑混凝土材料拉压强度差异、刚度及强度退化以及拉压循环裂缝闭合呈现的刚度恢复等性质。

计算中，混凝土材料轴心抗压和轴心抗拉强度标准值按《混凝土结构设计规范》GB 50010—2002 附录 C 采用。

需要指出的是，偏保守考虑，计算中混凝土均不考虑截面内横向箍筋的约束增强效应，仅采用规范中建议的素混凝土参数。

当荷载从受拉变为受压时，混凝土材料的裂缝闭合，抗压刚度恢复至原有的抗压刚度；当荷载从受压变为受拉时，混凝土材料的抗拉刚度不恢复。

可以看到，随着混凝土材料进入塑性状态程度增大，其刚度逐渐降低，在弹塑性损伤

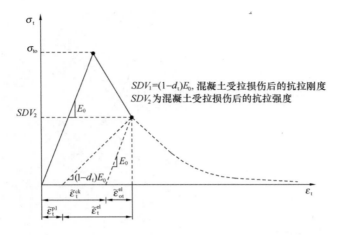

图 2.10.2　混凝土受拉应力-应变曲线及损伤示意图

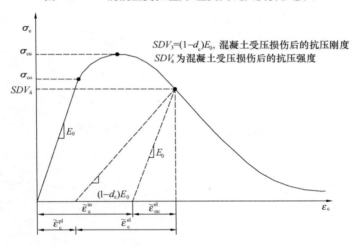

图 2.10.3　混凝土受压应力-应变曲线及损伤示意图

本构模型中上述刚度的降低分别由受拉损伤因子 d_t 和受压损伤因子 d_c 来表达。根据《混凝土结构设计规范》GB 50010—2002 附录 C 的建议曲线，并参考相关文献，给出损伤因子表达如下：

$$受拉损伤因子：\begin{cases} d_t = 1 - \sqrt{\dfrac{1.2 - 0.2x^5}{1.2}} & (x \leqslant 1) \\[4mm] d_t = 1 - \sqrt{\dfrac{1}{1.2[\alpha_t(x-1)^{1.7}+x]}} & (x > 1) \end{cases}$$

式中　$x = \dfrac{\varepsilon}{\varepsilon_t}$，$\alpha_t$ 参见规范定义。

$$受压损伤因子：\begin{cases} d_c = 1 - \sqrt{\dfrac{1}{\alpha_a}\left[\alpha_a + (3 - 2\alpha_a)x + (\alpha_a - 2)x^2\right]} & (x \leqslant 1) \\[4mm] d_c = 1 - \sqrt{\dfrac{1}{\alpha_a[\alpha_d(x-1)^2 + x]}} & (x > 1) \end{cases}$$

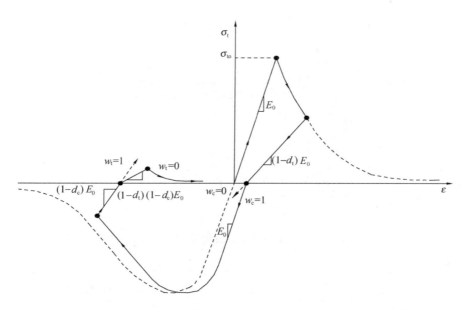

图 2.10.4　混凝土拉压刚度恢复示意图

式中　$x = \dfrac{\varepsilon}{\varepsilon_c}$，$\alpha_a$，$\alpha_d$ 参见规范定义。

图 2.10.5 给出本节计算混凝土损伤因子与应变的关系曲线。

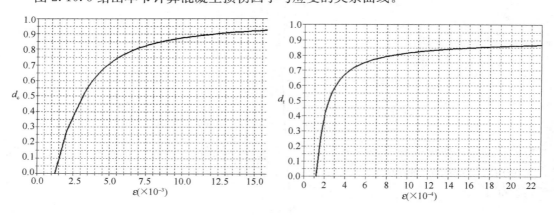

图 2.10.5　混凝土材料受压/受拉损伤因子-应变关系曲线

可以看出，材料拉/压弹性阶段相应的损伤因子为 0，当材料进入弹塑性阶段后损伤因子增长较快，其中当混凝土受压达到峰值强度时受压损伤因子约为 0.6。

2.10.3　构件配筋参数

本节计算分析中，钢筋混凝土采用弹性小震设计给出的构件配筋率进行，其中混凝土梁纵向钢筋总配筋率在 1.5%～2.5% 之间，柱纵向钢筋总配筋率在 1.6%～3% 之间。板内钢筋总配筋率在 1%～2% 之间。剪力墙纵向钢筋配筋率为 0.3%，剪力墙暗柱总含钢率约为 1%～2%。钢筋材料为 HRB335，钢材等级为 Q345B。

2.10.4　计算模型及结构分析过程

本节采用的有限元数值模型基于前文弹性分析的 SAP2000 模型，并对单元网格进行进一步细化，之后转换为 ABAQUS 数据文件进行弹塑性分析。

需要说明的是，由于本工程体系特殊，施工过程及顺序有较高要求，在弹性计算分析及设计过程中进行了完整的施工模拟，因此本节采用如下分析顺序进行：

第 1 步，采用与前文弹性分析完全一致的施工过程，进行结构的施工模拟及初始应力状态的生成；

第 2 步，进行结构自振周期的分析；

第 3 步，进行动力弹塑性分析。

上述所有分析过程中，材料非线性（弹塑性本构）及几何非线性贯穿始终。

2.10.5　地震波的选择及输入

本节采用前文弹性小震时程分析中的输入地震记录（其中，Kobe 波及 Taft 波均为三向记录，安评报告罕遇人工波为三个测孔的独立记录），并按照抗震规范要求，均采用三向地震波输入，三方向（$X:Y:Z$）地震波峰值加速度比为 $1:0.85:0.65$。地震波持续时间取 20s，峰值加速度取 220Gal。

2.10.6　计算分析结果

本节对分区 A、分区 B 进行了三向罕遇地震作用下的弹塑性动力分析。分区 C 结构较简单，而分区 B 与分区 A 的结构布置、构件尺寸基本相同，在地震作用下的反应与分区 A 类似，所以以下仅列出分区 A 的计算分析结果。

2.10.6.1　结构质量及振型

表 2.10.1 所列为分区 A 结构质量及前 12 阶自振周期 ABAQUS 与 SAP2000 计算结果对比。

分区 A 结构基本特性对比　　　　　　　　　　　表 2.10.1

软件	ABAQUS	SAP2000
单元总数（个）	36626	16200
质量（t）	81199	80148
T1（s）	0.68	0.66
T2（s）	0.67	0.65
T3（s）	0.66	0.61
T4（s）	0.63	0.60
T5（s）	0.61	0.59
T6（s）	0.60	0.54
T7（s）	0.58	0.54
T8（s）	0.56	0.53
T9（s）	0.56	0.52
T10（s）	0.53	0.51
T11（s）	0.50	0.49
T12（s）	0.49	0.42

可以看出，ABAQUS 与 SAP2000 的计算结果相当接近，说明用于动力弹塑性分析的计算模型是合理的。

2.10.6.2 结构位移响应

选取如图 2.10.6 所示各位置作为位移输出点来考察结构的动力响应。

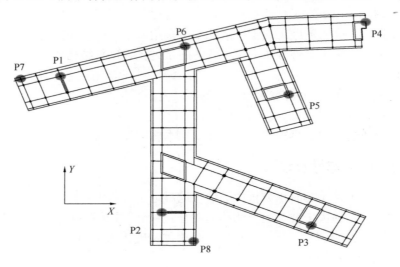

图 2.10.6 位移输出点平面位置示意

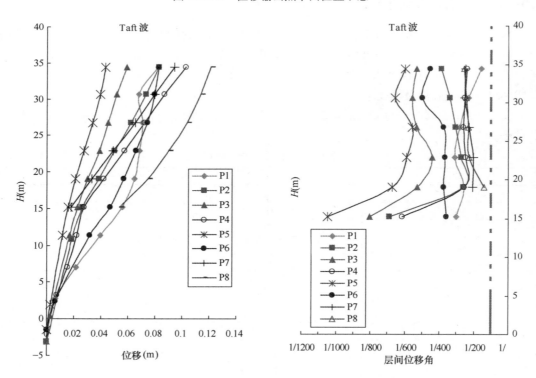

图 2.10.7 Taft 波作用下结构层位移及层间位移角

分区 A 结构输出点最大绝对位移及层间位移角见表 2.10.2、表 2.10.3。

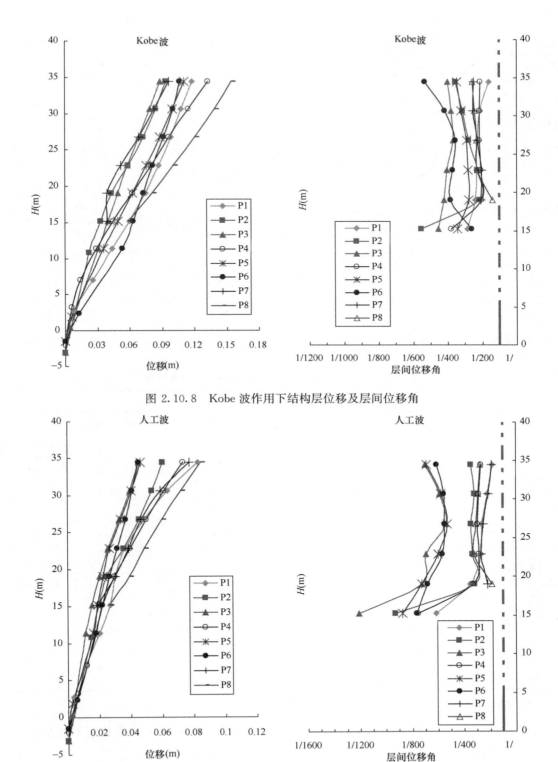

图 2.10.8　Kobe 波作用下结构层位移及层间位移角

图 2.10.9　人工波作用下结构层位移及层间位移角

罕遇地震作用下结构层最大（平均）位移统计表（m）　　表2.10.2

罕遇地震作用下结构层最大（平均）位移统计表（m）　　表2.10.2

Height	P1	P2	P3	P4	P5	P6	P7	P8
34.45	0.115 (0.093)	0.095 (0.079)	0.089 (0.064)	0.133 (0.103)	0.112 (0.067)	0.107 (0.078)	0.103 (0.091)	0.151 (0.119)
30.60	0.105 (0.079)	0.085 (0.07)	0.079 (0.057)	0.115 (0.088)	0.101 (0.06)	0.101 (0.074)	0.087 (0.075)	0.135 (0.107)
26.75	0.095 (0.071)	0.073 (0.06)	0.069 (0.049)	0.097 (0.073)	0.089 (0.052)	0.093 (0.068)	0.07 (0.061)	0.117 (0.093)
22.90	0.084 (0.063)	0.06 (0.049)	0.059 (0.041)	0.08 (0.059)	0.076 (0.043)	0.082 (0.06)	0.053 (0.047)	0.097 (0.079)
19.05	0.072 (0.056)	0.044 (0.036)	0.049 (0.033)	0.063 (0.045)	0.062 (0.035)	0.073 (0.052)	0.04 (0.034)	0.079 (0.064)
15.20	0.059 (0.047)	0.033 (0.026)	0.04 (0.026)	0.044 (0.031)	0.049 (0.028)	0.064 (0.044)	0.039 (0.025)	0.057 (0.046)

注：表中数据为三条地震波时程计算矢量和的最大（平均）值。

罕遇地震作用下结构最大（平均）层间位移角统计表　　表2.10.3

Height	P1	P2	P3	P4	P5	P6	P7	P8
34.45	1/156 (1/166)	1/345 (1/363)	1/401 (1/544)	1/212 (1/239)	1/348 (1/545)	1/454 (1/532)	1/188 (1/229)	1/254 (1/260)
30.6	1/212 (1/221)	1/312 (1/323)	1/378 (1/507)	1/215 (1/250)	1/320 (1/518)	1/417 (1/491)	1/217 (1/239)	1/245 (1/260)
26.75	1/227 (1/257)	1/275 (1/309)	1/368 (1/479)	1/215 (1/258)	1/291 (1/459)	1/355 (1/428)	1/225 (1/233)	1/230 (1/256)
22.9	1/231 (1/269)	1/225 (1/278)	1/404 (1/513)	1/208 (1/247)	1/282 (1/492)	1/365 (1/434)	1/201 (1/223)	1/228 (1/260)
19.05	1/240 (1/283)	1/216 (1/265)	1/420 (1/558)	1/201 (1/261)	1/277 (1/559)	1/377 (1/481)	1/207 (1/212)	1/139 (1/156)
15.2	1/286 (1/401)	1/554 (1/725)	1/456 (1/823)	1/381 (1/583)	1/343 (1/756)	1/261 (1/460)	—	—

注：表中数据为三条地震波时程计算矢量和的最大（平均）值。

从上述表格可以看出，三向罕遇地震作用下，分区A结构各考察点位置的层最大位移沿高度增大，其中悬挑端（考察点P8）处顶点位移最大，为0.151m（Kobe波），且该位置二层层间位移角亦最大，为1/139（Kobe波）。

显然，罕遇地震作用下，分区A部分结构的位移指标小于规范对于框架-剪力墙（1/100）及剪力墙结构（1/120）罕遇地震下的限值。

2.10.6.3 结构基底剪力的动力响应

分区 A 结构基底剪力统计表

表 2.10.4

时程波	地震作用	V_x（kN）	剪重比	V_y（kN）	剪重比
Taft 波	弹性小震	45837	5.83%	38877	4.95%
	罕遇地震	148193	18.61%	173576	21.80%
Kobe 波	弹性小震	57848	7.36%	48502	6.17%
	罕遇地震	182043	22.86%	217822	27.36%
人工波	弹性小震	38488	4.90%	27167	3.46%
	罕遇地震	119910	15.06%	149720	18.80%

注：弹性小震为三向输入计算结果。

可以看出，三条三向罕遇地震波作用下结构基底剪力及剪重比与弹性多遇地震有相似规律，即 Kobe 波最大，Taft 波次之，人工波最小。此外罕遇地震两方向基底剪力约为多遇地震的 3.1～5.5 倍。

2.10.6.4 拉索应力情况

图 2.10.10 所示为罕遇地震作用下分区 A 结构中的预应力拉索轴向应力的变化时程。

可以看出，在地震输入过程中拉索应力围绕其初始应力剧烈波动。全部拉索中的截面最大拉应力（参见表 2.10.5）为 1080MPa（人工波），$\approx 0.6 f_{yk}$，最小拉应力为 111MPa（人工波），而且所有拉索在罕遇地震作用过程中始终保持受拉状态，同时可以看出，拉应力最大/最小的拉索均位于结构的悬挑端位置。

分区 A 拉索最大/最小拉应力统计表

表 2.10.5

拉应力（MPa）	人工波		Kobe 波		Taft 波		平均值
最大	1080	（402985）	1052	（402985）	1077	（402514）	1070
最小	111	（405718）	116	（405742）	113	（405742）	113

2.10.6.5 型钢混凝土柱响应

表 2.10.6 为分区 A 结构中落地劲性混凝土柱截面中型钢及混凝土（括号中为混凝土）在罕遇地震作用下的最大拉应力与最大压应力统计表。

分区 A 劲性混凝土构件最大响应

表 2.10.6

型钢混凝土截面	SRCC-1200		
地震输入	Taft 波	Kobe 波	人工波
峰值拉应力（MPa）	92（2.85）	90（2.85）	87（2.85）
峰值压应力（MPa）	−221（−22.09）	−188（−21.22）	−205（−21.83）
型钢混凝土截面	SRCC-1000×1500		
地震输入	Taft 波	Kobe 波	人工波
峰值拉应力（MPa）	22（2.85）	18（2.84）	23（2.85）
峰值压应力（MPa）	−112（−19.92）	−105（−19.18）	−103（−20.46）

可以看出，罕遇地震作用下，两种截面中的型钢均未达到材料的屈服强度，混凝土拉

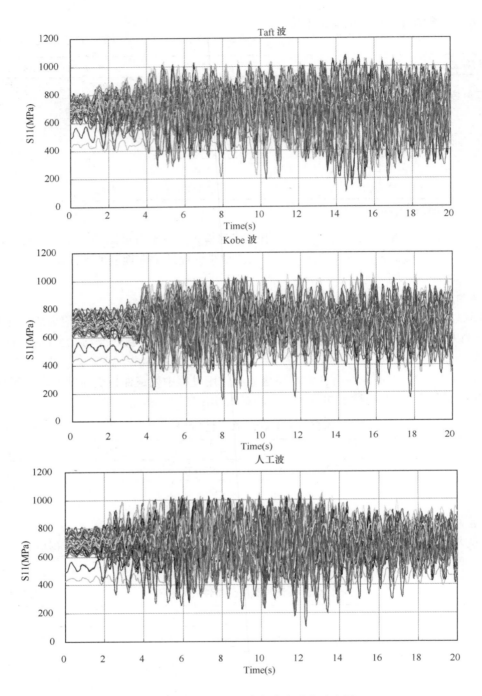

图 2.10.10 分区 A 拉索拉应力动力响应图

应力达到材料抗拉强度，压应力则未超过混凝土（C60）的抗压强度。

2.10.6.6 剪力墙暗柱应力

为提高结构的抗震性能，在各剪力墙及核心筒角部均增设型钢。表 2.10.7 所示为罕遇地震作用下，分区 A 剪力墙及核心筒暗柱中增设型钢及钢筋最大拉/压应力统计结果。

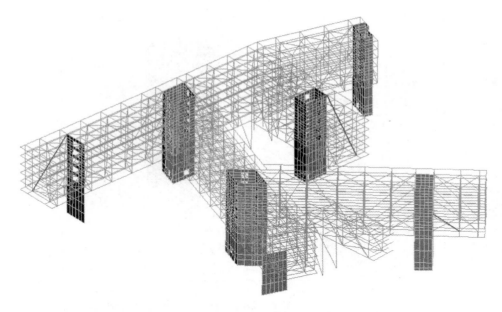

图 2.10.11　分区 A 最大/最小拉应力拉索位置示意图

分区 A 暗柱型钢及钢筋最大响应　　　　　　　　　　　　表 2.10.7

	暗柱型钢		
	Taft 波	Kobe 波	人工波
最大拉应力（MPa）	331	345	274
最大压应力（MPa）	−259	−294	−239
	暗柱钢筋		
	Taft 波	Kobe 波	人工波
最大拉应力（MPa）	211	265	211
最大压应力（MPa）	−185	−203	−185

可以看出，罕遇地震作用下型钢受力较大，其中 Kobe 波作用下型钢受拉强度接近材料的屈服强度，达到 345.12MPa，其位置位于结构中部核心筒的根部（如图 2.10.12 所示）。

2.10.6.7　剪力墙及核心筒塑性损伤情况

本文计算中对钢筋混凝土剪力墙采用了混凝土损伤破坏模型，混凝土材料的损伤程度与其应力（或塑性应变）状态相对应。因而研究计算过程中结构混凝土材料的损伤情况，有利于掌握结构在罕遇地震下的性能。

对于受压损伤，本文计算中可以简单分为三个阶段：无损伤、损伤开始（轻微损伤）以及损伤发展（严重损伤）。其中无损伤阶段为混凝土弹性阶段，损伤因子为 0；损伤开始阶段为界限弹性～峰值强度阶段，损伤因子范围约 0～0.6；严重损伤阶段则为混凝土超过峰值强度后，混凝土强度及材料弹模迅速降低阶段，损伤因子范围约 0.6～0.99。

对于受拉损伤，本文计算中采用的受拉损伤的定义与材料的受拉开裂行为一致，即当主拉应力超过材料抗拉强度值时，材料开裂，同时材料也出现了受拉损伤；材料进一步受拉，损伤因子增大，强度降低。换言之，结构受拉损伤的发生、发展直接反映了结构受拉

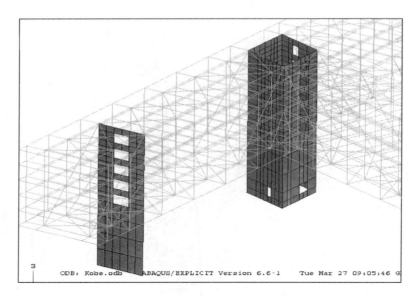

图 2.10.12　分区 A 最大/最小应力暗柱钢筋位置示意图

裂缝的产生、发展过程，了解了结构损伤因子的发展过程即掌握了结构混凝土受拉开裂的全过程。

由前述分析可以看出，分区 A 结构在罕遇地震 Kobe 波输入作用下，结构位移及基底剪力响应均较大，因此为节省篇幅，以下仅针对 Kobe 波的计算结果进行讨论。

（1）剪力墙/筒体受压损伤发展过程

图 2.10.13～图 2.10.16 为分区 A 钢筋混凝土剪力墙/筒体在不同时刻的受压损伤云图。

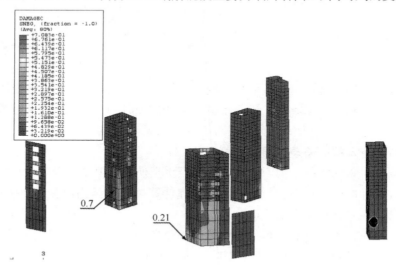

图 2.10.13　4.2s 时刻剪力墙/筒体受压损伤因子云图

基本过程如下：

①在罕遇地震三向记录输入作用下，结构开始振动。结构剪力墙、筒体角部及连梁首先出现损伤，其中中部筒体角部及外围单片剪力墙连梁损伤较为明显，在 4.2s 时刻，混凝土筒体角部受压损伤因子最大约为 0.21，连梁为 0.7。结构其余部位的剪力墙则未发生

受压损伤；

②随着地震动的持续进行，结构核心筒角部受压损伤范围得到了进一步扩展，出现受压损伤的筒体个数亦增多，而且原来出现连梁损伤的单片剪力墙其损伤亦开始向下部发展。在4.5s时刻，混凝土筒体角部损伤因子最大约为0.21，连梁为0.80；

③在地震输入的4.5～7.8s时间过程中，结构受压损伤进一步发展并形成稳定区域，其中各楼层的连梁损伤因子范围及大小发展迅速，筒体角部有一定损伤发展。在7.8s时刻，连梁受压损伤因子达0.91，筒体角部约为0.27；

④地震输入的7.8～20s时间过程中，钢筋混凝土剪力墙/筒体中连梁的受压损伤因子进一步增大，大部分连梁的受压损伤因子均超过0.9，而筒体及剪力墙角部的受压损伤因子基本无变化。

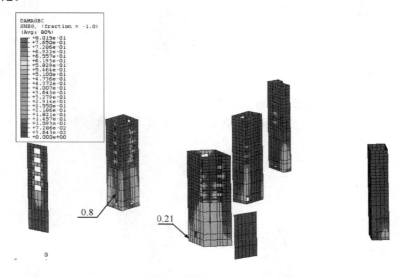

图2.10.14　4.5s时刻剪力墙/筒体受压损伤因子云图

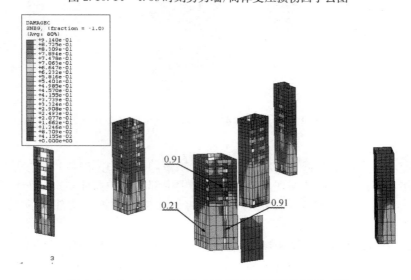

图2.10.15　7.8s时刻剪力墙/筒体受压损伤因子云图

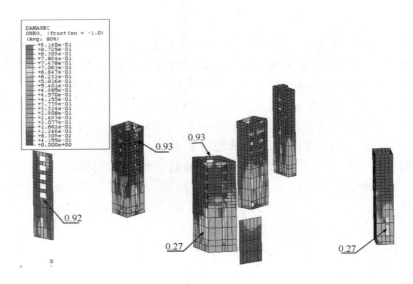

图 2.10.16　20s 时刻剪力墙/筒体受压损伤因子云图

（2）剪力墙/筒体受拉损伤发展过程

图 2.10.17～图 2.10.19 为分区 A 钢筋混凝土剪力墙/筒体在不同时刻的受拉损伤云图。

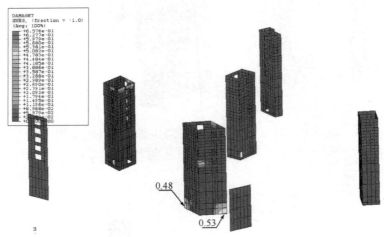

图 2.10.17　3.6s 时刻剪力墙/筒体受拉损伤因子云图

基本过程如下：

①在罕遇地震三向记录输入作用下，结构开始振动。结构剪力墙角部及拉索锚固位置首先出现损伤，即出现受拉开裂现象。其中结构中下部位置的筒体角部损伤较为明显，在 3.6s 时刻，混凝土筒体角部受拉损伤因子最大约为 0.53，结构其余部位的剪力墙则未发生受拉损伤；

②随着地震的持续输入，结构筒体角部受拉损伤及出现受拉损伤的筒体个数均快速增长，同时各楼层连梁亦出现受拉开裂现象，图 2.10.18 为 3.9s 时刻，各剪力墙及筒体的受拉损伤云图，其中最大受拉损伤因子约为 0.94；

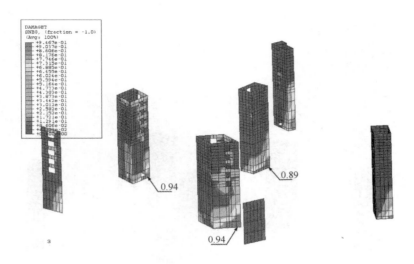

图 2.10.18 3.9s时刻剪力墙/筒体受拉损伤因子云图

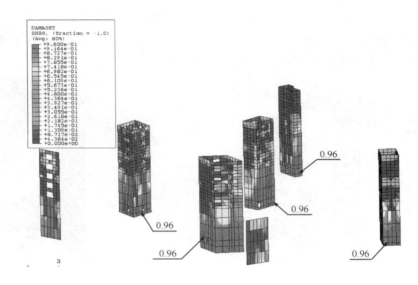

图 2.10.19 20s时刻剪力墙/筒体受拉损伤因子云图

③随着地震的持续输入，结构筒体下部及各处连梁均出现大面积的受拉损伤，受拉损伤范围亦开始形成稳定区域。如图 2.10.19 所示，在 20s 时刻筒体最大受拉损伤因子达到 0.96，说明此时混凝土受拉基本退出工作，筒体拉力主要由剪力墙中分布钢筋及暗柱配筋承担，对比图 2.10.20 剪力墙壳单元累积塑性受拉应变可以看出，剪力墙根部最大塑性拉应变达到 0.0036，说明此时根部剪力墙中的分布钢筋已经发生屈服。

2.10.6.8 钢筋混凝土楼板受拉损伤情况

计算结果表明，结构楼板的受拉损伤程度随结构层的增加基本变化不大，受拉损伤范围则呈现增大趋势。

由分区 A 结构三层楼板受拉损伤云图（图 2.10.21）可以看出，楼面中部楼板较外围楼板受拉损伤显著，楼板最大受拉损伤因子为 0.87，对比最大塑性拉应变云图可以看出，

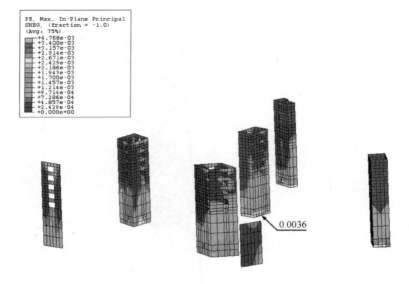

图 2.10.20   20s 时刻剪力墙/筒体塑性主拉应变云图

楼板仅有局部单元塑性拉应变大于 0.0021，大部分楼板则小于 0.001，表明此时楼板虽然均已受拉开裂，但是大部分楼板内分布钢筋仍基本未发生屈服。

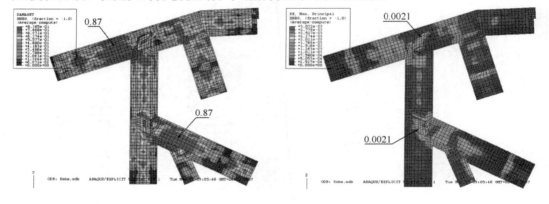

图 2.10.21   分区 A 的三层楼板受拉损伤因子及塑性主拉应变云图

2.10.6.9   结论

通过上述弹塑性时程分析，得到结论如下：

1）结构各层位移较弹性小震显著增大，其中最大层位移为悬挑端（考察点 P8）位置，为 0.151m（Kobe 波），该位置二层层间位移角亦最大，为 1/139（Kobe 波）。结构各层层间位移角均未超过规范对于剪力墙结构及框架-剪力墙结构的最大变形要求；

2）罕遇地震作用下，结构下部钢筋混凝土核心筒及角部出现较大受拉损伤，仅有局部位置单元出现一定程度的受压损伤，其中核心筒根部最大受拉损伤因子为 0.96，局部单元最大塑性拉应变达到 0.0036（该位置剪力墙分布钢筋发生屈服），连梁最大受压损伤因子达到 0.91，其余墙体受压损伤均小于 0.3；

3）在三条三向罕遇地震波输入计算完成后，所有剪力墙及筒体均未发生压溃破坏，仍能够承受结构竖向荷载，因而结构未发生倒塌；

4）结构中的连梁在罕遇地震作用下破坏严重，起到了一定耗能减震的作用；

5）罕遇地震作用下，结构的落地劲性混凝土柱发生受拉而导致开裂，但是其内置型钢未发生屈服，计算完成后，上述构件亦未发生受压破坏及屈曲破坏；

6）结构设置的所有预应力拉索在三向罕遇地震作用过程中，构件截面拉应力均未超过 1100MPa，亦未出现受压情况；

综上，本工程分区 A 的结构具有良好的抗震性能，可以满足"大震不倒"的抗震设防目标。

第3章 深圳北站

◆ 将国外引进的圆形弦支网壳结构改进，创新提出并实现高效四边形环索弦支网格梁结构体系，大大提高环索效率；
◆ 针对拉索钢结构在预应力下变形较大的特性，创新采用了一种建筑钢结构拉索预应力施加的仿真技术，解决现有的建筑钢结构拉索初始预应力精确解的问题；
◆ 轻轨高架桥穿越站房，"桥建合一"。采用数值模拟仿真技术，利用列车-桥梁系统动力相互作用分析模型，对轻轨列车引起的站房结构振动效应进行分析与控制；
◆ 超长钢-混凝土组合结构温差收缩效应仿真计算分析与控制；
◆ 时程和频谱结合的人行大跨度公共建筑楼盖舒适度分析和控制方法；
◆ 列车高速通行形成的"活塞风"及站台行人高度处风环境的分析研究。

3.1 工 程 概 况

深圳火车北站位于深圳市龙华中心区，为京广港铁路重要交通枢纽。由站房建筑及两侧的无柱站台雨棚组成。站房2层，局部设夹层，屋盖结构"上平下曲"。两侧雨棚呈波浪形。总建筑面积18万 m²，见图3.1.1、图3.1.2。

图 3.1.1 深圳北站效果图 1

图 3.1.2 深圳北站效果图 2

该项目由中铁第四勘察设计院集团有限公司和深圳大学建筑设计研究院联合设计，并结合工程实际需要，分别与北京交通大学、湖南大学、浙江大学空间结构研究中心合作开展了列车振动效应控制、整体工程风洞试验及雨棚工程标准结构单元1/9试验研究，进行了大量理论计算分析，揭示了结构的工作机理，精心设计施工，获得成功应用。

项目于 2008 年 12 月通过铁道部鉴定中心结构设计专项审查，2011 年 3 月结构竣工验收，2011 年年底通车运行。工程自结构封顶至今，经历多次温差收缩及台风考验，完好无损，得到业主普遍赞赏。围绕项目特点，展开多项科研工作，目前研究成果已获国家发明专利授权 1 项、正在实质性审查阶段 1 项。项目已获 2013 年第八届全国优秀建筑结构设计一等奖、2012 年中国土木工程詹天佑大奖、广东省优秀勘察设计一等奖等。在详尽的计算分析上，提出并采用了多项创新技术，确保了结构安全、经济、合理，对于其他大型公共建筑，尤其是大型交通枢纽建筑具有一定的借鉴参考作用，推动了我国大跨空间钢结构的技术发展。

3.2 结 构 体 系

深圳火车北站为一复杂的交通枢纽项目，为实现国铁、城市地铁、轻轨、公交车辆的"零换乘"，设计围绕交通组织做了周密的安排，城市轻轨 4、6 号线在站房建筑中平行于下部铁路股道高架穿越，地铁 5 号线、平南铁路垂直于铁路股道下沉穿越，新区大道平行于铁路股道下沉穿越，见图 3.2.1、图 3.2.2。

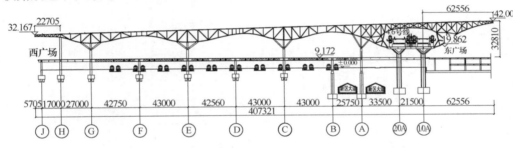

图 3.2.1 垂直股道方向剖面图

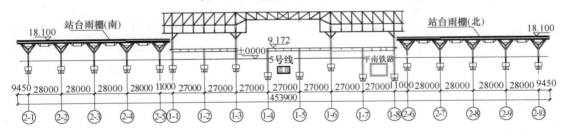

图 3.2.2 平行股道方向剖面图

3.2.1 站房下部结构

站房结构共 2 层，地面层为站台层，二层为高架站厅层，整体结构由下部结构和上部钢屋盖构成，总用钢量 6.9 万吨。其中站房下部结构垂直股道方向长 339.1m，顺股道方向长 201.5m，面积约 7 万 m²，标准柱距 43m、27m，采用圆钢管混凝土柱＋工字钢梁组合楼盖组成框架结构，圆钢管柱截面直径 1400～1600mm，钢管壁厚 40mm、50mm，内填充 C60 自密实高性能混凝土，二层结构平面布置见图 3.2.3。

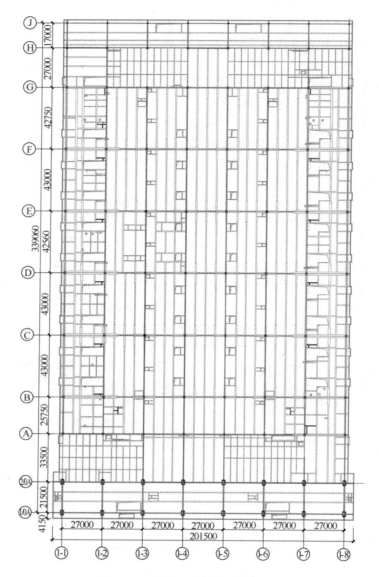

图 3.2.3　站房二层结构平面布置图

城市轻轨在站房东端高架穿越，支承结构需较大侧向、竖向刚度，结合建筑造型，首层采用八边形空心钢管混凝土柱作为支承柱，截面 2500mm×4000mm，二层以上分叉为截面 2500mm×2000mm 七边形钢管混凝土柱，支承上方的 4、6 号线列车轨道梁桥墩，分叉柱之间通过矩形钢管梁连接，如图 3.2.4 所示。

二层楼盖采用现浇钢筋混凝土组合楼盖，焊接工字钢梁，跨度 23.5～43.0m，梁高2.3m，梁腹板均匀布置六边形孔洞，洞高 1.5m，组合切割节省腹板钢材 25%，同时可供设备管线穿越，满足建筑净空要求。楼板采用钢筋桁架楼承板，不需模板、不需支撑，方便施工，楼盖结构双向整体性较好。

基于以下考虑，城市轻轨 Y 形支承柱采用 2500mm×4000mm 八边形钢管混凝土空心柱：

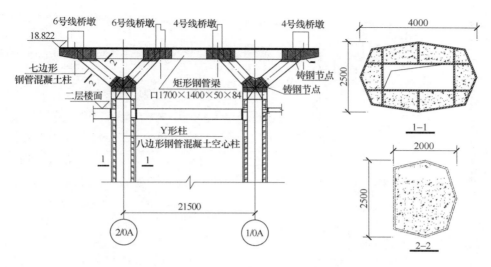

图 3.2.4　城市轻轨支撑柱

（1）4、6 号线集中质量大，支承结构需较大的侧向刚度。

（2）列车通过可能会引起站房结构产生较大的振动，有必要加强列车支承结构的竖向刚度。

（3）Y 形柱上支承 4 道列车轨道梁，列车行驶的不均匀性会引起 Y 形柱两上撑点受力不均、变形不均，Y 形柱垂直股道方向会产生较大的弯矩，Y 形柱垂直股道方向边长取为 4m。

（4）4、6 号线轨道梁支承系统要求下部柱在顺股道方向尺寸必须小于 2.5m。

（5）空心可节省混凝土，避免大体积混凝土效应，同时可基本保持柱抗弯刚度。

3.2.2　站房屋盖结构

站房上部屋盖钢结构如图 3.2.5 所示，为一空间双向桁架结构，垂直股道方向长 407m，平行于股道方向长 203m，覆盖面积 8.35 万 m²。顺股道方向柱距 54m、81m、54m，垂直股道方向柱距 68.75m、85.6m、85.75m。屋盖结构由主结构和次结构构成。主结构由两个方向的主桁架构成，主桁架支承于站房钢管混凝土柱上部分叉钢管柱及地铁 4、6 号线分叉钢管混凝土空心柱。次桁架支承于主桁架。两方向桁架之间网格尺寸约 27m×27m。次结构如图 3.2.6 所示，由上下两层双向梁系与斜拉杆、竖向撑杆组成，该结构既支承了屋面，又悬挂了吊顶，简化了结构杆件，满足建筑功能需要。垂直于股道方向屋盖两侧分别有 62.6m 和 22.7m 的悬挑。为满足屋盖平面内刚度、稳定性及承载力需要，沿屋盖周边上弦平面布置了水平支撑体系。

3.2.3　站台雨棚

站台雨棚在站房南北两侧对称布置，建筑效果如图 3.2.7 所示。单侧雨棚长 273m，宽 132m，两侧雨棚总覆盖面积 6.8 万 m²。支承结构为直径 800～900mm 钢管混凝土柱，壁厚 30mm，垂直股道方向标准柱距 43.0m；平行股道方向标准柱距 28.0m。雨棚通过四向交叉斜柱支承于钢管混凝土直柱顶端，斜柱 500～650mm 圆钢管，分别四向斜伸 7.0m

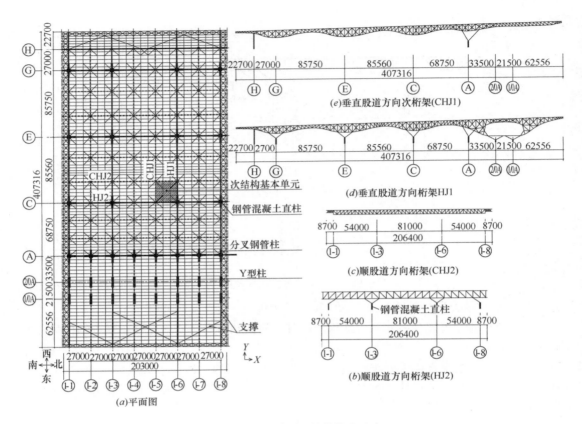

图 3.2.5　站房屋盖结构构成示意

图中标注：

(e)垂直股道方向次桁架(CHJ1)
22700 27000 85750 85560 68750 33500 21500 62556
407316
H G E C A 20A 10A

(d)垂直股道方向桁架HJ1
22700 2700 85750 85560 68750 33500 21500 62556
407316
H G E C A 20A 10A

(c)顺股道方向桁架(CHJ2)
8700 54000 81000 54000 8700
206400
1-1 1-3 1-6 1-8

(b)顺股道方向桁架(HJ2)
钢管混凝土直柱
8700 54000 81000 54000 8700
206400
1-1 1-3 1-6 1-8

(a)平面图

平面图标注：
22700 27000 22700
H
G
27000
85750
E
407316 85560
CHJ2 CHJ1 HJ1
C
HJ2
68750
A
33500
20A
2150033500
10A
62556

次结构基本单元
钢管混凝土直柱
分叉钢管柱
Y型柱
支撑

西 南 北 东
Y X

27000 27000 27000 27000 27000 27000 27000
203000
1-1 1-2 1-3 1-4 1-5 1-6 1-7 1-8

图 3.2.6　次结构构成

图 3.2.7　雨棚结构效果图

和 10.75m，整个雨棚形成 14.0m×21.5m 网格的双向连续多跨空间结构，如图 3.2.8、图 3.2.9 所示。

14.0m×21.5m 雨棚屋盖基本网格单元采用四边形环索弦支结构，由斜拉钢棒、竖向撑杆及四边形环索构成，分为中间单元和柱上单元，如图 3.2.10 所示，通过张拉斜拉钢棒、张紧环索、撑杆受压，改善网格梁结构的受力和变形性能。

斜拉钢棒采用直径 64mm、70mm 高强合金钢棒；竖向撑杆采用圆钢管 154×4.5、194×5，四边形环索采用直径 30mm 高强镀锌钢丝束，破断强度 1670MPa；单层网格梁，主梁方钢管 450×250×14×16、次梁工字钢 250×250×6×12。

130

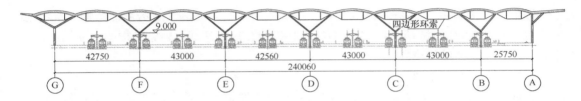

图 3.2.8　雨棚垂直股道方向立面

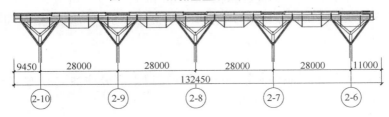

图 3.2.9　雨棚平行股道方向立面

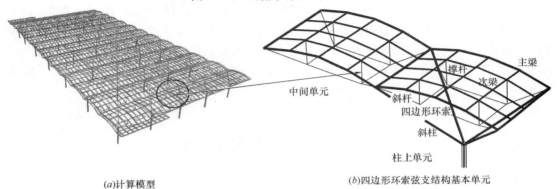

(a)计算模型　　　　　　　　　(b)四边形环索弦支结构基本单元

图 3.2.10　雨棚结构计算模型三维图及四边形环索弦支结构基本单元示意图

3.2.4　结构特点

深圳北站将大跨空间钢结构和桥梁结构融为一体，工程体量巨大，空间关系复杂，且具有超长、大悬挑、多条交通枢纽纵横交错穿越等特点，结构设计复杂于普通空间结构。相比于国内其他车站建筑，深圳北站结构设计具有以下的鲜明特点：

（1）超长结构

站房楼盖 339m×202m，相对应屋盖 407m×203m，未设置结构永久缝，属超长空间结构，此为国内铁路客站首次采用。

（2）雨棚结构采用国内外首创的新颖四边形环索弦支结构体系。

无站台柱雨棚采用首创的四边形环索弦支结构体系。斜拉杆与环索夹角较小，空间效果良好，环索工作效率大大提高，并有效改善上部网格梁的受力及稳定性能。四边形环索弦支体系技术经济效益明显。采用普通的单层网格梁结构体系，屋盖用钢量为 78kg/m²；采用四边形环索弦支结构体系后，屋盖用钢量为 42.5kg/m²（包括索及棒钢用量），节省屋盖用钢约 46%。

（3）"桥建合一"复杂结构

城市轨道交通 4、6 号线车站高架设于深圳北站站房，支承于站房下部结构 Y 形空心钢管混凝土柱上，同时，Y 形柱也作为站房高架层结构、站房屋盖钢结构的支撑体系，采用"桥建合一"的结构形式。

（4）复杂的交通枢纽

深圳市轻轨 4、6 号线包裹在站房屋面中平行于股道南北方向高架穿越，结构设 16 个 Y 形空心巨型钢管混凝土柱同时作为上部屋盖结构和 4、6 号线轨道交通结构的支承；深圳市轨道交通 5 号线和平南铁路在站房下东西方向穿越；市政新区大道下沉南北方向穿越站房；基础结构设计与施工受相关地下工程影响专门特殊处理。

（5）大跨度

站房结构不设站台柱，标准柱距 43m；站厅层以上部分柱抽空形成 86m×81m 跨的大空间，为我国已建站房中最大跨度的站厅。

（6）大悬挑

东面屋盖结构悬挑 62.556m，属于悬挑超限结构，并且在中部开有 81m 宽的洞口，重力荷载的传递及风荷载效应非常复杂，给结构设计增加了很大的难度。设计联合体、湖南大学共同分析研究，巧妙结合建筑外形，利用建筑波浪形状设置结构下弦，与屋盖上弦组成高效的传力机构，悬挑根部高度接近 22m，悬挑结构跨高比约为 3，高效实现大悬挑。

3.3　设计标准及荷载作用

3.3.1　结构设计标准

总体控制标准：结构设计基准期 50 年，设计使用年限 100 年；安全等级一级，重要性系数 1.1；抗震设防烈度 7 度，设计分组一组，乙类设防。

结构变形控制标准：50 年重现期风荷载下及小震作用下结构层间位移角限值 1/550。

钢构件在重力荷载标准值下的挠度限值：$L/400$（L 为桁架、梁跨度）。

动力特性指标：屋盖竖向频率不小于 1.0Hz，楼盖竖向频率不小于 3.0Hz，人行、列车振动引起的站房楼盖峰值加速度不大于 0.015g。

结构应力指标：钢结构杆件最大组合设计应力小于 0.9f_y（f_y 设计强度）。

钢拉杆（索）应力控制原则：最不利组合工况下最大组合拉应力小于 0.45f_{yk}（f_{yk} 破断强度），自重＋附加恒载＋风吸力工况下最小拉应力大于 0.05f_{yk}。

结构稳定指标：线性屈曲荷载/（恒＋活）标准荷载的屈曲因子大于 10，非线性屈曲因子大于 5。

3.3.2　重力荷载

站房楼盖结构考虑吊顶、管道、检修等楼面附加恒荷载取 5.25kN/m²，隔墙处另加 1kN/m²，活荷载 3.5kN/m²；站房屋面恒荷载 0.6 kN/m²，吊顶恒荷载 0.6 kN/m²，屋面活荷载 0.5 kN/m²；站台雨棚屋面恒荷载 1.0 kN/m²，活荷载 0.5kN/m²。

3.3.3 地震作用

场地谱与规范谱比较见图 3.3.1，可以看到：小震场地谱的地震影响系数较规范谱略大，特征周期 T_g 大 0.05s；中震场地谱最大地震影响系数 α_{max} 较规范谱值小 2.8%，但场地谱特征周期较长，达 0.55s；大震场地谱最大地震影响系数 α_{max} 较规范谱小较多，为规范谱的 70%，但场地谱特征周期 0.7s，大于规范谱特征周期 0.4s。结构抗震分析采用场地谱和规范谱双控。

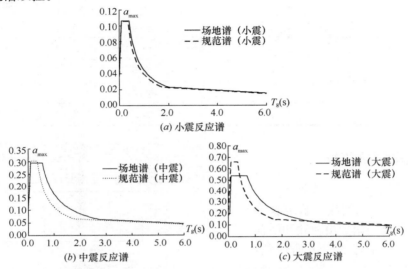

图 3.3.1 场地谱与规范谱比较

3.3.4 风荷载

基本风压：$0.9kN/m^2$（100 年一遇），地面粗糙度 B 类。

初步设计阶段按《建筑结构荷载规范》GB 50009 取值，施工图阶段按风洞试验结果进行调整。风洞试验结果表明，大部分区域按规范取值合理、安全。局部区域如垂直股道来风时，迎风向的墙面和悬挑屋盖的下表面风压系数 1.2～1.4，平行股道来风时，雨棚多跨连续坡屋面迎风侧风压系数 0.6～1，背风侧−0.1～−0.6，较为不利，设计调整加强。

3.3.5 温度作用

温差取值采用深圳市气温统计材料，见表 3.3.1。温差计算考虑结构所经历的整体温差影响，分为 2 个阶段：①施工阶段：要求混凝土低温入模、钢结构低温合拢，结构合拢温度取施工当月平均气温，整体温差＝经历月最高（最低）气温−结构合拢温度；②使用阶段：整体温差＝结构构件使用温度−结构合拢温度。

深圳气象统计参数　　　　　　　　　　　　　　　　　　　　　表 3.3.1

月　份	月平均气温（℃）	月最高气温（℃）	月最低气温（℃）
1	14.1	28.4	0.9
2	15.0	29.0	0.2

月　份	月平均气温（℃）	月最高气温（℃）	月最低气温（℃）
3	18.4	30.7	4.8
4	22.2	33.2	8.7
5	25.3	35.8	14.8
6	27.3	35.3	19.0
7	28.2	38.7	20.0
8	27.8	36.6	21.1
9	26.6	36.6	16.9
10	23.7	33.6	11.7
11	19.7	32.7	4.9
12	15.9	29.8	1.7

3.3.6　城市轻轨荷载

北京城建设计研究总院有限责任公司提供 4、6 号线列车、轨道及列车站台传来的竖向附加恒荷载和活荷载见图 3.3.2。平行股道方向荷载：轨道伸缩力 220 kN，断轨力 918 kN，牵引力 144 kN；垂直股道方向荷载：摇摆力 96 kN。

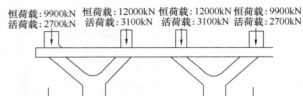

图 3.3.2　城市轻轨恒、活荷载

3.4　计算模型、计算内容、计算假定及计算边界条件

3.4.1　计算模型

采用了多种计算软件（ETABS、SAP2000、MIDAS、ANSYS 等）、多模型进行结构计算分析（图 3.4.1）。模型一：单独下部结构、单独上部钢屋盖结构。单独下部结构模型嵌固端取基础顶面，上部屋盖结构传来的风、重力荷载等作为集中力加于下部结构柱顶；单独上部钢屋盖结构嵌固于下部结构柱柱顶。模型二：上、下部结构总装整体结构。关键节点另建实体单元有限元模型。

(a) 单独下部钢-混凝土组合结构计算模型　　(b) 单独上部钢结构计算模型　　(c) 整体结构计算模型

图 3.4.1　结构计算模型

3.4.2 柱底嵌固端确定

本项目为复杂交通枢纽工程，地铁5号线、平南铁路及新区大道均由地下穿越站房用地范围，影响部分站房柱基础承台标高，如图3.4.2。

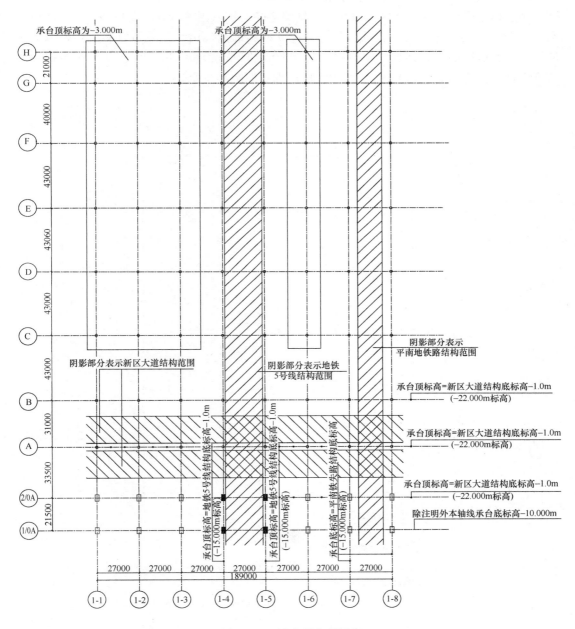

图 3.4.2 站房承台顶标高

若柱嵌固端均取承台顶面，部分柱计算长度过大。设计采用在−3.000m 标高处增大柱截面，截面增大后下柱线刚度为上柱线刚度的 5 倍以上，即：

$$\frac{i_{\text{下}}}{i_{\text{上}}} = \frac{EI_{\text{下}}/L_{\text{下}}}{EI_{\text{上}}/L_{\text{上}}} \geqslant 5$$

式中：$i_{\text{上}}$、$i_{\text{下}}$——分别为上、下柱线刚度；

　　　$L_{\text{上}}$、$L_{\text{下}}$——分别为上、下柱几何长度。

满足上式，认为下部柱可作为上部柱的嵌固端。

站房内不受5号线、新区大道和平南铁路影响的柱嵌固端取其承台顶即－3.000m处。4、6号线与5号线相交处4根柱（如图3.4.3阴影部分）由于受5号线影响，柱截面不能增大，其嵌固端取为其承台顶面即－15.000m和－22.000m标高处。其余站房柱均通过增大截面的方法嵌固端取为－3.000m标高处，如图3.4.3。

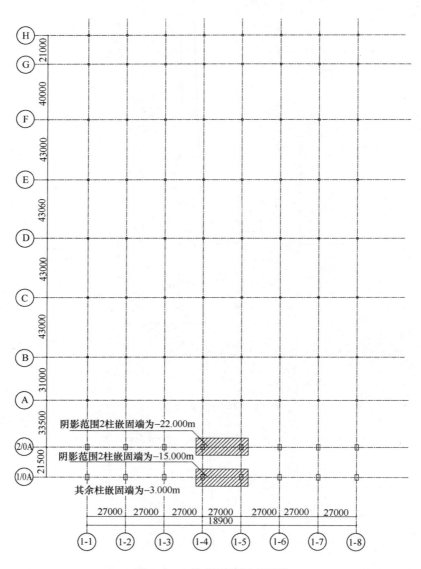

图3.4.3 柱嵌固端标高示意

3.4.3 站房单独下部结构（表3.4.1）

站房下部结构计算内容　　　　　　　　　　表3.4.1

计算程序	计算模型	主要计算内容
ETABS V8.5.0	弹性楼盖 刚性楼盖	规范反应谱分析 场地反应谱小震分析 小震动力弹性时程分析 重力、风等计算分析
SAP2000 V9.16	弹性楼盖	规范反应谱分析 场地反应谱分析 重力、风等计算分析
Midas V7.1.2	弹性楼盖	规范反应谱分析 场地反应谱分析

注：嵌固端：－3.000m（大部分承台面或下部加深加粗柱顶面）；
　　　　　　－15.000m（4、6号线与5号线相交处承台面）；
　　　　　　－22.000m（4、6号线、新区大道与5号线相交处承台面）。

上部结构传来的风、重力荷载作为集中力作用于9.000m柱顶。

3.4.4 站房单独上部钢结构（表3.4.2）

站房单独上部结构计算内容　　　　　　　　表3.4.2

计算程序	计算模型	主要计算内容
SAP2000 V9.16	弹性	反应谱、重力、风等计算分析 温差计算分析
Midas V7.1.2	弹性	反应谱分析

注：嵌固端：9.000m钢管柱顶。

3.4.5 站房总装结构（表3.4.3）

站房总装结构计算内容　　　　　　　　　　表3.4.3

计算程序	计算模型	主要计算内容
SAP2000 V9.16	弹性楼盖 刚性楼盖	规范、场地反应谱分析 重力、风等计算分析 温差计算分析
Midas V7.1.2	弹性楼盖	场地反应谱分析

注：嵌固端：同站房单独下部结构。

3.4.6 站台雨棚结构（表3.4.4）

站台雨棚结构计算内容　　　　　　　　　　表3.4.4

计算程序	计算模型	主要计算内容
SAP2000 V9.16	弹性	规范、场地反应谱分析重力、 风等计算分析温差计算分析

注：嵌固端：－3.000m（承台面，新区大道旁下部加深加粗柱顶面）。

3.5　工程地质概况与基础设计

3.5.1　工程地质概况

深圳北站处在广东省深圳市龙华街道向南村，规划建筑场地位于深圳市龙华镇二线扩展区的中部地区，北邻未来龙华中心区，西邻福龙快速路和水源保护区，东邻梅观高速公路，南侧为白石龙居住组团。场地属丘陵地区，原生地貌为平缓低丘及丘间谷地，海拔高程为 70.2～104.8m，相对高差约 30m。受新近人工活动影响，包括平南铁路（既有铁路）修建、新区大道建设等，地貌已发生了较大的变化，夷平后的地面高程多介于 77～84m间，其中场地南侧填土较厚。

根据钻探揭露，场地内的构成地层自上而下有：第四系人工填土层、冲洪积层、坡残积层，下覆基岩为燕山晚期（全风化、强风化、弱风化等）的花岗岩。

3.5.2　工程地质的地震影响

根据《广深港客运专线工程场地地震安全性评价报告》，有：特征周期 0.35s，土层平均剪切波速 267.9m/s，等效剪切波速 252.9m/s，场地类别Ⅱ类，场地为非液化场地，场地不存在影响场地稳定性的不良地质作用，属于较稳定的建筑场地。

3.5.3　站房基础与地铁 5 号线、平南铁路及新区大道关系

地铁 5 号线、平南铁路及新区大道与站房基础平面关系如图 3.5.1 所示。

3.5.4　基础设计

根据地勘报告所揭示的地层结构与场地工程地质条件，结合本工程性质、规模，由于浅层地基承载力相对较低，采用天然地基基础方案难以满足要求。经综合比较分析，本工程基础形式采用桩基础。

（1）主站房中不受地铁 5 号线、平南铁路及新区大道影响的柱下采用扩底钻孔灌注桩，承台顶标高−3m，承台厚 3m，桩顶标高−6.0m（绝对标高 75.690m），自然地面下开挖深度约 1～3m，平均有效桩长约 22m。

钻（挖）孔灌注桩桩端阻力特征值（q_{pa}）如表 3.5.1 所示。

桩端持力层端阻力特征值　　　　　　　　　　　表 3.5.1

岩土层			岩土的状态	桩端阻力特征值 q_{pa}（kPa）		
时代成因	地层编号	岩土名称		入土深度（m）		
				5	10	15
γ_5^3	(8) 1-1	全风化花岗岩	坚硬土状	650	750	850
γ_5^3	(8) 1-2	强风化花岗岩	破碎	2500		
γ_5^3	(8) 1-3	弱风化花岗岩	较完整	5000		

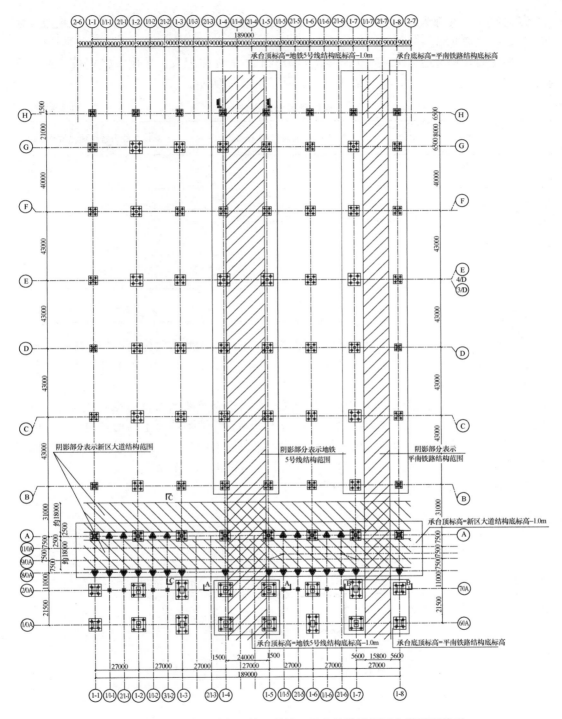

图 3.5.1 主站房基础与地铁 5 号线、平南铁路及新区大道平面关系

钻孔扩底灌注桩混凝土强度等级 C30，配筋率 0.5%，以桩身强度控制桩径。根据广东省标准《建筑地基基础设计规范》DBJ 15—31—2003，桩身强度工作条件系数取为 0.8。

以强风化层底部为桩端持力层。不考虑桩侧摩阻力，根据桩身强度与岩层承载力等强的原则，扩底率 1.8。

根据受力，桩径分别采用 $\phi 800 \sim \phi 1800$。由于本工程柱距大，采用一柱多桩，不设置地梁，以平衡柱底弯矩。单桩承载力特征值如表 3.5.2 所示。

单桩承载力特征值 表 3.5.2

桩编号	桩径 d/扩底直径 D（mm）	单桩承载力特征值（kN）
P-1	800/1400	4464
P-2	1000/1800	7184
P-3	1200/2100	9792
P-4	1400/2500	14080
P-5	1800/3600	23275

（2）地铁 5 号线、平南铁路及新区大道穿越主站房，部分柱底标高需相应降低，相应承台底标高降为 $-18 \sim -25$m（绝对标高为 63.690～56.690m），该部分桩基础改为墩基础嵌置于弱风化花岗岩。

本项目为复杂交通枢纽工程，地铁 5 号线、平南铁路及新区大道均地下穿越站房用地范围，站房基础设计与施工受相关地下工程施工影响。为消除站房主结构、地铁及新区大道之间不均匀沉降的相互影响，设褥垫层过渡，褥垫层采用粗砂＋残积层亚黏土均匀搅拌夯实，且在基础设计时考虑地铁、新区大道及其上部回填土的重量。

与地铁 5 号线相关的站房基础如图 3.5.2 所示。

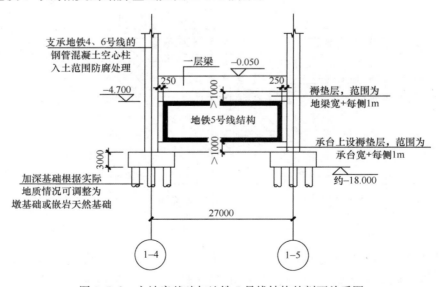

图 3.5.2 主站房基础与地铁 5 号线结构的剖面关系图

与新区大道相关的站房基础如图 3.5.3 所示。

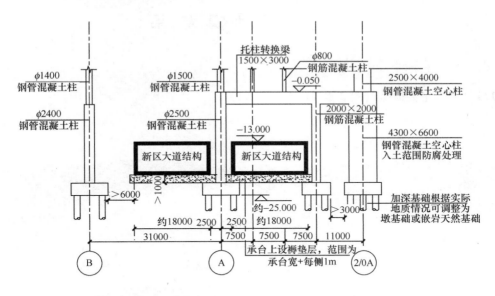

图 3.5.3 主站房基础与新区大道结构的剖面关系图

与平南铁路相关的站房基础如图 3.5.4 所示。

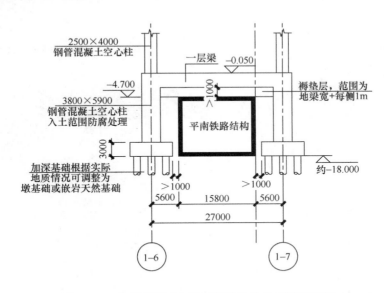

图 3.5.4 主站房基础与平面铁路结构的剖面关系图

（3）站台雨棚部分采用锤击预应力混凝土管桩，以全风化层为桩端持力层，承台顶标高取－3m，承台厚 1.4m，桩顶标高－4.4m，平均有效桩长约 15m。桩径 $\phi400$，单桩承载力特征值 1200kN，由试桩确定。

3.6 主要计算结果

3.6.1 站房单独下部结构

3.6.1.1 结构主要振型 (图 3.6.1)

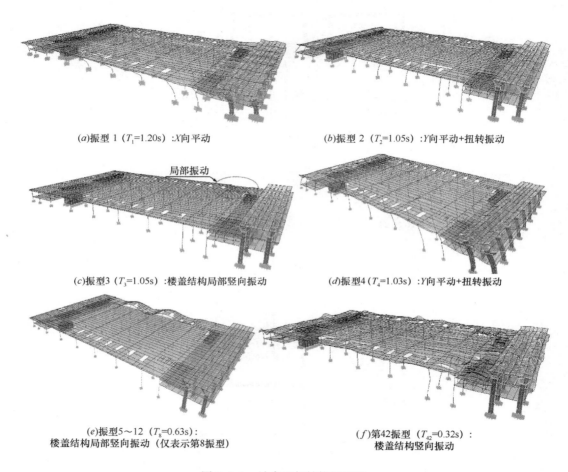

(a)振型 1 (T_1=1.20s)：X向平动

(b)振型 2 (T_2=1.05s)：Y向平动+扭转振动

(c)振型3 (T_3=1.05s)：楼盖结构局部竖向振动

(d)振型4 (T_4=1.03s)：Y向平动+扭转振动

(e)振型5~12 (T_8=0.63s)：
楼盖结构局部竖向振动（仅表示第8振型）

(f)第42振型 (T_{42}=0.32s)：
楼盖结构竖向振动

图 3.6.1　站房下部结构振型图

从振型图及模态分析结果可以看出：

第 1 振型 X 向质量参与 65.58%，整体结构平动。

第 2 振型 Y 向质量参与 38.51%，伴随扭转振动，质量参与为 28.87%。

第 4 振型 Y 向质量参与 43.55%，伴随扭转振动，质量参与为 26.75%。

第 3、5~12 振型均为楼盖局部竖向振动。

楼盖的竖向主振型出现在 42 振型，对应的周期为 0.32s，振动频率≈3.12Hz。

3.6.1.2　整体结构性能指标（表 3.6.1）

站房下部结构整体性能指标　　　　　　　　　　　　　　表 3.6.1

	ETABS 弹性楼盖		ETABS 刚性楼盖	SAP2000 弹性楼盖	MIDAS 弹性楼盖
	规范谱	场地安评谱	场地安评谱	场地安评谱	场地安评谱
X 向地震作用下最大层间位移角	1/1858	1/1564	1/1703	1/1523	1/1619
X 向地震扭转位移比	—		1.24	—	—
Y 向地震作用下最大层间位移角	1/2095	1/1770	1/1987	1/1823	1/1901
Y 向地震扭转位移比	—		1.02	—	—
X 向风用下最大层间位移角	1/9863		1/11096	1/9765	1/11047
Y 向风作用下最大层间位移角	1/10263		1/13213	1/11068	1/9936
总质量（t）	265957		265957	265940	266432
X 方向地震底剪力（kN）（剪重比）	112340 (4.2%)	132715 (5.0%)	127452 (4.8%)	130319 (4.9%)	125713 (4.7%)
Y 方向地震基底剪力（kN）（剪重比）	123494 (4.6%)	146036 (5.5%)	159206 (6.0%)	146592 (5.5%)	146538 (5.5%)

小结：

（1）由表 3.6.1 可以看到，场地安评反应谱水平地震作用及其效应（位移、内力）较规范反应谱大 20% 左右，偏安全采用场地安评反应谱计算分析。

（2）可以看出，主体结构各项指标基本满足规范要求。

（3）下部楼层扭转位移比偏大（$\delta_{max}^x / \overline{\delta_x} = 1.24$），主要原因在于单独下部结构计算模型未计入上部钢结构对地铁 4、6 号线支撑矩形空心钢管混凝土柱的刚度影响，结构总装分析可降低扭转位移比，满足规范要求。

3.6.1.3　Y 形支承柱水平刚度及竖向变形控制

（1）水平刚度

根据《地铁设计规范》GB 50157 第 9.1.7 款、表 9.1.7：地铁桥墩纵向水平线刚度须满足：桥梁跨度 20～30m 时，最小水平线刚度为 320kN/cm。同时根据 9.1.8 款，横向水平刚度限值可取为 320×5/4＝400kN/cm。考虑到 Y 形柱作为上部地铁 4、6 号线桥墩的支承，同时作为屋盖支承结构，其水平线刚度适当提高为 ≥1000kN/cm，线刚度计算示意见图 3.6.2。

线刚度计算采用整体总装模型，在如图 3.6.3 所示端部一榀 Y 形柱加集中力 P，按图 3.6.2 所示取出各柱剪力、位移。柱线刚度可按式（3.6.1）确定：

$$K = \frac{V_{min}}{\Delta} \qquad (3.6.1)$$

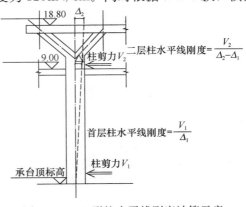

图 3.6.2　Y 形柱水平线刚度计算示意

式中：V_{min}——同层柱最小剪力；

Δ——层间位移。

结构计算分析可有：

9.0m 以下 Y 形柱（边柱、刚度最小）：纵向线刚度：2543kN/cm；横向线刚度：2605kN/cm。

9.0~19mY 形柱（边柱、刚度最小）：纵向线刚度：3505kN/cm；横向线刚度：4906kN/cm。

均大于 1000kN/cm，满足《地铁设计规范》要求。

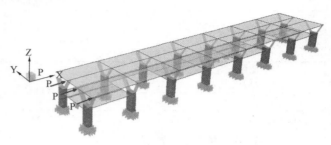

图 3.6.3 Y 形柱纵向水平线刚度计算模型示意
（仅显示 4、6 号线部分）

（2）竖向变形

4、6 号线采用无缝轻轨，需严格控制支承结构的沉降，经验算 4、6 号线重力荷载标准值加列车重作用下（考虑了列车行驶的不均匀性），柱墩最大沉降量为 4.6mm，相邻墩柱最大沉降差为 2.8mm，满足要求。

3.6.1.4 用钢量

下部组合楼盖用钢量（不含节点）如下：

组合楼盖钢梁	14780t
（按其结构面积 70380m² 计）	210kg/m²
0.000~9.000m 平台圆钢管柱	787t
0.000~9.000m 平台矩形钢管混凝土空心柱	1428t
0.000~9.000m 平台其他钢柱	130t
下部结构总用钢量用钢量	17454t
（按其面积 70380m² 计）	248kg/m²

3.6.2 站房单独上部钢结构

3.6.2.1 前 10 阶振型（图 3.6.4）

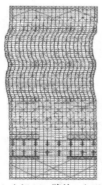
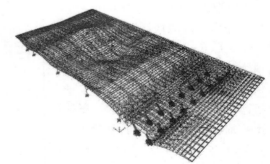

振型 1(T_1=1.15s):中部 86m 跨处 X 向平动+扭转　　振型 2(T_2=1.14s):悬挑+中部大跨部分局部竖向振动

图 3.6.4 站房上部钢结构振型图（一）

144

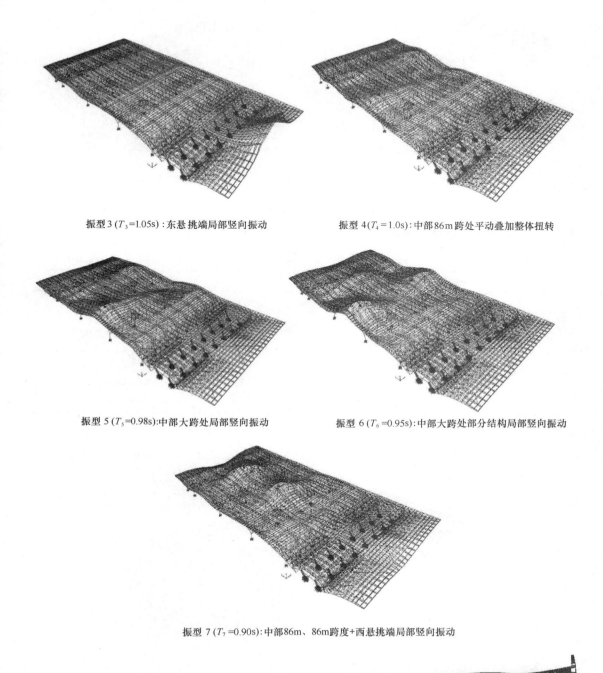

振型 3 (T_3=1.05s)：东悬挑端局部竖向振动　　　　　　　振型 4 (T_4=1.0s)：中部86m跨处平动叠加整体扭转

振型 5 (T_5=0.98s)：中部大跨处局部竖向振动　　　　振型 6 (T_6=0.95s)：中部大跨处部分结构局部竖向振动

振型 7 (T_7=0.90s)：中部86m、86m跨度+西悬挑端局部竖向振动

振型 8 (T_8=0.89s)：Y 向平动＋东悬挑端局部竖向振动

图 3.6.4　站房上部钢结构振型图（二）

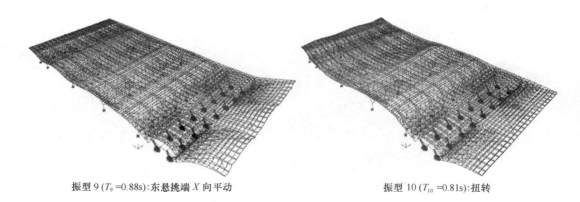

振型 9 (T_9 =0.88s):东悬挑端 X 向平动   振型 10 (T_{10}=0.81s):扭转

图 3.6.4　站房上部钢结构振型图（三）

3.6.2.2　站房上部钢结构整体性能指标（表 3.6.2）

站房上部钢结构整体性能指标　　　　　　　　　　表 3.6.2

X 向地震作用下最大层间位移角	1/984
Y 向地震作用下最大层间位移角	1/1113
X 向风作用下最大层间位移角	1/650
Y 向风作用下最大层间位移角	1/585
总质量（t）	61863
X 方向地震基底剪力发（kN）（剪重比）	33767（5.57%）
Y 方向地震基底剪力（kN）（剪重比）	25228（4.16%）

3.6.2.3　结构变形

恒荷载＋活荷载标准值组合作用下，屋盖竖向位移最大值－228mm（L/491），位于东悬挑端中部，如图 3.6.5 所示

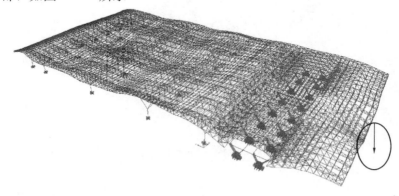

图 3.6.5　恒荷载＋活荷载标准值组合作用下屋盖变形图

恒荷载＋风荷载 1（Y 向）标准值组合作用下，竖向位移最大值＋217mm（L/516），位于东悬挑端中部，如图 3.6.6 所示。

恒荷载＋风荷载 2（Y 向）标准值组合作用下，竖向位移最大值－275mm（L/407），位于东悬挑端中部，如图 3.6.7 所示。

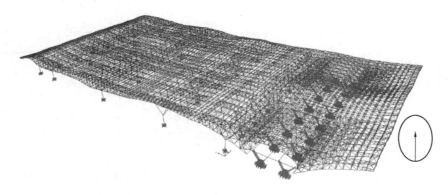

图 3.6.6 恒荷载＋风荷载 1（Y 向）标准值组合作用下屋盖变形图

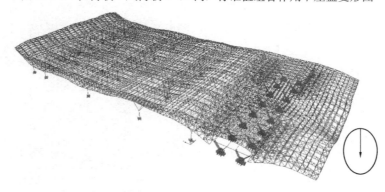

图 3.6.7 恒荷载＋风荷载 2（Y 向）标准值组合作用下屋盖变形图

恒荷载＋风荷载 3（X 向）或恒荷载＋风荷载 4（X 向）标准值组合作用下，竖向位移最大值－269mm（$L/416$），位于东悬挑端中部，如图 3.6.8 所示。

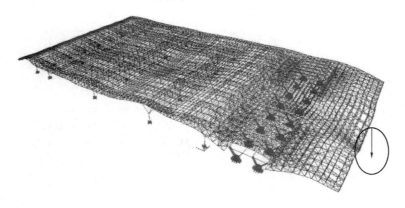

图 3.6.8 恒荷载＋风荷载 3、4（X 向）标准值组合作用下屋盖变形图

正常使用极限状态最大位移值　　　　　　　　　　表 3.6.3

	组合	位置	位移最大值（mm）	方向
1	恒＋活	东悬挑端中部	－228（1/491）	向下
2	恒＋风 1	东悬挑端中部	＋217（1/516）	向上
3	恒＋风 2	东悬挑端中部	－275（1/407）	向下

	组合	位置	位移最大值（mm）	方向
4	恒＋风3	东悬挑端中部	－269（1/416）	向下
5	恒＋风4	东悬挑端中部	－269（1/416）	向下

正常使用极限状态最大位移值见表3.6.3。综上分析可知，在正常使用极限状态荷载组合下，东悬挑端的竖向变形较大，但仍可满足规范要求。

3.6.2.4 杆件应力水平

由图3.6.9、图3.6.10结果可见，杆件应力比主要集中在0.3～0.5，应力比在0.6以下的杆件占91.8%。

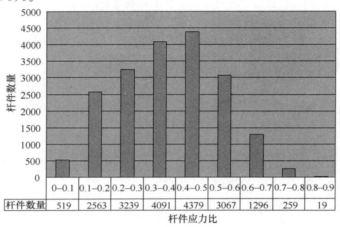

杆件数量	519	2563	3239	4091	4379	3067	1296	259	19
杆件应力比	0-0.1	0.1-0.2	0.2-0.3	0.3-0.4	0.4-0.5	0.5-0.6	0.6-0.7	0.7-0.8	0.8-0.9

图3.6.9 杆件应力水平分布

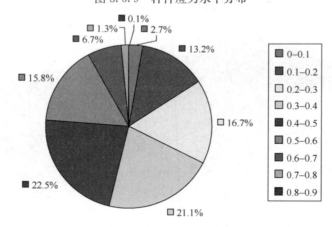

图3.6.10 杆件应力水平比率

3.6.2.5 用钢量

上部屋盖结构用钢量9908t，按其覆盖面积83500m² 计为118kg/m²。

4、6号线18.80m平台钢梁结构用钢量1642t。

4、6号线8.50～18.80mY形钢管混凝土空心柱用钢量3218t。

4、6号线Y形支撑柱铸钢节点（共48个）用钢量3248t。

3.6.3　站房总装结构

3.6.3.1　总装分析的重要性

本工程上部钢屋盖通过钢管混凝土柱支承于下部钢-混凝土组合结构，构成结构整体。由于钢、混凝土两种材料本身材料特性差异以及上部钢屋盖、下部钢-混凝土组合结构布置之间的差异，必然带来整体结构在各种作用下反应与独立上部钢屋盖、下部钢-混凝土组合结构之间存在差异，总装分析是必要的。对本工程而言，其必要性主要体现在以下3个方面：

（1）主站房下部钢-混凝土组合结构长向为340m，短向201.5m，温差效应对这种大跨长向结构的影响较为不利，温度变化下，上部钢结构、下部钢-混凝土组合结构以各自平面内抗侧力刚心为不动点收缩（负温）或膨胀（正温），由于上部钢结构与下部钢-混凝土组合结构的温度作用不动点的位置不同，温差作用时，钢结构以及连接界面构件内将产生较大局部应力，为评估该局部应力对整体结构的影响，总装分析是必需的。

（2）单独上部钢结构分析中，其结构支座按理想不动铰或固定端处理，实际结构中，由于连接界面的下部钢-混凝土组合梁、钢管混凝土柱是有限刚度的，且混凝土材料存在收缩、徐变，为反映混凝土结构的弹性支承以及徐变、裂缝、长期刚度退化对上部钢结构的影响，必须进行总装分析。

（3）地震作用下，单独上部钢结构计算分析只能作为参考，不能正确反映下部结构存在而引起的效应放大；单独下部钢-混凝土组合结构的计算分析也只能作为参考，尤其上部结构质量集中落到下部结构顶面，上部结构地震作用效应被忽略。因此，上、下部结构总装分析十分必要。

3.6.3.2　总装结构振动模态

从结构振型计算结果（图3.6.11）可以看出：1阶振型为整体结构的 X 向平动；2阶振型为整体结构 Y 向平动叠加钢盖结构悬挑端开洞处局部竖向振动，同时伴有扭转；3阶振型为整体结构 Y 向平动＋上部屋盖悬挑部分竖向振动，同时带有少量扭转，对应于单独上部钢屋盖第1振型；4、6、8阶振型为屋盖结构局部竖向振动；5阶振型为整体结构 X 向平动伴随扭转；7阶振型为钢屋盖悬挑端局部竖向振动。总体来说，振型的质量参与较为分散，前108阶模态三个平动方向及扭转方向的累积质量参与达到100％、100％、98％和96％。

3.6.3.3　整体结构主要性能指标（表3.6.4）

整体结构性能指标计算结果　　　　　　　　　　表3.6.4

	总装模型			单独下部结构计算模型	单独上部钢屋盖计算模型
	SAP2000		MIDAS	ETABS	SAP2000
	安评谱	规范谱	安评谱	安评谱	安评谱
X 向地震作用下最大层间位移角	1/942 *上部钢结构 1/1629 （下部楼盖）	1/754 *上部钢结构 1/1408 （下部楼盖）	1/698 *上部钢结构 1/1312 （下部楼盖）	1/1564 （下部楼盖）	1/984

续表

	总装模型			单独下部结构计算模型	单独上部钢屋盖计算模型
	SAP2000		MIDAS	ETABS	SAP2000
	安评谱	规范谱	安评谱	安评谱	安评谱
计偶然偏心 $\delta^x_{max}/\overline{\delta_x}$	—	1.16（上部钢结构）1.13（下部楼盖）	—	1.28（下部楼盖）	—
Y 向地震作用下最大层间位移角	1/1138 *上部钢结构 1/1962（下部楼盖）	1/910 *上部钢结构 1/1570（下部楼盖）	1/883 *上部钢结构 1/1532（下部楼盖）	1/1770（下部楼盖）	1/1113
（计偶然偏心）$\delta^y_{max}/\overline{\delta_y}$	—	1.15（上部钢结构）1.02（下部楼盖）	—	1.10（下部楼盖）	—
X 向风用下最大层间位移角	1/743 *上部钢结构 1/9701（下部组合楼盖）		—	1/9863（下部楼盖）	1/650
Y 向风作用下最大层间位移角	1/1802 *上部钢结构 1/9936（下部组合楼盖）		—	1/10263（下部楼盖）	1/585
总质量（t）	268283		268617	265957	61863
X 向地震基底剪力（kN）（剪重比）	114019（4.3%）	134289（5.1%）	131926（5.0%）	132715（5.0%）	33767（5.6%）
Y 向地震基底剪力（kN）（剪重比）	113903（4.3%）	134152（5.1%）	142074（5.4%）	146036（5.5%）	25228（4.2%）

注：1. 扭转位移比计算时考虑刚性隔板假定；

2. 单独下部结构含上部钢屋盖重量。

振型1（T_1=1.51s）:X 向平动

振型2（T_2=1.32s）:扭转＋Y 向平动

图 3.6.11 结构振型图（一）

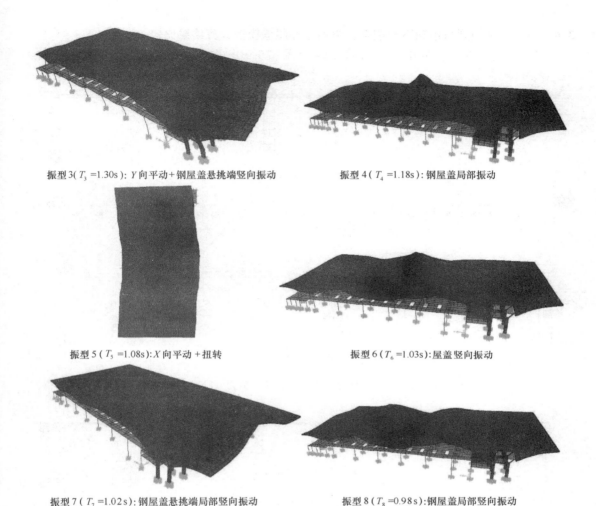

振型3（$T_3 =1.30$s）:Y向平动+钢屋盖悬挑端竖向振动　　　　振型4（$T_4 =1.18$s）:钢屋盖局部振动

振型5（$T_5 =1.08$s）:X向平动＋扭转　　　　　　　　　振型6（$T_6 =1.03$s）:屋盖竖向振动

振型7（$T_7 =1.02$s）:钢屋盖悬挑端局部竖向振动　　　　振型8（$T_8 =0.98$s）:钢屋盖局部竖向振动

图 3.6.11　结构振型图（二）

整体结构主要计算结果如表 3.6.4，可以看到：

（1）水平荷载作用下，结构的最大层间位移角为 1/743，偶然偏心地震作用下，结构的最大扭转位移比小于 1.2，为扭转规则结构；结构的剪重比等重要的力学指标也均较好满足了规范要求。结构构件处于较为合理的工作状态。

（2）结构总装分析计入上部钢结构对地铁 4、6 号线结构的刚度影响，扭转位移比 $\delta_{\max}^{x} / \overline{\delta_x} =1.24$ 减小为 1.16，满足规范要求。

（3）总装结构第一周期（$T_1 = 1.5$s）比单独下部结构第一周期（$T_1 = 1.2$s）长，地震作用效应有所减小，但上部钢结构质量中心位置上移，地震作用效应又略有增大；总体来说，在地震作用下总装结构比单独下部结构剪力略有减小、层间位移增大，倾覆弯矩增大，较符合实际结构工作状态。

图 3.6.12　$\dfrac{\delta_1}{h_1} \approx \dfrac{\delta_2}{h_2}$，层间位移角取大值

3.6.3.4 总装模型与单独下部模型、单独上部屋盖模型计算结果比较

（1）总装与单独下部组合楼盖计算结果（图 3.6.13～图 3.6.16）

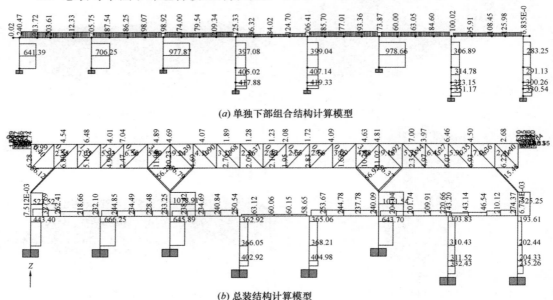

图 3.6.13 X 向地震作用下 C 轴构件剪力（kN）对比

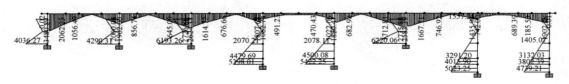

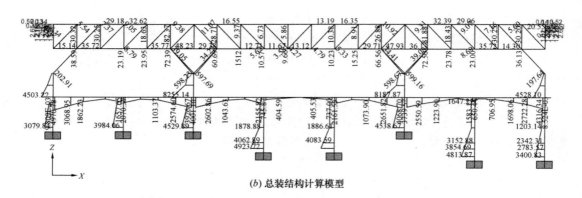

图 3.6.14 X 向地震作用下 C 轴构件弯矩（kN·m）对比

总装结构计算分析表明，采用单独下部组合结构计算模型分析时得到的地震基底剪力、弯矩偏大；部分支承上部屋盖结构的钢柱相交的梁端弯矩、剪力偏小而其余梁端弯矩

(a) 单独下部组合结构计算模型

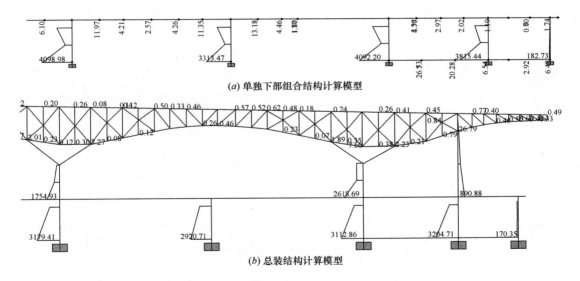

(b) 总装结构计算模型

图 3.6.15 Y 向地震作用下 1 轴构件剪力（kN）对比

(a) 单独下部组合结构计算模型

(b) 总装结构计算模型

图 3.6.16 Y 向地震作用下 1 轴构件弯矩（kN·m）对比

偏大。

（2）总装与单独上部钢结构计算结果（图 3.6.17～图 3.6.19）

相对于单独上部钢结构，总装模型中钢屋盖重心上移，钢结构所受到的地震作用效应增大，增幅约为 40%～60%。

上部钢结构应力比对比，如图 3.6.20～图 3.6.25 所示。

总装结构计算模型计算分析结果表明，上部钢结构地震作用效应增大，应力比多数有所增大，但均能满足承载力要求。

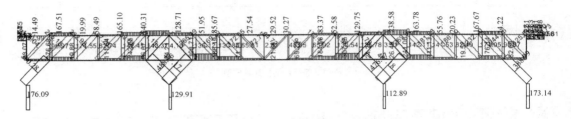

(a) 单独上部钢结构计算模型

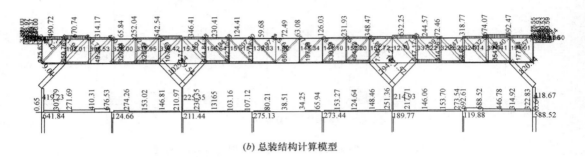

(b) 总装结构计算模型

图 3.6.17　X 向地震作用下 C 轴杆件轴力（kN）对比

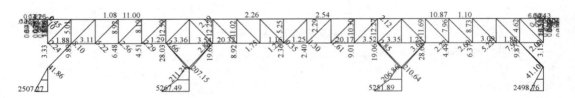

(a) 单独上部钢结构计算模型

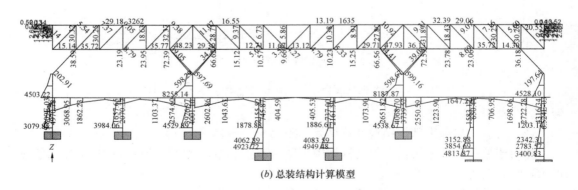

(b) 总装结构计算模型

图 3.6.18　X 向地震作用下 C 轴杆件弯矩（kN·m）对比

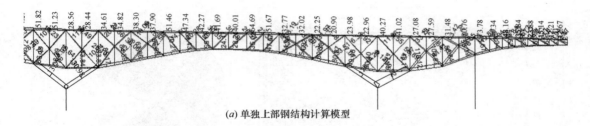

(a) 单独上部钢结构计算模型

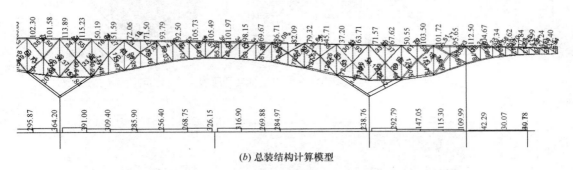

(b) 总装结构计算模型

图 3.6.19　Y 向地震作用下 1 轴部分杆件轴力（kN）对比

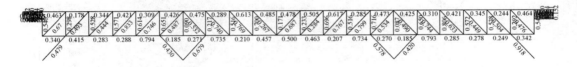

图 3.6.20　单独上部钢结构计算模型 C 轴杆件应力比 $\dfrac{\sigma}{f_y}$

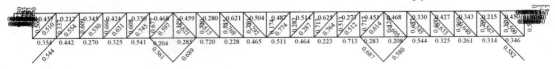

图 3.6.21　总装结构计算模型 C 轴杆件应力比 $\dfrac{\sigma}{f_y}$

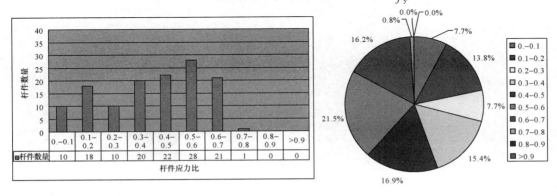

图 3.6.22　单独上部钢结构计算模型 C 轴杆件应力比 $\dfrac{\sigma}{f_y}$ 分布

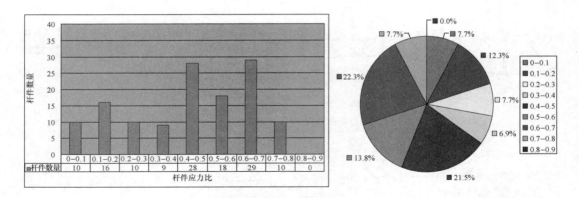

图 3.6.23　总装结构计算模型 C 轴杆件应力比 $\frac{\sigma}{f_y}$ 分布

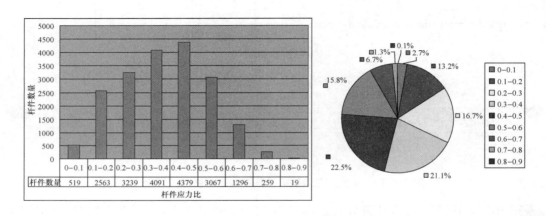

图 3.6.24　单独上部钢结构杆件应力水平分布

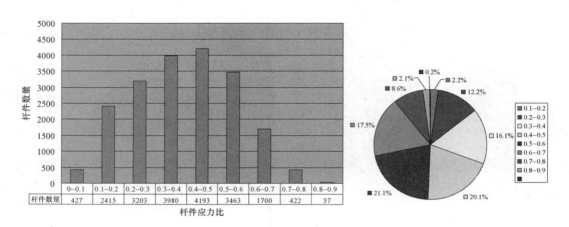

图 3.6.25　总装结构杆件应力水平分布

3.6.4 站台雨棚

3.6.4.1 结构动力特性（表3.6.5，图3.6.26）

主振型振型周期及质量参与系数（仅列出主要振型）　　　　　　表3.6.5

模态	周期	X向质量参与	Y向质量参与	Z向质量参与	X向质量参与总和	X向质量参与总和	X向质量参与总和
1	2.349	0.000	**0.846**	0.000	0.000	0.846	0.000
2	1.957	**0.584**	0.000	0.000	0.584	0.846	0.000
3	1.814	**0.352**	0.000	0.000	0.936	0.846	0.000
4	1.211	0.013	0.000	0.000	0.949	0.846	0.001
5	1.084	0.000	0.000	0.000	0.949	0.846	0.001
6	0.902	0.000	0.002	0.010	0.949	0.848	0.011
29	0.332	0.001	0.000	**0.174**	0.992	0.994	0.421

可以看出：

第1振型2.35s，Y向平动质量参与达84.6%，整体结构沿垂直股道方向平动；

第2振型1.96s，X向平动质量参与达58.4%，整体结构沿平行股道方向平动；

第3振型1.81s，为第一扭转振型伴随着X向平动，扭转质量参与达74.3%，X向

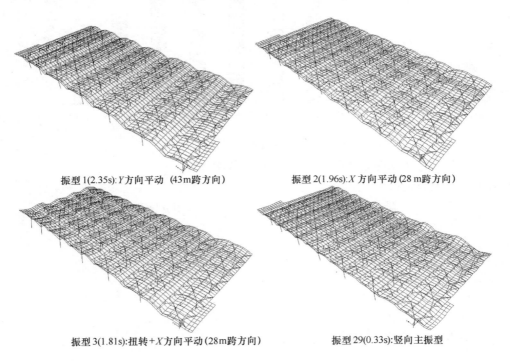

振型1(2.35s):Y方向平动（43m跨方向）　　　　　　振型2(1.96s):X方向平动（28m跨方向）

振型3(1.81s):扭转+X方向平动（28m跨方向）　　　　振型29(0.33s):竖向主振型

图3.6.26　雨棚结构主振型

平动质量参与达 35.2%；扭转周期/平动周期之比 $T_{\mathrm{t}}/T_1=1.82/2.35=0.772$。

竖向第 1 主振型出现在第 29 振型，周期为 0.33s，竖向振动频率 3.0Hz>1.0Hz。

3.6.4.2 结构变形

（1）自重及屋面附加荷载标准值作用（含预应力）下挠度变形

悬挑端（10.5m）考虑起拱后向下最大挠度 28.6mm（$L_0/524$），而各跨跨中挠度变形相对较均匀，最大值 17mm（$L_0/823$，L_0 取短跨 14m）。

（2）恒载＋上吸风标准值组合下挠度变形

悬挑端（5.75m）向上挠度变形最大值为－26mm（$L_0/442$），各跨跨中杆件相对变形比较均匀，平均在 0～－25mm（$L_0/560$，L_0 取短跨 14m）内。

（3）地震作用下结构的侧移变形

水平地震作用下，X 方向（28m 跨方向）结构最大水平位移 25mm（$H/980$）；Y 向结构最大水平位移 28mm（$H/875$）；竖向地震作用下结构悬挑端最大竖向变形为 7mm，均较好地满足规范要求。

3.6.4.3 构件应力比分布

各工况组合设计下本结构钢构件总的应力比分布，如图 3.6.27 所示。

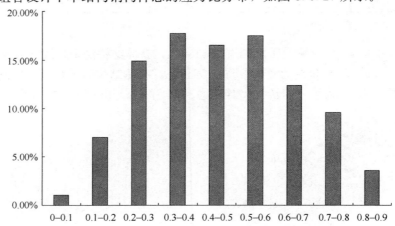

图 3.6.27　总体钢构件应力比分布

各主要构件应力比分布如图 3.6.28 和图 3.6.29 所示。

3.6.4.4 用钢量统计

上部屋盖：网格梁（不含节点）		38.2kg/m²
弦支体系：索		0.6kg/m²
拉杆		2.4kg/m²
撑杆		1.1kg/m²
雨棚屋盖总用钢量		42.3kg/m²
交叉钢管柱用钢量		11.8kg/m²
钢混柱外钢管用钢量（不含下部基础）		7.5kg/m²

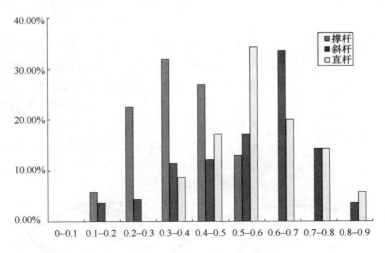

图 3.6.28　柱及撑杆应力比分布

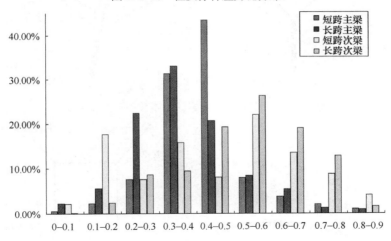

图 3.6.29　主次梁应力比分布

3.7　四边形环索弦支结构创新体系研究

站台雨棚采用国内外首创的四边形环索弦支网格梁结构体系，该结构体系造型新颖，结构性能优越，为本工程雨棚结构设计的最大亮点。

3.7.1　四边形弦支结构体系工作原理及创新性体现

弦支结构主要是利用弦支体系中张拉斜拉杆，张紧环索，使竖直撑杆受压，从而改善上部网格梁结构的受力性能，提高上部网格梁结构的刚度和稳定性。预应力作用的大小和效率是影响弦支结构体系工作性能的关键。目前国内外应用较多的弦支结构体系大多限于圆形或椭圆形平面，环索多为 $24\sim36$ 边形，环索与斜拉杆夹角接近 $90°$，根据力系平衡，斜拉杆在水平方向上的分力 T_2 和环向索索力平衡，有式（3.7.1）

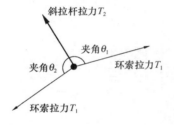

$$T_2 = T_1 \times \cos(180° - \theta_1) + T_1 \times \cos(180° - \theta_2)$$

$$(3.7.1)$$

式中：T_1 和 T_2 分别为环索、斜拉杆的拉力；θ_1、θ_2 分别为两方向环索 1 与斜拉杆在环向索所在平面上的投影的夹角（图 3.7.1）；通常弦支穹顶结构采用的 24～36 边形环索，θ_1、θ_2 接近 90°，环索拉力约为斜拉杆拉力的 5～10 倍，环索工作效率低。

图 3.7.1　环索与斜拉杆拉力关系示意

本工程创新采用四边形环索弦支结构，斜拉杆与环索夹角较小（图 3.7.2，图 3.7.3），环索拉力与斜拉杆拉力基本相等，环索工作效率大大提高。

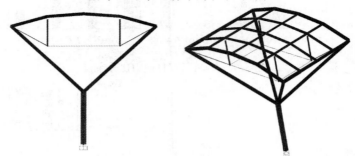

图 3.7.2　雨棚四边形环索弦支体系几何构成示意

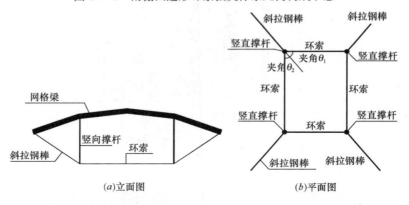

(a)立面图　　　　　　(b)平面图

图 3.7.3　四边形环索弦支结构

3.7.2　建筑钢结构拉索预应力施加仿真分析方法

预应力拉索体系在施加预应力前刚度为零，预应力张拉后，拉索产生变形，两端受到约束而在索体内产生预应力，相对于混凝土结构，建筑钢结构在拉索预应力作用下变形相对更大，变形对拉索的设计初始预应力产生的影响不可忽视。但现有的建筑钢结构拉索预应力施加方法，均直接通过对有限元模型中的索体施加应变荷载或温度荷载的方式模拟拉索的设计初始预应力，如索体两端结构不发生变形，这种方式得到的索内力等于预应力产生的内力。而实际情况是，索体两端结构在初始预应力下会产生变形，变形影响索体应变，从而影响索体内预应力。最终拉索实际的初始预应力是一个"力引起变形—变形又影响内力"不断迭代得到的一个结果，与拉索初始预应力将不可避免有偏差，结构越复杂，索数量越多，偏差越大。现有预应力施加仿真分析方法无法得到拉索内初始预应力的精确值。

针对现有的建筑钢结构拉索预应力施加的仿真分析的不足和缺陷，结合本项目雨棚屋盖的四边形环索弦支新颖结构特点，提出并采用了以下有效实用的仿真分析方法，步骤如下：

步骤（1）：建立整体结构有限元分析模型，模型中不含有需要施加预应力的拉索单元，在这些拉索单元两端节点上，用一对大小与该拉索单元设计的初始预应力相等、方向相反的节点力代替拉索的设计初始预应力作用于结构。

步骤（2）：整体结构在初始预应力作用下，结构产生内力和变形。

步骤（3）：在变形后的结构模型中，引入带初始应变具有初始预应力的拉索结构单元，同时撤掉拉索两端的节点力，等效代换。所得到的结构内力变形即为初始预应力精确解。示意见图 3.7.4。

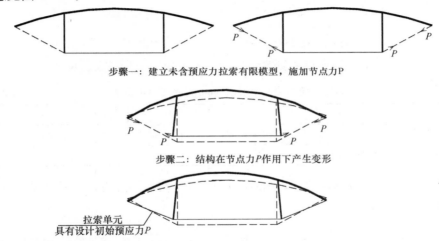

步骤一：建立未含预应力拉索有限模型，施加节点力P

步骤二：结构在节点力P作用下产生变形

拉索单元
具有设计初始预应力P

步骤三：等效替换—引入具有设计初始预应力P的拉索单元，同时撤掉节点力P

图 3.7.4　钢结构拉索预应力施加仿真示意

3.7.3　预应力张拉控制原则及张拉预应力方案

（1）预应力张拉控制原则

最不利组合工况下：　　　　　　　钢棒拉杆组合设计最大拉应力≤0.5 f_y（设计强度）
　　　　　　　　　　　　　　　　撑杆组合设计最大压应力≤0.85 f_y（设计强度）
　　　　　　　　　　　　　　　　环索组合设计最大拉应力≤0.5 f（破断强度）

自重＋附加恒荷载＋风吸力工况下：钢棒拉杆组合设计最小拉应力≥0.05 f_y（设计强度）
　　　　　　　　　　　　　　　　撑杆组合设计最小压应力≥0.05 f_y（设计强度）
　　　　　　　　　　　　　　　　环索组合设计最小拉应力≥0.05 f（破断强度）

（2）重力荷载作用下挠度变形控制分析

研究表明，若结构各跨网格单元中的四边形环索弦支体系采用相同的预应力，则由于下部交叉斜柱刚度的影响，柱上单元与中间单元跨中反拱变形差异较大，对比分析如图3.7.5所示。

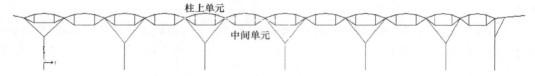

图 3.7.5　结构立面图

若各单元均采用 $\phi64$ 钢棒拉杆，同时施加 $0.15 f_y$ 初始预应力，中间单元跨中的上拱变形较大，而柱上单元跨中上拱变形较小，如图 3.7.6（重力方向为正，下同）所示。

图 3.7.6　各跨全采用 $\phi64$ 钢棒拉杆时跨中挠度变形图（自重作用下）

施加附加恒荷载后，该变形差异无法消除，还可能进一步增大，见表 3.7.1。

各网格跨中挠度变形值（mm，采用 $\phi64$ 钢棒）　　　　　　　　　表 3.7.1

节点编号	1	2	3	4	5	6	7	8	9
自重（含预应力）	−33.3	−45.3	−44.7	1.19	9.95	2.49	−45.2	−47.6	−35.3
自重（含预应力）＋附加恒载	−16.8	−21.6	−25.1	17.9	52.8	31.5	−15.4	−19.4	−33.1

若各单元均采用 $\phi70$ 钢棒拉杆，同时施加 $0.15 f_y$ 初始预应力，分析结果见图 3.7.7，图 3.7.8 和表 3.7.2。

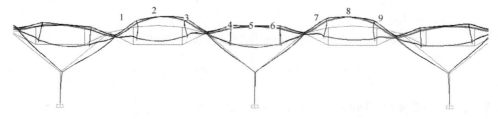

图 3.7.7　各跨全采用 $\phi70$ 钢棒拉杆时跨中挠度变形图（自重作用下）

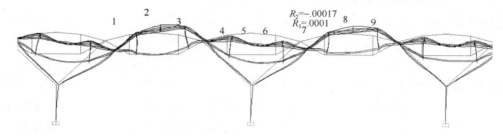

图 3.7.8　各跨全采用 $\phi70$ 钢棒拉杆时跨中挠度变形图（自重＋附加恒载）

各网格跨中挠度变形值（mm，采用φ70钢棒）　　　　　　表3.7.2

节点编号	1	2	3	4	5	6	7	8	9
自重（含预应力）	−34.2	−47.9	−50.1	−14.2	−7.2	−11.6	−49.1	−50.3	−37.7
自重（含预应力）＋附加恒荷载	−14.4	−20.9	−27.8	15.4	35.1	23.3	−13.1	−17.3	−37.1

可以看出，各跨采用相同的预应力荷载时，在重力荷载作用下，相邻各跨网格单元的跨中挠度变形始终存在较大差异，且不可能同时达到消减的效果。鉴于此，应对相邻各跨网格单元中的四边形环索弦支体系施加不同的预应力荷载，减小差异变形，并使重力荷载作用下的跨中挠度能同时消减。

本工程设计最终确认的张拉预应力方案：

柱上单元，采用φ70钢棒拉杆，施加 $0.15f_y$ 的初始预应力；

中间单元，采用φ64钢棒拉杆，施加 $0.15f_y$ 的初始预应力。

这样，柱顶上方的网格单元中施加的预应力将略高于非柱顶上方网格单元，分析结果如图3.7.9，图3.7.10和表3.7.3。

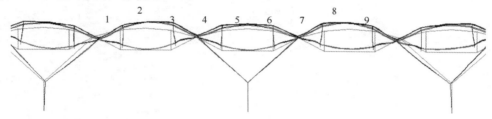

图3.7.9　相间采用φ64−70钢棒拉杆时跨中挠度变形图（自重作用下）

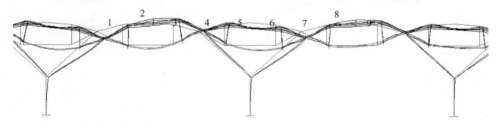

图3.7.10　相间采用φ64−70钢棒拉杆时跨中挠度变形图（自重＋附加恒荷载）

各网格跨中挠度变形值（mm，采用φ64～70钢棒）　　　　　　表3.7.3

节点编号	1	2	3	4	5	6	7	8	9
自重（含预应力）	−24.5	−33.6	−34.6	−22.3	−18.3	−20.8	−34.7	−35.7	−26.7
自重（含预应力）＋附加恒荷载	8.11	0.17	−15.9	7.43	13.9	8.8	−1.8	−2.5	−7.6

可见，相邻跨单元网格间的挠度变形差异基本被消除，结构在重力荷载作用下的挠度也可同步消减，结构变形更加均匀合理。

3.7.4　弦支体系应力控制分析

各杆件截面面积表示：A_l——钢棒拉杆；A_s——索；A_c——撑杆。

（1）自重（含预应力）作用下

钢棒拉杆：施加初始预应力 $0.15f_y$，内力分布如图 3.7.11 所示（单位 kN，下同）。

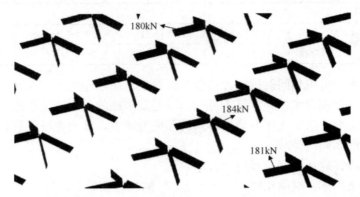

图 3.7.11　自重作用下钢棒拉杆内力分布（钢棒拉应力水平：$184\text{kN}/A_1=0.15\,f_y$）

索受拉力（图 3.7.12）：

图 3.7.12　自重作用下四边形环索内力分布（索拉应力水平：$178\text{kN}/A_s=0.14\,f$）

撑杆受压（图 3.7.13）：

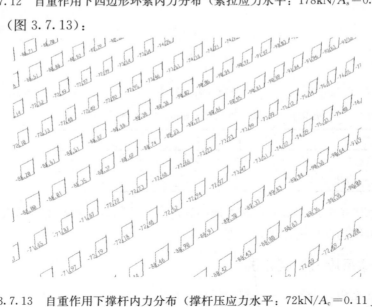

图 3.7.13　自重作用下撑杆内力分布（撑杆压应力水平：$72\text{kN}/A_c=0.11\,f_y$）

（2）最不利组合工况下

钢棒拉杆拉力（图 3.7.14）：

图 3.7.14　最不利组合工况下钢棒拉杆内力分布（钢棒最大拉应力 $650kN/A_1 = 0.48\ f_y$）

索轴拉力（图 3.7.15）：

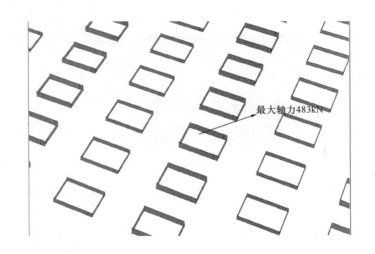

图 3.7.15　最不利组合工况下四边形环索内力分布（索最大拉应力：$483kN/A_s = 0.41f$）

撑杆受压力（图 3.7.16）：

（3）（恒＋上吸风）组合工况（$1.0D + 1.4W$）

钢棒拉杆：保持受拉，但拉力减小，如图 3.7.17 所示。

索仍处于张紧状态，但拉力有所减小（图 3.7.18）：

撑杆仍保持受压（图 3.7.19）：

可见，斜拉钢棒及四边形环索在上吸风荷载组合下最小拉应力大于 $0.05\ f_y\ (f)$，保持受拉张紧状态，撑杆则保持受压；在最不利组合工况作用下，钢棒及环索最大应力低于 $0.5\ f_y\ (f)$。结构始终处于安全可靠的工作状态下。

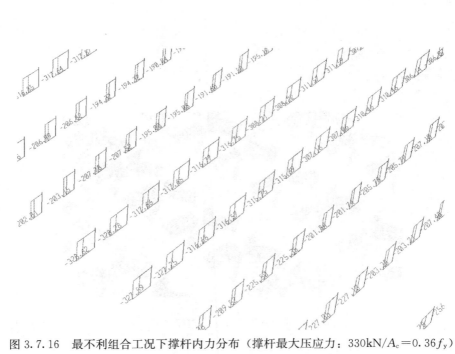

图 3.7.16　最不利组合工况下撑杆内力分布（撑杆最大压应力：$330\text{kN}/A_c = 0.36f_y$）

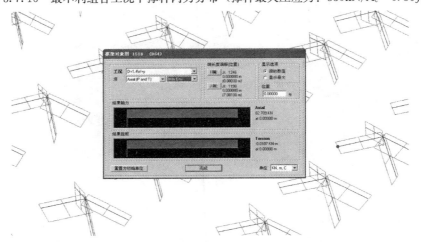

图 3.7.17　恒荷载＋上吸风组合工况下钢棒拉杆内力分布（钢棒最小拉应力：$82\text{kN}/A_l = 0.07f_y$）

最小轴拉力56kN

图 3.7.18　恒荷载＋上吸风组合工况下四边形环索内力分布（索最小拉应力：$56\text{kN}/A_s = 0.05f$）

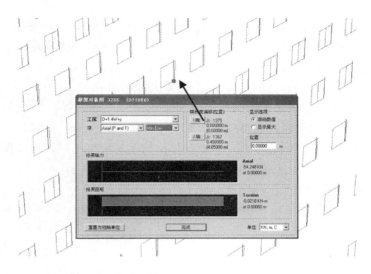

图 3.7.19　恒荷载＋上吸风组合工况下撑杆内力分布
（撑杆最小压应力：$54kN/A_c=0.08f_y$）

3.7.5　施工张拉模拟分析

雨棚结构的施工顺序应为先施工立柱、交叉柱及网格梁，然后安装撑杆、环索及钢棒拉杆，再对各跨钢棒拉杆进行分级分批张拉施加预应力。

施工过程中，预应力张拉顺序及其控制方法对于整个结构的工作性能影响较大。

预应力张拉施工过程中，各四边形环索单元中的钢棒拉杆汇交于网格梁主梁节点，分级分批张拉过程中，四边形环索单元之间互相影响（图 3.7.20），后张拉的四边形环索单元将对其邻近的已张拉单元产生一定的牵拉作用，从而一定程度影响已张拉单元钢棒、索的拉力及撑杆的压力，并可能使结构施工完成后变形和内力出现不均匀。

因此，确定经济合理可靠的施工张拉顺序和方案，尽量避免张拉过程中各跨单元间的相互影响，对于施工的顺利进行十分重要。

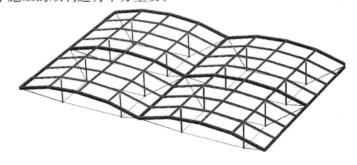

图 3.7.20　相邻四边形环索单元相互影响示意图

（1）基本原则

确定分批张拉的顺序时，尽量减小相临近的四边形环索单元间的相互影响；

张拉预应力度控制，全部张拉完成后，钢棒、索以及整体结构的内力和变形分布均匀，与原整体结构一次张拉的弹性分析结果基本相近；

每批次张拉分级反复直至稳定，各批次张拉均拟为一次张拉，方便施工；

每批次同时张拉的单元数量，依实际施工设备及工作条件具体确定。

（2）张拉过程初步模拟分析

基于以上原则，根据工程经验，设施工每批次可同时张拉 4 个四边形环索单元（16 根钢棒拉杆）。考虑到柱上单元和中间单元网格梁的受力变形差异，柱上单元先张拉，整个结构较为稳定可靠；分批张拉时将柱上单元与中间单元区分开，先张拉柱上单元，且考虑结构对称性，先张拉中间区域单元；考虑整体结构两向跨度不同，中间单元张拉时，先张拉长向（Y 向），后张拉短向（X 向）。

采用以下张拉施工顺序及控制标准：

步骤 1：柱上单元分批张拉（基本对称），如图 3.7.21 所示。

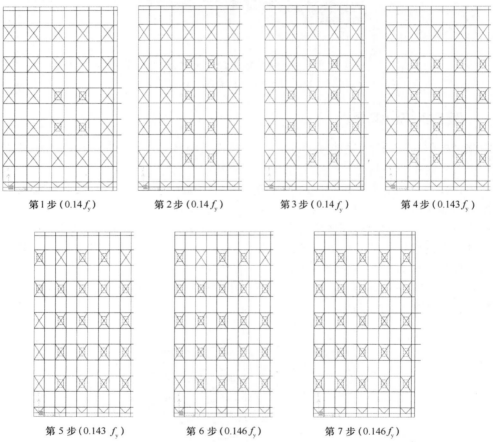

第1步（$0.14 f_y$）　　第2步（$0.14 f_y$）　　第3步（$0.14 f_y$）　　第4步（$0.143 f_y$）

第5步（$0.143 f_y$）　　　第6步（$0.146 f_y$）　　　第7步（$0.146 f_y$）

图 3.7.21　分批张拉柱上单元示意（初始预应力 $0.14\sim0.15 f_y$）

步骤 2：Y 向中间单元分批张拉（基本对称），如图 3.7.22 所示。

步骤 3：X 向中间单元分批张拉（基本对称），如图 3.7.23 所示。

（3）分批张拉施工分析结果

施工完成后，自重作用下内力分布，如图 3.7.24～图 3.7.26 所示。

自重及附加恒荷载作用下内力分布，如图 3.7.27～图 3.7.29 所示。

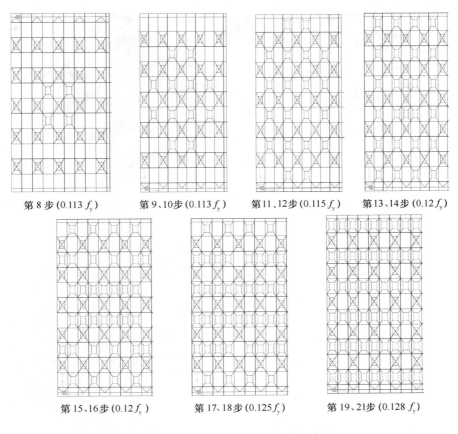

第8步(0.113f_y)　第9、10步(0.113f_y)　第11、12步(0.115f_y)　第13、14步(0.12f_y)

第15、16步(0.12f_y)　　第17、18步(0.125f_y)　　第19、21步(0.128f_y)

图3.7.22　分批张拉Y向中间单元示意（初始预应力0.11～0.13f_y）

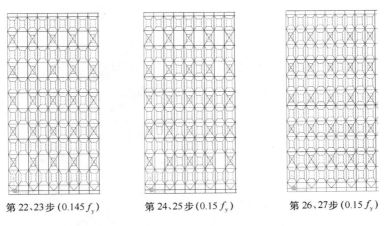

第22、23步(0.145f_y)　　第24、25步(0.15f_y)　　第26、27步(0.15f_y)

图3.7.23　分批张拉X向中间单元示意（初始预应力0.145～0.15f_y）

结构整体变形分布，如图3.7.30，图3.7.31和表3.7.4所示。

网格跨中挠度变形值（mm，重力方向为正）　　　表3.7.4

节点编号	1	2	3	4	5	6	7	8	9
自重（含预应力）	−22.8	−25.4	−28.3	−47.7	−56.5	−52.5	−34.5	−26.2	−18.2
自重（含预应力）＋附加恒荷载	8.1	12.6	−0.3	−8.4	−11.3	−12.4	5.6	7.4	15.8

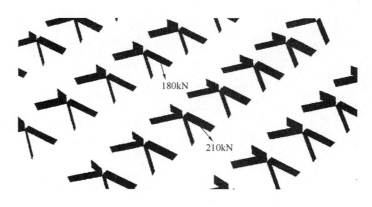

图 3.7.24　自重作用下钢棒拉力分布（kN）

（$\phi 70$ 钢棒：$210\text{kN}/A_1 = 0.156\,f_y$；$\phi 64$ 钢棒：$180\text{kN}/A_1 = 0.157\,f_y$）

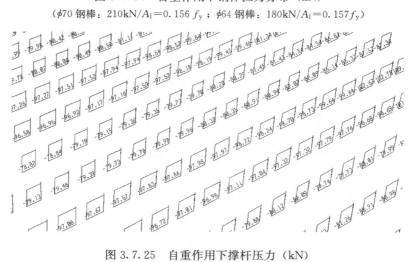

图 3.7.25　自重作用下撑杆压力（kN）

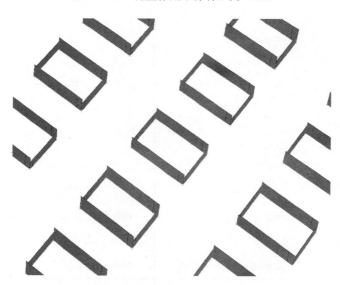

图 3.7.26　自重作用下索拉力分布

（索最大拉应力水平：$155\text{kN}/A_s = 220\text{MPa}$）

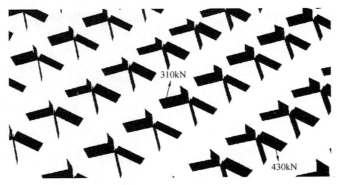

图 3.7.27 自重及附加恒荷载作用下钢棒拉力分布 （kN）

（$\phi70$ 钢棒：$430kN/A_1=0.32f_y$；$\phi64$ 钢棒：$310kN/A_1=0.27f_y$）

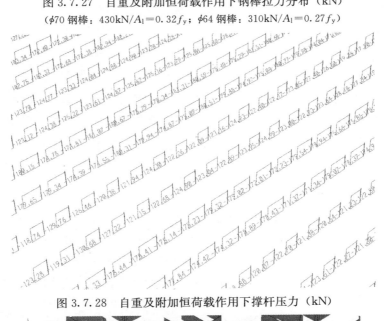

图 3.7.28 自重及附加恒荷载作用下撑杆压力 （kN）

图 3.7.29 自重及附加恒荷载作用下
（索最大拉应力：$321kN/A_s=454MPa$）

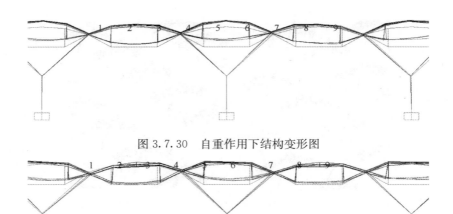

图 3.7.30　自重作用下结构变形图

图 3.7.31　自重及附加恒荷载作用下结构变形图

分析结果表明，施工完成及附加恒荷载后，本工程四边形环索弦支网格梁结构体系的内力与变形分布较为均匀合理，且同原整体结构一次性张拉的分析结果基本接近。整体结构的工作性能处于设计可控的范围内，所提出的相关原则及具体的张拉步骤能满足结构设计施工的要求。

3.7.6　雨棚结构试验研究

为验证该新型四边形环索弦支结构体系的各项性能指标和安全可靠性，选取了含 9 块典型结构单元的 1/8 缩尺结构模型（图 3.7.32），在浙江大学空间结构研究中心实验室开展了静载、预应力张拉及断索试验研究。试验研究结果表明，该弦支结构体系设计合理，弦支体系各杆件受力安全可靠，工作效率高，上部网格梁内力分布均匀合理，变形较小，整体结构满足强度、刚度要求，并具有良好的稳定性能；同时，断索试验结果表明，局部断索对整体结构工作性能及安全性影响很小。

图 3.7.32　雨棚结构试验模型

3.8　超长无缝结构设计分析研究

3.8.1　结构设缝对比分析研究

站房下部长 340m，上部屋盖长 407m，为合理设计。除按结构不分缝方案进行分析研究外，另采用结构分缝方案从模态、杆件内力、温差效应和建筑使用功能等多方面进行了对比分析。

分缝方案为站房中部 D 轴处留设一道永久缝，如图 3.8.1。下部主体结构分缝后两部分垂直股道方向长度分别为 167m，173m。

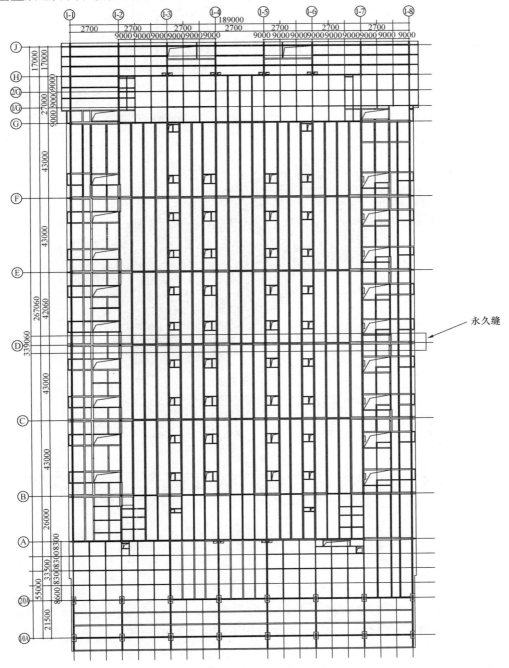

图 3.8.1 下部结构分缝示意

沿 D 轴设双柱分缝断开，缝宽 100mm，原直径 1400mm 壁厚 40mm 钢管混凝土柱改为两方柱，受股道间净距限制，分缝后两柱总尺寸不可超过 1600mm，故改为 750×1600 厚 40mm 方钢管柱，如图 3.8.2 所示。

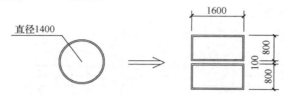

图 3.8.2　分缝处柱布置示意

上部钢结构沿 D 轴设置永久缝断开，缝宽 300mm，分缝示意如图 3.8.3 所示。

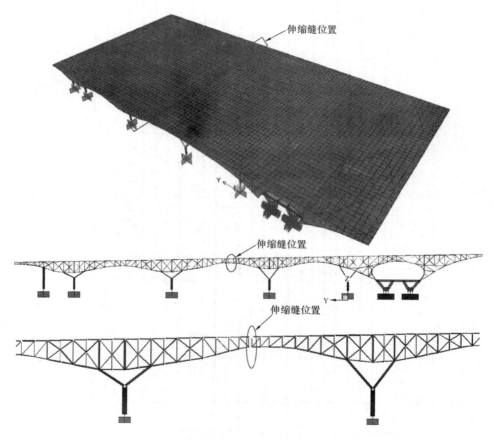

图 3.8.3　上部钢结构分缝示意

分缝后形成东西两部分结构，平面尺寸分别约为：230m×203m、180m×203m。两部分结构东西两侧均带悬挑，其中东部分结构带 56m、33m 悬挑，西部分结构带 34m、26m 悬挑。

总装结构分缝后东西部分结构示意如图 3.8.4、图 3.8.5 所示。

（1）整体性能指标对比（表 3.8.1）

图 3.8.4　总装结构东部分结构示意

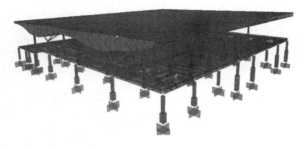

图 3.8.5　总装结构西部分结构示意

整体结构性能指标对比

表 3.8.1

	东部分结构	西部分结构	不分缝结构
X 向地震作用下最大层间位移角	1/456 （上部钢结构） 1/983 （下部楼盖）	1/554 （上部钢结构） 1/1500 （下部楼盖）	1/754 （上部钢结构） 1/1408 （下部楼盖）
Y 向地震作用下最大层间位移角	1/958 （上部钢结构） 1/1428 （下部楼盖）	1/453 （上部钢结构） 1/1714 （下部楼盖）	1/910 （上部钢结构） 1/1570 （下部楼盖）
X 向风作用下最大层间位移角	1/598 （上部钢结构） 1/3529 （下部楼盖）	1/406 （上部钢结构） 1/4102 （下部楼盖）	1/743 （上部钢结构） 1/9701 （下部楼盖）
Y 向风作用下最大层间位移角	1/504 （上部钢结构） 1/2400 （下部楼盖）	1/581 （上部钢结构） 1/5832 （下部楼盖）	1/1802 （上部钢结构） 1/9936 （下部楼盖）
总质量（t）	189414	79425	268283
X 方向地震基底剪力（kN）（剪重比）	102279 （5.51%）	21327 （2.74%）	134289 （5.1%）
Y 方向地震基底剪力（kN）（剪重比）	106178 （5.72%）	18447 （2.37%）	134152 （5.1%）

可以看出，结构分缝后，地震力及风荷载作用效应均有所增大，分缝削弱了结构的整体性，对结构受力不利。

（2）模态对比分析（表 3.8.2）

表 3.8.2

分缝与不分缝结构前 6 阶模态

模型	振型数	周期（s）	U_X	U_Y	U_Z	$S_{um}U_X$	$S_{um}U_Y$	$S_{um}U_Z$	R_Z	$S_{um}R_Z$
分缝东部分	1	1.512	0.690	0.000	0.000	0.690	0.000	0.000	0.004	0.004
	2	1.338	0.075	0.006	0.000	0.770	0.006	0.000	0.310	0.310
	3	1.305	0.000	0.020	0.003	0.770	0.026	0.003	0.006	0.320
	4	1.219	0.001	0.630	0.001	0.770	0.660	0.004	0.340	0.650
	5	1.140	0.000	0.000	0.000	0.770	0.660	0.004	0.007	0.660
	6	1.093	0.000	0.027	0.000·	0.770	0.690	0.004	0.015	0.680
分缝西部分	1	1.630	0.009	0.360	0.000	0.009	0.360	0.000	0.038	0.038
	2	1.560	0.230	0.008	0.000	0.240	0.370	0.000	0.087	0.130
	3	1.337	0.180	0.001	0.000	0.430	0.370	0.000	0.210	0.330
	4	1.322	0.001	0.190	0.001	0.430	0.560	0.001	0.022	0.360
	5	1.161	0.020	0.000	0.000	0.450	0.560	0.001	0.070	0.430
	6	1.113	0.003	0.000	0.000	0.450	0.560	0.001	0.001	0.430
不分缝	1	1.508	0.650	0.000	0.000	0.650	0.000	0.000	0.021	0.021
	2	1.323	0.000	0.180	0.000	0.650	0.180	0.000	0.460	0.480
	3	1.307	0.001	0.490	0.000	0.660	0.670	0.000	0.014	0.500
	4	1.181	0.000	0.000	0.000	0.660	0.670	0.000	0.000	0.500
	5	1.077	0.047	0.000	0.000	0.710	0.670	0.000	0.016	0.510
	6	1.029	0.001	0.000	0.000	0.710	0.670	0.000	0.000	0.510

分缝削弱了结构整体性。分缝后结构跨数减小，西部分上部钢结构仅 2 跨，周期相对于原结构增大，刚度减弱。

（3）上部钢屋盖杆件应力比及截面对比（图 3.8.6～图 3.8.8）

分缝之后，原设计中部分杆件内力有较大增长，部分截面需增大。

（4）上部钢屋盖用钢量比较（表 3.8.3）

表 3.8.3

上部屋盖钢结构用钢量

	理论用钢量	估计实际用钢量
不设伸缩缝	107kg/m²	140kg/m²
设伸缩缝	134kg/m²	174kg/m²
分缝结构增加用钢量	134－107＝26kg/m²	174－140＝34kg/m²
分缝结构增加总用钢量	11194－9008＝2186t	14553－11710＝2843t

分缝后东、西部分钢结构两侧均带悬挑结构，受力不利，上部钢屋盖用钢量约增大 24.3%。

（5）温差效应

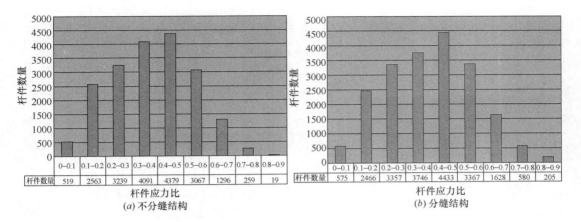

图 3.8.6　杆件应力水平分布

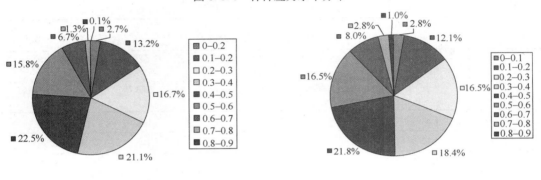

图 3.8.7　杆件各应力水平占比

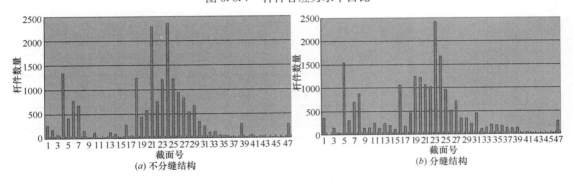

图 3.8.8　杆件截面分布

以长轴方向典型框架梁为代表比较受力（表 3.8.4～表 3.8.6）。

<table>
<tr><td colspan="2"></td><td>5 轴框架钢梁内力值</td><td></td><td colspan="2" style="text-align:right">表 3.8.4</td></tr>
<tr><td rowspan="3">位置</td><td rowspan="3">截面</td><td colspan="2">整个施工过程最大内力</td><td colspan="2">整个施工过程最大内力</td></tr>
<tr><td colspan="2">（不分缝）</td><td colspan="2">（分缝）</td></tr>
<tr><td>梁轴力
（kN）</td><td>平均轴向应力
（N/mm²）</td><td>梁轴力
（kN）</td><td>平均轴向应力
（N/mm²）</td></tr>
<tr><td>1/0A-2/0A</td><td>H600×1800×30×50</td><td>−1341</td><td>−10.9</td><td>−889</td><td>−7.72</td></tr>
</table>

位置	截面	整个施工过程最大内力（不分缝）		整个施工过程最大内力（分缝）	
		梁轴力（kN）	平均轴向应力（N/mm²）	梁轴力（kN）	平均轴向应力（N/mm²）
2/0A-A	H1200×1800×40×50	−2706	−14.87	−1250	−6.87
A-B	H700×2300×40×50	−1524	−9.13	−1448	−8.67
B-C	H700×2300×40×50	−1400	−8.38	−1330	−7.96
C-D	H700×2300×40×50	−1409	−8.44	−1167	−6.99
D-E	H700×2300×40×50	−1485	−8.89	−1351	−8.09
E-F	H700×2300×40×50	−1367	−8.19	−1270	−7.60
F-G	H700×2300×40×50	−1383	−8.28	−1319	−7.90
G-H	H600×2300×30×50	−1202	−8.12	−1166	−7.88

5 轴混凝土等代梁内力值 表 3.8.5

位置	截面	整个施工过程最大内力值（不分缝）		整个施工过程最大内力值（分缝）	
		梁轴力（kN）	平均轴向应力（N/mm²）	梁轴力（kN）	平均轴向应力（N/mm²）
1/0A-2/0A	B3500×180	1206	1.91	953	1.51
2/0A-A	B4500×180	1730	2.14	1257	1.55
A-B	B7500×180	2093	1.55	1550	1.15
B-C	B7000×180	1954	1.55	1446	1.48
C-D	B7000×180	1887	1.50	1249	0.99
D-E	B6500×180	1734	1.48	1154	0.99
E-F	B7000×180	1639	1.21	1373	1.09
F-G	B7500×180	1668	1.24	1416	1.05
G-H	B7000×180	1315	1.04	1141	0.91

框架柱最大剪力、弯矩 表 3.8.6

	最大剪力（kN）	最大弯矩（kN·m）
不分缝	1395	5186
分缝	1073	4197

由表 3.8.4～表 3.8.6 可以看出，由于本工程采用钢梁在施工阶段允许水平滑动，后浇带 1 年后合拢等措施，已经大大减小了混凝土前期的温差收缩效应，结构分缝可以降低结构的温差收缩效应约为 20%～30%，但结构不分缝仍可正常工作。

（6）建筑使用功能比较

相对于不分缝结构，分缝在一定程度上影响了建筑的使用功能：

影响建筑的立面造型，上部钢屋盖、下部楼盖、墙面分缝处均需进行特殊处理；

设缝处建筑屋面、墙面节点做法复杂；

设缝结构在温差反复变化及缝两侧不均匀变形的作用下，不可避免地会引起密封材料的劣化和老化，从而影响到结构的耐久性、保温性和防水性。

小结：

结构分缝可以减小结构的温差收缩效应约为 $20\%\sim30\%$，但分缝削弱了结构的整体性，改变了上部钢结构受力状态、用钢量增大 24.3%，同时，分缝破坏了建筑整体性，给建筑屋面、墙面做法等带来不利影响。

不分缝结构整体工作性能好、温差收缩效应相对分缝结构有所增大，但仍可正常工作，且具有良好的经济性；同时，结构不分缝，不会影响建筑外观造型，不会增加室内外的复杂墙屋面节点，利于建筑防水、保温等。故站房结构采用不分缝方案。

3.8.2　超长结构温差收缩效应计算分析

本工程温差效应计算考虑了以下要点：

① 考虑后浇带结构生成过程的施工模拟和考虑结构施工至使用生命全过程最不利温差取值。

② 计算模型上摈弃基础固定端或不动铰假定，考虑地基或桩基有限约束刚度。

③ 考虑混凝土徐变收缩时效特性。

④ 控制混凝土结构与钢结构合拢温度，根据深圳市气候条件，控制在月平均气温合拢。

⑤ 考虑组合结构中钢梁、混凝土板的连接栓钉与混凝土之间的相对微应变松弛效应。

计算软件采用 SAP2000V9.1.6，整体结构计算模型如图 3.8.9。

图 3.8.9　结构计算模型

（混凝土线膨胀系数：$1.0\times10^{-5}/℃$；钢结构线膨胀系数：$1.2\times10^{-5}/℃$）

3.8.2.1　计算温差选取

由于季节变化、太阳辐射等造成的结构温差可以分两类，一类是局部温差——外表构件自身内外表面的温差；另一类是整体温差——构件中面所经历的温差。

混凝土结构局部温差一般可通过施工覆盖措施予以降低，影响较小，可不予以考虑；而对于上部屋盖外表钢结构，施工阶段由太阳辐射等引起的局部温差效应计算分析如下：

假定太阳直接辐射下外表构件外表面最高温度可达 65℃，内表面温度偏安全取为25℃，局部温差取 $\Delta t=+40℃$，所引起的表面温差应力：

$$\sigma=-E\cdot\alpha\cdot\Delta t/2=-2\times10^5\times1.2\times10^{-5}\times40/2=-48\ \text{N/mm}^2$$

这时，尚未覆盖屋面板，钢结构仅承担自身重量，钢结构叠加上述局部温差应力后仍具有足够的安全度。覆盖屋面板后，避免钢结构构件直接太阳辐射，上述构件局部温差会大幅降低，影响变小。

局部温差对结构影响较小，本工程的温差效应分析均指结构的整体温差效应。

（1）整体温差取值

建筑从施工到使用，结构构件所经历的整体温差（以下简称温差）影响较大，需予以分析。

本工程温差取值采用深圳市气温统计材料，如表 3.3.1。考虑结构所经历的整体温差的影响，分为 2 个阶段：①施工阶段：设混凝土低温入模、合拢，其合拢温度可取施工当月平均气温。

$$整体温差＝经历月最高（最低）气温干合拢温度$$

②使用阶段：整体温差＝结构构件使用温度－合拢温度

（2）负温取值计算

1）主体结构施工阶段

假设施工从温度最高的 7 月开始，一层结构（即 9.00m 站厅层）施工半年，二层结构（即屋盖）施工半年；结构在整个温差效应计算阶段先降温、然后再升温、降温，经历了最不利负温工况。

施工一层结构：时间为 7 月～12 月份，半年平均温度 23.7℃，合拢温度取 23.7℃。

结构施工一层（7 月～12 月）

一层结构温差＝1.7－23.7＝－22℃

施工二层结构：时间为次年 1 月～次年 6 月，半年平均温度 20.4℃，合拢温度取 20.4℃。

二层结构温差＝0.2－20.4＝－20.2℃

一层结构温差＝1.7－20.4＝－18.7℃

（输入温差＝－18.7＋22＝－3.5℃）

2）装修阶段

主体施工完毕后，假设 20 个月的装修期，整体结构在 20 个月内经历的温差为：

次年 7 月份：输入温差＝20－19＝1℃

次年 8 月份：输入温差＝21.1－20＝1.1℃

次年 9 月份：输入温差＝16.9－21.1＝－4.2℃

次年 10 月份：输入温差＝11.7－16.9＝－5.2℃

次年 11 月份：输入温差＝4.9－11.7＝－6.8℃

次年 12 月份：输入温差＝1.7－4.9＝－3.2℃

第三年 1 月份：输入温差＝0.9－1.7＝－0.8℃

第三年 2 月份：输入温差＝0.2－0.9＝－0.7℃

第三年 3 月份：输入温差＝4.8－0.2＝4.6℃

第三年 4 月份：输入温差＝8.7－4.8＝3.9℃

第三年 5 月份：输入温差＝14.8－8.7＝6.1℃

第三年 6 月份：输入温差＝19－14.8＝4.2℃

第三年 7 月份：输入温差＝20－19＝1℃

第三年 8 月份：输入温差＝21.1－20＝1.1℃

第三年 9 月份：输入温差＝16.9－21.1＝－4.2℃

第三年 10 月份：输入温差＝11.7－16.9＝－5.2℃

第三年 11 月份：输入温差＝4.9－11.7＝－6.8℃

第三年 12 月份：输入温差＝1.7－4.9＝－3.2℃

第四年 1 月份：输入温差＝0.9－1.7＝－0.8℃

第四年 2 月份：输入温差＝0.2－0.9＝－0.7℃

3）使用阶段

结构构件使用温度：

室外构件：一般可取年最高、最低气温；

室内构件：有空调采暖，夏季 25℃，冬季 15℃；

无空调采暖，夏季取月最高气温－10℃，冬季取月最低气温＋10℃；

室内外交界构件：（室内构件温度＋室外构件温度）/2。

今室内有空调采暖，则

室内构件经历的最大负温差＝15℃－合拢温度；

室内外交界构件经历最大负温差＝（15℃＋0.2℃）/2－合拢温度＝7.6℃－合拢温度。

经对比分析，本工程最不利温差效应发生在结构施工及装修阶段，进入使用阶段，温差趋向平缓。同时，混凝土的收缩效应已完成约 70％以上，考虑混凝土徐变有利影响，使用阶段温差收缩效应不起控制作用。

（3）正温取值计算

1）主体结构施工阶段

假设结构从 1 月开始施工一层结构，结构在整个温差效应计算阶段先升温，然后再降温，经历了最不利正温工况。

施工一层结构：时间为 1 月～6 月份，半年平均温度为 20.4℃，合拢温度取 20.4℃。

结构施工一层（11 月～次年 4 月份）

一层结构温差＝35.8－20.4＝15.4℃

施工二层结构：时间为 7 月～12 月，半年平均温度为 23.7℃，合拢温度取 23.7℃。

二层结构温差＝38.7－23.7＝15℃

一层结构温差＝38.7－20.4＝18.3℃

（输入温差＝18.3－15.4＝2.9℃）

2）装修阶段

主体施工完毕后，假设 20 个月的装修期，整体结构在 20 个月内经历的温差为：

次年 1 月份：输入温差＝28.4－29.8＝－1.4℃

次年 2 月份：输入温差＝29.0－28.4＝0.6℃

次年 3 月份：输入温差＝30.7－29.0＝1.7℃

次年 4 月份：输入温差＝33.2－30.7＝2.5℃

次年 5 月份：输入温差＝35.8－33.2＝2.6℃

次年 6 月份：输入温差＝35.3－35.8＝－0.5℃

次年 7 月份：输入温差＝38.7－35.3＝3.4℃

次年 8 月份：输入温差＝36.6－38.7＝－2.1℃

次年 9 月份：输入温差＝36.6－36.6＝0℃

次年 10 月份：输入温差＝33.6－36.6＝－3℃

次年 11 月份：输入温差＝32.7－33.6＝－0.9℃

次年 12 月份：输入温差＝29.8－32.7＝－2.9℃

第三年 1 月份：输入温差＝28.4－29.8＝－1.4℃

第三年 2 月份：输入温差＝29.0－28.4＝0.6℃

第三年 3 月份：输入温差＝30.7－29.0＝1.7℃

第三年 4 月份：输入温差＝33.2－30.7＝2.5℃

第三年 5 月份：输入温差＝35.8－33.2＝2.6℃

第三年 6 月份：输入温差＝35.3－35.8＝－0.5℃

第三年 7 月份：输入温差＝38.7－35.3＝3.4℃

第三年 8 月份：输入温差＝36.6－38.7＝－2.1℃

3) 使用阶段（略）

3.8.2.2 桩基刚度计算

结构温差收缩变形会带动竖向构件产生侧向位移。如果竖向构件无底部约束，楼屋盖温度收缩变形相同，竖向构件上下端侧移一致，竖向构件将不产生内力，楼屋盖结构也将不产生内力。反之，楼屋盖结构发生温差收缩变形时，地基或桩基对竖向构件底部有约束，竖向构件上下端将产生一定的位移差，竖向构件将产生剪力、弯矩等效应，楼屋盖结构因此产生拉力或压力——温差收缩效应。地基或桩基的约束刚度越大，温差收缩效应越大。竖向构件底部嵌固端或不动铰的计算假定实际就是将地基或桩基约束刚度（平动、转动）夸大为无穷大。实际上，地基或桩基对竖向构件的约束作用是有限的，地基或桩基在约束竖向构件变形的同时受到竖向构件的反作用而发生变形。地基或桩基和竖向构件底端的变形最终相容协调才是最终实际的温差收缩效应。其实质就是在温度收缩非荷载效应计算分析中，引入地基或桩基的水平抗侧刚度和转动刚度，用有限刚度的弹簧代替无限刚度的固定端或不动铰，如图 3.8.10 所示。

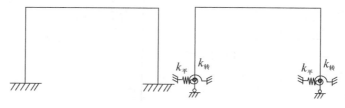

图 3.8.10　固定端和弹簧约束示意

非荷载效应不同于荷载效应。非荷载效应主要来自于变形约束，荷载效应主要来自于荷载自身。因此地基或桩基约束刚度无穷大的假定对荷载效应影响不大，对非荷载效应影响极大。

根据《建筑桩基技术规范》JGJ 94，计算桩基对结构基础的约束刚度，用实际约束刚度代替地基的无限刚约束假定。不同桩径的桩的水平剪切和弯曲刚度如表 3.8.7 所示。

由于采用一柱多桩，以平衡柱底弯矩，柱下桩基水平抗侧刚度取各单桩水平刚度之和，转动约束刚度取各单桩约束刚度之和，同时叠加桩竖向刚度、承台刚度的影响，并考虑承台微裂缝刚度退化进行折减。桩基布置如图 3.8.11 所示。

不同桩径的桩水平剪切和弯曲刚度 表 3.8.7

桩径（mm）	水平抗侧刚度（kN/m）	转动刚度（kN·m）
ϕ800	8.20×10^4	2.14×10^5
ϕ1000	1.31×10^5	4.66×10^5
ϕ1200	1.83×10^5	8.25×10^5
ϕ1400	2.46×10^5	1.37×10^6
ϕ1800	4.00×10^5	3.14×10^6

地基和桩基研究成果（参看《桩基技术规程》）表明，其平动或转动变形增大到一定程度时，刚度将会退化，见图 3.8.12，此时线性弹簧将退化为非线性弹簧。建筑物体量越大，温差收缩效应越大，地基或桩基刚度越易进入非线性。本工程采用 Wen（1976）提出的弹塑性模型来模拟地基或桩基平动、转动刚度的非线性，如图 3.8.13 所示。

假定桩顶水平变形达 5mm、转角变形达 1/1000 后，桩基的平动、转动刚度进入非线性，约束刚度取原刚度的 0.2 倍，如图 3.8.13 所示。考虑桩竖向刚度对结构温差收缩效应影响较小，竖向取不动铰。

3.8.2.3 徐变收缩效应

参考 "CEB-FIPMODELCODE1990"，考虑混凝土徐变、收缩效应，时间取 18 个月。

（1）徐变应变计算模式

$$\varepsilon_{cr} = \varepsilon_e \phi(t, t_0) \tag{3.8.1}$$

式中：ε_e ——构件弹性应变；

$\phi(t, t_0)$ ——徐变系数；

$$\phi(t, t_0) = \phi_0 \beta_c(t - t_0) \tag{3.8.2}$$

β_c ——描述加载后徐变随时间发展系数；

$$\beta_c(t - t_0) = \left[\frac{(t - t_0)/t_1}{\beta_H + (t - t_0)/t_1} \right]^{0.3} \tag{3.8.3}$$

$$\beta_H = 150 \left[1 + \left(1.2 \frac{RH}{RH_0} \right)^{1.8} \right] \cdot \frac{h}{h_0} + 250 \leqslant 1500 \tag{3.8.4}$$

t ——考虑时刻的混凝土龄期；

t_0 ——开始加载时混凝土龄期，取 7 天；

ϕ_0 ——名义徐变系数，按下式估算：

$$\phi_0 = \phi_{RH} \cdot \beta(f_{cm}) \cdot \beta(t_0) \tag{3.8.5}$$

$$\phi_{RH} = 1 + \frac{1 - RH/RH_0}{0.46 (h/h_0)^3} \tag{3.8.6}$$

$$\beta(f_{cm}) = \frac{5.3}{(f_{cm}/f_{cm0})^{0.5}} \tag{3.8.7}$$

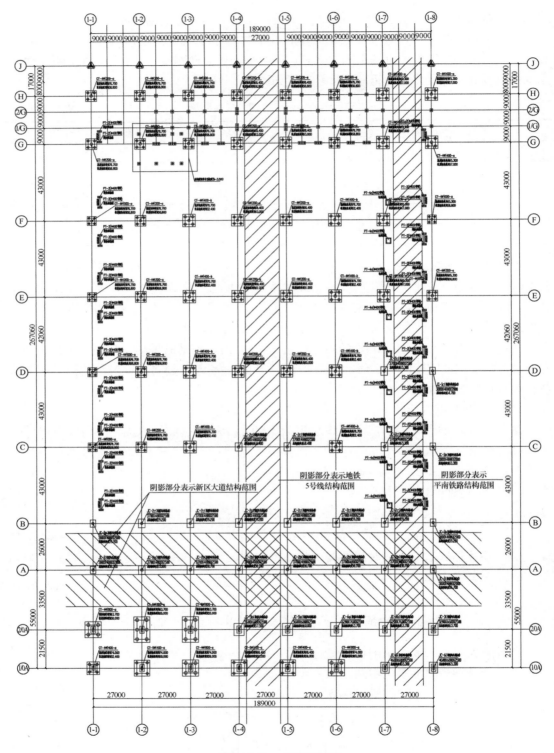

图 3.8.11 桩基布置图

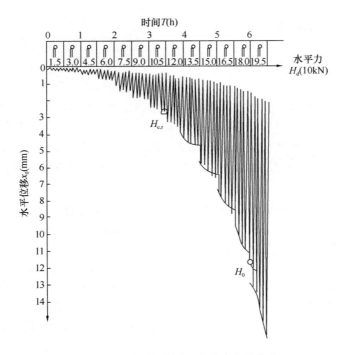

图 3.8.12　单桩水平静载试验成果曲线

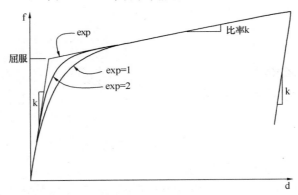

图 3.8.13　Wen 非线性弹簧属性

$$\beta(t_0) = \frac{1}{0.1 + (t_0/t_1)^{0.2}} \qquad (3.8.8)$$

f_{cm} ——28 天龄期混凝土平均抗压强度（MPa）；

f_{cm0} ——3 天龄期混凝土抗压强度；

　$t_1 = 1$ 天；

　$h_0 = 100mm$，h 为构件的名义尺寸（mm）；

　$RH_0 = 100\%$，RH 环境相对湿度；

　$h = 2A_c/u$，A_c 是截面积，u 为构件与大气接触的周边长度。

（2）收缩应变计算模式

$$\varepsilon_{cs}(t, t_s) = \varepsilon_{cs0}\beta_s(t - t_s) \qquad (3.8.9)$$

式中：$\varepsilon_{\mathrm{cso}}$ ——名义收缩系数；

$$\varepsilon_{\mathrm{cso}} = \varepsilon_{\mathrm{s}}(f_{\mathrm{cm}})\beta_{\mathrm{RH}} \tag{3.8.10}$$

考虑混凝土强度对收缩的影响：

$$\varepsilon_{\mathrm{s}}(f_{\mathrm{cm}}) = [160 + 10\beta_{\mathrm{sc}}(9 - f_{\mathrm{cm}}/f_{\mathrm{cm0}})] \cdot 10^{-6} \tag{3.8.11}$$

β_{sc} ——水泥类型系数，慢硬水泥=4，普通水泥或快硬水泥=5，快硬高强水泥=8；

$$f_{\mathrm{cmo}} = 10\mathrm{MPa}$$

t_{s} ——考虑收缩开始时混凝土龄期，取 3 天；

$\beta_{\mathrm{RH}} = -1.55 \cdot \beta_{\mathrm{sRH}}$，$\beta_{\mathrm{sRH}}$ 为考虑相对湿度收缩效应系数：

$$\beta_{\mathrm{sRH}} = 1 - (RH/100)^3$$

$40\% \leqslant RH \leqslant 99\%$（在空气中），$RH$ =周围环境的相对湿度（%）；

$\beta_{\mathrm{RH}} = +0.25$，$RH \geqslant 99\%$（在水中），本工程取 $RH = 55\%$；

β_{s} ——与时间相关的收缩发展系数：

$$\beta_{\mathrm{s}}(t - t_{\mathrm{s}}) = \left[\frac{(t - t_{\mathrm{s}})/t_1}{350(h/h_0)^2 + (t - t_{\mathrm{s}})/t_1} \right]^{0.5} \tag{3.8.12}$$

目前构件混凝土徐变主要是考虑其纵向纤维的徐变（即 1 维单元徐变），板、壳元等 2 维单元的剪应变徐变还有待进一步分析研究，本工程用等代梁模拟楼板作用，见图 3.8.14。

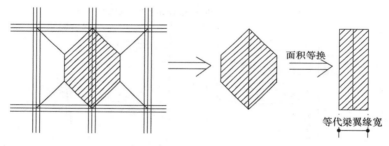

图 3.8.14 等代梁等代示意

3.8.2.4 后浇带及含后浇带的施工模拟

本工程双向设置后浇带，以减少混凝土材料的收缩应变以及温差效应。后浇带可以释放早期混凝土收缩应力，有效减小结构的温差收缩效应。后浇带的布置结合施工组织确定，间距约为 30~50m。结构后浇带沿柱边两侧留设，如图 3.8.15 所示。

（1）后浇带构造示意

后浇带处混凝土后浇，钢梁设月牙螺孔定位螺栓，传递竖向剪力，允许水平相对错动，释放施工期间温度收缩应力，见图 3.8.16。

（2）含后浇带的施工模拟

本工程主要分下部楼盖（一层结构）与上部屋盖（二层结构，含 4、6 号线 18.80m 平台结构），由于工程体量较大，设一层结构施工半年，二层结构施工半年，进入装修期第一个月封闭一层结构的所有后浇带，上部屋盖钢结构不设后浇带。

结合施工和后浇带布置，对整体结构进行了完整的施工模拟温差效应计算分析。假设本工程施工从温度最高的 7 月开始，为最不利负温差工况；主体结构施工 1 年，装修时间为 20 个月。施工模拟计算简图如图 3.8.17。

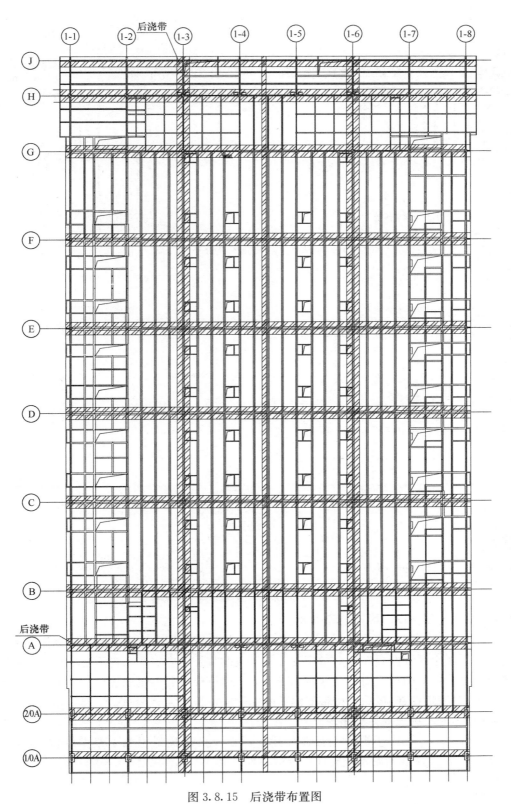

图 3.8.15 后浇带布置图

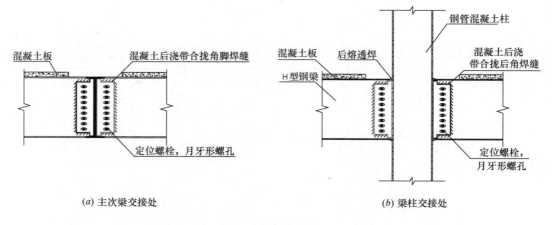

(a) 主次梁交接处

(b) 梁柱交接处

图 3.8.16 后浇带示意

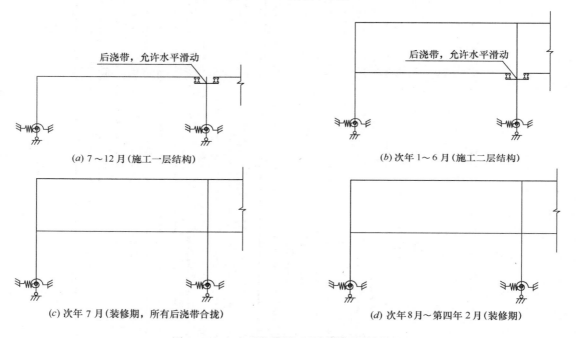

(a) 7～12月(施工一层结构)

(b) 次年1～6月(施工二层结构)

(c) 次年7月(装修期,所有后浇带合拢)

(d) 次年8月～第四年2月(装修期)

图 3.8.17 含后浇带模型施工模拟计算简图

3.8.2.5 组合结构梁、板连接松弛效应

组合楼盖中钢梁、现浇混凝土板仅靠抗剪栓钉连接,混凝土温差收缩效应作用下,连接栓钉与混凝土板之间存在相对微应变。由于温差收缩效应主要来自于变形约束,栓钉和混凝土板之间相对微应变对荷载效应影响不大,但可释放温差收缩效应。本项目结合栓钉布置,考虑栓钉有限刚度后,楼板的温差收缩效应可折减为0.3～0.5。

3.8.2.6 温差工况主要计算结果

经计算对比,正温工况不起控制作用,以下仅列出负温工况下典型结构(5轴、D轴,图3.8.18)构件的温差效应计算分析结果。

(1)钢管柱计算分析结果

①变形

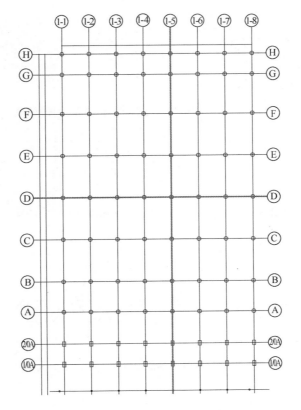

图 3.8.18　所选取的位置示意图

5 轴与 1/0A 相交处边柱变形如图 3.8.19 所示。

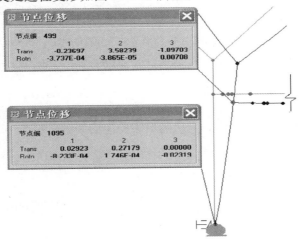

图 3.8.19　装修结束时框架柱节点位移图（mm）

注：图中"Trans"表示位移；"Rotn"表示转角；1，2，3 分别表示 x，y，z 三个方向。

②剪力

5 轴框架柱剪力如图 3.8.20 所示。

D 轴框架柱剪力如图 3.8.21 所示。

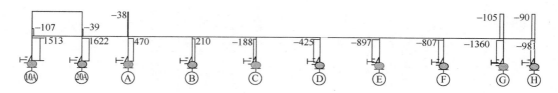

图 3.8.20　装修结束时 5 轴框架柱剪力 $V33$ 图（kN）

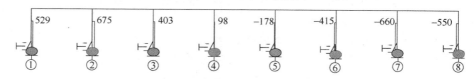

图 3.8.21　装修结束时 D 轴框架柱剪力 $V22$ 图（kN）

③弯矩

5 轴框架柱弯矩如图 3.8.22 所示。

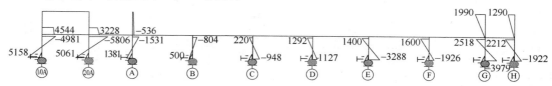

图 3.8.22　装修结束时 5 轴框架柱弯矩 $M22$ 图（kN·m）

D 轴框架柱弯矩如图 3.8.23 所示。

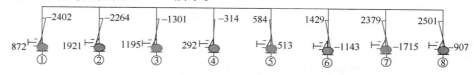

图 3.8.23　装修结束时 D 轴框架柱弯矩 $M33$ 图（kN·m）

整个负温差计算历程中，柱最大弯矩出现在 5 轴～1/0A 轴，截面为 2500×4000 的矩形钢管混凝土空心柱，最大弯矩值为 5806kN·m，对应的最大正应力为 $\sigma = \dfrac{M}{W_t} = 0.94\text{N/mm}^2$，最大剪力为 1622kN，对应的最大剪应力为 $\tau \approx \dfrac{3V}{2A} = 0.31\text{N/mm}^2$。对于圆钢管混凝土柱，其温差内力最大值出现在 G 轴，截面为 $\phi1600t40$，最大弯矩为 2518 kN·m，最大剪力为 1360kN，对应的最大应力：

$$\sigma = \frac{M}{W_t} = \frac{M}{I/\dfrac{y}{2}} = \frac{2158 \times 10^6}{1.179 \times 10^{11}/800} = 17\text{N/mm}^2$$

$$\tau \approx \frac{3V}{2A} = \frac{3 \times 1360 \times 10^3}{2 \times 561560} = 3.63\text{N/mm}^2$$

可见附加温度应力水平较低，对钢管混凝土柱结构安全度影响不大。

（2）下部楼盖梁计算结果

①钢梁内力计算结果（图 3.8.24～图 3.8.29）

②混凝土等代梁轴力（图 3.8.30～图 3.8.35）

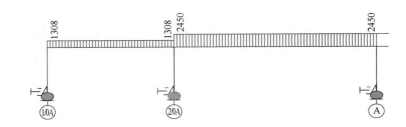

图 3.8.24 装修结束时 5 轴钢梁轴力图（kN）（5 轴下部，1/0A 轴到 A 轴）

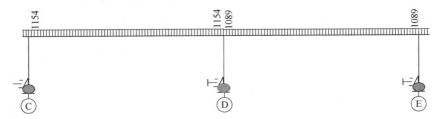

图 3.8.25 装修结束时 5 轴钢梁轴力图（kN）（5 轴中部，C 轴到 E 轴）

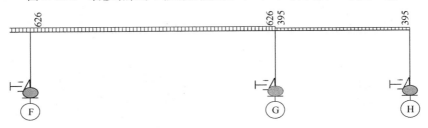

图 3.8.26 装修结束时 5 轴钢梁轴力图（kN）（5 轴上部，F 轴到 H 轴）

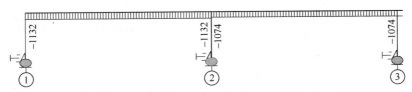

图 3.8.27 装修结束时 D 轴钢梁轴力图（kN）（D 轴左端，1 轴到 3 轴）

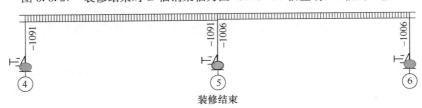

图 3.8.28 装修结束时 D 轴钢梁轴力图（kN）（D 轴中部，4 轴到 6 轴）

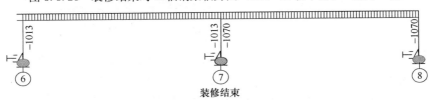

图 3.8.29 装修结束时 D 轴钢梁轴力图（kN）（D 轴右端，6 轴到 8 轴）

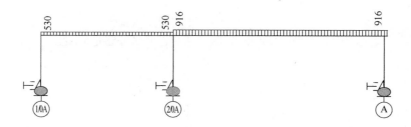

图 3.8.30　装修结束时 5 轴混凝土等代梁轴力图（kN）（5 轴下部，6/0A 轴到 A 轴）

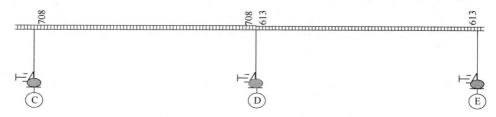

图 3.8.31　装修结束时 5 轴混凝土等代梁轴力图（kN）（5 轴中部，C 轴到 E 轴）

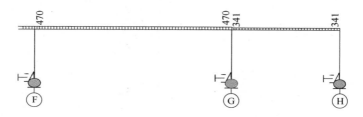

图 3.8.32　装修结束时 5 轴混凝土等代梁轴力图（kN）（5 轴上部，F 轴到 H 轴）

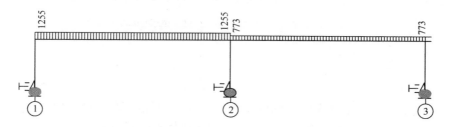

图 3.8.33　装修结束时 D 轴混凝土等代梁轴力图（kN）（D 轴左端，1 轴到 3 轴）

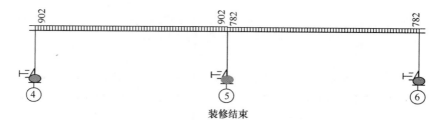

图 3.8.34　装修结束时 D 轴混凝土等代梁轴力图（kN）（D 轴中部，4 轴到 6 轴）

（3）下部楼盖主要框架梁应力分析

①钢梁轴向应力计算结果（表 3.8.8，表 3.8.9）

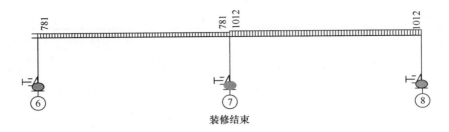

图 3.8.35　装修结束时 D 轴混凝土等代梁轴力图（kN）（D 轴右端，6 轴到 8 轴）

5 轴钢梁内力值　　　　　　　　　　　　　　　　表 3.8.8

位置	截面	装修阶段结束	
		梁轴力（kN）	平均轴向应力（N/mm²）
1/0A－2/0A	H600×1800×30×50	1308	10.63
2/0A-A	H1200×1800×40×50	2450	13.46
A-B	H700×2300×40×50	1325	7.93
B-C	H700×2300×40×50	1220	7.31
C-D	H700×2300×40×50	1154	6.91
D-E	H700×2300×40×50	1089	6.52
E-F	H700×2300×40×50	745	4.46
F-G	H700×2300×40×50	626	3.75
G-H	H600×2300×30×50	395	2.67

D 轴钢梁内力值　　　　　　　　　　　　　　　　表 3.8.9

位置	截面	装修阶段结束	
		梁轴力（kN）	平均轴向应力（N/mm²）
1-2	H1400×2300×50×70	−1132	−3.85
2-3	H1400×2300×50×70	−1074	−3.66
3-4	H1400×2300×50×70	−1299	−4.42
4-5	H1400×2300×50×70	−1091	−3.71
5-6	H1400×2300×50×70	−1006	−3.42
6-7	H1400×2300×50×70	−1013	−3.45
7-8	H1400×2300×50×70	−1070	−3.64

②混凝土等代梁计算结果（表 3.8.10，表 3.8.11）

5 轴混凝土等代梁内力值　　　　　　　　　　　　表 3.8.10

位置	截面	装修阶段结束	
		梁轴力（kN）	平均轴向应力（N/mm²）
1/0A-2/0A	B3500×180	530	0.84
2/0A-A	B4500×180	916	1.13
A-B	B7500×180	886	0.66

位置	截面	装修阶段结束	
		梁轴力（kN）	平均轴向应力（N/mm²）
B-C	B7000×180	769	0.61
C-D	B7000×180	708	0.56
D-E	B6500×180	613	0.52
E-F	B7000×180	503	0.40
F-G	B7500×180	470	0.35
G-H	B7000×180	341	0.27

D轴混凝土等代梁内力值　　　　　　　　　　　　表 3.8.11

位置	截面	装修阶段结束	
		梁轴力（kN）	平均轴向应力（N/mm²）
1-2	B4500×180	1255	1.55
2-3	B3400×180	772	1.26
3-4	B4500×180	952	1.18
4-5	B3400×180	902	1.47
5-6	B3400×180	782	1.28
6-7	B3400×180	786	1.28
7-8	B3400×180	1013	1.66

从上表可以看出，后浇带的设置有效地减小了楼盖的温差收缩应力，钢梁附加温差收缩应力占总应力的 5% 以内，混凝土附加温差收缩应力均小于 2MPa。本工程计算分析考虑施工阶段采用有温差收缩效应参与的多工况、多组合进行，并考虑后浇带合拢后温差作用及混凝土后期收缩效应，施工图设计对部分柱及局部混凝土楼板等温差收缩效应敏感构件予以加强。

3.8.2.7　设计组合

根据现有的研究成果并参考国内外规范，承载力极限状态荷载效应组合时，温差效应组合系数取 1.2，考虑到最不利温差与活荷载、地震、风荷载等作用同时发生的可能性很小，当与上述荷载组合时组合系数取 0.6；当温度作用与风荷载、活荷载同时考虑时，其组合值系数取 0.3。

本工程采用包含温差作用的效应组合见表 3.8.12。正常使用状态荷载效应组合见表 3.8.13。

承载力极限状态荷载效应组合　　　　　　　　　表 3.8.12

	组合	恒荷载	活荷载	负风压	正风压	升温	降温
1	恒＋升温	1.0				1.2	
2	恒＋降温	1.0					1.2
3	恒＋升温	1.2				1.2	
4	恒＋降温	1.2					1.2

	组合	恒荷载	活荷载	负风压	正风压	升温	降温
5	恒＋活＋降温	1.2	1.4				0.6×1.2
6	恒＋降温＋活	1.2	0.7×1.4				1.2
7	恒＋活＋升温	1.2	1.4			0.6×1.2	
8	恒＋升温＋活	1.2	0.7×1.4			1.2	
9	恒＋正风＋降温	1.2			1.4		0.6×1.2
10	恒＋降温＋正风	1.2			0.6×1.4		1.2
11	恒＋正风＋升温	1.2			1.4	0.6×1.2	
12	恒＋升温＋正风	1.2			0.6×1.4	1.2	
13	恒＋负风＋降温	1.0		1.4			0.6×1.2
14	恒＋降温＋负风	1.0		0.6×1.4			1.2
15	恒＋负风＋升温	1.2		1.4		0.6×1.2	
16	恒＋升温＋负风	1.2		0.6×1.4		1.2	
17	恒＋活＋正风＋升温	1.2	0.7×1.4		1.4	0.3×1.2	
18	恒＋正风＋活＋升温	1.2	1.4		0.6×1.4	0.3×1.2	
19	恒＋活＋正风＋降温	1.2	0.7×1.4		1.4		0.3×1.2
20	恒＋正风＋活＋降温	1.2	1.4		0.6×1.4		0.3×1.2

注：温度作用分项系数取1.2。

正常使用状态荷载效应组合 表3.8.13

	组合	恒荷载	活荷载	负风压	正风压	升温	降温
1	恒＋升温	1.0				1.0	
2	恒＋降温	1.0					1.0

3.8.2.8 结构设计结果

（1）上部钢屋盖设计结果

负温单工况杆件应力比，如图3.8.36和图3.8.37所示。

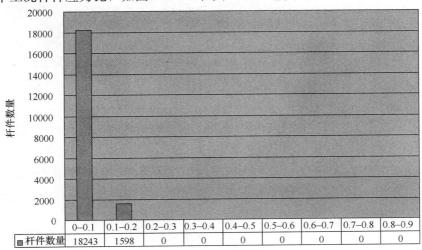

图3.8.36 负温单工况杆件应力比分布

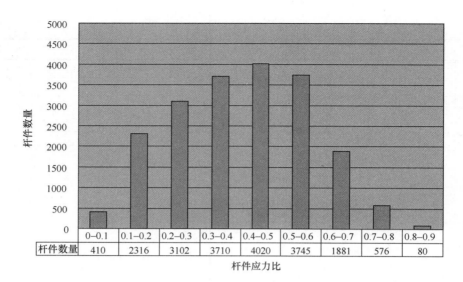

杆件数量	410	2316	3102	3710	4020	3745	1881	576	80

杆件应力比

图 3.8.37　最不利工况杆件应力比分布

负温单工况作用下，钢结构最大应力比为 0.16；约有 1598 根杆件应力比在 0.1—0.2 之间，约占总数的 8.8%。考虑温差作用最不利组合时，有 576 根杆件的应力比在 0.7～0.8 之间，约占总数的 2.9%。

可见，上部屋盖钢结构在考虑温差效应的荷载组合作用下能满足承载力要求。

（2）下部楼盖钢梁设计结果

如图 3.8.38 和图 3.8.39 所示。

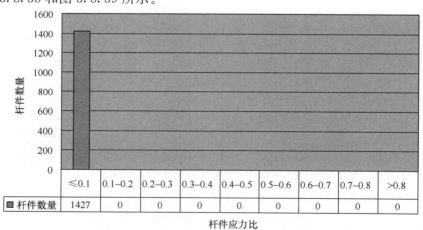

	≤0.1	0.1—0.2	0.2—0.3	0.3—0.4	0.4—0.5	0.5—0.6	0.6—0.7	0.7—0.8	>0.8
杆件数量	1427	0	0	0	0	0	0	0	0

杆件应力比

图 3.8.38　负温单工况杆件应力比分布

从图 3.8.38、图 3.8.39 可以看出，负温单工况作用下，钢结构最大应力比为 0.05；所有杆件应力比均小于 0.1。考虑温差作用最不利组合时，有 301 根杆件的应力比在 0.7～0.8 之间，约占总数的 20.4%，最大应力比为 0.75。

可见，下部楼盖钢梁在考虑温差效应的荷载组合作用下能满足承载力要求。

3.8.2.9　主要结论

通过对整体结构进行温差有限元计算，得到了本工程较为精确的温差收缩效应计算结

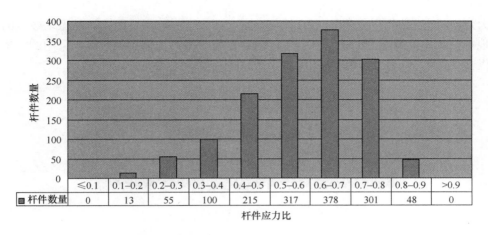

图 3.8.39 最不利工况杆件应力比分布

杆件应力比	≤0.1	0.1−0.2	0.2−0.3	0.3−0.4	0.4−0.5	0.5−0.6	0.6−0.7	0.7−0.8	0.8−0.9	>0.9
杆件数量	0	13	55	100	215	317	378	301	48	0

果。结构设计将对温差收缩计算所揭示的受力不利部位予以加强，同时采取设计施工针对性措施如下：

（1）混凝土低温入模：控制在当月平均气温以下入模。

（2）后浇带设置：设置多条双向贯通的施工后浇带，后浇带处混凝土后浇，钢梁设月牙螺孔定位螺栓，传递竖向剪力，允许水平相对错动。

（3）混凝土后浇带滞后封闭：主体结构封顶，进入装修期后选低温月采用无收缩混凝土合拢。

（4）钢梁施工措施：后浇带钢梁支座处设月牙孔安装定位螺栓，混凝土后浇带封闭前予以焊接连续。

（5）配筋构造措施：二层楼板厚 180mm，双层双向贯通钢筋 $\rho_{min} \geqslant 0.4\%$，支座跨中受力需要加局部短筋。

3.9 高架车站振动分析研究

旅客"零换乘"的设计思路在各种交通枢纽尤其是火车车站设计中越来越有所体现，促使了不少由多条交通线路的纵、横、立体交错而成的复杂交通枢纽的出现。"零换乘"的车站设计给人们出行带来便利的同时，增加了结构设计的复杂程度，也促使了新颖的结构体系的出现。

深圳北站为从北京-武汉-广州-香港南北贯通的大动脉上的重点枢纽车站。为了实现铁路车站与城市出行的无缝接驳，多条城市道路、轻轨及地铁等线路汇交于深圳北站，其中，为了配合旅客"上进上出"站房设计，城市轻轨 4、6 号线从北站站房东端高架穿越，见图 3.9.1。列车的单、双线轨道梁、候车站台、站厅及桥墩均支承在车站结构上，见图 3.9.2，为国内首例铁路车站与城市轻轨"桥建合一"的结构。其中 Y 形柱同时作为 18.95m 标高以上的城市轻轨及站房屋盖的支承结构，而在 9.0m 标高处作为旅客候车大厅及车站主入口的支承结构。由于共用支承结构，使得列车引起的振动直接作用于车站建筑，进而有可能影响车站内候车旅客、工作人员的舒适性及车站附加设施的使用性能。故在车站结构设计时，除了要求计算列车的静力荷载作用效应外，有必要对列车作用于车站的动力效应进行分析研究。设计联合体与北京交通大学一起展开研究,从振动效应的最本质体现——加速度响应方面计算和分析轻轨列车对车站结构的振动效应,采用的方法和思路可供其他同类型车站设计借鉴和参考。

图 3.9.1　深圳火车北站东立面

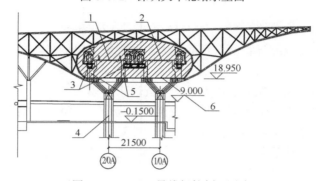

图 3.9.2　4、6 号线轻轨剖面示意
1—6 号线站台;2—4 号线站台;3—单、双线轨道梁
4—4、6 号线支承 Y 形柱;5—桥墩;6—4、6 号线站厅层

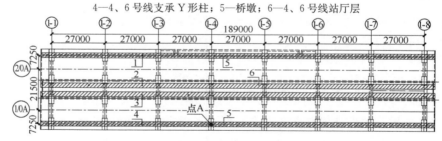

图 3.9.3　6 号线轻轨平面示意
1—6 号线外股道;2—6 号线内股道;3—4 号线内股道
4—4 号线外股道;5—单线股道梁;6—双线股道梁

3.9.1　研究工作内容

本研究主要分为以下两个步骤进行。

步骤一:对研究课题的计算条件及评判标准进行进一步分析研究,建立在轨道梁平面上 7 跨连续布置跨度 27m 的单线预应力混凝土简支梁、双线预应力混凝土简支梁结构模型,并计算 6 种列车进站制动工况,如表 3.9.1,得出车桥动力响应指标并加以评判。

步骤二:计算步骤一中各工况下轨道梁平面中 Y 形柱顶点位置纵向(X)、横向(Y)、竖向(Z)、扭转方向(RX)的反力时程,将该时程施加于车站整体模型,计算车站结构中和控制点的加速度时程,并对加速度最大值进行评判。考虑各线的组合,本阶段共考虑 12 种工况，见表 3.9.2。

第一阶段工况表　　　　　　　　　　　　　　　　表 3.9.1

工况序号	桥梁	车辆	进站时差
1	单线梁	单线列车	—
2	双线梁	单线列车	—
3		双线列车	0s
4			5s
5			10s
6			15s

第二阶段工况表　　　　　　　　　　　　　　　　表 3.9.2

工况序号	4 号线外股道	4 号线内股道	6 号线内股道	6 号线外股道
1	制动 $t=0$s	无车	无车	无车
2	无车	制动 $t=0$s	无车	无车
3	无车	无车	制动 $t=0$s	无车
4	无车	无车	无车	制动 $t=0$s
5	无车	制动 $t=0$s	制动 $t=0$s	无车
6	无车	制动 $t=0$s	制动 $t=5$s	无车
7	无车	制动 $t=0$s	制动 $t=10$s	无车
8	无车	制动 $t=0$s	制动 $t=15$s	无车
9	无车	制动 $t=5$s	制动 $t=0$s	无车
10	无车	制动 $t=10$s	制动 $t=0$s	无车
11	无车	制动 $t=15$s	制动 $t=0$s	无车
12	制动 $t=0$s	制动 $t=0$s	制动 $t=0$s	制动 $t=0$s

本研究中所采用的列车制动计算方式计算得到的列车由 80km/h 速度至完全停车过程中，7 跨轨道梁范围内的制动时间约为 15.24s。为充分研究双线梁上的两列车不同进站时间对车桥体系振动的影响，在第一阶段工况 3～6 中，分别考虑了两车同时进站，一车比另一车早进站 5s、10s、15s 的情况。由于各线进站情况千差万别，不可能穷尽各种情况，计算分析时只考虑了 12 种典型的、有可能导致结构最大响应的情况。其中，第 1～4 工况为 4 号线或 6 号线单线进站情况，第 5～11 工况为 4 号线内侧股道和 6 号线内侧股道在双线梁上同时进站的情况，第 12 工况为所有 4 条线路列车同时进站、同时制动的情况，为理论上的最不利工况。

3.9.2　计算条件

（1）轨道梁结构

步骤一采用的有限元模型中，单线轨道梁和双线轨道梁均按 7 跨 27m 简支梁考虑。单线轨道梁和双线轨道梁按实际截面建模，并将每线合计 130kN/m 的二期恒荷载计入梁部自重。简支梁一侧约束 X、Y、Z、RX 方向自由度，另外一侧约束 Y、Z、RX 方向自由度，简支梁结构以空间梁单元模拟。

单线梁、双线梁均按通长截面考虑，其横截面见图 3.9.4。由此建立的有限元模型见图 3.9.5、图 3.9.6。由于在步骤二计算中将支座反力施加于站房整体模型，故此处模型只包含支座以上部分，即轨道梁本身。

（2）机车车辆

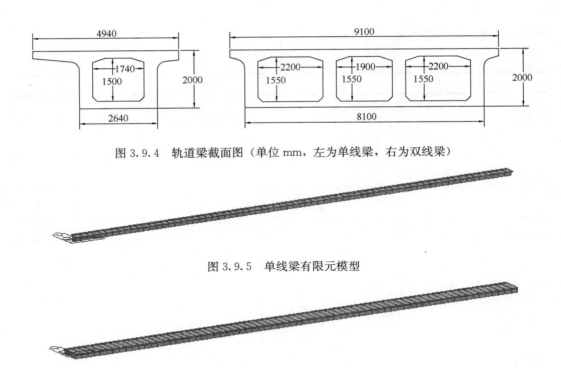

图 3.9.4 轨道梁截面图（单位 mm，左为单线梁，右为双线梁）

图 3.9.5 单线梁有限元模型

图 3.9.6 双线梁有限元模型

考虑到香港地铁列车的单位长度重量大于深圳轻轨列车，偏安全本工程计算分析的列车采用香港地铁机场线的数据，计算参数见表 3.9.3。而 4、6 号线由香港地铁公司运营，目前实际运营的只有 4 节车厢，但根据香港地铁公司的计划，将在 2014 年改挂 6 节车厢，并视乎运力需求，改挂 8 节车厢，故在结构设计时，根据业主的要求，按最不利的 8 节车厢进行计算分析，以确保以后可改挂 8 节车厢的运营可能，假定列车为 8 节编组，车辆全长 22.5m，转向架定距 15.6m，轴距 25m，轴质量 14.2t。

车辆参数表 表 3.9.3

车辆参数	单位	数值	车辆参数	单位	数值
车辆全长 (L)	m	22.5	车体侧滚质量转动惯量 (J_c)	t·m²	155
车辆定距 ($2s$)	m	15.6	车体点头质量转动惯量 (J_c)	t·m²	1959
固定轴距 ($2d$)	m	2.5	车体摇头质量转动惯量 (J_c)	t·m²	1875
车体质量 (M_c)	t	40.99	转向架侧滚质量转动惯量 (J_t)	t·m²	5.07
转向架质量 (M_t)	t	4.36	转向架点头质量转动惯量 (J_t)	t·m²	1.47
轮对质量 (m_w)	t	1.77	转向架摇头质量转动惯量 (J_t)	t·m²	3.43
一系竖向弹簧刚度 (k_1^v)	kN/m	2976	轮对侧滚质量转动惯量 (J_w)	t·m²	0.92
一系横向弹簧刚度 (k_1^h)	kN/m	20000	车体重心至二系弹簧垂直距离 (h_1)	m	0.98
二系竖向弹簧刚度 (k_2^v)	kN/m	1060	二系弹簧至转向架重心垂直距离 (h_2)	m	0.36
二系横向弹簧刚度 (k_2^h)	kN/m	460	转向架重心至轴箱重心垂直距离 (h_3)	m	0.07
一系竖向阻尼系数 (c_1^v)	kN·s/m	15	轴箱重心至梁体重心垂直距离 (h_4)	m	1.25
一系横向阻尼系数 (c_1^h)	kN·s/m	15	一系弹簧之间的水平距离 (a)	m	0.98
二系竖向阻尼系数 (c_2^v)	kN·s/m	30	二系弹簧之间的水平距离 (b)	m	1.12
二系横向阻尼系数 (c_2^h)	kN·s/m	30	轨道至梁体中心的偏心距 (e)	m	2.05
轨距 (B)	m	1.435			

（3）轨道不平顺

考虑到车站中的轨道养护条件及通过列车状态，本计算中对于站内线路均采用 2005 年 5 月 24 日在秦沈客运专线实测得到的轨道不平顺时域样本。该不平顺样本全长 2.5km，高低不平顺幅值 8.59mm，水平不平顺幅值 3.84mm，被普遍认为是一种代表较高轨道养护标准的不平顺样本。

3.9.3 评判标准

（1）列车安全性评判标准

GB 5599—85 标准中的脱轨系数 Q/P 是根据 Nadal 公式计算出来的，而近年来国内外均有研究表明经典的 Nadal 公式并不完善：轮重减载率 $\Delta P/P_0$ 仅适用于货车，且行车速度低于 30km/h 的情况，因此对于地铁列车的行车安全性评定指标，需要根据国内外高速列车的运行经验及研究成果重新确定。

国家"八五"科技攻关项目"高速铁路线桥隧设计参数选择的研究"报告之五"高速铁路轨道不平顺日常养护维修管理标准的研究"，脱轨系数采用 0.8 作为限值；德国 ICE 高速列车在美国东北走廊进行的高速试验时及日本新干线提速试验时，均采用 $Q/P \leqslant 0.8$。我国于 1996 年在环形线 200km/h 以上高速列车综合运行试验以及秦沈客运专线桥梁综合动力试验中，脱轨系数的控制值为 0.8，因此，本项目采用的脱轨系数安全评判指标为 $Q/P \leqslant 0.8$。

1998 年，美国 FRA 公布的规范中，在"轨道安全标准"的"车辆/轨道相互作用安全限值"中规定："单轮垂向荷载应不小于静轮重的 0.1 倍，也就是说，单轮垂向荷载减载率（相对于静轮重）$P/P_0 \leqslant 0.9$，滤波器/窗长为 5ft。此标准适用 9 级线路，最高允许速度为 200km/h。"在秦沈客运专线综合动力综合试验中，采用的评定标准为 $P/P_0 \leqslant 0.6$。在已结题的相关车桥动力仿真计算研究"秦沈客运专线桥涵关键技术研究—常用跨度桥梁动力特性及列车走行性分析研究"和"京沪高速铁路常用跨度连续梁桥设计研究动力分析计算"中，偏于安全考虑，均采用评定标准 $P/P_0 \leqslant 0.6$ 控制高速列车的安全性。《时速 200 公里新建铁路线桥隧站设计暂行规定》亦规定为 $P/P_0 \leqslant 0.6$。综合考虑以上情况，本研究采用的单轮减载率安全评判指标为 $P/P_0 \leqslant 0.6$。

（2）列车舒适性评判标准

我国铁路长期以来一直采用平稳性指标法评定车辆的运行舒适性，故本项目仍采用平稳性指标来评价列车过桥时旅客乘坐的舒适性。列车平稳性指标的计算方法参见《铁道车辆动力学性能评定和试验鉴定规范》GB 5599—85。根据 GB 5599—85，依平稳性指标 W 确定客车运行平稳性等级的评判标准如下：

$W \leqslant 2.5$ 平稳性等级优

$2.5 < W \leqslant 2.75$ 平稳性等级良好

$2.75 < W \leqslant 3.0$ 平稳性等级合格

（3）车体加速度评判标准

在我国已成为规范的轨道不平顺管理标准中，针对客车，规定了小于 100km/h、100～120km/h、120～140km/h、140～160km/h 四个速度等级，按Ⅰ级（日常保养）、Ⅱ级（舒适度）、Ⅲ级（紧急补修）等标准确定对应的车体垂向加速度分别为：$0.10g$、$0.15g$、

0.20g；对应的车体横向加速度分别为：0.06g、0.10g、0.15g。另外，在小于 100km/h、100～120km/h 的速度等级中，规定Ⅳ级（限速）标准对应的车体垂向、横向加速度值分别为 0.25g、0.20g。日本新干线慢行管理目标值中车体垂向、横向加速度分别为 0.45g、0.35g（均为全峰值）。在考虑预留量的基础上，秦沈客运专线 300km/h 综合试验段轨道不平顺限速标准的加速度评判依据采用车体垂向、横向加速度值分别为 0.225g、0.175g（即为日本新干线相应值的一半）作为限值。本报告舒适度管理标准作为评判车体加速度计算结果的限值（半峰值），即：

车体振动水平加速度 $a_L \leqslant 0.10g$

车体振动垂直加速度 $a_V \leqslant 0.13g$

（4）桥梁安全性评判标准

梁体振动过大会使桥上线路失稳，影响列车运行安全，同时还会使桥梁疲劳强度降低，因此对桥梁的变形和振动加速度需要限制。参照《铁路桥涵检定规范》及 UIC 规范在铁路桥梁设计中对桥梁振动加速度的要求，对于桥梁最大垂向加速度限值如下：

有砟轨道 $a_{max} \leqslant 0.35g$

无砟轨道 $a_{max} \leqslant 0.50g$

且应对计算结果按下述三个条件中的最大值滤波：①30Hz 以下的所有频率；②桥梁第一阶自振频率的两倍；③桥梁的前三阶自振频率。

本计算所涉及梁型为无砟轨道，故桥梁的最大垂向加速度的评判标准为 $a_{max} \leqslant 0.50g$。

同时，依《铁路桥梁检定规范》中规定，本项目采纳桥梁跨中横向振幅不超过 $L/9000$，桥梁跨中横向加速度不超过 0.14g。（此处 L 为桥梁跨度。）

3.9.4 步骤一计算结果及分析

第一阶段为车桥计算，输出结果为各工况车桥动力响应控制指标。车辆系统的指标包括：脱轨系数，轮重减载率，车体横、竖向加速度，车体横、竖向 Spering 舒适度指标。桥梁系统的指标包括：桥梁跨中横、竖向位移、桥梁跨中横、竖向加速度。各工况车桥控制指标见表 3.9.4。工况 1～3 中桥梁跨中位移时程、桥梁加速度时程、车体加速度时程见图 3.9.7～图 3.9.26。

各工况车桥响应控制指标 　　　　　表 3.9.4

工况	桥梁	列车	时差	跨中位移		跨中加速度		脱轨系数	轮重减载率	车体加速度		舒适度指标	
				竖向	横向	竖向	横向			竖向	横向	竖向	横向
			s	mm	mm	m/s²	m/s²	—	—	m/s²	m/s²	—	—
1	单线	单线	—	3.32	0.09	0.16	0.16	0.32	0.28	0.17	0.32	2.17	2.34
2	双线	单线	—	1.58	0.02	0.08	0.09	0.20	0.20	0.17	0.32	2.16	2.34
3		双线	0	2.91	0.02	0.13	0.09	0.23	0.21	0.17	0.33	2.16	2.36
4			5	3.00	0.02	0.09	0.09	0.20	0.21	0.18	0.32	2.16	2.36
5			10	2.72	0.02	0.08	0.09	0.20	0.20	0.18	0.32	2.17	2.35
6			15	1.58	0.02	0.08	0.09	0.20	0.20	0.17	0.32	2.17	2.34

由以上计算结果可见，各工况下车辆的脱轨系数、轮重减载率、车体横、竖向加速

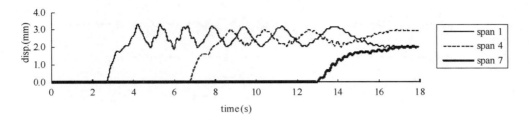

图 3.9.7　单线梁进站制动，桥梁跨中竖向位移时程（第 1、4、7 孔）

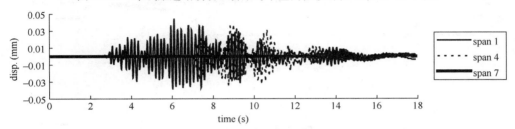

图 3.9.8　单线梁进站制动，桥梁跨中横向位移时程（第 1、4、7 孔）

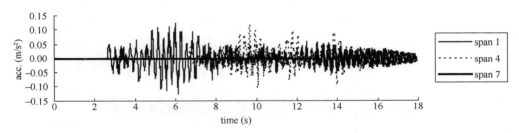

图 3.9.9　单线梁进站制动，桥梁跨中竖向加速度时程（第 1、4、7 孔）

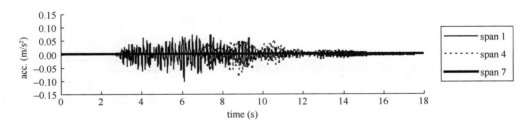

图 3.9.10　单线梁进站制动，桥梁跨中横向加速度时程（第 1、4、7 孔）

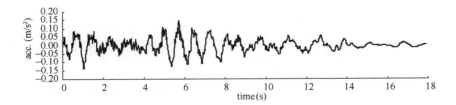

图 3.9.11　单线梁进站制动，车体竖向加速度时程（首节车辆）

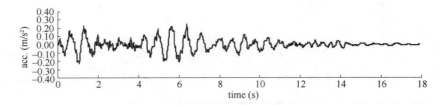

图 3.9.12　单线梁进站制动，车体横向加速度时程（首节车辆）

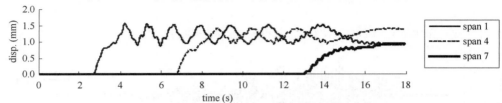

图 3.9.13　双线梁单线进站制动，桥梁跨中竖向位移时程（第 1、4、7 孔）

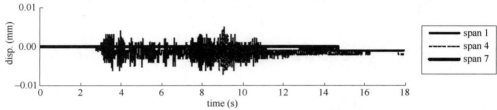

图 3.9.14　双线梁单线进站制动，桥梁跨中横向位移时程（第 1、4、7 孔）

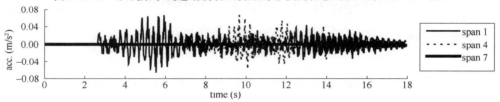

图 3.9.15　双线梁单线进站制动，桥梁跨中竖向加速度时程（第 1、4、7 孔）

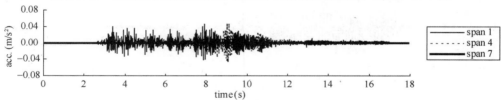

图 3.9.16　双线梁单线进站制动，桥梁跨中横向加速度时程（第 1、4、7 孔）

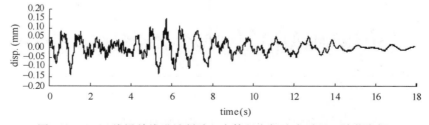

图 3.9.17　双线梁单线进站制动，车体竖向加速度时程（首节车辆）

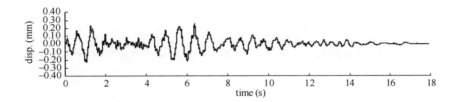

图 3.9.18　双线梁单线进站制动，车体横向加速度时程（首节车辆）

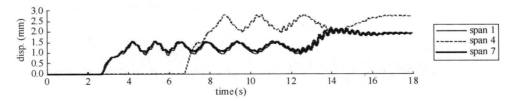

图 3.9.19　双线梁双线进站制动，桥梁跨中竖向位移时程（第 1、4、7 孔）

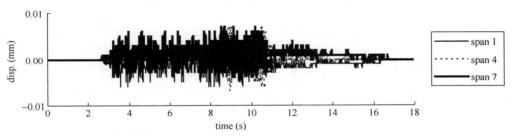

图 3.9.20　双线梁双线进站制动，桥梁跨中横向位移时程（第 1、4、7 孔）

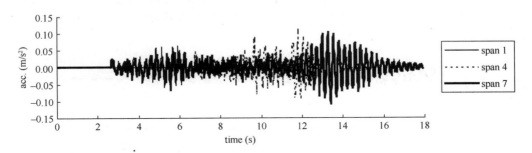

图 3.9.21　双线梁双线进站制动，桥梁跨中竖向加速度时程（第 1、4、7 孔）

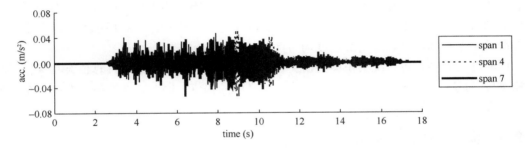

图 3.9.22　双线梁双线进站制动，桥梁跨中横向加速度时程（第 1、4、7 孔）

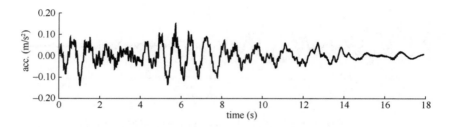

图 3.9.23　双线梁双线进站制动，第一车车体竖向加速度时程（首节车辆）

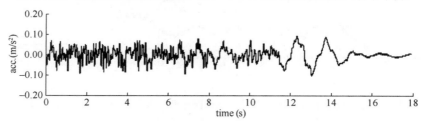

图 3.9.24　双线梁双线进站制动，第一车车体竖向加速度时程（首节车辆）

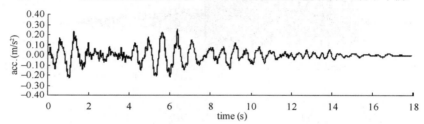

图 3.9.25　双线梁双线进站制动，第二车车体横向加速度时程（首节车辆）

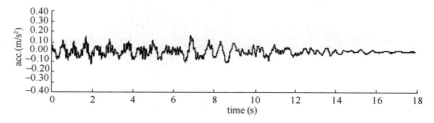

图 3.9.26　双线梁双线进站制动，第二车车体横向加速度时程（首节车辆）

度、桥梁跨中横、竖向加速度、桥梁跨中横向动位移等指标均未超出第 3.9.3 节中给出的限值，即可认为单线梁和双线梁均可满足车辆安全性、车辆舒适性和桥梁安全性要求。列车在两种梁型上制动时，乘坐舒适度均为优。

　　同时亦可看到，各工况下桥梁的横、竖向动力响应均很小，说明计算桥梁具有相当的结构刚度。此时，车体振动主要取决于轨道不平顺的幅值，因此，在 6 种工况中，车体加速度以及舒适性指标基本相近。

3.9.5　步骤二计算结果及分析

　　本步骤的目的是在步骤一的基础上，计算车站结构关键部位在列车以表 3.9.2 所列的

12 种工况进站制动时的加速度响应，并对车站的振动等级做出评判。

其计算方法是：在计算得到单、双线轨道梁在各工况中桥梁的作用力时程后，由各桥梁节点的纵向（X）、横向（Y）、竖向（Z）、扭转方向（RX）作用力时程，推算车站结构中 4 号线、6 号线站台部分 Y 形柱顶点的反力时程，并将该反力时程施加于车站整体模型，计算车站结构关键部位在该组反力时程作用下的加速度响应。输入反力时程节点见表3.9.5，典型反力时程曲线见图 3.9.27～图 3.9.38，分别为工况 12 作用下 6 号线外侧、6号线内侧、4 号线内侧以及 4 号线外侧 1-4 轴处 Y 形柱柱顶 X、Y、Z 方向的反力时程。

输入反力时程节点表 表 3.9.5

点号	序号	X	Y	Z	位置
x309	2700	0	−62790	40500	Y 柱顶，4 号线外侧 * 1-1 轴
x313	2704	27000	−62790	40500	Y 柱顶，4 号线外侧 * 1-2 轴
x316	2707	54000	−62790	40500	Y 柱顶，4 号线外侧 * 1-3 轴
x319	2710	81000	−62790	40500	Y 柱顶，4 号线外侧 * 1-4 轴
x322	2713	108000	−62790	40500	Y 柱顶，4 号线外侧 * 1-5 轴
x325	2716	135000	−62790	40500	Y 柱顶，4 号线外侧 * 1-6 轴
x328	2719	162000	−62790	40500	Y 柱顶，4 号线外侧 * 1-7 轴
x332	2723	189000	−62790	40500	Y 柱顶，4 号线外侧 * 1-8 轴
x341	2732	0	−48770	40500	Y 柱顶，4 号线内侧 * 1-1 轴
x345	2736	27000	−48770	40500	Y 柱顶，4 号线内侧 * 1-2 轴
x348	2739	54000	−48770	40500	Y 柱顶，4 号线内侧 * 1-3 轴
x351	2742	81000	−48770	40500	Y 柱顶，4 号线内侧 * 1-4 轴
x354	2745	108000	−48770	40500	Y 柱顶，4 号线内侧 * 1-5 轴
x357	2748	135000	−48770	40500	Y 柱顶，4 号线内侧 * 1-6 轴
x360	2751	162000	−48770	40500	Y 柱顶，4 号线内侧 * 1-7 轴
x364	2755	189000	−48770	40500	Y 柱顶，4 号线内侧 * 1-8 轴
x365	2756	0	−39730	40500	Y 柱顶，6 号线内侧 * 1-1 轴
x369	2760	27000	−39730	40500	Y 柱顶，6 号线内侧 * 1-2 轴
x372	2763	54000	−39730	40500	Y 柱顶，6 号线内侧 * 1-3 轴
x375	2766	81000	−39730	40500	Y 柱顶，6 号线内侧 * 1-4 轴
x378	2769	108000	−39730	40500	Y 柱顶，6 号线内侧 * 1-5 轴
x381	2772	135000	−39730	40500	Y 柱顶，6 号线内侧 * 1-6 轴
x384	2775	162000	−39730	40500	Y 柱顶，6 号线内侧 * 1-7 轴
x388	2779	189000	−39730	40500	Y 柱顶，6 号线内侧 * 1-8 轴
x397	2788	0	−25710	40500	Y 柱顶，6 号线外侧 * 1-1 轴
x401	2792	27000	−25710	40500	Y 柱顶，6 号线外侧 * 1-2 轴
x404	2795	54000	−25710	40500	Y 柱顶，6 号线外侧 * 1-3 轴
x407	2798	81000	−25710	40500	Y 柱顶，6 号线外侧 * 1-4 轴
x410	2801	108000	−25710	40500	Y 柱顶，6 号线外侧 * 1-5 轴
x413	2804	135000	−25710	40500	Y 柱顶，6 号线外侧 * 1-6 轴
x416	2807	162000	−25710	40500	Y 柱顶，6 号线外侧 * 1-7 轴
x420	2811	189000	−25710	40500	Y 柱顶，6 号线外侧 * 1-8 轴

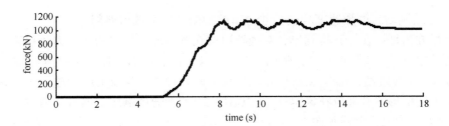

图 3.9.27 工况 12 中 6 号线外侧 1-4 轴处 Y 形柱顶 X 向反力时程

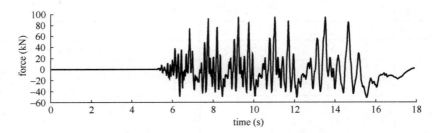

图 3.9.28 工况 12 中 6 号线外侧 1-4 轴处 Y 形柱顶 Y 向反力时程

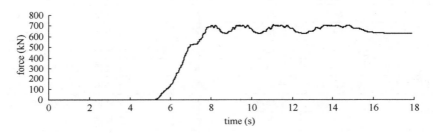

图 3.9.29 工况 12 中 6 号线外侧 1-4 轴处 Y 形柱顶 Z 向反力时程

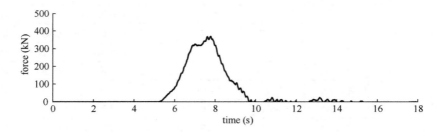

图 3.9.30 工况 12 中 6 号线内侧 1-4 轴处 Y 形柱顶 X 向反力时程

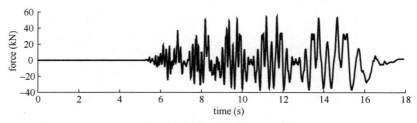

图 3.9.31 工况 12 中 6 号线内侧 1-4 轴处 Y 形柱顶 Y 向反力时程

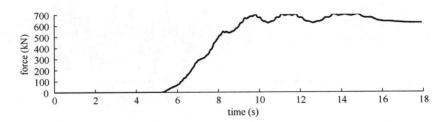

图 3.9.32　工况 12 中 6 号线内侧 1-4 轴处 Y 形柱顶 Z 向反力时程

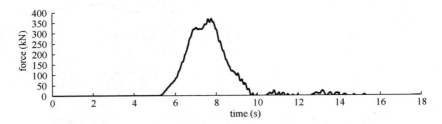

图 3.9.33　工况 12 中 4 号线内侧 1-4 轴处 Y 形柱顶 X 向反力时程

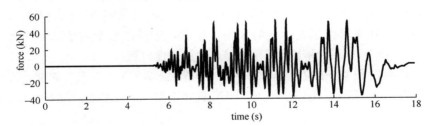

图 3.9.34　工况 12 中 4 号线内侧 1-4 轴处 Y 形柱顶 Y 向反力时程

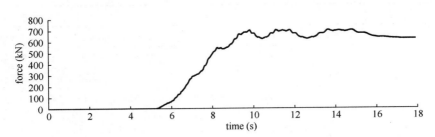

图 3.9.35　工况 12 中 4 号线内侧 1-4 轴处 Y 形柱顶 Z 向反力时程

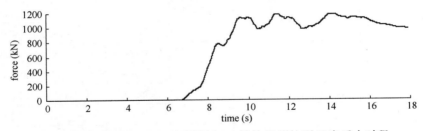

图 3.9.36　工况 12 中 4 号线外侧 1-4 轴处 Y 形柱顶 X 向反力时程

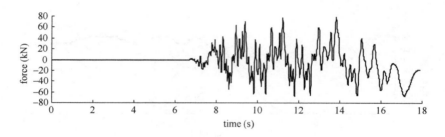

图 3.9.37　工况 12 中 4 号线外侧 1-4 轴处 Y 形柱顶 Y 向反力时程

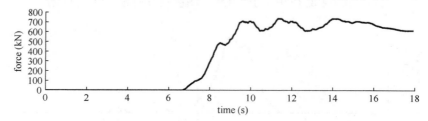

图 3.9.38　工况 12 中 4 号线外侧 1-4 轴处 Y 形柱顶 Z 向反力时程

　　本计算中，输出车站结构上的关键点及其在模型中的坐标和点号见表 3.9.6，包括近邻 4 号线、6 号线站台的东步行平台边缘和中部位置、屋盖东部边缘位置及屋盖东北、东南角点。计算中，首先求得车站结构的频率及振型，进而以振型叠加法，考虑结构的前 72 阶振型，计算在上述动荷载作用下各关键点的加速度时程。

　　车站结构的各阶频率、振型见前文所述。各关键点 X、Y、Z 三方向加速度最大值见表 3.9.7，其中 P21、P24、RAS、RLS、RES 点在工况 12 下的加速度时程见图 3.9.39～图 3.9.53。

关键点信息表　　　　　　　　　　　　　　　　　　　　　　表 3.9.6

代码	点号	序号	X	Y	Z	位置
P21	243	243	0	−33500	31000	东步行平台，2/0A 轴 * 1-1 轴
P24	241	241	81000	−33500	31000	东步行平台，2/0A 轴 * 1-4 轴
P25	240	240	108000	−33500	31000	东步行平台，2/0A 轴 * 1-5 轴
P28	237	237	189000	−33500	31000	东步行平台，2/0A 轴 * 1-8 轴
P11	246	246	0	−55000	31000	东步行平台，1/0A 轴 * 1-1 轴
P14	249	249	81000	−55000	31000	东步行平台，1/0A 轴 * 1-4 轴
P15	250	250	108000	−55000	31000	东步行平台，1/0A 轴 * 1-5 轴
P18	253	253	189000	−55000	31000	东步行平台，1/0A 轴 * 1-8 轴
RAS	x9436	11827	−7000	0	61791	屋盖，A 轴南侧
RAN	x9482	11873	196000	0	61791	屋盖，A 轴北侧
RLS	x11043	13434	−7000	−43000	62860	屋盖，线路上方南侧
RLN	x10089	12480	196000	−43000	62860	屋盖，线路上方北侧
RES	x11025	13416	−7000	−118245	64731	屋盖，东南角
REN	x11117	13508	196000	−118245	64731	屋盖，东北角

工况 1：4 号线外侧股道列车制动

点位	振动加速度（0.0001g）				点位	振动加速度（0.0001g）			
	X	Y	Z	合成		X	Y	Z	合成
P21	86	66	29	112	P24	69	29	32	81
P25	60	24	32	72	P28	74	42	20	87
P11	68	72	23	102	P14	78	38	28	91
P15	73	36	29	86	P18	103	53	24	118
RAS	82	57	79	127	RAN	73	67	42	108
RLS	278	72	209	355	RLN	111	56	75	145
RES	284	68	296	416	REN	271	80	298	411

工况 2：4 号线内侧股道列车制动

点位	振动加速度（0.0001g）				点位	振动加速度（0.0001g）			
	X	Y	Z	合成		X	Y	Z	合成
P21	75	32	33	88	P24	73	14	31	81
P25	57	13	30	66	P28	58	32	50	83
P11	91	33	30	101	P14	91	15	28	96
P15	86	13	27	91	P18	84	32	27	94
RAS	71	62	59	111	RAN	71	55	63	110
RLS	314	67	150	354	RLN	99	67	52	130
RES	320	101	224	403	REN	320	116	262	430

工况 3：6 号线内侧股道列车制动

点位	振动加速度（0.0001g）				点位	振动加速度（0.0001g）			
	X	Y	Z	合成		X	Y	Z	合成
P21	41	19	55	71	P24	33	17	49	61
P25	26	13	49	57	P28	41	34	57	78
P11	52	27	44	73	P14	44	24	45	67
P15	43	17	44	64	P18	69	39	47	92
RAS	41	40	64	86	RAN	35	35	58	76
RLS	114	65	94	161	RLN	50	36	41	74
RES	119	70	149	203	REN	127	66	134	196

工况 4：6 号线外侧股道列车制动

点位	振动加速度（0.0001g）				点位	振动加速度（0.0001g）			
	X	Y	Z	合成		X	Y	Z	合成
P21	66	45	19	82	P24	81	35	30	93
P25	62	37	31	79	P28	65	47	39	89
P11	110	53	19	124	P14	103	39	23	113
P15	99	29	22	105	P18	74	48	22	91
RAS	77	79	94	145	RAN	75	75	69	127
RLS	312	141	247	422	RLN	112	88	64	156
RES	316	107	286	439	REN	306	146	306	457

工况5：4号线内侧股道、6号线内侧股道列车同时制动

点位	振动加速度（0.0001g）				点位	振动加速度（0.0001g）			
	X	Y	Z	合成		X	Y	Z	合成
P21	33	26	70	82	P24	20	21	61	68
P25	14	17	60	64	P28	29	35	70	83
P11	41	27	58	76	P14	27	25	55	66
P15	25	19	54	62	P18	48	39	56	83
RAS	25	34	79	90	RAN	18	26	88	94
RLS	55	78	106	143	RLN	19	29	55	65
RES	61	62	144	168	REN	63	71	155	182

工况6：4号线内侧股道较6号线内侧股道列车早制动5s

点位	振动加速度（0.0001g）				点位	振动加速度（0.0001g）			
	X	Y	Z	合成		X	Y	Z	合成
P21	62	44	71	104	P24	67	20	63	94
P25	49	25	62	83	P28	57	39	88	112
P11	93	44	61	120	P14	88	22	55	106
P15	83	21	54	101	P18	78	36	53	101
RAS	63	61	90	126	RAN	67	39	101	127
RLS	244	93	231	349	RLN	89	46	69	122
RES	247	120	300	407	REN	246	86	194	325

工况7：4号线内侧股道较6号线内侧股道列车早制动10s

点位	振动加速度（0.0001g）				点位	振动加速度（0.0001g）			
	X	Y	Z	合成		X	Y	Z	合成
P21	66	50	69	108		71	20	58	94
P25	53	20	58	81		58	43	84	111
P11	99	50	60	126		91	26	51	108
P15	86	20	50	101		79	36	52	101
RAS	70	79	87	137		70	46	99	130
RLS	252	90	213	342		94	63	60	128
RES	256	132	306	420		255	112	290	402

工况8：4号线内侧股道较6号线内侧股道列车早制动15s

点位	振动加速度（0.0001g）				点位	振动加速度（0.0001g）			
	X	Y	Z	合成		X	Y	Z	合成
P21	76	47	70	114		81	19	59	102
P25	64	20	58	89		64	44	84	114
P11	111	47	61	135		95	22	52	111
P15	90	18	51	105		81	38	54	105
RAS	83	68	87	138		79	46	101	136
RLS	291	85	168	347		104	52	60	131
RES	295	117	239	397		288	106	288	421

工况 9：6 号线内侧股道较 4 号线内侧股道列车早制动 5s

点位	振动加速度（0.0001g）				点位	振动加速度（0.0001g）			
	X	Y	Z	合成		X	Y	Z	合成
P21	66	31	69	100		68	21	62	94
P25	51	18	62	82		59	41	77	105
P11	83	41	57	109		88	29	56	108
P15	83	25	56	103		82	44	60	111
RAS	64	72	83	127		66	55	77	115
RLS	304	116	244	407		93	57	51	120
RES	309	132	341	479		306	95	254	409

工况 10：6 号线内侧股道较 4 号线内侧股道列车早制动 10s

点位	振动加速度（0.0001g）				点位	振动加速度（0.0001g）			
	X	Y	Z	合成		X	Y	Z	合成
P21	71	41	71	108		69	23	67	99
P25	51	17	66	85		62	40	76	106
P11	84	50	58	114		88	31	60	111
P15	84	25	60	106		89	58	62	123
RAS	73	86	74	135		67	69	84	128
RLS	304	143	209	396		98	72	59	135
RES	308	164	372	510		308	124	253	417

工况 11：6 号线内侧股道较 4 号线内侧股道列车早制动 15s

点位	振动加速度（0.0001g）				点位	振动加速度（0.0001g）			
	X	Y	Z	合成		X	Y	Z	合成
P21	77	37	71	111		72	20	66	100
P25	56	15	65	87		66	38	76	108
P11	89	49	57	116		90	29	60	112
P15	87	24	59	108		99	56	63	130
RAS	86	71	79	137		80	54	90	132
RLS	312	104	189	379		105	62	55	134
RES	321	145	306	467		314	114	255	420

工况 12：四股道列车同时制动

点位	振动加速度（0.0001g）				点位	振动加速度（0.0001g）			
	X	Y	Z	合成		X	Y	Z	合成
P21	145	57	121	197		131	28	121	181
P25	104	33	123	164		150	63	90	186
P11	144	66	85	180		168	53	102	204
P15	160	56	102	198		212	92	94	249
RAS	156	124	182	270		135	143	149	247
RLS	544	233	370	698		207	126	153	287
RES	559	214	613	857		545	210	397	706

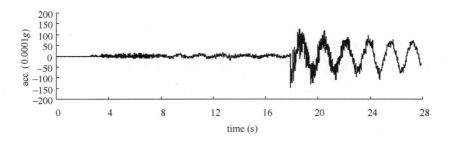

图 3.9.39　关键点 P21 在工况 12 下 X 方向加速度时程

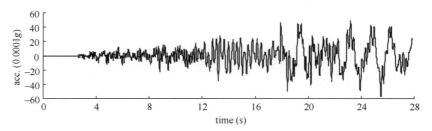

图 3.9.40　关键点 P21 在工况 12 下 Y 方向加速度时程

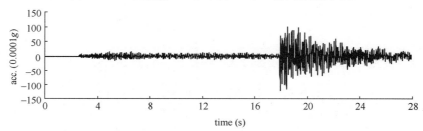

图 3.9.41　关键点 P21 在工况 12 下 Z 方向加速度时程

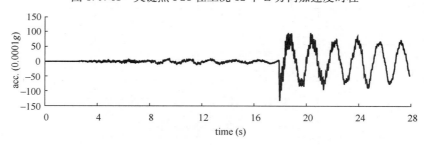

图 3.9.42　关键点 P24 在工况 12 下 X 方向加速度时程

对于主要结构的舒适度问题，采用结构关键点的加速度指标控制。有关此类振动对人体舒适程度的研究，参照美国 ATC（AppliedTechnologyCouncil）于 1999 年发布的《建议板楼振动》设计指南中建议：为满足舒适度要求，医院手术室、住宅及办公室、商场、室外人行天桥等不同环境下楼板的振动加速度峰值限值依次为：$0.0025g$、$0.005g$、$0.015g$ 和 $0.05g$。

火车站候车室属于人员嘈杂的公共场所，其舒适度限值应介于商场和室外人行天桥之间。本研究以关键点的 X、Y、Z 三方向合成加速度作为上述评判的控制指标。

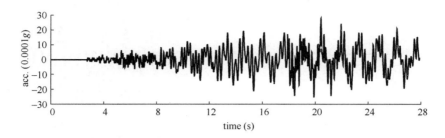

图 3.9.43　关键点 P24 在工况 12 下 Y 方向加速度时程

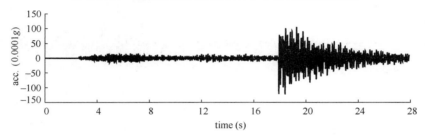

图 3.9.44　关键点 P24 在工况 12 下 Z 方向加速度时程

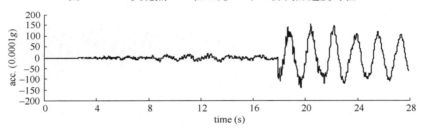

图 3.9.45　关键点 RAS 在工况 12 下 X 方向加速度时程

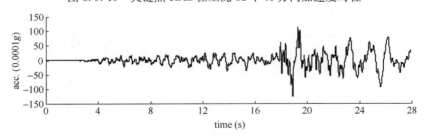

图 3.9.46　关键点 RAS 在工况 12 下 Y 方向加速度时程

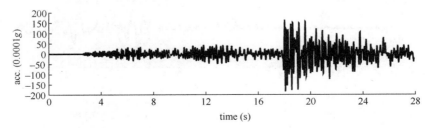

图 3.9.47　关键点 RAS 在工况 12 下 Z 方向加速度时程

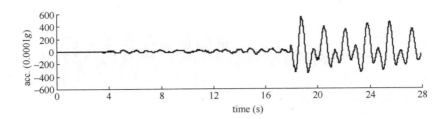

图 3.9.48　关键点 RLS 在工况 12 下 X 方向加速度时程

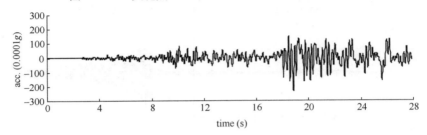

图 3.9.49　关键点 RLS 在工况 12 下 Y 方向加速度时程

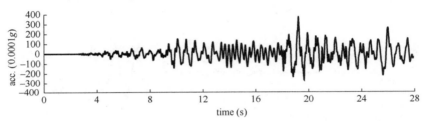

图 3.9.50　关键点 RLS 在工况 12 下 Z 方向加速度时程

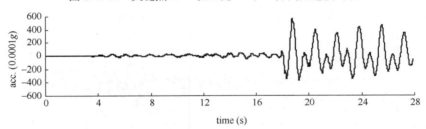

图 3.9.51　关键点 RES 在工况 12 下 X 方向加速度时程

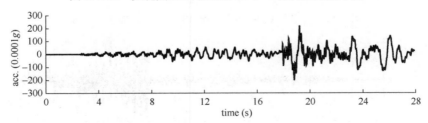

图 3.9.52　关键点 RES 在工况 12 下 Y 方向加速度时程

　　由以上计算结果可知，车站临近地铁线路的东步行平台在工况 1～11 中，各种单、双线列车进站制动时所产生的振动最大值为 $0.0135g$，满足《建议板楼振动》设计指南中商

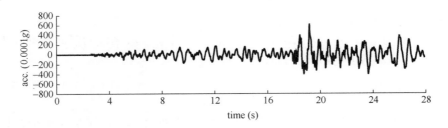

图 3.9.53 关键点 RES 在工况 12 下 Z 方向加速度时程

场的振动加速度限值；在 4 线同时进站制动这一极限工况中所产生的振动最大值为 0.0249g，超出上述文献中商场的振动加速度限值，但仍满足室外人行天桥的振动加速度限值。

屋盖结构在各种单、双线列车进站制动时所产生的振动最大值为 0.0510g，在 4 线同时进站制动时所产生的振动最大值为 0.0857g，为《建议板楼振动》设计指南中室外人行天桥振动加速度峰值限值的 1.7 倍。但由于屋盖结构的最大加速度发生在远离旅客的东北、东南悬挑角点位置，故此处的振动无须采用《建议板楼振动》设计指南进行评价。由车站结构的振动模态观察，悬挑角点位置在多数低阶模态中振动明显，故上述数值可认为是车站结构可能产生的最大振动加速度。同时，由于屋盖悬挑角点位置分布质量较小，局部易因风荷载产生较大振动，结构设计时对此部位风振效应加以详细研究。

需要说明的是，由于火车站中不仅有地铁列车到发线，还有若干条普通旅客列车的到发线。此外，周围交通、人流所导致的结构振动亦不可忽视。而本报告只研究了地铁列车振动对站房结构的影响，上述数据有可能是被低估了的。

3.9.6 结论

（1）列车 7 跨 27m 单线轨道梁和双线轨道梁上进站制动时，满足列车安全性及桥梁安全性评价标准，桥梁的动力响应很小，列车舒适度指标为优。

（2）在所研究的振动激励作用下，单、双线列车进站制动时，车站临近地铁线路的东步行平台满足《建议板楼振动》设计指南中商场的振动加速度限值，四线列车同时进站制动时，该处满足室外人行天桥的振动加速度限值。

（3）屋盖结构在各种单、双线列车进站制动时所产生的振动加速度最大值为 0.0510g，在 4 线同时进站制动时所产生女的振动加速度最大值为 0.0857g，其动力效应相当于本工程屋盖大悬挑端重力荷载增大 10%，与屋盖结构三向地震作用动力效应基本相当，结构设计安全度可以包络。

3.10 楼盖人行舒适度研究

楼盖的振动，一般由人的行走、运动或机械车辆设备运行等产生，有关楼盖的振动对人的生活工作舒适度的影响，国内研究较少。深圳北站站房舒适度分析主要包括两方面：

（1）人行走、跳跃等引起楼盖振动对人们舒适度的影响；

（2）高架轻轨列车振动对楼盖舒适度的影响。

其中（2）详见 3.9 节，以下结合站房下部钢梁-组合楼板系统的竖向振动及人行走引起楼盖振动对楼盖舒适度的影响进行计算分析。

3.10.1 评价标准

楼盖竖向振动舒适度控制标准主要有美国钢结构协会标准，加拿大钢结构协会标准等，但由于人对楼板振动的反应是一个非常复杂的现象，各国的标准不尽相同；对于钢梁组合楼盖，其舒适度控制以楼盖振动峰值加速度和楼盖竖向频率控制。针对深圳北站站房楼盖，为避免人走动、跳跃及列车振动等引起楼盖不利的共振响应以提供足够的舒适度，参考美国 ATC（AppliedTechnologyCouncil）1999 年发布的《减小楼盖振动指南》（如图 3.10.1 所示）予以控制。本工程峰值加速度限值采用 ATC 商场标准取 $0.015g$（g 重力加速度）。

钢梁-组合楼板体系标准单元主次梁截面如图 3.10.2 所示，次梁间距 6.75m，混凝土板厚度 180mm，上选浇 150mm 厚细石混凝土，次梁跨度 43m，短向主梁跨度 27m，主次梁截面尺寸分别为 H2300×1400（900）×50×70、H2300×700×40×50，材料为 Q345B，混凝土强度等级 C30，板上附加恒荷载（含面层、隔墙）6.25kN/m²，活荷载 3.5kN/m²。

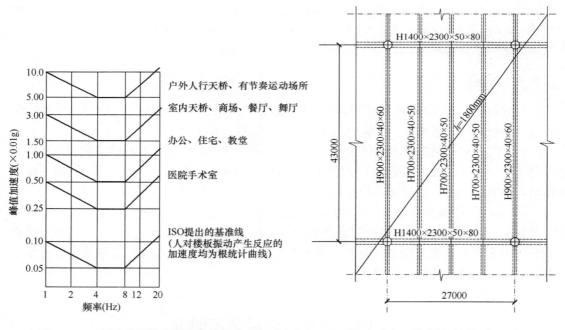

图 3.10.1 舒适度所能接受的峰值加速度水平   图 3.10.2 标准单元梁板布置图

3.10.2 楼盖刚度简化计算

本工程钢梁高 2300mm，板位于离梁中性轴较远的翼缘上方，对钢梁刚度贡献较大，采用传统方法把梁、板单独刚度相加不足以反映组合楼盖真实刚度，以下楼盖刚度简化计算清晰地表明板对组合楼盖刚度贡献。

取标准长向梁（H2300×700×40×50）、混凝土板 $h=180\text{mm}+150\text{mm}$，梁跨度43m。美国（加拿大）钢结构协会标准中楼盖系统自振频率按照简支梁计算，同时考虑到连续梁，控制楼盖结构竖向自振频率实际上就是控制图3.10.3所示连续梁的自振频率，故本工程简化计算采用简支梁模型。

图3.10.3　连续梁振动振型

计算方法：手算和有限元程序（SAP2000）计算相结合。

计算模型及假定：

模型1：手算模型1，梁刚度和板刚度单纯相加。

模型2：手算模型2，按组合截面计算刚度。

模型3：电算模型1，梁用杆元模拟，板用壳元模拟，杆+壳模型。

模型4：电算模型2，梁板均用壳元模拟。

模型5：电算模型3，梁、板均用SOLID实体单元模拟。

自振频率计算结果比较见表3.10.1。

各模型自振频率　　　　　　　　　　　　　　　　　　　表3.10.1

	模型1	模型2	模型3	模型4	模型5
有效重力荷载作用下楼盖梁跨中挠度 Δ（mm）	70.7	32	71	32	30.6
楼盖竖向频率 f_n（Hz）	2.14	3.2	2.13	3.15	3.25

其中，手算模型挠度：

$$\Delta = C_\text{m} \frac{5ql^4}{384EI} (\text{mm}) \tag{3.10.1}$$

式中，C_m 为梁连续性影响系数，简支及等跨连续梁计及邻跨反向振动取1。

竖向频率：

$$f_\text{n} = \frac{18}{\sqrt{\Delta}} (\text{Hz}) \tag{3.10.2}$$

由表3.10.1可以看出，模型1和模型3计算假定较为接近，得到的计算结果也较为接近，由于均未考虑板在组合截面中位置对截面刚度贡献，得到的挠度偏大；模型2和4、5假设接近，得到的结果相对比较接近，其中又以全SOLID模型梁、板协调变形合理，得到的结果可认为是最精确的有限元解，与通常大量采用的模型3（杆+壳模型）相比，有：

$$\frac{\Delta_\text{solid}}{\Delta_{\text{杆+壳}}} = 0.46，则 \frac{K_\text{solid}}{K_{\text{杆+壳}}} = 2.27 \tag{3.10.3}$$

3.10.3　楼盖竖向振动频率计算分析

根据楼盖振动分析和控制的原理，本工程楼盖竖向频率整体模型计算时考虑以下4个方面：

（1）考虑整浇混凝土楼板与钢梁共同受力变形，调整钢梁刚度以反映板的实际刚度贡献。

（2）采用全弹性楼盖多自由度振动模型，计及连续性影响采用相邻跨反向运动对应竖向振动振型作为第一自振频率。

（3）考虑动力材料弹性模量提高 1.2 倍。

（4）考虑有效活荷载，对正常使用状态活荷载予以折减。

基于以上 4 个方面，采用 ETABS 电算模型，计算得到的楼盖竖向第一振动频率见图 3.10.4。

图 3.10.4　楼盖竖向第一振型（对应频率 3.27Hz≥3Hz，满足要求）

3.10.4　人行走引起的楼盖振动加速度

选取 3×3 跨楼盖施加人行荷载激励，如图 3.10.5 所示。

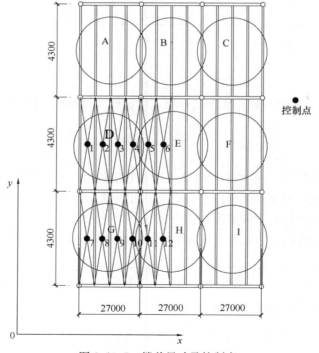

图 3.10.5　楼盖尺寸及控制点

3.10.4.1 人行荷载

单人跳跃激励参考美国 ATC（Applied Technology Council）1999 年发布的《减小楼板振动》设计指南，单人行走激励按下式计算：

$$F(t) = \alpha(t)G \qquad (3.10.4)$$

式中 $\alpha(t)$ 为激励系数，其时程计算示例如图 3.10.6 所示。

连续行走荷载激励采用 MIDAS 提供的 IABSA 连续行走荷载，直接输入人的平均重量、人行荷载频率、时间间隔和反复次数，MIDAS 可直接给出激励时程，其时程曲线示例如图 3.10.7 所示。该特例人的平均重量 0.75kN、人行荷载频率 2Hz、时间间隔 0.01s、反复次数 3 次。

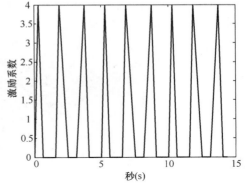

图 3.10.6 单人跳跃激励系数时程示例

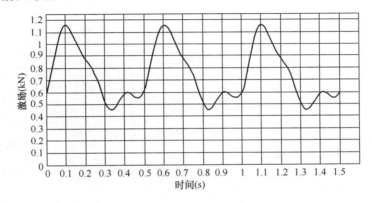

图 3.10.7 连续行走激励时程示例

3.10.4.2 输入参数

计算软件：MIDAS；

分析类型：线性；

分析方法：时程分析法；

分析时间：$40/f$，f 为激励频率；

人行荷载频率：1.6Hz、2.0Hz、2.4Hz；

人平均自重 G 近似取 0.75kN。

3.10.4.3 人行荷载工况

楼盖竖向第一阶振型呈棋盘式凹凸形态，结合楼盖实际使用功能，对共振区施加激励，分以下三种工况：

工况 1：图 3.10.5 所示楼盖 A、C、E、G、I 五块板施加跳跃激励。

工况 2：图 3.10.5 所示楼盖边跨 A、G 施加连续行走激励。

工况 3：图 3.10.5 所示楼盖边跨 G、I 施加连续行走激励。

3.10.4.4 计算结果

竖向加速度限值：0.15m/s²，控制点选取如图 3.10.5 所示。

工况 1：对 A、C、E、G、I 各跨跨中分别施加 1 个跳跃激励，激励点如图 3.10.8 所示。

图 3.10.8 工况一激励施加点（每块板 1 个激励）

各控制点竖向加速度最大值　　　　　　　　　　　　　　　　　表 3.10.2

控制点	竖向加速度最大值（m/s²）			最大值（m/s²）
	1.6（Hz）	2（Hz）	2.4（Hz）	
1	0.005712	0.01127	0.009382	0.01127
2	0.006524	0.01846	0.001523	0.01846
3	0.008773	0.01447	0.001085	0.01447
4	0.002828	0.003897	0.004017	0.004017
5	0.001144	0.003560	0.004695	0.003560
6	0.006056	0.01130	0.005888	0.01130
7	0.003655	0.01342	0.009033	0.01342
8	0.004299	0.02286	0.001661	0.02286
9	0.004460	0.01701	0.001159	0.01701
10	0.002308	0.005488	0.004585	0.005488
11	0.002905	0.003954	0.003528	0.003954
12	0.004450	0.008778	0.005684	0.008778

由表 3.10.2 可见，各控制点最大加速度均小于 0.15m/s²，最不利控制点 2 在最不利激励 2Hz 激励下楼板的竖向加速度响应如图 3.10.9 所示。

各控制点竖向加速度最大值　　　　　　　　　　　　　　　　　表 3.10.3

控制点	竖向加速度最大值（m/s²）			最大值（m/s²）
	1.6（Hz）	2（Hz）	2.4（Hz）	
1	0.03454	0.06728	0.05227	0.06728
2	0.03931	0.1121	0.08084	0.1121
3	0.05816	0.08934	0.07653	0.08934

控制点	竖向加速度最大值（m/s²）			最大值（m/s²）
	1.6（Hz）	2（Hz）	2.4（Hz）	
4	0.01744	0.02415	0.03060	0.03060
5	0.00887	0.02038	0.03095	0.03095
6	0.03963	0.07272	0.02495	0.07272
7	0.02224	0.08202	0.05826	0.08202
8	0.02380	0.1367	0.1021	0.1367
9	0.02777	0.1028	0.07026	0.1028
10	0.01642	0.02862	0.01980	0.02862
11	0.01695	0.02156	0.02393	0.02393
12	0.02979	0.05502	0.03858	0.05502

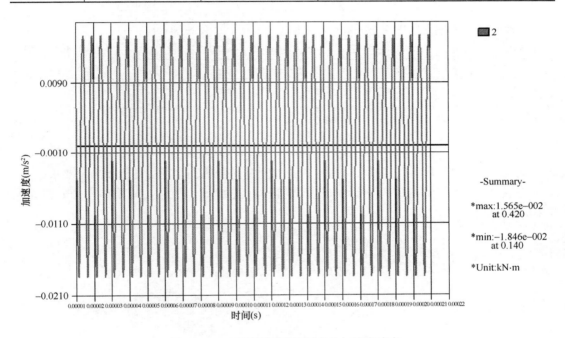

图 3.10.9　2Hz 激励下控制点 2 加速度响应

将 A、C、E、G、I 各跨激励增加至 9 个，激励点如图 3.10.10 所示。

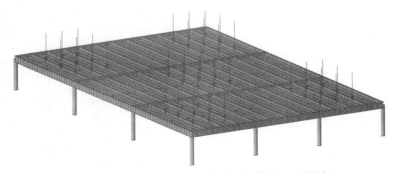

图 3.10.10　工况一激励施加点（每块板 9 个激励）

由表 3.10.3 可见，各控制点最大加速度均小于 $0.15\mathrm{m/s^2}$，最不利控制点 8 在最不利激励 2Hz 激励下楼板的加速度响应如图 3.10.11 所示。

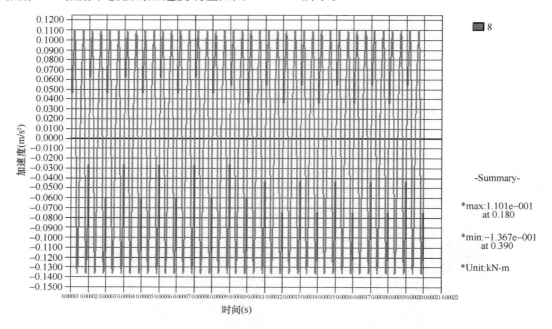

图 3.10.11　2Hz 激励下控制点 8 加速度响应

该工况下，A、C、E、G、I 每跨可达 9 人同时同步跳跃，舒适度仍可满足要求。

工况 2：对 A、G 两跨跨中沿 x 方向施加一排连续行走激励，间距约 0.75m，如图 3.10.12 所示。

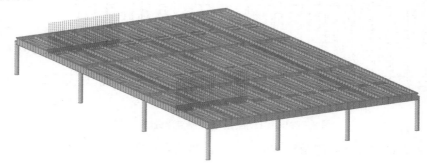

图 3.10.12　工况二激励施加点（x 向）

各控制点竖向加速度最大值　　　　　　　　　　　表 3.10.4

控制点	竖向加速度最大值（$\mathrm{m/s^2}$）			最大值
	1.6（Hz）	2（Hz）	2.4（Hz）	（$\mathrm{m/s^2}$）
1	0.01957	0.02285	0.05681	0.05681
2	0.03320	0.04861	0.1036	0.1036
3	0.03056	0.03940	0.08441	0.08441

控制点	竖向加速度最大值（m/s²）			最大值（m/s²）
	1.6（Hz）	2（Hz）	2.4（Hz）	
4	0.01853	0.008920	0.02798	0.02798
5	0.01873	0.003820	0.02074	0.02074
6	0.01816	0.01318	0.03811	0.03811
7	0.01374	0.02779	0.04836	0.04836
8	0.02901	0.05798	0.09335	0.09335
9	0.02384	0.04858	0.075971	0.075971
10	0.01545	0.01314	0.02759	0.02759
11	0.01098	0.002096	0.01242	0.01242
12	0.01558	0.01687	0.02751	0.02751

由表 3.10.4 可见，各控制点最大加速度均小于 0.15m/s²，满足使用要求。最不利控制点 2 在最不利激励 2.4Hz 激励下的加速度响应如图 3.10.13 所示。

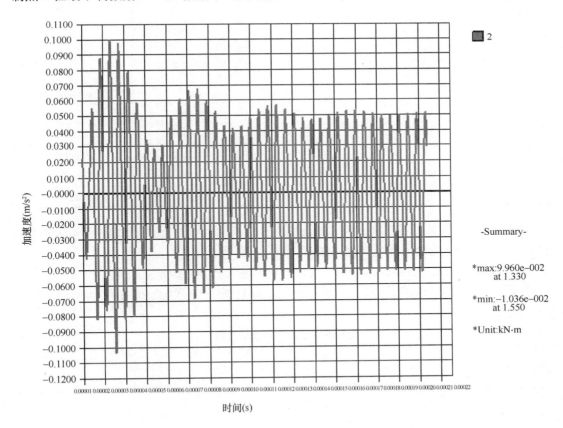

图 3.10.13　2.4Hz 激励下控制点 2 加速度响应

图 A、G 两跨跨中沿 y 方向施加一排连续行走激励，间距约 0.75m，如图 3.10.14 所示。

图 3.10.14　工况二激励施加点（y 向）

各控制点竖向加速度最大值　　　　　　　　　　　　　表 3.10.5

控制点	竖向加速度最大值（m/s²）			最大值（m/s²）
	1.6（Hz）	2（Hz）	2.4（Hz）	
1	0.03186	0.03195	0.06249	0.06249
2	0.05643	0.06595	0.1272	0.1272
3	0.05025	0.05261	0.1027	0.1027
4	0.008320	0.01142	0.01931	0.01931
5	0.001902	0.001025	0.002070	0.002070
6	0.002219	0.001795	0.04047	0.04047
7	0.02225	0.03586	0.05275	0.05275
8	0.04771	0.07835	0.1229	0.1229
9	0.03888	0.06523	0.1002	0.1002
10	0.009366	0.01654	0.02469	0.02469
11	0.003586	0.001702	0.003085	0.003586
12	0.01714	0.02154	0.003052	0.01714

由表 3.10.5 可见，各控制点最大加速度均小于 0.15m/s²，最不利控制点 2 在最不利激励 2.4Hz 激励下的竖向加速度响应如图 3.10.15 所示。

该工况下，行人在共振区边跨 A、G 同时同步连续行走可以满足舒适度要求。

工况 3：对 G、I 两跨跨中沿 x 方向施加一排连续行走激励，间距约 0.75m，如图 3.10.16 所示。

各控制点竖向加速度最大值　　　　　　　　　　　　　表 3.10.6

控制点	竖向加速度最大值（m/s²）			最大值（m/s²）
	1.6（Hz）	2（Hz）	2.4（Hz）	
1	0.04054	0.02433	0.04734	0.04734
2	0.06079	0.04840	0.1018	0.1018
3	0.05585	0.03734	0.07012	0.07012
4	0.04128	0.01072	0.02720	0.04128

控制点	竖向加速度最大值（m/s²）			最大值（m/s²）
	1.6（Hz）	2（Hz）	2.4（Hz）	
5	0.03940	0.001820	0.02363	0.03940
6	0.03047	0.007633	0.02398	0.03047
7	0.02702	0.02745	0.04031	0.04031
8	0.05898	0.05898	0.08917	0.08917
9	0.04733	0.04733	0.06907	0.06907
10	0.01264	0.01264	0.03174	0.03174
11	0.01585	0.01585	0.01895	0.01895
12	0.004129	0.04129	0.03405	0.004129

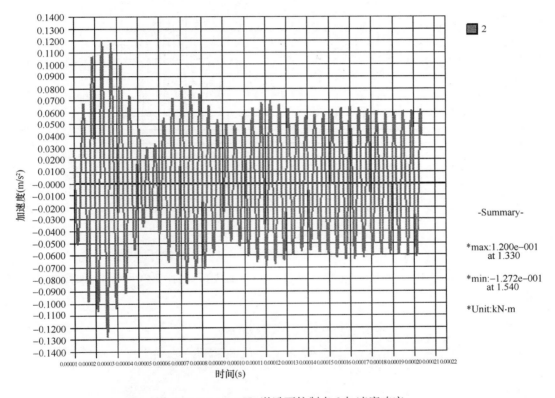

图 3.10.15　2.4Hz 激励下控制点 2 加速度响应

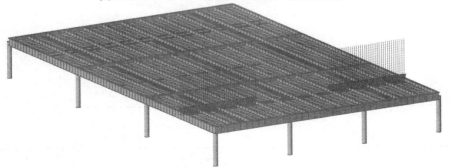

图 3.10.16　工况三激励施加点（x 向）

227

由表 3.10.6 可见，各控制点最大加速度均小于 0.15m/s^2，最不利控制点 2 在最不利激励 2.4Hz 激励下的竖向加速度响应如图 3.10.17 所示。

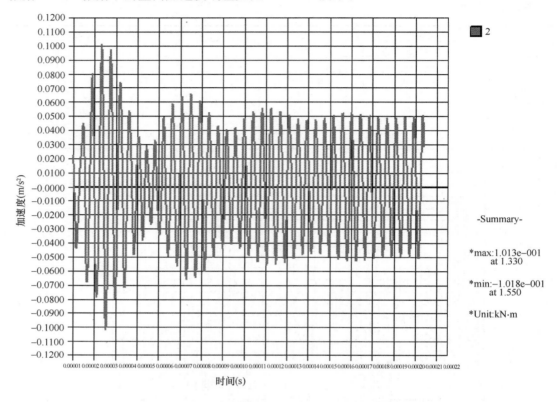

图 3.10.17　2.4Hz 激励下控制点 2 竖向加速度响应

对 G、I 两跨跨中沿 y 方向施加一排连续行走激励，间距约 0.75m，如图 3.10.18 所示。

图 3.10.18　工况三激励施加点（y 向）

各控制点竖向加速度最大值　　　　　　　　　　　　　　　　　　表 3.10.7

控制点	竖向加速度最大值（m/s²）			最大值（m/s²）
	1.6（Hz）	2（Hz）	2.4（Hz）	
1	0.03089	0.03602	0.06072	0.06072
2	0.05465	0.06830	0.1421	0.1421

控制点	竖向加速度最大值（m/s²）			最大值（m/s²）
	1.6（Hz）	2（Hz）	2.4（Hz）	
3	0.04872	0.05685	0.09962	0.09962
4	0.01179	0.01543	0.02480	0.02480
5	0.007269	0.003251	0.01559	0.01559
6	0.01364	0.009238	0.03037	0.03037
7	0.02285	0.03764	0.05793	0.05793
8	0.05066	0.08374	0.1310	0.1310
9	0.04015	0.07073	0.09854	0.09854
10	0.01649	0.02115	0.03129	0.03129
11	0.006994	0.003776	0.01535	0.01535
12	0.001657	0.004542	0.03753	0.03753

由表 3.10.7 可见，各控制点最大加速度均小于 0.15m/s²。最不利控制点 2 在最不利激励 2.4Hz 激励下的竖向加速度响应如图 3.10.19 所示。

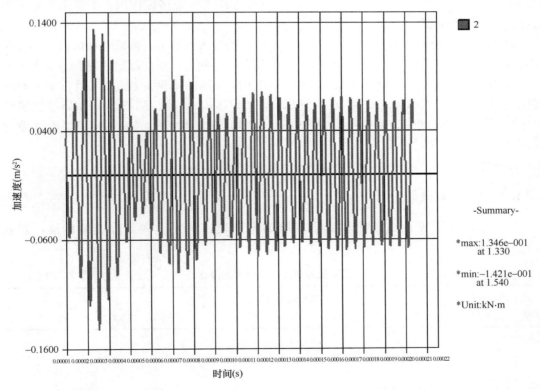

图 3.10.19　2.4Hz 激励下控制点 2 竖向加速度响应

该工况下，行人在共振区边跨 G、I 同时同步连续行走可以满足舒适度要求。

综上分析，正常使用，该楼盖舒适度满足要求。

3.10.4.5 小结

简化计算、整体模型计算及人行走引起的楼盖加速度响应验算表明，本工程楼盖竖向频率大于 3Hz，最大响应加速度为 $0.141 \mathrm{m/s^2} < 0.15 \mathrm{m/s^2}$，表明楼盖具有适宜的刚度和舒适度。

楼盖系统舒适度设计还有很多不确定因素，对舒适度概念的理解仍有深化的必要，深圳北站工程楼盖的舒适度分析计算是对这一方面在实际工程中的一次尝试，计算分析方法及结果可为后续深入研究提供一定的借鉴。

3.11 大跨组合钢梁受弯承载力计算及稳定验算分析

深圳北站站房楼盖采用钢梁-混凝土楼板组合结构形式，南北顺股道方向主梁标准跨为 27m，东西方向主梁标准跨 43m，东西向每跨设 3 道次梁，次梁间距为 6.75m，梁高 h = 2300mm，板厚 180mm，C30 混凝土，组合楼盖结构布置见图 3.10.2。

组合钢梁上翼缘受混凝土楼板约束，基本无侧向位移，其稳定性分析应与《钢结构设计规范》GB 50017 规定的自由梁弯扭失稳不同。在连续组合梁支座负弯矩区段下翼缘受压，容易发生侧扭屈曲。对于组合钢梁侧扭屈曲的计算，我国钢结构设计规范采用限制绕弱轴的长细比的方法（参见规范 9.3.2 条）。这种方法未考虑楼板作用，不适用于本工程组合钢梁稳定性分析。

此外，在连续组合梁的负弯矩区，钢梁不仅承受较大的剪力，同时弯曲应力、局部压应力也都较大。腹板处于弯、剪、压作用下的复杂应力状态，局部稳定性问题也要考虑。

本工程组合钢梁关于抗弯承载力验算采用我国《钢结构设计规范》GB 50017 和欧洲规范组合结构设计规范 EuroCode4（以下简称 EC4），双控、侧扭屈曲和局部稳定性的分析采用 EC4。同时，利用 SAP2000 通用有限元程序对组合钢梁进行了弹性屈曲分析。

以下重点介绍 EC4 中关于组合梁的计算方法。

3.11.1 组合梁截面分类

EC4 根据钢梁腹板高厚比和受压翼缘的宽厚比，建立了截面分类的标准，如表 3.11.1 所示。

钢梁翼缘和腹板的最大宽厚比　　　　表 3.11.1

截面类别	翼缘最大宽厚比 c/t_f		腹板最大高厚比 d/t_w		
	轧制钢	焊接钢			
1	10ε	9ε	$\alpha > 0.5$	$\alpha < 0.5$	
			$\dfrac{d}{t_w} \leqslant \dfrac{396\varepsilon}{13\alpha - 1}$	$\dfrac{d}{t_w} \leqslant \dfrac{36\varepsilon}{\alpha}$	
2	11ε	10ε	$\alpha > 0.5$	$\alpha < 0.5$	
			$\dfrac{d}{t_w} \leqslant \dfrac{456\varepsilon}{13\alpha - 1}$	$\dfrac{d}{t_w} \leqslant \dfrac{41.5\varepsilon}{\alpha}$	

截面类别	翼缘最大宽厚比 c/t_f		腹板最大高厚比 d/t_w		
	轧制钢	焊接钢	$\varphi > -1$	$\varphi \leqslant -1$	
3	15ε	14ε	$\dfrac{d}{t_w} \leqslant \dfrac{42\varepsilon}{0.67+0.33\varphi}$	$\dfrac{d}{t_w} \leqslant 62\varepsilon(1-\varphi)\sqrt{(-\varphi)}$	
4	$>15\varepsilon$	$>14\varepsilon$	$\dfrac{d}{t_w}$ 大于第三类截面		

其中：$\varepsilon = \sqrt{\dfrac{235}{f_y(\text{N/mm}^2)}}$；

α——塑性中和轴位置系数；

φ——弹性应力发展系数；

f_y——钢梁的屈服强度；

d——钢梁的腹板高度；

t_w——钢梁的腹板厚度；

c——钢梁受压翼缘宽度的 $1/2$；

t_f——钢梁受压翼缘厚度。

（1）第一类截面：截面能够形成塑性铰，具有满足塑性分析所需要的转动能力，截面的最大承载力大于塑性弯矩 M_{pl}。

（2）第二类截面：截面的最大承载力能够达到全塑性弯矩 M_{pl}，但塑性铰的转动受到局部屈曲或者混凝土破坏的限制。

（3）第三类截面：钢梁的最大压应力能够达到屈服强度，但局部屈曲阻碍了塑性抗弯能力的发展，截面的最大抗弯能力仅能达到弹性弯矩 M_{el}。

（4）第四类截面：细长形截面，钢梁受压截面的严重屈曲使其不能达到屈服强度，截面的最大承载力不能达到弹性弯矩 M_{el}。

第一、二类截面可采用塑性分析法进行承载力的计算，三、四类截面采用弹性分析法进行承载力的计算。

我国《钢结构设计规范》、《高层民用建筑钢结构技术规程》规定：组合梁中钢梁的受压区，其板件的宽厚比应满足塑性设计的要求，此时与 EC4 中的第一类截面相当。板件的宽厚比满足塑性设计要求的条件是：

对于受压翼缘的宽厚比：$c/t \leqslant 9\sqrt{235/f_y}$

受压腹板的高厚比：

当 $A_r f_{ry}/A_a f < 0.37$ 时，$d/t_w \leqslant (72-100A_r f_{ry}/A_a f)\sqrt{235/f_y}$；

当 $A_r f_{ry} \geqslant 0.37$ 时，$d/t_w \leqslant 35\sqrt{235/f_y}$。

当钢梁截面不满足以上要求，且 $h/t_w \leqslant 80\sqrt{235/f_y}$ 时，对于有局部压应力的梁，应按构造配置横向加劲肋；对于无局部压应力的梁，可不配置加劲肋；在这种情况下，可认为梁即使发生局部屈曲，但对其转动延性影响不大，相当于 EC4 中的第二类截面。

当 $80\sqrt{235/f_y} < h/t_w < 170\sqrt{235/f_y}$，应配置横向加劲肋以防止局部屈曲，此种截面与 EC4 中的第三类截面相当；

当 $h/t_w > 170\sqrt{235/f_y}$ 时，应在弯曲应力较大的受压区增加配置纵向加劲肋，此种截面与 EC4 中的第四类截面相当。

当组合梁的截面尺寸满足塑性设计条件时，可采用塑性分析法进行承载力的计算，其余情况应采用弹性分析法计算组合梁的截面承载力。与 EC4 相比，我国规范对钢梁受压区板件的宽厚比要求更为严格，与 EC4 中的第一类截面相当。对于不符合塑性设计要求的截面，其局部屈曲应通过设置腹板加劲肋来控制。这种做法的缺点是：增加了不必要的加劲肋稳定校核，方法不严密，没有考虑钢梁受压翼缘的局部失稳影响，而且无法评判局部失稳对组合梁承载力的影响。EC4 的截面分类方法，引入了塑性中和轴位置系数，概念清晰，较为合理。为我们进一步理解局部失稳对组合梁极限抗弯承载力的影响提供了简洁的理论基础。

本工程所选用组合梁截面均属于一、二类截面，不需进行局部稳定验算。

3.11.2 组合梁受弯承载力、侧扭屈曲的抵抗弯矩验算 Matlab 程序

本工程组合梁截面较多，采用 Matlab 程序验算组合梁受弯承载力、侧扭屈曲的抵抗弯矩，具体流程如图 3.11.1 所示。

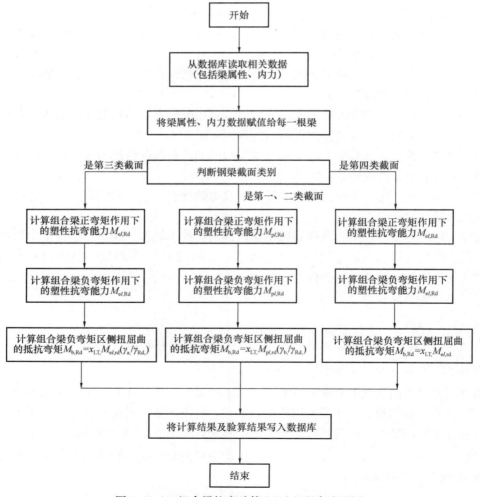

图 3.11.1　组合梁抗弯验算 Matlab 程序流程图

3.11.3 组合梁弹性屈曲计算分析

利用 SAP2000 对各种截面的钢梁进行弹性屈曲分析，不考虑初始缺陷，梁板均采用壳单元模拟，通过共用节点实现梁板之间的连接，不考虑梁板之间的滑移，结合工程连续组合钢梁采用两种不同的约束条件：

(1) 两端固支——模拟中间梁；

(2) 一端固支、一端简支——模拟边跨梁。

为了更为真实地体现整浇混凝土板刚度对钢梁的约束作用，取 3 跨板进行计算分析，计算模型如图 3.11.2、图 3.11.3 所示。

图 3.11.2　SAP2000 屈曲分析模型

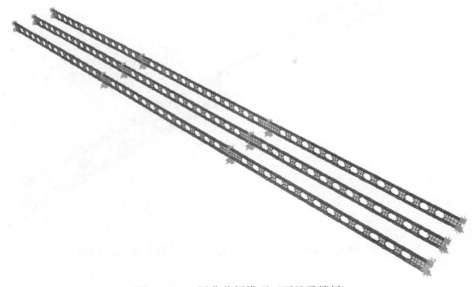

图 3.11.3　屈曲分析模型（不显示楼板）

SAP2000 有限元计算结果：

选取典型长向次梁截面 H2300×800×40×50，荷载标准值作用下的屈曲模态如图
3.11.4～图 3.11.7 所示。

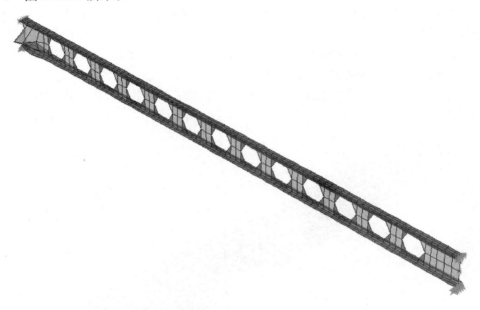

图 3.11.4　两端固支模型第一阶屈曲模态：梁支座负弯矩区腹板、下翼缘屈曲
（对应屈曲因子 4.88）

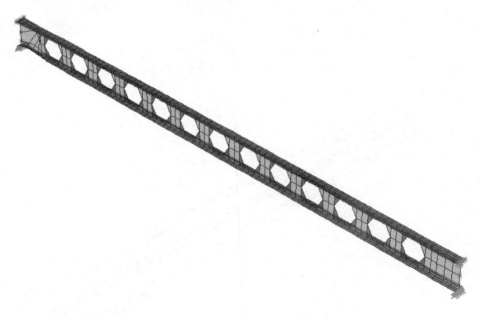

图 3.11.5　两端固支模型第二阶屈曲模态：梁支座负弯矩区腹板屈曲
（对应屈曲因子 5.38）

图 3.11.6　一端固支、一端简支第一阶屈曲模态：梁发生弯扭屈曲
（对应屈曲因子 4.64）

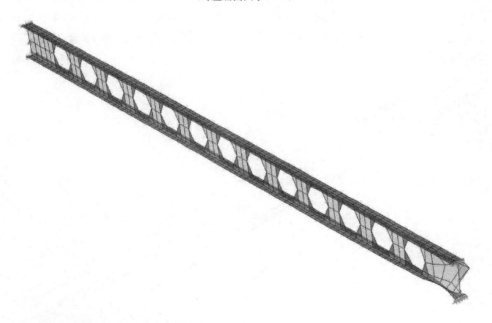

图 3.11.7　一端固支、一端简支第二阶屈曲模态：固支端负弯矩区腹板、下翼缘局部屈曲
（对应屈曲因子 4.88）

小结：

（1）本工程所选用截面均属于 EC4 中第一、二类截面，不需进行局部稳定验算。

（2）EC4 及 SAP2000 屈曲计算分析表明，现行设计采用的截面能够保证钢梁在组合工况最大值 M 作用下钢梁不会产生侧扭屈曲失稳，屈曲因子≥4。

3.11.4 组合梁腹板开孔局部有限元分析

组合梁梁高控制为 2300mm。为解决设备管线穿越及节省用钢量，在长向组合梁腹板均匀设置正六边形孔洞，采用图 3.11.8 所示切割组合的方法实现。

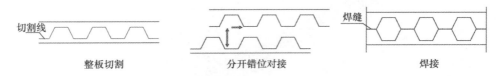

图 3.11.8 组合梁腹板切割组合示意

在短向主梁腹板设置直径 1500mm 的圆孔，以解决设备管线穿越。

开孔对腹板影响主要体现在两个方面：

（1）孔边应力集中；

（2）开孔对梁刚度的削弱。

3.11.4.1 计算模型

（1）长向连续梁（43m 跨）

采用三跨连续梁，跨长 43m。梁截面为 H2300×700×30×50（材料 Q345），板厚 180mm，宽 6.75m。在梁腹板上从梁跨中位置向两边均匀布置高度为 1500mm 的正六边形孔，每跨内共设 13 个孔；采用通用有限元程序 SAP2000 对其进行了弹性有限元分析，开孔工字钢梁、混凝土板均采用壳单元模拟，计算模型及开孔位置见图 3.11.9～图 3.11.11。

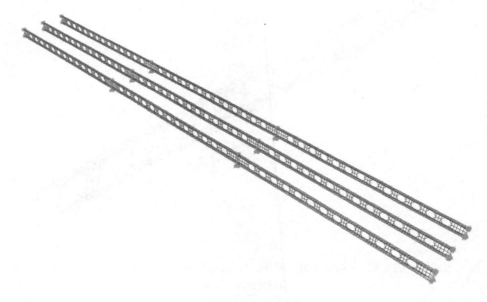

图 3.11.9 计算模型示意（楼板不显示）

计算荷载：重力荷载标准值 86kN/m，有限元模型中混凝土板的自重已折算，组合梁自重由程序自动计算。

边界约束条件：支座设置不动铰；板边设置水平不动铰。

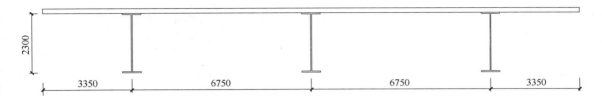

图 3.11.10　剖面示意

图 3.11.11　长向次梁开孔布置示意图

（2）短向主梁（27m 跨）

采用三跨连续梁，每跨长 27m。梁截面为 H2300×1400×40×50（材料 Q345），板厚 180mm，板宽 6.75m。在两次梁之间的两个三分点位置布置直径为 1500mm 的圆孔，每跨内孔布置见图 3.11.12。

计算荷载：沿梁长度方向每隔 6.75m 布置一个由次梁传来的集中荷载 4100kN，组合梁自重由程序自动计算。

边界约束条件：支座设置不动铰；板边设置水平不动铰。

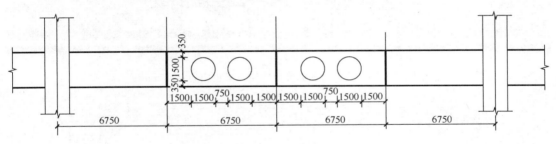

图 3.11.12　短向主梁开孔模型布置示意图

3.11.4.2　主要结果

（1）重力荷载标准值作用下长向连续梁应力（图 3.11.13～图 3.11.15）

图 3.11.13　重力荷载标准值作用下梁正应力（N/mm²）

（图中数字为该孔截面最大正应力）

（2）重力荷载标准值作用下短向主梁应力（图 3.11.16～图 3.11.18）

（3）重力荷载标准值作用下梁的挠度（图 3.11.19，图 3.11.20）

开孔后长向次梁跨中最大挠度为 32.1mm（32.1/43000＝1/1087），比梁开孔前挠度值 23.86mm 增大 40%，但仍小于规范限值。

开孔后短向主梁跨中最大挠度为 27.6mm（27.29/27000＝1/989），比梁开孔前挠度 23.52mm 略大，梁开孔主要是对腹板有一定的削弱，开孔后挠度仍满足正常使用要求。

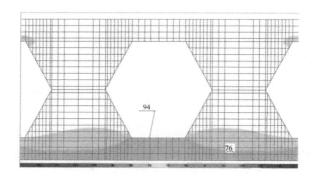

图 3.11.14　组合梁跨中洞口局部正应力（N/mm²）

（图中数字为该处截面最大正应力）

图 3.11.15　重力荷载标准值作用下梁剪应力（N/mm²）

（图中数字为该孔截面最大剪应力）

图 3.11.16　重力荷载标准值作用下梁正应力（N/mm²）

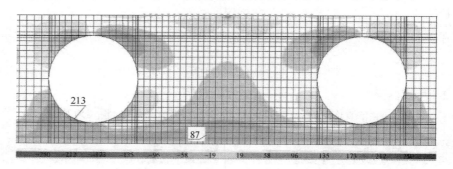

图 3.11.17　组合梁跨中洞口局部正应力（N/mm²）

图 3.11.18　重力荷载标准值作用下梁剪应力（N/mm²）

（4）长向次梁开孔后频率

取单跨简支梁，考虑有效活荷载，开孔后长向次梁跨中最大挠度为 35.8mm，竖向频

图 3.11.19 重力荷载标准值作用下长向次梁变形

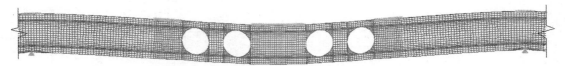

图 3.11.20 重力荷载标准值作用下短向主梁变形

率 $f_n = \dfrac{18}{\sqrt{\Delta}} = 3.01(\text{Hz})$，满足要求。

3.11.4.3 主要结论

（1）组合梁开孔引起一定的应力集中现象，重力荷载标准值作用下，长向次梁的最大正应力 σ_{max} 约为 $94\text{N}/\text{mm}^2$，小于 f_y，满足规范要求；短向主梁开洞后局部产生应力集中，最大值约为 $213\text{N}/\text{mm}^2$，可满足规范要求。

（2）组合梁开孔只是削弱了腹板，对截面刚度的影响不大，开孔前后梁的挠度满足规范要求。

（3）开孔后钢梁频率＞3Hz，满足要求。

3.12 屈曲稳定分析及结构杆件计算长度系数确定

3.12.1 站房线性、非线性屈曲稳定分析及结构杆件计算长度系数

本工程进行了整体结构线性屈曲稳定分析，得到了整体结构各阶屈曲模态以及屈曲临界荷载系数，在此基础上利用欧拉临界荷载公式反算构件的计算长度系数；并采用当前应用较为广泛的"一致缺陷模态法"，考虑初始缺陷，进行了几何非线性屈曲稳定分析。

（1）线性屈曲稳定分析及计算长度

站房屋盖钢结构构成复杂，杆件种类较多且数量庞大，分析结果表明，东部大悬挑处桁架局部腹杆首先发生屈曲，如图 3.12.1 所示；其后发展至 25 阶以后，上、下弦杆、次梁等相继出现屈曲；至 110 阶后交叉斜柱及立柱出现屈曲失稳。屈曲临界荷载系数见表 3.12.1。

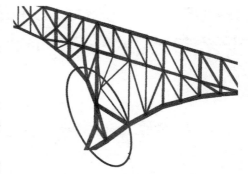

图 3.12.1 第 1 阶线性屈曲模态

前 15 阶屈曲临界荷载系数   表 3.12.1

模态阶次	1	2	3	4	5	6	7	8	9	10	11	12	13	14	15
临界荷载系数	18	19	20	20	21	21	21	22	23	23	23	24	24	25	25

本结构钢结构自重约 1.0kN/m²，屋面+吊顶附加恒荷载 1.2kN/m²，活荷载 0.5kN/m²。因此实际换算屈曲荷载系数应为 $K'_i = K_i \times 1.7/(1.7+1.0) = 0.63K_i$。计算长度系数见表 3.12.2。

部分构件计算长度系数计算表 **表 3.12.2**

模态	构　　件	初始荷载（kN）	临界荷载系数×0.63	临界荷载（kN）	抗弯刚度（kN·m²）	几何长度（m）	计算长度系数
1	腹杆 ϕ225t5	288	11.5	3306	4.31E+03	6.09	0.59
25	上弦杆 ϕ550t10	2209	18.7	41303	1.27E+05	4.50	1.22
31	下弦杆 ϕ450t10	1922	20.3	39021	6.89E+04	4.50	0.93
54	撑杆 ϕ219t6	113	18	2034	4.69E+03	10.63	0.45
110	斜柱 ϕ800t24	5701	33	18833	9.08E+05	11.61	0.60
136	钢管混凝土直柱 ϕ1600t40	11244	38	427272	1.54E+07	9.98	1.35

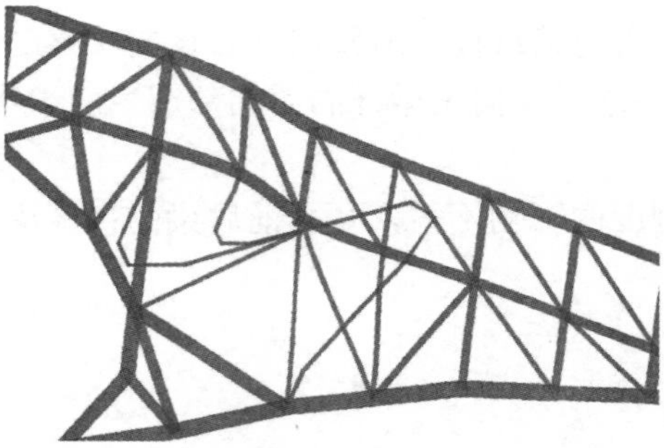

图 3.12.2　第 1 阶非线性屈曲模态变形

综上分析，各主要构件设计时的计算长度系数取值建议如下：

上、下弦杆及钢管混凝土直柱的计算长度系数偏安全取 1.5；其他杆件取 1.0。

（2）非线性屈曲稳定分析结果

对本结构考虑初始缺陷的模型进行几何非线性分析可知，第 1 阶屈曲失稳（图 3.12.2）时对应的重力荷载值约为荷载标准值的 8.7 倍，也即结构极限荷载系数大于 5，满足规范要求。

3.12.2　站房雨棚线性、非线性屈曲稳定分析及结构杆件计算长度系数

（1）线性屈曲模态及计算长度系数

结构初始若干阶屈曲模态均为斜柱屈曲失稳，如图 3.12.3～图 3.12.6 所示。

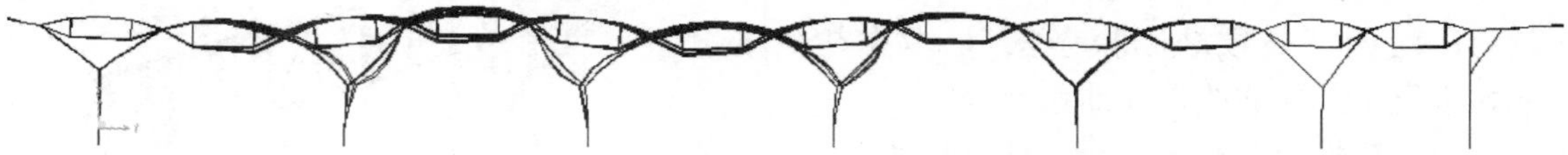

图 3.12.3　屈曲模态 1（λ=12.6）

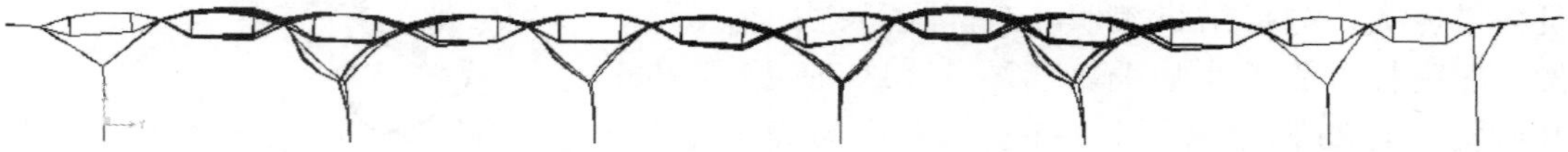

图 3.12.4　屈曲模态 2（λ=13.2）

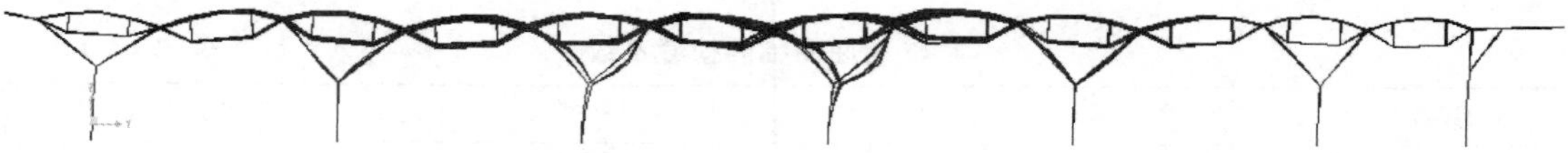

图 3.12.5　屈曲模态 3（λ=13.4）

图 3.12.6　屈曲模态 4 (λ＝13.9)

其他主要构件失稳模态，如图 3.12.7～图 3.12.10 所示。

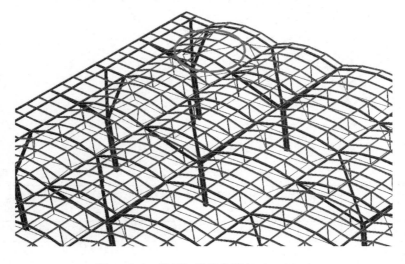

图 3.12.7　撑杆初始屈曲模态 (λ＝21.0)

杆件计算长度系数见表 3.12.3。

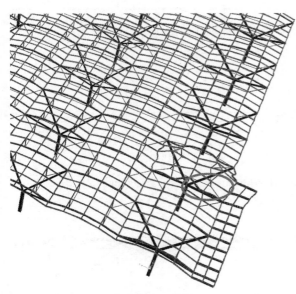

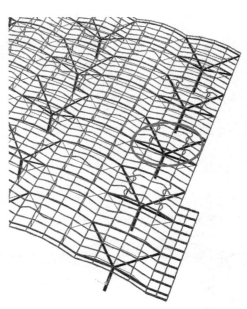

图 3.12.8　主梁初始屈曲模态 (λ＝25.1)　　　　图 3.12.9　次梁初始屈曲模态 (λ＝36.9)

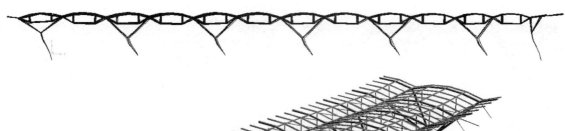

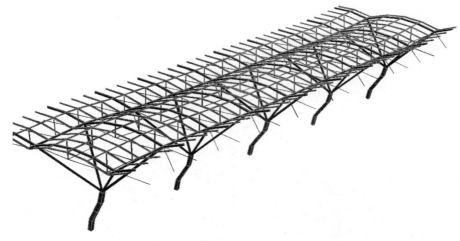

图 3.12.10 立柱初始屈曲模态（λ＝48.5）

主要构件计算长度系数   表 3.12.3

构　件	初始荷载 （kN）	临界荷载 系数	临界荷载 （kN）	抗弯刚度 （kN·m²）	几何长度 L （m）	计算长度 系数
斜柱 ϕ500t15	974.0	12.6	12272	1.39E+05	16.6	0.64
撑杆 ϕ154t4.5	112.0	21.0	2352	1.18E+03	4.5	0.49
主梁 H400×200×10×10	352	25.1	4664	4.80E+04	3.5	1.95
次梁 H200×200×4×12	46.6	36.9	1719	8.86E+03	3.5	1.89
立柱 ϕ800t30	2806	48.5	136091	1.53E+06	11.0	0.96

综合表 3.12.3，立柱、斜柱、撑杆：计算长度系数取 1.0；

主梁、次梁：计算长度系数取 2.0。

（2）非线性屈曲稳定计算分析

结构模型如图 3.12.11 所示。

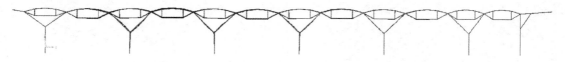

图 3.12.11　考虑初始几何缺陷时结构模型示意（最大缺陷变形 143mm）

主要分析结果如图 3.12.12 和图 3.12.13 所示。

图 3.12.12　极值点失稳破坏时结构变形图

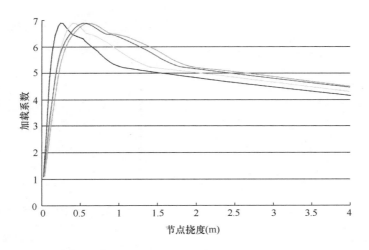

图 3.12.13   荷载-挠度变化曲线（极限荷载约为重力荷载标准值的 6.96 倍）

以上荷载-挠度曲线图中，纵轴表示重力荷载标准值的加载倍数，横轴为结构极限失稳破坏区域内若干节点的挠度变化值。可见，考虑初始几何缺陷及几何非线性分析时，结构极限荷载系数大于 5，满足规范要求。

3.13   整体结构风洞试验及风荷载数值模拟研究

大跨度钢结构建筑以其造型新颖、建筑空间大等特点，广泛应用于车站、大型场馆、候机厅等建筑。这些建筑具有自重轻、柔度大、阻尼小、自振频率低等特点，风荷载往往成为此类结构设计的主要控制荷载。同时，这些建筑往往都相对较矮，处于风速变化大、湍流强度高的近地区域，屋盖表面主要受到气流的分离、再附作用，其周围风场复杂。此外，大跨结构造型各异，现行的国家《建筑结构荷载规范》GB 50009 以及先前对大跨结构的研究成果均不能完全应用于某个待建建筑。因此，在大跨结构设计前期应对该建筑进行详尽的风荷载风洞试验研究，其结果不仅可以用于该结构抗风设计，而且还可以为建立大跨结构的风荷载特性数据库提供宝贵的试验资料。

深圳北站站房的四周均有不同程度的悬挑结构，特别在东侧为一大悬挑结构，其悬挑长度达到 65m，横、纵两个方向为大开洞构造以及南北站台雨棚的四边形环索弦支结构，且本项目为重点交通枢纽工程，有、无火车及火车高速通过导致的活塞风均为规范所不能涵盖的，故需要进行风荷载风洞试验研究。2008 年深圳北站设计联合体联合湖南大学、香港城市大学对本项目进行了详尽的风荷载研究。

3.13.1   风洞试验概况

本项目风洞试验在湖南大学 HD2 的大气边界层风洞中进行。B 类地貌，地貌粗糙度系数（指数律）$\alpha = 0.16$。在试验之前，首先以二元尖塔、挡板及粗糙元来模拟 B 类地貌的风剖面及湍流度分布，如图 3.13.1 所示。本次风洞试验中，参考高度取为 60cm，对应大气边界层风场原型的高度为 120m，参考点的风速为 12m/s。试验采样频率为 333Hz，采样长度为 10000。每一个风向测量一组数据。风向角间隔为 15°，以车站东面来风定义

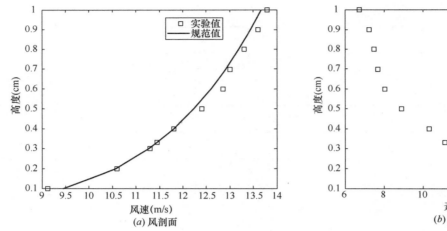
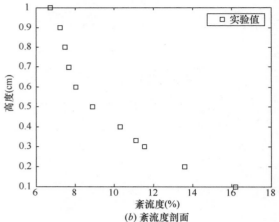

图 3.13.1 风剖面及紊流度剖面

为 0°风向，逆时针旋转，总共有 24 个风向，如图 3.13.2 所示。

试验模型是用 ABS 板制成的刚体模型，具有足够的强度和刚度。模型与实物在外形上保持几何相似，缩尺比为 1：200，高度约为 21.5cm。刚性模型上共布置了 1589个测压点用以测量模型上下表面风压。其中，在主站房悬挑位置布置了 152 对双测点（测点编号为 A），在主站房屋面中间区域布置了 142 个单测点（测点编号为 B），南、北站台雨棚分别布置了 216 对双测点（北站台雨棚测点编号 C，南站台雨棚测点编号为 D），测点布置如图3.13.3 所示。模型固定在风洞试验室的木制转盘上，如图 3.13.4 所示。

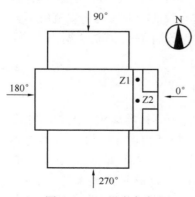

图 3.13.2 风向角定义

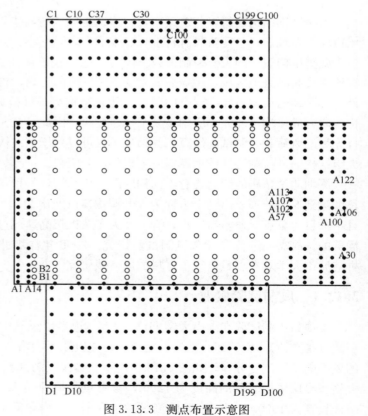

图 3.13.3 测点布置示意图

244

图 3.13.4　测点布置示意图

3.13.2　参考风速和参考风压

根据《建筑结构荷载规范》GB 50009，深圳地区 50 年重现期、B 类地貌、10m 高度处、10min 平均的基本风压为 $w_0 = 0.75\text{kPa}$，相应的基本风速为 $U_{10} = \sqrt{1630 \times w_0} = 34.96\text{m/s}$；100 年重现期、B 类地貌、10m 高度处、10min 平均的基本风压为 $w_0 = 0.90\text{kPa}$，相应的基本风速为 $U_{10} = \sqrt{1630 \times w_0} = 38.30\text{m/s}$。参考高度 60cm（相对实际为 120m）处的风速、风压：50 年重现期风速为 52.03m/s，风压值为 1.66kPa；100 年重现期风速为 57m/s，风压值为 1.99kPa。

3.13.3　数值风洞模拟

本项目的数值风洞模拟在湖南大学"建筑结构抗风抗震"研究梯队的并行计算机群进行，该并行机群有 32CPUs 并联成一个平台，用以进行大规模计算。计算平台为 FLU-ENT6.3。本文采用大涡模拟技术并结合学者黄生洪和李秋胜提出的一种新的可满足大气边界层风场特性的湍流脉动速度生成方法——DSRFG 模拟边界层湍流风场。在大涡模拟的亚格子模型方面，采用学者黄生洪和李秋胜针对结构风工程应用提出的一种新的亚格子模型，数值风洞计算模型与风洞试验刚性模型一致，缩尺比均为 1：200，如图 3.13.5 所示。计算域 X、Y、Z（长、宽、高）方向的尺寸为 24m×25m×0.9m。本数值风洞模拟计算分别模拟了 5 个风向角（0°、180°、225°、270°及 315°）工况。采用四面体与六面体的混合网格对计算区域进行划分，各风向下网格的最小尺寸为 0.01m，网格单元总数为 1300 万左右。

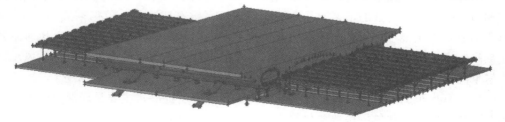

图 3.13.5　深圳北站数值风洞计算模型

3.13.4　平均风压特性

本文研究以 15°为间隔的 24 个风向角下屋盖结构表面风压的分布情况，其中对于主站房的悬挑区域以及南、北站房屋盖的风压系数均以综合风压系数给出。限于篇幅，本文仅讨论给出了3个典型风向角（0°、180°及270°）下屋盖的平均风压系数分布规律。

当气流流经钝体时，气流在钝体的迎风表面出现分离，在分离区形成离散的旋涡，并脱落于下风向区域。气流迎风区域分离而引起的旋涡脱落形成很大逆压梯度，在边缘区域呈现很大的负风压；随着旋涡分离与再附，在远离边缘的下风向区域，负风压逐渐减小，甚至在尾部形成正风压区域，最后气流在钝体的根部再次分离形成负风压。深圳北站屋盖的最大负风压发生在气流分离最为显著的迎风区域的角部，迎风区域的中间部位风压变化相对平缓。

在0°风向角下，主站房东侧大悬挑为迎风区域，且存在纵向（南北向）与横向（东西向）的"十字"形大开洞，气流在悬挑屋面边缘处分离，同时又受到下方幕墙的阻塞，形成"上吸下顶"的风荷载分布形式。然而亦可发现在深圳北站东侧南北向开洞的上下部分对气流起到了一定"引流"作用；同时也使南北向开洞内表面形成负风压，降低了南北向开洞区域上下表面的综合风压。对于南北站台雨棚而言，其上下表面均受风作用，最大平均负风压亦出现在迎风屋面的角部，特别是靠近主站房的角部屋盖，下风向区域平均风压较小甚至为0。此时，主站房屋面综合最大平均负风压系数为−1.26，相应的北站台雨棚为−0.32，均发生在迎风角部屋檐。

180°风向角下的深圳北站屋盖的平均风压系数分布与0°风向角类似。其主站房悬挑处最大平均负风压系数（−1.04）小于0°风向角结果，但南北的站台雨棚最大平均负风压系数（−0.54）又略大于0°风向角结果；由于纵向、横向开洞位于下风向区域，对风压分布的影响很小。270°风向角下，主站房东西悬挑屋盖上下表面均受风吸力作用（即"上吸下吸"），因而其综合风吸力较小；而对于南向悬挑位置风压表现为"上吸下顶"情况，其平均负风压系数较大；最大平均负风压系数发生在南面的悬挑边缘，达到−1.01。南站台雨棚负风压主要发生在迎风区域，最大平均负风压系数为−0.74，发生在迎风的檐口；在下风向区域负风压系数较小甚至出现正风压。而对于北站台雨棚，其位于来流的下风向区域，且又受到主站房的阻挡，其负风压较小。

3.13.5　有火车工况与无火车工况下风压系数对比

本文对深圳北站在无火车工况与有火车工况（中间一列火车、中间两列火车及全部有火车工况）进行了详尽的风洞动态测压试验。计算结果表明：

（1）在不同火车数量工况下，全风向最大平均负风压系数与全风向最大脉动风压系数分布相似；随着火车列数的增多，最大平均负风压系数有所降低。仅一列或两列火车时，对风压的分布影响很小；但在全部有火车工况下，在主站房的西侧屋盖表面负风压系数有明显提高，主站房中部与东侧屋盖部分则有显著的降低，而南北站房屋盖表面负风压系数分布呈下降趋势。

（2）在有火车工况下，全风向最大脉动风压系数有所提高，主要是局部点受到气流的影响，对整体而言脉动风压系数变化很小。

3.13.6　开洞位置风速放大效应研究

建筑物作为钝体出现在现代城市的近地面流场中，下冲、狭管流、角流、穿堂风以及阻塞、尾流等效应，会使建筑物建成后，出现过去没有的局部强风现象；局部强风的出现，会造成行人活动困难，以及建筑物的门窗和建筑外装饰物等破损、脱落等事故的发生。

在深圳北站东面的大开洞位置布置 2 个 Irwin 探头用于采集 2 个典型位置的风速，风速测点 Z1 与 Z2 具体布置如图 3.13.2 所示，其中测点位置 Z1 位于离主站房北侧 36m 的开洞中间，测点位置 Z2 位于主站房横、纵开洞交会的中心处，两测点标高均为 30m。风速放大效果可用风速比 R_i 来定义：

$$R_i = U_i / U_r \tag{3.13.1}$$

式中，U_i 和 U_r 分别为测点位置和参考点位置处的平均风速，参考点高度取离地实际高度 2m。

图 3.13.6（a）为各测点的风速比玫瑰图。同时为了与精细的建筑模型的数值模拟结果进行对比，图 3.13.6（b）列出了两个风速测点的数值风洞模拟结果。从图 3.13.6（a）可以看出风速测点 Z1 最大风速比为 1.34，发生在 315°来流方向；风速测点 Z2 最大风速为 1.07，发生在 120°来流方向。风速测点 Z1 在东南气流方向（风向角 270°～360°）及北向气流（风向角在 60°～120°）时风速均较大，主要是因为在此方向上气流均是顺着开洞方向，洞口对气流起了加速作用，特别是在东南方向，此时气流在两方向的洞口均有"汇集"作用，其风速放大效应较其他方向更明显些。风速测点 Z2 位于两个方向开洞的中心，两个方向的洞口相互间对气流有"导流"作用，因此大风速都是发生在洞口相互影响小的风向，如西北、西南及东面来流方向。

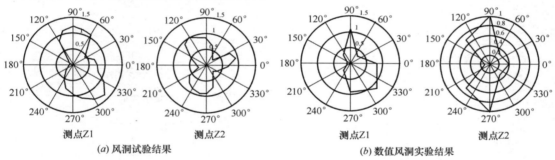

（a）风洞试验结果　　　　　　　　　　　（b）数值风洞实验结果

图 3.13.6　典型风速测点不同风向角下风速比结果

由图 3.13.6 的风速比玫瑰图可以看出，两个风速测点的风速比都随着风向的变化而迅速变化，具有很强的风向性。由于数值风洞仅模拟了 5 个典型风向角，相对于风洞试验而言，其风速比玫瑰图比较简单。但其数值模拟结果在风速比及其发生的风向角方向上与风洞试验结果都相当的吻合。说明利用大涡模拟（LES）的数值风洞能够很好地模拟出建筑物周边的风速分布情况。

3.13.7　等效风荷载

根据风洞试验获得的测点区域风振系数，结合区域体型系数，利用《建筑结构荷载规范》相关规定计算得到各风向下区域等效静风荷载。图 3.13.7 为 100 年重现期各风向下局部区域等效风荷载分布图。可以看出：

对于悬挑位置及站台雨棚主要以吸力为主，同时也有较为明显的向下正压力，特别在迎风向的气流分离的悬挑部位存在较大的吸力。站台雨棚 50 年重现期最大吸力为 −1.89kPa，最大压力为 0.6kPa；100 年重现期最大吸力为 −2.27kPa，最大压力为

0.72kPa。主站房 50 年重现期最大吸力为－4.01kPa，最大压力为 1.04kPa；100 年重现期最大吸力为－4.92kPa，最大压力为 1.25kPa。

　　站台雨棚靠近主站房的一侧在某些风向下存在较大的正压力，其 50 年重现期达到 0.6kPa，100 年重现期为 0.72kPa，设计时应充分考虑此压力荷载。

　　主站房屋面的下风向区域存在较大的向下正压力，其 50 年重现期达到 1.04kPa，100 年重现期为 1.25kPa，设计时应充分考虑此压力荷载。

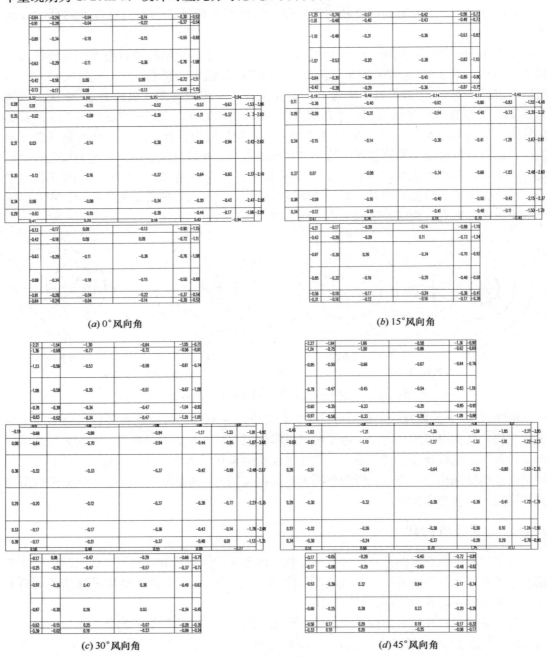

图 3.13.7　100 年重现期各风向下区域等效风荷载分布图（单位：kPa）（一）

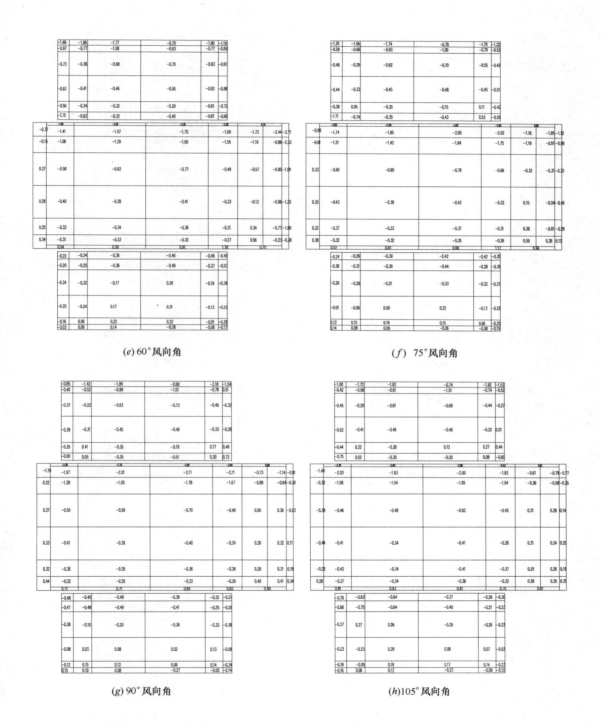

(e) 60°风向角 (f) 75°风向角

(g) 90°风向角 (h)105°风向角

图 3.13.7 100 年重现期各风向下区域等效风荷载分布图（单位：kPa）（二）

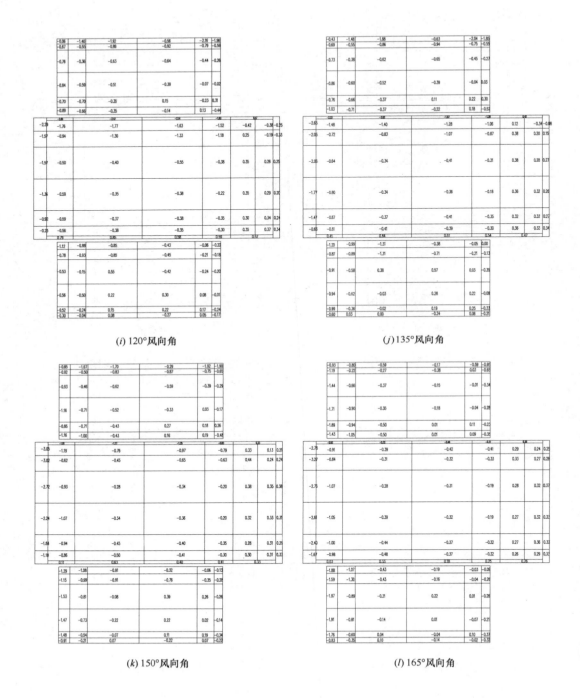

(i) 120°风向角   (j) 135°风向角

(k) 150°风向角   (l) 165°风向角

图 3.13.7　100年重现期各风向下区域等效风荷载分布图（单位：kPa）（三）

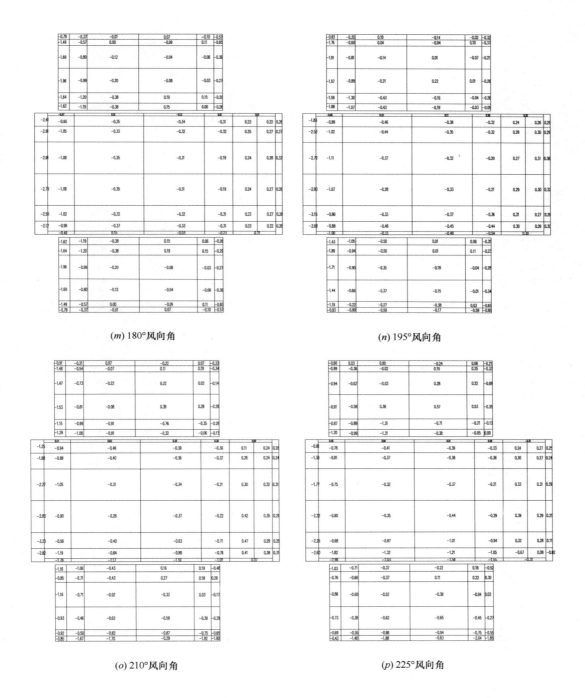

(m) 180°风向角   (n) 195°风向角

(o) 210°风向角   (p) 225°风向角

图 3.13.7   100 年重现期各风向下区域等效风荷载分布图（单位：kPa）（四）

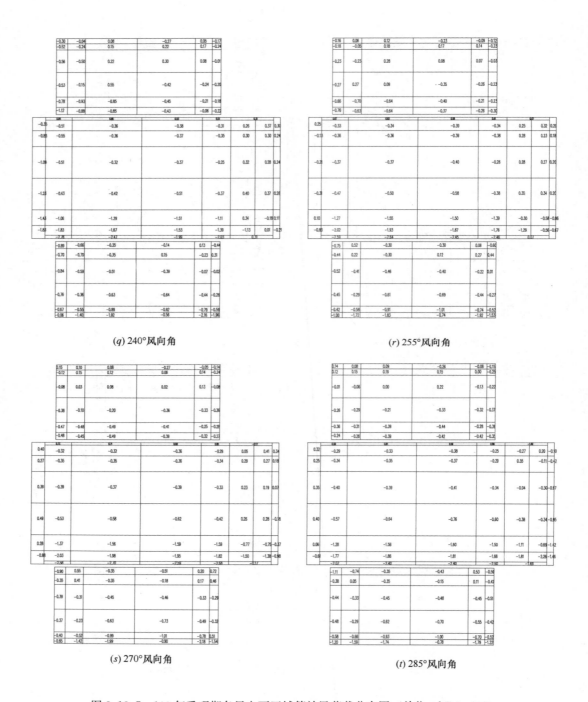

(q) 240°风向角

(r) 255°风向角

(s) 270°风向角

(t) 285°风向角

图 3.13.7 100 年重现期各风向下区域等效风荷载分布图（单位：kPa）（五）

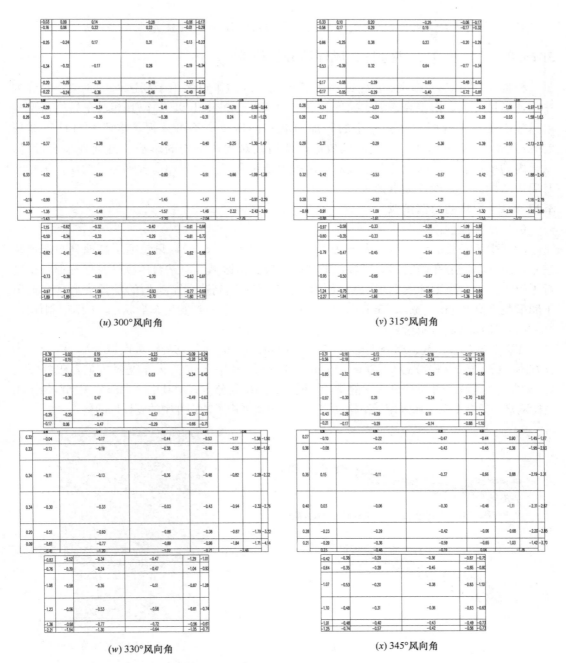

(u) 300°风向角   (v) 315°风向角

(w) 330°风向角   (x) 345°风向角

图 3.13.7 100年重现期各风向下区域等效风荷载分布图（单位：kPa）（六）

主站房主控风向角：

15°：东面悬挑负压最大（吸力）；30°：屋面总正压最小；90°：北面悬挑负压最大；165°：屋面总压最小（吸力）；180°：屋面总负压最大（吸力）；195°：西面悬挑负压最大（吸力）；210°：屋面总正压最大；270°：南面总负压最大（吸力）；300°：屋面总负压最大（吸力），屋面总压最大（吸力）。

南北站台雨棚主控风向角：

45°：总压最大（吸力），总负压最大（吸力）；315°：总正压最大。

3.13.8 高速火车入站时行人风环境分析研究

根据设计方案，深圳火车站 D 轴与 E 轴之间的两车道将用于高速列车通道，允许列车高速通过车站，由于高速列车速度较高（一般在 200km/h 以上），其穿过车站时所形成的风效应及对站台周边结构产生的附加荷载和冲击效应不可忽视，本研究将计算时速 200km/h 列车穿过车站所形成的风效应，评估其对周边结构的影响，得到列车通过时，站台内的风速、风压变化情况以及对该区域内结构所产生的附加荷载和冲击效应，为站台及周边结构的安全设计提供参考。

3.13.8.1 风场的数值模拟

（1）计算模型

为减少不必要的计算量，火车站计算模型见图 3.13.8(a)，只包括了高速列车通道及左右两组列车通道在内的部分区域，即受影响较直接区域。对站台内立柱及楼梯形状也进行了模拟。火车模型如图 3.13.8(b) 所示。火车头采用高速列车典型的子弹头形状。火车车厢横截面高约 4m，宽 3.45m，总长 300m，形状基本按真实列车形状 1∶1 模型制作。

（2）计算区域与网格划分

深圳北站的长、宽、高分别记为 450m、330m、43m，建筑物的计算区域（X，Y，Z）为长方体，长、宽、高分别为 172m、1453m、19.66m，其中 Y 向为火车通过方向，包括了约 400m 的站外区域。图 3.13.9 表示的是计算模型的网格划分方式。其中，大部分规则区域采用结构网格，只有复杂区域采用无结构网格。火车通道采用了特别加密的菱柱形网格。

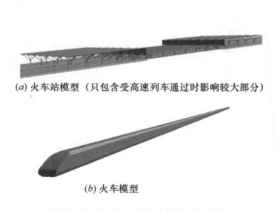

(a) 火车站模型（只包含受高速列车通过时影响较大部分）

(b) 火车模型

图 3.13.8　深圳北站及火车模型

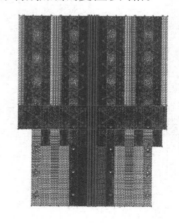

图 3.13.9　深圳北站计算网格

总网格量为 1100 万左右，本计算过程采用了 30CPU 参与运算。

（3）边界条件的设定

① 运动边界条件

火车车头和车尾采用运动边界条件。运动速度为 200km/h（55m/s），采用 UDF 中的 DEFINE_CG_MOTION 宏编入软件。采用滑移网格技术模拟列车与车站通道之间的相对运动。火车头和尾部网格采用 layering 及 remesh 技术进行边界运动。

② 压力远场边界

除站台、立柱和雨棚等结构表面为 wall 边界，其余参考压力远场设定：即初始速度为 0，压力为 1 个大气压。

3.13.8.2 数值模型和求解设置

本次数值风洞只计算了单列火车通过和双列火车对开这两个工况。由于火车为直行前进，可以以火车表面为 interface 界面，与车站进行相对滑移。采用非定常求解器，其中动量方程采用二阶精度迎风格式，压力项采用标准线性插值算法，压力-速度耦合采用 coupled 算法。计算的时间精度为 0.01s。计算分为两步：

（1）初始状态火车位于站外约 300m 位置，经过约 6s 计算，火车抵达车站入口位置。这部分计算主要是形成火车到达车站的初始风场。

（2）火车穿越车站，这部分共计算了两种工况，一种是单列火车穿越车站的情形，另一种是双列火车对开的工况。

3.13.8.3 风环境舒适性判断标准评价

风环境标准的主要感受对象是人，如何评价风环境的优劣，国内外建筑规范对城市环境的舒适风速和危险风速都没有一个统一的标准。国内外研究人员为此做了大量的现场测试、调查统计和风洞试验，已有一些文献建立了评估风对人体作用力以及行人舒适和安全的准则。对于离地 2m 高度处，平均时间为 10min 至 1h 的平均风速 V，行人的舒适感与平均风速之间较为具体的关系见表 3.13.1。

<table>
<tr><td align="center" colspan="2">行人舒适度与平均风速关系表</td><td align="right">表 3.13.1</td></tr>
</table>

风　速	人的感觉
$V<5m/s$	舒适
$5m/s<V<10m/s$	不舒适，行动受影响
$10m/s<V<15m/s$	很不舒适，行动受严重影响
$15m/s<V<20m/s$	不能忍受
$V>20m/s$	危险

风速比 $R_i=V_i/V_0$ 反映了由于建筑物的存在而引起风速变化的程度，通过风速比可以判断建筑物周围的局部强风区。此指标表示强风区内风速增长的倍数，是风环境评价的一个重要参数。

风速比 R_i 定义为：$R_i=V_i/V_0$

其中 V_i 是流场中第 i 点行人高度处（近似人体高度 $H=2m$）的平均风速，V_0 是行人高度处未受干扰来流的平均风速。对应某一方向，在一定风速范围内建筑物周围的流场相对固定，也就是说，风速比 R_i 一般不随来流风速而变。

由于火车通过车站约 6s，远小于一般的平均时间，因此行人高度风环境判断按火车到达的瞬时速度处理，不考虑其脉动影响。

3.13.8.4 行人高度处风环境数值风洞结果

（1）单列火车在站内行驶时，行人高度处风速及压强云图

本次数值风洞模拟给出火车在站内行驶时，不同时刻，不同位置的行人高度处的风速和压力云图。

图 3.13.10、图 3.13.11 分别显示了单列火车高速入站时的三维速度、压强云图，图 3.13.12 显示了火车头周围不同风速范围的等值面云图，由图可见：

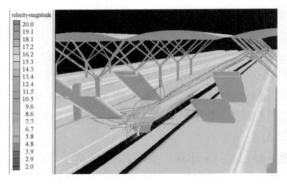 

图 3.13.10　单列火车高速入站时的
三维速度云图

图 3.13.11　单列火车高速入站时的
三维压强云图

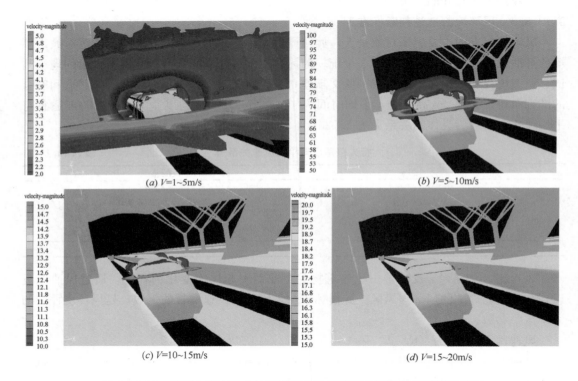

(a) $V=1\sim5\text{m/s}$

(b) $V=5\sim10\text{m/s}$

(c) $V=10\sim15\text{m/s}$

(d) $V=15\sim20\text{m/s}$

图 3.13.12　单列火车高速入站时诱导的活塞风不同风速范围等值面云图

1）高速运动火车排开空气时诱导出较强的活塞风速和压强。活塞风速的影响范围主要集中在火车头区域，横向最远可达 8m 左右（风速＞2m/s），火车行驶方向约 30m 的范围。

2）时速 200km/h 的单列高速火车入站时在站台诱导的活塞风主要集中在 0～5m 范围，5～10m/s 风速区域位于火车两侧 2m 范围，大于 10m/s 的诱导风集中在靠近火车头部约 0.5m 区域。

3）除头部迎风面基本为正压区外，火车头两侧靠近火车侧面区域为负压区。靠近列车侧面的负压值可达－500Pa 左右，不过局限在 0.5m 范围内。负压区为较危险的吸入区，行人处于负压位置有可能被卷入火车底部受到伤害。

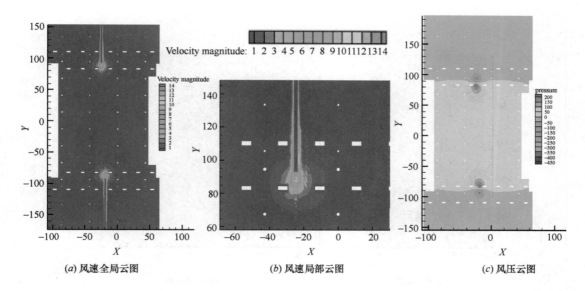

(a) 风速全局云图　　　　(b) 风速局部云图　　　　(c) 风压云图

图 3.13.13　两列火车高速对开 t＝6s 时刻实际标高 2m 处风速、风压云图

（2）两列火车在站内相向行驶时，行人高度处风速及压强变化

图 3.13.14～图 3.13.22 分别显示不同时刻（t＝6～14s）两列对开列车高速通过车站时实际标高 2m 处风速和风压云图变化，由图可见：

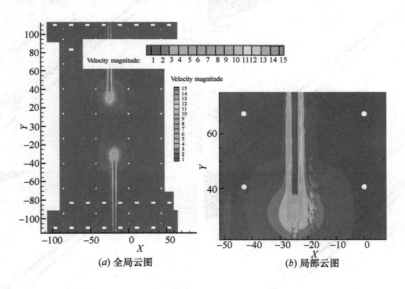

(a) 全局云图　　　　　　(b) 局部云图

图 3.13.14　两列火车高速对开 t＝7s 时刻实际标高 2m 处风速云图

1）两列火车交会前各列车诱导的风速风压变化基本相同，即集中在火车头区域，横向风速＞2m/s，最远可达 8m 左右，火车行驶方向约 30m 范围内。

2）两列火车头部在火车站中部约 7.3s 时刻交会，尾部约在 13s 交会。头部和尾部交会时，交会区风速和风压影响范围也有所扩大，但风速范围基本上仍小于 20m/s，风压沿各自行进方向呈反向对称变化。交会后一段区间内，很快恢复到未交会水平。

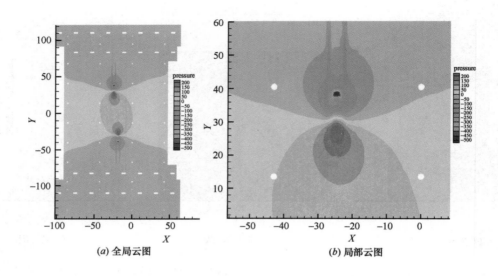

(a) 全局云图　　　　　　　　　　　　(b) 局部云图

图 3.13.15　两列火车高速对开 $t=7s$ 时刻实际标高 2m 处局部风压云图

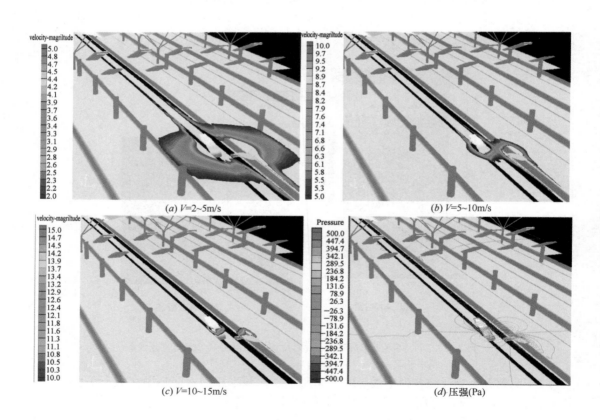

(a) $V=2\sim5m/s$　　　　　　　　　　　(b) $V=5\sim10m/s$

(c) $V=10\sim15m/s$　　　　　　　　　　(d) 压强(Pa)

图 3.13.16　列车头部交会时刻（$t=7.3s$）交会区域风速、压强等值图

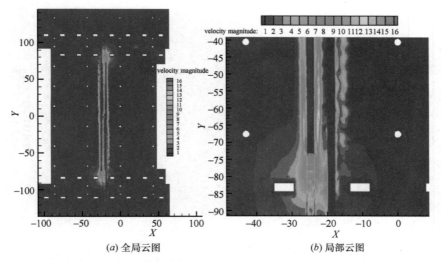

(a) 全局云图   (b) 局部云图

图 3.13.17　两列火车高速对开 $t=9$s 时刻实际标高 2m 处风速云图

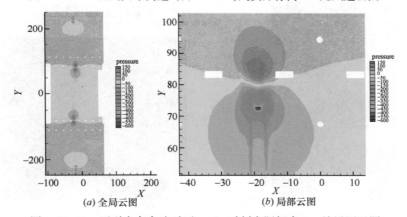

(a) 全局云图   (b) 局部云图

图 3.13.18　两列火车高速对开 $t=9$s 时刻实际标高 2m 处风压云图

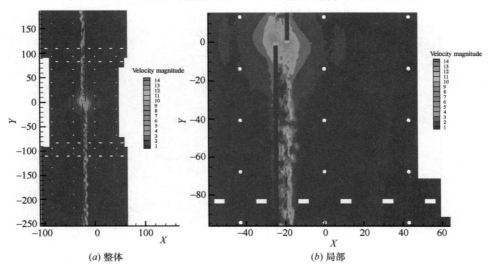

(a) 整体   (b) 局部

图 3.13.19　两列火车高速对开 $t=13$s 时刻实际标高 2m 处风速云图

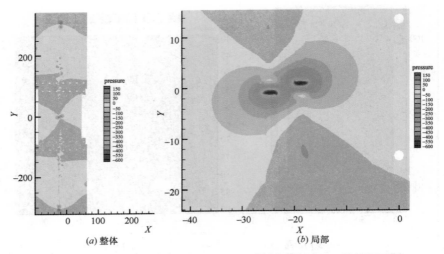

(a) 整体　　　　　　　　　　(b) 局部

图 3.13.20　两列火车高速对开 $t=13s$ 时刻实际标高 2m 处风压云图

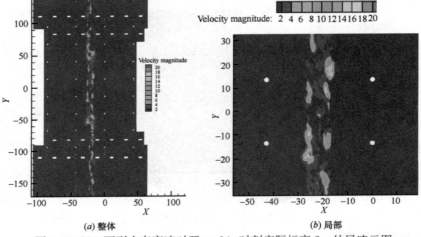

(a) 整体　　　　　　　　　　(b) 局部

图 3.13.21　两列火车高速对开 $t=14s$ 时刻实际标高 2m 处风速云图

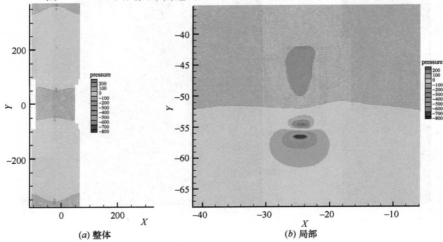

(a) 整体　　　　　　　　　　(b) 局部

图 3.13.22　两列火车高速对开 $t=14s$ 时刻实际标高 2m 处风压云图

3.13.8.5 结论及建议

采用 CFD 数值模拟技术计算了时速 200km/h 列车穿过车站所形成的风效应及对站台周边的影响，主要结论如下：

（1）高速列车通过站台时，列车周围 2m 范围以外基本安全，受列车运动诱导的风速 <5m/s，负压小于 100Pa，列车侧面 0.5m 内是危险区，该区域内风速大于 10m/s，负压值较大，有可能将行人吸入列车底部造成伤害。

（2）两列火车在火车站内交会时，交会区风速和风压影响范围也有所扩大，但风速范围基本上仍小于 20m/s，交会后很快恢复到未交会水平。

第4章 济南奥林匹克体育中心主体育场

◆ 提出并采用比较系统的结构总装分析创新设计方法，将上部大跨空间结构与下部混凝土结构作为一个整体结构进行分析，摒弃以往传统的上下部结构单独分析的设计方法，被2010年国家《建筑抗震设计规范》采纳；

◆ 上部钢结构创新采用空间性能优良的折板型悬挑空间桁架结构体系；

◆ 创新采用考虑基础土体塑性、混凝土徐变及钢结构节点刚度退化等多计算模型、多计算程序的包络分析设计技术；

◆ 提出超长结构温差收缩效应分析与控制设计新方法，并进一步结合设置后浇带、低温合拢等方便易行技术措施，减小混凝土收缩、降温效应，既利于整体建筑使用，降低造价，又利于提高结构整体性及其抗震性能，突破规范伸缩缝间距规定，推广应用于超长无缝结构。

4.1 工程概况及结构构成

4.1.1 工程概况

2009年第十一届全国运动会主体育场——济南奥林匹克中心体育场，建筑面积154323m²，可容纳观众约6万人。该工程平面近椭圆形，南北长约360m，东西宽约310m，如图4.1.1所示。下部为看台及各功能用房，采用钢筋混凝土框架-剪力墙结构体系；上部钢结构分为东、西两个独立的钢结构悬挑罩棚，采用折板型悬挑空间桁架结构体

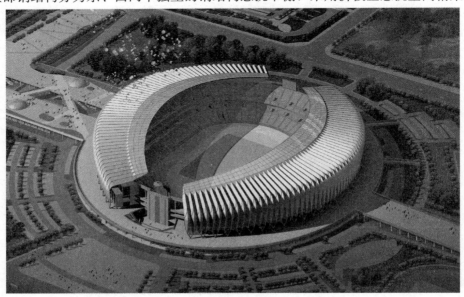

图 4.1.1 建筑效果图

系，由 64 榀径向主桁架和 9 榀环向次桁架组成，落地墙面结构为屋面折板结构的延伸，屋面罩棚的最前端为平板结构；中部最大悬挑长度约 53m，根部桁架高度 7m，中间高、两边低，高差 14m，最高点离地面约 52m。上部钢结构采用内、外支座支承于下部混凝土结构上，外支座采用外包混凝土的圆钢管组合倒三角支承；内支座为四根圆钢管组合的交叉 V 形柱汇交于下部型钢混凝土柱（图 4.1.2）。

罩棚钢结构总用钢量 5153t，单片罩棚理论用钢量 2563t，按屋面覆盖面积 19000m² 计 135kg/m²；按屋面墙面展开面积 32000m² 计 80kg/m²，约为目前同规模同标准国内体育场用钢量的 1/2～1/3，由江苏沪宁钢机制作安装。钢结构东西罩棚临时支撑拆除于 2007 年 10 月。山东大学健康监测及第三方实测数据与理论模拟计算结果十分吻合。

2006 年 8 月通过初步设计审查，2006 年 10 月通过了全国抗震超限审查，2007 年 12 月主体结构验收，中国建筑设计研究院进行了总装结构振动台试验研究和节点试验研究验证。为十一届全运会成功举行作出重大贡献。获 2009 年全国建筑结构设计一等奖，2010 年中国土木工程詹天佑奖。

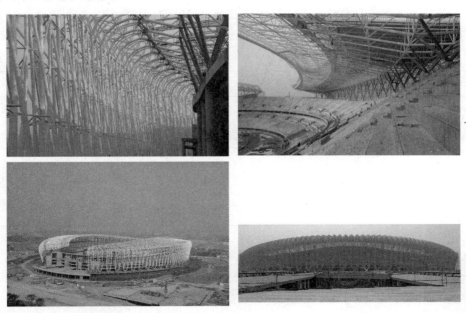

图 4.1.2　施工过程及建成后实景照片

4.1.2　结构构成

4.1.2.1　基础设计

场地土层自上而下依次为黄土层（2）、黏质粉土层（3）、卵石土层（4）、石灰岩层（5），其中黄土层为非自重湿陷性黄土场地，湿陷等级为Ⅰ级；根据拟建场地土层分布、各土层力学性能及上部结构设计具体情况，采用桩基-人工挖孔灌注桩，一柱一桩，桩端持力层为石灰岩层（5），桩径分别为 $\phi800mm$、$\phi1200mm$、$\phi1600mm$、$\phi2000mm$ 四种，桩长约 18m。单桩竖向承载力特征值按桩端岩层的完整性及桩径不同，确定最大 5700kN，最小 3800kN。

4.1.2.2 下部混凝土结构设计

设计前期，结合工程实际情况及露天结构的工程习惯做法，下部混凝土结构设置 8 条永久缝划分为八个结构单元。每个独立的混凝土结构单元均采用约 12m 柱网的纯框架结构。上部一片钢结构罩棚支承于下部三个混凝土结构单元上。永久缝采用双柱形式，以期减少下部结构的温度应力［图 4.1.4(a)］。结构总装分析结果：

(1) 下部混凝土结构采用纯框架，刚度偏差，扭转刚度较弱，与上部钢结构刚度接近，上下部结构平动振型密集、丰满；混凝土斜看台平面内较大的轴向、剪切刚度造成结构刚度偏心，下部混凝土结构扭转为第一振型。

(2) 支承于上部钢结构的三个独立混凝土单元之间的相对振动的振型对上部钢结构有较大不利影响。

(3) 总装分析第 2 振型为混凝土结构扭转主振型。上部钢结构主振型无法独立体现，主要由于下部混凝土分缝后各结构单元振型（周期大约为 1.3s）与上部钢结构该振型（周期大约 1.2s）相近，上、下部振型耦合；第 3 振型为下部两侧混凝土结构单元相向振动，第 4 振型为下部中间混凝土单元与两边混凝土单元的相对振动，均对上部钢结构影响极为不利（表 4.1.1、图 4.1.3）。

八条缝方案整体结构模态　　　　　　　　　　　　　　表 4.1.1

mode	Period (s)	U_x	U_y	U_z	R_x	R_y	R_z
1	1.984	$1.33×10^{-6}$	0.034	$3.53×10^{-7}$	0.004	$5.08×10^{-7}$	0.033
2	1.336	0.07	0.17	$6.23×10^{-9}$	0.004	0.002	0.64
3	1.32	0.29	0.036	$6.60×10^{-8}$	$9.71×10^{-4}$	0.008	0.098
4	1.248	0.013	0.29	$1.24×10^{-5}$	0.009	$3.79×10^{-4}$	0.086
5	1.218	0.066	0.12	$5.83×10^{-7}$	0.003	$1.76×10^{-3}$	0.007

第2阶振型　　　　　　　　第3阶振型　　　　　　　　第4阶振型

图 4.1.3　八条缝方案整体结构主振型

为解决以上问题，下部混凝土结构改为设置四条永久缝划分为四个结构单元，东，西两个罩棚分别支承于东西两个独立的结构单元上，并利用建筑较均匀布置的两侧楼电梯间布置混凝土墙体形成承载力及延性均较好的混凝土筒体为混凝土结构主抗侧力构件，结构中部不布置混凝土筒体，以利于减小结构的扭转效应［图 4.1.4(b)］。

四条缝方案整体结构模态   表 4.1.2

Num	Period	U_x	U_y	U_z	$S_{um}U_x$	$S_{um}U_y$	$S_{um}U_z$	R_z	$S_{um}R_z$
1	1.2237	0	0.02662	0	0	0.02662	0	0.0223	0.0223
2	0.81043	0.00005	0	0.00002	0.00005	0.02662	0.00002	0	0.0223
3	0.80686	0.00001	0.00109	0.00059	0.00006	0.02771	0.00061	0.00085	0.02315
4	0.7903	0.01759	0.00047	0.00021	0.01766	0.02818	0.00082	0	0.02316
5	0.77892	0.07876	0.00011	0.00433	0.09642	0.02829	0.00515	0.00002	0.02317
6	0.7702	0.00018	0.00002	0.00002	0.09659	0.0283	0.00517	0	0.02318
7	0.73925	0	0.03446	0	0.09659	0.06276	0.00517	0.00307	0.02624
8	0.72236	0.00007	0	0	0.09667	0.06276	0.00518	0	0.02624
9	0.69712	0.01949	0.00002	0.00058	0.12	0.06278	0.00576	0.00005	0.02629
10	0.67754	0	0.0001	0	0.12	0.06288	0.00576	0.00003	0.02632
11	0.66006	0.00071	0.39	0	0.12	0.45	0.00576	0.21	0.24
12	0.64276	0.00628	0.33	0.00002	0.12	0.78	0.00578	0.36	0.59

由表 4.1.2 可知，整体结构第 1～10 振型质量参与较少，主要为钢结构平动以及扭转振动，与单独钢结构计算模型基本相同，由于支座条件的改变，周期稍微有所增长。第 11 振型为整体混凝土结构的环向平动叠加扭转。第 12 振型为整体混凝土结构的径向平动。

 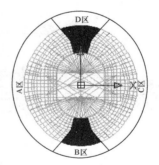

(a) 建筑分缝示意图 (8条缝)   (b) 建筑分缝示意图 (4条缝)

图 4.1.4   建筑分缝示意图

A 区地上六层，C 区地上五层，B、D 区地上四层。±0.00 以上最高 36.07m。竖向构件混凝土强度等级为 C60～C40，梁板混凝土强度等级均为 C30；楼（屋）盖均采用宽扁梁＋大开间平板，混凝土看台利用建筑踏步采用密肋梁楼盖。最大混凝土单元长度为 300m，进行施工全过程及温度变化分析，考虑混凝土收缩徐变和基础有限刚度的影响，进一步采取：配筋加强，留设后浇带，从严控制后浇带间距、相对低温入模，加强混凝土养护、覆盖，降低水泥用量，减小水灰比等技术措施，减小超长结构温度收缩效应（图 4.1.5）。

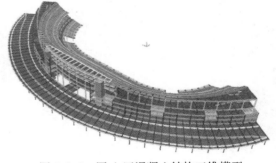

图 4.1.5   图 A 区混凝土结构三维模型

4.1.2.3　上部钢结构

钢结构罩棚采用了折板型悬挑空间桁架结构体系，由环向间距 6m 的 64 榀径向主桁架和 9 榀环向次桁架组成，落地墙面结构为屋面折板结构的延伸，屋面罩棚的前端根据建筑功能要求，由折板屋面改为平屋面。罩棚中部最大悬挑长度约 53m，根部桁架高度 7m，两侧最小悬挑长度约为 28m，根部高度 5.0m；中间高、两边低，高差 14m，最高点离地面约 52m。主桁架采用圆管菱形组合截面，主桁架的斜腹杆布置为拉杆，直腹杆为压杆，以减小杆件截面，节省用钢量。

单片罩棚构成如图 4.1.6 所示，杆件截面见表 4.1.3。

为了增强结构的整体稳定和侧向抗扭刚度，除沿环向设置次桁架外，在桁架下弦平面设置了 6 道直径 50mm 预应力棒钢水平支撑。棒钢初始预拉力值，以尽量减少预拉力并且确保结构具有足够的刚度为原则，控制最不利工况时棒钢的应力水平 $\sigma_{max} < 0.5f_y$，$\sigma_{min} > 0.1f_y$，f_y 为棒钢强度标准值。经反复调试，初始预应力取 $0.2f_y$ 时，受力状态最优。

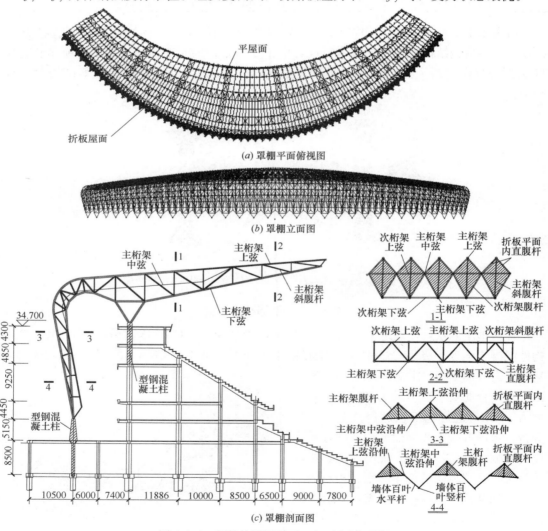

(a) 罩棚平面俯视图

(b) 罩棚立面图

(c) 罩棚剖面图

图 4.1.6　钢结构罩棚平面、立面和剖面图

杆件截面汇总 表 4.1.3

构件类别	构件名称	规格
主桁架	上弦杆	$\phi 402 \times 16$　$\phi 402 \times 10$　$\phi 402 \sim 273 \times 10$　$\phi 273 \times 10$
	中间弦杆	$\phi 245 \times 8$
	下弦杆	$\phi 402 \times 16$　$\phi 402 \times 10$　$\phi 351 \times 10$　$\phi 402 \sim 351 \times 10$
	腹杆	$\phi 273 \times 10$　$\phi 245 \times 8$　$\phi 180 \times 8$　$\phi 127 \times 6$　$\phi 152 \times 6$
次桁架	上弦杆	$\phi 152 \times 6$　$\phi 180 \times 8$
	下弦杆	$\phi 180 \times 8$　$\phi 245 \times 8$
	腹杆	$\phi 95 \times 6$　$\phi 127 \times 6$　$\phi 152 \times 6$　$\phi 245 \times 8$
落地结构	柳叶	$\phi 245 \times 8$
	中弦延伸	$\phi 245 \times 8$
	腹杆	$\phi 95 \times 6$　$\phi 152 \times 6$
内支座		$\phi 402 \times 16$
外支座		$\phi 450 \times 25$　$\phi 351 \times 10$

整个上部钢结构共 64 榀主桁架，支承于下部 32 个混凝土看台柱之上。如果将上部 6m 间距钢结构直接落于下部混凝土结构（柱网 12m）上，需要设置混凝土梁进行转换。由于混凝土梁的弯曲刚度是有限的，这种结构布置，将造成上部结构受力不均匀、杆件截面利用不充分的问题。设计巧妙地采用了外支座外包混凝土的钢结构圆钢管组合倒三角支承，与下部型钢混凝土柱相连；内支座四根圆钢管组合成 V 形叉柱汇交于下部型钢混凝土柱顶，如图 4.1.7 所示，这样，很好地解决了这一问题，同时提供了上部钢结构平面外抗侧、抗扭刚度，建筑造型优美。

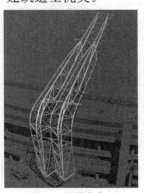　

(a) 外支座　　　　　(b) 内支座

图 4.1.7　钢结构罩棚内外支座

4.2　设计标准及荷载作用

4.2.1　重力荷载分析及取值

下部混凝土结构：

恒荷载：结构自重由程序自动计算；附加恒荷载根据建筑相应的楼（屋）面做法取值

活荷载：根据楼（屋）面建筑功能按下列数值取用：

设备机房：7.0kN/m²

观众看台：4.2kN/m²（考虑1.2的动力放大系数）

观众卫生间：3.0kN/m²

走廊、楼梯：3.5kN/m²

贵宾卫生间：2.5kN/m²

商业用房：3.5kN/m²

控制室、机电机房：4.0kN/m²

会议室：3.5kN/m²

不上人屋面：0.5kN/m²

餐厅、酒吧：3.0kN/m²

健身房：4.0kN/m²

厨房：4.0kN/m²

看台栏杆水平荷载：1.5kN/m

钢结构：

附加恒荷载（结构构件自重由程序自动计算确定）

金属屋面＋檩条＋天沟，防水等：0.50kN/m²

悬挂荷载根据强弱电、暖通专业提供的设备重量及布置位置及马道的平面布置确定。

马道扬声器布置如图4.2.1所示，虚线框区域每个节点加1kN集中荷载。

马道线槽布置如图4.2.1所示，则在对应杆件上加2kN/m均布荷载。

灯具和配电箱布置如图4.2.2所示，每个重量按0.5kN计。

桥架桥索0.5kN/m，则在对应杆件上加0.5kN/m均布荷载。

以上悬挑荷载考虑其不确定性，均乘以1.2的放大系数。

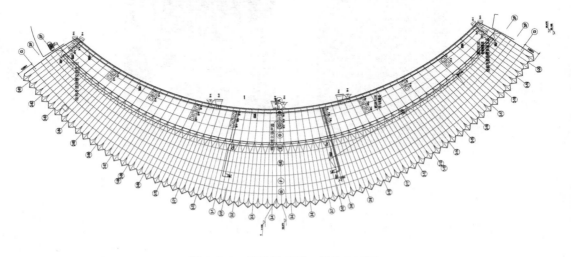

图4.2.1 马道扬声器、线槽布置图

屋面活荷载：0.5kN/m²

雪荷载（100年重现期）

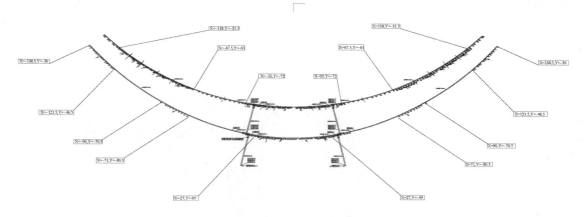

图 4.2.2 灯具和配电箱布置图

基本雪压：0.35kN/m²，折板屋面积雪分布系数 μ_r 如图 4.2.3 所示。

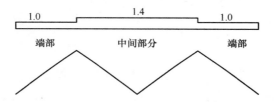

图 4.2.3 屋面积雪分布系数 μ_r 示意图

4.2.2 风荷载

按荷载规范取值（100 年重现期）。

基本风压：0.50kN/m²。

地面粗糙度：B 类。

风压高度系数 μ_z：1.67（最高处离地面 50m）。

风振系数 β_z：2.0（罩棚前端、转折处 3.0）。

风载体型系数 μ_s：见图 4.2.4。

图 4.2.4 风载结构体型系数 μ_s

按风洞试验报告结果取值：

为保证结构设计安全性，业主专门委托同济大学土木工程防灾国家重点实验室对其进行风洞试验研究，详细的试验结果见同济大学于 2006 年 12 月提供的《济南奥体中心体育场刚体模型测压试验及风振分析研究》报告，此处只简要的给出部分成果。

风向角定义如图 4.2.5 所示，共给出了 36 个风向角下试验结果，考虑结构的对称性，减少计算量，设计时取 $\beta=0°$、$40°$、$90°$、$140°$、$180°$ 五种角度下的试验结果进行验算。

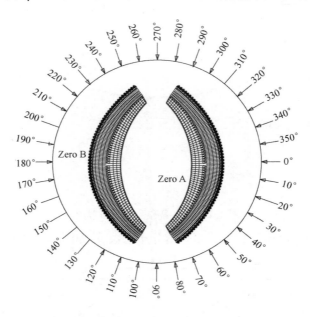

图 4.2.5　罩棚风压风洞试验风向角定义

由于上部结构关于南北轴基本对称，此处只给出西部钢结构罩棚计算结果。罩棚屋面、墙面分块如图 4.2.6、图 4.2.7 所示。

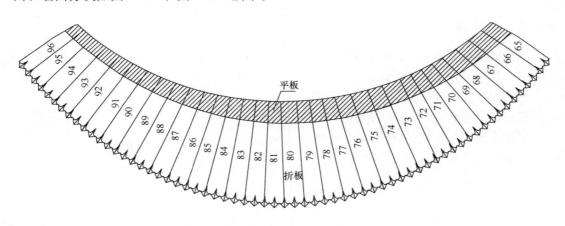

图 4.2.6　罩棚屋面分块位置图

图 4.2.7　罩棚墙面分块位置图

风洞试验结果与参考荷载规范的风荷载值相比明显偏小（表 4.2.1），风洞试验结果校核时按两种方法考虑：

屋面	$\beta=0°$	$\beta=40°$	$\beta=90°$	$\beta=140°$	$\beta=180°$	墙面	$\beta=0°$	$\beta=40°$	$\beta=90°$	$\beta=140°$	$\beta=180°$
65	-0.08	-0.26	-0.01	-0.08	-0.1	97	-0.04	-0.05	0.42	0.35	-0.01
66	-0.1	-0.14	0	-0.12	-0.16	98	-0.04	-0.22	0.45	0.68	-0.03
67	-0.07	-0.05	0.01	-0.23	-0.27	99	-0.03	-0.1	0.44	0.63	0.1
68	-0.03	0.01	0.04	-0.2	-0.18	100	-0.03	-0.09	0.46	0.74	0.27
69	-0.03	-0.02	0.01	-0.19	-0.25	101	-0.03	-0.13	0.39	0.74	0.3
70	-0.09	-0.09	-0.02	-0.24	-0.27	102	-0.03	-0.09	0.28	0.71	0.43
71	-0.11	-0.12	-0.05	-0.3	-0.37	103	-0.03	-0.09	0.12	0.52	0.36
72	-0.1	-0.1	-0.06	-0.21	-0.28	104	-0.06	-0.07	0.29	0.61	0.42
73	-0.08	-0.08	-0.07	-0.25	-0.29	105	-0.03	-0.05	-0.01	0.54	0.39
74	-0.07	-0.09	-0.04	-0.16	-0.19	106	-0.06	-0.08	0.15	0.44	0.37
75	-0.13	-0.12	-0.14	-0.24	-0.32	107	-0.02	-0.04	-0.02	0.57	0.56
76	-0.14	-0.16	-0.11	-0.2	-0.27	108	-0.01	-0.03	-0.02	0.56	0.51
77	-0.13	-0.17	-0.09	-0.23	-0.31	109	-0.01	-0.07	-0.02	0.56	0.51
78	-0.1	-0.11	-0.07	-0.27	-0.35	110	-0.01	-0.1	-0.04	0.53	0.46
79	-0.1	-0.16	-0.06	-0.18	-0.25	111	-0.01	-0.08	-0.06	0.42	0.42
80	-0.12	-0.17	-0.09	-0.27	-0.31	112	0	-0.08	-0.04	0.44	0.51
81	-0.11	-0.19	-0.11	-0.28	-0.32	113	-0.01	-0.08	-0.06	0.33	0.56
82	-0.13	-0.21	-0.09	-0.22	-0.26	114	0	-0.04	-0.05	0.1	0.55
83	-0.14	-0.19	-0.11	-0.31	-0.4	115	-0.03	-0.09	-0.07	0.06	0.62
84	-0.14	-0.18	-0.1	-0.24	-0.26	116	-0.03	-0.07	-0.07	-0.03	0.69
85	-0.14	-0.17	-0.11	-0.24	-0.22	117	-0.03	-0.04	-0.03	0.01	0.73
86	-0.1	-0.15	-0.07	-0.2	-0.21	118	-0.05	-0.1	-0.03	-0.01	0.7
87	-0.08	-0.14	-0.06	-0.19	-0.23	119	-0.07	-0.06	-0.04	-0.03	0.64
88	-0.07	-0.11	-0.06	-0.19	-0.21	120	-0.03	-0.01	0	-0.01	0.56
89	-0.1	-0.13	-0.11	-0.21	-0.25	121	-0.06	-0.02	-0.03	-0.05	0.43
90	-0.12	-0.14	-0.11	-0.2	-0.26	122	-0.05	-0.01	-0.02	-0.05	0.48
91	-0.06	-0.12	-0.09	-0.19	-0.25	123	-0.06	-0.03	-0.04	-0.1	0.32
92	-0.02	-0.1	-0.07	-0.15	-0.26	124	-0.03	-0.01	-0.04	-0.07	0.01
93	-0.16	-0.13	-0.06	-0.17	-0.43	125	-0.03	-0.01	-0.05	-0.07	0.31
94	-0.05	-0.09	-0.09	-0.12	-0.26	126	-0.02	-0.01	-0.06	-0.07	0.06
95	-0.07	-0.07	-0.08	-0.1	-0.18	127	-0.02	-0.01	-0.04	-0.06	0.1
96	-0.07	-0.08	-0.07	-0.08	-0.15	128	-0.02	0	-0.04	-0.06	0.02

注：表中数值未乘风振系数。正值表示风压力指向测点所在参考面，负值表示风压力背离参考面。

（1）方法一：采用风洞试验得到的各分块的风压分布规律，同时将其最大值放大至荷载规范参考值，乘以风振系数值调整风洞试验结果（表4.2.2）。

调整后分块风压表（kPa，100年重现期）　　　表4.2.2

屋面	β＝0°	β＝40°	β＝90°	β＝140°	β＝180°	墙面	β＝0°	β＝40°	β＝90°	β＝140°	β＝180°
65	−1.65	−3.30	−0.07	−0.36	−0.45	97	−0.83	−0.63	3.01	1.56	−0.05
66	−2.06	−1.78	0.00	−0.54	−0.72	98	−0.83	−2.79	3.23	3.03	−0.14
67	−1.44	−0.63	0.07	−1.03	−1.22	99	−0.62	−1.27	3.16	2.81	0.45
68	−0.62	0.13	0.29	−0.89	−0.81	100	−0.62	−1.14	3.30	3.30	1.22
69	−0.62	−0.25	0.07	−0.85	−1.13	101	−0.62	−1.65	2.80	3.30	1.36
70	−1.24	−0.76	−0.10	−0.71	−0.81	102	−0.41	−0.76	1.34	2.11	1.30
71	−1.51	−1.02	−0.24	−0.89	−1.12	103	−0.41	−0.76	0.57	1.55	1.08
72	−1.38	−0.85	−0.29	−0.62	−0.84	104	−0.83	−0.59	1.39	1.81	1.27
73	−1.10	−0.68	−0.33	−0.74	−0.87	105	−0.41	−0.42	−0.05	1.61	1.18
74	−0.96	−0.76	−0.19	−0.48	−0.57	106	−0.83	−0.68	0.72	1.31	1.12
75	−1.79	−1.02	−0.67	−0.71	−0.96	107	−0.28	−0.34	−0.10	1.69	1.69
76	−1.93	−1.35	−0.53	−0.59	−0.81	108	−0.14	−0.25	−0.10	1.66	1.54
77	−1.79	−1.44	−0.43	−0.68	−0.93	109	−0.14	−0.59	−0.10	1.66	1.54
78	−1.38	−0.93	−0.33	−0.80	−1.05	110	−0.14	−0.85	−0.19	1.58	1.39
79	−1.38	−1.35	−0.33	−0.54	−0.75	111	−0.14	−0.68	−0.29	1.25	1.27
80	−1.65	−1.44	−0.43	−0.80	−0.93	112	0.00	−0.68	−0.19	1.31	1.54
81	−1.51	−1.61	−0.53	−0.83	−0.96	113	−0.14	−0.68	−0.29	0.98	1.69
82	−1.79	−1.78	−0.43	−0.65	−0.78	114	0.00	−0.34	−0.24	0.30	1.66
83	−1.93	−1.61	−0.53	−0.92	−1.21	115	−0.41	−0.76	−0.33	0.18	1.87
84	−1.93	−1.52	−0.48	−0.71	−0.78	116	−0.41	−0.59	−0.33	−0.09	2.08
85	−1.93	−1.44	−0.53	−0.71	−0.66	117	−0.41	−0.34	−0.14	0.03	2.20
86	−1.38	−1.27	−0.33	−0.59	−0.63	118	−0.69	−0.85	−0.14	−0.03	2.11
87	−1.10	−1.18	−0.29	−0.56	−0.69	119	−0.96	−0.51	−0.19	−0.09	1.93
88	−0.96	−0.93	−0.29	−0.56	−0.63	120	−0.41	−0.08	0.00	−0.03	1.69
89	−1.38	−1.10	−0.53	−0.62	−0.75	121	−0.83	−0.17	−0.14	−0.15	1.30
90	−1.65	−1.18	−0.53	−0.59	−0.78	122	−0.69	−0.08	−0.10	−0.15	1.45
91	−0.83	−1.02	−0.43	−0.56	−0.75	123	−0.83	−0.25	−0.19	−0.30	0.96
92	−0.41	−1.27	−0.50	−0.67	−1.18	124	−0.62	−0.13	−0.29	−0.31	0.05
93	−3.30	−1.65	−0.43	−0.76	−1.94	125	−0.62	−0.13	−0.36	−0.31	1.40
94	−1.03	−1.14	−0.65	−0.54	−1.18	126	−0.41	−0.13	−0.43	−0.31	0.27
95	−1.44	−0.89	−0.57	−0.45	−0.81	127	−0.41	−0.13	−0.29	−0.27	0.45
96	−1.44	−1.02	−0.50	−0.36	−0.68	128	−0.41	0.00	−0.29	−0.27	0.09

（2）方法二：风洞试验报告提供的风压值直接乘以有限元风振分析得到的阵风响应系数（表4.2.3、表4.2.4）。

屋面前段平板位置						屋面折板位置				
屋面	$\beta=0°$	$\beta=40°$	$\beta=90°$	$\beta=140°$	$\beta=180°$	墙面	$\beta=0°$	$\beta=40°$	$\beta=90°$	$\beta=140°$	$\beta=180°$
65	−1.28	−0.90	−0.08	−0.56	−0.78	65	−0.51	−0.83	−0.09	−0.49	−0.61
66	−1.48	−0.38	0.00	−1.75	−1.13	66	−0.55	−0.45	0.00	−0.68	−1.00
67	−1.04	−0.13	0.04	−3.35	−1.91	67	−0.33	−0.16	0.07	−1.17	−1.74
68	−0.30	0.03	0.10	−0.84	−1.45	68	−0.12	0.03	0.26	−0.91	−1.19
69	−0.14	−0.05	0.03	−0.61	−2.67	69	−0.09	−0.07	0.06	−0.77	−1.70
70	−0.41	−0.24	−0.06	−0.77	−2.89	70	−0.19	−0.30	−0.10	−0.84	−1.88
71	−0.31	−0.34	−0.20	−0.95	−3.45	71	−0.24	−0.39	−0.24	−1.02	−2.48
72	−0.24	−0.37	−0.32	−0.70	−1.97	72	−0.22	−0.32	−0.29	−0.70	−1.80
73	−0.19	−0.30	−0.37	−0.83	−2.04	73	−0.18	−0.26	−0.33	−0.80	−1.78
74	−0.17	−0.53	−0.20	−0.48	−0.97	74	−0.16	−0.29	−0.18	−0.50	−1.11
75	−0.81	−1.13	−0.64	−0.56	−1.42	75	−0.31	−0.38	−0.63	−0.73	−1.79
76	−0.88	−1.50	−0.50	−0.47	−1.20	76	−0.33	−0.50	−0.48	−0.59	−1.43
77	−0.60	−1.52	−0.48	−0.57	−1.46	77	−0.32	−0.52	−0.39	−0.65	−1.56
78	−0.27	−0.46	−0.36	−0.70	−1.60	78	−0.25	−0.33	−0.29	−0.74	−1.67
79	−0.27	−0.66	−0.36	−0.47	−1.15	79	−0.25	−0.48	−0.29	−0.48	−1.12
80	−0.30	−0.41	−0.33	−0.73	−1.19	80	−0.31	−0.50	−0.36	−0.69	−1.31
81	−0.30	−0.46	−0.39	−0.82	−1.16	81	−0.28	−0.56	−0.44	−0.72	−1.35
82	−0.35	−0.51	−0.32	−0.64	−0.94	82	−0.36	−0.64	−0.35	−0.60	−1.14
83	−0.51	−0.60	−0.39	−1.04	−1.36	83	−0.42	−0.60	−0.42	−0.88	−1.84
84	−1.06	−1.07	−0.37	−0.89	−0.82	84	−0.46	−0.58	−0.37	−0.72	−1.24
85	−1.06	−1.01	−0.40	−0.89	−0.69	85	−0.49	−0.56	−0.40	−0.75	−1.09
86	−0.90	−1.48	−0.28	−0.87	−0.70	86	−0.37	−0.51	−0.25	−0.66	−1.08
87	−0.61	−1.35	−0.30	−1.18	−0.94	87	−0.32	−0.48	−0.21	−0.65	−1.23
88	−0.53	−1.06	−0.30	−1.18	−0.86	88	−0.30	−0.39	−0.20	−0.68	−1.16
89	−0.70	−0.93	−0.40	−1.16	−1.47	89	−0.45	−0.47	−0.36	−0.78	−1.43
90	−0.73	−0.81	−0.31	−0.93	−2.30	90	−0.56	−0.52	−0.35	−0.77	−1.54
91	−0.36	−0.69	−0.26	−0.88	−2.22	91	−0.30	−0.45	−0.28	−0.76	−1.53
92	−0.04	−0.65	−0.22	−0.59	−2.77	92	−0.10	−0.70	−0.22	−0.56	−1.69
93	−0.27	−0.36	−0.23	−0.56	−2.83	93	−0.75	−1.33	−0.20	−0.60	−2.95
94	−0.09	−0.25	−0.34	−0.40	−1.71	94	−0.23	−1.21	−0.31	−0.39	−1.88
95	−0.17	−0.33	−0.23	−0.31	−1.66	95	−0.31	−1.17	−0.29	−0.30	−1.37
96	−0.35	−1.78	−0.26	−0.24	−1.24	96	−0.31	−1.59	−0.26	−0.22	−1.20

按方法二调整后屋面分块风压表（二）（kPa，100 年重现期）　　表 4.2.4

	屋面、墙面转折位置						墙面中下部折板位置				
墙面	$\beta=0°$	$\beta=40°$	$\beta=90°$	$\beta=140°$	$\beta=180°$	墙面	$\beta=0°$	$\beta=40°$	$\beta=90°$	$\beta=140°$	$\beta=180°$
97	−0.13	−0.16	5.64	1.88	−0.14	97	−0.07	−0.08	2.82	0.94	−0.07
98	−0.12	−0.93	5.38	3.46	−0.38	98	−0.06	−0.46	2.69	1.73	−0.19
99	−0.09	−0.52	4.61	3.03	1.15	99	−0.04	−0.26	2.30	1.51	0.57
100	−0.08	−0.56	4.13	3.35	2.77	100	−0.04	−0.28	2.07	1.67	1.38
101	−0.07	−0.93	2.93	3.13	2.71	101	−0.04	−0.47	1.46	1.57	1.35
102	−0.06	−0.73	1.69	2.80	3.35	102	−0.03	−0.37	0.84	1.40	1.67
103	−0.08	−0.70	0.71	1.98	2.68	103	−0.04	−0.35	0.35	0.99	1.34
104	−0.17	−0.51	1.67	2.24	2.99	104	−0.09	−0.26	0.84	1.12	1.49
105	−0.10	−0.35	−0.06	1.91	2.64	105	−0.05	−0.17	−0.03	0.95	1.32
106	−0.22	−0.52	0.83	1.49	2.38	106	−0.11	−0.26	0.41	0.75	1.19
107	−0.08	−0.25	−0.11	1.85	3.42	107	−0.04	−0.12	−0.05	0.93	1.71
108	−0.04	−0.17	−0.11	1.74	2.94	108	−0.02	−0.09	−0.05	0.87	1.47
109	−0.05	−0.37	−0.10	1.66	2.77	109	−0.02	−0.19	−0.05	0.83	1.38
110	−0.05	−0.49	−0.20	1.50	2.34	110	−0.03	−0.25	−0.10	0.75	1.17
111	−0.05	−0.36	−0.29	1.13	2.00	111	−0.03	−0.18	−0.15	0.56	1.00
112	0.00	−0.33	−0.19	1.12	2.25	112	0.00	−0.17	−0.10	0.56	1.13
113	−0.06	−0.32	−0.28	1.06	2.53	113	−0.03	−0.16	−0.14	0.53	1.27
114	0.00	−0.15	−0.23	0.39	2.54	114	0.00	−0.08	−0.11	0.19	1.27
115	−0.15	−0.33	−0.31	0.27	2.92	115	−0.07	−0.16	−0.15	0.14	1.46
116	−0.14	−0.24	−0.30	−0.15	3.32	116	−0.07	−0.12	−0.15	−0.08	1.66
117	−0.13	−0.13	−0.12	0.06	3.59	117	−0.06	−0.07	−0.06	0.03	1.79
118	−0.20	−0.31	−0.12	−0.06	3.51	118	−0.10	−0.16	−0.06	−0.03	1.75
119	−0.25	−0.18	−0.16	−0.21	3.27	119	−0.13	−0.09	−0.08	−0.11	1.64
120	−0.10	−0.03	0.00	−0.08	2.92	120	−0.05	−0.01	0.00	−0.04	1.46
121	−0.18	−0.05	−0.11	−0.42	2.28	121	−0.09	−0.03	−0.05	−0.21	1.14
122	−0.13	−0.02	−0.07	−0.45	2.60	122	−0.07	−0.01	−0.04	−0.23	1.30
123	−0.17	−0.07	−0.14	−0.81	2.50	123	−0.08	−0.04	−0.07	−0.40	1.25
124	−0.09	−0.02	−0.13	−0.50	0.10	124	−0.04	−0.01	−0.07	−0.25	0.05
125	−0.09	−0.02	−0.16	−0.43	3.91	125	−0.05	−0.01	−0.08	−0.21	1.96
126	−0.07	−0.02	−0.18	−0.36	0.90	126	−0.03	−0.01	−0.09	−0.18	0.45
127	−0.07	−0.02	−0.12	−0.25	1.74	127	−0.04	−0.01	−0.06	−0.12	0.87
128	−0.07	0.00	−0.11	−0.19	0.40	128	−0.04	0.00	−0.06	−0.09	0.20

4.2.3 温度作用分析及取值

据业主提供的济南市 1951~1980 历月气温统计材料见表 4.2.5。

济南当地月气温统计资料 表 4.2.5

月份	1	2	3	4	5	6	7	8	9	10	11	12
平均气温（℃）	−0.4	3	9.2	15.8	21.8	26.5	27	26.5	20.5	16.5	8.5	1.3
最高气温（℃）	11	14.8	24.5	31.6	32.6	37.2	36.8	35.2	30.5	27.7	19.9	13.5
最低气温（℃）	−11.5	−5.7	−3	3	8.3	13.9	20.1	19.9	13.9	3.4	−3.5	−7.5

50 年一遇极端气温：−19.7℃，+42.5℃。

计算仅考虑整体温差（局部温差——构件内外表面温差影响较小）。

混凝土合拢温差取月平均气温；整体温差＝月最高（最低）气温-合拢温度。

根据《建筑桩基技术规范》JGJ 94—94，计算桩基对结构基础的约束刚度，用实际刚度约束代替地基的无限刚约束假定。不同桩径的桩的水平剪切和转动刚度如表 4.2.6 所示。

桩水平剪切及转动刚度 表 4.2.6

桩径（mm）	剪切刚度（kN/m）	转动刚度（kN·m/弧度）
φ800	3.1E4	1.57E5
φ1200	7.26E4	6.04E5
φ1600	1.27E5	1.57E6
φ2000	2.0E5	3.3E6

同时进一步考虑地基土对上部结构的约束作用，参考国内桩基试验报告，假定基础水平变形达 5mm 和基础转角位移超过 1/1000 时地基土进入塑性，约束刚度取原刚度的 0.2 倍，即图 4.2.8 中 $k=0.2$；Z 向取不动铰，此非线性的弹簧模型属性如图 4.2.8 所示。

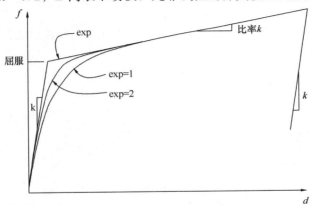

图 4.2.8 对于同轴变形的 Wen 弹塑性属性

参考"CEB-FIP MODEL CODE 1990（DESIGN CODE）"，考虑混凝土徐变、收缩效应，时间取 23 个月。

结合施工，结合后浇带设置，对整体结构进行了完整的施工模拟温差效应计算分析，主体结构逐层生成，后浇带逐层生成，逐层施加温差，同时随季节变化改变温差。计算时假设后浇带 2 个月后合拢。因为工程体量较大，假设 2 个月完成一层混凝土结构，即施工第 2 层时封闭第 1 层的后浇带，施工第 3 层时封闭第 2 层的后浇带，以此类推，施工模拟计算简图如图 4.2.9 所示。

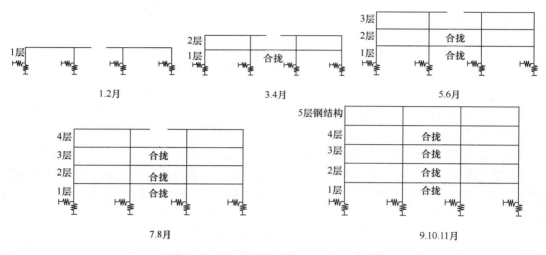

图 4.2.9　含后浇带模型施工模拟计算简图

温差取值计算：

考虑施工工期安排，1 月份开始施工，2 个月完成一层混凝土结构，钢结构等混凝土结构全部完工后安装，时间为 3 个月，则根据图 4.2.9 有：

施工第一层（−2.500～6.900 部分）：时间为 1、2 月，合拢温度为 1.3℃

一层结构　负温差＝−12.8℃；正温差＝13.5℃

施工第二层（6.900～12.000 部分）：时间为 3、4 月，合拢温度为 12.5℃

二层结构　负温差＝−15.5℃；正温差＝12.5℃

一层结构　负温差＝−4.3℃；正温差＝30.3℃

施工第三层（12.00～16.800 部分）：时间为 5、6 月，合拢温度为 24.1℃

三层结构　负温差＝−15.9℃；正温差＝13.1℃

二层结构　负温差＝−4.2℃；正温差＝24.7℃

一层结构　负温差＝7℃；正温差＝35.9℃

施工第四层（16.800 以上部分）：时间为 7、8 月，合拢温度为 26.5℃

四层结构　负温差＝−6.6℃；正温差＝10.3℃

三层结构　负温差＝−4.2℃；正温差＝12.7℃

二层结构　负温差＝−7.4℃；正温差＝24.3℃

一层结构　负温差＝18.6℃；正温差＝35.5℃

施工第五层（全部钢结构）：时间为 9、10、11 月，合拢温度为 15.1℃

五层结构　负温差＝－18.6℃；正温差＝15.4℃

四层结构　负温差＝－30℃；正温差＝4℃

三层结构　负温差＝－27.6℃；正温差＝6.4℃

二层结构　负温差＝－16℃；正温差＝18℃

一层结构　负温差＝－4.8℃；正温差＝29.2℃

主体施工完毕后，假设1年的装饰期，整体结构在1年内经历的温差为：

12月份：负温差＝－4℃；正温差＝－17℃

1月份：负温差＝－4℃；正温差＝－2.5℃

2月份：负温差＝5.8℃；正温差＝3.8℃

3月份：负温差＝2.7℃；正温差＝－9.7℃

4月份：负温差＝6℃；正温差＝7.1℃

5月份：负温差＝5.3℃；正温差＝1℃

6月份：负温差＝5.6℃；正温差＝4.6℃

7月份：负温差＝6.2℃；正温差＝－0.4℃

8月份：负温差＝－0.2℃；正温差＝－1.6℃

9月份：负温差＝－6℃；正温差＝－4.7℃

10月份：负温差＝－10.5℃；正温差＝－2.8℃

11月份：负温差＝－6.9℃；正温差＝－7.8℃

计算温差效应作用时间历程为：2007年1月至2008年11月。

4.2.4　地震作用分析及取值

下部混凝土结构阻尼比：0.05

上部钢结构阻尼比：0.02

总装结构阻尼比：0.02/0.03

采用二个计算模型：阻尼比 ξ＝0.02控制上部钢结构

阻尼比 ξ＝0.03控制下部混凝土结构

考虑5%单向偶然偏心

结构构件承载力计算考虑三向（双向）地震作用，其效应组合为1：0.85：0.65。

规范地震动参数及计算模型　　　　　　　　表4.2.7

设防水准	场地特征周期	水平地震影响系数最大值	$A_{\max}$	计算模型	阻尼比	计算内容
63%（小震）	0.4s	0.04	18gal	单独混凝土结构	0.05	地震作用弹性分析下的结构位移控制以及结构构件截面承载力弹性验算
				单独钢结构	0.02	地震作用弹性分析下的结构位移控制以及结构构件截面承载力弹性验算
				总装结构	0.03/0.02	总装结构地震作用弹性分析下的结构位移控制以及构件截面承载力弹性验算

277

设防水准	场地特征周期	水平地震影响系数最大值	A_{max}	计算模型	阻尼比	计算内容
10%（中震）	0.4s	0.11	54gal	单独混凝土结构	0.05	地震作用弹性分析下的结构位移控制以及结构构件截面承载力弹性验算
				单独钢结构	0.02	地震作用弹性分析下的结构位移控制以及结构构件截面承载力弹性验算
				总装结构	0.03/0.02	总装结构地震作用弹性分析下的结构位移控制以及构件截面承载力弹性验算
3%（大震）	0.45s	0.23	110gal	单独混凝土结构	0.05	地震作用弹性分析下的结构位移控制以及结构构件截面承载力弹性验算
				单独钢结构	0.02	地震作用弹性分析下的结构位移控制以及结构构件截面承载力弹性验算
				总装结构	0.03/0.02	总装结构地震作用弹性分析下的结构位移控制以及构件截面承载力弹性验算

场地安评谱地震动参数及计算模型　　　　　　表 4.2.8

设防水准	场地特征周期	水平地震影响系数最大值	A_{max}	计算模型	阻尼比	计算内容
63%（小震）	0.38s	0.065	27gal	单独混凝土结构	0.05	地震作用弹性分析下的结构位移控制以及结构构件截面承载力弹性验算
				单独钢结构	0.02	地震作用弹性分析下的结构位移控制以及结构构件截面承载力弹性验算
				总装结构	0.03/0.02	总装结构地震作用弹性分析下的结构位移控制以及构件截面承载力弹性验算
10%（中震）	0.47s	0.209	86gal	单独混凝土结构	0.05	地震作用弹性分析下的结构位移控制以及结构构件截面承载力弹性验算
				单独钢结构	0.02	地震作用弹性分析下的结构位移控制以及结构构件截面承载力弹性验算
				总装结构	0.03/0.02	总装结构地震作用弹性分析下的结构位移控制以及构件截面承载力弹性验算
3%（大震）	0.62s	0.339	138gal	单独钢结构	0.02	地震作用弹性分析下的结构位移控制以及结构构件截面承载力弹性验算
				总装结构	0.02	上部钢结构地震作用弹性分析下的结构位移控制以及构件截面承载力基本弹性验算

4.3 结构设计理念

4.3.1 总装分析设计方法

本项目上部大跨空间钢结构支承于下部钢筋混凝土结构，上下部结构是一个密不可分的整体。上部结构对下部结构既有作用又有刚度约束，下部结构对上部结构既有支承又有效应放大。以往设计常用的两种计算方法存在安全隐患如下：

方法1：将上部钢结构和下部混凝土结构分离单独计算。设计上部钢结构时，将上部钢结构在混凝土结构的交界面上的支撑点假设为固结或铰接；设计下部混凝土结构时，把上部钢结构的支座反力作为荷载。该方法将下部混凝土结构对上部钢结构的支承刚度夸大为无穷大，支座铰接——平动刚度无穷大，支座刚接——平动、转动刚度无穷大。

方法2：引入下部混凝土结构支座的平动、转动刚度，上部钢结构支承于一系列弹簧支座。该方法不能反映上部结构刚度对整体结构的贡献，也不能反映下部结构有限刚度对上部结构的效应放大，同时计算工作十分繁琐。

创新采用总装分析的理念与方法对本工程设计的重要性如下：

（1）准确分析上下部结构性能

钢、混凝土结构材料特性差异以及上部钢结构与下部混凝土结构体系布置的差异，必然给整体结构在各种荷载作用下的变形受力性能与上下部结构单独分析的结果带来差异：

① 实际钢结构支承于混凝土结构之上，作为钢结构支座的下部混凝土结构刚度有限，混凝土材料本身存在收缩、徐变变形，支座存在变位。总装分析得到的上部钢结构的控制内力和变形一般都大于单独钢结构分析得到的结果，并且单独钢结构分析无法准确反映下部混凝土结构的弹性支承对上部钢结构振型、地震作用效应放大的影响。

② 下部混凝土结构振型、地震作用的效应及其受力由于忽略上部钢结构的放大效应及刚度贡献，将产生较大的误差。

③ 总装分析能够有效指导下部混凝土结构选型。

本工程最初考虑两种混凝土方案：

方案1：纯框架结构。下部混凝土结构分为8个子结构，上部1个钢结构罩棚支承于下部3个混凝土子结构，见图4.1.4(a)。

方案2：框架剪力墙结构。利用建筑的楼电梯间布置混凝土墙体形成刚度、承载力及延性均较好的筒体；下部混凝土结构分为4个子结构，上部1个罩棚支承于下部1个混凝土子结构，见图4.1.4(b)。

若仅根据单体下部混凝土结构分析，结构布置方案1、2均可行，并且方案1对减小下部结构温度应力相对有利。

但是总装分析揭示了方案1存在以下问题：

① 下部采用纯框架结构，刚度较弱，

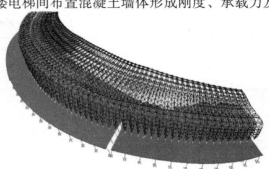

图4.3.1 方案1主要振型

两方向基本自振周期1.3s，与上部钢结构环向基本周期1.2s十分接近，振型耦合；

② 混凝土斜看台平面内较大的轴向、剪切刚度造成结构刚度偏心，总装结构的前两个主振型均为扭转振型，见表4.3.1。

③ 支承一个上部钢结构的三个独立下部混凝土结构单元之间的相对振动振型为主振型，对其上部钢结构有较大不利影响，如图4.3.1所示。

方案1整体振型　　　　　　　　　　　　　　表4.3.1

Mode	Period（s）	U_x	U_y	U_z	R_x	R_y	R_z
1	1.984	1.33×10^{-6}	0.034	3.53×10^{-7}	0.004	5.08×10^{-7}	0.033
2	1.336	0.07	0.17	6.23×10^{-9}	0.004	0.002	0.64
3	1.32	0.29	0.036	6.60×10^{-8}	9.71×10^{-4}	0.008	0.098
4	1.248	0.013	0.29	1.24×10^{-5}	0.009	3.79×10^{-4}	0.086
5	1.218	0.066	0.12	5.83×10^{-7}	0.003	1.76×10^{-3}	0.007

总装分析揭示方案1存在较大的安全隐患，方案2较为合理，最终结构布置采用方案2。单体分析不能揭示两种结构性能的优劣。

（2）静力总装分析结果对比

上部钢结构单体分析与总装分析结果对比如表4.3.2～表4.3.5所示。

节点最大竖向位移　　　　　　　　　　　　表4.3.2

组合		位置	位移最大值（mm）		方向
			单体分析	总装分析	
1	恒	桁架端部	−150（1/341）	−244（1/209）	向下
2	恒＋活（雪）	桁架端部	−207（1/248）	−306（1/206）	向下
3	恒＋负风压	桁架端部	＋129（1/397）	＋130（1/393）	向上
4	恒＋正风压	桁架端部	−270（1/190）	−368（1/140）	向下
5	恒＋升温	桁架端部	−159（1/322）	−234（1/218）	向下
6	恒＋降温	桁架端部	−142（1/361）	−255（1/200）	向下

节点最大水平位移　　　　　　　　　　　　表4.3.3

工况		U_1（mm）（环向）		U_2（mm）（径向）	
		单体分析	总装分析	单体分析	总装分析
1	正风	71	83	＋/−33	＋/−36
2	负风	−96	−104	＋/−33	＋/−41
3	正温	44	56	＋/−22	＋/−25
4	负温	−44	−56	＋/−22	＋/−25

规格	轴力 N (kN)	平面内弯矩 M_{major} (kN·m)	平面外弯矩 M_{minor} (kN·m)	最大应力比	轴向应力比	弯曲应力比
$\phi450\times25$	880	22	621	0.66	0.09	0.56
$\phi402\times16$	−2908	238		0.89	0.48	0.41
$\phi402\times10$	1522		140.3	0.72	0.39	0.32
$\phi402-351\times10$	−1863	30.7		0.53	0.43	0.08
$\phi402-273\times10$	1433			0.64	0.64	
$\phi351\times10$	−771	63		0.56	0.4	0.16
$\phi273\times10$	−1003			0.82	0.82	
$\phi245\times8$	−62	79		0.74	0.03	0.71
$\phi180\times8$	−686			0.84	0.84	
$\phi152\times6$	−252			0.86	0.86	
$\phi127\times6$	−262			0.83	0.83	
$\phi95\times6$	−147			0.38	0.38	

规格	轴力 N (kN)	平面内弯矩 M_{major} (kN·m)	平面外弯矩 M_{minor} (kN·m)	最大应力比	轴向应力比	弯曲应力比
$\phi450\times25$	−1099	−35	650	0.68	0.11	0.57
$\phi402\times16$	3286	−263		1.01	0.55	0.45
$\phi402\times10$	2875		31	0.83	0.75	0.08
$\phi402-351\times10$	−2335	38		0.66	0.54	0.12
$\phi402-273\times10$	1745	12		0.78	0.68	0.07
$\phi351\times10$	−1383	38.8		0.67	0.5	0.17
$\phi273\times10$	−1006	10		0.88	0.76	0.12
$\phi245\times8$	−586.5	10		0.88	0.76	0.12
$\phi180\times8$	−770.4	13.8		1.53	0.96	0.57
$\phi152\times6$	−218.3			0.77	0.77	
$\phi127\times6$	−279			0.96	0.88	
$\phi95\times6$	−153			0.428	0.428	

可见：

① 作为钢结构支座的下部混凝土结构刚度有限，支座存在变形，总装分析得到的上部钢结构最大水平位移相比单体分析增大约 15%，最大竖向位移增大约 50%。下部混凝土结构刚度越小，上部钢结构变形越大，两种分析方法结果差异越大，只用单体分析结果不能准确反映上部钢结构位移。

② 总装分析得到的上部钢结构杆件轴力有不同程度的增大，主桁架弦杆增大15%～

25%，其中转折处弦杆增大 40%～50%，平板、折板次桁架下弦杆件增大 15%。由于下部混凝土结构有限刚度及其不可避免的不均匀性，上部钢结构总装分析得到的受力大于单独上部钢结构分析，单独上部钢结构分析不能正确反映上下部结构协同工作杆件的实际受力状况，偏不安全。

③ 准确分析地震作用

上部钢结构屋盖一般都高位支承于下部混凝土结构柱、梁顶面，结构基础底面受到的地震作用通过下部混凝土结构传递到上部钢结构将有不可忽视的放大效应，如将上部钢结构地震作用直接在其支座处输入，意味着将基础底面拉高到钢结构的高位支承面，地震作用效应将被大大地缩小失真，对上部钢结构的抗震安全性构成隐患。

本工程抗震计算时，单体上部钢结构阻尼比取 0.02，单体下部混凝土结构阻尼比取 0.05，考虑本工程钢结构所占比例较高，总装结构阻尼比偏安全取 0.035。计算结果见表 4.3.6～表 4.3.8 及图 4.3.2。

上部钢结构弹性反应谱节点最大位移值对比（安评报告反应谱）　　　表 4.3.6

	径向（mm）		环向（mm）		竖向（mm）	
	单体分析	总装分析	单体分析	总装分析	单体分析	总装分析
小震	3.66	31.47	13.9	3.44	17.21	44.62
中震	35.97	123.74	54.66	120.26	68.39	178.05
大震	111.4	251.04	115.02	245.76	139.10	256.83

上部钢结构时程分析节点位移响应峰值对比（50 年超越概率 3%场地波）　表 4.3.7

激励方向 & 响应方向	最大位移值（mm）		最小位移值（mm）		
	单体分析	总装分析	单体分析	总装分析	
X 向	12.06	41.6	−11.58	−55	中部最长悬挑桁架端部节点
Y 向	91.73	151	−87.8	−165.5	
Z 向	35.8	86.2	−33.78	−94.2	
X 向	19.1	38	−23.4	−48.9	边部最短悬挑桁架端部节点
Y 向	58.7	96.2	−57.03	−103.8	
Z 向	11.69	43.2	−11.53	−64.1	

上部钢结构时程分析节点加速度响应峰值对比（50 年超越概率 3%场地波）　表 4.3.8

激励方向 & 响应方向	最大加速度值（gal）		最小加速度值（gal）		
	单体分析	总装分析	单体分析	总装分析	
X 向	88.1	61	−140.1	−605.3	中部最长悬挑桁架端部节点
Y 向	321.7	849.1	−429.4	−855.6	
Z 向	368.2	636.3	−355.2	−502.9	
X 向	477	781.7	−499.9	−641.6	边部最短悬挑桁架端部节点
Y 向	355.6	563.9	−353.5	−582.4	
Z 向	330.6	822.1	−321.2	−928.7	

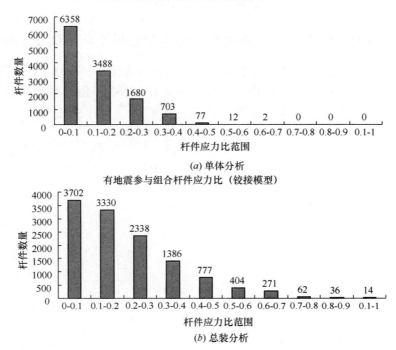

图 4.3.2　上部钢结构大震组合作用下杆件应力比对比

结论：

① 总装分析上部钢结构节点水平位移响应峰值比单体分析大 2 倍左右，竖向位移响应峰值总装分析比单体分析大 3~5 倍左右。反应谱分析位移响应峰值具有相同的规律。

② 总装分析上部钢结构加速度响应峰值比单体分析增大 2~3 倍。总装分析得到的上部钢结构水平向加速度响应峰值达到输入的地面加速度峰值的 4~6 倍，竖向达到 5~12 倍。总装分析揭示了上部钢结构高位支承于下部混凝土结构，结构基底受到的地震作用传递到上部钢结构将有较大的放大效应，对钢结构抗震设计的安全性具有重要意义。

③ 总装分析地震组合作用下杆件最大应力比接近 1，而单独钢结构分析地震作用下杆件最大应力比小于 0.7。钢结构置于高位吸收的地震作用能量远大于其假定置于地面吸收的地震作用能量。单独上部钢结构的抗震设计具有较大的安全隐患。

④ 保证连接界面安全

单独结构分析不能反映上下部结构共同工作时支座连接构件在各种荷载作用下将可能受到的较大的控制应力，不能保证连接界面节点的安全性。

① 地震作用下，单独上部结构分析较难反映上下部结构实际协同工作时界面连接构件不利的受力状态，不能对不安全部位采取局部加强措施。

② 温度作用下，上部钢结构、下部混凝土结构以各自平面内抗侧刚心为不动点收缩或膨胀，通常上部钢结构与下部混凝土结构的刚心位置不同，刚心错位较多时，上部钢结

构与下部混凝土结构将发生相对变形，连接界面构件内将受到较大局部温度应力。结构总装分析对保证连接界面构件的安全性是十分必要的。

4.3.2 钢结构创新采用空间性能优良的折板型悬挑空间桁架结构体系

主桁架采用圆管截面，斜腹杆布置为拉杆，直腹杆为压杆，以减小杆件截面，节省用钢量。钢结构罩棚见图 4.1.6，杆件截面见表 4.1.3，单榀主桁架截面示意见图 4.3.3，杆件截面及长度分布图见图 4.3.4 和图 4.3.5。

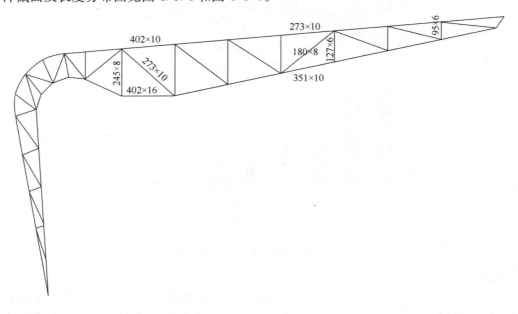

图 4.3.3 单榀主桁架截面示意

杆件长细比最大值列表（表 4.3.9）

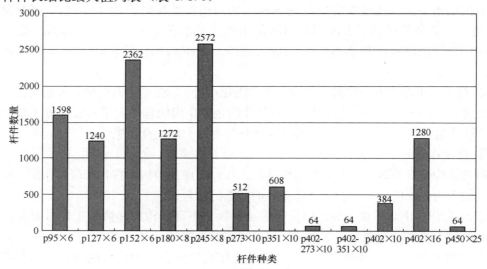

图 4.3.4 杆件截面分布图

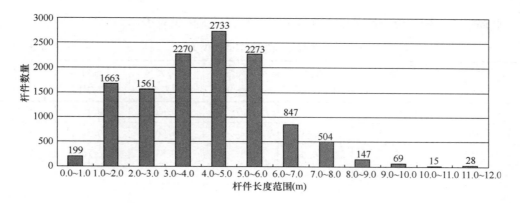

图 4.3.5 杆件长度分布图

杆件截面特性

表 4.3.9

SectionName	面积 A_{rea}（mm²）	惯性矩 I（mm⁴）	杆件最大长度 L	i 惯性半径	长细比
SSP95X6	1678	1668600	3585	31	113
SSP127X6	2281	4184400	5365	42	125
SSP152X6	2752	7345200	7344	51	142
SSP180X8	4323	16020400	7821	60	128
SSP245X8	5956	41868700	9417	83	112
SSP273X10	8262	71540896	990	93	106
SSP351X10	10713	155846208	7454	120	61
SSP402X10	12309	236762096	7313	138	52
SSP402X16	19393	362075296	11749	136	85

总装分析上部钢结构节点最大竖向位移（位于桁架端部）（表 4.3.10）

节点最大竖向位移

表 4.3.10

组　　合		位移最大值（mm）		方　　向
		单体分析	总装分析	
1	恒	−150（1/341）	−244（1/209）	向下
2	恒＋活（雪）	−207（1/248）	−306（1/206）	向下
3	恒＋负风压	＋29（1/397）	＋13（1/393）	向上
4	恒＋正风压	−270（1/190）	−368（1/140）	向下
5	恒＋升温	−159（1/322）	−234（1/218）	向下
6	恒＋降温	−142（1/361）	−255（1/200）	向下

上部钢结构杆件恒＋活＋风＋温度最不利组合最大内力见表 4.3.11。

杆件最不利组合下最大内力　　　　　　　　　　　表 4.3.11

规　格	轴力 (kN)	平面内弯矩 (kN·m)	平面外弯矩 (kN·m)	最大 应力比	轴向 应力比	弯曲 应力比
$\phi450\times25$	−1099	−35	650	0.68	0.11	0.57
$\phi402\times16$	3286	−263	0	1.00	0.55	0.45
$\phi402\times10$	2875	0	31	0.83	0.75	0.08
$\phi402\text{-}351\times10$	−2335	38	0	0.66	0.54	0.12
$\phi402\text{-}273\times10$	1745	12	0	0.78	0.68	0.07
$\phi351\times10$	−1383	38.8	0	0.67	0.50	0.17
$\phi273\times10$	−1006	10	0	0.88	0.76	0.12
$\phi245\times8$	−586.5	10	0	0.88	0.76	0.12
$\phi180\times8$	−770.4	13.8	0	1.53	0.96	0.57
$\phi152\times6$	−218.3	0	0	0.77	0.77	0
$\phi127\times6$	−279	0	0	0.96	0.88	0
$\phi95\times6$	−153	0	0	0.43	0.43	0

棒钢初始预拉力值的确定，以尽量减少预拉力并且确保结构具有足够的刚度为原则，控制最不利工况时棒钢的应力水平 $\sigma_{max}<0.7f_y$，$\sigma_{min}>0.03f_y$，f_y 为钢材强度标准值。经过反复比较，初始预应力取 $0.3f_y$ 时，棒钢受力状态最优。

分析：

① 整个结构除了支座及屋面、墙面弧线转折区杆件存在较大弯矩外，其他杆件均以轴向受力为主，截面利用率高，结构受力状态较好。

② 杆件应力比在 0.1～0.3 的杆件数量较多（图 4.3.6），基本为桁架的腹杆，由长细比控制，其截面尺寸为 $\phi95\times6$ 和 $\phi127\times6$，占用钢量比例很小，其余杆件应力比集中在 0.4～0.7 之间，结构的杆件应力水平分布较为合理。

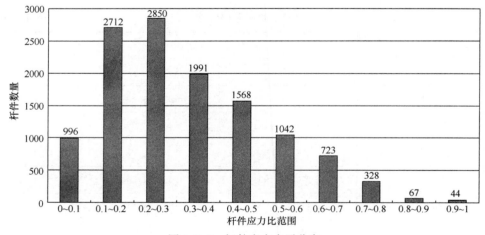

图 4.3.6　杆件应力水平分布

4.4 大跨空间结构包络分析

采用多模型（刚性、弹性楼盖单独混凝土结构、刚接、铰接单独钢结构、总装结构）、多工况（重力施工模拟、风、单向偶然偏心小（中、大）震、双向偶然偏心小（中、大）震）、小（中、大）震弹性时程分析、温度）、多程序（ETABS、SAP2000、MIDAS、ANSYS）按最不利工况控制。针对薄弱部位采取有效的抗震措施。整体结构各项抗震性能指标均满足规范要求，下部混凝土结构可以达到安评报告反应谱中震基本弹性、规范反应谱大震基本弹性的性能指标，上部钢结构可以满足安评报告反应谱大震基本弹性、规范反应谱大震弹性的性能指标。

采用的针对性抗震技术措施：

① 减小上部钢结构与下部混凝土结构振型耦合的技术措施

为避免下部混凝土结构分缝过多（外露结构的习惯做法）带来的各混凝土结构单元之间相对振动的振型对上部钢结构的不利影响，下部混凝土结构设置四条永久缝划分为四个独立的结构单元，东、西两个罩棚分别支承于东西两个独立的结构单元上。

为避免混凝土单元的基本振型与上部钢结构该方向上振型相近，上下结构振型耦合、密集丰满带来的不利影响，各混凝土结构单体采用框架-筒体结构，加强下部混凝土结构的抗侧刚度，形成"上柔下刚"的结构体系，有利于结构抗震。

② 减小扭转效应的技术措施

下部混凝土结构选用框架-筒体结构，且混凝土筒体尽量布置在建筑的周边，增强结构的抗扭刚度；同时混凝土筒体的布置考虑斜看台平面内较大的轴向及剪切刚度带来的结构刚度偏心的影响；

东、西两个混凝土结构单体的中部不布置混凝土筒体，减少其平面形状对结构抗扭性能的不利影响；

从严控制混凝土墙在重力荷载作用下的轴压比<0.5；

从严控制边、角柱的轴压比<0.6，提高边、角柱的构造含钢率（1.5%）；

加大边框架梁截面，提高周边框架刚度。

③ 减小西区下部混凝土结构顶层纯框架刚度较弱带来的不利影响的技术措施

西区由于建筑功能的需要，在建筑中部混凝土斜看台没有延伸到结构顶层，而是通过混凝土斜梁上立柱与钢结构上支座下的钢管混凝土柱形成单榀框架支承上部钢结构，该单榀框架刚度较弱，且与两端支承上部钢结构的钢管柱存在刚度差异。沿径向在顶层每榀主框架中加设 250×800mm 的混凝土斜撑，与混凝土斜看台连成整体，如图 4.4.1 所示，结构传力更直接，增强了该层的侧向刚度，减小上部钢结构竖向位移，同时减少了支承上部钢结构的混凝土结构的侧向刚度差异，钢结构受力更加均匀合理，有利于结构抗震。

④ 控制钢结构悬臂罩棚承载力和稳定的技术措施

变形指标：悬壁罩棚前端挠度控制为 $L/150$（L 为罩棚悬挑长度）；

动力特性指标：罩棚竖向自振频率控制≥1.0Hz；

长细比控制：杆件长细比≤150；

应力指标：杆件最大组合设计应力不大于 $0.9f$（f 为钢材设计强度）（弹性大震复核

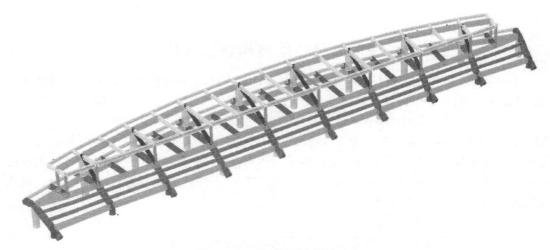

图 4.4.1 西区斜看台结构示意

时取 1.0);

稳定指标：结构整体稳定线弹性极限屈曲荷载系数 $K \geqslant 10$，结构非线性稳定性极限承载力临界系数 $K > 5$；

加强屋面平、折相交部位次桁架上弦钢管的截面：由 $\phi152 \times 6$ 改为 $\phi180 \times 8$。

⑤ 加强钢结构抗震延性的技术措施

相贯节点扩大节点区；

铸钢节点加瓦片状内衬；

相贯节点节点板加强。

4.5   超长结构施工及使用全过程温度分析

本项目主体结构超长，采用施工及使用全过程温度分析，采用如下计算模型：

主体结构将随着时间发展逐层生成，同时逐层施加随时间变化的温差，并考虑混凝土徐变收缩效应及桩基础对上部结构的有限刚度约束。

由于局部温差可通过施工覆盖措施予以降低，且影响较小，温差计算仅考虑结构所经历的整体温差（以下简称温差）的影响。设结构施工阶段混凝土合拢温度取为施工结构组相对应时段内的平均气温，温差取施工期阶段内最低（高）气温与相应合拢温度的差值。同时根据《建筑桩基技术规范》JGJ 94 计算桩基对结构基础的有限约束刚度，用实际刚度约束代替地基的无限刚约束假定。

本工程混凝土结构长期徐变收缩效应采用 CEB-FIP MODEL CODE 1990 建议模式预测混凝土长期的徐变、收缩变形效应，该徐变计算模式采用双曲线函数表达形式，参数取值相对简单，有利于工程分析应用。

4.5.1   上部钢结构温度作用分析

从图 4.5.1～图 4.5.4 可以看出，正、负温差单工况作用下时，钢结构最大应力比为 0.38；约有 300 根杆件应力比在 0.2～0.3 之间，约有 900 根杆件应力比在 0.1～0.2 之间，约占总数的 8%。

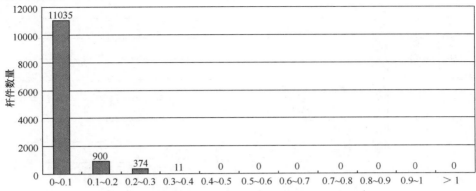

图 4.5.1　正温单工况杆件应力比分布最大应力比 0.38

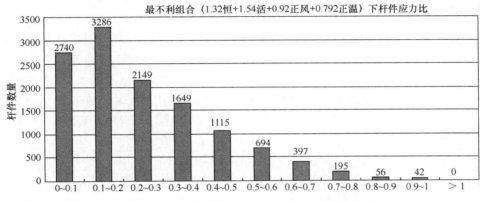

图 4.5.2　正温最不利工况下杆件应力比分布

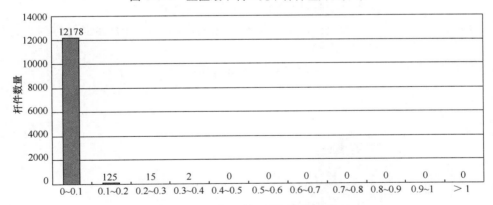

图 4.5.3　负温单工况杆件应力比
最大应力比：0.36

最不利组合时，正温差作用，有 42 根杆件应力比在 0.9～1 之间，负温差作用，有 22 根杆件应力比在 0.9～1 之间，考虑到风与温差效应同时出现最大值的概率很小，现设计有足够的安全度。

预应力棒钢在有温差效应参与的最不利组合作用下，最大应力比约为 0.8，最小应力比 0.1，满足设计要求。

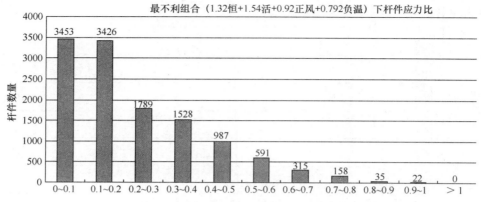

最不利组合（1.32恒+1.54活+0.92正风+0.792负温）下杆件应力比

图 4.5.4　负温最不利工况下杆件应力比分布

4.5.2　下部混凝土结构温度分析结果

温度变化时，结构两侧分别向内收缩或向外膨胀，在结构的平面刚心附近会形成一个不动点，对于梁柱，离不动点越远，楼盖变形越大，梁柱剪力、弯矩越大，而对于楼盖则是越靠近不动点轴力越大，同时由于首层受到基础的约束，内力较其他楼层大很多，故取首层边跨梁柱、筒体（图 4.5.5 中 A）剪力、弯矩，中部楼盖（图 4.5.5 中 B）轴力进行分析（图 4.5.6～图 4.5.18）。

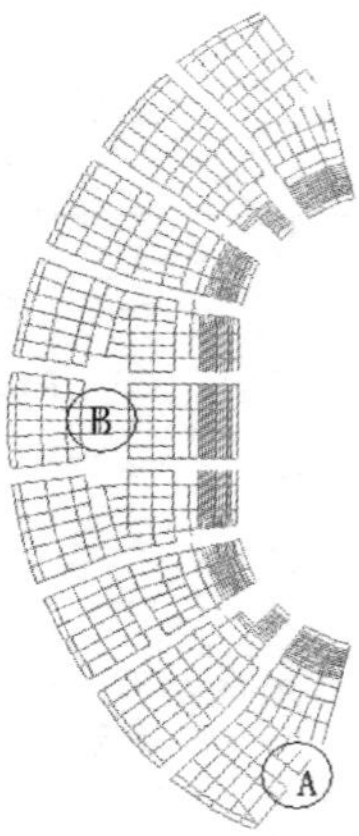

（1）边柱温度内力计算结果（图 4.5.6～图 4.5.13）

大部分柱截面为 $800×800$，正、负温工况在边柱引起的弯矩最大值为 $1108kN\cdot m$，最大剪力为 $232kN$，在有温差参与组合作用下，上述柱单侧纵筋配筋率约为 0.6%。

温差效应对结构有一定的影响，适当的加强筒体附近边柱的配筋、配箍。

（2）中部楼盖梁（图 4.5.14）

图 4.5.5　选取构件位置

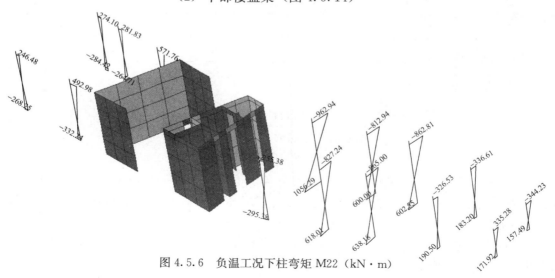

图 4.5.6　负温工况下柱弯矩 M22（kN·m）

290

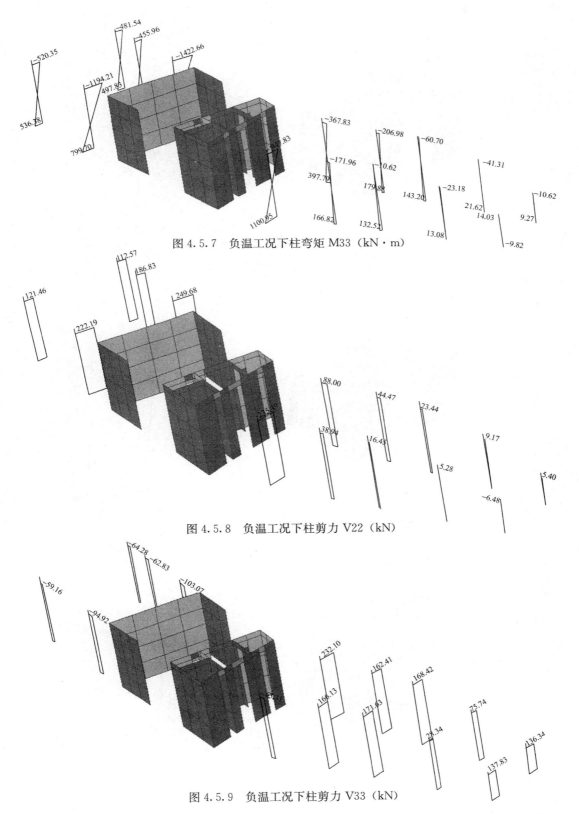

图 4.5.7 负温工况下柱弯矩 M33（kN·m）

图 4.5.8 负温工况下柱剪力 V22（kN）

图 4.5.9 负温工况下柱剪力 V33（kN）

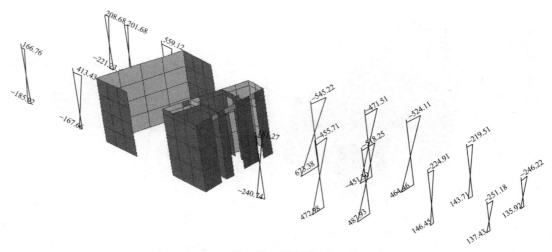

图 4.5.10　正温工况下柱弯矩 M22（kN·m）

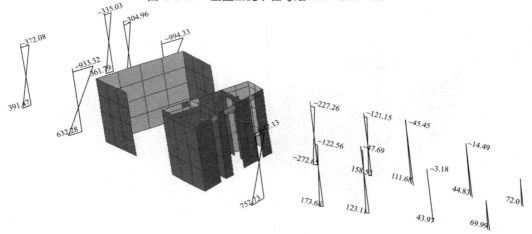

图 4.5.11　正温工况下柱弯矩 M33（kN·m）

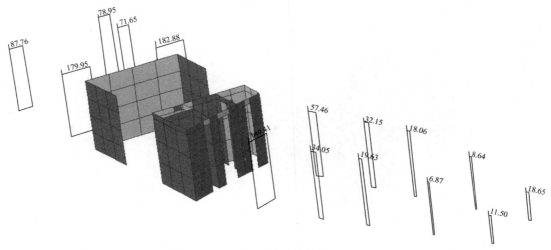

图 4.5.12　正温工况下柱剪力 V22（kN）

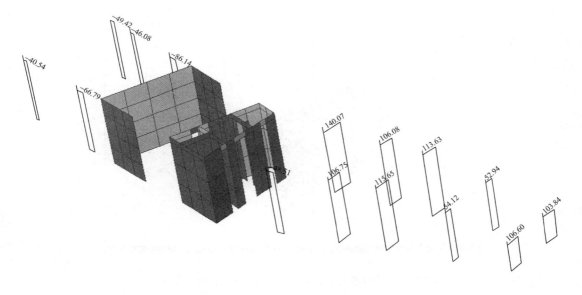

图 4.5.13　正温工况下柱剪力 V33（kN）

选取的典型中部楼盖温度内力（力：kN；应力：N/mm²）　　表 4.5.1

截面		负温			正温		
		梁分担 的轴力	板分担 的轴力	梁板平均轴 拉应力	梁分担 的轴力	板分担 的轴力	梁板平均 轴拉应力
T 型梁 1	TB30×70L295	324	546	3.00	205	345	1.90
T 型梁 2	TB80×70L295	1223	1127	2.73	467	431	1.04
T 型梁 3	TB90×70L450	324	405	0.64	260	326	0.52

由表 4.5.1 可知，负温工况产生的楼盖内最大拉应力约为
3MPa，略大于混凝土抗拉强度标准值，楼盖设计时将采用有
温度效应参与的多工况、多组合进行。

由于考虑了混凝土的收缩效应，正温工况在中部楼盖处也
引起轴拉力，但数值较负温差小很多，不作为控制工况。

（3）筒体墙（图 4.5.15～图 4.5.18）

由于温差收缩，楼盖两侧产生较大的变形，两端筒体约束
楼盖变形，两端筒体应力较大，在有温差收缩参与的组合作用
下，两端筒体墙配筋约为Φ18@100。筒体墙配筋设计将考虑
温度作用及其组合。

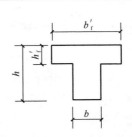

图 4.5.14　T 型梁截面示意

注：TB30×70L295

30——b（单位：cm）

70——h（单位：cm）

L295——b_f'（单位：cm）

综上所述：

① 温度作用对上部钢结构的影响：最不利组合时，正温作用，有 42 根杆件应力比为
0.9～1，负温作用，有 22 根杆件应力比为 0.9～1，考虑到风与温度效应已组合，同时出
现最大值的概率很小，现设计有足够的安全度。

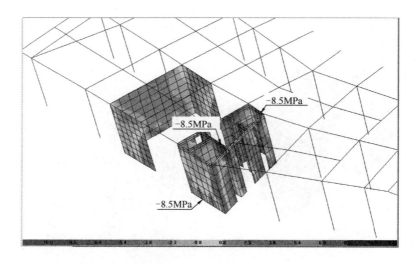

图 4.5.15　负温工况下端部筒体墙应力 S_{max}（N/mm²）

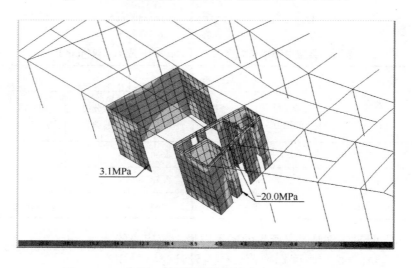

图 4.5.16　负温工况下端部筒体墙应力 S_{min}（N/mm²）

② 温度作用对下部混凝土结构的影响：温度变化时，结构两侧分别向内收缩或向外膨胀，在结构的平面刚心附近会形成一个不动点，对于梁柱剪力、弯矩，离不动点越远，楼盖变形越大，梁柱剪力、弯矩越大，而对于楼盖则是越靠近不动点受力越大，同时由于首层受到基础的约束，内力较其他楼层大。

边柱温度作用下弯矩最大值为 1108kN·m，剪力最大值为 232kN，在有温度参与组合作用下，边柱纵筋配筋率 0.6%～1%。温差使结构两侧产生较大变形，两端筒体约束了变形，故筒体在温度作用下将产生较大应力。温度作用组合下，两端筒体墙配筋加大至 Φ18@100。筒体墙配筋设计需考虑温度作用及其组合。

③ 温度作用对钢、混凝土连接界面构件影响：温度作用下，上部钢结构、下部混凝土结构以各自平面内抗侧力刚心为不动点收缩或膨胀，由于上部钢结构与下部混凝土结构的温度作用不动点的位置不同，上部钢结构与下部混凝土结构将发生相对差异变形，钢、

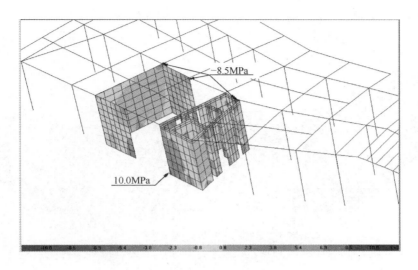

图 4.5.17　正温工况下端部筒体墙应力 S_{max}（N/mm²）

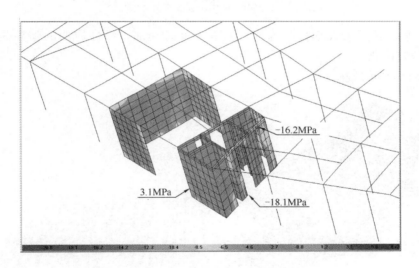

图 4.5.18　正温工况下端部筒体墙应力 S_{min}（N/mm²）

混凝土连接界面构件及节点将受到局部温度应力，设计予以适当加强。

减小温度、收缩效应的措施：混凝土低温入模合拢、钢结构低温合拢、设后浇带及温度构造筋。

4.6　结构整体稳定验算

4.6.1　线性屈曲分析

屈曲分析有助于发现屈曲对结构尤其是构件的影响，通过采用特征值屈曲分析得到各屈曲模态的荷载系数以及对应的屈曲形态，进一步由线性屈曲欧拉方程可解得该构件计算长度系数，进而得到该受压构件屈曲承载力，保证结构安全。

采用 SGG 模型进行屈曲分析：

1.0 恒＋1.0 活（图 4.6.1）

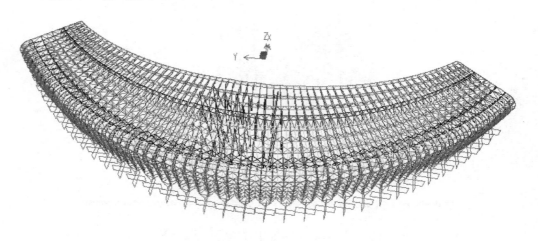

图 4.6.1　屈曲模态（荷载系数 14.592）

主桁架悬挑长度最大部位的构件下弦发生面外屈曲，线性屈曲的临界荷载约等于 14.592 倍初始荷载。

1.0 恒＋1.0 负风压（图 4.6.2）

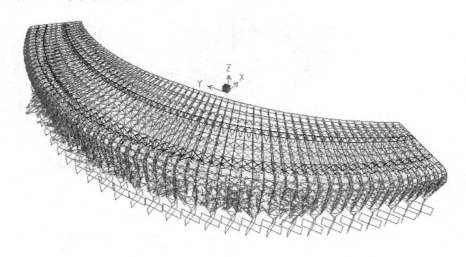

图 4.6.2　屈曲模态（荷载系数 12.851）

结构中部墙体构件发生面外屈曲，屈曲临界荷载系数 12.851。

主桁架悬挑长度最大部位的构件上弦发生面外屈曲，线性屈曲的临界荷载约等于 21.93 倍初始荷载（图 4.6.3）。

由上述线性屈曲分析结果可知：

中部桁架下弦杆件 $\phi 351 \times 10$ 发生面外屈曲，其临界荷载 $N_{cr} = K \cdot N = 14.592 \times 480 = 7004kN$（式中 $N = 480kN$ 为恒＋活初始荷载下杆件的轴向压力），该杆件长度 7455mm，$I = 1.588 \times 10^8 mm^4$，可得该构件计算长度系数：

$$\mu = \frac{\pi}{l}\sqrt{\frac{EI}{N_{cr}}} = \frac{3.14}{7455}\sqrt{\frac{206 \times 10^3 \times 1.588 \times 10^8}{7004 \times 10^3}} = 0.910$$

设计时主桁架下弦压杆计算长度系数取 1。

中部墙体受压杆 $\phi402 \times 10$ 发生面外屈曲时，其临界荷载 $N_{cr} = K \cdot N = 12.851 \times 375 = 4819$kN（式中 $N = 375$kN 为恒＋负风初始荷载下杆件的轴向压力），杆件长度 5314mm，$I = 2.37 \times 10^8$ mm^4，可得该构件计算长度系数：

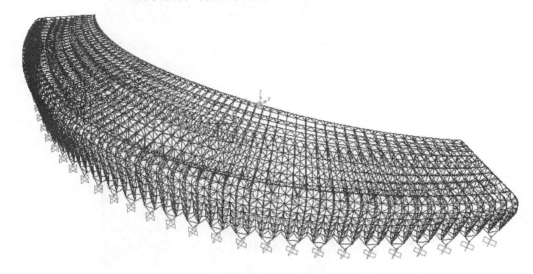

图 4.6.3　屈曲模态（荷载系数 21.93）

$$\mu = \frac{\pi}{l}\sqrt{\frac{EI}{N_{cr}}} = \frac{3.14}{5314}\sqrt{\frac{206 \times 10^3 \times 2.37 \times 10^8}{4819 \times 10^3}} = 1.88$$

设计时落地结构压杆计算长度系数取 2.0。

中部桁架下弦杆件 $\phi273 \times 10$ 发生面外屈曲，其临界荷载 $N_{cr} = K \times N = 21.93 \times 356 = 7807$kN（式中 $N = 356$kN 为恒＋负风初始荷载下杆件的轴向压力），该杆件长度 7304mm，$I = 7.154 \times 10^7$ mm^4，可得该构件计算长度系数：

$$\mu = \frac{\pi}{l}\sqrt{\frac{EI}{N_{cr}}} = \frac{3.14}{7304}\sqrt{\frac{206 \times 10^3 \times 7.154 \times 10^7}{7807 \times 10^3}} = 0.590$$

设计时主桁架上弦压杆计算长度系数取 1.0。

4.6.2　非线性屈曲分析

按《网壳结构设计规程》的要求，还进行了几何非线性稳定分析。利用 SAP2000 和 ANSYS 两种有限元分析软件，分析时通过修改单元节点坐标的方式来考虑初始几何缺陷对结构的稳定性承载力的影响。初始几何缺陷按线性屈曲分析中第一阶模态分布，最大缺陷值取位移最大点桁架悬挑长度的 1/150。

（1）SAP2000 计算结果（图 4.6.4、图 4.6.5）

计算结果显示，结构达到稳定性极限承载力时，钢结构最大竖向位移为－1554mm，竖向基底总反力 $F_z = 357,800$kN。静力计算中在恒荷载和活荷载标准值作用下，其总的

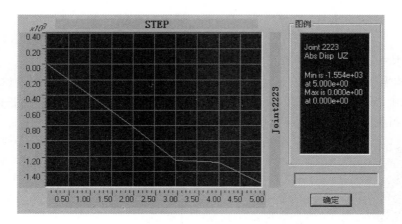

图 4.6.4 荷载步-位移曲线 （mm）

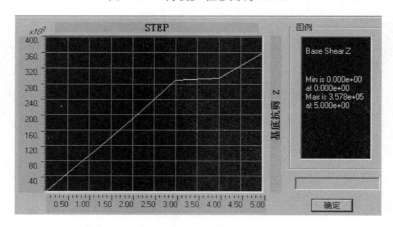

图 4.6.5 荷载步-竖向基底总反力曲线 （kN）

竖向基底总反力 $F_z = 52,418kN$，故结构稳定性极限承载力临界系数 $K = 357,800/52,418 = 6.83 > 5$。

（2）ANSYS 计算结果（图 4.6.6、图 4.6.7）

结构稳定性极限承载力临界系数 $K = 6.95 > 5$。

分析表明，SAP2000 和 ANSYS 两种软件的计算结果比较接近，结构整体稳定性满足规范的设计要求。

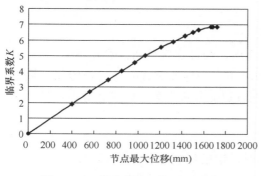

图 4.6.6 临界荷载系数-位移曲线

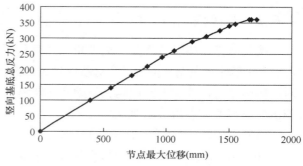

图 4.6.7 竖向基底总反力-位移曲线

4.7　关键节点精细设计及试验验证

本工程钢结构大部分节点采用钢管相贯焊节点。为满足"强节点、弱构件"的设计思想，确保节点设计安全、可靠，节点应力水平按以下两个原则控制：

（1）汇交杆件应力水平较高（$>0.7f_y$）的汇交节点：节点应力水平（最不利工况下）不超过汇交杆件最高应力水平的 0.8 倍；

（2）汇交杆件应力水平较低（$<0.7f_y$）的汇交节点，满足节点极限承载力为最不利工况受力的 2.4 倍。

通过 ANSYS 分析，对节点区采取扩大相贯节点区、节点板加强等措施，满足塑性铰发生发育在杆端内（0.5~1）D 区域（D 管径）或满足弹性大震性能指标，符合"强节点、弱构件"的设计理念。

非线性：同时考虑材料非线性和几何非线性。

破坏准则：

采用非线性完全牛顿拉普拉斯法求解。

（1）极限承载力准则

试验表明，通常管节点阴角处在轴力不太大时达到屈曲，随着轴力增大，阴角处将形成塑性区使应力重分布，管节点的承载力在阴角处屈服后仍能继续增加，直到出现显著变形和裂缝时才宣告破坏，其强度有很大的安全储备，故本工程以钢材屈服强度作为极限承载力，以判别节点安全性。

下弦相贯节点（图 4.7.1、图 4.7.2）

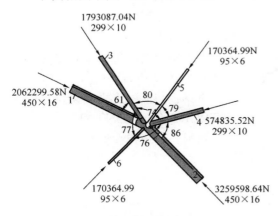

图 4.7.1　相贯节点界面及内力示意

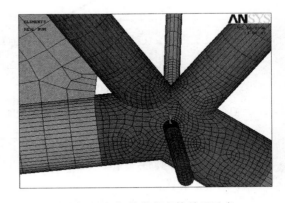

图 4.7.2　相贯节点实体单元示意

实际荷载下弹性及弹塑性分析结果如图 4.7.3、图 4.7.4 所示。

弹塑性分析中局部应力达到钢材屈服强度后，在该点附近逐渐形成塑性区使应力重分布，该点的应力按照钢材本构曲线进入弹塑性发展段，极限荷载下该点应力达到 452MPa，极限荷载为大震作用组合效应的 2.2 倍。

（2）变形准则

根据国内外规范试验结果，取主管表面的局部变形达主管直径的 3% 时内力为节点极限承载力。只考虑几何非线性。本节点主管直径 450mm，变形极限为 $450 \times 0.03 = 13.5mm$。

由主管最大变形节点位移-荷载曲线（图 4.7.5）可知，以变形准则控制的极限荷载为大震作用组合效应的 2.8 倍，而由极限承载力准则得到的最大位移仅为 12.01mm <13.5mm。

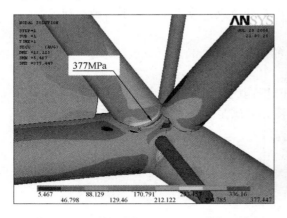

图 4.7.3 弹性分析 Von-mises 应力云图

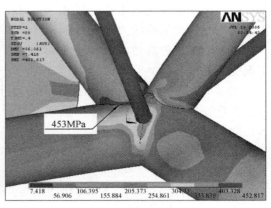

图 4.7.4 弹塑性分析 Von-mises 应力云图

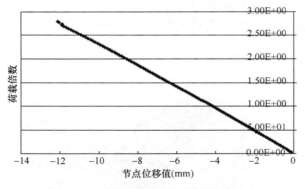

图 4.7.5 主管最大变形节点位移-荷载曲线

结论：同时考虑材料非线性和几何非线性，应可作为判别节点极限承载力首选。

支座节点

单元：8 节点块元 SOLID45，每结点 3 个自由度

上下钢板之间采用接触单元 TR-GRE170 CONTA174

下钢板与混凝土之间采用接触单元 TRGRE170 CONTA174

材料：理想弹性材料

钢材：Q345 屈服强度取 345MPa

混凝土：C60 弹性模量 3.6E4N/mm²

（1）下支座节点

安评反应谱弹性大震内力如图 4.7.6 所示。

将实际支座节点偏安全的简化为如下计算模型，见图 4.7.7、图 4.7.8。

计算结果见图 4.7.9。

结论：该支座节点满足大震弹性的要求。

（2）上支座节点

安评反应谱弹性大震内力如图 4.7.10 所示。

计算模型见图 4.7.11、图 4.7.12。

(a) 轴力N (b) 主轴弯矩M33 (c) 次轴弯矩M22

图 4.7.6 安评反应谱弹性大震作用下节点内力示意

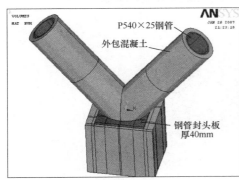
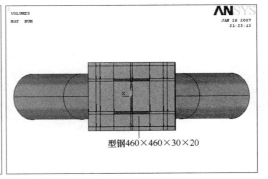

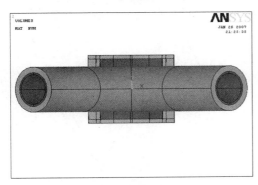
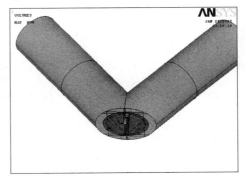

图 4.7.7 不同角度模型示意图（浅色表示混凝土材料，深色表示钢材）

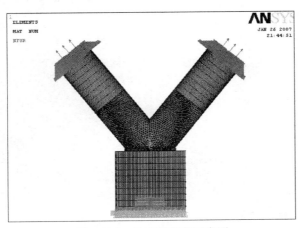

图 4.7.8 约束及荷载示意图

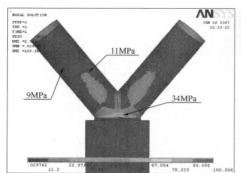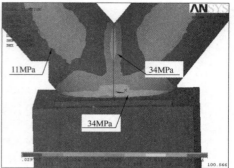

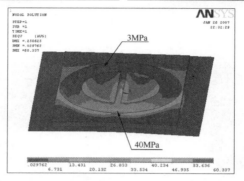

图 4.7.9 钢管封头板正常工作荷载下应力云图

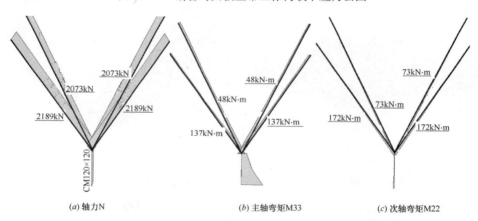

(a) 轴力N (b) 主轴弯矩M33 (c) 次轴弯矩M22

图 4.7.10 安评反应谱弹性大震作用上节点内力示意

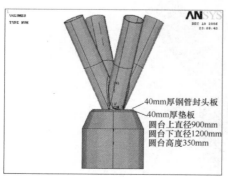

40mm厚钢管封头板
40mm厚垫板
圆台上直径900mm
圆台下直径1200mm
圆台高度350mm

40mm厚加劲板

图 4.7.11 模型示意图

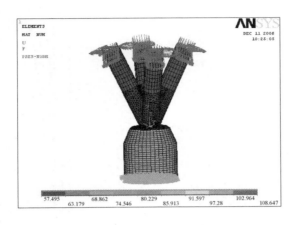

图 4.7.12 有限元及加载示意图

计算结果见图 4.7.13。

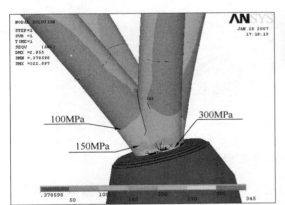

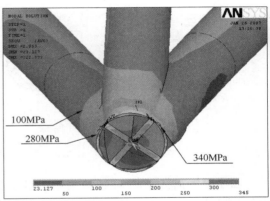

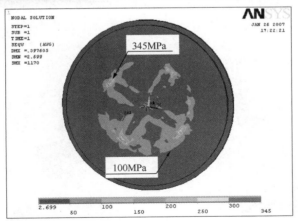

图 4.7.13 钢管封头板正常工作荷载下应力云

结论：该支座节点满足大震弹性的要求。

本工程由于建筑造型的需要，部分相贯节点因相贯角度较小、相贯线较长而采用铸钢节点。铸钢节点与圆钢管熔透焊的典型示意如图 4.7.14 所示。

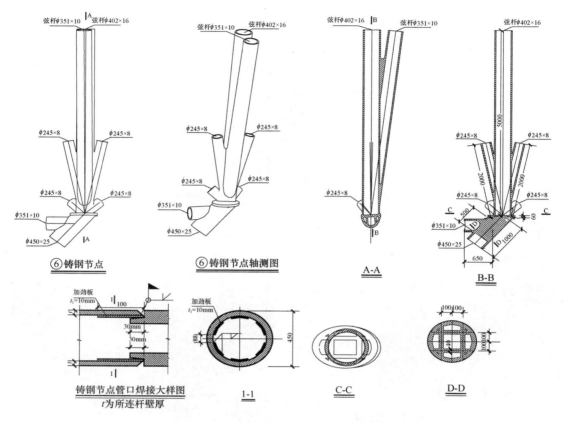

图 4.7.14　下支座铸钢节点连接示意图

　　由于铸钢钢材强度一般略低于相连构件强度，且铸钢材质差异性较大，为保证铸钢节点焊接区的安全，提高整体结构抗震延性，参考"水立方"相关试验结果，对铸钢与圆钢管的连接节点提出作如图 4.7.14 所示贴板加强措施——瓦片内衬，以降低铸钢焊接区应力，迫使塑性铰外移。

　　选取的节点如图 4.7.15 所示。

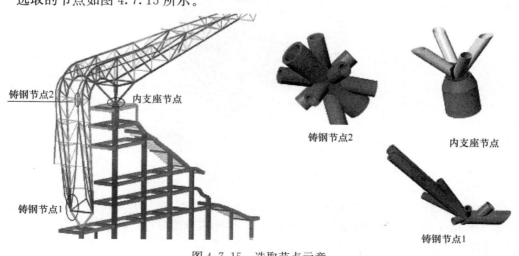

图 4.7.15　选取节点示意

节点试验模型材料与原节点完全相同，节点铸钢采用 GS-20Mn5V，构件钢材为
Q345，混凝土为 C60，钢筋采用一级钢和二级钢。内支座节点试件缩尺比例为 1：2.5，
铸钢节点 1 试件比例采用 1：2，铸钢节点 2 试件比例采用 1：1.25。节点试验图示及试验
装置见图 4.7.16～图 4.7.18。

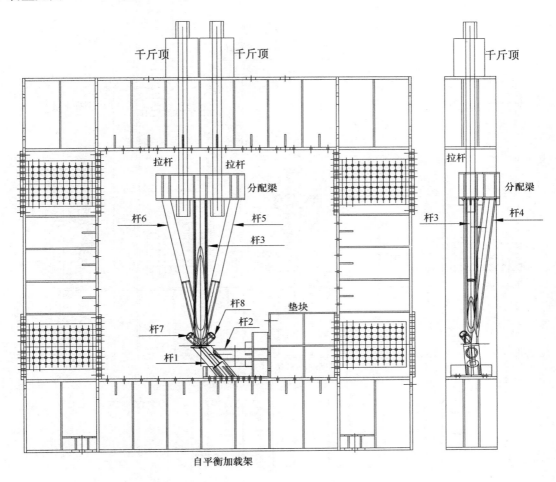

图 4.7.16　铸钢节点 1 试验图示

试验结果：

①内支座节点试件：节点完全可以满足设计要求且有一定的安全度，钢结构节点区略
强于构件，混凝土核芯柱强于上部钢结构。

②两个铸钢节点试验：节点完全可以满足设计要求且有较大的安全度，节点极限承载
力在设计荷载的 4 倍以上。各杆件的应变比较接近；铸钢节点中心区的应变略大于铸钢
杆件。

③设计采用的有限元分析结果与试验结果基本相符，关键测点的应变测试与分析结果
比较吻合，说明可采用此种方法对结构中其他复杂节点进行分析，并将结果作为设计
依据。

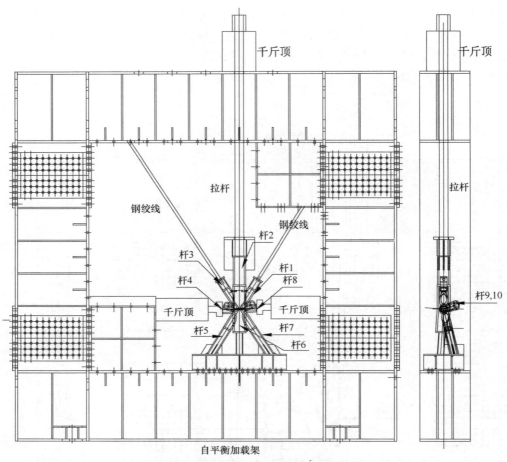

图 4.7.17 铸钢节点 2 试验图示

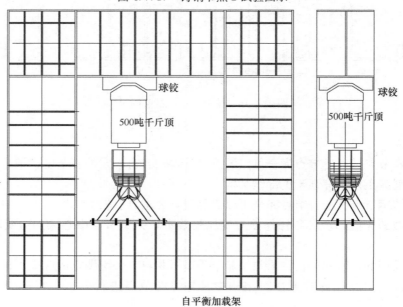

图 4.7.18 内支座节点试验装置

4.8　整体结构抗连续倒塌分析与控制

三种情况连续倒塌分析：钢结构下支座失效、钢结构上支座失效、上部钢结构外支座落地型钢混凝土柱失效。各计算模型如图 4.8.1 所示，荷载组合参考美国有关抗连续倒塌的规定采用 1.05 自重＋1.05 附加恒荷载＋0.35 活荷载。

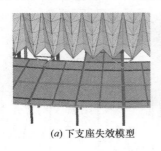  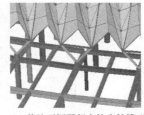

(a) 下支座失效模型　　　(b) 上支座失效模型　　(c) 落地型钢混凝土柱失效模型

图 4.8.1　连续倒塌计算假定模型

计算分析表明：钢结构下支座破坏对整体结构承受重力荷载的性能影响较小，结构具有较好的抗连续倒塌的能力；钢结构上支座破坏对结构整体性能有一定影响，主要体现在与破坏支座相连的腹杆承受较大的弯矩，应力水平有一定的提高，考虑到偶然荷载下材料强度的提高，整体结构仍有较好的抗连续倒塌能力；落地型钢混凝土柱破坏对结构有较大影响，与破坏柱相邻的柱轴力增大，与破坏柱相连的框架梁远端支座负弯矩有较大增加，梁的承载力不能满足基本弹性要求，需适当加强，同时需加强梁柱钢筋的锚固搭接，以满足抗连续倒塌要求。

4.8.1　倒塌假定 1

倒塌假定：钢结构下支座破坏。

计算模型见图 4.8.2。

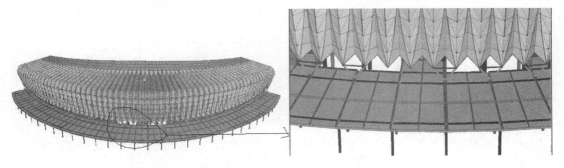

图 4.8.2　计算模型

荷载组合：1.05 自重＋1.05 恒荷载＋0.35 活荷载（参考美国有关连续倒塌的相关规定取值）。

计算结果见图 4.8.3、图 4.8.4（按材料设计强度 f_y）。

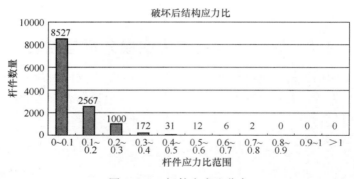

图 4.8.3　杆件应力比分布

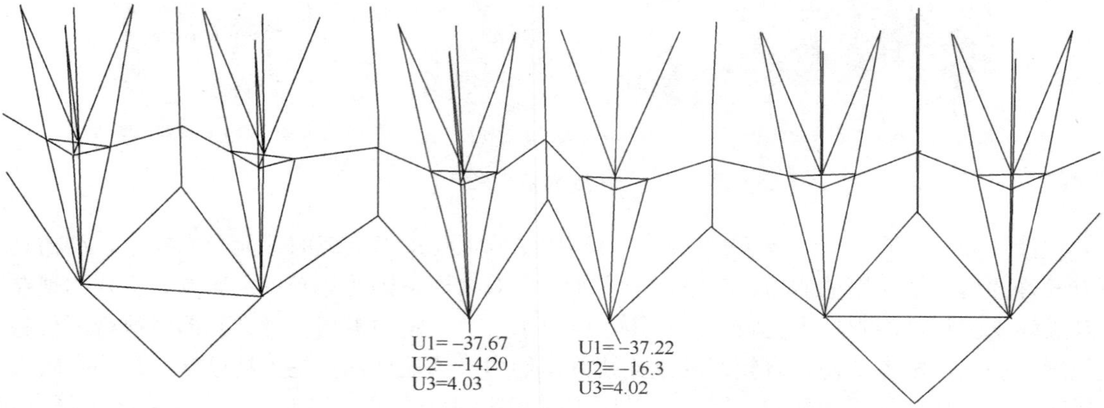

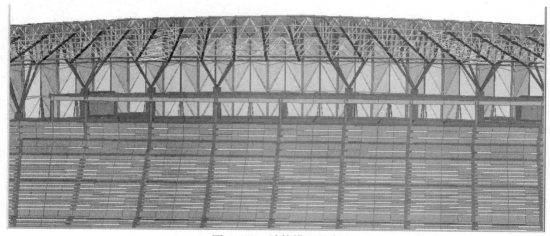

图 4.8.4　下支座破坏后位移（单位 mm）

　　结论：钢结构下支座破坏对整体结构承受重力荷载工况的性能影响较小，整体结构具有较强的抗连续倒塌能力，不必调整即可满足设计要求。

4.8.2　倒塌假定 2

　　倒塌假定：钢结构上支座破坏。
　　计算模型见图 4.8.5。

图 4.8.5　计算模型示意

荷载组合：1.05 自重＋1.05 恒荷载＋0.35 活荷载（参考美国有关连续倒塌的相关规定取值）。

计算结果见图 4.8.6、图 4.8.7（按材料设计值计算）。

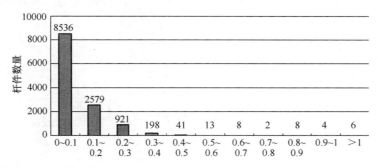

图 4.8.6　杆件应力比分布示意

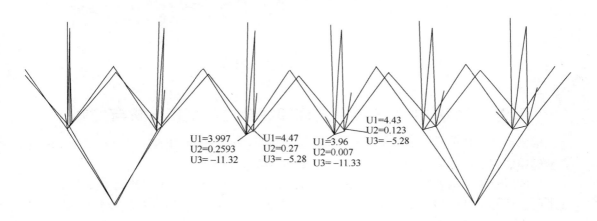

图 4.8.7　上支座破坏后位移（单位：mm）

结论：钢结构上支座破坏对结构整体性能有一定影响，主要体现在与破坏支座相连的腹杆承受较大的弯矩，应力水平有一定的提高，考虑到偶然荷载下材料强度可提高 1.2～1.5 倍，整体结构仍有较好的抗连续倒塌能力，不做调整可以满足设计要求。

4.8.3　倒塌假定 3

倒塌假定：支承上部钢结构下支座的落地混凝土柱破坏。

计算模型见图 4.8.8。

荷载组合：1.05 自重＋1.05 恒荷载＋0.35 活荷载（参考美国有关连续倒塌的相关规定取值）。

结论：钢结构落地柱破坏对结构连续倒塌有较大影响，与破坏柱相邻的柱轴力增大；与破坏柱相连的框架梁远端支座负弯矩有较大增加，梁的承载力不能满足基本弹性要求，需适当加强，同时需加强梁柱钢筋的锚固搭接，以满足抗连续倒塌要求。

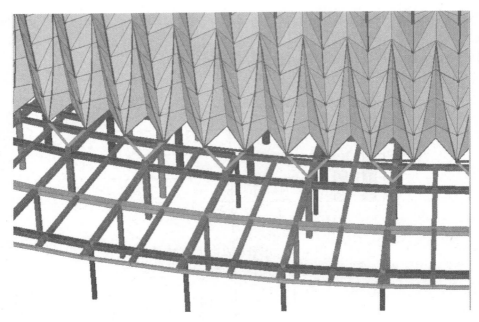

图 4.8.8　计算模型示意

4.9　钢结构施工安装及支撑卸载全过程模拟分析与控制

钢结构东西罩棚临时支撑于 2007 年 10 月拆除。按照设计提供的方案顺利完成，山东大学健康监测及第三方实测数据与理论模拟计算结果十分吻合。

一侧罩棚钢结构安装过程中，内外两圈各采用了 64 个临时支撑。外圈支撑在安装过程中已去掉并用结构内支座取代。因此本工程支撑卸载是指内圈 64 个临时支撑的卸除。

内圈支撑布置如图 4.9.1 所示。

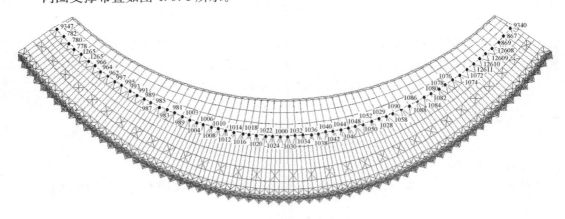

图 4.9.1　内圈支撑点编号图

本工程支承卸载主要技术难点：

（1）钢结构悬挑大

本工程钢结构悬挑大，卸载过程中，杆件的应力随时变化，有可能超过设计应力，必须对卸载全过程进行详细周密的分析，制定合理的卸载方案，通过理论分析指导整个卸载过程，以保证杆件应力在卸载过程中始终控制在允许范围内。

（2）卸载点存在水平位移

整个卸载过程中存在比较大的水平位移，需要准确计算卸载过程的水平位移，以采取有效措施消除水平位移对卸载设备的影响，确保卸载设备在竖直状态下工作，既提供足够支撑力，又能在可控的范围内下落。

（3）卸载总吨位大

一侧总卸载吨位达3000t，64个卸载点，单点最小支撑反力约5t，最大支撑反力约20t，为确保结构的安全和建筑外形，需控制各卸载点同步下降。

（4）卸载点分布广

一侧64个支撑点分布于每侧屋盖桁架的下弦节点，南北两端的最远的卸载点相距约280m。为确保整个卸载过程符合理论计算的分步卸载量，卸载工作需精心组织施工。

由于钢结构安装及卸撑的质量、方法、顺序对结构的内力变形有明显影响。钢结构安装后的内力状态为施工临时支撑卸载工况的初始态。因此，施工卸载全过程的模拟分析需从钢结构安装开始，先找到初始态的结构内力位移。然后制定合理的卸载方案，避免施工卸载过程中常见的杆件应力过大或杆件受力与设计内力反向等问题。

初始态计算分析表明，由于临时支撑刚度受力不均匀，卸载前支承点已存在不均匀下沉，结构的局部杆件应力较高。按照初始态分析结果，先分两级卸载，如图4.9.2所示，将各支承点调平到同一高度。

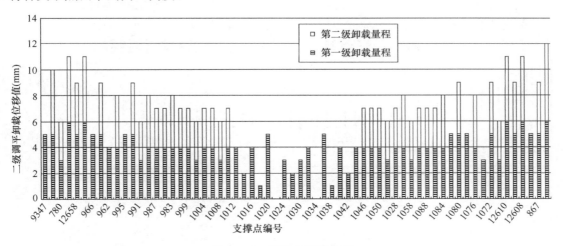

图4.9.2 前两步卸载量程

随后采取等距分六步的方法卸载。每个卸载行程5mm，所有千斤顶同时卸载，千斤顶随卸载过程逐步退出工作，将屋盖结构转换到自由受力状态。

卸载全过程仿真模拟采用SAP2000软件中静力非线性Nonlinear Static Procedure的分析方法。该方法是定义一个阶段序列，每个阶段可以增加和去除结构、选择性的施加荷载。按照安装顺序，对参与整体结构分析的构件逐次激活，模拟结构在整个安装过程中的刚度、质量和荷载变化情况。随后模拟卸载全过程，即分步卸除竖向位移，直至达到所有卸载点支座反力消失的终态（图4.9.3）。

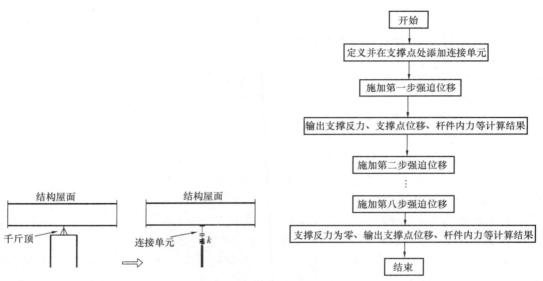

图 4.9.3　仿真分析流程

开始 → 定义并在支撑点处添加连接单元 → 施加第一步强迫位移 → 输出支撑反力、支撑点位移、杆件内力等计算结果 → 施加第二步强迫位移 → ⋮ → 施加第八步强迫位移 → 支撑反力为零、输出支撑点位移、杆件内力等计算结果 → 结束

（左图：结构屋面　千斤顶　⟹　结构屋面　连接单元 k）

　　下部支撑在卸载过程中随着支撑反力降低，会产生回弹。采用"只压"特性的连接单元可真实地模拟本工程千斤顶群等距卸载过程。考虑到本工程卸载过程中水平侧移较大，水平位移释放，同时采取保护限位措施，仅约束竖向位移。

　　钢结构施工安装及支撑卸载全过程模拟主要分析结果：

　　（1）支撑反力

　　卸载全过程模拟计算的支撑反力如图 4.9.4，表 4.9.1 所示。

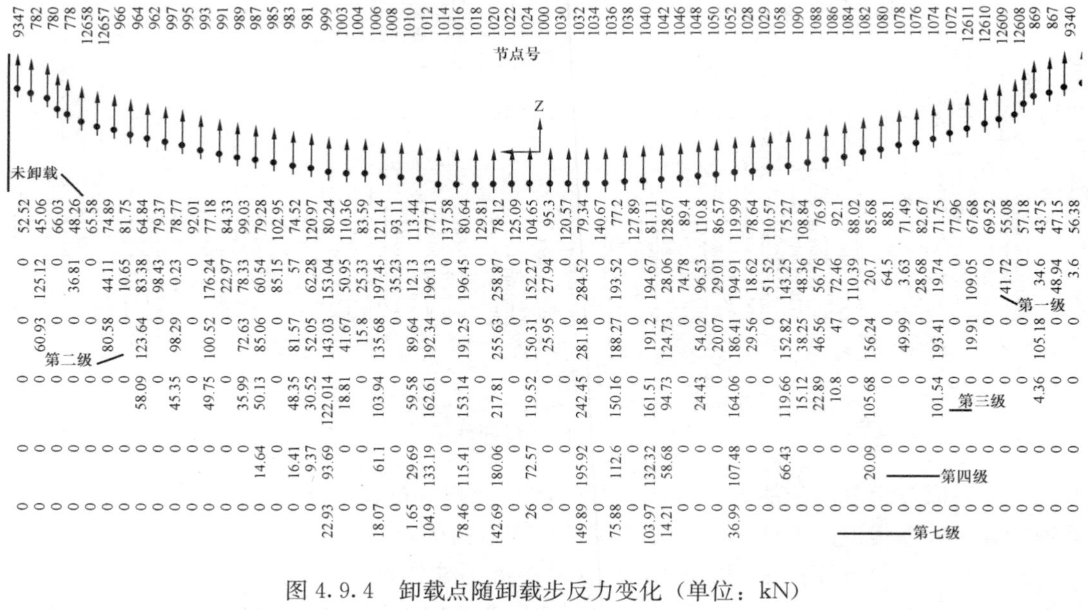

图 4.9.4　卸载点随卸载步反力变化（单位：kN）

　　随着卸载的不断进行，结构逐渐转换到自由受力状态，支撑点的反力不断减小直到消失，而钢结构上支座反力不断增加。该卸载方案未出现支撑反力反复变化的情况，对整体结构受力有利。

卸载点支撑总反力和钢结构上支座反力随卸载步变化（单位：kN）　**表 4.9.1**

	未卸撑	Step1	Step2	Step3	Step4	Step5	Step6	Step7	Step8（卸载完毕）
所有支撑点反力和	5535	4358	3912	2493	1419	776	367	82	0
钢结构上支座反力和	11062	13776	14830	18174	20756	22374	23417	24151	24363

（2）支撑点位移

卸载全过程模拟计算的支撑点位移如图 4.9.5～图 4.9.7 所示。

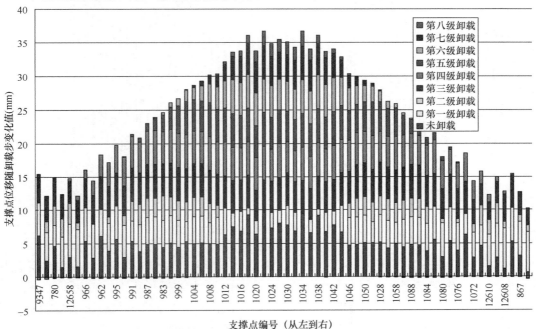

图 4.9.5　支撑点竖向位移随卸载变化示意图（mm）

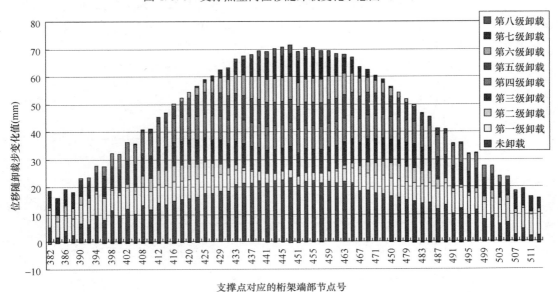

图 4.9.6　支撑点对应的桁架端部节点竖向位移随卸载变化示意图（mm）

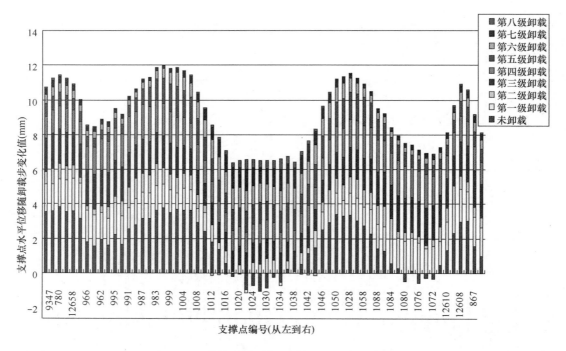

图 4.9.7 支撑点水平位移随卸载变化示意图 (mm)

1) 施工卸载完毕，自重作用下支撑点最大节点竖向位移 36.70mm，最大水平位移 10.94mm，主桁架端部节点最大竖向位移 70.44mm，最大水平位移 14.64mm。

2) 对比上部钢结构一次生成，自重作用下主桁架端部节点位移与施工模拟卸载完后的端部节点竖向位移：最大误差 3.37mm，最小误差 0.07mm。

3) 对比上部钢结构一次生成，自重作用下支撑点节点位移与施工模拟卸载完后的支撑点节点竖向位移：最大误差 4.65mm，最小误差 0.22mm。

（3）上部钢结构构件受力

卸载全过程模拟计算的上部钢结构杆件受力如图 4.9.8～图 4.9.12 所示。

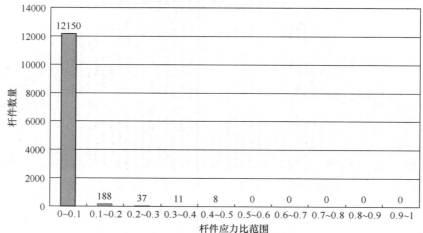

图 4.9.8 未卸载前钢结构应力比

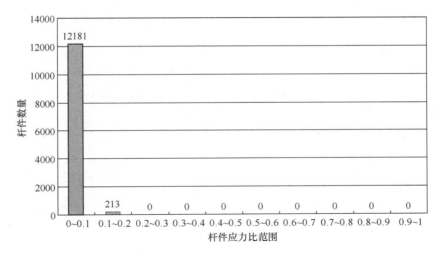

图 4.9.9　卸载完毕钢结构应力比

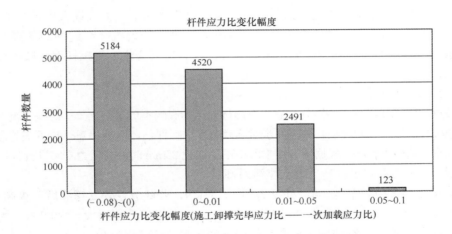

图 4.9.10　施工卸撑完毕应力比与一次生成理想状态自重作用应力比差值

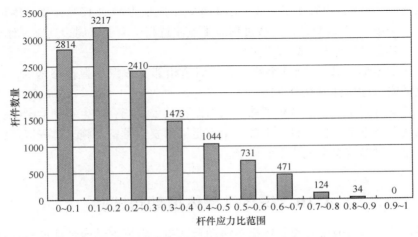

图 4.9.11　逐级卸载完成后结构自重作用与其他荷载工况最不利组合应力比

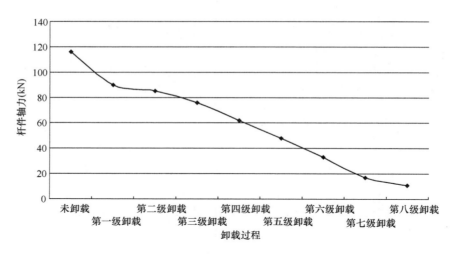

图 4.9.12　支撑点附近腹杆轴力随卸载变化图

1) 施工卸撑完毕应力比比一次生成理想状态自重作用下应力比最大增长 0.1。

2) 采用的卸载方案能够有效地降低支撑有限刚度不均匀沉降引起的局部高应力。杆件应力水平随着卸载过程均匀降低，未出现杆件内力反复变化、受拉杆件卸载过程受压的不利情况。

(4) 卸载过程意外工况的敏感性分析

卸载过程中可能出现一些意外，它们对结构安全的影响不可忽略。分析这些工况对整体结构应力分布及变形产生的影响，并进一步对其敏感性进行评估，以确保意外局部失稳不会引起连锁反应而导致整体破坏。根据计算结果取最不利卸载 25mm 时的高反力支座进行分析。

工况 1：卸载不同步，高反力支座滞后卸载

卸载至 25mm 时，节点 1000 处反力为 66.37kN，若此节点处支撑滞后一级卸载，（即其他节点卸载至 25mm，节点 1000 卸载至 20mm），支座反力则增大至 293kN，周边局部杆件应力增大 2 倍多，对结构安全产生较严重的影响，应予以避免。

工况 2：高反力支座相邻支座失效退出工作

高反力支撑 1000 的相邻支座失效退出工作，支座反力增加 15%，支座附近构件应力也增加 10%～20%，影响明显，卸载过程应重点注意高反力支座周边支座工作情况。

工况 3：高反力支座失效退出工作

卸载至 25mm 时，节点 1000 突然失效，周边相邻支撑点反力普遍增大 40%～50%，高反力支座的安全性应注意充分保障。

结论：卸载过程中发生的各种偶然因素对结构的安全均会产生不利的影响。因此在卸载千斤顶的选取及下部支撑的设计上都应留有足够的安全贮备，施工过程应严格执行施工操作措施，避免对结构安全造成不利影响。

4.10　子结构整体振动台试验

在中国建筑科学研究院开展整体模型振动台试验。根据振动台台面尺寸，若将原型整体结构缩尺进行模型试验，缩尺比例达到 1/60，尺寸效应非常严重。为更好地达到试验

目的，截取图 4.10.1 所示范围内整体结构进行模型试验。该范围平面尺寸约为 120m×88m，包含 20 榀主桁架（图 4.10.2）。

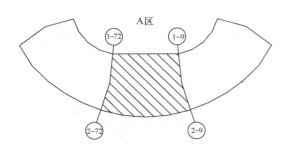

图 4.10.1 试验范围示意图

图 4.10.2 试验模型

（1）地震波选择

本次试验用地震波选用结构计算分析采用的两组天然地震波（ELcentro 波和 TAR＿TRZANA 波）和一组人工波，依据模型相似律，试验时各波在时间轴上按 St 压缩，幅值按各级加载所需的加速度峰值调整。

（2）试验过程及现象描述

①多遇地震作用输入

模型在经历多遇地震工况后，自振频率没有改变，完好无损，处于弹性状态。加速度峰值介于多遇地震和设防地震之间时，作用模型自振频率基本没有改变，结构仍处于弹性状态。

②设防地震作用输入

模型在经历设防地震工况后，模型自振频率有所下降，罩棚与上支座连接的主桁架和次桁架腹杆发生弯曲变形（图 4.10.3），混凝土构件产生裂缝（图 4.10.4）。由模型计算结果可知，在该工况下，与上支座相连的主桁架腹杆应力比最大值已接近 1.0，试验现象与计算结果基本吻合。

图 4.10.3 罩棚腹杆弯曲

图 4.10.4 四层柱顶裂缝

③罕遇地震作用输入

模型在经历罕遇地震工况后，模型自振频率发生改变，罩棚发生弯曲变形的主次腹杆数量增多，并且弯曲变形的主次桁架腹杆向罩棚端部发展（图 4.10.5），混凝土构件裂缝增多（图 4.10.6）。

图 4.10.5　次桁架腹杆屈服向罩棚端部发展

图 4.10.6　看台边梁裂缝

④罕遇以上地震作用输入

　　模型在经历相当于 8 度（0.30g）的设防地震和罕遇地震两个工况后发生弯曲变形腹杆数量进一步增多，变形程度加大（图 4.10.7），在与下支座相连的构件中发生变形出现凹坑（图 4.10.8），混凝土部分裂缝增多，开裂严重，电梯筒剪力墙及与之连接的构件拉裂，尤其是层高较大的四层柱和与看台相连的柱顶普遍出现裂缝（图 4.10.9），底层看台端部混凝土柱顶形成塑性铰，混凝土剥落（图 4.10.10）。从混凝土柱的破坏现象可知，斜向看台板的推力是柱破坏的主要原因。

图 4.10.7　与图 4.10.5 相比腹杆弯曲程度加大

图 4.10.8　与下支座连接杆件变形出现凹坑

图 4.10.9　四层柱开裂

图 4.10.10　底层看台端部混凝土柱顶混凝土剥落

（3）试验结论：

①试验模型结构实测第一振型为 Y 向平动，自振周期为 0.296s，根据相似律推算，由实测推试验结构原型第一振型 Y 向平动的自振频率 1.323s，试验结构原型理论计算结果为 1.408s。试验结果与计算分析结构基本吻合，原设计计算分析模型正确可靠。

②本工程体育场下部看台为钢筋混凝土结构，上部罩棚为钢结构，实测模型 X 向阻尼比介于纯钢结构和纯混凝土结构之间，说明 X 向的振动是由钢结构罩棚与混凝土看台协同参与的，其阻尼比也由两部分结构共同提供；Y 向混凝土看台对钢结构罩棚的限制相对较小，Y 向振动对于钢结构罩棚主要是其整体相对于混凝土看台的振动，阻尼主要由混凝土看台来提供，实测得的阻尼比均大于 5%；Z 向振动主要是钢结构罩棚的振动，实测阻尼比均小于 2%。

③模型结构在设防地震作用下，结构进入弹塑性阶段，罩棚与上支座连接的主桁架和次桁架腹杆发生弯曲变形，由试验段结构弹性计算结果可知，设防地震 ELcentro 波作用下与上支座相连的主桁架腹杆应力比最大值已超过 1.0，试验现象与计算结果基本吻合。

试验截取了悬臂长度最大、根部最高的原型结构中间部位，试验段罩棚面积约为原结构整体罩棚面积的 1/3，试验段结构抗震能力和整体结构相比要低很多。原型整体结构相应工况设防地震 ELcentro 作用下罩棚钢结构杆件的应力比绝大多数都是小于 0.9 的，其数量占到总杆件的 99.94%，因此原设计整体结构按规范中震弹性的设防目标能够达到。

④经过罕遇地震作用后，模型结构罩棚上下支座构件均未发生破坏现象，原设计罩棚上下支座按规范大震弹性的设防目标能够达到。

⑤从试验中混凝土柱的破坏现象可知，斜向看台板的推力是柱破坏的主要原因。

4.11　节点模型试验研究

根据节点的复杂性和受力的重要性，选择结构中两个铸钢节点进行试验，分别为下支座上方铸钢节点 1，以及罩棚中部铸钢节点 2；同时选择上部钢结构与下部混凝土结构连接的内支座节点进行试验。试验节点位置及形状如图 4.11.1 所示。

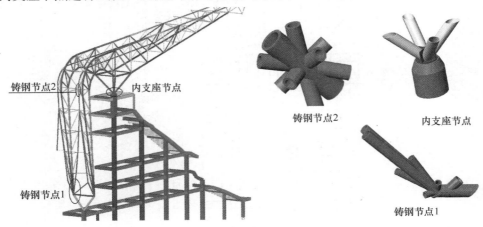

图 4.11.1　试验节点位置及形状

节点试验模型材料与原节点完全相同，节点铸钢采用 GS-20Mn5V，构件钢材为 Q345，混凝土为 C60，钢筋采用一级钢和二级钢。综合考虑节点加工能力和加载能力来决定试件缩尺比例。

各节点试验均采用外圈刚性自平衡加载框结合千斤顶进行加载，加载装置如图 4.11.2 所

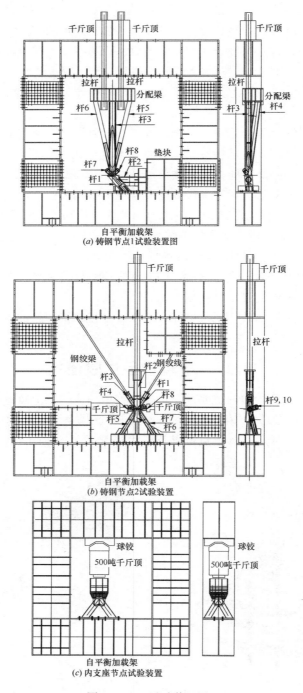

图 4.11.2　试验装置图

示。其中内支座节点采用一个5000kN千斤顶沿柱底轴向加载,四根钢管端部固定。铸钢节点1采用拉杆及两个5000kN穿心式千斤顶在杆件3、4、5、6端部通过刚性分配梁施加轴向拉力;杆件1、2端部固定,杆件7、8轴力很小,不予加载。杆件编号详见试件构造图。铸钢节点2的杆5、6、7端部通过方钢管与加载架固定,方钢管的截面刚度根据杆5、6、7之间的内力比例关系确定;在杆件2端部采用一个5000kN穿心式千斤顶及拉杆施加拉力,杆1、3端部通过钢绞线施加拉力,杆4端部采用一个4000kN千斤顶施加轴向压力,杆8端部采用另一个千斤顶施加轴向约束,杆件9、10轴力很小,不予加载。

试验结果及分析:

(1)内支座节点

内支座试件XZZ-1件试验过程中,荷载加至设计内力1070kN时,试件完全处于弹性状态,变形很小。荷载加至1600kN时,钢管杆件局部出现屈服,荷载加至2900kN时,混凝土表面出现可见竖向裂缝;荷载加至3100kN时,混凝土表面竖向裂缝宽度达到0.2mm,钢管大部分截面进入屈服,试验结束。试件XZZ-2试验过程中,荷载加至设计内力1070kN时,试件处于弹性状态,变形很小。当荷载加至2000kN时,钢管杆件局部出现屈服,荷载加至3000kN时,混凝土表面出现可见裂缝,加载至3600kN时,钢管中部截面处出现明显的屈曲破坏,试验结束。

试验过程中,钢管根部内侧B点、外侧A点和钢管中部C、D点、混凝土柱内核芯柱钢管E、F点的应变-荷载曲线如图4.11.3。在弹性阶段,试件中应变最大的部位为节点区钢管根部内侧,钢管根部外侧应变较小,钢管中部C、D点应变与钢管根部内侧A点接近。随荷载增大,各点应变逐渐增大,A、C、D点均进入塑性阶段。由于钢管根部存在十字加劲板,没有屈曲问题,而钢管中部在应变增大到一定程度后发生屈曲破坏。混凝土柱内钢管应变小于上部结构中钢管应变,一直处于弹性状态。结果表明,节点设计比较合理,节点区强于构件,支座下部结构强于上部结构。

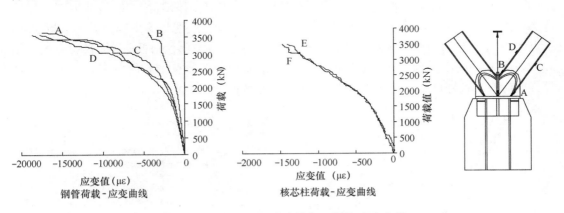

图4.11.3 内支座节点关键位置荷载-应变曲线

(2)铸钢节点1

铸钢节点1试件ZG1-1试验过程中,荷载加至设计内力时,试件完全处于弹性状态。荷载逐渐加大至1700kN左右,试件节点区域出现屈服。荷载加大至2000kN时,试件下端与底板及肋板固定的焊缝出现破坏,试件没有明显破坏现象。试件ZG1-2试验过程中,荷载加至设计内力时，试件完全处于弹性状态。荷载逐渐加大至1600kN左右，试件节点区域出现屈服。荷载加大至2500kN时，试件上端与加载梁连接部位焊缝出现开裂，试件没有明显破坏现象。

试验过程中，杆1上A点、杆2上B点以及节点最窄处截面C点的应变-荷载曲线如图4.11.4所示。A、B点应变为沿杆件轴向，C点应变为竖向。在设计内力时，各点应变均较小。荷载加大至设计内力4倍左右时，C点开始屈服。C点应变大于A、B两点。

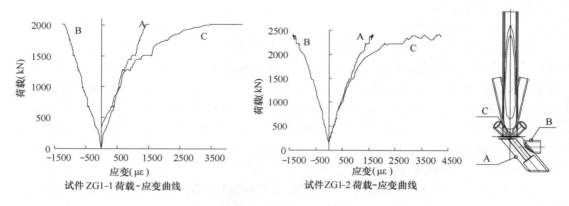

图4.11.4 铸钢节点1关键位置荷载-应变曲线

（3）铸钢节点2

铸钢节点2两个试件在试验过程中，均没有明显破坏现象。根据测量结果，荷载加至设计内力时，节点及连接杆件上关键位置的应变测量结果均保持在弹性范围内。节点区以受拉为主，拉应变最大的位置为杆件5上，杆4、8截面上压应变较大，节点中心区沿杆2方向受拉，沿杆4、8方向受压。随荷载逐渐增大，应变逐渐增长，但是基本都在弹性范围以内。在荷载达到设计荷载4～5倍时，试件上端加载装置焊缝出现开裂，试验结束。节点中心A点竖向、横向应变和各杆件截面平均应变（沿杆件轴向）随荷载的变化如图4.11.5所示，图中荷载为杆2上的轴向拉力。结果可见，节点中心的应变略大于铸钢杆件截面应变，各杆件的应变比较接近，说明设计比较合理。

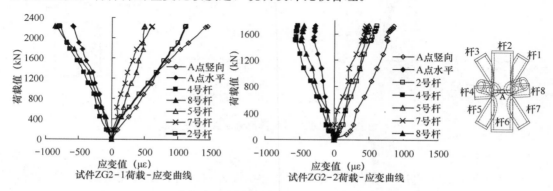

图4.11.5 铸钢节点2关键位置荷载-应变曲线

第5章 深圳平安金融中心

◆ 采用巨型空间斜撑框架-劲性钢筋混凝土核心筒-外伸臂结构体系，合理配置内筒外框结构及其连接构件，形成多重抗侧力空间结构体系；

◆ 外框结构设置空间带状桁架、巨型钢斜撑和V形撑等，提高外框结构刚度，增加多余约束，形成较为可靠的二道防线，有利于增强整体结构稳定性，提高整体结构抗震、抗连续倒塌能力；

◆ 首创的V形撑主要承担建筑角部重力荷载，控制角部区域楼板竖向振动，同时巧妙结合了建筑立面造型，体现了建筑与结构和谐；

◆ 合理确定巨柱计算长度，保证巨柱的安全性；

◆ 首次提出超高层建筑楼层高度预留和竖向构件长度预留的设计概念和计算方法，为建筑施工及投入使用后的结构健康监测提供了科学依据，同时提高了建筑物使用性能水准；

◆ 关键节点局部有限元分析、风振控制分析、混凝土长期收缩徐变及温度效应影响分析和结构抗震动力弹塑性分析等计算分析，有效地保证了工程的安全性、合理性。

5.1 工 程 概 况

平安国际金融中心位于深圳市福田中心区，东边相邻的益田路是福田区的其中一条主干道路；南北分别是福华路与福华三路，与中心二路西侧的大型购物广场COCOPARK相邻。

本项目是一幢以甲级写字楼为主的综合性大型超高层建筑，其他功能包括商业、观光娱乐、会议中心和交易等五大功能区域，总用地面积为18931.74m²，总建筑面积460665.0m²，建筑基底面积为12305.63m²。本项目包括一栋地上115层的塔楼，含塔尖高度为660m，顶层楼面高度549.1m。还包括一个11层高的商业裙楼，用来作为零售、办公、餐饮和大堂等。地面以下为五层地下室，用作零售、泊车等功能。如图5.1.1和图5.1.2所示。

图5.1.1 平安大厦效果图

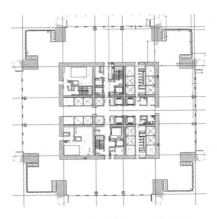

图5.1.2 标准层平面示意图

323

5.2 主要设计准则

5.2.1 结构设计使用年限

本项目塔楼的设计使用年限50年，重要构件耐久性100年，次要构件设计使用年限50年。

5.2.2 建筑安全等级

建筑安全等级：

塔楼重要构件一级，重要性系数1.1。

塔楼次要构件二级，重要性系数1.0。

重要构件：核心筒、巨柱、外伸臂桁架、巨型斜撑、周边桁架、V形撑。

次要构件：除重要构件外的其他构件。

建筑抗震设防类别：塔楼为乙类。

5.2.3 抗震等级

塔楼抗震等级　　　　　　　　　　　　　　　　　　表5.2.1

	底部加强区	特一级
核心筒和巨柱	外伸臂加强区	特一级
	其他区域	特一级

注：1. 剪力墙底部加强区为地面1层至地上12层，地面1层作为嵌固端。
　　2. 外伸臂加强层为外伸臂层及其上下各一层。
　　3. 塔楼地下室部分抗震等级依次递减，地下一层按上部结构采用，地下二层为二级，地下三、四、五层为三级。

5.2.4 设防烈度

本工程抗震设防烈度为7度（0.1g），抗震措施为8度。

5.2.5 地基基础设计等级

　　　　　　　　　　　　　　塔楼范围

地基基础设计等级　　　　　甲级

基础设计安全等级　　　　　一级

5.2.6 结构位移控制

为满足我国规范对楼层位移角的要求，塔楼整体分析结构将用以下变形限值来设计，见表5.2.2。

重现期为 50 年的风荷载下层间位移角限值	$h/500$
重现期为 50 年的风荷载下底层层间位移角限值	$h/2000\sim h/2500$
多遇地震荷载下层间位移角限值	$h/500$
多遇地震荷载下底层层间位移角限值	$h/2000\sim h/2500$

注：风荷载采用 RWDI 提供的 50 年一遇考虑三向组合后的风荷载。

5.2.7 抗震设计准则

主要性能目标和设计指标见第 5.6 节地震工程研究及抗震性能化设计部分。

5.2.8 舒适度准则

在 10 年重现期风压下办公楼的结构顶点最大加速度限值：$\alpha_{max}=0.25m/s^2$；

本设计方案在房屋顶部设置调谐质量阻尼器（TMD），提高房屋使用的舒适度。

5.2.9 结构受弯构件挠度控制

混凝土结构（屋盖，楼盖及楼梯构件）

表 5.2.3

构件计算跨度 l_0	挠度限值
$l_0<7m$	$l_0/200$
$7m\leqslant l_0\leqslant 9m$	$l_0/250$
$9m<l_0$	$l_0/300$

注：受弯构件的挠度应按荷载效应的标准组合并考虑荷载长期作用影响进行计算。

钢 结 构

表 5.2.4

构件	永久荷载＋可变荷载	可变荷载
主梁/桁架	$l/400$	$l/500$
其他	$l/250$	$l/350$

注：l—受弯构件跨度，悬臂梁取悬臂长度的 2 倍。

5.2.10 楼面振动控制标准

楼面系统的振动（主次梁的共同作用）的计算，在设计中参照美国钢结构协会 AISC 的《人群活动下的楼面振动》（Murray，Allen 和 Ungar，1997 年）所建议标准进行验算，其楼面加速度计算公式如下：

$$\alpha_p/g=P_0\exp(-0.35f_0)/\beta_W<\alpha_0/g \qquad (5.2.1)$$

式中：α_p/g——估算的峰值加速度；

α_0/g——加速度限值，取为 0.005（＝0.5％）；

f_0——楼面结构固有频率；

P_0——力常数，取为 0.29kN；

β——模态阻尼比，办公室楼面取为 3％，旅馆楼面取为 5％；

g——取 9.81m/s²；

其中要求楼面梁的自振频率不得小于 3Hz。此外，楼面结构加速度限值可按表 5.2.5 进行验算。

楼面加速度限值			表 5.2.5

功　能	加速度限值 $a_0/g \times 100\%$	恒定力 P_0	阻尼比
办公、住宅、教堂	0.50%	0.29kN	0.02～0.05 *
购物中心	1.50%	0.29kN	0.02
室内步行桥	1.50%	0.41kN	0.01
室外步行桥	5.00%	0.41kN	0.01

注：* 0.02 针对仅有极少量的非结构构件（天花板、通风管道、隔墙等）的办公区或教堂；0.03 针对有非结构构件和装饰，但只有一些可拆卸的隔墙，如典型的办公组合式隔墙；0.05 针对层间通高的隔墙。

5.3　岩　土　工　程　分　析

5.3.1　工程地质概况

拟建场地位于深圳市福田中心区福华路南侧，益田路西侧，场地微观原始地貌单元属深圳河新洲河冲积阶地。

根据深圳市长勘勘察设计有限公司提供的《中国平安人寿保险股份有限公司平安国际金融中心项目岩土工程详细勘察报告书》提供的资料，场地内各地层自上而下分布情况如表 5.3.1 所示。本项目地下室底板底部地层处于全风化花岗岩⑤-1、全风化花岗岩⑤-2、强风化花岗岩⑥-1。

场地工程地质分布								表 5.3.1

层号	土层名称	顶面标高范围值（m）		层厚（m）		顶面距基底深度（m）	
		最小值	最大值	最小值	最大值	最小值	最大值
①	人工填土	见剖面图	见剖面图	2.10	8.80	见剖面图	见剖面图
②	含有机质粉质黏土	见剖面图	见剖面图	0.60	2.20	见剖面图	见剖面图
③-1	黏土	见剖面图	见剖面图	0.40	5.60	见剖面图	见剖面图
③-2	中粗砂	见剖面图	见剖面图	0.50	4.10	见剖面图	见剖面图
③-3	粉细砂	见剖面图	见剖面图	0.50	2.30	见剖面图	见剖面图
③-4	粉质黏土	见剖面图	见剖面图	0.50	5.80	见剖面图	见剖面图
③-5	含有机质粉质黏土	见剖面图	见剖面图	0.50	4.30	见剖面图	见剖面图
③-6	粗砾砂	见剖面图	见剖面图	0.50	5.00	见剖面图	见剖面图
④	砾质黏性土	−10.14	−2.24	1.70	12.40	−19.80	−12.10
⑤-1	全风化花岗岩	−18.74	−7.69	0.80	10.90	−14.40	−3.50
⑤-2	全风化花岗岩	−26.25	−10.32	1.10	11.40	−11.82	4.11
⑥-1	强风化花岗岩	−37.15	−14.95	2.90	26.20	−7.22	15.01
⑥-2	强风化花岗岩	−47.99	−23.15	1.00	19.90	1.01	25.85
⑦-1	中风化花岗岩	36.70	59.00	0.50	12.00	7.86	30.38
⑦-2	中风化花岗岩	−58.01	−29.37	0.60	17.90	7.23	35.87
⑧-1	微风化花岗岩	−69.51	−32.91	0.30	19.60	10.77	47.38
⑧-2	微风化花岗岩	−69.98	−30.67	0.50	20.24	8.53	47.84

拟建场地工程地质剖面图见图 5.3.1。

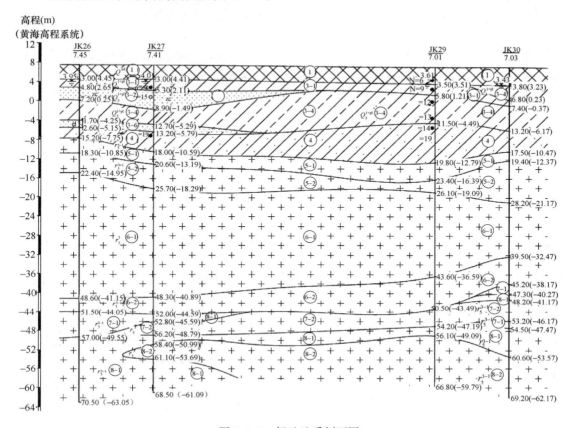

图 5.3.1 场地地质剖面图

5.3.2 地质灾害危险性评估

5.3.2.1 工程地质条件评价

本工程为超高层建筑，地基基础、深大基坑与场地工程地质条件密切相关，不同土层对工程建设可能产生不同的影响，引发不同的地质灾害。

本桩基工程涉及的主要影响因素有：

（1）不同区域桩基受力性状分析

1）本工程基础为桩筏基础，塔楼、裙房及纯地下室区域为连通底板，塔楼区域荷载极大，特别是核心筒区域荷载最为集中。为满足核心筒下布桩，单桩需提供足够大的承载力，需选择适宜的桩型和桩基持力层。塔楼桩基持力层选择⑧-1层。

2）裙房柱的柱底反力大，因此采用人工挖孔桩。人工挖孔桩直接位于裙房柱下，裙房桩基持力层选择⑧-1层，可以将桩基变形控制在设计范围内。但本工程塔楼与裙房荷载差异巨大，由此引发基础底板差异变形，已在设计中考虑。

3）纯地下室区域底板处上部荷重小于地下水浮力，桩基抗浮，抗拔桩桩端入土深度根据单桩需提供的抗浮力来确定。

（2）基坑开挖回弹变形因素

本工程基坑开挖深度 30～35m，由于土体卸载，基坑开挖至底时，坑底土体将产生回弹变形，过大的回弹变形可能使工程桩受损（拉断），并且增加桩基变形。

（3）人工挖孔灌注桩施工质量因素

建议的人工挖孔灌注桩将需要严格的质量监测和控制，全部检测工作将由相应检测单位于施工前进行。以下方面必须进行监测和控制：

1）确定全部现场测量和统计指标在图纸上显示。

2）每个挖孔灌注桩的检查尺寸，底部标高，位置和垂直度需由持有执照的岩土测量师决定。

3）全部人工挖孔工作需由施工管理人员监测，应延挖孔长度方向每隔 3m 布置测点。

4）基础承包商应持续监测挖孔坑的整体性以确定孔周墙土稳定，并按需要设置支撑。

5）开挖过程中，须记录每个灌注桩涉及的全部土层和岩层，最终批准的受力层须在浇筑混凝土之前检查并记录。

6）全部灌注桩的配筋应按批准的图纸布置，并应去除沙土等任何其他物质。尚需保护挖孔桩以免除水和碎物侵害。

7）混凝土应于干孔底部浇筑，全部混凝土应由柔性的斜槽浇入，以避免混凝土与钢筋笼碰撞并使骨料离散降至最小。

8）每个挖孔灌注桩的全部混凝土应不含施工缝连续注入，并应在孔顶部 5m 范围振动。然后混凝土应浇入真正的水平面。

9）每个灌注桩应使用 Thermal Coupler 监测水化热，该水化热应由确定的程序进行控制。

5.3.2.2　水文地质条件

1. 地下水埋藏条件、地下水类型及含水性

拟建场地位于深圳湾东北部，场地地势平坦，雨季时，场地内积水通过分散汇集后流入场地市政雨水管道中，并最终注入深圳湾内。

勘察期间，各钻孔均遇见地下水，赋存、运移于人工填土、第四系冲洪积中粗砂③-2、粉细砂③-3、粗砾砂③-6 层、残积层及花岗岩各风化带的孔隙、裂隙中，地下水类型属上层滞水、承压水和基岩裂隙水。

上层滞水主要赋存于人工填土①中，承压水主要赋存于中粗砂③-2、粉细砂③-3、粗砾砂③-6 中，水量较大，承压水头高度为 1.50～3.50m，均受大气降水及地表水补给，水位随季节性变化。其中中粗砂③-2、粉细砂③-3、粗砾砂③-6 为本地区主要的透水性地层，赋存丰富的地下水，是场地内地下水运移的主要通道。花岗岩各风化带内所赋存的地下水属基岩裂隙水，受节理裂隙控制，未形成连续、稳定的水位面。根据地区工程经验及室内渗透试验结果，场地内除中粗砂③-2、粉细砂③-3、粗砾砂③-6 属中等透水地层外，其他各地层均属微透水～不透水性地层。

2. 地下水位及变化幅度

场地承压水对基坑和桩基施工影响相对较大。勘察测得地下水初见水位埋深为 2.20～4.70m，相当于标高 2.26～4.77m；承压水水位埋深为 3.00～4.60m，相当于标高 2.45～

3.61m；混合水稳定水位埋深为 2.80～4.90m，相当于标高 2.12～3.81m。

本工程深基坑开挖深度 30～35m，若减压降水措施不当，极易发生承压水突涌的可能性。

3. 地下水、土对建筑材料的腐蚀性

根据水质分析结果，依照《岩土工程勘察规范》GB 50021—2001 中有关标准判定：场地环境类型为Ⅱ类，该地下水水质按环境类型评价，对混凝土结构无腐蚀性；按地层渗透性评价，对直接临水或强透水地层中的混凝土结构无腐蚀性，对弱透水地层中的混凝土结构无腐蚀性，对长期浸水部位的钢筋混凝土结构中的钢筋无腐蚀性，对干湿交替部位的钢筋混凝土结构中的钢筋无腐蚀性，对钢结构和钢管道具弱腐蚀性。

5.3.3 地震效应

根据《平安国际金融中心工程场地地震安全性评价报告》（广东省工程防震研究院提供），主要参数如下所述：

5.3.3.1 场地土类型划分

根据《建筑抗震设计规范》GB 50011—2001 及《中国地震动峰值加速度区划图》GB 18306—2001，拟建场区抗震设防烈度为 7 度，本地区建筑抗震设防烈度为 7 度，设计基本地震加速度值为 0.10g，设计地震分组属第一组。

5.3.3.2 建筑场地类别划分

根据地震安全性评价报告对地表 20m 内等效剪切波速测试结果，本工程场地土类型为中软土，建筑场地类别为Ⅱ～Ⅲ类。考虑到本项目拟建建筑物为超高层，属特殊建筑，场地的覆盖层厚度均大于 40m，综合考虑，场地类别为Ⅲ类。本场地地面脉动平均卓越周期为 0.45s。

5.3.3.3 砂土液化判别

场地内存在中粗砂③-2、粉细砂③-3，液化判别按《建筑抗震设计规范》GB 50011—2001 第 4.3.4 条及 4.3.5 条之规定进行计算。

根据上表的液化判别结果，在 7 度地震烈度区内，场地内发育的中粗砂③-2、粉细砂③-3 属不液化地层。

5.3.3.4 建筑抗震地段划分

拟建场地分布的人工填土①为松散软弱土层，风化层较厚，基岩起伏较大。根据《建筑抗震设计规范》GB 50011—2001 第 4.1.1 条的规定：拟建场地属可进行建设的一般场地。

综上所述，拟建场地抗震设防烈度为 7 度，设计基本地震加速度值为 0.10g，设计地震分组为第一组，本工程场地土类型为中软土，建筑场地类别属Ⅲ类，场地无液化地层，场地属一般场地。

5.4 结 构 主 要 材 料

5.4.1 混凝土

设计中，表 5.4.1、表 5.4.2 中混凝土的属性将用于分析。

表5.4.1

混凝土弹性模量	31.5～37GPa（用于 C35～C70）
线膨胀系数	$1\times10^{-5}/^{\circ}C$
泊松比	0.2
钢筋混凝土重度	25kN/m³

表5.4.2

柱	C70～C60（塔楼）
剪力墙、连梁	C60（塔楼）
梁、板	C35
筏板、地下室墙	C40
桩基	C45/C30

5.4.2 钢筋

表5.4.3

	HPB235（f_y＝210N/mm²）
钢　　筋	HRB335（f_y＝300N/mm²）
	HRB400（f_y＝360N/mm²）

本工程主要采用 Q235B，Q345B，Q345GJ，Q390GJ，Q420GJ，Q460GJ 等级的结构钢材，除非另外说明，钢材等级要求见表5.4.4。

表5.4.4

规　　格	位置 （钢柱/钢梁/钢支撑）	钢材型号
轧制焊接 H 型钢	塔楼	Q345B/Q345GJ
轧制槽钢	塔楼	Q345B
方钢	塔楼	Q345B
焊接组合巨柱，柱肢，及连接板	塔楼	Q345GJ
周边桁架（弦杆和斜杆）、巨型斜撑、V 形支撑	塔楼	Q390GJ
焊接组合外伸臂桁架	塔楼	Q420GJ/Q460GJ
普通连接板	塔楼	Q235B

注：1. H 型钢柱及钢支撑为 Q345GJ，H 型钢梁为 Q345B；

　　2. 由下至上，第一道及第二道伸臂采用 Q460GJ，第三道及第四道伸臂采用 Q420GJ。

5.5　荷　载　与　地　震　作　用

5.5.1　重力荷载

不同区域的设计楼面荷载如荷载表 5.5.1（单位：kPa）所示。

位　　置	总附加恒荷载	计算楼面梁板活荷载（不含隔墙）	备注
停车场	1.5	2.5（双向板） 4.0（单向板）	
停车场坡道	1.0	10	
消防车及货车车道		35	
冷却机房	5.0 12.5	冷却器：20 水泵：10	10kN/m² （水管直径＞800mm）
发电机房	4.0	15	假设 100 厚找平层
升降机机房	2.6	7.0	
升降机井	1.6	12.5	活载应按实际荷载考虑
变电机房	5.2	7.0	
会议厅、餐厅	3.5	5.0	
厨房	7.1	5.0	储存室活荷载：5～8
大堂	2.8	5.0	
卸货区	1.25	20	斜坡找平层须另按实际考虑
办公楼	1.6	3.5＋1.0 隔墙	假设无找平层；另核心筒周边 3m 宽地带活荷载用 7.5kPa
交易层	1.6	7.5	
裙楼屋顶绿化区	40.0	5.0	恒荷载（复土厚度）有待确定
裙楼屋顶行人区	5.5	3.5	恒荷载有待确定
首层公共区域	5.5	10	恒荷载有待确定
避难层	1.1	5.0	核心筒内荷载另作考虑
机电层	1.1	7.5	核心筒内荷载另作考虑
洗手间（办公楼）	3.3	2.0	
洗手间（公共区）	2.3	5.0	
商场走道	2.3	5.0	
商场公共大堂	2.3	5.0	
商店	4.3	5.0	
重物储物室	1.1	12.5	隔墙另计
轻物储物室	1.1	6.0	隔墙另计
楼梯	1.65	5.0	
走廊	2.25	5.0	

5.5.2　塔楼风洞试验结果及设计

5.5.2.1　风洞试验的目的

按规范取值，深圳市 50 年一遇和 100 年一遇基本风压分别为 0.75kN/m² 和

$0.90kN/m^2$。高度变化系数根据 C 类地面粗糙度采用。

平安金融中心作为超高层建筑，塔楼具有体形超高、上部结构刚度相对较小等特点，风载的取值将决定工程的安全性和经济性。因此，合理的确定设计风荷载是本工程设计过程中十分重要的环节之一。

图 5.5.1　风洞试验模型照片
（摘自 RWDI 风洞试验报告）

多数超高层结构风洞试验结果显示，作用在塔楼结构的横向风荷载对结构有很大影响并起主要控制作用，而不是像在一般情况下规范中建议的顺向风起控制作用，同时规范不能明确提供准确横向及顺向风荷载。为了保证抗风设计的可靠性及准确性，有必要对塔楼进行风洞试验以确定风荷载，同时确定平安金融中心塔楼的结构设计风荷载及其加速度响应。

RWDI 风洞试验顾问公司对本工程结构进行了结构风致响应研究试验，其研究由下列主要部分组成：

（1）风气候分析：确定设计风速与风向分布，根据风洞试验数据求出不同回归期下的风响应。

（2）详细的风洞试验研究：通过详细的风洞试验考察一般风洞试验中可能包含的不确定因素和过于保守的部分，以此进一步提高对风响应预计的精确度。

5.5.2.2　风洞试验中风剖面模拟

风洞试验中对平均风剖面和紊流特性的考虑是通过详细模拟其近场地貌效应与模拟综合的远场地貌效应完成的，如图 5.5.2 所示。近场地貌效应的模拟是将按比例制作的周边建筑物模型与所研究的大楼模型一起进行吹风试验，由此考虑周边建筑物对所研究的大楼的空气动力学影响。风洞试验中，周边建筑物模型的大小一般考虑为实际尺度下离研究大楼 400～600m 半径范围。在深圳平安金融中心大厦的试验中，为了详细考虑一些高楼的空气动力学影响，周边建筑物模型扩展到离金融中心大厦 600m 半径范围。

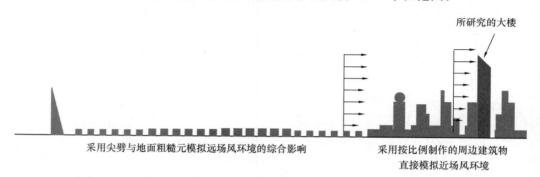

采用尖劈与地面粗糙元模拟远场风环境的综合影响　　采用按比例制作的周边建筑物直接模拟近场风环境

图 5.5.2　风洞试验中风剖面模拟的示意图

远场地貌对所研究大楼的效应小于近场地貌，因此可采用尖劈与地面粗糙元等直接模拟其综合影响。当远场地貌中亦包括不同粗糙度地貌时，RWDI 采用 ESDU 的方法，通过理论计算求出反映综合影响的风剖面和紊流特性，并在风洞模拟和数据分析中予以考虑。

需要特别指出的是，风洞试验中模拟的风剖面不等同于规范计算中考虑的风剖面：前者代表远场地貌综合影响的风剖面，即离深圳平安金融中心大厦600m以外的风剖面；而后者应是位于金融中心大厦的风剖面。实际上，如果受到邻近高楼直接的尾流影响，则作用在所研究大楼上的风速剖面很少能描述为理想的指数型分布。风洞试验中的近场模拟解决了这一问题。

5.5.2.3 台风剖面

对于那些设计风气候受台风控制的地区，远场风剖面的模拟反映了当前的最新研究成果。其中所采用的台风模拟的数学模型与制定美国规范 ASCE7 中大西洋及墨西哥海湾沿岸的设计风速时采用的模型是相同的。

以一个海上风暴最激烈的地区为样本，由模拟得到的风速沿高度变化和由实际观察得到的结果之间进行比较。对各风剖面的研究表明，在海洋表面 500m 以上的上层风强度与 10m 高度处的风强度之间的差值小于规范中的假定。随着风暴的登陆，并向所研究地点移动，地面粗糙度减缓了近地面风的强度，往往使近地面层的风剖面与规范给出的相类似，但在大约 200m 以上高度处，其风剖面则保持与水面上的情况一致。

5.5.2.4 规范风荷载取值与风洞试验结果之比较

根据 RWDI 公司提供的报告，规范风荷载取值与风洞试验结果（50 年风力，2％阻尼比）如表 5.5.2 所示。

风洞试验结果与中国建筑规范计算值的比较（单位：N·m）　　表 5.5.2

	中国高层建筑混凝土结构规范	风洞试验研究结果 不包括风向效应	风洞结果/规范取值
基底剪力	1.00×10^8	8.44×10^7	84％
基底倾覆力矩	3.24×10^{10}	3.05×10^{10}	94％

表中的结果显示单方向规范标准计算值略高于风洞试验结果，但考虑三向组合后，风洞试结果略高于规范值。本工程设计采用风洞试验结果。

5.5.2.5 塔楼风洞试验分析结果

RWDI 所提供的不同重现期，不同阻尼比的风荷载如表 5.5.3 所示。

表 5.5.3

预计最大整体结构风荷载汇总

重现期 (年)	阻尼比 百分比	M_y (N·m)	M_x (N·m)	M_z (N·m)	F_x (N)	F_y (N)
20	1.5％	2.38×10^{10}	2.30×10^{10}	2.34×10^8	6.68×10^7	6.82×10^7
20	2％	2.15×10^{10}	2.08×10^{10}	2.17×10^8	6.07×10^7	6.15×10^7
50	2％	3.05×10^{10}	2.74×10^{10}	2.70×10^8	8.44×10^7	8.13×10^7
100	2％	3.50×10^{10}	3.49×10^{10}	3.12×10^8	9.87×10^7	9.91×10^7
20	4％	1.75×10^{10}	1.67×10^{10}	1.90×10^8	5.01×10^7	5.02×10^7
50	4％	2.36×10^{10}	2.23×10^{10}	2.35×10^8	6.58×10^7	6.68×10^7
100	4％	2.86×10^{10}	2.81×10^{10}	2.71×10^8	7.95×10^7	8.13×10^7

采用 100 年重现期，2％阻尼比的风洞试验风荷载对构件进行强度设计；采用 50 年重现期，2％阻尼比的风洞试验风荷载对整体结构进行位移变形分析控制。

5.5.2.6　塔楼舒适度试验结果

RWDI 公司提供的塔楼结构在不同重现期风荷载作用下的最大加速度如表 5.5.4 所示。

表 5.5.4

回归期 （年）	最大加速度（milli-g）包括 X，Y 和扭转分量	
	不包括台风	包括台风
1	4.4	5.9
5	8.2	17.8
10	10.9	25.9

注：1. 阻尼比考虑为 1.5％，塔楼自振频率为 0.1122，0.1125 和 0.2387Hz；

　　2. 加速度取值在 118 层（相对地面高度 540m）。

根据 RWDI 公司提供的资料，结构顶点最大加速度信息见图 5.5.3。

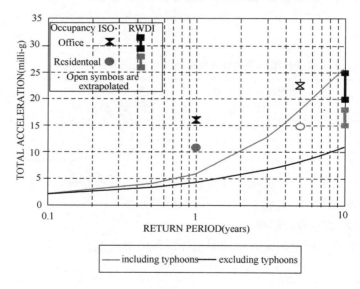

图 5.5.3

根据《高层建筑混凝土结构技术规程》JGJ 3—2002，办公楼的 10 年一遇加速度限值为 0.25m/s^2。结果表明，塔楼的结构加速度在 10 年（不包括台风）为 0.109m/s^2 满足规范要求；但是在考虑台风的情况下，结构加速度为 0.259m/s^2，稍微超出规范要求，可以考虑加装 TMD 阻尼器来控制塔楼的加速度。

5.5.3　地震作用

所有建筑构件应设计和建造成可以抵抗规范规定的地震地面运动的影响，地震作用参数见表 5.5.5。

地 震 参 数   表 5.5.5

抗震设防烈度	7度（0.10g）		
水平地震影响系数	0.08（多遇地震）	0.23（设防地震）	0.50（罕遇地震）
场地土类别	Ⅱ-Ⅲ类，综合考虑为Ⅲ类（《岩土工程详细勘查报告书》）		
设计地震分组	第一组		
特征周期（s）	0.45（中国规范）		
周期折减系数	0.85（多遇地震）	0.95（设防地震）	1.00（罕遇地震）
抗震设防类别	乙类		

5.5.4 其他荷载及作用

根据规范，以下荷载应在计算中考虑：

1. 土压力

地下室外墙将设计来抵抗水、土压力，设计土压力根据地质勘察报告结果确定。

2. 地下水的上浮力

地下水位大约在－0.5～－2.0m，埋深约30m地下室的地下结构必须考虑地下水上浮力，这部分设计将在地下室结构的设计部分描述。

5.5.5 荷载组合

以下荷载组合应用于设计计算：

(1) $1.35DL+0.7 \times 1.4LL$

(2) $1.2DL+1.4LL$

(3) $1.0DL+1.4LL$

(4) $1.2DL \pm 1.4W$

(5) $1.0DL \pm 1.4W$

(6) $1.2DL+1.4LL \pm 0.6 \times 1.4W$

(7) $1.0DL+1.4LL \pm 0.6 \times 1.4W$

(8) $1.2DL+0.7 \times 1.4LL \pm 1.4W$

(9) $1.0DL+0.7 \times 1.4LL \pm 1.4W$

(10) $1.2DL+0.6LL \pm 0.2 \times 1.4W \pm 1.3E$

(11) $1.0DL+0.5LL \pm 0.2 \times 1.4W \pm 1.3E$

计算中考虑土压力及上浮力时，以下荷载组合被采用：

(12) $1.35DL+0.7 \times 1.4LL+0.7 \times 1.4H$

(13) $1.2DL+0.7 \times 1.4LL+1.4H$

(14) $1.2DL+1.4LL+0.7 \times 1.4H$

(15) $0.9DL+1.4LL+0.7 \times 1.4H$

(16) $1.2DL \pm 1.4W+0.7 \times 1.4H$

(17) $1.2DL+1.4LL\pm0.6\times1.4W+0.7\times1.4H$

(18) $1.2DL+0.7\times1.4LL\pm1.4W+0.7\times1.4H$

式中：DL——恒荷载；

LL——活荷载；

W——风荷载；

E——地震作用；

H——土压力或上浮力。

5.6 抗震性能化设计

5.6.1 地震作用参数

平安金融中心项目的地震作用计算采用抗震规范的地震影响系数曲线，并根据各阶段地震水准的不同，选取相应的地震参数。

地　震　参　数　　　　　　表 5.6.1

项　　次	多遇地震 （小震）	设防烈度 （中震）	罕遇地震 （大震）
50 年设计基准期超越概率	63%	10%	2%
回归期（年）	50	475	2475
地震影响系数最大值（g）	0.08	0.23	0.5
特征周期 T_g（s）	0.45	0.45	0.5
阻尼比	0.035	0.04	0.05
加速度时程曲线最大值（gal）	35	100	220

注：根据《安评报告》，小震的地震影响系数最大值为 0.0845。

考虑到本项目的复杂性和重要性，在设计中采用规范谱与安评反应谱两者之大值。

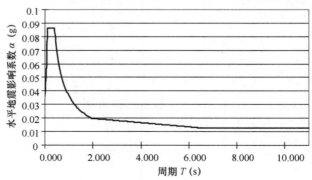

图 5.6.1　小震反应谱—阻尼比 3.5%（已考虑 0.85 的周期折减系数）

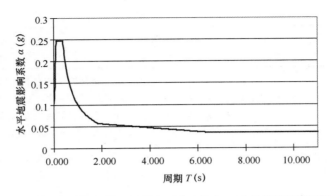

图 5.6.2　中震反应谱—阻尼比 4%（考虑 0.95 的周期折减系数）

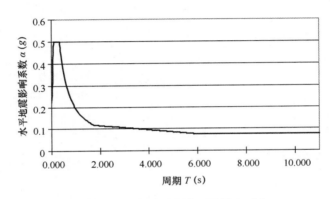

图 5.6.3　大震反应谱—阻尼比 5%

5.6.2　性能目标和设计指标

1. 抗震设防性能目标

按照抗震规范的要求，抗震设防性能目标需达到"三个水准"，目前工程上多采用"二阶段"的设计方法实现相应的设防目标。对于本工程项目，除了按照上述原则进行设计外，增加中震下该水准的结构性能要求，为此，抗震设防性能目标进行细化，如表 5.6.2 所示。

抗震设防性能目标　　　　　　　　　　　　　　　表 5.6.2

地震烈度	频遇地震（小震）	设防烈度地震（中震）$\alpha=0.23$	罕遇地震（大震）
性能水平定性描述	不损坏	中等破坏，可修复损坏	严重破坏
层间位移角限值	$h/500$ $h/2000$（底部）	$h/200$	$h/100$
结构工作特性	结构完好，处于弹性	结构基本完好，基本处于弹性状态。	主要节点不发生断裂，主要抗侧力构件型钢混凝土巨柱和核心筒墙体不发生剪切破坏

地震烈度		频遇地震 （小震）	设防烈度地震 （中震）α＝0.23	罕遇地震 （大震）
构件性能	核心筒墙	按规范要求设计，弹性	按中震弹性验算，基本处于弹性状态	允许进入塑性（θ＜LS），底部加强区不进入塑性（θ＜IO），剪力墙加强层及加强层上下各一层主要剪力墙不进入塑性（θ＜IO）。满足大震下抗剪截面控制条件
	连梁	按规范要求设计，弹性	允许进入塑性	允许进入塑性（θ＜LS），不得脱落，最大塑性角小于1/50，允许破坏
	巨柱	按规范要求设计，弹性	按中震弹性验算，基本处于弹性状态	允许进入塑性（θ＜LS），底部加强区不进入塑性（θ＜IO），钢筋应力可超过屈服强度，但不能超过极限强度
	周边桁架	按规范要求设计，弹性	按中震弹性验算，处于弹性状态	不进入塑性（ε＜IO），钢材应力不可超过屈服强度
	伸臂桁架	按规范要求设计，弹性	按中震不屈服验算	允许进入塑性（ε＜LS），钢材应力可超过屈服强度，但不能超过极限强度
	塔冠钢结构	按规范要求设计，弹性	按中震弹性验算，处于弹性状态	允许进入塑性（ε＜LS），钢材应力可超过屈服强度，但不能超过极限强度
	其他构件	按规范要求设计，弹性	按中震不屈服验算	允许进入塑性，不倒塌（ε＜CP）
节点		中震保持弹性，大震不屈服		

注：性能目标 IO 表示立即入住，LS 表示生命安全，CP 表示防止倒塌。

2. 频遇地震抗震验算

第一阶段抗震设计：取第一水准的地震动参数计算结构的地震作用效应，采用分项系数设计表达式进行截面承载力验算。

$$S \leqslant R/\gamma_{RE}$$

式中：γ_{RE} 为承载力抗震调整系数。

荷 载 效 应 组 合　　　　　表 5.6.3

组　合	恒荷载	活荷载	X向地震	Y向地震	双向地震（X向为主）	双向地震（Y向为主）	Z向地震	风荷载
X向地震与风荷载	1.2	0.6	1.3	—	—	—	—	±0.2×1.4
Y向地震与风荷载	1.2	0.6	—	1.3	—	—	—	±0.2×1.4
竖向地震与风荷载	1.2	0.6	—	—	—	—	1.3	±0.2×1.4
X、竖向地震与风荷载	1.2	0.6	1.3	—	—	—	0.5	±0.2×1.4
Y、竖向地震与风荷载	1.2	0.6	—	1.3	—	—	0.5	±0.2×1.4
双向地震（X向为主）与风荷载	1.2	0.6	—	—	1.3	—	—	±0.2×1.4

组　　合	恒荷载	活荷载	X 向地震	Y 向地震	双向地震（X 向为主）	双向地震（Y 向为主）	Z 向地震	风荷载
双向地震（Y 向为主）与风荷载	1.2	0.6	—	—	—	1.3	—	±0.2×1.4
三向地震（X 向为主）与风荷载	1.2	0.6	—	—	1.3	—	0.5	±0.2×1.4
三向地震（Y 向为主）与风荷载	1.2	0.6	—	—	—	1.3	0.5	±0.2×1.4

按承载能力极限状态下荷载效应的设计组合进行截面验算，既可满足构件截面的承载力可靠度要求，也可达到第一水准的抗震设防目标。

3. 设防地震构件验算

第一阶段抗震设计可初步达到第二水准的目标，为进一步明确结构的性能，根据性能目标，针对第二水准下的地震组合效应进行构件承载力验算。

进行第二水准的构件承载力验算时，目前较为常见的技术手段有两种：

(1)"中震弹性"，不考虑地震内力调整系数，其他基本同抗震设计的第一阶段；

(2)"中震不屈服"，取消内力调整，荷载和地震作用分项系数取 1.0（组合值系数不变，见表 5.6.4），截面验算采用材料强度标准值，并且不考虑抗震承载力调整系数 γ_{RE}。

中震不屈服荷载效应组合见表 5.6.4。

不屈服荷载效应组合　　　　　　表 5.6.4

No.	组合工况	恒荷载	活荷载	风荷载	地震
1	重力荷载＋水平地震	1.0	0.5	—	1.0
2	重力荷载＋水平地震＋风荷载	1.0	0.5	0.2	1.0

第二水准的构件截面承载力验算表达式表示为：

$$S_k \leqslant R_k$$

式中　S_k——荷载效应组合值；

R_k——结构构件的抗力。

4. 罕遇地震动力弹塑性验算

在第三水准地震作用下结构的弹塑性变形应满足要求，采用 PERFORM 3D 及通用有限元程序 ABAQUS 进行罕遇地震力弹塑性时程分析，并根据分析结果及结论采取相应的改进措施，实现第三水准的设防要求。

5.7　地　基　基　础　设　计

5.7.1　塔楼桩基基础概述

塔楼荷载通过核心筒及外围八根巨柱传递至桩筏基础，详勘报告显示微风化岩埋深约

60m（即低于基坑底约30m）。采用桩基础将塔楼重力荷载传至微风化岩。设计中巨柱的内力以大直径灌注桩（人工挖孔桩）来承托，核心筒则以大直径灌注桩及桩承台承托。设计根据巨柱及核心筒的荷载大小，桩的承载力大小及参考岩土勘察报告建议的基础方案，进行多方案的经济比较，对外围巨柱采用一柱／一桩的大直径人工挖孔桩方案，共8根桩。核心筒下，则采用在所有核心筒墙体交点处布置大直径人工挖孔桩，共计16根。

塔楼桩的布置详见图5.7.1。

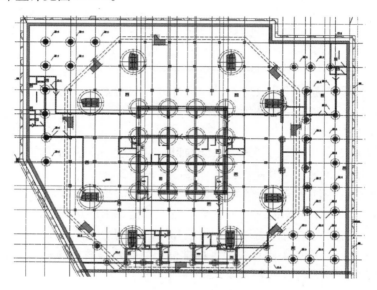

图5.7.1 塔楼桩基布置图

施工现场照片见图5.7.2。

图5.7.2 塔楼桩施工现场图

5.7.2 单桩竖向承载力确定

5.7.2.1 单桩竖向承载力特征值

按照广东省标准《建筑地基基础设计规范》DBJ 15—31—2003第10.2节桩基设计的

有关规定，对于桩端进入中、微风化岩层的嵌岩桩，单桩竖向承载力特征值的计算应包括桩侧土总摩阻力特征值、桩侧岩总摩阻力特征值以及持力岩层总端阻力特征值。其中桩端持力承载力占主要部分，可简化考虑微风化岩层的桩端承载力作计算。

不同桩径的主要人工挖孔桩（抗压桩）竖向承载力特征值如表 5.7.1。

单桩竖向承载力特征值   表 5.7.1

桩直径/桩扩底直径（m）	单桩竖向承载力特征值（kN）	备注
1.8/2.5	38，640	底板其他区域
1.5/1.8	171，000	底板其他区域
5.7/7.0	384，650	核心筒下桩
8.0/9.5	708，460	巨柱下桩

5.7.2.2 桩身抗压承载力设计值

按照广东省标准《建筑地基基础设计规范》DBJ 15—31—2003 第 10.2.7 条的规定，除按地基岩土条件确定的单桩/墩竖向承载力外，桩/墩身混凝土强度亦应满足桩/墩的承载力设计要求。

$$Q \leqslant \Psi_c f_c A_p \tag{5.7.1}$$

式中：Ψ_c——工作条件系数，灌注桩/墩取 0.7～0.8，预制桩取 0.8～0.9；

    f_c——桩/墩身混凝土轴心抗压强度设计值；

    A_p——桩/墩身横截面积；

    Q——相应于荷载效应基本组合时的单桩/墩竖向力设计值。

塔楼基础采用人工挖孔桩/墩，Ψ_c 取为 0.9；人工挖孔桩/墩采用 C45 混凝土，f_c 为 21.1MPa。

根据类似工程试桩资料及行业标准《建筑桩基技术规范》JGJ 94—2008，综合分析土工试验及原位测试相关成果，主要的抗压桩基础单桩桩身承载力设计值详见表 5.7.2。

桩身抗压承载力设计值   表 5.7.2

灌注桩直径（m）	桩身抗压承载力设计值（kN）	备注
1.8	48，299	C45
1.5	26，540	C45
5.7	484，245	C45
8.0	954，057	C45

设计采用单桩承载力特值征与桩身抗压承载力设计值的较小值。

5.7.3 筏基设计

1. 塔楼采用群桩筏板承台，筏板厚度为 4500mm。

2. 裙房及纯地下室部分为厚度为 1000mm 或 1200mm 的筏板。

3. 筏板顶面相对标高为一28.8m。筏基平面如图5.7.3所示。

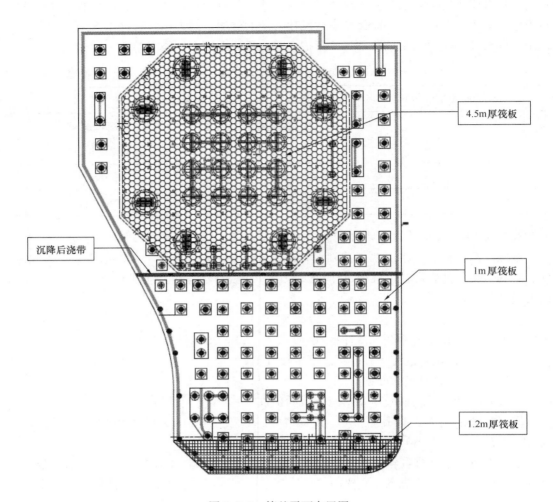

图5.7.3 筏基平面布置图

5.7.4 基础沉降分析

本工程基础底板设计计算分析软件采用 CSI 系列 ETABS 软件和 SAFE 软件。

塔楼筏板东西及南北最长约为84m。由于桩基由岩石支承，筏板变形可由桩的刚度计算得出，模型中采用$0.5E_cA_c/L$模拟抗压桩的弹性刚度，采用E_sA_s/L模拟抗拔桩的弹性刚度，其中E_c为混凝土弹性模量，A_c为桩的混凝土面积，E_s为钢筋弹性模量，A_s为桩的钢筋面积，L为桩长。塔楼的计算可以反映出底板变形为核心筒区中部下沉量较大，边缘下沉量较小的典型盆式沉降。裙房部分沉降比较均匀，仅在南端及北端剪力墙处沉降略大。

底板的变形如图5.7.4所示。

塔楼部分最大沉降值17mm，最小沉降值5mm。

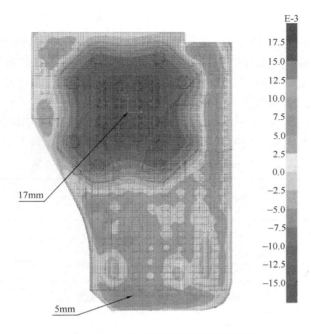

图 5.7.4　SAFE 模型沉降等值线图

5.7.5　基坑支护挡土墙及临时支撑

5.7.5.1　基础施工阶段

本项目的基坑平面如图 5.7.5 所示。

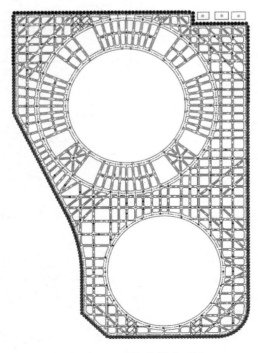

图 5.7.5　基坑支撑平面图

本项目基坑开挖深度超深，达 30～35m，地下室周边需要设置刚度较大的临时挡土墙，以控制基坑支护水平变形。由于本项目工地东边及北边贴近地铁线，采用 1.4m 直径配筋桩和 1.4m 直径素混凝土桩的咬合桩。西南两边采用 1.4m 直径配筋桩和 1.2m 直径素混凝土桩的咬合桩。施工阶段，咬合桩支承施工阶段的临时荷载，此外采用三重管旋喷桩形成止水帷幕来有效地减少流入基坑的地下水。

此外，由于邻近地铁线，开挖时不能采用锚杆支护，基坑开挖期间，需要采用内撑方案。考虑采用 5 道钢筋混凝土内撑，主要支护结构的构件尺寸如表 5.7.3 所示。

主要支护结构构件尺寸一览表

表 5.7.3

指标 结构名称	截面	弹性模量（MPa）	泊松比
冠梁	1.4m×0.8m	30000	0.2
腰梁	1.0m×1.2m	30000	0.2
腰梁	0.8m×1.0m	30000	0.2
支撑 1	0.6m×0.8m	30000	0.2
支撑 2	0.8m×1.0m	30000	0.2
支撑 3	1.0m×1.2m	30000	0.2
环撑	1.2m×0.8m	30000	0.2
环撑	2.0m×1.2m	30000	0.2
环撑	1.8m×1.0m	30000	0.2
联系梁	0.6m×0.8m	30000	0.2
联系梁	0.8m×1.0m	30000	0.2
立柱	$\phi=0.6m$，$t=0.02m$	210000	0.3
立柱桩	$\phi=1.2m$	30000	0.2
等效灌注桩（薄板）	$T=0.84m$	30000	0.2

5.7.5.2　降排水系统

基坑内部共布设 32 口降水井，降水井井管采用无砂水泥管或钢管，井管直径 400mm，井管周围填充砾料，直径 5～10mm，降水井底标高为基底标高以下 5m。在基坑顶底设置排水沟，在坑底贴支护桩设置，每隔 50～100m 设置一集水坑，在基坑顶部设置在冠梁外侧。

在桩基施工期间，由于基岩裂隙水的水量较大，在坑基底沿周边采取新设截水帷幕（底标高约为基坑底以下 10m）和基岩灌浆止水施工措施，有效地保证了工程桩的顺利施工。

5.7.5.3 正常使用状态

在临时挡土墙内侧，设计厚度800～1100mm的永久钢筋混凝土地下室外墙，承担正常使用状态下的荷载。

5.8 结 构 体 系 概 述

5.8.1 抗侧力体系

平安金融中心塔楼高660m（顶层楼面高度为549.1m），需要创新的结构体系来满足中国建筑规范的综合要求。

该建筑的裙房区域包括5层地下室以及11层裙房。在裙房区域顶部以上，塔楼部分包括8个由机电层及避难层分隔开的分区，共118层。在每个分区有8～14层层高为4.5m的办公室以及交易层。在顶部118层以上将设置110.9m高的塔尖。塔楼每分区有1层或2层用作机电层和避难层综合功能。

如图5.8.2典型平面图所示，塔楼平面为四角内缩的正方形，并随高度上升逐渐缩小，角部不与楼层同步减小。楼层平面的变化表现为外围的幕墙以及巨柱的向内倾斜。在地面层至一区顶部，巨柱沿两侧倾斜（向核心筒靠近及靠近一侧巨柱）；二区向靠近一侧的巨柱倾斜。3区至6区，巨柱保持竖直，同时楼盖保持不变，仅角部逐渐减小。7区以上至塔尖底部（高549.1m），巨柱及幕墙又开始向中心倾斜。

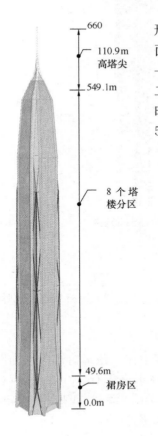

图 5.8.1　塔楼三维立面图

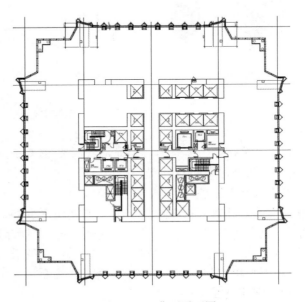

图 5.8.2　典型平面图

345

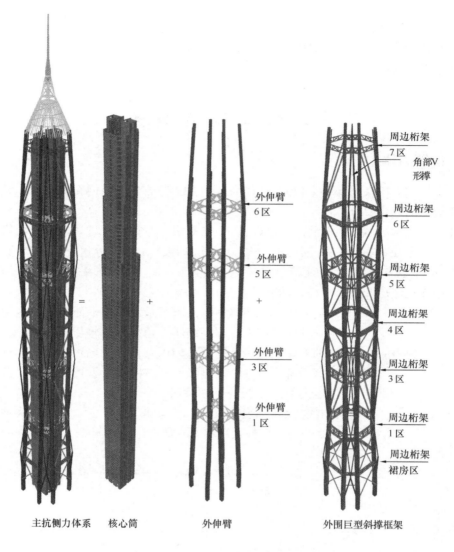

主抗侧力体系   核心筒   外伸臂   外围巨型斜撑框架

图5.8.3 抗侧力体系

本项目的主要抗侧力体系为"斜撑带状桁架-框架-劲性混凝土核心筒-钢外伸臂巨型结构"。它由以下几个主要部分组成：

（1）型钢混凝土巨柱

巨柱在平面上近似为长方形，但为了与建筑平面协调，其中在一角部有调整，如图5.8.4所示。底部巨柱的尺寸约为6.5m×3.2m，在顶部逐渐减小至3.1m×1.4m。巨柱内埋组合型钢由下而上连续变化，厚度75mm变化至25mm（带状桁架层加厚至100mm），内埋型钢均匀分布。巨柱含钢率由底部的8%至顶部的4%。

（2）劲性钢筋混凝土核心筒

核心筒为边长约32m的正方形，底部外墙厚1.5m，内墙厚0.8m，混凝土采用C60。核心筒墙体厚度随高度增加逐渐减小，顶部外墙减为0.5m，内墙减为0.4m。核心筒提供

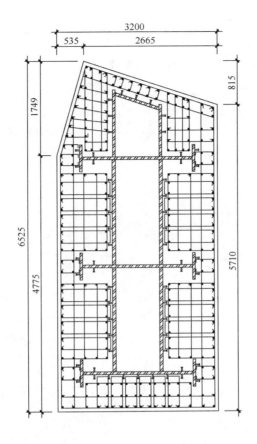

图 5.8.4　巨柱的形式

了结构抗侧刚度以及抗剪承载力，承担大部分的基底剪力。

　　考虑建筑功能的要求，核心筒的角部在第六区以上被切去，同时在 112 层观光层以上，南部及北部的墙体将部分切除，改为设置钢柱支承上部结构。

　　核心筒角部及相交处内埋型钢柱以增加核心筒的延性及刚度。核心筒全高设置800mm 高的连梁。大约六分之一的连梁需要内埋型钢梁加强。同时，在办公室楼层需要设置部分双连梁，拟允许机电设备管道在双连梁之间穿过，使楼层有效利用高度增加。

　　在底部加强区的墙体采用组合钢板剪力墙的形式，提高墙体抗弯及抗剪承载力。

　　（3）钢外伸臂

　　沿塔楼全高设置四道外伸臂控制和减小结构层间位移。外伸臂将核心筒与巨柱有效的连接在一起，改善结构的性能，增加结构抗侧刚度。在 1、3、5 区顶部的机电/避难层设置两层高的外伸臂，在 6 区顶部的机电/避难层设置一层高的外伸臂。

　　外伸臂与内埋于核心筒角部的型钢柱相连。为了保证外伸臂传力的连续性，外伸臂的弦杆贯穿核心筒，同时在墙体两侧设置 X 形腹杆斜撑。

　　6 区以上，考虑建筑的要求，外伸臂形式作一定调整。因为核心筒部分墙体将去除，外伸臂将连接在核心筒内外墙交接处，内墙加厚至 800mm。

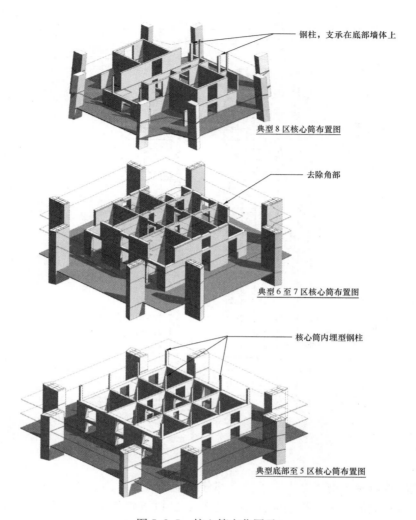

钢柱，支承在底部墙体上

典型 8 区核心筒布置图

去除角部

典型 6 至 7 区核心筒布置图

核心筒内埋型钢柱

典型底部至 5 区核心筒布置图

图 5.8.5　核心筒变化图示

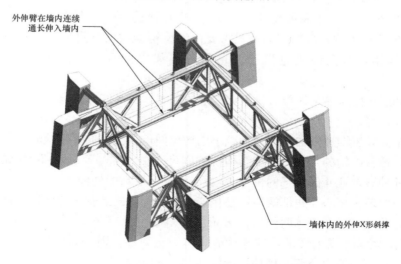

外伸臂在墙内连续
通长伸入墙内

墙体内的外伸X形斜撑

图 5.8.6　外伸臂的形式

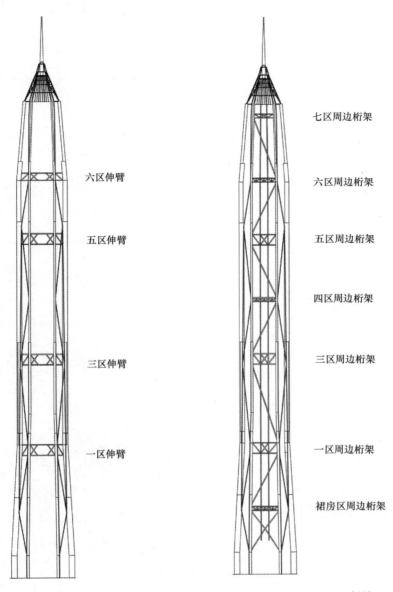

六区伸臂

五区伸臂

三区伸臂

一区伸臂

七区周边桁架

六区周边桁架

五区周边桁架

四区周边桁架

三区周边桁架

一区周边桁架

裙房区周边桁架

图 5.8.7　外伸臂立面图　　　图 5.8.8　周边桁架及巨型斜撑立面图

（4）周边桁架

总共设置六道空间双桁架、一道单桁架及七道单角桁架，分别位于每个区的避难/机电层或机电层，沿塔楼高度方向布置均匀。在二层高外伸臂楼层布置两层高的周边桁架，其他避难/机电层布置一层高的空间双桁架。空间双桁架及单角桁架连接巨柱，塔楼的外围形成巨型框架，承担相当大部分由侧向力引起的倾覆力矩。

（5）巨型斜撑

在每两个相邻的周边桁架间布置一道巨型斜撑，形成外围"巨型支撑框架"结构作为抗侧力体系的第二道防线。该斜撑连接相邻两根巨柱，在每个区始于下部周边桁架的上弦

349

塔楼的主要构件汇总

表 5.8.1

楼层	L10-L11	L25-27	L49-L51	L65-L67(夹层)	L81-L83	L97-L99(夹层)	L114-L115
钢号	Q390GJ	Q390GJ	Q390GJ	Q390GJ	Q390GJ	Q390GJ	Q390GJ
外层带状桁架弦杆	H1000×800×90×90	H1000×600×80×80	H1000×600×80×80	H1000×1000×90×90	H1000×600×65×65	H1000×500×70×70	H1000×500×70×70
外层带状桁架斜腹杆	H600×600×85×85	H600×600×65×65	H600×600×65×65	H600×600×85×85	H600×600×50×50	H500×500×40×40	H500×500×40×40
外层带状桁架直腹杆	H600×600×65×65	H600×600×65×65	H600×600×65×65	H600×600×30×30	H600×600×50×50	H500×500×25×25	H500×500×25×25
内层带状桁架弦杆	H1000×800×90×90	H1000×600×80×80	H1000×600×80×80	H1000×1000×90×90	H1000×600×65×65	H1000×500×70×70	
内层带状桁架斜腹杆	H600×600×85×85	H600×600×65×65	H600×600×65×65	H600×600×85×85	H600×600×50×50	H500×500×40×40	
内层带状桁架直腹杆	H600×600×65×65	H600×600×65×65	H600×600×65×65	H600×600×30×30	H600×600×50×50	H500×500×25×25	
带状桁架水平腹杆	H250×300×20×20	H250×300×20×20	H250×300×20×20	H250×300×20×20	H250×300×20×20	H250×300×20×20	
角桁架弦杆	H1000×1500×100×100	H1000×1500×100×100	H1000×1500×80×80	H1000×1500×80×80	H1000×1500×80×80	H1000×1500×80×80	H1000×1000×60×60
角桁架腹杆	H1000×1000×80×80	H1000×1000×80×80	H1000×1000×80×80	H1000×1000×80×80	H1000×1000×80×80	H1000×1000×60×60	H1000×1000×60×60
钢号		Q460GJ	Q460GJ	Q460GJ	Q460GJ	Q460GJ	
伸臂弦杆		□1000×1000×120×120	□1000×1000×120×120		□1000×800×100×100	□1000×800×100×100	
伸臂腹杆		H1000×1500×100×100	H1000×1500×100×100		H800×1400×100×100	H800×1400×100×100	
钢号	Q390GJ	Q390GJ	Q390GJ	Q390GJ	Q390GJ	Q390GJ	Q390GJ
埋入剪力墙伸臂上弦		H650×800×100×100	H650×800×100×100		H560×750×100×100	H560×750×100×100	
埋入剪力墙伸臂下弦		H650×600×120×120	H650×600×120×120		H560×600×120×120	H560×600×120×120	
埋入剪力墙伸臂腹杆		H650×800×100×100	H650×800×100×100		H560×750×100×100	H560×750×100×100	
钢号	Q345GJ	Q345GJ	Q345GJ	Q345GJ	Q345GJ	Q345GJ	Q345GJ
楼层	L1-L11	L11-L25	L27-L49	L49-L65	L67-L85	L85-L97	L97-L114 / L114-L118
V形撑	□1400×1400×90×90	□800×800×90×90	H700×700×80×80	H600×600×80×80	H600×600×70×70	H600×600×60×60	H600×600×50×50 / H600×600×50×50
钢号	Q390GJ	Q390GJ	Q390GJ	Q390GJ	Q390GJ	Q390GJ	Q390GJ
楼层	L1-L6	L6-L10	L11-L25	L27-L49	L51-L65	L67-L81	L83-L97 / L99-L114
巨型钢斜撑	□1000×100×80×80	□1000×100×70×70	□1000×100×70×70	□1200×1000×120×120	H1000×1000×85×85	H1000×1000×85×85	H1000×1000×85×85 / H1000×1000×85×85

杆，止于上部周边桁架的下弦杆。该巨形斜撑体系进一步提高了结构抗侧力的安全富余度，设计中按照满足我国《高层建筑混凝土结构技术规程》JGJ 3—2002 中 8.1.4 条框架部分承担 20％的地震基底剪力的要求进行内力调整。

（6）角部 V 形支撑

在建筑的各个角部将设置一个巨型 V 形支撑。该 V 形支撑横跨多个楼层，两端分别连接巨柱和建筑角部。斜撑随着角部面积的变化而倾斜。斜撑与巨柱的连接点位于外伸臂和周边桁架楼层。

（7）水平楼面桁架

在每个周边桁架的上弦杆和下弦杆楼层位置，内外两个周边桁架之间设置个水平桁架，使周边桁架形成空间受力效应共同承担重力，同时水平桁架承担由巨柱倾角转变而引起的水平力。

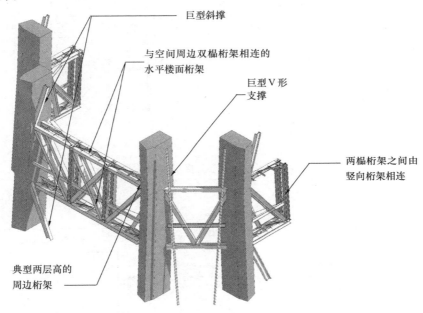

图 5.8.9　周边桁架、巨型斜撑及 V 形支撑三维示意面

5.8.2　重力体系

楼面重力支撑体系由钢梁、周边钢柱、核心筒以及巨柱组成。周边的钢柱通过各区的周边桁架进行转换将荷载传到巨柱。

核心筒外部楼面体系为组合楼板和钢筋桁架楼板。典型的办公和交易层楼板厚度为120mm，在核心筒外部四个侧面区域为组合楼板，四个角部区域为钢筋桁架楼板。外伸臂弦杆所在楼层以及所有机电和避难层的楼板厚度将增加为 180mm，均采用钢筋桁架楼板。

在每个办公层，核心筒南边有一个 9m×8m 的跨不设楼面梁以满足从核心筒内穿出的机电管道的净空要求。在这一区域将提供 200mm 厚的双向板以满足其要求。

核心筒内部区域为现浇混凝土梁板楼面体系。板厚 120mm，梁的尺寸将随位置变化。

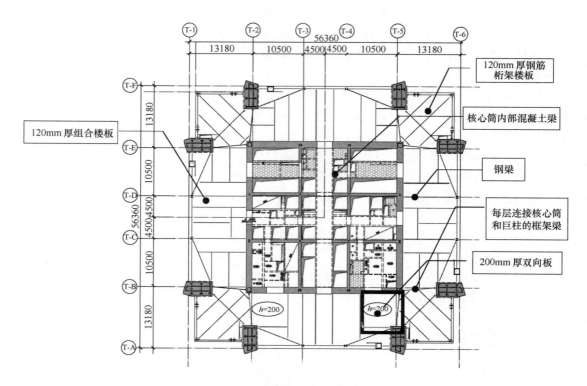

图 5.8.10　典型办公楼层结构平面

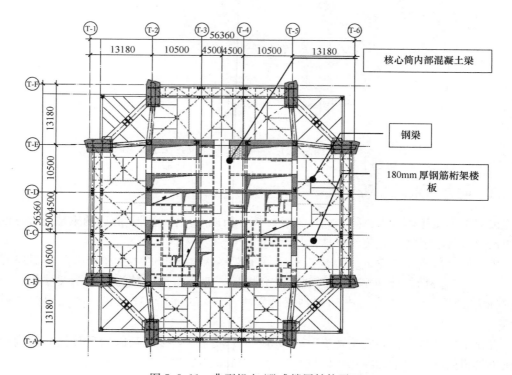

图 5.8.11　典型机电/避难楼层结构平面

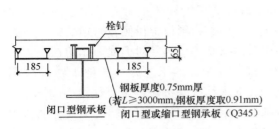

図 5.8.12 組合楼板示意図

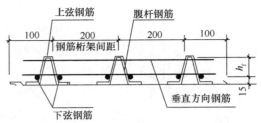

图 5.8.13 钢筋桁架楼板示意图

5.8.3 塔尖部分

平安塔楼的塔尖坐落在 L118 层的位置并由 1 根天线及其支承结构组成。天线的支座设于 +605.08m 的高度，并往上伸 54.92m。支座结构由 3 个不同部分组成，见图 5.8.14。

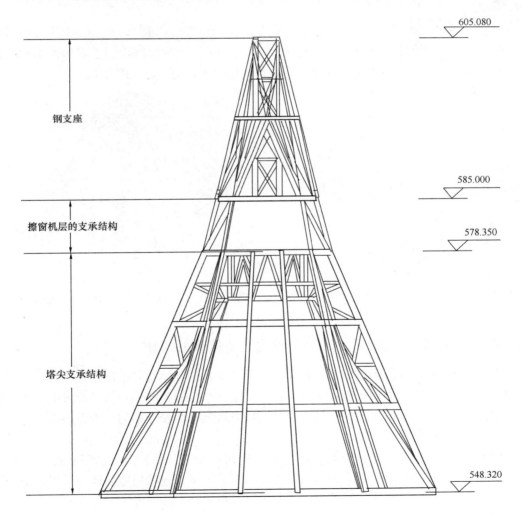

图 5.8.14 天线支承结构的侧视图

钢支座的底部为 11.736m×11.736m（+585.000m 标高），顶部为 2.868m×2.868m

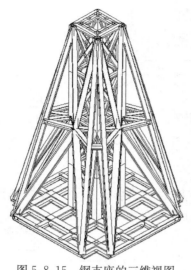

图 5.8.15 钢支座的三维视图

（＋605.080m 标高）。天线杆的重力支承位于顶部，并于钢支座的顶部及底部钳紧以提供倾覆弯矩的约束。天线的侧向力引起的弯矩等效为一对力偶，作用在位于＋605.080m 和＋585.000m 的承压板上，把天线的横向荷载转换至天线支承结构并再转换至巨柱及 V 型支撑。在钢支座顶部的十字架型钢梁系统将转换天线杆的自重传到下面的塔尖支承结构，见图 5.8.15。

擦窗机层的支承结构设于＋578.350m 的高度，并承托着钢支座。此结构仅于角落设有构件以提供擦窗机四侧的出入通道，此外，四榀吊机支承桁架布置于＋578.350m 的下方，用于支撑擦窗机的重力荷载，见图 5.8.16。

塔尖支承结构位于 118 层（＋548.320m）至擦窗机层（＋578.350m）。此支承结构的主要构件为钢架结构，巨型钢架及角部斜柱之间每侧设 2 个中间柱作为次要构件，见图 5.8.17。

图 5.8.16 擦窗机层的支承结构

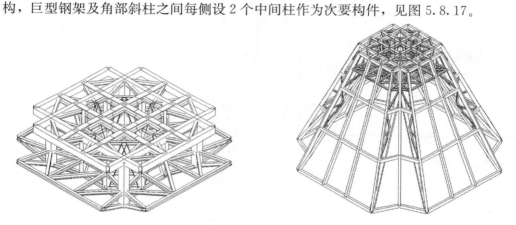

图 5.8.17 工业钢架形状的塔尖支承结构

5.8.4　阻尼器介绍及平安金融中心阻尼装置选择的考虑

影响结构阻尼比的因素复杂而且繁多，使得精确地估计结构阻尼比非常困难，但同时结构阻尼对于建筑物的振动幅度和居住舒适性又是一个十分关键的参数。设置阻尼器能保证结构阻尼水平与假设值之间的一致性，从而能有效地减少设计中的不确定因素，进一步提高结构的设计可靠性。

阻尼器主要可分为三类：被动式、半主动式和主动式。每类阻尼器各有许多不同形式。一般而言，在选择阻尼器类型时需要考虑的因素很多，包括期望的减振效果、阻尼器的放置空间限制、总的费用、维护方面的要求以及可靠性方面的考虑。

5.8.4.1　几种被动阻尼器的介绍

通过设置被动式可调阻尼系统改善建筑物品质已经有许多成功案例。被动式可调阻尼器包括可调质量阻尼器（TMD）与可调液体阻尼器（TLD）等可单独设置的设备。

可调质量阻尼器（Tuned Mass Damper，简称 TMD）是最常用的被动控制装置。它是在结构物顶部或上部某位置上设置惯性质量，并配以弹簧和阻尼器与主体结构相连。利用共振原理对主体结构某些振型（通常是第一或第二振型）的动力响应加以控制。

阻尼器一般设置在顶层或者靠近顶层位置，这样可以达到最佳效果。TMD 的基本原理如图 5.8.18 所示，其中 M 代表大楼的广义质量；k 为广义刚度；c 为广义阻尼；m、k_d 和 c_d 分别为 TMD 的质量、弹性支承以及黏滞阻尼器特性。通过对 TMD 的弹性支承系统刚度的设计使 TMD 的固有频率接近大楼各阶模态中对风响应最重要的固有频率。当风力激发大楼振动时，TMD 的质量块通过弹性支承系统也发生摆动，

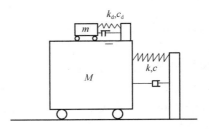

图 5.8.18　TMD 基本原理图

由此每当大楼受到动态风力时（例如向右的风力），TMD 质量块的惯性力就会对大楼同时施加一个反向的力（例如向左的力）。TMD 的减振效果取决于质量比（TMD 的质量与大楼广义质量之比）、频率比（TMD 固有频率与大楼固有频率之比）以及 TMD 阻尼比（TMD 黏滞阻尼单元的耗能指标）。

对于 TMD 控制装置而言，一般来说安装于结构的顶层（主振型位移最大处）有利于控制作用的发挥从而达到最佳效果。同时控制装置的设置必须考虑建筑空间的要求，尽量安装于不影响建筑功能的部位。

为提高系统控制效果，主要是通过调整 TMD 系统与主体结构的质量比、频率比和 TMD 系统的阻尼比等参数，使 TMD 系统能吸收更多的振动能量，从而大大减轻主体结构的振动响应。因此，为了取得较好的控制效果，有必要对 TMD 系统的动力参数进行研究和优化。

TMD 在减振方面的实际应用有台北 101 大楼的单摆型 TMD，美国纽约 Trump 大厦的双级摆 TMD 和 Lexington 大街 610 号大厦的紧凑型 TMD 等。

与主动式或半主动式阻尼器相比，TMD 系统的费用较少，对维护的要求也较低，从而系统的可靠性较好。但另一方面，TMD 的减振效果受质量块大小的限制。如果在大楼的长期运营中，结构特性发生某些渐变，则减振效果会相应地减弱。TMD 的减振效果只针对指定模态的共振部分。

可调液体型阻尼器（TLCD）的基本原理与 TMD 相似，其中水起到质量块作用，U 形水箱起到类似弹性支承的作用，水通道上设置漏空板起到耗散能量的作用。典型的工程应用是美国费城的 Comcast 大厦设计的 TLCD 阻尼器。

水箱式调谐液体阻尼器（TSD）与 TLCD 类似，但利用水的波浪作用而不是采用 U 形水箱。TSD 的几何外形可以比较随意，并可布置在大楼不同位置。典型的工程应用于美国纽约 Barclay 街 10 号大楼。

TLCD 与 TSD 阻尼系统在费用上一般低于 TMD，结构上也比 TMD 简单。除了在防水方面的要求外，TLCD 与 TSD 阻尼系统的维护方面要求也是较低的。但 TLCD 与 TSD 阻尼系统要求有较大的安置空间以达到需要的质量比。因此 TLCD 与 TSD 阻尼系统一般仅用于减振要求不高的场合。

另外一种被动式结构阻尼系统由分散布置在大厦各关键结构部位上许多较小的阻尼器

组成。这些分散布置的阻尼系统有两个缺点：其一需要的阻尼器数量很大，其二需要安装在局部位移较大的地方才能达到效果。

5.8.4.2　主动式阻尼器和半主动式阻尼器的介绍

主动式阻尼器的设计通常采用单个质量块（类似 TMD）与可控驱动装置。可控驱动装置根据控制理论驱动质量块运动，从而提高减振效果。

对同样的阻尼器质量，主动式阻尼器的减振效果最好。主动式阻尼器可对阵风作用和共振响应都作出反应，对地震响应也相当有效，还能适应结构特性的变化。但主动式阻尼器的设计、安装、维护等都是花费最大的。由于各部件的复杂性以及对外部电源的依赖，主动式阻尼器设计时必须对系统的可靠性作详细分析，并要求建立高标准的维护方案。

半主动式阻尼器的机械特性可以进行实时调整，因此只需要较小的外部驱动力。如果阻尼器控制系统失效，一般可以切换成被动式阻尼器模式。

半主动式阻尼器的减振效果与费用一般介于被动式阻尼器和主动式阻尼器之间。

另外一种控制方案是采用日本研发的制震阻尼器（ATMD-VSL/SRI Group），它应用在上海环球金融中心的屋顶，好处是占用的楼房面积较少，可灵活地融合在设计中，而且容易安装。有关的制震阻尼器已经广泛地应用在多个日本设计的高层建筑上。

5.8.4.3　各种阻尼器的优缺点

1. 被动式阻尼

（1）优点：最经济，最简单，最易维护，不易失效。

（2）缺点：阻尼效果受质量影响，由于结构性质渐变或突变的影响而退化，只对共振响应有明显作用。

2. 半主动式阻尼

（1）优点：可调节以适应结构性质的变化，比主动式方法更经济，对于发生频度较高的低烈度地震，主要通过被动式阻尼器控制结构的振动，而当发生烈度较高的地震或被动式阻尼器不能满足控制目标要求时，启动作动器施加主动控制力，变为主动式控制，提供给主结构更大的控制力，取得比被动式阻尼器更好的控制效果。

（2）缺点：制造维护费用高于被动式阻尼器，没有主动式阻尼器效果好，依赖于系统复杂性和计算机数据采集。

3. 主动式阻尼

（1）优点：对于同样的质量，这种方式更有效。可根据风速变化和共振响应作出反映，对地震响应也有帮助，能适应结构性质变化。

（2）缺点：设计，安装和维护的费用较高，会受到复杂部件影响而不工作。不能在没电情况下工作，需用电量较大。

5.8.4.4　平安金融中心减振策略

经过各种方案的优选，本工程采用三菱公司方案在结构顶部加装半主动式混合质量阻尼器 HMD（Hybrid Mass Damper）。

如图 5.8.19 所示，设置在塔楼的第 113 层阻尼设备，被调整至与塔楼基本周期相同的摆锤经多段钢索吊起，通过与塔楼的同步振动来最大限度发挥被动式 TMD 的作用。同时设备通过使用传感器来检测塔楼和摆锤的晃动，用专用程序计算来控制摆锤的晃动，较

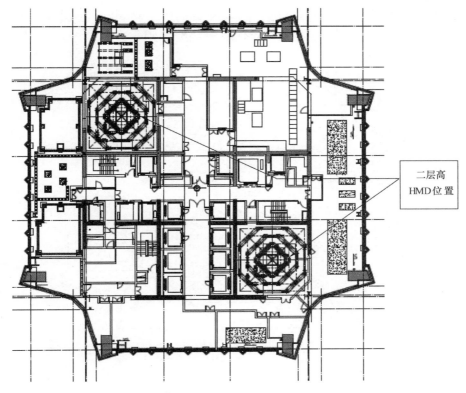

图 5.8.19　L113 层的 HMD 预留空间

原先的 TMD 性能更为优化。

　　计算所得的控制力通过电机和传动杆，可以在两个方向上对摆锤进行驱动。同时设备根据不同的状态，可以附加和切断自动控制部分。

　　HMD 每台设备总重约为 500t，共设置两台，其中每台设置内含质量块约为 300t，具体构造如图 5.8.20 所示。

　　HMD 设备由多段式钢索吊起的摆锤和驱动装置两部分组成。多段式钢索吊起的摆锤部分由摆锤三榀门式框架和连接钢索组成。摆锤用钢索吊在内部的门式上，内部门式框架吊在中间门式框架上，中间门式框架吊在外部的门式框架上，最后外部门式框架固定在设备基础上。驱动装置部分则由电机、碟式制动器、传动杆、导轨、接合部等组成。

　　分析结果表明，塔楼设置 HMD 后，在重现期为 10 年的风荷载作用

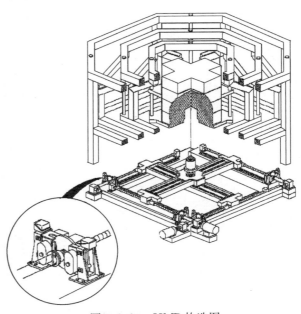

图 5.8.20　HMD 构造图

下，满足性能目标小于 15milli-g（风速 36.0m/s）和小于 25milli-g（风速 45.4m/s），可以实现 10%~20% 的减振效果，如图 5.8.21 及图 5.8.22 所示。

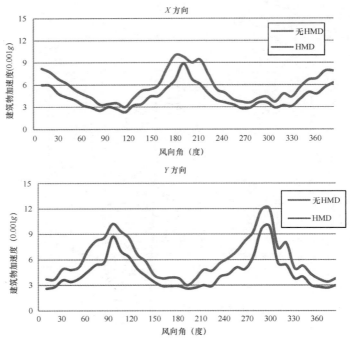

图 5.8.21　塔楼顶层加速度最大值（风速 36m/s）

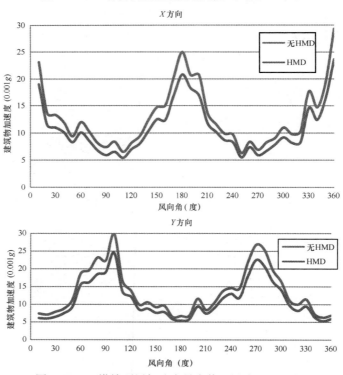

图 5.8.22　塔楼顶层加速度最大值（风速 45.4m/s）

5.9 超限抗震设计

5.9.1 超限情况判别

根据建质〔2006〕220号《超限高层建筑工程抗震设防专项审查技术要点》的要求，设计单位对塔楼可能存在的超限项目进行逐一检查。主要的超限内容如下：

（1）结构高度超限，高宽比超限；

（2）本结构存在外伸臂桁架，属于 B 级复杂高层建筑。

根据检查结果的要求，应进行工程结构抗震分析专项审查。具体的超限情况判别在下面章节讨论。

5.9.1.1 高度及高宽比

根据《高层建筑混凝土结构技术规程》JGJ 3—2002，在抗震设防烈度为七度的地区，对于采用型钢混凝土框架-劲性混凝土核心筒体系的结构，其最大高度限制为 180m。本建筑的塔楼地面以上至结构顶层楼面高度为 549.1m，高度和高宽比均明显地超过了现有规范的限值。

建筑结构高度超限检查　　　　　　　　　　　　　　　　表 5.9.1

项目	判断依据	超限判断
高度	7 度区 B 级框架-核心筒结构：180m（B 级高度）	结构顶板标高 549.1m，超过 B 级高度限制
高宽比	7 度区 B 级：7	高宽比＝7.4

5.9.1.2 塔楼结构的规则性

建筑结构一般规则性超限检查　　　　　　　　　　　　　表 5.9.2

	项目	判断依据	超限判断	备注
平面不规则类型	平面不规则	平面边长比大于 2	无	有三项超限
	扭转不规则	考虑偶然偏心的扭转位移比大于 1.2	有	
	偏心布置	偏心距大于 0.15 或相邻层质心相差较大	有	
	凹凸不规则	平面凹凸尺寸大于相邻边长的 30%	无	
	组合平面	细腰型和角部重叠型	无	
	楼板不连续	有效宽度小于 50%，开洞面积大于 30%，错层大于梁高	有	
竖向不规则类型	刚度突变	相邻层刚度变化大于 70% 或连续三层变化大于 80%	有	有两项超限
	尺寸突变	缩进大于 25%，外挑大于 10% 和 4m	无	
	构件间断	上下墙、柱、支撑不连续，含加强层	有伸臂桁架加强层	
	承载力突变	相邻层受剪承载力变化大于 80%	无	

项　　目	判断依据	超限判断	备注
扭转偏大	不含裙房的楼层扭转位移比大于 1.4	无	
扭转刚度弱	扭转周期比大于 0.9，混合结构大于 0.85	无	
层刚度偏小	本层侧向刚度小于相邻上层的 50%	无	
高位转换	框支转换构件位置：7 度时超过 5 层	无	无严重
厚板转换	7~9 度设防的厚板转换结构	无	不规则
塔楼偏置	单塔或多塔与大底盘的质心偏心距大于底盘相应边长的 20%	无	
复杂连接	各部分层数、刚度、布置不同的错层或连体结构	无	
多重复杂	结构同时具有转换层、加强层、错层、连体和多塔类型的 2 种以上	无	

深圳平安金融中心塔楼平面布置呈正方形，随着高度的增加，四角往内缩，中部及下部办公室区域平面楼板连续，上部楼板也连续，仅在二、三层楼板有大面积缺失，虽然有两项超限，但仍可归类于平面规则。

在竖向方向，有外伸臂加强层处的楼层侧向刚度存在突变，需进行抗震专项审查。

本项目不存在结构严重不规则的情况。

5.9.1.3　稳定性验算

根据《高层建筑混凝土结构技术规程》JGJ 3—2002 第 5.4.4 条所规定的计算公式，对本工程进行重力二阶效应及结构稳定性的验算。沿结构高度方向，在地面至结构屋顶之间的楼层范围内对塔楼施加等效倒三角形荷载，根据计算，本结构满足稳定性的要求，但需要考虑重力二阶效应的影响。

5.9.2　针对超限情况的结构设计和相应措施

本结构塔楼存在薄弱层及加强层等超限内容，但结构整体布置对称，针对这些特点，设计从整体结构体系优化，关键构件设计内力调整，增加主要抗侧力构件延性等方面进行有针对性的加强。

5.9.2.1　结构体系设计优化

本结构在设计中采用型钢混凝土巨柱、外围巨型斜撑、V 形撑及空间双榀周边桁架、劲性钢筋混凝土核心筒、钢外伸臂组成的"巨型斜撑框架-核心筒-外伸臂"巨型结构体系，它的传力途径简洁、明确。在设计以及与建筑的协调过程中，以下主要设计原则始终贯穿整个设计过程，使之得到的设计为最优设计。

1. 建立多道抗震防线

（1）由核心筒、外伸臂及巨型斜撑框架等组成多道水平荷载传力途径，以确保结构体系有多道抗震防线。

（2）相对于"巨柱-核心筒-外伸臂"结构体系来讲，增加空间双榀周边桁架及外围斜撑形成巨型斜撑框架的布置，结构安全性及冗余度有所提高，结构总体刚度及外围巨型框架的抗剪承载力均有所提高。

2. 结构布置均匀对称

（1）确保核心筒的质心和刚心接近，偏心处于最小状态，调整及优化结构侧向刚度。

（2）本结构由八根巨柱对称布置及相对对称的核心筒，结构平面也是对称地收进，整体结构是对称的。

（3）混凝土核心筒扭转刚度大，使扭转较小。

3.力求结构竖向布置规则

（1）在外围与巨柱相连的周边桁架沿高度每15层左右均匀布置，形成一个规则的巨型斜撑框架。

（2）四道外伸臂分别设置于25～27层，49～51层，79～81层以及97～98层，确保每两区有一道外伸臂。

5.9.2.2 内力放大系数

在结构构件的设计中，根据规范要求，在多遇地震作用下，对构件的内力进行调整，相应调整系数如表5.9.4所示。

构件设计内力调整系数 表5.9.4

构件类型	调整内力项	参考规范条文	调整系数	备注
剪力墙	弯矩	高规4.9.2-4	底部加强区及上一层：1.1；其他部位：1.3	
	剪力	高规4.9.2-4	底部加强区：1.9 其他部位：1.2	
	轴力	—	—	
巨柱	弯矩	高规6.2.1、6.2.4、4.9.2-1	1.4×1.2=1.68	底层柱底截面的弯矩设计值应再乘放大系数1.5
	剪力	高规6.2.3、6.2.4、4.9.2-1、8.1.4	1.4×1.2×1.4×1.2=2.82	应先根据8.1.4条调整各层框柱承担的地震总剪力
	轴力	—	—	
连梁	弯矩	—	—	
	剪力	高规7.2.22	1.3	
	轴力	—	—	
核心筒内的混凝土梁（非连梁）	弯矩			
	剪力	高规6.2.5、4.9.2	1.3×1.2=1.56	
	轴力			
伸臂桁架	弯矩	JGJ 99—98第6.4.5条	斜腹杆：1.3	
	剪力			
	轴力			
巨型斜撑	弯矩	JGJ 99—98第6.4.5条	1.3	
	剪力			
	轴力			
周边桁架	弯矩	JGJ 99—98第6.1.7条	1.5	
	剪力			
	轴力			
屋顶钢结构	弯矩	—	地震作用放大系数3.0	考虑鞭梢效应
	剪力			
	轴力			

5.9.2.3 增强核心筒的措施

核心筒承担 50% 左右的基底剪力及 30% 左右的倾覆弯矩,是整个结构中最重要的一道抗震防线,其底部加强区的安全更关系到整个结构体系的安危。因此对本超限高层建筑,提高和改善整个核心筒及其底部加强区的抗震性能是非常必要和有效的。

同时为增加混凝土核心筒的延性,采取了下述的措施:

(1)底部加强区采用钢板剪力墙,并且轴压比被严格控制在规范建议的 0.5 以下(重力代表值下)。

(2)整个核心筒按特一级设计。

(3)在核心筒角部和内外墙交点增设型钢,增加延性,降低墙体混凝土应力水平。

(4)对筒体开洞形成墙长约为 5~8 倍墙厚的墙肢,严格按照规范要求布置边缘构件。

(5)对中震验算下的剪力承载力不够的墙体加钢板形成组合钢板剪力墙。

(6)保证墙体的洞口的布置是对称和规则的。对连梁剪压比控制在 0.2 以下。

(7)对跨高比小于 2.5 的连梁和剪压比不够的连梁除配置普通钢筋外,将在连梁中布置型钢或斜向钢筋以增加其抗剪承载力。

(8)在较厚墙体中布置多层钢筋,以使墙截面中剪应力均匀分布,减少和控制混凝土的收缩效应。

5.9.2.4 增强巨柱及巨型斜撑框架的措施

由于塔楼有近 50% 左右的楼层荷载由八根巨柱承担,采用以下加强措施提高巨柱的延性:

(1)地震力组合作用下的巨柱轴压比控制在规范建议的限值 0.65 以内。

(2)加强巨型斜撑的抗震性能,多遇地震弹性计算的巨型斜撑框架承担的总剪力取底部地震总剪力的 20% 及巨型斜撑框架层地震剪力最大值的 1.5 倍二者的较小值。

(3)要求每一道巨型斜撑的顶端后连接,塔楼结构施工完成后连接,减少由重力荷载引起的附加内力。

(4)巨柱采用箍筋全高加密,采用合理的构造措施,并按规范保证体积配箍率。

(5)巨柱内的组合钢柱采用封闭的单肢组合钢板的结构形式。

(6)对加强层外围的空间双榀周边桁架的承载力验算时不考虑楼板的贡献,并考虑竖向地震的作用,同时进行中震弹性验算。

5.9.2.5 伸臂桁架及薄弱层的加强措施

为了能够将巨柱与核心筒有效地联系起来,约束核心筒的弯曲变形,使周边巨型框架有效地发挥作用,本工程设置了四道伸臂桁架。伸臂桁架的设置将引起局部抗侧刚度突变和应力的集中,形成薄弱层。在大震作用下,该区域的受力机理相当复杂,设计中将刚度突变的薄弱层及上下层的计算地震剪力放大 1.15 倍,并严格控制外伸臂钢结构应力比。并采取如下措施:

(1)伸臂钢桁架贯通墙体,传力途径简单明了可靠,保证核心筒墙体的承载力。

(2)外伸臂加强层及上下层的核心筒墙体内增加配筋。

(3)设计不考虑加强层楼板参与水平力的传递。同时外伸臂加强层的楼层楼板厚度加大,增强楼盖刚度和加强配筋,并且增加水平楼面钢支撑以有效传递水平力。

(4)要求外伸臂与巨柱及墙体的连接在塔楼结构完成后进行,以减少由重力荷载引起的附加内力。

5.9.2.6 结构嵌固端

本工程上部结构嵌固端设在地面层，为了确保下部结构能够在该楼层提供足够的水平刚度和承载力，应采取以下措施：

（1）该楼层核心筒角部及巨柱之间设置 8 道型钢混凝土巨梁，巨柱之间设一道环向型钢混凝土巨梁，以传递底部剪力和嵌固端弯矩。

（2）该楼板作了加厚处理，大部分楼板采用 250mm 厚现浇钢筋混凝土楼板，并采用双层双向配筋，配筋率不小于 0.4%。

（3）该楼层楼板开洞处四周另作特别加强，以能将塔楼底部剪力传递至较大范围直至四周的地下室墙。

5.9.2.7 其他相关措施

（1）塔楼在设计过程中严格按现行国家有关规范。各类指标均严格控制在规范合适的范围内，并留有余量，如小震下钢结构应力比控制在 0.85 以下，中震控制在 0.95 以下。

（2）按规范要求进行弹性时程分析补充计算，了解结构在地震作用下的响应过程，并借此初步寻找结构潜在薄弱部位以便进行针对性的结构加强。

（3）结构计算分析时考虑 P-Δ 效应、模拟施工加载对主体结构的影响。

（4）确保首层～四层的层间位移角控制在 1/2500 内。

（5）控制结构的层刚度比和抗剪承载力的变化比值。

（6）控制结构顶点最大加速度，满足舒适度要求。

（7）选用符合深圳Ⅲ类场地土的地震波，进行抗震性能化设计。

（8）对重要构件及重点节点进行相关专题论证及研究。

5.10   结构分析主要结果汇总及比较

5.10.1   概述

5.10.1.1   分析软件

以下电算程序用于本项目：

（1）ETABS 非线性 9.2.0 版本；

（2）SAFE 12.1.1 版本；

（3）SAP2000 12.0.2 版本；

（4）MIDAS 7.4 版本；

（5）其他程序，RAM，CSICOL，XTRACT 等。

5.10.1.2   计算模型主要计算参数

计 算 参 数   表 5.10.1

楼层层数：	118 层-结构层顶层
地震作用：	单向/偶然偏心（±5%）/双向
地震作用计算：	振型分解反应谱法/时程分析补充计算
地震作用振型组合数：	30

地震效应计算方法：	考虑扭转耦连，CQC法
小震周期折减：	0.9
中震周期折减：	0.95
大震周期折减：	1
活荷载折减：	杆件设计按规范折减
梁刚度折减系数：	0.7
结构嵌固层：	首层
自重调整系数：	1.0
楼板假定：	刚性楼板（构件内力计算时，标准层采用弹性楼板，周边桁架层，不考虑楼板的贡献，楼板刚度退化为0）
小震结构阻尼比：	0.035
中震结构阻尼比：	0.04
大震结构阻尼比：	0.05
重力二阶效应（P-Δ 效应）：	考虑
楼层水平地震剪力调整：	考虑
楼层框架总剪力调整：	考虑

5.10.2　主要分析结果

5.10.2.1　周期与振型

结构前 10 个振型结果　　　　　　　　　表 5.10.2

	ETABS（考虑重力二阶效应）		ETABS（考虑重力二阶效应）
T_1	8.58	T_7	1.22
T_2	8.50	T_8	1.21
T_3	3.69	T_9	1.12
T_4	2.44	T_{10}	1.12
T_5	2.41	T_3/T_1	0.43
T_6	1.43		

塔楼第一扭转周期与第一平动周期的比值小于规范限值 0.85。

5.10.2.2　有效质量参与系数

塔楼有效质量系数　　　　　　　　　表 5.10.3

塔楼有效质量系数		
ETABS	X 方向地震：99%	Y 方向地震：99%

塔楼有效质量系数满足规范 90% 的要求。

5.10.2.3　质量和结构荷载

表 5.10.4

质量和结构荷载（不包括地下室部分）	
	ETABS
恒荷载（kN）	6162697
活荷载（kN）	1114137
重力荷载代表值（kN）	6719766

5.10.2.4 总风力及地震作用

表 5.10.5

软 件			ETABS	
方 向			X	Y
地震力	小震	基底剪力（kN）	68919	70213
		基底剪重比	1.03%	1.04%
		规范最小值	1.20%	1.20%
		倾覆力矩（kN·m）	19862018	19844231
	中震	基底剪力（kN）	189451	192914
		倾覆力矩（kN·m）	55499627	55447930
	大震	基底剪力（kN）	348928	351195
		倾覆力矩（kN·m）	104134022	104070056
风力（100 年）	RWDI	基底剪力（kN）	98641	98957
		倾覆力矩（kN·m）	36978739	36797355

注：在小震及中震作用下的强度校核时，将底部地震剪力放大到满足规范规定的最小剪力系数 1.2%，上部楼层
的地震剪力放大同样倍数。

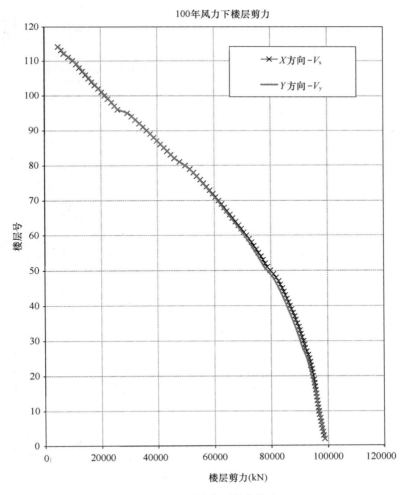

图 5.10.1 风力下基底剪力

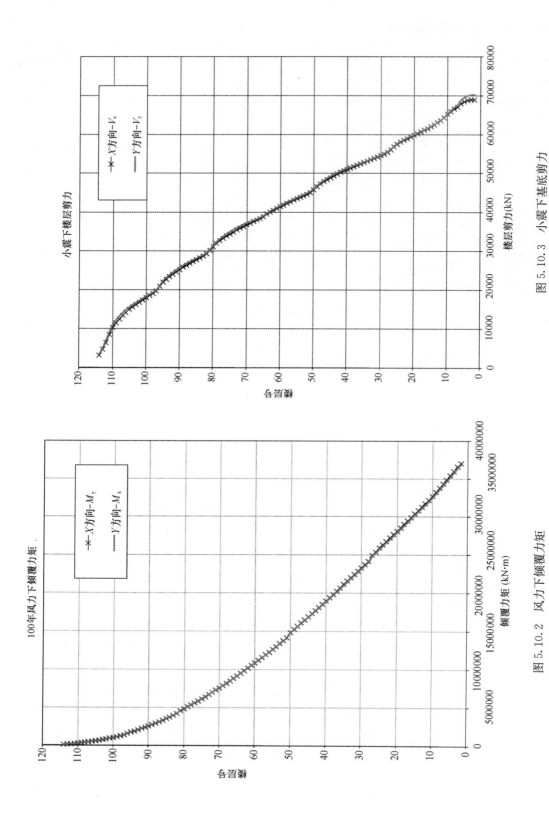

图 5.10.2　风力下倾覆力矩

图 5.10.3　小震下基底剪力

366

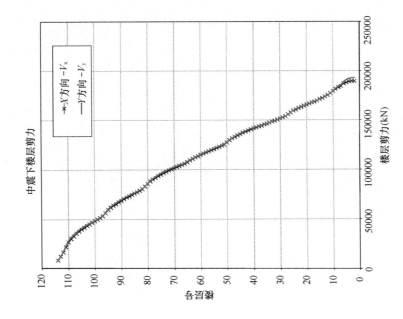

图 5.10.5 中震下基底剪力

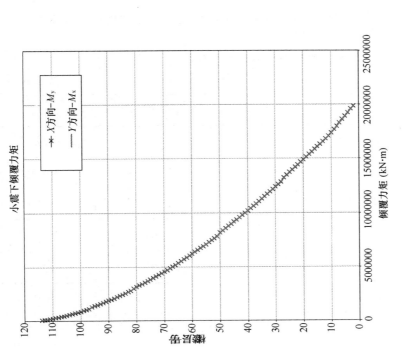

图 5.10.4 小震下倾覆力矩

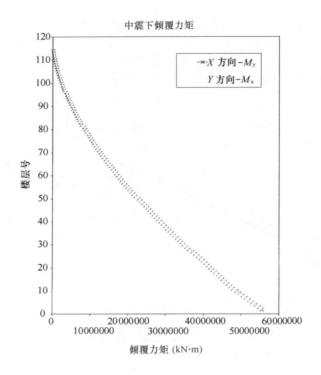

图 5.10.6 中震下倾覆力矩

从上面的结果可以看出，塔楼结构的风力与中震地震作用非常接近，且 X 向和 Y 向也非常接近。

5.10.2.5 核心筒与巨型斜撑框架基底剪力与弯矩分配

基 底 剪 力（kN）   表 5.10.6

X 方向		核心筒	巨型外框结构	总计
小震	基底剪力	36157	32763	68920
	所占比例	52.5%	47.5%	100.0%
100 年风荷载	基底剪力	48077	50564	98641
	所占比例	48.7%	51.3%	100.0%
Y 方向		核心筒	巨型外框结构	总计
小震	基底剪力	36910	33306	70216
	所占比例	52.6%	47.4%	100.0%
100 年风荷载	基底剪力	48579	50378	98957
	所占比例	49.1%	50.9%	100.0%

倾 覆 力 矩 （kN·m）

表 5.10.7

X 方向		核心筒	巨型外框结构	总计
小震	倾覆力矩	6577022	16784829	23361851
	所占比例	28.2%	71.8%	100.0%
100 年风荷载	倾覆力矩	10167280	26811459	36978739
	所占比例	27.5%	72.5%	100.0%
Y 方向		核心筒	巨型外框结构	总计
小震	倾覆力矩	6575383	17008039	23583422
	所占比例	27.9%	72.1%	100.0%
100 年风荷载	倾覆力矩	10042026	26755329	36797355
	所占比例	27.3%	72.7%	100.0%

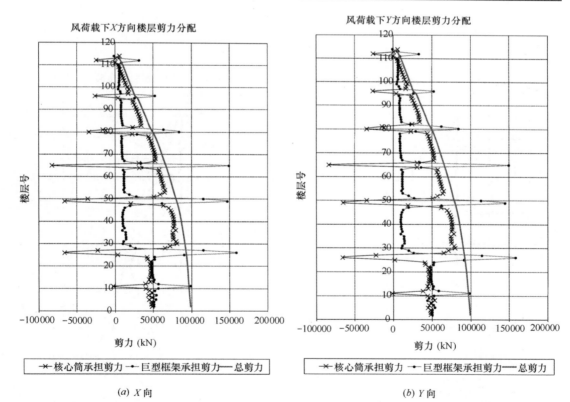

(a) X 向   (b) Y 向

图 5.10.7 风荷载下楼层剪力分配

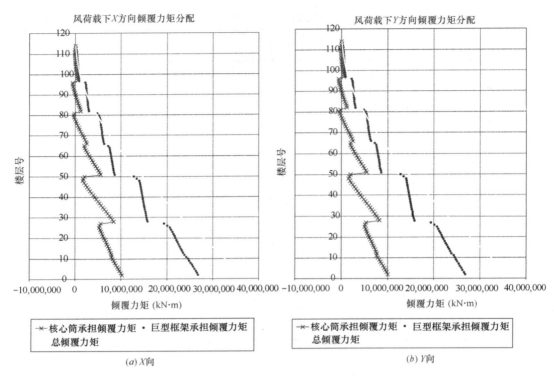

(a) X向

(b) Y向

图 5.10.8 风荷载下楼层倾覆弯矩分配

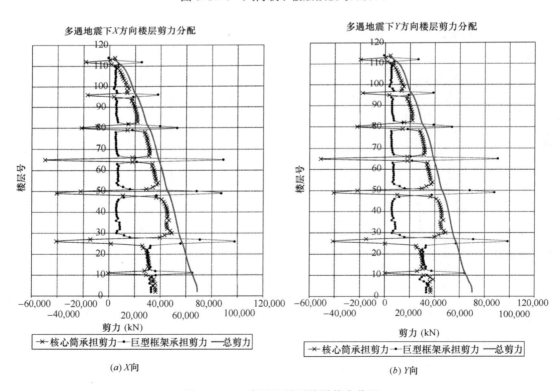

(a) X向

(b) Y向

图 5.10.9 多遇地震下楼层剪力分配

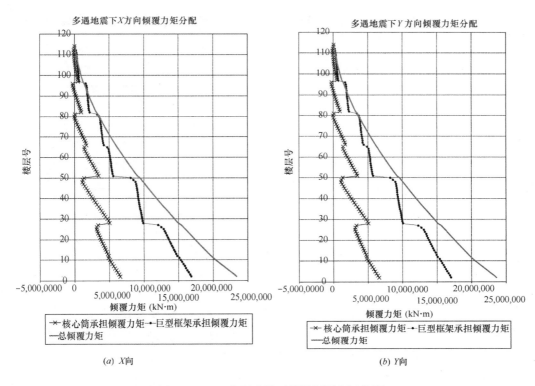

图 5.10.10　多遇地震下楼层倾覆弯矩分配

5.10.2.6　核心筒与巨型斜撑的楼层剪力分配研究

以多遇地震作用下，结构在 X 方向的楼层剪力分配为例，进行如下探讨。

（1）加入巨型斜撑前后剪力分配比较

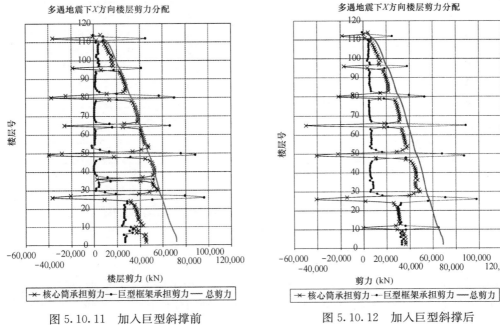

图 5.10.11　加入巨型斜撑前　　　　图 5.10.12　加入巨型斜撑后

增加巨型斜撑前、后外框承担剪力占楼层总剪力的比例 　　　　表 5.10.8

区位	外框承担剪力占楼层总剪力的比例		外框承担剪力增加的百分比
	加入巨型斜撑前	加入巨型斜撑后	
八区	20%	21%	5%
七区	21%	25%	19%
六区	6%	22%	260%
五区	2%	15%	650%
四区	2%	15%	650%
三区	2%	12%	500%
二区	7%	14%	110%
一区	42%	51%	21%
裙房区	41%	49%	20%

对比结果发现，增加巨型斜撑后，外框承担的剪力相应增加约 20% 以上。

（2）巨型斜撑按刚度分配的水平地震剪力与基底剪力比值

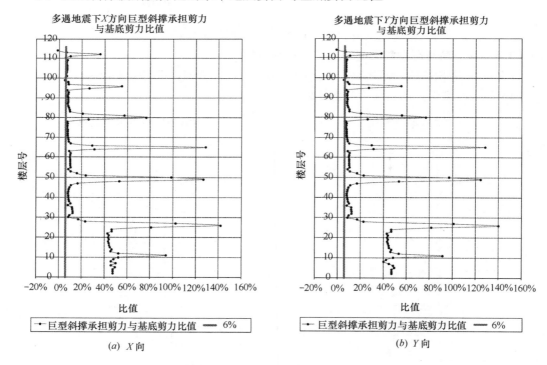

图 5.10.13　多遇地震下巨型斜撑承担剪力与基底剪力的比值

图中可见，在塔楼中下部外围巨型斜撑框架承担的剪力均大于基底剪力的 6%。

（3）巨型斜撑按刚度分配的水平地震剪力与楼层剪力比值

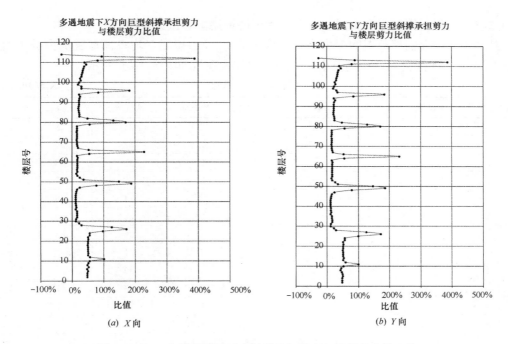

图 5.10.14　多遇地震下巨型斜撑承担剪力与楼层剪力的比值

（4）巨型斜撑框架承担的剪力与楼层总剪力及基底剪力的比值对比（伸臂、带状桁架层除外）

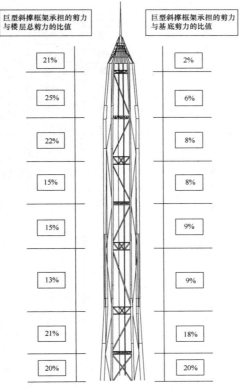

图 5.10.15　巨型斜撑承担剪力与楼层总剪力及基底剪力的比值对比

5.10.2.7 巨型斜撑框架在小震及中震作用下的地震剪力放大系数

对于巨型斜撑框架承担的剪力小于基底剪力 20% 的楼层，均将其地震剪力放大至基底剪力的 20% 进行设计，小震及中震作用下的放大系数如表 5.10.9 所示。

地震内力放大系数 表 5.10.9

楼层号	X 方向	Y 方向	楼层号	X 方向	Y 方向	楼层号	X 方向	Y 方向
114	1.00	1.00	76	2.75	2.75	38	2.23	2.25
113	3.12	3.16	75	2.79	2.79	37	1.94	2.01
112	1.00	1.00	74	2.63	2.63	36	2.48	2.47
111	2.01	1.97	73	2.58	2.58	35	1.71	1.68
110	3.44	3.34	72	2.58	2.59	34	1.66	1.67
109	2.68	2.62	71	2.61	2.62	33	1.63	1.64
108	2.92	2.86	70	2.49	2.50	32	1.63	1.63
107	2.91	2.85	69	2.38	2.40	31	2.11	2.08
106	2.89	2.83	68	2.27	2.28	30	2.39	2.32
105	2.87	2.80	67	1.95	2.00	29	1.17	1.16
104	2.89	2.82	66	1.00	1.00	28	1.00	1.00
103	2.91	2.84	65	1.00	1.00	27	1.00	1.00
102	3.26	3.19	64	1.00	1.00	26	1.00	1.00
101	2.92	2.87	63	2.21	2.29	25	1.00	1.00
100	3.51	3.33	62	1.92	1.94	24	1.00	1.00
99	3.96	3.83	61	2.02	2.04	23	1.00	1.00
98	2.49	2.41	60	2.05	2.07	22	1.00	1.00
97	2.42	2.08	59	2.02	2.03	21	1.00	1.00
96	1.00	1.00	58	2.00	2.01	20	1.00	1.00
95	1.00	1.00	57	2.00	2.02	19	1.00	1.00
94	2.78	2.76	56	2.02	2.03	18	1.00	1.00
93	2.37	2.30	55	1.94	1.95	17	1.00	1.00
92	2.53	2.45	54	2.39	2.30	16	1.00	1.00
91	2.59	2.51	53	1.93	1.88	15	1.00	1.00
90	2.52	2.45	52	1.28	1.19	14	1.00	1.00
89	2.50	2.43	51	1.00	1.00	13	1.00	1.00
88	2.52	2.45	50	1.00	1.00	12	1.00	1.00
87	2.56	2.49	49	1.00	1.00	11	1.00	1.00
86	2.47	2.40	48	1.00	1.00	10	1.00	1.00
85	2.28	2.19	47	1.22	1.20	9	1.00	1.00
84	2.12	2.02	46	1.87	1.84	8	1.00	1.00
83	2.07	2.01	45	2.16	2.16	7	1.00	1.00
82	1.00	1.00	44	2.32	2.33	6	1.00	1.00
81	1.00	1.00	43	2.40	2.42	5	1.00	1.00
80	1.00	1.00	42	2.46	2.48	4	1.00	1.00
79	1.00	1.00	41	2.43	2.46	3	1.00	1.00
78	2.74	2.78	40	2.37	2.39	2	1.00	1.00
77	2.65	2.64	39	2.32	2.34			

5.10.2.8 层间位移角

各工况下层间位移角

表 5.10.10

		X 向	Y 向
风力 （RWDI 重现期 50 年）	层间位移角	$h/549$	$h/630$
	位置—楼层号	92F	109F
	规范限值	$h/500$	$h/500$
	顶点位移比	$H/772$	$H/879$
	首层层间位移角	$h/11628$	$h/13333$
小震	层间位移角	$h/978$	$h/981$
	位置—层数	92F	108F
	规范限值	$h/500$	$h/500$
	顶点位移比	$H/1412$	$H/1407$
	首层层间位移角	$h/4831$	$h/11111$
中震	层间位移角	$h/322$	$h/325$
	位置—层数	92F	92F
	规范限值	$h/200$	$h/200$
	顶点位移比	$H/461$	$H/459$
	首层层间位移角	$h/1862$	$h/4016$

从表中数字可以看出，在风力及地震作用下，结构层间最大位移角均满足现有规范要求。

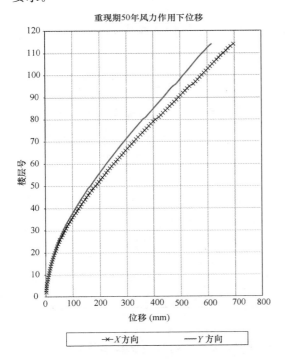

图 5.10.16　重现期 50 年风力作用下位移

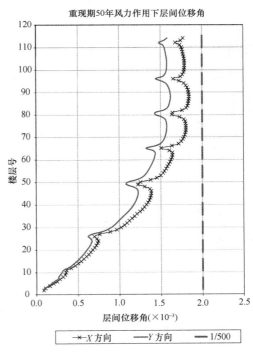

图 5.10.17　重现期 50 年风力作用下层间位移角

由于塔楼风洞试验提供的风荷载在 X 向和 Y 向有所差异，导致结构基本对称的塔楼在两个方向上的位移及位移角也有别。

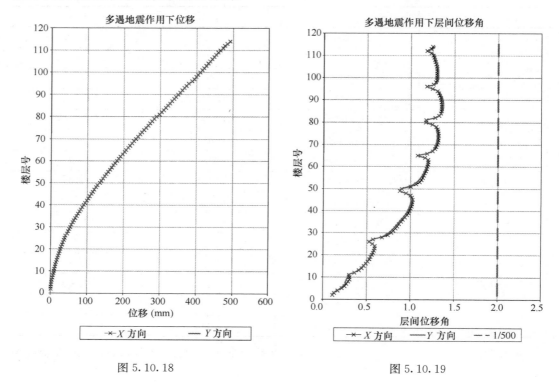

图 5.10.18   图 5.10.19

在风力作用下，以结构顶点位移为衡量标准。各模型的刚度变化皆为与原始模型 M_0 相比。

表 5.10.11

模型号	模型描述	顶点位移 （mm）	侧向刚度减小比例
M_0	全部抗侧力体系（核心筒＋巨柱＋外伸臂＋ 巨型斜撑＋周边桁架＋角部 V 形支撑）	697	0％
M_1	去掉外伸臂	808	16％
M_2	去掉空间双桁架	725	4％
M_3	去掉巨型斜撑	746	7％
M_4	去掉 V 形支撑	732	5％
M_5	去掉内刚接梁	704	1％

5.10.2.9　扭转位移比

考虑偶然偏心的影响，楼层最大水平位移与层间位移的平均值之比如图 5.10.20 及图 5.10.21 所示。可以看出本工程无严重扭转不规则。

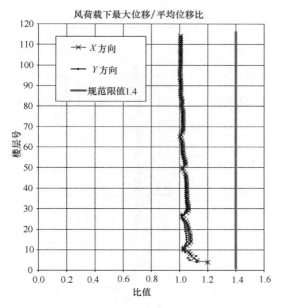

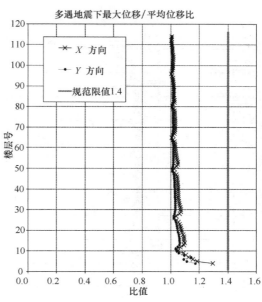

图 5.10.20　风荷载下最大位移与平均位移比值　　图 5.10.21　多遇地震下最大位移与平均位移比值

5.10.2.10　楼层剪重比

底层剪重比　　　　　　　　　　　　　表 5.10.12

		ETABS	
重力代表值（kN）		6719766	
小震	方向	X	Y
	基底剪力（kN）	68919	70213
	剪重比	1.03%	1.04%

塔楼下部的剪重比略低于规范要求的 1.2% 的限值，但大于 $0.85 \times 1.2\% = 1.02\%$，构件设计时将底部地震剪力放大到满足规范规定的最小剪力系数 1.2%，再将上部楼层的地震剪力均放大同样倍数。

5.10.2.11　楼层侧向刚度比

（1）分析采用了《高层建筑混凝土结构技术规程》JGJ 3—2002 建议的计算方法，即侧向刚度为楼层剪力除以层间位移，结果表明存在薄弱层（图示比值小于 1 为薄弱层）。

如图 5.10.23 所示，首层由于层高较高，与邻楼层的刚度比小于 1，表现为薄弱层；另外沿高度出现了 4 个薄弱层，均位于伸臂层的下一层，这是由于伸臂层刚

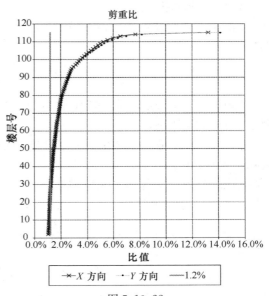

图 5.10.22

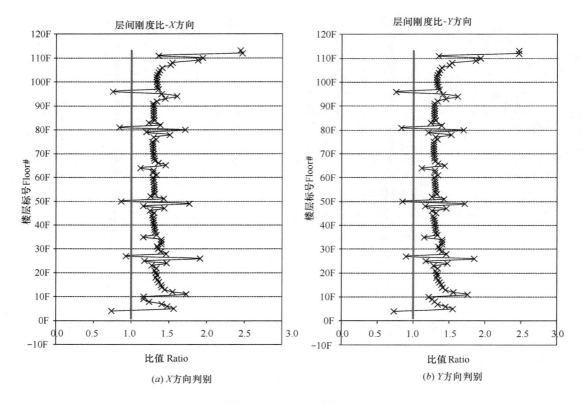

层间刚度比-X方向 （图左上方标题）

层间刚度比-Y方向 （图右上方标题）

(a) X方向判别

(b) Y方向判别

图 5.10.23　层间刚度比

度突然增大所导致的。

（2）将每个包含巨型斜撑的全部楼层作为一个结构区，对每个结构区进行薄弱层判别，结果显示不存在薄弱区（图示比值小于 1 为薄弱区）。

5.10.2.12　整体稳定验算

根据《高层建筑混凝土结构技术规程》5.4.4 条，筒体结构的稳定性应满足下列规定：

$$EI_d \geqslant 1.4 H^2 \sum_{i=1}^{n} G_i \qquad (5.10.1)$$

式中：EI_d 为结构沿某一主轴方向的弹性等效侧向刚度；H 为结构总高度；G_i 为第 i 楼层重力荷载设计值。

式（5.10.1）是基于顶部承受竖向集中荷载的弯曲型悬臂杆模型推导而得。在推导时将顶部的等效临界荷载 P_{cr} 以沿楼层均匀分布的重力荷载总和取代［见式（5.10.2）］，结合欧拉公式换算出临界重力荷载的表达式［见式（5.10.3）］。根据弯剪型结构考虑 $P\text{-}\Delta$ 效应 10% 的增幅控制要求，确定了式（5.10.1）的刚重比规定。

$$P_{cr} = \lambda_{cr} \sum_{i=1}^{n} G_i \left(\frac{H_i}{H}\right)^2 = \frac{1}{3}\lambda_{cr} \sum_{i=1}^{n} G_i = \frac{1}{3}\left(\sum_{i=1}^{n} G_i\right)_{cr} \qquad (5.10.2)$$

$$\left(\sum_{i=1}^{n} G_i\right) = \frac{3\pi^2 EJ_d}{4H^2} = 7.4 \frac{EJ_d}{H^2} \qquad (5.10.3)$$

式中：λ_{cr} 为临界荷载参数，即荷载增大 λ_{cr} 倍时结构达至临界屈曲状态。

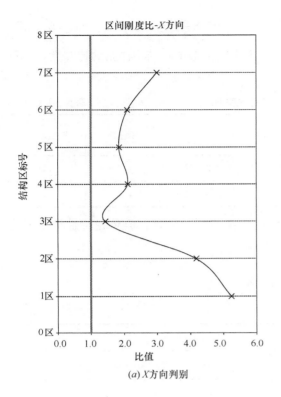

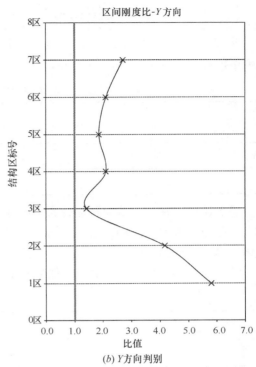

(a) X方向判别　　　　　　　　　　(b) Y方向判别

图 5.10.24　区间刚度比

本工程结构体型由下至上逐渐缩进，质量主要集中在下部楼层，这与常规超高层结构体型有所差别。图 5.10.25 为本工程结构重力荷载设计值（1.2 恒荷载＋1.4 活荷载）沿

楼层的分布情况，从图中可以看出：设备层重力较大，标准层重力荷载较小；各层的重力荷载随楼层增加呈现出总体减小的趋势。考虑到该建筑结构体型和荷载分布的特殊性，在验算结构整体稳定性时对顶部等效临界荷载 P_{cr} 进行修正。

按 G_i 统计的得到总重力荷载设计值 8955MN，按 $G_i(H_i/H)^2$ 统计得到的总重力荷载设计值为 2330MN，后者仅为前者的 26％ 左右，可确定顶部的等效临界荷载 P_{cr} 为：

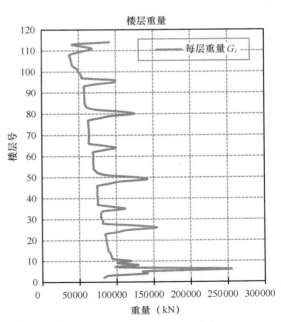

图 5.10.25　楼层重力荷载设计值

$$P_{cr} = \lambda_{cr} \sum_{i=1}^{n} G_i \left(\frac{H_i}{H}\right)^2$$
$$= 0.26\left(\sum_{i=1}^{n} G_i\right)_{cr} \qquad (5.10.4)$$

根据欧拉公式即可得出临界重力荷载的表达式为：

$$\left(\sum_{i=1}^{n} G_i\right)_{cr} = \frac{\pi^2 EI_d}{0.26 \times 4H^2} = 9.48 \frac{EI_d}{4H^2} \qquad (5.10.5)$$

比较式（5.10.6）和式（5.10.3）可知，考虑平安金融中心结构体型的特殊性，刚重比数值的修正系数为 9.48/7.4=1.281。

塔楼结构整体稳定性验算 表 5.10.13

	V_0（kN） （倒三角形荷载作用下）	H（m）	Δ（m）	EI （kN·m²）	刚重比	修正刚重比
X 向	269995.68	549.1	2.20	3.54×10^{12}	1.37	1.75
Y 向	269995.68	549.1	2.21	3.52×10^{12}	1.36	1.74

从上述可以看出，结构修正后的刚重比大于 1.4，但小于 2.7，整体稳定性满足规范要求，但需要考虑 P-Δ 效应。

5.10.2.13 时程分析

结构在弹性时程分析下地震力如表 5.10.14 所示。

表 5.10.14

	ETABS			
	V_x（kN）	V_y（kN）	M_y（kN·m）	M_x（kN·m）
MEX001～003	87116	85234	7436738	6100585
US031～033	71379	74991	8981649	8728589
US169～171	47655	58172	5280840	4566672
US397～399	49438	49375	6469829	5384278
US472～474	63856	64560	11760000	11720000
S745-1～3	63827	66844	11207460	11210070
S745-4～6	80007	87537	14360000	14320000
平均值	63878	66529	8522752	7951699
基底剪力（反应谱）	68919	70213		
80% 反应谱基底剪力	55135	56170		
120% 反应谱基底剪力	82703	84255		
65% 反应谱基底剪力	44798	45638		
135% 反应谱基底剪力	93041	94787		

注：上述各条波平均剪力大于振型分解反应谱法的 80% 并小于 120%，各条波分别作用下的底部剪力值大于振型分解反应谱法的 65% 并小于 135%，满足规范 GB 50011—2001 第 5.1.2 条中规定。

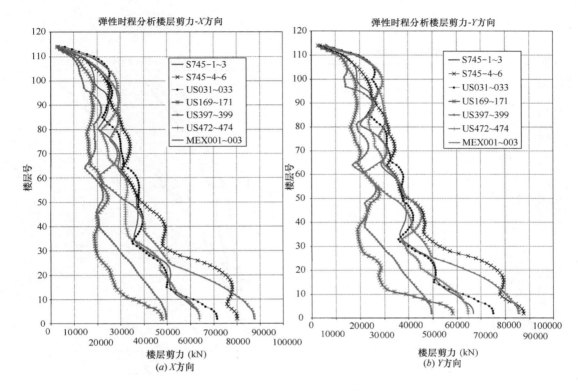

图 5.10.26　弹性时程分析楼层剪力

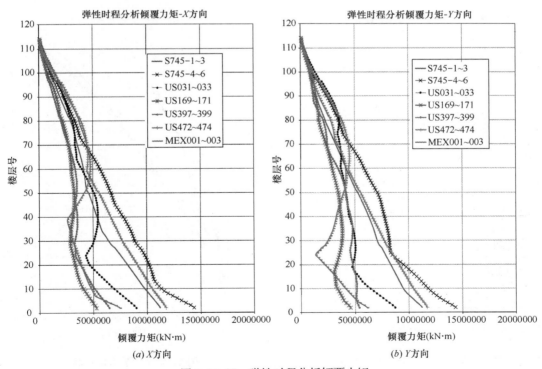

图 5.10.27　弹性时程分析倾覆力矩

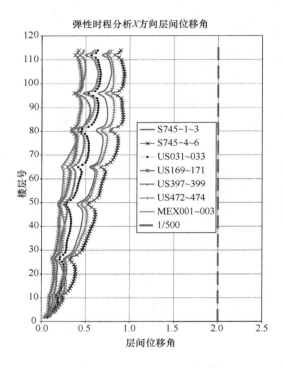

图 5.10.28 X方向层间位移角

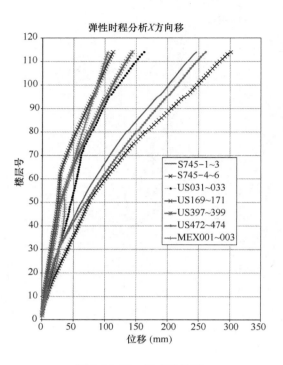

图 5.10.29 X方向位移

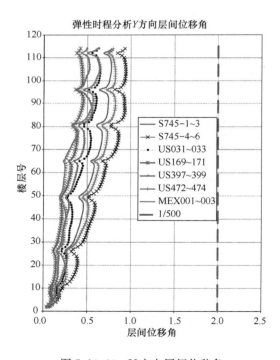

图 5.10.30 Y方向层间位移角

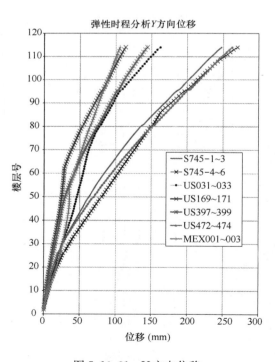

图 5.10.31 Y方向位移

结果显示时程分析补充计算结果基本满足规范的各项要求，且时程结果总体上小于规范反应谱结果，在设计中将取多条时程曲线分析结果的平均值与反应谱分析结果的较大值作为结构设计的依据。

5.10.2.14 小结

根据以上的计算结果，总结如下：

（1）结构的整体稳定性验算满足，但应考虑重力二阶效应。

（2）结构扭转规则性验算显示扭转比小于 1.4，满足《建筑抗震设计规范》GB 50011—2001 及《高层建筑混凝土结构技术规程》JGJ 3—2002 的规定。

（3）某些楼层的水平地震剪力不满足《建筑抗震设计规范》GB 50011—2001 5.2.5 条规定，设计中将乘以相应的放大系数。

（4）风荷载及地震作用下的楼层层间位移满足规范有关的规定限值。

（5）风荷载及地震作用下的各构件强度均满足规范有关的设计规定。

（6）剪力墙、柱的轴压比满足规范有关的规定限值。

（7）结构扭转为主的第一周期 T_1 与平动为主的第一周期 T_1 之比小于 0.85，满足《高层建筑混凝土结构技术规程》JGJ 3—2002 4.3.5 条规定。

总体而言，结构在风及多遇地震作用下，能保持良好的抗侧性能和抗扭转能力，主要指标均满足极限状态设计和抗震设计第一阶段的结构性能目标要求。

5.11 构 件 设 计

5.11.1 构件设计

5.11.1.1 核心筒

核心筒为钢筋混凝土结构，验算时将综合考虑各种组合工况，取最不利的静力荷载设计组合和地震设计组合下的内力进行承载力验算。核心筒混凝土强度均为 C60。另外在底部加强区采用钢板组合剪力墙，利用内埋在剪力墙的钢板及型钢的强度和刚度来降低轴压比和减薄核心筒墙厚。混凝土墙验算的主要计算公式及参数依据《混凝土结构设计规范》GB 50010—2002 和《高层建筑混凝土结构技术规程》JGJ 3—2002。

核心筒轴压比 $N/(f_cA + f_aA_a)$ 不宜大于表 5.11.1 规定的限值。

核筒抗震等级 表 5.11.1

抗震等级	
一级	特一级
0.5	钢板组合剪力墙，取值 0.5

以下为各区墙体验算校核。

（1）核心筒底层应力检验（风荷载作用及地震荷载组合下）

1）风荷载和地震荷载作用组合下拉应力检验，仅列举 B4、13 及 113 层检验结果为例，如表 5.11.2 所示。

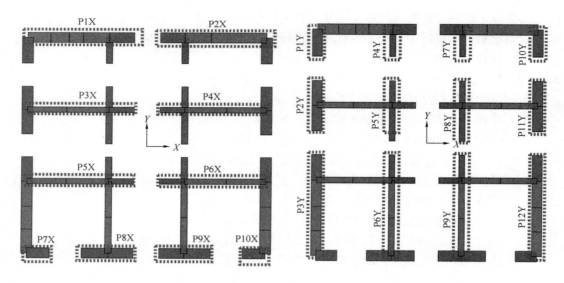

图 5.11.1 墙体编号图

B4 层墙体拉应力检验 表 5.11.2

编号	厚度 (mm)	长度 (mm)	钢板剪力 墙含钢率	风荷载组合轴力 1.0D-1.0W (kN)	校核 P/bhf_{tk}	中震组合轴力 1.0D-1.0E (kN)	校核 P/bhf_{tk}
P1X	1500	13835	4.5%	252719	No Tension	145781	No Tension
P2X	1500	13835	4.5%	365756	No Tension	148207	No Tension
P3X	800	13835	4.5%	135910	No Tension	111074	No Tension
P4X	800	13835	4.5%	182744	No Tension	111341	No Tension
P5X	800	8745	4.5%	92757	No Tension	76451	No Tension
P6X	800	3235	4.5%	35661	No Tension	29069	No Tension
P7X	1500	3000	4.5%	48898	No Tension	31196	No Tension
P8X	1500	6695	4.5%	118578	No Tension	91388	No Tension
P9X	1500	6695	4.5%	120527	No Tension	91551	No Tension
P10X	1500	3000	4.5%	57616	No Tension	31075	No Tension
P12X	800	3000	4.5%	26580	No Tension	17322	No Tension
P13X	800	8200	4.5%	86650	No Tension	51883	No Tension
P1Y	1500	3685	4.5%	67874	No Tension	36406	No Tension
P2Y	1500	6865	4.5%	120138	No Tension	92421	No Tension
P3Y	1500	13865	4.5%	236552	No Tension	158645	No Tension
P4Y	800	3685	4.5%	36842	No Tension	18236	No Tension
P5Y	800	8205	4.5%	81674	No Tension	70381	No Tension
P6Y	800	13865	4.5%	138681	No Tension	111450	No Tension
P7Y	800	3685	4.5%	51558	No Tension	18278	No Tension
P8Y	800	8205	4.5%	103819	No Tension	71664	No Tension
P9Y	800	8673	4.5%	95654	No Tension	81269	No Tension
P10Y	1500	3685	4.5%	98698	No Tension	36044	No Tension
P11Y	1500	6865	4.5%	171201	No Tension	93497	No Tension
P12Y	1500	13865	4.5%	263857	No Tension	161766	No Tension
P15Y	800	3690	4.5%	34387	No Tension	24939	No Tension

编号	厚度 (mm)	长度 (mm)	剪力墙含钢率	风荷载组合轴力 1.0D-1.0W (kN)	校核 P/bhf_{tk}	中震组合轴力 1.0D-1.0E (kN)	校核 P/bhf_{tk}
P1X	1300	13835	3.0%	194099	No Tension	80221	No Tension
P2X	1300	13835	3.0%	280929	No Tension	81708	No Tension
P3X	700	13835	1.5%	106295	No Tension	81115	No Tension
P4X	700	13835	1.5%	144883	No Tension	81940	No Tension
P5X	700	13835	1.5%	107335	No Tension	83832	No Tension
P6X	700	13835	1.5%	117903	No Tension	84601	No Tension
P7X	1300	3000	3.5%	33402	No Tension	11158	No Tension
P8X	1300	6695	3.0%	76325	No Tension	39205	No Tension
P1Y	1300	3685	3.5%	42816	No Tension	15408	No Tension
P2Y	1300	6865	3.0%	81883	No Tension	43828	No Tension
P3Y	1300	13865	3.5%	161557	No Tension	82746	No Tension
P4Y	700	3685	1.5%	30949	No Tension	16354	No Tension
P5Y	700	8205	1.5%	69205	No Tension	58921	No Tension
P6Y	700	13865	1.5%	106618	No Tension	82510	No Tension
P7Y	700	3685	1.5%	37452	No Tension	15882	No Tension
P8Y	700	8205	1.5%	84177	No Tension	58436	No Tension
P9X	1300	6695	3.0%	76270	No Tension	38480	No Tension
P10X	1300	3000	3.5%	33698	No Tension	10285	No Tension
P9Y	700	13865	1.5%	107209	No Tension	83373	No Tension
P10Y	1300	3685	3.5%	82133	No Tension	16698	No Tension
P11Y	1300	6865	3.0%	136222	No Tension	45238	No Tension
P12Y	1300	13865	3.5%	198593	No Tension	80831	No Tension

编号	厚度 (mm)	长度 (mm)	剪力墙含钢率	风荷载组合轴力 1.0D-1.0W (kN)	校核 P/bhf_{tk}	中震组合轴力 1.0D-1.0E (kN)	校核 P/bhf_{tk}
P3X	400	10600	1.0%	2643	No Tension	1082	No Tension
P4X	400	10600	1.0%	2900	No Tension	898	No Tension
P5X	400	10600	1.0%	2026	No Tension	1141	No Tension
P6X	400	10600	1.0%	1814	No Tension	660	No Tension
P2Y	500	3480	2.0%	605	No Tension	−381	1.2%<1
P3Y	500	3480	2.0%	612	No Tension	−402	1.2%<1
P5Y	400	6865	1.5%	2314	No Tension	−38	0.1%<1
P6Y	400	11065	1.5%	2518	No Tension	398	No Tension

编号	厚度 (mm)	长度 (mm)	剪力墙 含钢率	风荷载组合轴力 $1.0D-1.0W$ (kN)	校核 P/bhf_{tk}	中震组合轴力 $1.0D-1.0E$ (kN)	校核 P/bhf_{tk}
P7Y	400	6865	1.5%	1297	No Tension	95	No Tension
P8Y	400	6073	1.5%	986	No Tension	−227	0.4%<1
P9Y	400	2393	2.0%	675	No Tension	143	No Tension
P11Y	500	3480	2.0%	641	No Tension	−533	1.2%<1
P12Y	500	3480	2.0%	1590	No Tension	−208	0.4%<1

注：L113 层局部楼层墙体出现拉力，但拉力远小于混凝土抗拉强度标准值 f_{tk}。

2）中震荷载组合下剪压比检验
剪力承载力验算条件：
①混凝土剪力墙：
$$V_w < 0.15\beta_c f_c bh_0/\gamma_{RE} \qquad (5.11.1)$$
②钢骨剪力墙（钢板剪力墙）：
$$V_w < 0.2\beta_c f_c bh_0/\gamma_{RE} \qquad (5.11.2)$$

B4 层墙体剪压比检验 表 5.11.5

NO.	厚度 (mm)	长度 (mm)	中震组合（$1.2D+0.6L+1.3E$）		
			V_w	$\beta_c f_c bh_0/\gamma_{re}$	$V_w\gamma_{re}/\beta_c f_c bh_0$
P1X	13835	1500	34547	479212	0.06<0.2
P2X	13835	1500	34049	479212	0.06<0.2
P3X	13835	800	18854	255579	0.06<0.2
P4X	13835	800	19446	255579	0.06<0.2
P5X	8745	800	10291	161550	0.05<0.2
P6X	3235	800	3729	59761	0.05<0.2
P7X	3000	1500	5797	103913	0.05<0.2
P8X	6695	1500	12401	231899	0.05<0.2
P9X	6695	1500	12323	231899	0.05<0.2
P10X	3000	1500	5552	103913	0.05<0.2
P12X	3000	800	3868	55420	0.06<0.2
P13X	8200	800	10486	151482	0.06<0.2
P1Y	3685	1500	7363	127640	0.05<0.2
P2Y	6865	1500	13374	237787	0.05<0.2
P3Y	13865	1500	32823	480251	0.06<0.2
P4Y	3685	800	4475	68074	0.06<0.2
P5Y	8205	800	10730	151574	0.06<0.2
P6Y	13865	800	18902	256134	0.06<0.2
P7Y	3685	800	4470	68074	0.06<0.2

NO.	厚度 (mm)	长度 (mm)	中震组合 $(1.2D+0.6L+1.3E)$		
			V_w	$\beta_c f_c bh_0/\gamma_{re}$	$V_w\gamma_{re}/\beta_c f_c bh_0$
P8Y	8205	800	10779	151574	$0.06<0.2$
P9Y	8673	800	11075	160220	$0.06<0.2$
P10Y	3685	1500	7986	127640	$0.05<0.2$
P11Y	6865	1500	13606	237787	$0.05<0.2$
P12Y	13865	1500	33784	480251	$0.06<0.2$
P15Y	3690	800	4522	68167	$0.06<0.2$

13 层墙体剪压比检验 表 5.11.6

NO.	厚度 (mm)	长度 (mm)	中震组合 $(1.2D+0.6L+1.3E)$		
			V_w	$\beta_c f_c bh_0/\gamma_{re}$	$V_w\gamma_{re}/\beta_c f_c bh_0$
P1X	13835	1300	39518	415317	$0.08<0.2$
P2X	13835	1300	39908	415317	$0.08<0.2$
P3X	13835	700	20630	223632	$0.08<0.2$
P4X	13835	700	20706	223632	$0.08<0.2$
P5X	13835	700	26850	223632	$0.10<0.2$
P6X	13835	700	26985	223632	$0.10<0.2$
P7X	3000	1300	5728	90058	$0.05<0.2$
P8X	6695	1300	18992	200979	$0.08<0.2$
P1Y	3685	1300	10529	110621	$0.08<0.2$
P2Y	6865	1300	20075	206082	$0.08<0.2$
P3Y	13865	1300	37761	416217	$0.08<0.2$
P4Y	3685	700	4184	59565	$0.06<0.2$
P5Y	8205	700	13070	132627	$0.08<0.2$
P6Y	13865	700	22529	224117	$0.09<0.2$
P7Y	3685	700	4189	59565	$0.06<0.2$
P8Y	8205	700	12854	132627	$0.08<0.2$
P9X	6695	1300	18924	200979	$0.08<0.2$
P10X	3000	1300	5501	90058	$0.05<0.2$
P9Y	13865	700	22024	224117	$0.08<0.2$
P10Y	3685	1300	10688	110621	$0.08<0.2$
P11Y	6865	1300	20090	206082	$0.08<0.2$
P12Y	13865	1300	37317	416217	$0.08<0.2$

NO.	厚度 (mm)	长度 (mm)	中震组合 $(1.2D+0.6L+1.3E)$		
			V_w	$\beta_c f_c bh_0/\gamma_{re}$	$V_w \gamma_{re}/\beta_c f_c bh_0$
P3X	10600	400	2538	97909	0.02<0.2
P4X	10600	400	2466	97909	0.02<0.2
P5X	10600	400	3051	97909	0.03<0.2
P6X	10600	400	3111	97909	0.03<0.2
P2Y	3480	500	1053	40180	0.02<0.2
P3Y	3480	500	1108	40180	0.02<0.2
P5Y	6865	400	1653	63410	0.02<0.2
P6Y	11065	400	3285	102204	0.03<0.2
P7Y	6865	400	1631	63410	0.02<0.2
P8Y	6073	400	1940	56094	0.03<0.2
P9Y	2393	400	544	22103	0.02<0.2
P11Y	3480	500	1155	40180	0.02<0.2
P12Y	3480	500	1144	40180	0.02<0.2

（2）底部加强区轴压比

底层墙肢轴压比

编号	厚度 (mm)	长度 (mm)	$1.2DL+$ $0.6LL$ (kN)	f_c (MPa)	f (MPa)	A_c (m²)	A_s (m²)	$f_c \cdot A_c +$ $f \cdot A_s$ (kN)	轴压比	校核
P1X	1500	13835	361326	27.5	295	20.03	0.73	764989	0.47	<0.5
P2X	1500	13835	360608	27.5	295	20.03	0.73	764989	0.47	<0.5
P3X	800	13835	196248	27.5	295	10.68	0.39	407994	0.48	<0.5
P4X	800	13835	196238	27.5	295	10.68	0.39	407994	0.48	<0.5
P5X	800	13835	193266	27.5	295	10.68	0.39	407994	0.47	<0.5
P6X	800	13835	191785	27.5	295	10.68	0.39	407994	0.47	<0.5
P7X	1500	3000	80122	27.5	295	4.34	0.16	165881	0.48	<0.5
P8X	1500	6695	179507	27.5	295	9.69	0.35	370192	0.48	<0.5
P9X	1500	6695	177119	27.5	295	9.69	0.35	370192	0.48	<0.5

	底层墙肢轴压比									
编号	厚度 (mm)	长度 (mm)	1.2DL+ 0.6LL (kN)	f_c (MPa)	f (MPa)	A_c (m²)	A_s (m²)	$f_c \cdot A_c +$ $f \cdot A_s$ (kN)	轴压比	校核
P10X	1500	3000	80269	27.5	295	4.34	0.16	165881	0.48	<0.5
P1Y	1500	3685	95300	27.5	295	5.33	0.19	203757	0.47	<0.5
P2Y	1500	6865	183585	27.5	295	9.94	0.36	379592	0.48	<0.5
P3Y	1500	13865	367570	27.5	295	20.07	0.73	766648	0.48	<0.5
P4Y	800	3685	51277	27.5	295	2.84	0.10	108671	0.47	<0.5
P5Y	800	8205	116681	27.5	295	6.33	0.23	241965	0.48	<0.5
P6Y	800	13865	196683	27.5	295	10.70	0.39	408879	0.48	<0.5
P7Y	800	3685	51264	27.5	295	2.84	0.10	108671	0.47	<0.5
P8Y	800	8205	116564	27.5	295	6.33	0.23	241965	0.48	<0.5
P9Y	800	13865	191690	27.5	295	10.70	0.39	408879	0.47	<0.5
P10Y	1500	3685	95348	27.5	295	5.33	0.19	203757	0.47	<0.5
P11Y	1500	6865	183173	27.5	295	9.94	0.36	379592	0.48	<0.5
P12Y	1500	13865	370009	27.5	295	20.07	0.73	766648	0.48	<0.5

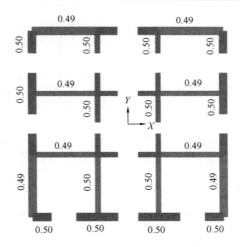

图 5.11.2 底层墙体轴压比

11 层墙体轴压比检验　　　　　　　　　　表 5.11.9

	11 层墙肢轴压比									
编号	厚度 (mm)	长度 (mm)	1.2DL+ 0.6LL (kN)	f_c (MPa)	f (MPa)	A_c (m²)	A_s (m²)	$f_c \cdot A_c +$ $f \cdot A_s$ (kN)	轴压比	校核
P1X	1300	13835	305588	27.5	295	17.36	0.63	662990	0.46	<0.5
P2X	1300	13835	304893	27.5	295	17.36	0.63	662990	0.46	<0.5

11 层墙肢轴压比

编号	厚度 (mm)	长度 (mm)	1.2DL+ 0.6LL (kN)	f_c (MPa)	f (MPa)	A_c (m²)	A_s (m²)	$f_c \cdot A_c + f \cdot A_s$ (kN)	轴压比	校核
P3X	700	13835	166980	27.5	295	9.35	0.34	356995	0.47	<0.5
P4X	700	13835	166723	27.5	295	9.35	0.34	356995	0.47	<0.5
P5X	700	13835	169600	27.5	295	9.35	0.34	356995	0.48	<0.5
P6X	700	13835	166544	27.5	295	9.35	0.34	356995	0.47	<0.5
P7X	1300	3000	69187	27.5	295	3.76	0.14	143764	0.48	<0.5
P8X	1300	6695	151008	27.5	295	8.40	0.30	320833	0.47	<0.5
P9X	1300	6695	150672	27.5	295	8.40	0.30	320833	0.47	<0.5
P10X	1300	3000	68669	27.5	295	3.76	0.14	143764	0.48	<0.5
P1Y	1300	3685	86258	27.5	295	4.62	0.17	176590	0.49	<0.5
P2Y	1300	6865	160797	27.5	295	8.61	0.31	328979	0.49	<0.5
P3Y	1300	13865	309870	27.5	295	17.39	0.63	664428	0.47	<0.5
P4Y	700	3685	44196	27.5	295	2.49	0.09	95087	0.46	<0.5
P5Y	700	8205	98582	27.5	295	5.54	0.20	211720	0.47	<0.5
P6Y	700	13865	168968	27.5	295	9.37	0.34	357769	0.47	<0.5
P7Y	700	3685	44062	27.5	295	2.49	0.09	95087	0.46	<0.5
P8Y	700	8205	98521	27.5	295	5.54	0.20	211720	0.47	<0.5
P9Y	700	13865	169016	27.5	295	9.37	0.34	357769	0.47	<0.5
P10Y	1300	3685	86045	27.5	295	4.62	0.17	176590	0.49	<0.5
P11Y	1300	6865	160481	27.5	295	8.61	0.31	328979	0.49	<0.5
P12Y	1300	13865	311402	27.5	295	17.39	0.63	664428	0.47	<0.5

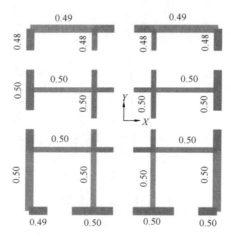

图 5.11.3 一区底部（11 层）墙体轴压比

底部加强区核心筒轴压比均小于 0.5，满足规范要求。

（3）剪力墙承载力验算

加强区及非加强区剪力墙墙肢承载力均按中震弹性验算。以下墙体承载力曲线是根据

《混凝土结构设计规范》GB 50010—2002 附录 F 所提供的方法进行墙体截面承载力验算。

以 13 层为例，分析结果如下：

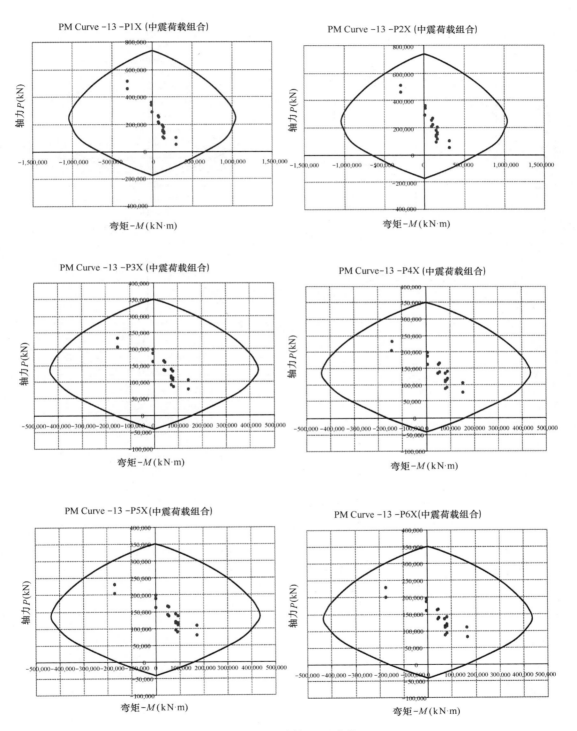

图 5.11.4　13 层墙体 P-M 曲线（一）

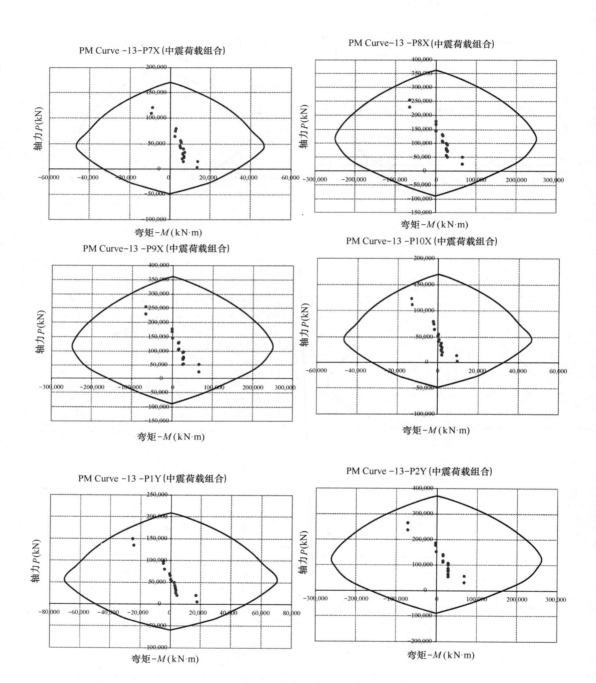

图 5.11.4 13 层墙体 P-M 曲线（二）

392

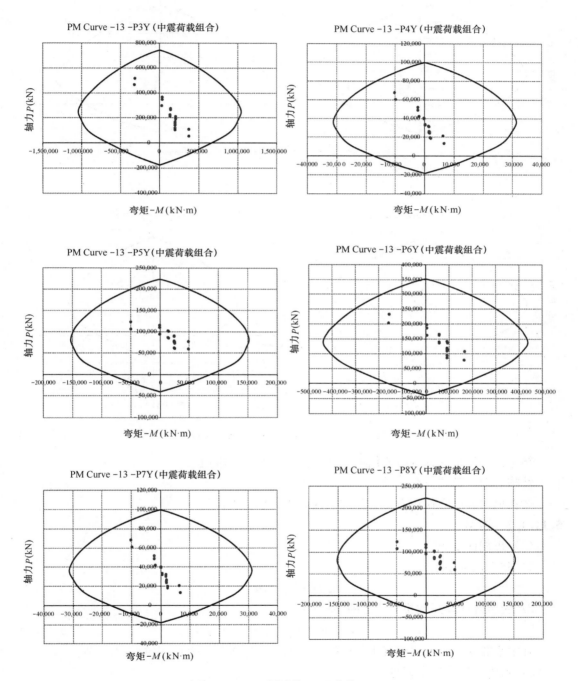

图 5.11.4　13 层墙体 P-M 曲线（三）

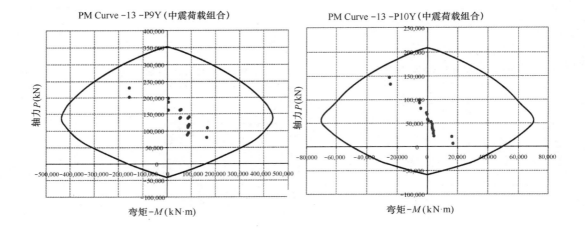

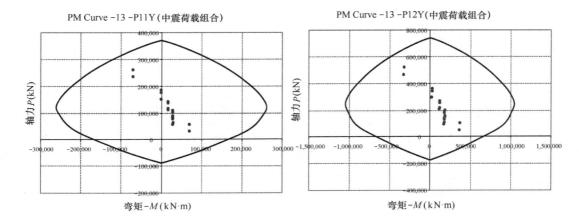

图 5.11.4 13 层墙体 *P-M* 曲线（四）

结论：①底部加强区核心筒墙体轴压比小于 0.5 的限值。

②核心筒全部墙体截面承载力满足中震弹性。

③在风力及中震作用下，底部加强区墙体大部分无拉力。

5.11.1.2 连梁

（1）正截面承载力

1）截面抵抗系数：

$$\alpha_s = M/\alpha_1 f_c b h_0^2 \qquad (5.11.3)$$

2）受压区计算高度相对值上限：

$$\xi_b = \beta_1/(1 + f_y/E_s \varepsilon_{cu}) \qquad (5.11.4)$$

其中系数 α_1、β_1 见《混凝土结构设计规范》GB 50010—2002 中的 7.1.3 节。

3）受压区计算高度相对值：

$$\xi = 1 - \sqrt{1 - 2 \times \alpha_s} \qquad (5.11.5)$$

若 $\xi < \xi_b$ 则属适筋梁，否则说明尺寸过小应调整截面尺寸。

4）混凝土梁的弯矩极限承载力：

$$M_u = \alpha_s b h_0^2 f_c + f'_y A'_s (h_0 - a'_s) \tag{5.11.6}$$

（2）截面验算

1）由于本项目的钢筋混凝土连梁主要由有地震作用组合时抗剪控制，见《高层建筑混凝土结构技术规程》JGJ 3—2002 第 7.2.23 节。

当跨高比大于 2.5 时，

$$V_b \leqslant \frac{1}{\gamma_{RE}}(0.20\beta_c f_c b_b h_{b0}) \tag{5.11.7}$$

当跨高比不大于 2.5 时，

$$V_b \leqslant \frac{1}{\gamma_{RE}}(0.15\beta_c f_c b_b h_{b0}) \tag{5.11.8}$$

式中：V_b——连梁剪力设计值；

$\quad\quad b_b$——连梁截面宽度；

$\quad\quad h_{b0}$——连梁截面有效高度；

$\quad\quad \beta_c$——混凝土强度影响系数，应按本规程第 6.2.6 条的规定采用。

2）第一阶段的设计计算结果表明，作为地震作用下主要的耗能杆件，部分连梁截面利用率大于 1.0。考察其主要是剪力控制，采用梁内加钢板变成型钢组合梁的措施来提高其截面抗剪承载力。验算公式见《型钢混凝土组合结构技术规程》JGJ 138—2001 J 130—2001 第 5.1.4 条。

非抗震设计：

$$V_b \leqslant 0.45 f_c b_b h_{b0} \tag{5.11.9}$$

抗震设计：

$$V_b \leqslant \frac{1}{\gamma_{RE}} 0.36 f_c b_b h_{b0} \tag{5.11.10}$$

3）连梁按中震不屈服验算，剪力承载力验算条件：

① 钢筋混凝土连梁：

$$V \leqslant 0.2\beta_c f_{ck} bd \tag{5.11.11}$$

② 内埋钢板（剪力板）的组合连梁：

$$V \leqslant 0.36\beta_c f_{ck} bd \tag{5.11.12}$$

4）以下为三区连梁的编号及承载力验算示例。

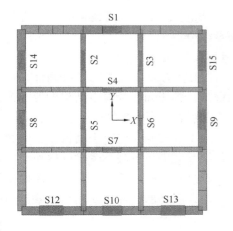

图 5.11.5　裙房区～三区连梁编号图

以 13 层为例，连梁剪压比验算如表 5.11.10 所示。

13 层连梁剪压比验算　　　　　　　　　　　　　　　　表 5.11.10

连梁编号	尺寸			剪压比	限值	判断
	L（mm）	b（mm）	h（mm）			
S1	3330	1300	1000	0.18	< 0.20	OK
S2	3315	700	1000	0.11	< 0.20	OK
S3	3315	700	1000	0.11	< 0.20	OK

连梁编号	尺寸			剪压比	限值	判断
	L（mm）	b（mm）	h（mm）			
S4	3330	700	1000	0.17	＜0.20	OK
S5	1930	700	1000	0.20	＜0.36	需加钢板
S6	1930	700	1000	0.20	＜0.36	需加钢板
S7	3330	700	1000	0.18	＜0.20	OK
S8	3270	1300	1000	0.14	＜0.20	OK
S9	3270	1300	1000	0.14	＜0.20	OK
S10	3330	1300	1000	0.18	＜0.20	OK
S12	4140	1300	1000	0.08	＜0.20	OK
S13	4140	1300	1000	0.08	＜0.20	OK
S14	3315	1300	1000	0.14	＜0.20	OK
S15	3315	1300	1000	0.14	＜0.20	OK

结论：连梁在风荷载和中震荷载作用下满足设计要求，一些连梁中需加钢板以增加抗剪承载力。

5.11.1.3　巨柱

巨柱的形状复杂，为了准确计算，本工程巨柱的设计采用 XTRACT 软件进行截面辅助设计。算法如《混凝土结构设计规范》GB 50010—2002 附录 F 所述，设定截面形状和钢筋/钢材后，可计算出任意截面的承载力。

以下为按照《混凝土结构设计规范》GB 50010—2002 中 7.3.1 节要求，对承载力附加稳定系数进行折减，考虑巨柱长细比效应，得到巨柱在各区的计算长度系数和稳定系数计算汇总及分析过程。并且与整体模型的计算结果进行对比，取偏安全值进行设计。

（1）巨柱的计算长度和稳定系数的计算

巨柱计算长度系数　　　　　　　　表 5.11.11

巨柱区域	初始态（kN）	临界荷载系数	临界荷载（kN）	抗弯刚度（kN·m²）	几何长度（m）	计算长度系数
1 区	621767	47.25	29378493	$1.85×10^9$	49	0.51
2 区	348377.4	39.82	13872387	$1.69×10^9$	63.7	0.54
3 区	146134.2	36.82	5380663	$9.48×10^8$	82.4	0.51
4 区	85417.56	44.8	3826706	$5.52×10^8$	64	0.59
5 区	96626.51	51.04	4931817	$5.52×10^8$	63.7	0.52
6 区	47627.49	45.51	2167527	$3.22×10^8$	64	0.60

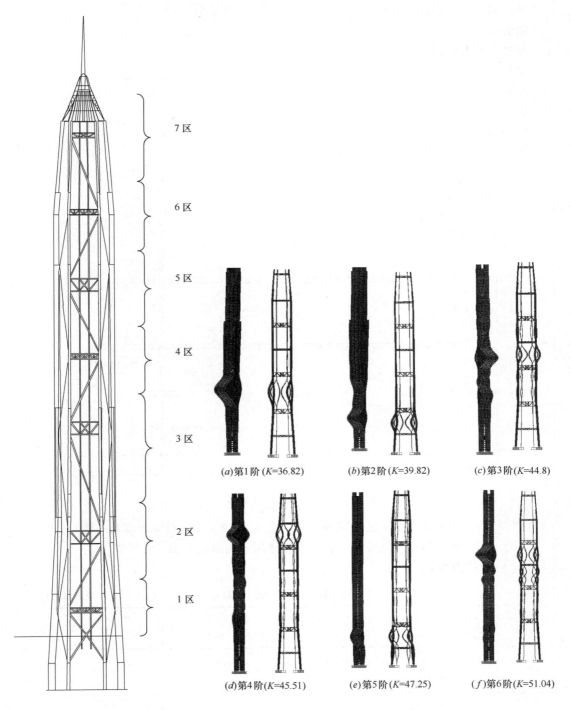

图 5.11.6　区柱分区图

(a)第1阶 (K=36.82)　　(b)第2阶 (K=39.82)　　(c)第3阶 (K=44.8)

(d)第4阶 (K=45.51)　　(e)第5阶 (K=47.25)　　(f)第6阶 (K=51.04)

图 5.11.7　巨柱屈曲模态

设计取计算长度系数 1.0。

（2）巨柱轴压比及承载力计算

巨柱轴压比及承载力验算如下（仅列举裙房区计算结果）：

裙房区

混凝土强度等级	C70
面积	19.39m²
含钢率	6%
承载力	916146kN
轴力	597961kN
轴压比	0.65

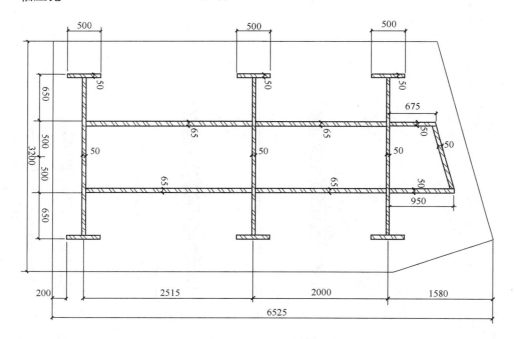

图 5.11.8 巨柱大样图

巨柱在小震及中震作用下的承载力验算见图 5.11.9（仅列举地下室及一区）。

结论：如上各图显示，巨柱在小震和中震作用下的承载力满足设计要求。

（3）巨柱拉力验算

风荷载组合巨柱拉力验算   表 5.11.12

巨柱截面编号	长（mm）	宽（mm）	含钢率	$1.0D + 1.0SDL - 1.0W$（kN）	$P_{MIN}/(E_s/E_c \cdot A_s + A_c) < f_{tk}$
巨柱 9	2000	2000	4%	1781	无拉力
巨柱 8	2000	2000	4%	2505	无拉力
巨柱 7	3250	2200	4%	20314	无拉力
巨柱 6	3500	2700	5%	40736	无拉力
巨柱 5	3500	2700	5%	64597	无拉力
巨柱 4	4500	3500	6%	81329	无拉力
巨柱 3	4500	3500	6%	110298	无拉力
巨柱 2	5000	3500	6%	126023	无拉力
巨柱 1	5500	3500	6%	181042	无拉力

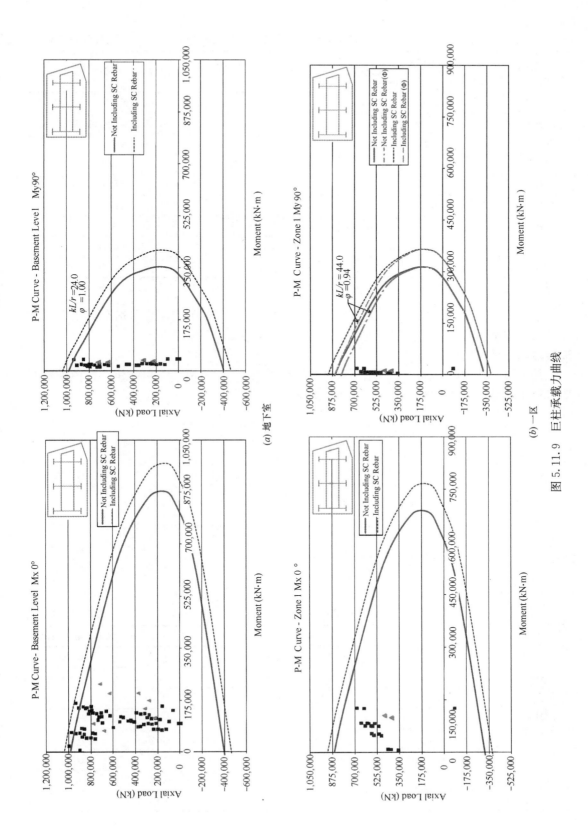

图 5.11.9　巨柱承载力曲线

399

中震作用荷载组合巨柱拉力验算 表 5.11.13

巨柱截面编号	长（mm）	宽（mm）	含钢率	$1.0D+1.0SDL-1.0W$（kN）	$P_{MIN}/(E_s/E_c \cdot A_s + A_c) < f_{tk}$
巨柱 9	2000	2000	4%	492	无拉力
巨柱 8	2000	2000	4%	−791	不超过混凝土抗拉强度
巨柱 7	3250	2200	4%	7929	无拉力
巨柱 6	3500	2700	5%	15484	无拉力
巨柱 5	3500	2700	5%	32532	无拉力
巨柱 4	4500	3500	6%	24424	无拉力
巨柱 3	4500	3500	6%	51934	无拉力
巨柱 2	5000	3500	6%	46631	无拉力
巨柱 1	5500	3500	6%	95985	无拉力

注：负号表示拉力。

由表 5.11.12、表 5.11.13 及图 5.11.9 可以看出，巨柱在正常使用状态下绝大部分无拉力，顶部存在拉力但拉应力远小于混凝土抗拉强度。

5.11.1.4 外伸臂桁架

外伸臂桁架如图 5.11.10 所示，弦杆和腹杆采用 Q460GJ 或 Q420GJ 钢，按中震不屈服进行验算见表 5.11.14，所有构件应力比低于 0.85。

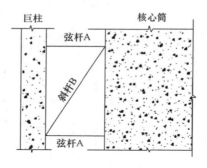

图 5.11.10 伸臂示意图

中震不屈服验算结果 表 5.11.14

楼层		截面	最大正应力比	最大剪应力比
L97-L99 Q420GJ	弦杆	□1000×560×100×100	0.49	0.06
	斜杆	H560×1500×100×100	0.3	0
L81-83 Q420GJ	弦杆	□1000×560×100×100	0.7	0.2
	斜杆	H560×1500×100×100	0.55	0
L49-L51 Q460GJ	弦杆	□1000×1000×120×120	0.77	0.21
	斜杆	H1000×1500×100×100	0.72	0.01
L25-L27 Q460GJ	弦杆	□1000×1000×120×120	0.65	0.2
	斜杆	H1000×1500×100×100	0.69	0

楼层		截面	最大正应力比	最大剪应力比
L97-L99	弦杆	□1000×560×100×100	0.47	0.06
Q420GJ	斜杆	H560×1500×100×100	0.3	0
L81-83	弦杆	□1000×560×100×100	0.75	0.2
Q420GJ	斜杆	H560×1500×100×100	0.6	0
L49-L51	弦杆	□1000×1000×120×120	0.84	0.2
Q460GJ	斜杆	H1000×1500×100×100	0.82	0.01
L25-L27	弦杆	□1000×1000×120×120	0.65	0.17
Q460GJ	斜杆	H1000×1500×100×100	0.72	0.01

5.11.1.5　周边桁架

周边桁架按中震弹性设计，按大震不屈服验算，验算准则如下：

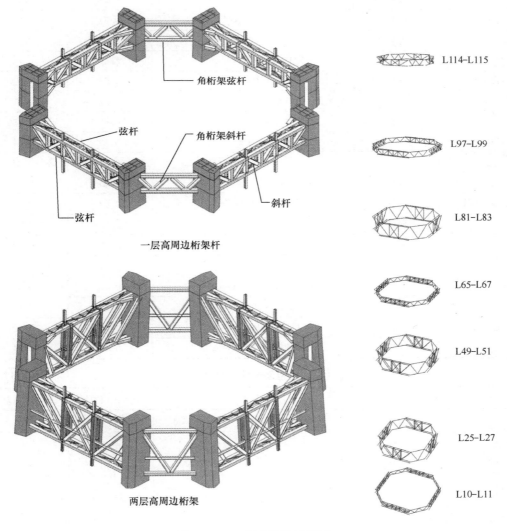

图 5.11.11　周边桁架示意图

（1）采用 G390GJ 钢；

（2）轴力验算按钢《结构设计规范》GB 50017—2003 第 5.1 条规定计算，压弯拉弯验算按《钢结构设计规范》GB 50017—2003 第 5.2 条规定计算，抗剪验算按第 4.1.2 条规定计算（同外伸臂）；

（3）小震作用组合下，所有构件设计内力放大至 1.5 倍；

（4）重力及风作用组合下，所有构件设计内力放大至 1.1 倍（重要性系数）。

空间带状桁架杆件应力比   表 5.11.16

层号		截面	最大正应力比	最大剪应力比
L114-L115	弦杆	H1000×500×70×70	0.54	0.09
	斜杆	H500×500×40×40	0.35	0.04
	竖杆	H500×500×25×25	0.33	0.05
L97-L99	弦杆	H1000×500×70×70	0.83	0.14
	斜杆	H500×500×40×40	0.54	0.02
	竖杆	H500×500×25×25	0.60	0.08
L81-L83	弦杆	H1000×600×65×65	0.69	0.16
	斜杆	H600×600×50×50	0.55	0.04
	竖杆	H600×600×50×50	0.37	0.03
L65-L67	弦杆	H1000×1000×90×90	0.69	0.19
	斜杆	H600×600×85×85	0.42	0.01
	竖杆	H600×600×30×30	0.37	0.03
L49-L51	弦杆	H1000×600×80×80	0.83	0.13
	斜杆	H600×600×65×65	0.60	0.02
	竖杆	H600×600×65×65	0.39	0.03
L25-L27	弦杆	H1000×600×80×80	0.78	0.19
	斜杆	H600×600×65×65	0.61	0.02
	竖杆	H600×600×65×65	0.46	0.03
L10-L11	弦杆	H1000×800×90×90	0.75	0.14
	斜杆	H600×600×85×85	0.51	0.02
	竖杆	H600×600×65×65	0.40	0.04

角桁架杆件应力比   表 5.11.17

层号		截面	最大正应力比	最大剪应力比
L114-L115	弦杆	H1000×1000×60×60	0.32	0.11
	斜杆	H1000×1000×60×60	0.26	0.03
L97-L99	弦杆	H1000×1500×80×80	0.48	0.19
	斜杆	H1000×1000×60×60	0.29	0.03
L81-L83	弦杆	H1000×1500×80×80	0.51	0.2
	斜杆	H1000×1000×80×80	0.33	0.03

层号		截面	最大正应力比	最大剪应力比
L65-L67	弦杆	H1000×1500×80×80	0.70	0.36
	斜杆	H1000×1000×80×80	0.39	0.08
L49-L51	弦杆	H1000×1500×80×80	0.64	0.22
	斜杆	H1000×1000×80×80	0.43	0.03
L25-L27	弦杆	H1000×1500×100×100	0.69	0.30
	斜杆	H1000×1000×80×80	0.43	0.03
L10-L11	弦杆	H1000×1500×100×100	0.67	0.23
	斜杆	H1000×1000×80×80	0.35	0.05

5.11.1.6 巨型斜撑

巨型斜撑按中震弹性设计，设计准则如下：

(1) 采用 G390GJ 钢；

(2) 轴力验算按《钢结构设计规范》GB 50017—2003 第 5.1 条规定计算，压弯拉弯验算按《钢结构设计规范》GB 50017—2003 第 5.2 条规定计算，抗剪验算按第 4.1.2 条规定计算（同外伸臂）；

(3) 小震作用组合下，将地震剪力调整至 $0.2V_0$，并将所有构件设计内力放大至 1.3 倍；

(4) 重力及风作用组合下，所有构件设计内力放大至 1.1 倍（重要性系数）。

巨型斜撑的应力验算结果显示见表 5.11.18，所有构件应力比低于 0.85。

巨型斜撑控制内力及应力比　　　　表 5.11.18

楼层	N (kN)	M_x (kN·m)	M_y (kN·m)	最大正应力 (MPa)	最大剪应力 (MPa)	截面
114	21341.84	210.69	152.81	0.33	0.01	H1000×1000×85×85
113	31254.66	201.82	2188.43	0.55	0.04	H1000×1000×85×85
112	32158.17	328.20	869.80	0.52	0.03	H1000×1000×85×85
111	31765.50	258.12	887.80	0.51	0.02	H1000×1000×85×85
110	−31978.80	−195.44	−870.42	0.50	0.05	H1000×1000×85×85
109	−32744.72	−250.33	−732.75	0.51	0.02	H1000×1000×85×85
108	−33855.67	−202.83	−648.10	0.52	0.02	H1000×1000×85×85
107	−34431.16	−175.39	−965.47	0.54	0.02	H1000×1000×85×85
106	−34845.80	−182.02	−851.71	0.54	0.02	H1000×1000×85×85
105	−40791.25	−251.41	−1014.54	0.64	0.08	H1000×1000×85×85
104	−43157.39	−373.33	−836.68	0.67	0.02	H1000×1000×85×85
103	−47747.77	−271.39	−829.65	0.73	0.03	H1000×1000×85×85
102	−45687.50	−291.41	−854.14	0.70	0.03	H1000×1000×85×85
101	−35464.04	−433.01	−1167.15	0.59	0.03	H1000×1000×85×85

楼层	N (kN)	M_x (kN·m)	M_y (kN·m)	最大正应力 (MPa)	最大剪应力 (MPa)	截　　面
100	−34667.52	−279.77	−859.56	0.56	0.01	H1000×1000×85×85
99	−28065.93	−116.99	−300.69	0.43	0.01	H1000×1000×85×85
98	—	—	—	—	—	—
97	23154.65	169.02	184.23	0.35	0.01	H1000×1000×85×85
96	30910.21	214.73	2549.72	0.56	0.05	H1000×1000×85×85
95	34484.11	97.97	1011.06	0.53	0.03	H1000×1000×85×85
94	40054.63	92.51	776.42	0.60	0.02	H1000×1000×85×85
93	−40740.59	−102.95	−1104.09	0.62	0.10	H1000×1000×85×85
92	−43691.27	−96.75	−898.48	0.66	0.02	H1000×1000×85×85
91	−43707.36	−94.45	−830.62	0.65	0.02	H1000×1000×85×85
90	−44284.16	−99.90	−774.55	0.66	0.02	H1000×1000×85×85
89	−45103.95	−101.16	−985.11	0.68	0.02	H1000×1000×85×85
88	−54158.73	−93.71	−1141.70	0.81	0.08	H1000×1000×85×85
87	−53530.57	−88.84	−992.59	0.80	0.02	H1000×1000×85×85
86	−54156.79	−74.87	−894.75	0.80	0.02	H1000×1000×85×85
85	−40835.26	−209.75	−889.65	0.63	0.02	H1000×1000×85×85
84	−36715.27	−192.62	−623.75	0.56	0.02	H1000×1000×85×85
83	—	—	—	—	—	—
82	—	—	—	—	—	—
81	−28912.58	−285.67	−363.97	0.45	0.01	H1000×1000×85×85
80	−38413.67	−345.58	−3029.05	0.69	0.06	H1000×1000×85×85
79	−37424.20	−156.42	−995.90	0.58	0.03	H1000×1000×85×85
78	−46199.86	−55.53	−1018.92	0.69	0.02	H1000×1000×85×85
77	−52731.61	−105.61	−1357.23	0.80	0.13	H1000×1000×85×85
76	−53568.69	−71.29	−1030.60	0.80	0.02	H1000×1000×85×85
75	−51574.19	−65.76	−978.45	0.77	0.03	H1000×1000×85×85
74	−51197.24	−117.83	−1003.31	0.77	0.02	H1000×1000×85×85
73	−51637.99	−118.79	−1110.49	0.78	0.02	H1000×1000×85×85
72	−56954.77	−105.28	−1111.96	0.85	0.13	H1000×1000×85×85
71	−55719.18	−98.66	−899.28	0.83	0.02	H1000×1000×85×85
70	−49336.77	−67.51	−1010.47	0.74	0.02	H1000×1000×85×85
69	−45015.72	−131.93	−1324.12	0.70	0.03	H1000×1000×85×85
68	−43596.89	−148.07	−654.16	0.65	0.02	H1000×1000×85×85
67	—	—	—	—	—	—
66	—	—	—	—	—	—

楼层	N (kN)	M_x (kN・m)	M_y (kN・m)	最大正应力 (MPa)	最大剪应力 (MPa)	截　面
65	−33380.49	−135.18	−325.82	0.49	0.01	H1000×1000×85×85
64	−38516.88	−143.77	−3617.15	0.70	0.07	H1000×1000×85×85
63	−37388.14	−84.14	−912.81	0.57	0.03	H1000×1000×85×85
62	−42619.81	−78.70	−750.61	0.63	0.02	H1000×1000×85×85
61	−43095.69	−80.99	−1091.43	0.66	0.10	H1000×1000×85×85
60	−46522.47	−69.45	−894.20	0.69	0.01	H1000×1000×85×85
59	−47507.47	−77.21	−700.96	0.70	0.02	H1000×1000×85×85
58	−49153.34	−78.74	−775.78	0.73	0.02	H1000×1000×85×85
57	−51463.66	−83.39	−1004.05	0.77	0.02	H1000×1000×85×85
56	−57220.28	−76.41	−1249.29	0.86	0.10	H1000×1000×85×85
55	−54801.63	−85.40	−977.96	0.86	0.02	H1000×1000×85×85
54	−49288.29	−52.78	−546.01	0.76	0.02	H1000×1000×85×85
53	−48335.46	−181.21	−1268.60	0.75	0.03	H1000×1000×85×85
52	−48194.87	−182.76	−635.04	0.72	0.02	H1000×1000×85×85
51	—	—	—	—	—	—
50	—	—	—	—	—	—
49	−54662.21	−2348.10	−918.58	0.43	0.01	□1200×1200×120×120
48	−58893.85	−2074.51	−6109.20	0.55	0.04	□1200×1200×120×120
47	−60030.52	−295.07	−2782.37	0.46	0.02	□1200×1200×120×120
46	−67768.17	−799.82	−807.66	0.49	0.00	□1200×1200×120×120
45	−95515.54	−786.05	−2417.93	0.70	0.02	□1200×1200×120×120
44	−107177.20	−834.38	−1294.72	0.76	0.01	□1200×1200×120×120
43	−103081.40	−833.59	−1871.78	0.74	0.01	□1200×1200×120×120
42	−103379.57	−766.90	−1927.88	0.74	0.03	□1200×1200×120×120
41	−99542.76	−645.50	−1204.00	0.70	0.01	□1200×1200×120×120
40	−96734.35	−581.75	−2531.88	0.71	0.02	□1200×1200×120×120
39	−91780.29	−602.64	−1427.51	0.65	0.01	□1200×1200×120×120
38	−83691.41	−763.87	−1596.54	0.61	0.01	□1200×1200×120×120
37	−84898.28	−792.83	−860.49	0.60	0.01	□1200×1200×120×120
36	—	—	—	—	—	—
35	−78840.53	−623.40	−1343.26	0.57	0.05	□1200×1200×120×120
34	−80732.97	−444.86	−1053.23	0.57	0.00	□1200×1200×120×120
33	−89077.26	−529.04	−944.71	0.63	0.01	□1200×1200×120×120
32	−94851.17	−640.39	−1050.20	0.67	0.01	□1200×1200×120×120
31	−90853.00	−629.71	−1152.94	0.64	0.01	□1200×1200×120×120
30	−97814.47	−733.09	−1815.93	0.70	0.01	□1200×1200×120×120
29	−83943.96	−951.77	−2397.40	0.63	0.01	□1200×1200×120×120

楼层	N (kN)	M_x (kN·m)	M_y (kN·m)	最大正应力 (MPa)	最大剪应力 (MPa)	截 面
28	−83234.64	−1041.70	−1687.52	0.61	0.01	□1200×1200×120×120
27	—	—	—	—	—	—
26	—	—	—	—	—	—
25	−30907.93	−614.81	−285.04	0.45	0.01	□1000×1000×70×70
24	−32795.01	−459.87	−2828.83	0.58	0.03	□1000×1000×70×70
23	−33124.55	−370.21	−532.58	0.48	0.01	□1000×1000×70×70
22	−33529.11	−212.02	−668.94	0.49	0.01	□1000×1000×70×70
21	−37241.76	−368.27	−891.12	0.55	0.10	□1000×1000×70×70
20	−39290.93	−123.47	−974.10	0.57	0.02	□1000×1000×70×70
19	−40573.06	−202.64	−391.51	0.57	0.01	□1000×1000×70×70
18	−40906.81	−107.78	−923.53	0.59	0.01	□1000×1000×70×70
17	−44865.34	−113.51	−1027.52	0.65	0.08	□1000×1000×70×70
16	−46529.13	−155.93	−655.90	0.66	0.01	□1000×1000×70×70
15	−47208.53	−203.99	−449.95	0.66	0.01	□1000×1000×70×70
14	−47778.91	−219.84	−466.34	0.67	0.01	□1000×1000×70×70
13	−48222.21	−382.31	−754.89	0.69	0.02	□1000×1000×70×70
12	−48111.18	−271.26	−480.32	0.67	0.01	□1000×1000×70×70
11	—	—	—	—	—	—
10	−30261.19	−348.87	−896.16	0.45804099	0.008789325	□1000×1000×70×70
9	−31979.78	−447.03	−856.96	0.483539905	0.012634877	□1000×1000×70×70
8	−32431.14	−4686.38	−399.54	0.65520903	0.039638498	□1000×1000×70×70
7	−34408.26	−4172.63	−710.04	0.672669384	0.037363694	□1000×1000×70×70
6	−39924.20	−808.18	−538.28	0.524079925	0.024026784	□1000×1000×80×80
5	−42224.94	−6453.12	−220.95	0.761732057	0.079144863	□1000×1000×80×80
4	−40171.11	−6445.12	−1162.64	0.774402592	0.051609637	□1000×1000×80×80
3	−43706.40	−300.45	−308.97	0.641357823	0.010298394	□1000×1000×80×80
2	−43894.82	−530.39	−1419.60	0.700011553	0.011141192	□1000×1000×80×80

5.11.2 楼面组合梁设计及验算

平安金融中心办公室楼面采用120mm厚组合楼板（120mm厚混凝土表层置于闭口压型钢板之上）的形式，混凝土等级C35，尽量采用国内轧制H型钢，钢材Q345B。

对于机电加强层处的楼面，由于加强层受力复杂，故将楼板进行加厚处理，拟采用180mm厚钢筋桁架楼板，混凝土等级C35，采用国内轧制工字型钢，钢材Q345B。

对于所有非刚接的重力体系的楼面次梁及大梁，均按《钢结构设计规范》GB 50017—2003中的组合梁进行设计，对楼面梁按规范进行抗弯强度、挠度、抗剪强度及稳定性方面的计算。

以下是典型办公楼面梁及典型加强层楼面梁布置及尺寸，见图5.11.12、图5.11.13及表5.11.19。

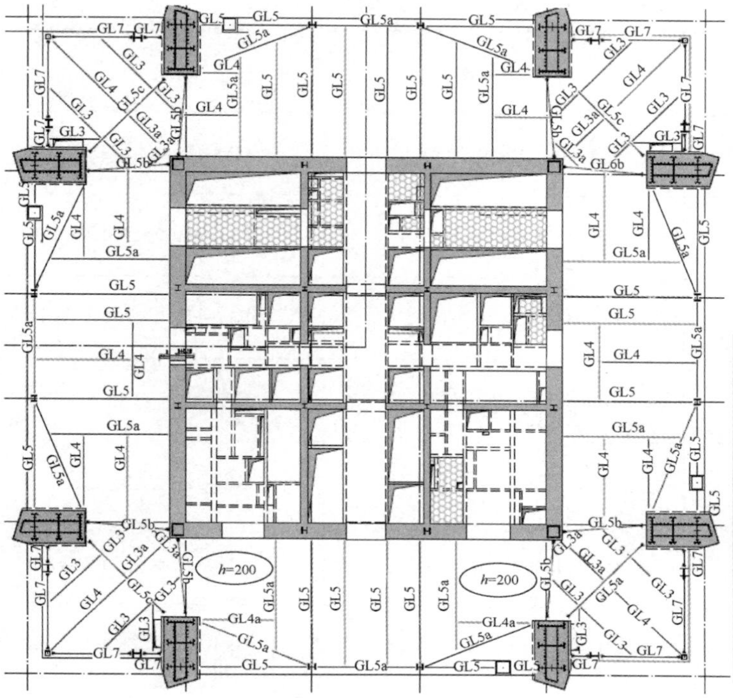

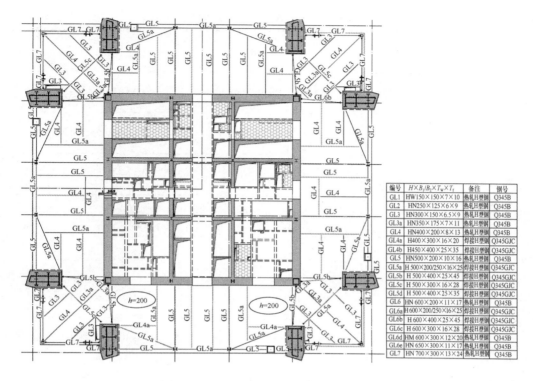

编号	$H\times B_1/B_2\times T_W\times T_f$	备注	钢号
GL1	HW150×150×7×10	热轧H型钢	Q345B
GL2	HN250×125×6×9	热轧H型钢	Q345B
GL3	HN300×150×6.5×9	热轧H型钢	Q345B
GL3a	HN350×175×7×11	热轧H型钢	Q345B
GL4	HN400×200×8×13	热轧H型钢	Q345B
GL4a	H400×300×16×20	焊接H型钢	Q345GJC
GL4b	H450×400×25×35	焊接H型钢	Q345GJC
GL5	HN500×200×10×16	热轧H型钢	Q345B
GL5a	H 500×200/250×16×25	焊接H型钢	Q345GJC
GL5b	H 500×400×25×45	焊接H型钢	Q345GJC
GL5c	H 500×300×16×28	焊接H型钢	Q345GJC
GL5d	H 500×400×25×35	焊接H型钢	Q345GJC
GL6	HN 600×200×11×17	热轧H型钢	Q345B
GL6a	H 600×200/250×16×25	焊接H型钢	Q345GJC
GL6b	H 600×400×25×45	焊接H型钢	Q345GJC
GL6c	H 600×300×16×28	焊接H型钢	Q345GJC
GL6d	HM 600×300×12×20	热轧H型钢	Q345B
GL6e	HN 650×300×11×17	热轧H型钢	Q345B
GL7	HN 700×300×13×24	热轧H型钢	Q345B

图 5.11.12 典型办公楼面梁布置及尺寸

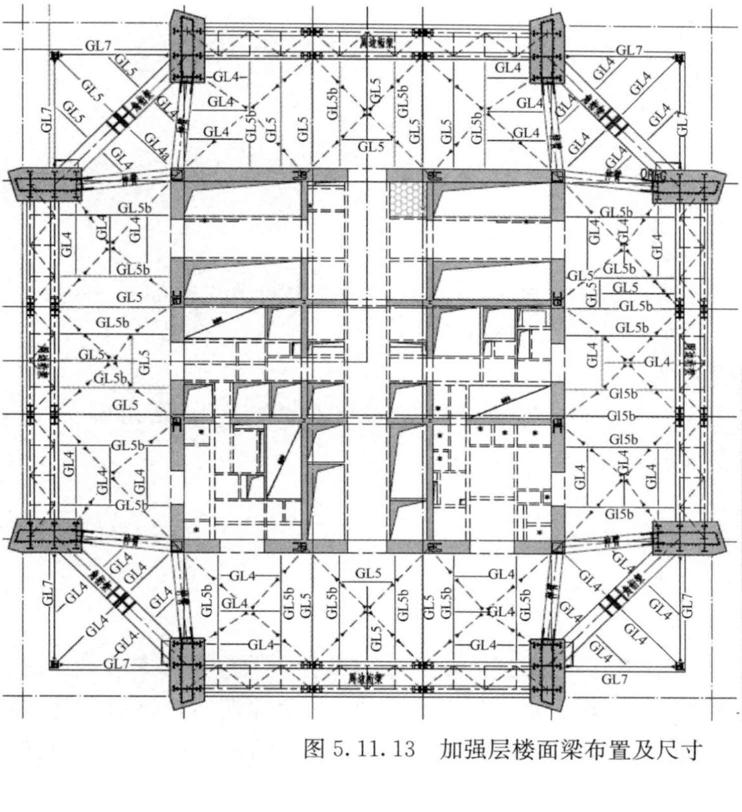

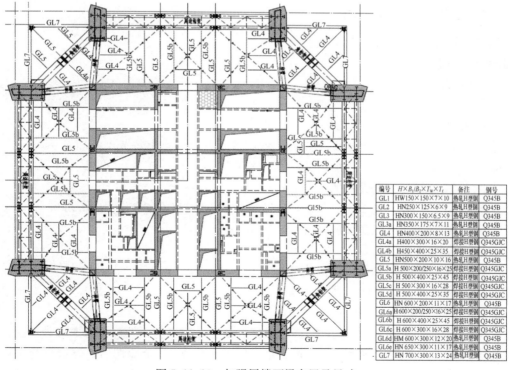

编号	$H\times B_1/B_2\times T_W\times T_f$	备注	钢号
GL1	HW150×150×7×10	热轧H型钢	Q345B
GL2	HN250×125×6×9	热轧H型钢	Q345B
GL3	HN300×150×6.5×9	热轧H型钢	Q345B
GL3a	HN350×175×7×11	热轧H型钢	Q345B
GL4	HN400×200×8×13	热轧H型钢	Q345B
GL4a	H400×300×16×20	焊接H型钢	Q345GJC
GL4b	H450×400×25×35	焊接H型钢	Q345GJC
GL5	HN500×200×10×16	热轧H型钢	Q345B
GL5a	H 500×200/250×16×25	焊接H型钢	Q345GJC
GL5b	H 500×400×25×45	焊接H型钢	Q345GJC
GL5c	H 500×300×16×28	焊接H型钢	Q345GJC
GL5d	H 500×400×25×35	焊接H型钢	Q345GJC
GL6	HN 600×200×11×17	热轧H型钢	Q345B
GL6a	H 600×200/250×16×25	焊接H型钢	Q345GJC
GL6b	H 600×400×25×45	焊接H型钢	Q345GJC
GL6c	H 600×300×16×28	焊接H型钢	Q345GJC
GL6d	HM 600×300×12×20	热轧H型钢	Q345B
GL6e	HN 650×300×11×17	热轧H型钢	Q345B
GL7	HN 700×300×13×24	热轧H型钢	Q345B

图 5.11.13 加强层楼面梁布置及尺寸

各区典型楼层典型主梁及次梁尺寸　　　　表 5.11.19

区	主　梁	次　梁
八区	GL4-H400×200×8×13	GL4-H400×200×8×13
七区	GL4a-H450×200×9×14	GL4-H400×200×8×13
六区	GL5-H500×200×10×16	GL5-H400×200×8×13
五区	GL5-H500×200×10×16	GL4-H400×200×8×13
四区	GL5-H500×200×10×16	GL4-H400×200×8×13
三区	GL5-H500×200×10×16	GL4-H400×200×8×13
二区	GL5-H500×200×10×16	GL4-H400×200×8×13
一区	GL7-H700×300×13×24	GL7-H400×200×8×13

5.11.3　塔尖结构分析结果

塔尖结构概述见 5.8.3 节。

5.11.3.1　荷载

（1）恒荷载

①幕墙：$1.5kN/m^2$。

②塔尖阻尼器重量：假设为塔尖重量的 1%。

③悬挂荷载：多边形环梁的下端标高 565.18 处 8 个节点上每节点施加 6.5kN。

④标高 585.00m 处楼面附加荷载：$1.5kN/m^2$。

⑤标高 578.35m 处楼面附加荷载：$10kN/m^2$。

⑥标高 574.42m 处楼面附加荷载：$3.5kN/m^2$，西南区有水箱处为 $20.5kN/m^2$。

⑦标高 572.60m 处楼面附加荷载：$1.5kN/m^2$。

（2）活荷载

①标高 585.00m 处楼面附加荷载：$8kN/m^2$。

②标高 574.42m 处楼面荷载：$7.0kN/m^2$。

③标高 572.60m 处楼面附加荷载：$2.0kN/m^2$。

④擦窗机荷载：按擦窗机顾问提供的擦窗机滚轮处初步荷载计算，考虑三种情况：擦窗机起重臂以 0°角度全部伸出；擦窗机起重臂以最大角度 65°全部伸出；擦窗机起重臂全部缩回。每种情况考虑 9 种可能出现的不同的加载位置，这样共有 27 种工况，每种工况

另外再考虑水平向 135kN 的荷载。

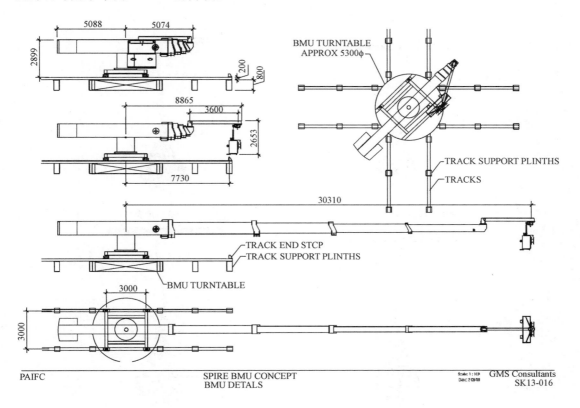

图 5.11.14　擦窗机的机械装置

（3）风荷载

采用的风荷载基于 2009 年 9 月 29 日 RWDI 提供的《深圳平安国际金融中心幕墙设计风压力试验研究》，正、负风压均按 6kPa 考虑。

（4）温度荷载

所有钢结构杆件考虑±30℃温差。

5.11.3.2　振型

塔尖主要振型为悬臂梁式变形。前 2 阶振型为 X 和 Y 方向的平动，第 3、4 阶振型包括整个结构，第 5 阶振型为扭转变形。

5.11.3.3　塔尖结构构件强度验算

本工程采用单独钢结构模型和总装模型双控，满足相应中国规范的要求。单独钢结构模型为 SAP2000 模型，杆件的验算采用 SAP2000 自带的中国规范验算功能。总装模型为 ETABS 模型，杆件的验算采用 ETABS 自带的中国规范验算功能。

5.11.3.4　塔尖整体变形检查

在风荷载作用下顶部天线支撑在＋605.076m 位置的支座上，其最大水平位移 184mm，天线长度 54.2m，变形比 $L/294$。

在＋585.00m 和＋605.076m 之间支撑天线的桁架竖向变形 3.9mm，变形比 $L/2935$。

在活荷载下起重器支撑桁架的最大变形为 2.7mm，变形比 $L/5585$。

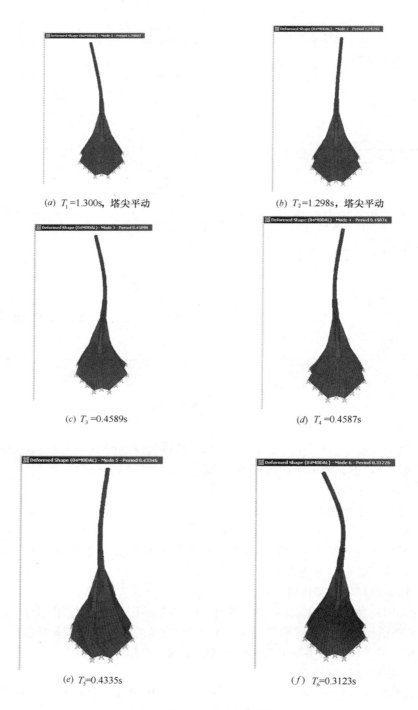

(a) T_1=1.300s，塔尖平动   (b) T_2=1.298s，塔尖平动

(c) T_3=0.4589s   (d) T_4=0.4587s

(e) T_5=0.4335s   (f) T_6=0.3123s

图 5.11.15   塔尖振型图

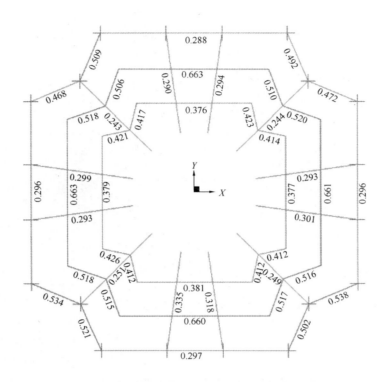

图 5.11.16　塔尖支承结构外框柱应力比

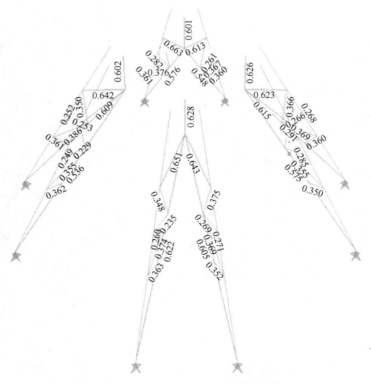

图 5.11.17　塔尖支承结构钢架应力比

411

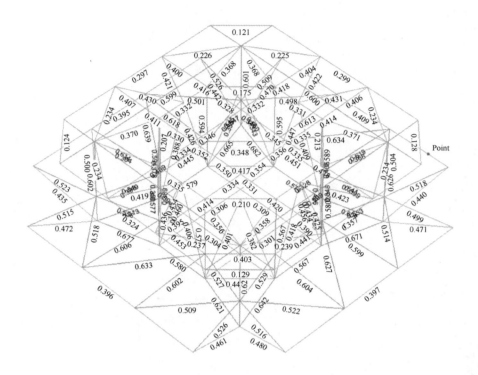

图 5.11.18 擦窗机支承结构应力比

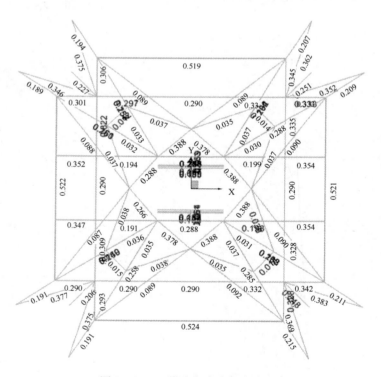

图 5.11.19 塔尖钢支座 1 应力比

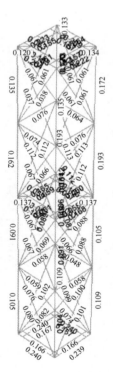

图 5.11.20 塔尖钢支座 2 应力比

5.12 罕遇地震下弹塑性时程分析

5.12.1 输入地震波分析及选用

5.12.1.1 基本条件

共采用 14 组地震波：CHI01～CHI03，L755-1～L755-3，L755-4～L755-6，US196～US198，US2572～US2574，US640～US642，US688～US690，US781～US783，US787～US789，MEX026～MEX028，US256～US258，US232～US234，US334～US336，US1213～US1215。上述波数据均用于大震计算。

依据《建筑抗震设计规范》GB 50011—2001 5.1.2 条第 3 款规定：每条时程曲线计算所得结构底部剪力不应小于振型分解反应谱法计算结果的 65%，不大于 135%。水平加速度最大时程采用 220gal。反应谱采用场地谱与规范谱的包络。阻尼比采用 0.05，周期不折减。

5.12.1.2 计算模型

采用 ETABS 模型进行选波工作，由于此计算模型在选波期间为调整过程中的模型，所以基底剪力与最终模型略有区别，但主要性能基本一致，是可以满足选波工作要求的。模型的标准层平面图及方向规定如图 5.12.1 所示。

所采用的地震波的峰值及模型中输入单位为 mm 时的调整系数如表 5.12.1 所示。

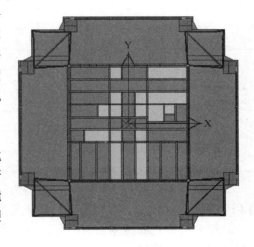

图 5.12.1 标准层平面图及坐标系

地震波峰值及调整系数 表 5.12.1

序号	地震波	峰值	主方向调整系数	次方向调整系数
1	CHI01	61.01	36.060	30.651
2	CHI02	−35.08	62.714	53.307
3	L755-1	235.72	9.333	7.933
4	L755-2	199.05	11.052	9.395
5	L755-4	199.63	11.020	9.367
6	L755-5	191.09	11.513	9.786
7	US196	−1535	1.433	1.218
8	US197	2536	0.868	0.737
9	US2572	45365	0.048	0.041
10	US2574	32678	0.067	0.057
11	US640	1192	1.846	1.569
12	US641	1618	1.360	1.156

序号	地震波	峰值	主方向调整系数	次方向调整系数
13	US688	1238	1.777	1.511
14	US689	−1284	1.713	1.456
15	US781	−585	3.761	3.197
16	US782	−465	4.731	4.022
17	US787	−72	30.556	25.972
18	US788	358	6.145	5.223
19	MEX026	−42.043	52.327	44.478
20	MEX028	−18.841	116.767	99.252
21	US256	1046	2.103	1.788
22	US257	805	2.733	2.323
23	US1213	−9.618	228.738	194.427
24	US1214	−822	2.676	2.275
25	US232	1265	1.739	1.478
26	US233	−1692	1.300	1.105
27	US334	1019	2.159	1.835
28	US335	785	2.803	2.382

分析软件采用 ETABS V9.2.0，剪力墙、巨柱、楼板用 SHELL 单元模拟，其他构件用 FRAME 单元模拟，楼板按弹性楼盖考虑。

时程分析按双向波输入时，主波及次波均来自同一组波中的水平波。

5.12.1.3 分析结果

反应谱法分析得到结构的基底剪力如表 5.12.2 所示。

反应谱法分析得到的结构基底剪力（单位：kN）　　　　表 5.12.2

	基底剪力 V（kN）	65%V	135%V
单向地震（X 向）	389447	253141	525754
单向地震（Y 向）	396398	257659	535138
双向地震（X 主向）	390574	253873	527274
双向地震（Y 主向）	467340	303771	630909

时程分析法得到的结构基底剪力及校核如表 5.12.3 所示。

时程分析法得到的结构基底剪力及校核　　　　表 5.12.3

X 向复核（单向波输入）				
波号	波名	V_x（kN）	与反应谱比值	校核
1	CHI01	846832	225%	NG
2	CHI02	1233735	328%	NG
3	L755-1	304350	81%	OK

X 向复核（单向波输入）

波号	波名	V_x（kN）	与反应谱比值	校核
4	L755-2	405139	108%	OK
5	L755-4	373829	99%	OK
6	L755-5	381989	101%	OK
7	US196	412760	110%	OK
8	US197	292985	78%	OK
9	US2572	430748	114%	OK
10	US2574	303180	81%	OK
11	US640	298913	79%	OK
12	US641	147393	39%	NG
13	US688	250571	67%	OK
14	US689	266207	71%	OK
15	US781	218269	58%	NG
16	US782	201848	54%	NG
17	US787	327244	87%	OK
18	US788	323196	86%	OK
19	MEX026	458350	121%	OK
20	MEX028	432690	114%	OK
21	US256	311697	82%	OK
22	US257	279439	74%	OK
23	US1213	827321	212%	NG
24	US1214	412922	106%	OK
25	US232	253283	65%	OK
26	US233	202956	52%	NG
27	US334	282968	73%	OK
28	US335	409845	105%	OK

Y 向复核（单向波输入）

波号	波名	V_y（kN）	与反应谱比值	校核
1	CHI01	849619	221%	NG
2	CHI02	1226030	318%	NG
3	L755-1	335127	87%	OK
4	L755-2	436035	113%	OK
5	L755-4	431473	112%	OK
6	L755-5	435994	113%	OK
7	US196	405845	105%	OK
8	US197	314077	82%	OK

		Y 向复核（单向波输入）		
波号	波名	V_y（kN）	与反应谱比值	校核
9	US2572	434246	113%	OK
10	US2574	329538	86%	OK
11	US640	298636	78%	OK
12	US641	191010	50%	NG
13	US688	247843	64%	NG
14	US689	257183	67%	OK
15	US781	236944	62%	NG
16	US782	210023	55%	NG
17	US787	328961	85%	OK
18	US788	352002	91%	OK
19	MEX026	460943	119%	OK
20	MEX028	428949	111%	OK
21	US256	304516	79%	OK
22	US257	275959	71%	OK
23	US1213	806597	203%	NG
24	US1214	436441	110%	OK
25	US232	252687	64%	NG
26	US233	204379	52%	NG
27	US334	293259	74%	OK
28	US335	405481	102%	OK
		X 向复核（双向波输入）		
波号	主波名	V_x（kN）	与反应谱比值	校核
1	CHI01	840736	223%	NG
2	CHI02	1238920	329%	NG
3	L755-1	301172	80%	OK
4	L755-2	406889	108%	OK
5	L755-4	373734	99%	OK
6	L755-5	384498	102%	OK
7	US196	414268	110%	OK
8	US197	292529	78%	OK
9	US2572	429730	114%	OK
10	US2574	307746	82%	OK
11	US640	298465	79%	OK
12	US641	147258	39%	NG
13	US688	249177	66%	OK

<table>
<tr><td colspan="5" align="center">X 向复核（双向波输入）</td></tr>
<tr><th>波号</th><th>主波名</th><th>V_x（kN）</th><th>与反应谱比值</th><th>校核</th></tr>
<tr><td>14</td><td>US689</td><td>265588</td><td>71％</td><td>OK</td></tr>
<tr><td>15</td><td>US781</td><td>216802</td><td>58％</td><td>NG</td></tr>
<tr><td>16</td><td>US782</td><td>202462</td><td>54％</td><td>NG</td></tr>
<tr><td>17</td><td>US787</td><td>327246</td><td>87％</td><td>OK</td></tr>
<tr><td>18</td><td>US788</td><td>322895</td><td>86％</td><td>OK</td></tr>
<tr><td>19</td><td>MEX026</td><td>466762</td><td>123％</td><td>OK</td></tr>
<tr><td>20</td><td>MEX028</td><td>430510</td><td>113％</td><td>OK</td></tr>
<tr><td>21</td><td>US256</td><td>306938</td><td>81％</td><td>OK</td></tr>
<tr><td>22</td><td>US257</td><td>282267</td><td>74％</td><td>OK</td></tr>
<tr><td>23</td><td>US1213</td><td>825943</td><td>211％</td><td>NG</td></tr>
<tr><td>24</td><td>US1214</td><td>410286</td><td>105％</td><td>OK</td></tr>
<tr><td>25</td><td>US232</td><td>251705</td><td>64％</td><td>NG</td></tr>
<tr><td>26</td><td>US233</td><td>204026</td><td>52％</td><td>NG</td></tr>
<tr><td>27</td><td>US334</td><td>278370</td><td>71％</td><td>OK</td></tr>
<tr><td>28</td><td>US335</td><td>406443</td><td>104％</td><td>OK</td></tr>
<tr><td colspan="5" align="center">Y 向复核（双向波输入）</td></tr>
<tr><th>波号</th><th>主波名</th><th>V_y（kN）</th><th>与反应谱比值</th><th>校核</th></tr>
<tr><td>1</td><td>CHI01</td><td>842688</td><td>219％</td><td>NG</td></tr>
<tr><td>2</td><td>CHI02</td><td>1230607</td><td>320％</td><td>NG</td></tr>
<tr><td>3</td><td>L755-1</td><td>331947</td><td>86％</td><td>OK</td></tr>
<tr><td>4</td><td>L755-2</td><td>438050</td><td>114％</td><td>OK</td></tr>
<tr><td>5</td><td>L755-4</td><td>430479</td><td>112％</td><td>OK</td></tr>
<tr><td>6</td><td>L755-5</td><td>435191</td><td>113％</td><td>OK</td></tr>
<tr><td>7</td><td>US196</td><td>407420</td><td>106％</td><td>OK</td></tr>
<tr><td>8</td><td>US197</td><td>313624</td><td>81％</td><td>OK</td></tr>
<tr><td>9</td><td>US2572</td><td>433497</td><td>113％</td><td>OK</td></tr>
<tr><td>10</td><td>US2574</td><td>334027</td><td>87％</td><td>OK</td></tr>
<tr><td>11</td><td>US640</td><td>298188</td><td>77％</td><td>OK</td></tr>
<tr><td>12</td><td>US641</td><td>190875</td><td>50％</td><td>NG</td></tr>
<tr><td>13</td><td>US688</td><td>246681</td><td>64％</td><td>NG</td></tr>
<tr><td>14</td><td>US689</td><td>256309</td><td>67％</td><td>OK</td></tr>
<tr><td>15</td><td>US781</td><td>234999</td><td>61％</td><td>NG</td></tr>
<tr><td>16</td><td>US782</td><td>210871</td><td>55％</td><td>NG</td></tr>
<tr><td>17</td><td>US787</td><td>328946</td><td>85％</td><td>OK</td></tr>
<tr><td>18</td><td>US788</td><td>351702</td><td>91％</td><td>OK</td></tr>
</table>

| | | Y向复核（双向波输入） | | |
波号	主波名	V_y （kN）	与反应谱比值	校核
19	MEX026	469357	121%	OK
20	MEX028	426768	110%	OK
21	US256	299758	77%	OK
22	US257	279718	72%	OK
23	US1213	803307	172%	NG
24	US1214	434049	93%	OK
25	US232	251109	54%	NG
26	US233	205446	44%	NG
27	US334	288667	62%	NG
28	US335	402378	86%	OK

其中，举例列出 US256 所在组的波的时程曲线及频谱特性如图 5.12.2 和图 5.12.3 所示。

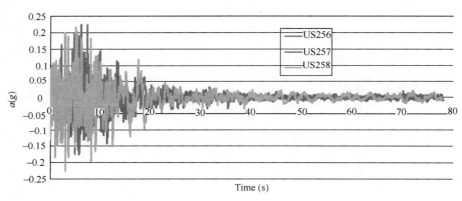

图 5.12.2　US256 波三个方向时程曲线

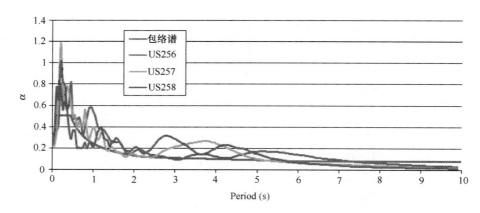

图 5.12.3　US256 波三个方向反应谱

US335 所在组的波的时程曲线及频谱特性如图图 5.12.4 和图 5.12.5 所示。

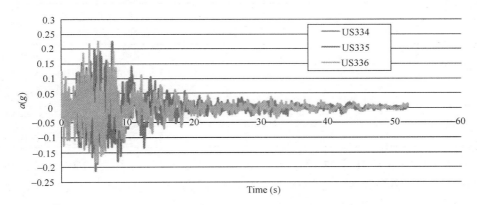

图 5.12.4　US335 波三个方向时程曲线

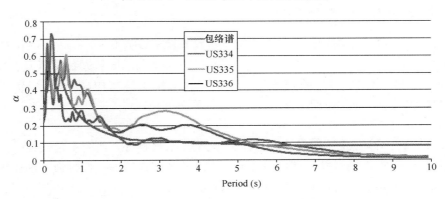

图 5.12.5　US335 波三个方向反应谱

5.12.1.4　小结

14 组地震波中，10 组波在本项目中可以满足《建筑抗震设计规范》GB 50011—2001 的要求，如表 5.12.4 所示。表中，主波采用同一组波中能产生较大基底剪力的波。

地震波校核

表 5.12.4

序号	主波	次波	主波在 X 方向与规范反应谱的比值	主波在 Y 方向与规范反应谱的比值	备注
1	CHI02	CHI01	329.1%	319.6%	不符合要求
2	L755-2	L755-1	108.1%	113.8%	符合要求
3	L755-5	L755-4	102.1%	113.0%	符合要求
4	US196	US197	110.0%	105.8%	符合要求
5	US2572	US2574	114.1%	112.6%	符合要求
6	US640	US641	79.3%	77.4%	符合要求
7	US689	US688	70.5%	66.6%	符合要求
8	US781	US782	57.6%	61.0%	不符合要求
9	US787	US788	86.9%	85.4%	符合要求

序号	主波	次波	主波在 X 方向与规范反应谱的比值	主波在 Y 方向与规范反应谱的比值	备注
10	MEX026	MEX028	123%	121%	符合要求
11	US256	US257	81%	77%	符合要求
12	US1213	US1214	211%	171.9%	不符合要求
13	US232	US233	64%	53.7%	不符合要求
14	US335	US334	104%	86.1%	符合要求

考虑到 MEX026 所在组的波持时为 38.8s，US256 所在组的波持时为 78.08s，且 US256 所在组的波的频谱特性更接近规范谱与场地谱构成的包络谱，可取 US256 所在组的波进行大震下的动力弹塑性分析。

5.12.2 结构动力弹塑性分析的目的

本工程为超限高层结构。依照《建筑抗震设计规范》GB 50011—2001、《高层建筑混凝土结构技术规程》JGJ 3—2002 及《超限高层建筑工程抗震设防专项审查技术要点》（建设部建质〔2006〕220 号）的相关规定，本工程塔楼主体结构高 588m，高度超过了《高规》中规定的 B 级最大适用高度是 180m，属于高度超限。

通过弹塑性分析，拟达到以下目的：

（1）对结构在设计大震作用下的非线性性能给出定量解答，研究本结构在强度地震作用下的变形形态、构件的塑性及其损伤情况，以及整体结构的弹塑性行为，具体的研究指标包括最大顶点位移、最大层间位移及最大基底剪力等；

（2）给出结构的塑性发展过程，描述各构件出现塑性的先后次序，分析结构的屈服机制并对其合理性作出评价；

（3）研究结构关键部位、关键构件的变形形态和破坏情况，重点考察的部位主要包括但不限于下列部位：结构的加强区、结构加强层及其上下各 1~2 层的范围、结构的顶层等；

（4）论证整体结构在设计大震作用下的抗震性能，寻找结构的薄弱层或（和）薄弱部位；

（5）根据以上研究成果，对结构的抗震性能给出评价，并对结构设计提出改进意见和建议。

5.12.3 计算分析方法

5.12.3.1 分析软件及考虑的非线性因素

本报告计算分析采用大型通用有限元分析软件 ABAQUS，该软件被工业界和学术研究界广泛应用，是非线性分析领域的顶级软件。

在本结构的弹塑性分析过程中，以下非线性因素得到考虑：

（1）几何非线性：结构的平衡方程建立在结构变形后的几何状态上，"$P\text{-}\Delta$"效应，非线性屈曲效应，大变形效应等都得到全面考虑；

（2）材料非线性：直接采用材料非线性应力-应变本构关系模拟钢筋、钢材及混凝土的弹塑性特性，可以有效模拟构件的弹塑性发生、发展以及破坏的全过程；

（3）施工过程非线性：本结构为超高层钢筋混凝土结构，较为细致的施工模拟与结构的实际受力状态更为接近，分析中按照整个工程的建造过程，总共分为34个施工阶段，采用"单元生死"技术进行模拟。具体如下表所示（表中阴影部分的楼层为伸臂桁架与带状桁架所在楼层）：

施工顺序   表 5.12.5

施工阶段	激活结构楼层	顶层楼面标高	施工阶段	激活结构楼层	顶层楼面标高
1	BASE～3	10.5	18	59～62	292.4
2	4～6	27	19	63～65	306.6
3	7～9	43.5	20	66～70	329.1
4	10～11	53.5	21	71～74	347.1
5	12～14	67	22	75～78	365.1
6	15～18	85	23	79～81	382.8
7	19～22	103	24	82～86	405.6
8	23～24	112	25	87～90	423.6
9	25～27	129.7	26	91～94	441.6
10	28～31	147.7	27	95～96	455.3
11	32～34	161.7	28	97～98	464.1
12	35～38	179.9	29	99～102	481.7
13	39～42	197.9	30	103～106	499.3
14	43～46	215.9	31	107～110	517.7
15	47～50	238.1	32	111～112	528.2
16	51～54	256.4	33	113～116	646
17	55～58	274.4	34	安装伸臂桁架斜腹杆及立面斜撑	

上述所有非线性因素在计算分析开始时即被引入，且贯穿整个分析的全过程。另外，参考弹性分析报告，将地下室第一层顶板作为上部结构的嵌固位置。

5.12.3.2 构件模型及材料本构关系

1. 本结构中的构件类别主要有梁、柱、斜撑及剪力墙，分析中采用如下构件有限元模型：

（1）梁、柱及斜撑等杆件：采用 ABAQUS 自带的 B32 单元。

（2）巨柱、连梁、剪力墙：采用四边形或三角形缩减积分壳单元模拟。

2. 本工程中主要有两类基本材料，即钢材和混凝土。计算中采用的本构模型依次为：

（1）钢材

采用双线性随动硬化模型，如图 5.12.6 所示。考虑包辛格效应，在循环过程中，无刚度

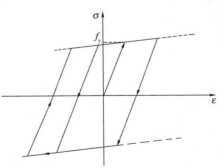

图 5.12.6　钢材双线性随动硬化
模型示意图

421

退化。

计算分析中，设定钢材的强屈比为1.2，极限应变为0.025。

（2）混凝土

采用弹塑性损伤模型，该模型能够考虑混凝土材料拉压强度差异、刚度及强度退化以及拉压循环裂缝闭合呈现的刚度恢复等性质。

计算中，混凝土材料轴心抗压和轴心抗拉强度标准值按《混凝土结构设计规范》GB 50010—2002表4.1.3取值。

需要指出的是，偏保守考虑，计算中混凝土均不考虑截面内横向箍筋的约束增强效应，仅采用规范中建议的素混凝土参数。混凝土本构关系曲线如图5.12.7、图5.12.8。

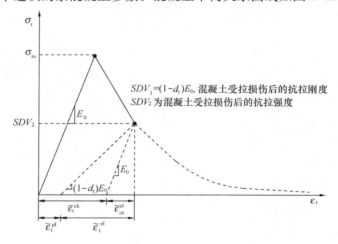

图5.12.7　混凝土受拉应力-应变曲线及损伤示意图

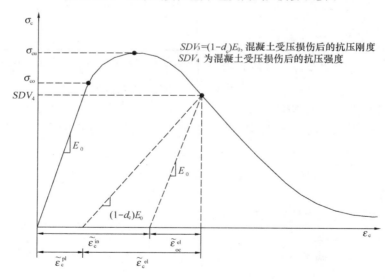

图5.12.8　混凝土受压应力-应变曲线及损伤示意图

当荷载从受拉变为受压时，混凝土材料的裂缝闭合，抗压刚度恢复至原有的抗压刚度的0.8倍；当荷载从受压变为受拉时，混凝土材料的抗拉刚度不恢复，如图5.12.9所示。

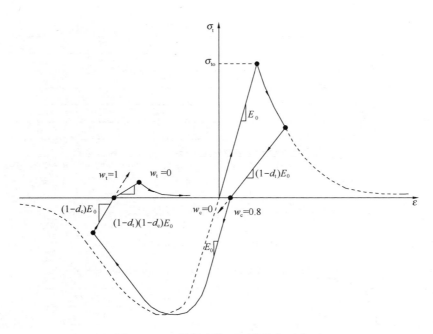

图 5.12.9　混凝土拉压刚度恢复示意图

可以看到，伴随着混凝土材料进入塑性状态程度的大小，其刚度逐渐降低，在弹塑性损伤本构模型中上述刚度的降低分别由受拉损伤因子 d_t 和受压损伤因子 d_c 来表达。根据《混凝土结构设计规范》GB 50010—2002 附录 C 的建议曲线，并参考相关文献，给出损伤因子表达如下：

$$受拉损伤因子：\begin{cases} d_t = 1 - \sqrt{\dfrac{1.2 - 0.2x^5}{1.2}} & (x \leqslant 1) \\[4mm] d_t = 1 - \sqrt{\dfrac{1}{1.2[\alpha_t(x-1)^{1.7}+x]}} & (x > 1) \end{cases}$$

式中：$x = \dfrac{\varepsilon}{\varepsilon_t}$，$\alpha_t$ 参见规范定义。

$$受压损伤因子：\begin{cases} d_c = 1 - \sqrt{\dfrac{1}{\alpha_a}[\alpha_a + (3-2\alpha_a)x + (\alpha_a - 2)x^2]} & (x \leqslant 1) \\[4mm] d_c = 1 - \sqrt{\dfrac{1}{\alpha_a[\alpha_d(x-1)^2+x]}} & (x > 1) \end{cases}$$

式中：$x = \dfrac{\varepsilon}{\varepsilon_c}$，$\alpha_a$，$\alpha_d$ 参见规范定义。

C60 的受拉应力-塑性应变曲线如下图 5.12.10 所示。

C60 的受拉损伤-塑性应变曲线如图 5.12.11 所示。

C60 的受压应力-塑性应变曲线如图 5.12.12 所示。

C60 的受压损伤-塑性应变曲线如图 5.12.13 所示。

5.12.3.3　构件配筋参数

剪力墙及巨柱配筋按实际初步设计图纸确定，其余混凝土构件按经验假定值规格化输

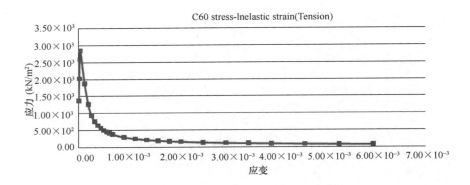

图 5.12.10 受拉应力—塑性应变

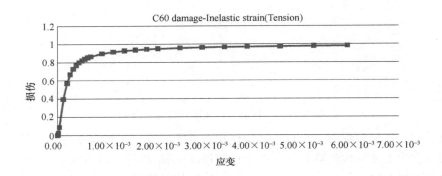

图 5.12.11 受拉损伤-塑性应变

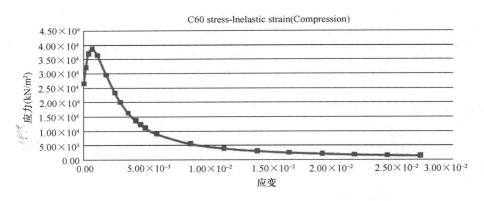

图 5.12.12 受压应力-塑性应变

入，其中板配筋率按 0.4%；连梁配筋率均按 2%；框架梁配筋率按 2.2%。

5.12.3.4 地震输入的选择

地震的发生是概率事件，为了能够对结构抗震能力进行合理的估计，在进行结构动力分析时，应选择合适的地震波输入。地震波选择见 5.12.1 节。

5.12.3.5 阻尼系统的选择

由于振型阻尼尚不能在 ABAQUS 显式分析模块应用，分析时采用了瑞雷阻尼体系。由于瑞雷阻尼体系中的 β 刚度阻尼严重影响稳定计算的时间步长，分析中只考虑 α 质量阻

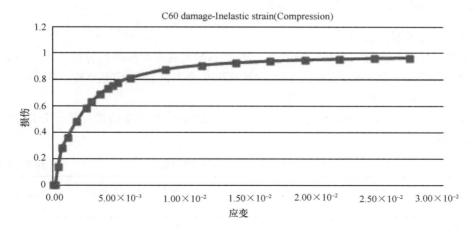

图 5.12.13　受压损伤-塑性应变

尼。根据结构第一阶振型对应的自振频率及 0.05 的阻尼比推算出相应的 α 值，在材料定义中指定 α 质量阻尼。这样，高阶振型对应的阻尼会偏小，结构响应比实际要大。如果在此种条件下结构仍能满足规范"大震不倒"的要求，那么表明本设计是安全可靠的，并且拥有足够的安全储备。本工程的 α 阻尼与结构周期的关系如图 5.12.14 所示。

5.12.3.6　地震分析工况

根据结构特点，本报告分析采用如下方案：

首先，对结构进行人工合成地震记录、三向输入的大震动力弹塑性分析，重点考察弹性设计中对结构采取的性能设计部位的构件响应，给出其大震作用下的量化表达，并评估其进入弹塑性的程度，进而给出设计改进意见；

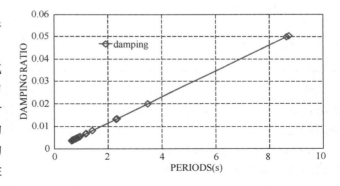

图 5.12.14　ALPHA 阻尼与结构周期的关系

其次，考察结构的整体响应及变形情况，验证结构抗震设计"大震不倒"的设防水准指标，进一步观察结构的薄弱部位，并给出设计改进建议。

5.12.3.7　地震分析过程

进行本结构动力弹塑性分析的基本步骤如下：

（1）根据弹性设计的 ETABS 模型，经细分网格并输入配筋信息后导入 ABAQUS 程序；

（2）考虑结构施工过程，进行结构重力加载分析，形成结构初始内力和变形状态；

（3）计算结构自振特性以及其他基本信息，并与原始结构设计模型进行对比校核，保证弹塑性分析结构模型与原模型一致；

（4）输入地震记录，进行结构大震作用下的动力响应分析。

5.12.4 动力弹塑性分析结果及分析

5.12.4.1 计算模型的转换

计算模型是进行大震时程反应的基础，因此，在大震弹塑性时程分析之前，首先进行了 ETABS 模型的静力和模态分析，以及 ABAQUS 施工模拟和模态分析，用来校核模型从 ETABS 转换到 ABAQUS 的准确程度。

表 5.12.6 为经过细分网格后 ABAQUS 模型计算的结构主要信息，并与 ETABS 模型计算结果的对比。

两种模型总质量与同周期比较表

表 5.12.6

	ETABS (1)	ABAQUS (2)	$\dfrac{(1)-(2)}{(1)}$
结构总质量 （重力荷载代表值：t）	688317	694735	−0.92%
T_1 (s)	8.65	8.73	−0.97%
T_2 (s)	8.56	8.65	−0.98%
T_3 (s)	3.38	3.47	−2.45%
T_4 (s)	2.39	2.33	2.57%
T_5 (s)	2.35	2.29	2.73%
T_6 (s)	1.31	1.40	−6.47%

图 5.12.15 给出了模型的前 6 阶振型图，第一、二阶为一阶平动，第四、五阶为二阶平动，第三、六阶为扭转振型。ABAQUS 模型中第一阶扭转振型的周期与第一阶水平振动周期之比为 3.47/8.73＝0.397，满足《高层建筑混凝土结构技术规程》JGJ 3—2002 4.3.5 中，比值不超过 0.85 的规定。

5.12.4.2 罕遇地震分析参数

地震波的输入方向，依次选取结构 X 或 Y 方向（参见图 5.12.16）作为主方向，另一方向为次方向，分别输入三组地震波的三个分量记录进行计算。结构阻尼比取 5%，峰值按照《建筑抗震设计规范》的规定，取 220gal。主方向和次方向及竖向输入地震的峰值按 1∶0.85∶0.65 进行调整。

5.12.4.3 罕遇地震弹塑性分析结果

按照上节确定的参数，进行了 7 组地震波、轮换 X、Y 主方向总计 14 个工况的罕遇地震弹塑性分析，分析的宏观结果指标（基底剪力和层间位移角）介绍如下：

（1）基底剪力响应

表 5.12.7、表 5.12.8 给出了基底剪力峰值及其剪重比统计结果。

图 5.12.17、图 5.12.18 给出了 L755 波在 X、Y 主方向输入下的基底剪力时程。

图 5.12.19、图 5.12.21 给出了 X、Y 输入主方向下结构的层剪力及倾覆弯矩的分布示意图。

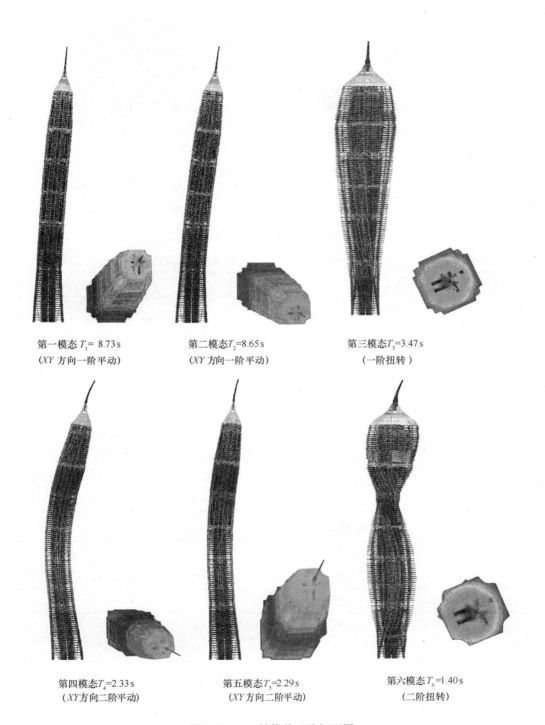

第一模态 T_1= 8.73 s
（XY 方向一阶平动）

第二模态 T_2=8.65 s
（XY 方向一阶平动）

第三模态 T_3=3.47 s
（一阶扭转 ）

第四模态 T_4=2.33 s
（XY方向二阶平动）

第五模态 T_5=2.29 s
（XY方向二阶平动）

第六模态 T_6=1.40 s
（二阶扭转）

图 5.12.15　结构前 6 阶振型图

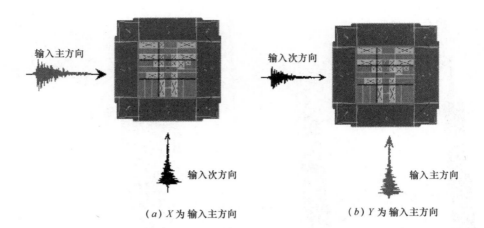

（a）X 为输入主方向　　　　　　　　　（b）Y 为输入主方向

图 5.12.16　地震波输入方向示意图

大震弹塑性时程分析底部剪力对比—X 主方向　　　　　　　表 5.12.7

	X 主方向(1)		Y 次方向(0.85)		Z 竖向(0.65)	
	V_x(kN)	剪重比	V_y(kN)	剪重比	V_z(kN)	竖重比
L755-2	468856	6.89%	361464	5.31%	8478810	24.53%
L755-5	474769	6.97%	411028	6.04%	8348390	22.62%
US256	393160	5.77%	373287	5.48%	8191240	20.31%
US640	357098	5.24%	208564	3.06%	8014850	17.72%
US689	351224	5.16%	321099	4.72%	8075220	18.61%
US787	382858	5.62%	359949	5.29%	7941890	16.65%
US335	526736	7.74%	365809	5.37%	7826730	14.96%
平均值	422100	6.20%	343029	5.04%	8125304	19.34%

大震弹塑性时程分析底部剪力对比—Y 主方向　　　　　　　表 5.12.8

	X 次方向(0.85)		Y 主方向(1)		Z 竖向(0.65)	
	V_x(kN)	剪重比	V_y(kN)	剪重比	V_z(kN)	竖重比
L755-2	360415	5.29%	503261	7.39%	8476510	24.50%
L755-5	394928	5.80%	493735	7.25%	8346670	22.59%
US256	349010	5.13%	410355	6.03%	8191920	20.32%
US640	202955	2.98%	383046	5.63%	8013060	17.69%
US689	312242	4.59%	365744	5.37%	8072380	18.56%
US787	314223	4.62%	407969	5.99%	7941420	16.64%
US335	361134	5.30%	551491	8.10%	7825760	14.94%
平均值	327844	4.82%	445086	6.54%	8123960	19.32%

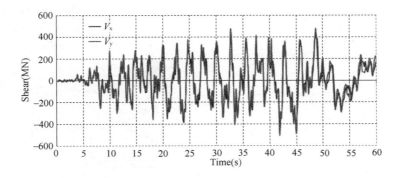

图 5.12.17 X 输入主方向下 L755-2 波基底剪力时程

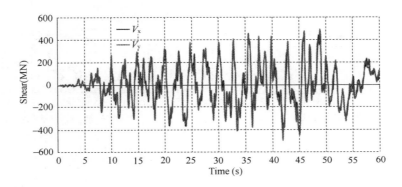

图 5.12.18 Y 输入主方向下 L755-2 波基底剪力时程

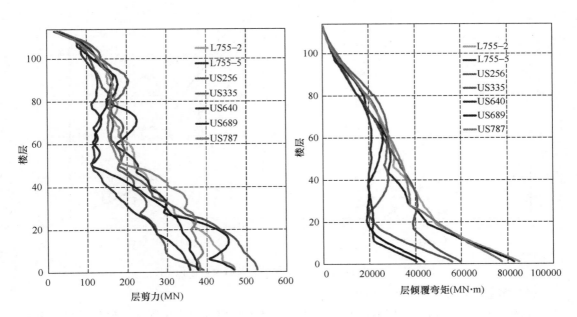

图 5.12.19 X 输入主方向下层剪力及倾覆弯矩包络图

图 5.12.20、图 5.12.22 给出了 X、Y 输入主方向下最大层框架剪力的占比。

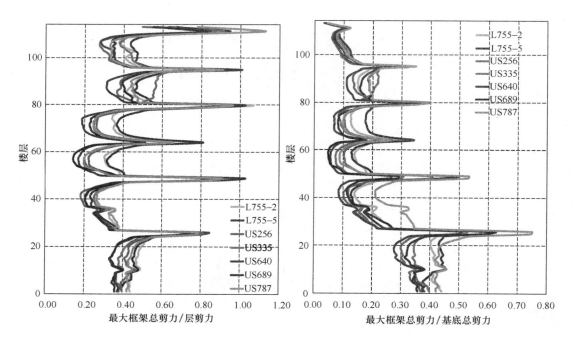

图 5.12.20　X 输入主方向下最大层框架剪力占比

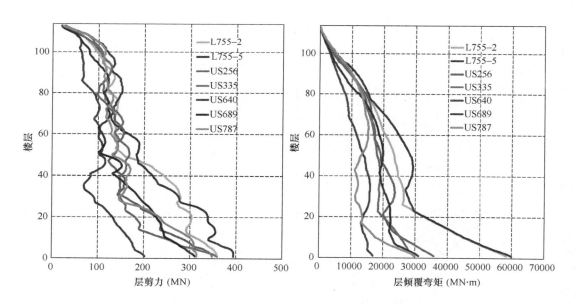

图 5.12.21　Y 输入主方向下层剪力及倾覆弯矩包络图

（2）楼层位移及层间位移角响应

如图 5.12.23 所示，每层取质心为参考点，结果整理过程中根据其位移的时程输出进而求得层间位移以及最大层间位移等数据。

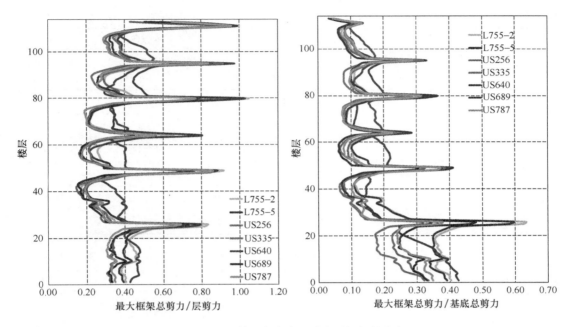

图 5.12.22　Y 输入主方向下最大层框架剪力占比

图 5.12.23　结构位移考察点示意图

表 5.12.9、表 5.12.10 为顶点位移及层间位移角输出结果。各组波下的最大层间位移角均满足规范要求。表中，楼顶位移取标高 540m 处的质心作为参考点。图 5.12.24、图 5.12.25 列举了 L755 波结构位移、层间位移角响应及顶点位移时程曲线结果。

楼层顶点位移及层间位移角结果（X 向为主方向）　　　　　　　　　表 5.12.9

	X 主方向（1）			Y 次方向（0.85）		
	楼顶位移 （m）	最大层间 位移角	最大层间 位移角位置	楼顶位移 （m）	最大层间 位移角	最大层间 位移角位置
L755-2	1.78	1/158	87F	1.15	1/214	90F
L755-5	1.56	1/168	90F	1.32	1/180	86F

	X 主方向（1）			Y 次方向（0.85）		
	楼顶位移（m）	最大层间位移角	最大层间位移角位置	楼顶位移（m）	最大层间位移角	最大层间位移角位置
US256	1.53	1/178	88F	0.86	1/265	90F
US640	0.77	1/319	89F	0.49	1/450	86F
US689	0.74	1/202	88F	0.70	1/302	86F
US787	1.58	1/160	87F	0.42	1/357	102F
US335	0.92	1/145	89F	0.83	1/294	105F
平均值	1.27	1/179	—	0.82	1/272	—

楼层顶点位移及层间位移角结果（Y 向为主方向）　　　表 5.12.10

	X 次方向（0.85）			Y 主方向（1）		
	楼顶位移（m）	最大层间位移角	最大层间位移角位置	楼顶位移（m）	最大层间位移角	最大层间位移角位置
L755-2	1.08	1/238	89F	1.82	1/150	90F
L755-5	1.23	1/175	86F	1.61	1/147	86F
US256	0.88	1/286	90F	1.54	1/175	86F
US640	0.49	1/538	81F	0.78	1/295	86F
US689	0.71	1/344	88F	0.74	1/203	90F
US787	0.42	1/409	103F	1.61	1/160	87F
US335	0.87	1/278	102F	0.91	1/153	90F
平均值	0.81	1/289	—	1.29	1/174	—

（3）大震弹塑性分析与大震弹性分析结果的比较

大震弹性分析模型采用 ABAQUS 中的模态叠加法计算，分析中采用 SIM 架构，使用 AMS 求解器，以便考虑与大震弹塑性分析模型相同的瑞雷材料阻尼，从而可以与大震弹塑性分析在相同的前提下进行比较结果。

表 5.12.11 给出了大震弹塑性分析与大震弹性分析基底剪力的比较。从表中可以看出，由于结构在罕遇地震作用下混凝土发生损伤乃至破坏，出现了塑性变形，结构的侧向刚度随之减弱，使得总体上大震弹塑性分析的基底剪力比大震弹性分析的基底剪力小。

表 5.12.12 给出了大震弹塑性分析与大震弹性分析结构顶点位移的比较，从表中可见，大震弹塑性的分析结果与大震弹性的分析结果相比，顶点的位移基本相当。图 5.12.26 给出了弹性与弹塑性模型顶点位移时程曲线的比较，从图中可以看出，弹塑性模型在结构发生损伤刚度降低后，摆动周期变长，弹塑性模型的顶点位移时程曲线相比弹性模型出现明显的滞后，且滞后的量在逐渐加大。

表 5.12.13 给出了大震弹塑性分析与大震弹性分析结构最大层间位移角的结果，包括

层间位移角最大值和出现的位置。从结果来看，弹塑性分析的最大层间位移角出现的楼层与弹性的基本一致（参见图5.12.27及图5.12.28）。

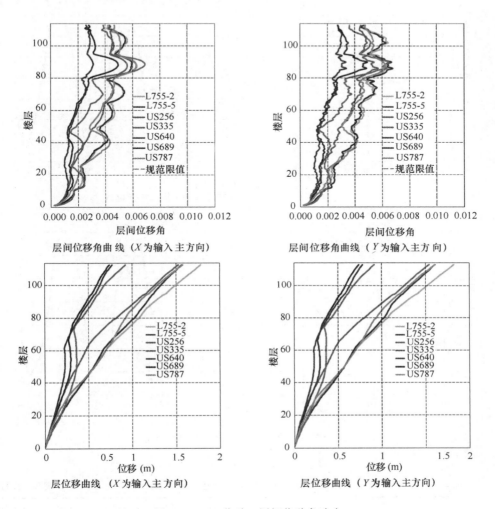

图 5.12.24　位移、层间位移角响应

大震弹性与弹塑性分析基底剪力对比　　　　　　　　　　表 5.12.11

		L755-2	L755-5	US256	US640	US689	US787	US335	平均值
X 输入主方向	弹塑性（MN）	468.86	474.77	393.16	357.10	351.22	382.86	526.74	422.10
	弹性（MN）	404.05	439.44	611.79	321.50	549.69	544.50	734.61	515.08
	弹塑性/弹性	116.04%	108.04%	64.26%	111.07%	63.89%	70.31%	71.70%	81.95%
Y 输入主方向	弹塑性（MN）	503.26	493.74	410.36	383.05	365.74	407.97	551.49	445.09
	弹性（MN）	373.41	408.70	646.72	336.24	517.06	505.42	665.62	493.31
	弹塑性/弹性	134.77%	120.81%	63.45%	113.92%	70.74%	80.72%	82.85%	90.22%

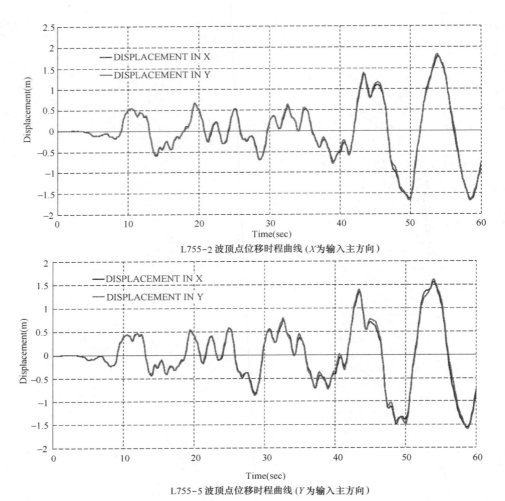

L755-2 波顶点位移时程曲线（X 为输入主方向）

L755-5 波顶点位移时程曲线（Y 为输入主方向）

图 5.12.25　顶点位移时程曲线

大震弹性与弹塑性分析顶点位移对比

表 5.12.12

		L755-2	L755-5	US256	US640	US689	US787	US335	平均值
X 输入主方向	弹塑性（m）	1.78	1.56	1.53	0.77	0.74	1.58	0.92	1.269
	弹性（m）	1.43	1.29	1.74	0.77	0.73	1.78	0.90	1.234
	弹塑性/弹性	124.48%	120.93%	87.93%	100.00%	101.37%	88.76%	102.22%	102.78%
Y 输入主方向	弹塑性（m）	1.82	1.61	1.54	0.78	0.74	1.61	0.91	1.29
	弹性（m）	1.39	1.28	1.81	0.76	0.73	1.81	0.96	1.25
	弹塑性/弹性	130.94%	125.78%	85.08%	102.63%	101.37%	88.95%	94.79%	103.09%

大震弹性与弹塑性分析最大层间位移角对比

表 5.12.13

		L755-2	L755-5	US256	US640	US689	US787	US335	平均值
X 输入主方向	弹塑性	1/158	1/168	1/178	1/319	1/202	1/160	1/145	1/179
	所处楼层	87F	90F	88F	89F	88F	87F	89F	—
	弹性	1/201	1/218	1/143	1/365	1/234	1/169	1/199	1/203
	所处楼层	91F	91F	91F	90F	90F	91F	91F	—

		L755-2	L755-5	US256	US640	US689	US787	US335	平均值
Y 输入主方向	弹塑性	1/150	1/147	1/175	1/295	1/203	1/160	1/153	1/175
	所处楼层	90F	86F	86F	86F	90F	87F	90F	—
	弹性	1/216	1/239	1/139	1/374	1/248	1/169	1/197	1/210
	所处楼层	91F	98F	98F	90F	90F	91F	106F	—

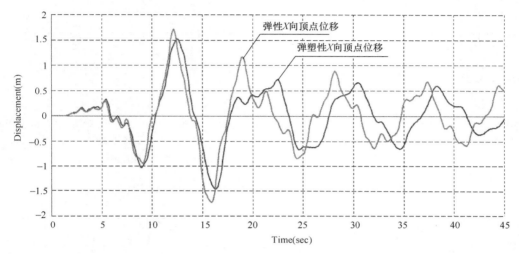

US256波X向顶点位移时程曲线

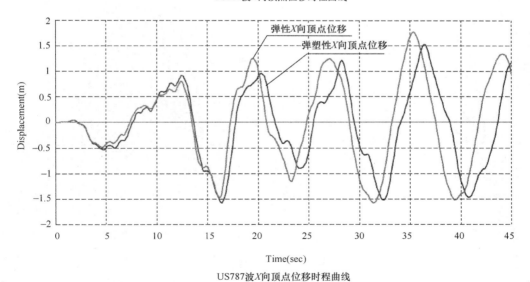

US787波X向顶点位移时程曲线

图 5.12.26　弹性与弹塑性模型顶点位移时程曲线比较

（4）罕遇地震下竖向构件的损伤破坏情况分析

下面给出结构主要构件的破坏损伤状态，分析破坏原因，找出结构的薄弱环节。

图 5.12.29 给出了剪力墙混凝土的压应力-应变关系和受压损伤因子-应变关系曲线，横

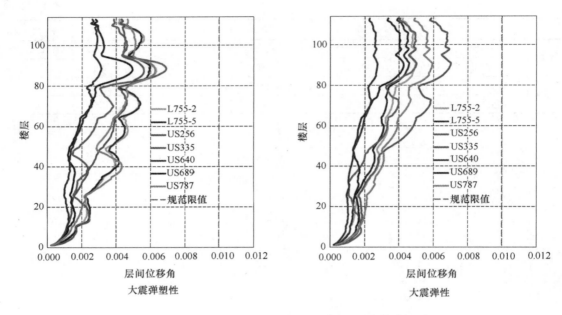

图 5.12.27 *X* 为输入主方向楼层最大位移角响应对比

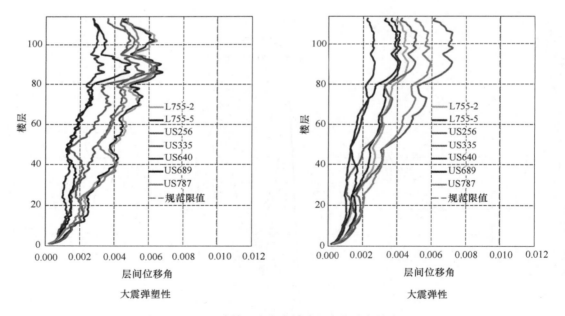

图 5.12.28 *Y* 为输入主方向楼层最大位移角响应对比

坐标为混凝土的压应变，对于混凝土压应力-应变关系曲线，纵坐标为混凝土的压应力与峰值的比值，即按照混凝土峰值压力归一化的压应力-应变关系曲线；对于混凝土受压损伤因子-压应变关系曲线，纵坐标为混凝土的受压损伤因子，从图中可以看出，当混凝土达到压应力峰值时，受压损伤因子基本上位于 0.2～0.3。因此，当混凝土的受压损伤因子在 0.3 以下，混凝土未达到承载力峰值，基本可以判断剪力墙混凝土尚未压碎。对照该曲线，利用受压损伤因子的概念，可以看出剪力墙及巨柱在大震情况下的损伤破坏情况。

436

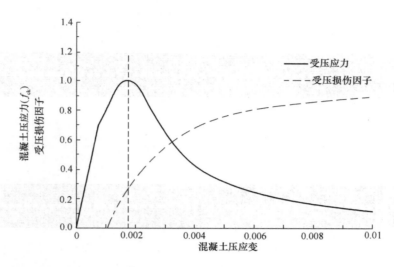

图 5.12.29　剪力墙混凝土压应力-应变关系和受压损伤因子-应变关系曲线

图 5.12.30 给出了 L755-2 波 X 向为输入主方向下各个墙肢受压、受拉损伤因子分布，图 5.12.31、图 5.12.32 给出了 L755-2 波 X 向为输入主方向和 US335 波 Y 向为输入主方向下各个墙肢及巨柱的受压、受拉损伤因子分布，从图上可以看出，7 度双向、罕遇地震作用下结构所有连梁均出现明显损伤，符合抗震工程的基本思想。而竖向的主要抗侧巨柱及墙体则基本完好。

（5）罕遇地震下伸臂桁架、带状桁架、巨型斜撑、巨柱内埋型钢及剪力墙内埋钢板的损伤破坏情况分析

图 5.12.33～图 5.12.35 给出了外伸臂及带状桁架、巨柱内埋钢柱、巨型斜撑、钢板剪力墙中的钢板的等效应力及塑性应变，应力、应变取最大层间位移角发生时刻附近的值。从图中可以看出，罕遇地震作用下，大部分构件基本保持弹性状态。

5.12.4.4　结论及建议

通过对平安国际金融中心主体塔楼结构进行的 7 组地震记录（每组地震记录包括两个水平分量及竖向分量）三向输入，共计 14 个计算分析工况的 7 度罕遇地震动力弹塑性分析，对本工程结构在 7 度罕遇地震作用下的抗震性能初步评价如下：

（1）用于抗震性能化设计的弹塑性 ABAQUS 模型与小震弹性模型相吻合。

（2）在选取的 7 组罕遇地震记录、三向作用（7 度）弹塑性时程分析下，X 为主方向的结构顶点最大位移（平均值）1.27m，最大层间位移角（平均值）为 1/179；Y 为主方向的结构顶点最大位移（平均值）1.29m，最大层间位移角（平均值）为 1/174，满足规范限值 1/100 的要求。满足规范"大震不倒"的要求。

（3）七组地震记录、X 为输入主方向的 7 度罕遇地震动力弹塑性分析结果显示，US335、L755-2、US787 波作用下结构弹塑性反应较大，层间位移角分别达到 1/145，1/158 及 1/160。

（4）七组地震记录、Y 为输入主方向的 7 度罕遇地震动力弹塑性分析结果显示，L755-5、L755-2、US335 波作用下结构弹塑性反应较大，层间位移角分别达到 1/147，1/150 及 1/153。

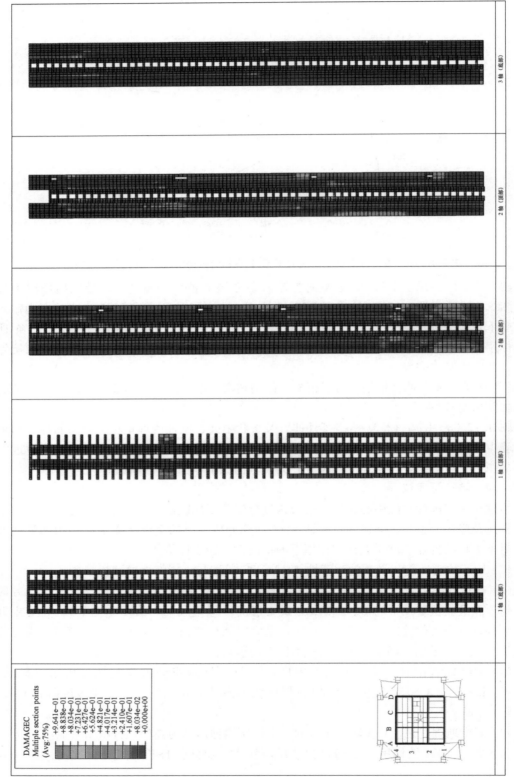

图 5.12.30 L755-2 波 X 向为输入主方向时剪力墙及连梁受压损伤因子分布示意图

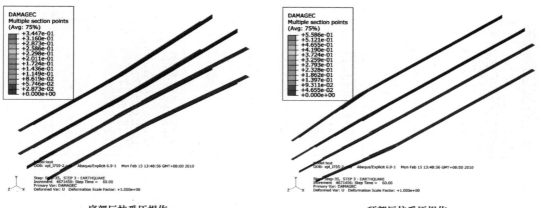

底部巨柱受压损伤   顶部巨柱受压损伤

图 5.12.31　L755-2 波 X 向为输入主方向时巨柱受压损伤因子分布示意图

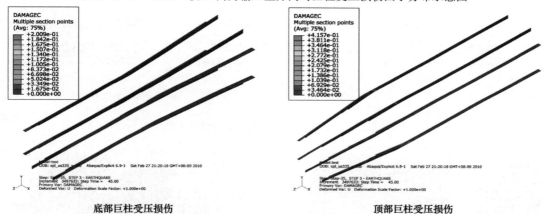

底部巨柱受压损伤   顶部巨柱受压损伤

图 5.12.32　US335 波 Y 向为输入主方向时巨柱受压损伤因子分布示意图

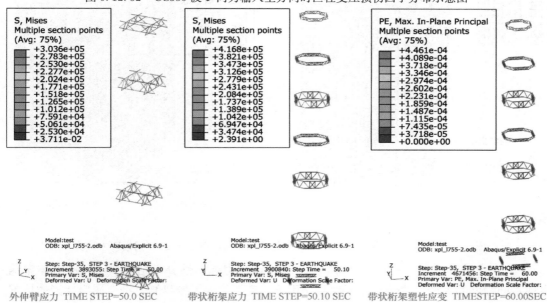

外伸臂应力 TIME STEP=50.0 SEC　带状桁架应力 TIME STEP=50.10 SEC　带状桁架塑性应变 TIMESTEP=60.00SEC

图 5.12.33　L755-2 波 X 主向部分构件应力检验

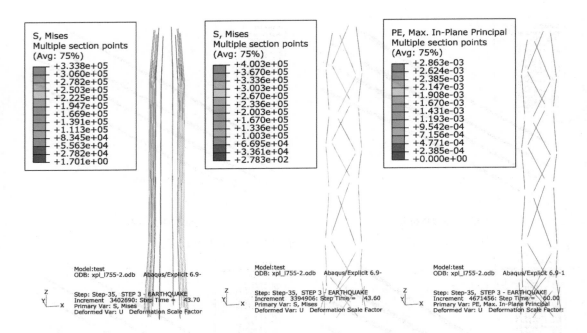

巨柱内埋钢柱应力TIME STEP=43.70SEC　　巨型斜撑应力TIME STEP=43.60 SEC　　巨型斜撑塑性应变TIME STEP=60.00SEC

图 5.12.34　L755-2 波 X 主向部分构件应力检验

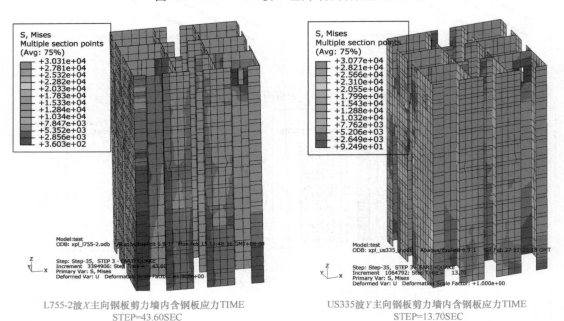

L755-2波X主向钢板剪力墙内含钢板应力TIME
STEP=43.60SEC

US335波Y主向钢板剪力墙内含钢板应力TIME
STEP=13.70SEC

图 5.12.35　L755-2 波 X 主向、US335 波 Y 主向钢板剪力墙内含钢板应力检验

（5）7 组地震记录、三向作用的 7 度罕遇地震动力弹塑性分析结果显示，所有连梁均出现不同程度的损伤，说明在罕遇地震作用下，连梁形成了铰机制，符合屈服耗能的抗震工程学概念。

（6）7 组地震记录、三向作用的 7 度罕遇地震动力弹塑性分析结果显示，结构大部分剪力墙混凝土受压损伤因子较小（混凝土应力均未超过峰值强度）。剪力墙混凝土应力较大部位集中于如下区域：

1）在结构层间位移角最大的楼层位置，在墙体中部会出现一定的损伤，如 88 层附近。

2）上部外伸臂加强区部位墙体。

3）伸臂桁架与筒体连接的角部。

4）剪力墙切角部位。

（7）7 组地震记录、三向作用的 7 度罕遇地震动力弹塑性分析结果显示，外伸臂及空间桁架钢构件基本不屈服，可以认为结构加强层桁架基本达到了大震不屈服；钢板剪力墙内含钢板未出现塑性。

综上，通过对平安国际金融中心主体塔楼结构进行的 7 度罕遇、三向作用的地震作用动力弹塑性计算及分析，本结构能够满足规范"大震不倒"的要求。

5.13   全过程施工模拟及非荷载作用分析

5.13.1   分析的必要性

深圳平安金融中心为超高层建筑结构，从施工直至使用阶段，重力荷载作用下竖向构件的竖向变形不容忽略。竖向构件的变形由两部分组成，一部分是由重力荷载作用下产生的弹性压缩变形，另一部分是由混凝土收缩和徐变产生的非弹性变形。

巨柱和核心筒的竖向压缩变形对主体结构以及幕墙、隔墙、机电管道和电梯等非结构构件、建筑的正常使用产生影响。结合施工方案，进行竖向构件长期变形分析，根据分析结果，在施工阶段引入适当的变形容差以补偿预计的竖向构件变形，可确保电梯设备及建筑的正常使用。由于巨柱和核心筒重力作用下的压应力水平不同，含钢率差异，重力荷载作用下巨柱总体压应力水平 0.45，核心筒总体压应力水平 0.5，巨柱含钢率 4%～6%，核心筒含钢率底部 3.5%、上部约 1%，使得巨柱和核心筒的竖向变形不同，该差异变形一方面影响楼面的水平度，另一方面将在联系巨柱和核心筒的水平构件（如伸臂桁架）中引起附加内力，导致竖向构件内力重分布。施工应采取措施释放这类构件施工阶段结构自重作用下的附加内力。但长期重力荷载作用下，混凝土收缩徐变会引起结构内力重分布和构件内应力重分布，设计仍需予以考虑。

结构设计中应该详细分析结构在施工阶段的受力状态，发现构件不希望产生的附加内力影响显著时，可考虑通过适当的施工措施予以减小或消除，从而优化结构在自重下的受力状态。设计中应考虑这些措施的影响，进行施工模拟，得到结构自重作用下正确的受力状态，作为其他分析的基础。

基于上述考虑，进行以下三个方面的分析：

（1）进行详细的施工过程分析，把握结构在自重作用下的受力状态，发现结构自重作用下附加内力影响显著的构件，并提出适当的施工措施予以降低或消除。

（2）该工程施工周期较长，项目所在地台风频发，因此有必要进行施工期间的抗风分析，确保施工期间结构安全。

（3）进行施工到使用阶段全过程结构在重力作用下的长期变形分析，为施工及使用期间竖向变形监测提供依据。根据分析结果，引入适当的变形容差以补偿预计的竖向构件变形，确保非结构构件安全及电梯等设备的正常使用，有利于控制和保证装饰工程质量。同时分析混凝土收缩徐变对结构内力、构件应力重分布的影响，完善结构设计，确保结构安全。

5.13.2　施工考虑

结构在重力荷载作用下的受力分析实际上是一个非线性分析，结构生成和重力荷载的施加是一个逐层生成，逐层找平，逐层找正的过程。此次分析主要是考查结构在自重作用下的受力状态，只考虑楼层的顺序施工，不考虑混凝土收缩徐变的影响，后面详细的施工模拟分析中将同时考虑混凝土收缩徐变的影响。

5.13.2.1　伸臂腹杆

图 5.13.1 给出了四道伸臂腹杆的内力及应力比，可以看到，伸臂腹杆由于巨柱和核心筒的差异产生竖向变形，引起较大的附加轴力和弯矩，结构自重作用下，第一道伸臂腹杆应力比达到 0.32。伸臂主要作为抗侧构件，在结构自重作用下产生较高的应力是不合理的。施工中应考虑腹杆两端与竖向构件腹板螺栓连接，螺栓孔留有足够的间隙，以释放上述附加内力，待主体结构完工再进行刚性连接，伸臂桁架形成，开始发挥抗侧作用。

5.13.2.2　斜撑

斜撑在结构自重作用下主要承受轴力，图 5.13.2 给出了第二道斜撑的轴力和应力图，其他斜撑受力与之相似。可以看到，与钢柱相比斜撑轴力比较大，应力比达到 0.41，其轴力来自两个方面，一是巨柱斜撑两端相连巨柱的差异变形，二是钢柱及楼面次梁承担的重力部分传递给斜撑，两个方面使斜撑产生的应力比各占约 50%。斜撑主要用作抗侧构件，不希望承担较多的结构自重。因此，施工中考虑斜撑与巨柱连接端腹板螺栓连接，螺栓孔留有足够的间隙，以释放上述附加内力，待主体结构完工再进行刚性连接，斜撑形成，开始发挥抗侧作用。

5.13.2.3　刚接钢梁

普通楼层核心筒角部和巨柱相连的八根钢梁两端刚接，图 5.13.3 分别为底部和上部典型楼层刚接钢梁应力比和弯矩图。刚接钢梁在结构自重作用下应力不高，仅底部几层应力比超过 0.1。从弯矩图可以看出，刚接钢梁弯矩主要来自于楼板传给该钢梁的横向荷载，而非钢梁两端竖向构件的差异变形，与设计理念相符。施工期间该刚接钢梁可直接进行刚接，同时可提高施工阶段结构的整体性。

5.13.2.4　伸臂弦杆

图 5.13.4 为底部伸臂上弦杆内力图，下弦杆及其他伸臂弦杆受力类似。可以看到在结构自重作用下，弦杆应力比只有 0.13，并不是很高。从弯矩图可以看出，该构件的端弯矩主要来自于构件两端竖向构件的竖向差异变形。鉴于伸臂数量有限，施工中考虑伸臂弦杆先铰接，腹板螺栓连接，螺栓孔留有足够的间隙，翼缘不连接，以释放上述附加内力，待主体结构完工再进行刚性连接，翼缘焊接，腹板连接板与构件腹板角焊缝连接。

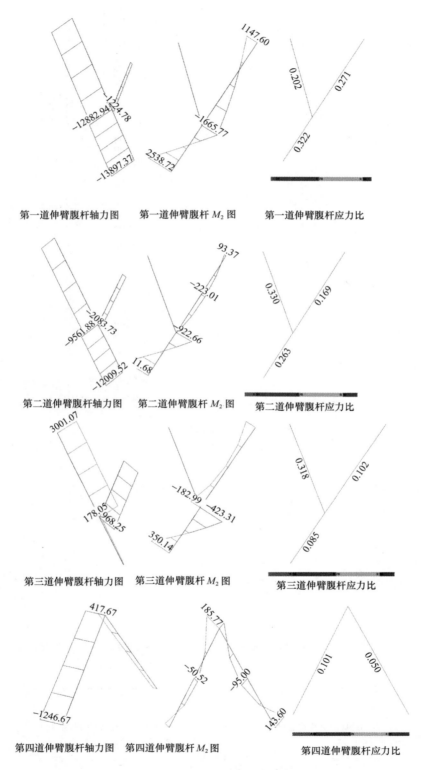

第一道伸臂腹杆轴力图　　第一道伸臂腹杆 M_2 图　　第一道伸臂腹杆应力比

第二道伸臂腹杆轴力图　　第二道伸臂腹杆 M_2 图　　第二道伸臂腹杆应力比

第三道伸臂腹杆轴力图　　第三道伸臂腹杆 M_2 图　　第三道伸臂腹杆应力比

第四道伸臂腹杆轴力图　　第四道伸臂腹杆 M_2 图　　第四道伸臂腹杆应力比

图 5.13.1　四道伸臂腹杆内力及应力图

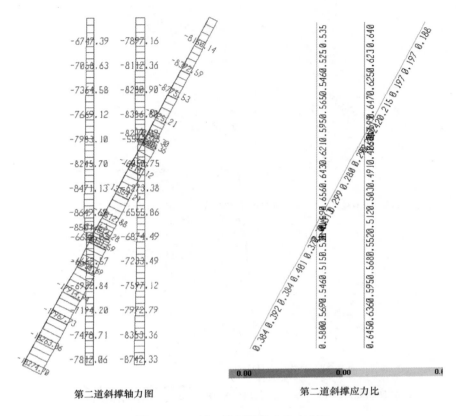

第二道斜撑轴力图　　　　　　　第二道斜撑应力比

图 5.13.2　第二道斜撑轴力及应力图

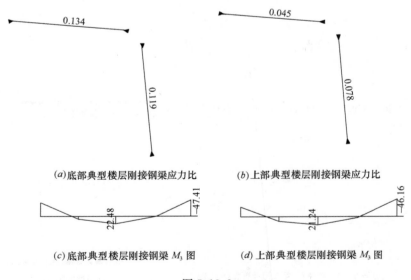

(a)底部典型楼层刚接钢梁应力比　　　(b)上部典型楼层刚接钢梁应力比

(c)底部典型楼层刚接钢梁 M_3 图　　　(d)上部典型楼层刚接钢梁 M_3 图

图 5.13.3

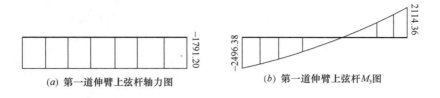

（a）第一道伸臂上弦杆轴力图　　（b）第一道伸臂上弦杆M_3图

图5.13.4　第一道伸臂弦杆内力图

5.13.2.5　施工后装构件

鉴于以上施工阶段结构在自重作用下的受力分析，施工中拟采取以下措施：

（1）伸臂腹杆后接，弦杆先铰接后刚接。

（2）斜撑上端后接。

5.13.2.6　施工步骤

设计中采用的施工方案初步考虑如下，施工模拟分析仅考虑地上塔楼部分。

（1）基本施工进度：普通楼层6天一层，设备及避难层10天一层，总周期742天。

（2）核心筒先于巨柱施工。

（3）核心筒内混凝土楼板施工滞后核心筒一层，为简化计算，假设与核心筒同步。

（4）巨柱施工滞后核心筒3层。

（5）核心筒外部楼板施工滞后巨柱2层。

（6）主体结构完工后，施工所有后装构件及刚接伸臂弦杆。

（7）幕墙施工滞后核心筒40层，每层按6天考虑。

（8）完成幕墙、装修及设备安装后，投入使用，即产生附加恒载和活荷载。

5.13.3　施工阶段结构控制

本工程施工周期较长，项目所在地台风频发，因此有必要进行施工期间的抗风分析。按照上述施工步骤，伸臂桁架腹杆等构件后安装，后安装之前结构侧向刚度较弱，是一个比较不利的阶段，需考虑此阶段抗风分析。

刚度和强度满足以下性能设计指标：强度和刚度验算时取10年一遇风荷载，最大层间位移角按1/500控制。

稳定指标：重力荷载及其与风荷载组合作用下整体线性屈曲系数大于10。

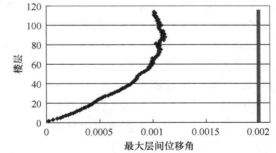

图5.13.5　楼层最大层间位移角分布

5.13.3.1　位移

单向规范风作用下层间位移角楼层分布见图5.13.5，最大层间位移角1/898，出现在第88层；底层层间位移角1/15665，540m标高屋面水平位移437mm。

5.13.3.2　稳定

线性屈曲分析荷载工况取1.0结构自重，前35阶全部是底部交叉斜撑和带状桁架局部屈曲，第一阶屈曲系数为7.9，第36阶为结构整体屈曲，屈曲系数为22.4＞10，满足整体屈曲控制要求。当荷载工况取（1.0结构自重＋1.0风荷载）进行屈曲分析，屈曲模态和屈曲系数与结构自重屈曲分析，相差不大，只是屈曲系数略有减少，第一阶整体屈曲系数21.3。

 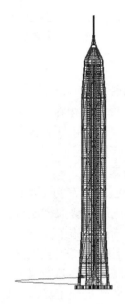

图 5.13.6　第一阶整体屈曲模态　　　　　图 5.13.7　第一阶屈曲模态
（屈曲系数 22.4）　　　　　　　　　　　（屈曲系数 7.9）

5.13.4　竖向变形分析

重力荷载作用下结构将产生竖向压缩变形，上部荷载的施加来自两个阶段，一是施工阶段上部楼层的荷载，二是主体结构完工后施加的荷载，包括幕墙、装修等恒荷载及使用活荷载。与此同时，伴随混凝土的收缩徐变，产生相应的收缩和徐变变形。

无论是施工阶段还是正常使用阶段，每个分析阶段均进行两次计算，先进行弹性分析，考虑每个阶段结构刚度、荷载作用，再进行徐变收缩效应非线性分析。荷载工况取（1.0恒荷载＋0.5活荷载），考虑混凝土收缩徐变，施工阶段按上述施工步骤考虑，分析时间为施工开始至投入使用20年。

5.13.4.1　收缩徐变模式

国内外经过几十年的深入理论分析和试验研究，提出了几十种不同的徐变收缩效应预测模式，但只有几种模式方便应用并获得了普遍认同，被各国混凝土规范所采用，如 ACI（92/82），CEB-FIP（90/78）等。

此次分析采用软件 Sap2000 V14.0.0，收缩徐变模式采用 CEB-FIP（90），参数取值根据本工程特点及深圳市气象资料，此次分析参数选取如下：

（1）加载龄期 t_0：计为混凝土构件拆模时间，取为 6 天；

（2）施工工期：按照上述施工步骤考虑；

（3）预测年限：至施工完成后 20 年；

（4）构件名义厚度：根据不同构件的截面和长度尺寸分别计算；

（5）相对湿度 RH：根据深圳市气象资料，取 70%；

（6）水泥类型系数 β_{sc}：5（普通水泥）；

（7）收缩开始时龄期 t_s：3 天。

5.13.4.2 含钢率的影响

在型钢和钢筋混凝土结构中，型钢或者钢筋对于混凝土徐变变形的约束效应是不可忽略的，否则势必会高估型钢和钢筋混凝土实际的徐变变形。现行及以往的国内外规范所建议的徐变预测模式中，几乎都没有真正考虑含钢率的影响，CEB-FIP（90）模式也是如此。

此次分析对含钢率的考虑，参考《实用高层建筑结构设计》中的建议，对混凝土徐变模式进行修正，修正系数如下：

$$\lambda_s = \frac{\partial \varepsilon_s}{\varepsilon_c} = \frac{\sigma_c F_0 A_c}{A_s E_s \sigma_c \varepsilon_c} = \frac{1-\rho}{1+n\rho} \qquad (5.13.1)$$

式中：ρ——构件含钢率；

n——钢材与混凝土弹性模量的比值。

5.13.4.3 分析模型

分析软件采用 SAP2000V14.0.0，剪力墙、巨柱、楼板用 SHELL 单元模拟，考虑内置型钢影响，其他构件用 FRAME 单元模拟，楼板按弹性楼盖考虑。

5.13.4.4 竖向构件累积变形

分析软件计算了从施工开始直至投入使用 20 年后结构的竖向变形，给出了图 5.13.9 所示巨柱 C1 和核心筒 W1 的竖向变形。

图 5.13.10～图 5.13.14 给出了各时间点巨柱竖向累积变形随楼层分布，图 5.13.15～图 5.13.19 给出了各时间点核心筒竖向累积变形随楼层分布。可以看到，主体结构完工时，竖向最大累积变形发生在中部，这是因为施工模拟分析考虑逐层找平，理论上当主体结构完工时顶部变形为 0，顶部钢结构后装，将引起主体结构顶部竖向变形。随着时间增长，由于混凝土收缩徐变，变形继续增大，上部楼层由于累积效应，变形增长较快，最大变形楼层位置向上推移。549.1m 标高巨柱及核心筒竖向累积变形，巨柱和核心筒最大竖向累积变形见表 5.13.1。

图 5.13.8 三维模型

巨柱和核心筒竖向累积变形

表 5.13.1

指标	投入使用 1 年后竖向累积变形（mm）	投入使用 10 年后竖向累积变形（mm）	投入使用 20 年后竖向累积变形（mm）
549.1m 标高处巨柱	109	136	140
549.1m 标高处核心筒	130	162	167
巨柱最大变形	152（78 层）	171（81 层）	174（81 层）
核心筒最大变形	173（78 层）	194（84 层）	197（84 层）

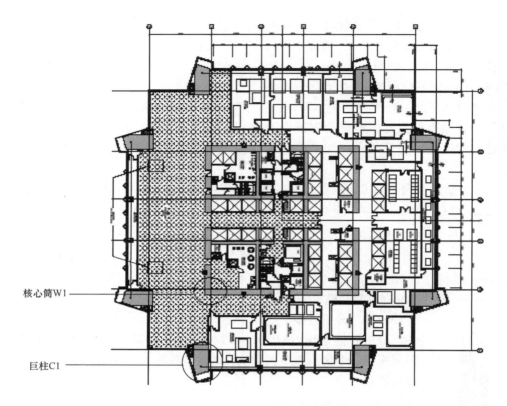

核心筒W1 ——

巨柱C1 ——

图 5.13.9　竖向构件平面示意图

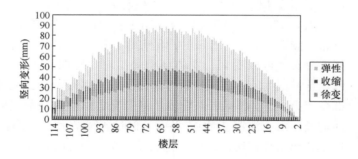

图 5.13.10　主体结构完工时巨柱 C1 竖向变形

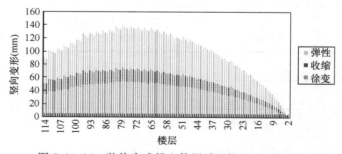

图 5.13.11　装修完成投入使用时巨柱 C1 竖向变形

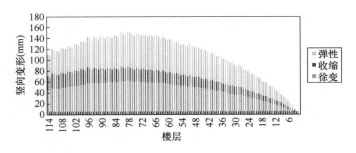

图 5.13.12　投入使用 1 年后巨柱 C1 竖向变形

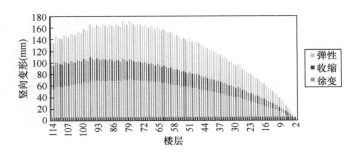

图 5.13.13　投入使用 10 年后巨柱 C1 竖向变形

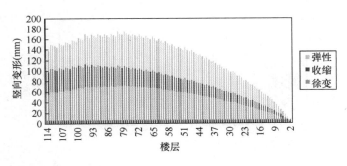

图 5.13.14　投入使用 20 年后巨柱 C1 竖向变形

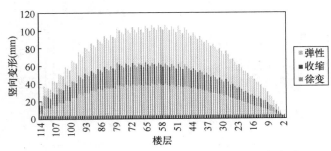

图 5.13.15　主体结构完工时核心筒 W1 竖向变形

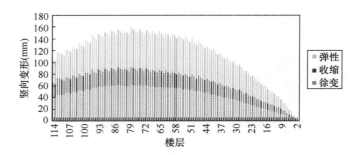

图 5.13.16　装修完成投入使用时核心筒 W1 竖向变形

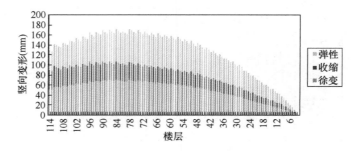

图 5.13.17　投入使用 1 年后核心筒 W1 竖向变形

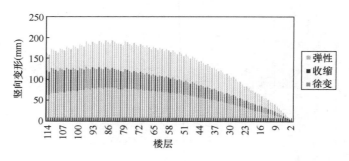

图 5.13.18　投入使用 10 年后核心筒 W1 竖向变形

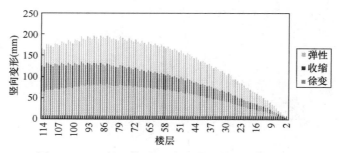

图 5.13.19　投入使用 20 年后核心筒 W1 竖向变形

图 5.13.20～图 5.13.25 给出了第 20 层（下部）、第 80 层（中部）及第 114 层（顶部）三个典型楼层巨柱和核心筒竖向累积变形随时间变化，可以看到投入使用一年（即从开始施工 1032 天）后，竖向变形基本趋于稳定，收缩徐变引起的变形基本完成，与 20 年相比，底部达到 94%，顶部也达到 78%。

投入使用 1 年与使用 20 年竖向总变形之比　　　　　　　　　　　表 5.13.2

楼层	核心筒 W1	巨柱 C1
20 层	0.94	0.93
80 层	0.88	0.87
114 层	0.78	0.78

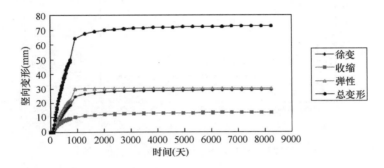

图 5.13.20　20 层巨柱 C1 竖向变形随时间变化

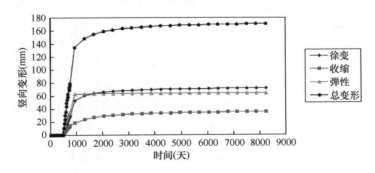

图 5.13.21　80 层巨柱 C1 竖向变形随时间变化

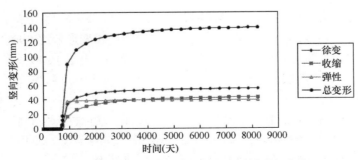

图 5.13.22　114 层巨柱 C1 竖向变形随时间变化

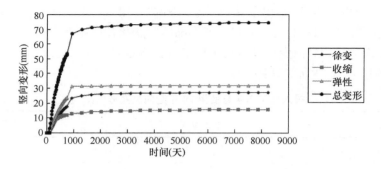

图 5.13.23　20 层巨柱 W1 竖向变形随时间变化

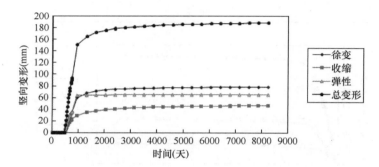

图 5.13.24　80 层巨柱 W1 竖向变形随时间变化

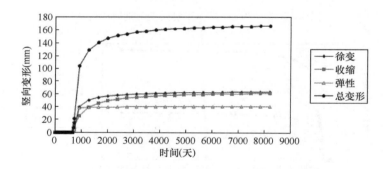

图 5.13.25　114 层巨柱 W1 竖向变形随时间变化

5.13.4.5　巨柱和核心筒变形差

（1）巨柱和核心筒竖向变形差楼层分布

核心筒竖向变形大于巨柱竖向变形，图 5.13.26～图 5.13.30 给出了各时间点核心筒和巨柱的竖向变形差随楼层分布，可以看到，随着时间增长变形差逐渐增大，上部楼层由于累积效应及收缩徐变滞后，变形差增长较快。投入使用 1 年、10 年、20 年后最大竖向变形差分别为 24mm（105 层）、28mm（105 层）和 29mm（105 层）。

（2）伸臂腹杆两端变形差

考虑到伸臂腹杆后装，弦杆后刚接，安装之后腹杆两端巨柱与核心筒的后期变形差将在伸臂内引起附加内力。伸臂腹杆两端位于不同楼层，安装至投入使用 1 年、10 年、20 年期间四道伸臂腹杆两端核心筒与巨柱竖向变形差增量见表 5.13.3。

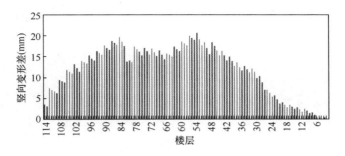

图 5.13.26　主体结构完工时核心筒 W1 与巨柱 C1 竖向变形差

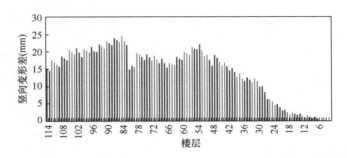

图 5.13.27　装修完成投入使用时核心筒 W1 与巨柱竖 C1 向变形差

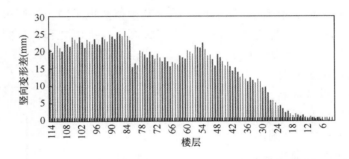

图 5.13.28　投入使用 1 年后核心筒 W1 与巨柱 C1 竖向变形差

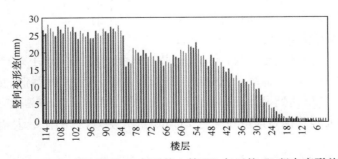

图 5.13.29　投入使用 10 年后核心筒 W1 与巨柱 C1 竖向变形差

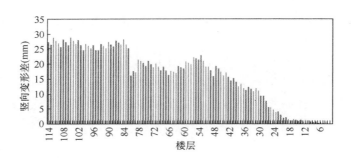

图 5.13.30　投入使用 20 年后核心筒 W1 与巨柱 C1 竖向变形差

伸臂腹杆两端核心筒与巨柱竖向变形差增量　　　　　　　表 5.13.3

伸臂	1 年变形差增量（mm）	10 年变形差增量（mm）	20 年变形差增量（mm）
第一道伸臂	1.1	1.3	1.3
第二道伸臂	2.3	2.9	3.0
第三道伸臂	3.2	4.3	4.5
第四道伸臂	9.1	11.9	12.4

5.13.4.6　竖向构件变形补偿

（1）楼层标高预留高度

为了补偿竖向构件的压缩变形，使楼层层高恢复、楼面找平，可以在施工时预留一定的高度，由于巨柱和核心筒竖向压缩变形不同，其预留量也不同。楼层施工时按调整标高控制，各竖向构件施工标高即为楼层设计标高和标高预留高度之和，见图 5.13.31。

$$H'_i = H_i + \delta_i \qquad (5.13.2)$$

式中：H'_i——楼层施工标高；

　　　H_i——楼层设计标高；

　　　δ_i——楼层标高预留高度。

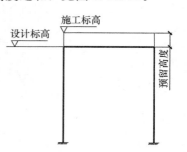

图 5.13.31　楼层标高预留高度示意图

楼层施工后直至设定期限内发生压缩变形，该层竖向构件标高从施工标高逐渐变化，在设定时刻达到设计标高，设定时刻各层楼板保持水平。图 5.13.31 可以看到，楼层标高预留高度即为该楼层施工后到设定期限内的总下沉变形。该层施工前的变形可以通过施工过程逐层找平消除，该层施工后的变形则只能通过计算得到。在计算压缩变形时，均需要考虑混凝土收缩徐变的影响。

通过巨柱和核心筒竖向变形随时间变化分析可知，投入使用 1 年后竖向变形基本完成。将此时刻作为竖向构件标高预留高度的计算时间点，通过各层标高预留高度，投入使用一年后竖向构件各层达到设计标高。巨柱和核心筒各层标高预留高度见图 5.13.32、图 5.13.33，巨柱最大楼层标高预留高度为 152mm（78 层），核心筒最大楼层标高预留高度为 173mm（78 层）。

（2）楼层竖向构件下料预留长度

454

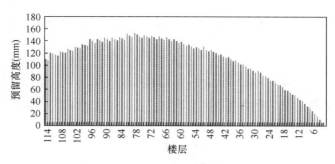

图 5.13.32　巨柱 C1 竖向预留高度楼层分布图

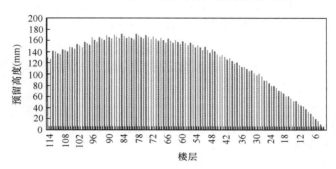

图 5.13.33　核心筒 W1 竖向预留高度楼层分布图

为了补偿竖向构件的压缩变形，各层竖向构件施工下料时需预留一定的长度，使得投入使用一年后各层竖向构件长度达到设计层高，该预留长度即为建筑投入使用一年后该层竖向构件压缩量。

图 5.13.34 给出了 i 层竖向构件变形解析，从 $i-1$ 层施工至设定时刻，竖向构件楼

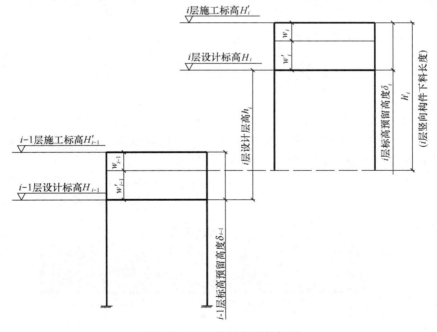

图 5.13.34　i 楼层变形解析图

层标高从施工标高 H_{i-1}' 下降至设计标高 H_{i-1}。$i-1$ 层楼面总下沉变形量即为 $i-1$ 层标高预留高度 δ_{i-1}。

$$\delta_{i-1} = w_{i-1} + w_{i-1}' \qquad (5.13.3)$$

式中：w_{i-1}——$i-1$ 层结构自重产生的 $i-1$ 层楼面处的总下沉变形；

$\qquad$ w_{i-1}'——i 层施工至投入使用设定时刻 $i-1$ 层以上建筑物总重产生的 $i-1$ 楼面处的总下沉变形。

由图 5.13.34 可见，第 i 层竖向构件下料长度：

$$h_i' = h_i + \delta_i - w_{i-1}' = h_i + \delta_i - \delta_{i-1} + w_{i-1} \qquad (5.13.4)$$

i 层施工完成后至设定时刻 i 层以上建筑物总重产生的 i 层竖向构件压缩量，即上下两端竖向下沉变形差，也为 i 层竖向构件下料预留长度：

$$\Delta_i = \delta_i - w_{i-1}' \qquad (5.13.5)$$

由式 (5.13.3)～式(5.13.5) 可得，设定时刻 i 层竖向构件实际长度等于 i 层构件设计层高。

$$构件实际长度 = h_i' - \Delta_i = h_i + \delta_i - \delta_{i-1} + w_{i-1} - (\delta_i - w_{i-1}') = h_i$$

这样，各楼层均达到设计标高，满足建筑功能要求。

由式 (5.13.5) 可得，$\Delta_i = \delta_i - w_{i-1}' = \delta_i - \delta_{i-1} + w_{i-1}$

依此类推 $\Delta_{i-1} = \delta_{i-1} - \delta_{i-2} + w_{i-2}$

……

$$\Delta_1 = \delta_1 - 0 + 0$$

上述式子左右相加：

$$\sum_{i=1}^{n} \Delta_i = \delta_n + \sum_{i=1}^{n-1} w_i \qquad (5.13.6)$$

顶层巨柱楼面标高预留高度 $\delta_{114} = 109$mm

顶层以下各层 w_i 之和 $\sum_{i=1}^{113} w_i = 155$mm

顶层及以下各层 Δ_i 之和 $\sum_{i=1}^{114} \Delta_i = 264$mm $= 109$mm $+ 155$mm

满足式 (5.13.6)。

每层竖向构件施工长度为该层设计层高与该层竖向构件预留长度之和，图 5.13.35、图 5.13.36 给出了各层巨柱和核心筒预留长度，巨柱楼层最大预留长度为 3.4mm（99层），核心筒楼层最大预留长度为 5.3mm（83 层）。

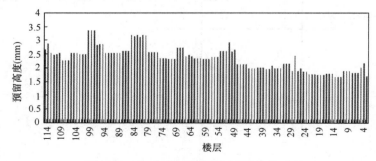

图 5.13.35　巨柱 C1 各层下料预留长度

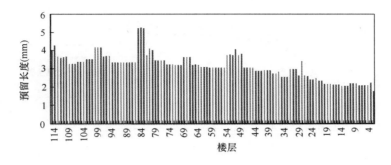

图 5.13.36 核心筒 W1 各层下料预留长度

5.13.4.7 混凝土收缩徐变对构件内力的影响

（1）伸臂腹杆

图 5.13.37~图 5.13.40 给出了四道伸臂腹杆轴力随时间变化图，腹杆后安装，因此后装之前杆件内力为 0，随着时间增长，混凝土收缩徐变引起的变形加大，腹杆轴力增大。可以看到，混凝土收缩徐变对第三道伸臂腹杆内力影响最大，这主要是因为上部楼层由于累积效应和收缩徐变滞后，后期变形增长较快，前三道伸臂为单斜伸臂，腹杆两端与巨柱和核心筒相连，而第四道伸臂为人字形伸臂，腹杆一端与弦杆中部相连，其影响较第三道小。第一、二道伸臂腹杆截面一致，非荷载作用引起的附加轴力第二道伸臂腹杆较第一道大，这与上述伸臂层腹杆两端的变形差分析结果一致。

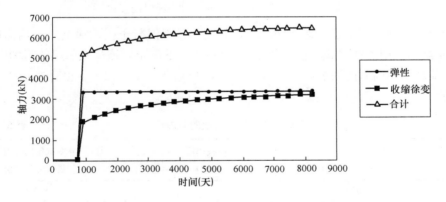

图 5.13.37 第一道伸臂腹杆轴力随时间变化

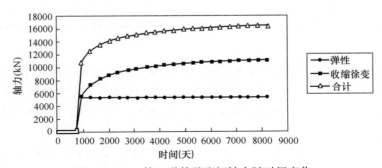

图 5.13.38 第二道伸臂腹杆轴力随时间变化

457

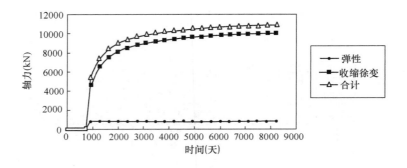

图 5.13.39　第三道伸臂腹杆轴力随时间变化

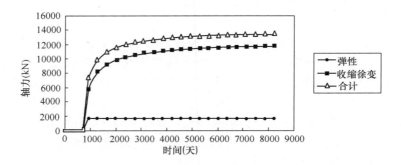

图 5.13.40　第四道伸臂腹杆轴力随时间变化

结构设计中施工模拟已考虑腹杆后装，但没有考虑混凝土收缩徐变对其内力的影响。表 5.13.4 给出了四道伸臂腹杆投入使用 20 年后由于混凝土收缩徐变引起的附加内力，可以看到非荷载作用引起的附加应力与设计强度的比值为 9%～14%，设计中应予以考虑，留有余地。

伸臂腹杆非荷载引起的附加内力　　　　　　　表 5.13.4

伸臂	非荷载作用产生的 轴力（kN）	非荷载作用产生的 弯矩（kN·m）	非荷载作用应力与 设计强度比值
第一道	3178	2542	8.7%
第二道	11120	1123	9.2%
第三道	10006	250	13.3%
第四道	11788	17	13.1%

（2）巨柱和核心筒

图 5.13.41 给出了一根巨柱底部轴力随时间变化，可以看到，混凝土收缩徐变引起巨柱轴力增加，投入使用一年后混凝土收缩徐变引起的附加内力基本稳定，20 年后附加轴力达到 28584kN，占巨柱重力荷载作用下轴力的 7.6%，对巨柱承载力影响较小，不起控制作用。

结构的重力基本由核心筒和巨柱承担，由上述竖向变形分析可以看到，核心筒竖向变形较巨柱大，由于两者差异变形，导致核心筒将承担的部分重力通过水平构件传递给巨

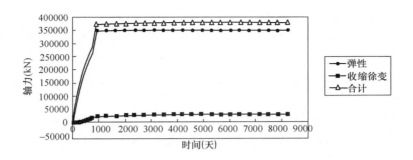

图 5.13.41　底部巨柱轴力随时间变化

柱，对核心筒是有利的。

5.13.4.8　混凝土收缩徐变对巨柱的影响

图 5.13.42 给出了一根底部巨柱中型钢部分承担的竖向荷载比例随时间变化，与不考虑收缩徐变时进行比较，可以看到，由于混凝土收缩徐变，混凝土承担的竖向荷载不断转移到型钢部分。20 年后，型钢部分承担的竖向荷载比例达到 35%，较仅考虑弹性的比例 25% 增加显著。尽管收缩徐变的影响会造成巨柱中混凝土和型钢内力的重分配，导致型钢承担的荷载增加，但是巨柱的极限承载力不会受到影响。图 5.13.43 给出了巨柱中型钢应力变化，可以看到，投入使用 20 年后，竖向荷载作用下型钢的应力为 154MPa，小于设计强度，较仅考虑弹性变形的应力值大 54MPa。

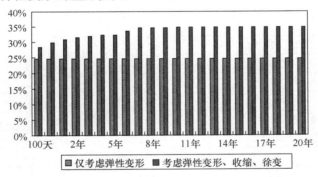

图 5.13.42　底部巨柱中型钢承担的竖向荷载比例

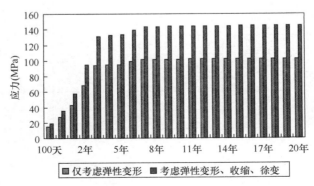

图 5.13.43　底部巨柱中型钢应力随时间变化

5.13.4.9 施工及使用期间竖向变形监测

　　诸如平安金融中心的超高层结构设计需考虑混凝土收缩徐变的影响，但由于混凝土这一特性十分复杂，涉及的施工因素较多，要全面准确模拟混凝土收缩徐变这一塑性特性是不容易的，还有待时日深入研究。上述计算分析只是估算，因此施工期间，应定期进行现场竖向变形监测。

　　在施工期间，施工单位对实际施工标高进行了进一步测量。测量时间在 2014 年 1 月 3 日，此时的施工情况为核心筒剪力墙施工至 L62 层，核心筒楼板施工至 L30 层；外框钢结构巨柱安装至 L49 层，钢梁至 L45 层，混凝土楼板施工至 L39 层。

　　由于施工过程与原设计假定的过程有所区别，导致竖向变形理论值与实测值出现了一定的偏差。楼板施工滞后较多，将导致原设计标高预留高度偏小，于是与施工单位协商，重新假定施工的模拟过程：筒体先于巨柱 10 层施工，巨柱先于外框楼盖 15 层施工，外框楼盖先于内筒楼盖 4 层，使其更接近实际施工过程。调整后的核心筒竖向位移理论值与实测数据如表 5.13.5 所示，两者数据基本一致。通过实测数据与理论估算值之间相互检查，调整分析参数和施工过程的模拟，可对剩余楼层的竖向预调整量进行修正。

核心筒竖向位移　　　　　　　　　　　　表 5.13.5

层号	标高（m）	调整后理论值（mm）	实测数据（mm）
1	0	0	—
2	4.5	−1.725	—
3	10.5	−4.449	—
4	16	−6.87	−8
5	21.5	−9.117	−8
6	27	−11.301	−7
7	32.5	−13.329	−8
8	38	−15.205	−12
9	43.5	−16.963	−13
10	49	−18.665	−16
11	53.5	−19.825	−16
12	58	−21.087	−16
13	62.5	−22.282	−22
14	67	−23.41	−14
15	71.5	−24.48	−15
16	76	−25.499	−25
17	80.5	−26.476	−30
18	85	−27.429	−22
19	89.5	−28.4	−18
20	94	−29.34	−23
21	98.5	−30.296	−18
22	103	−31.198	−19
23	107.5	−32.033	−18
24	112	−32.802	−19

层号	标高（m）	调整后理论值（mm）	实测数据（mm）
25	117.2	−33.81	−20
26	121.7	−34.361	−21
27	129.7	−36.335	−19
28	134.2	−36.152	−18
29	138.7	−36.484	−19
30	143.2	−36.744	−24
31	147.7	−36.929	−24
32	152.2	−37.027	−29
33	156.7	−37.056	−24
34	161.2	−37.007	−28
35	166.4	−37.101	−30
36	170.9	−36.709	—
37	175.4	−36.167	−34
38	179.9	−36.077	−32

投入使用后，应继续进行监测，比较分析实测数据和估算值。同时还应进行重要构件的应变监测，监控构件受力状态，与理论分析进行对比。

5.14 关键节点设计

5.14.1 节点设计原则及目标

（1）设计原则：强节点弱构件。

（2）设计目标：

1）正常使用状态下，保持弹性；

2）中震组合工况下，基本保持弹性，节点局部应力集中点应力可进入屈服状态；

3）大震组合工况下，节点可进入屈服状态，但节点承载力高于构件承载力。

（3）具体实现措施：设置加劲肋、连接板或节点区域局部加厚，降低节点区域应力水平，提高节点承载力。

5.14.2 节点设计要求

构造简单，传力直接，施工方便。

5.14.3 节点分析所用软件及材料属性

（1）有限元软件

1）节点分析所用软件为 ANSYS10.0。

2）采用 solid45 模拟钢材，该单元有 8 个节点，每个节点有 3 个自由度，具有塑性、蠕变、膨胀、应力刚化、大变形、大应变等功能，具有沙漏控制的凝聚积分选项。

3）采用 solid65 模拟钢筋混凝土，与 solid45 单元类似，但增加了特别的断裂和压碎功能。所建立的混凝土模型具有断裂（沿三个正交方向）、压碎、塑性变形和蠕变功能，可以采用整体式、分离式、组合式等几种方法来模拟钢筋和混凝土的组合方式。本报告分析采用整体式来模拟钢筋和混凝土的组合，即将钢筋分布于整个单元中，假定钢筋和混凝土粘结无滑移，并把单元视为连续均匀材料。

4）钢材与混凝土之间假定为完全连接。

（2）材料模型

钢材弹性模量 206000MPa，泊松比 0.3，强化段弹性模量 2060MPa，屈服强度为345MPa，极限强度 420MPa。

1）钢材应力应变曲线，如图 5.14.1 所示。

2）混凝土应力应变曲线按照规范采用，如图 5.14.2 所示。

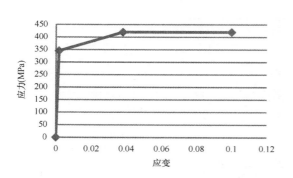

图 5.14.1　钢材应力应变曲线

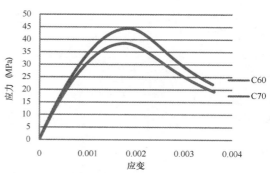

图 5.14.2　混凝土应力应变曲线

5.14.4　节点设计

5.14.4.1　巨柱—伸臂—斜撑—带状桁架—V 撑节点

（1）节点模型图如图 5.14.3 所示。

（2）节点内部型钢如图 5.14.4 所示。

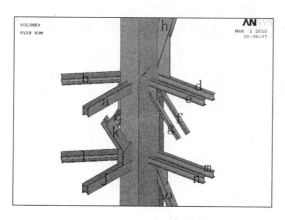

图 5.14.3　节点模型图

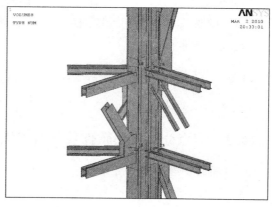

图 5.14.4　节点内部型钢图

（3）选取中震荷载工况（1.2 恒荷载＋0.6 活荷载＋1.3X 向中震荷载）下内力作为节点荷载，节点约束为在柱下部施加固端约束，在柱上部施加水平向约束。在柱顶部混凝土部分施加 15MPa 均布压力，在顶部型钢部分施加 150MPa 均布压力，以模拟巨柱上部荷载。按照巨柱配筋图，设置型钢外围混凝土竖向配筋率为 1.65％，横向配筋率为 0.5％，型钢内部混凝土竖向配筋率为 0，横向配筋率为 0。节点荷载如表 5.14.1 所示。

中震组合下节点荷载

表 5.14.1

构件编号	构件尺寸（mm）	节点荷载	
		轴力（kN）	弯矩 M33（kN·m）
a	1000×1500×100×100	−10734	9642
b	1000×1500×100×100	−12952.2	3270.6
c	1000×1500×100×100	8317	997.4
d	1000×600×80×80	3112	4411
e	1000×600×80×80	1525	5456
f	500×500×100×100	139.79	145.4
g	500×500×100×100	3156.69	257.9
h	1000×2000×120×120	−91675.8	铰接
i	700×700×100×100	−24525.1	铰接
j	1000×1500×100×100	2587.1	5309.0
k	1000×1500×100×100	−77750.2	1981
l	1000×1500×100×100	−5453	7845.1
m	1000×600×80×80	1783.7	3900
n	1000×600×80×80	648.6	5411
o	1000×1000×75×100	−24650	铰接
p	700×700×100×100	−28028.7	铰接

（4）经弹塑性分析，节点破坏荷载为 1.54 倍中震设计荷载。

1）节点在中震设计荷载作用下，弹塑性分析结果如图 5.14.5～图 5.14.9 所示。

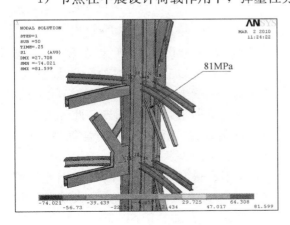

图 5.14.5　内部型钢第一主应力云图

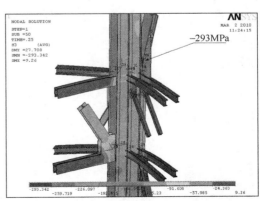

图 5.14.6　内部型钢第三主应力云图

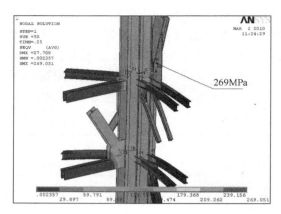

图 5.14.7　内部型钢 Mises 应力云图 01　　　图 5.14.8　内部型钢 Mises 应力云图 02

2）节点在 1.54 倍中震设计荷载（破坏荷载）下，弹塑性分析结果如图 5.14.10～图 5.14.11 所示。

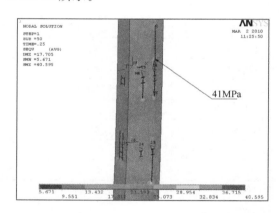

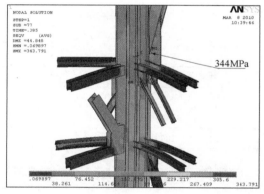

图 5.14.9　巨柱混凝土 Mises 应力云图　　图 5.14.10　节点破坏前内部型钢 Mises 应力云图

由上面分析可见，节点在中震设计荷载下，型钢应力较低，处于弹性状态，除局部阴角点应力达到 269MPa 外，大部分区域应力在 150MPa 以下。巨柱混凝土仅在局部阴角点应力较高，达到 40.6MPa，低于混凝土强度标准值 44.5MPa，其他大部分区域应力在 25MPa 以下，低于混凝土强度设计值 31.8MPa，可以认为基本处于弹性状态。考虑钢与混凝土界面共同工作的实际条件，以及栓钉有效有限剪切刚度，此处混凝土应力峰值偏高，钢材应力安全储备足够，结构是安全的。

节点在破坏荷载下，内部型钢除局部点应力较高达到 344MPa 外，大部分区域应力较低，在 230MPa 以下。巨柱混凝土

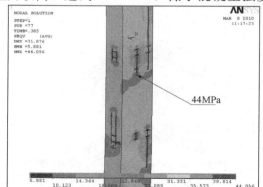

图 5.14.11　节点破坏前巨柱混凝土 Mises 应力云图 应力仅在型钢阴角部位应力较高，其他大

部分区域应力在 35MPa 以下。

上述分析表明，节点破坏为巨柱混凝土局部点受压破坏，计算不收敛退出，实际结构仍有较高的富余承载力，考虑到实际混凝土在地震作用下的强度提高，节点的富余承载力将更高，此节点可以保证结构的安全。

5.14.4.2 伸臂—剪力墙节点

（1）节点模型图如图 5.14.12 所示。

（2）节点内部型钢如图 5.14.13 所示。

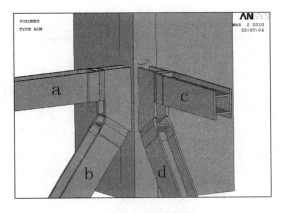 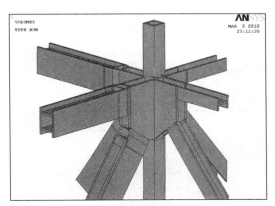

图 5.14.12 节点模型图   图 5.14.13 节点内部型钢图

（3）选取中震荷载工况（1.2 恒荷载＋0.6 活荷载＋1.3Y 向中震荷载）下内力作为节点荷载，节点具体荷载如表 5.14.2 所示。

中震组合下节点荷载　　　　　　　　　　　表 5.14.2

构件编号	构件尺寸（mm）	节点荷载	
		轴力（kN）	弯矩 M33（kN·m）
a	1000×1500×100×100	6678.1	11067.1
b	1000×1500×100×100	−55916.2	593.7
c	1000×1500×100×100	4313	31109.8
d	1000×1500×100×100	−100237.0	1197.8

（4）节点约束如图 5.14.14 所示，节点在剪力墙模型 Y 向端部施加 Y 向约束，在 X 向端部施加 X 向约束，在顶部施加固端约束，在底部混凝土部分施加 11MPa 均布压力，在底部型钢部分施加 60MPa 均布压力，以模拟剪力墙的底部压力。按照核心筒体配筋图，设置混凝土竖向配筋率为 1%，横向配筋率 0.6%。

经弹塑性分析，节点破坏荷载为 1.46 倍中震设计荷载，破坏为节点所连接构件达到极限承载力破坏。

1）节点在中震设计荷载作用下，弹塑性分析结果如图 5.14.15～图 5.14.18 所示。

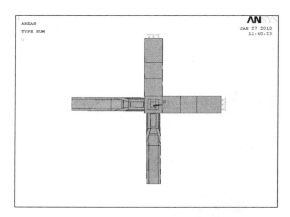

图 5.14.14　节点约束示意图（俯视图）

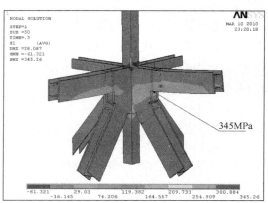

图 5.14.15　内部型钢第一主应力云图

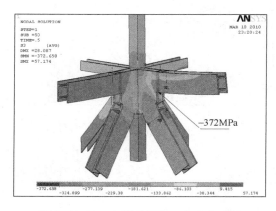

图 5.14.16　内部型钢第三主应力云图

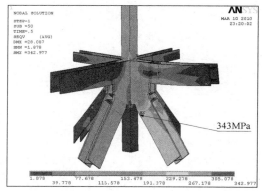

图 5.14.17　内部型钢 Mises 应力云图

2）节点在 1.46 倍中震设计荷载（破坏荷载）下，弹塑性分析结果如图 5.14.19、图 5.14.20 所示。

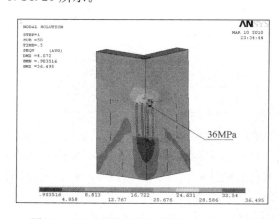

图 5.14.18　混凝土剪力墙 Mises 应力云图

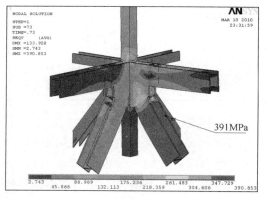

图 5.14.19　节点破坏前内部型钢 Mises 应力云图

由上面分析可见，节点在中震设计荷载下，型钢应力较低，处于弹性状态，除局部阴

466

角点应力达到342MPa外，大部分区域应力在260MPa以下。混凝土剪力墙仅在型钢阴角上部应力较高，达到36.5MPa，低于混凝土强度标准值38.5MPa，其他大部分区域应力在24MPa以下，低于混凝土强度设计值27.5MPa，可以认为基本处于弹性状态。考虑钢与混凝土界面共同工作的实际条件，以及栓钉有效有限剪切刚度，此处混凝土应力峰值偏高，钢材应力安全储备足够，结构是安全的。

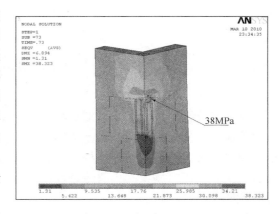

图5.14.20　节点破坏前混凝土剪力墙
Mises应力云图

　节点破坏荷载为中震设计荷载的1.46倍，节点域外部应力超过节点域内部应力，节点所连接构件达到极限承载力破坏时，节点尚未破坏，节点达到了强节点弱构件的设计原则，此节点可以保证结构的安全。

第6章　天津响螺湾中钢广场

◆ 深入研究完善改进六边形网筒结构工作性能，扬长避短，创新采用六边形网格外筒超高层结构，实现六边形外网筒结构的安全合理经济，达到建筑结构的协调；

◆ 创新提出适当选取六边形网格横梁合理刚度的设计理念，在保证结构竖向荷载作用下正常工作同时，横梁在大震组合作用下可首先进入弯曲屈服，为结构提供更好的延性，有利于整体结构抗震；

◆ 采用适当调整扶直六边形斜柱的创新技术措施，减小斜柱几何长度，减小竖向荷载作用下的水平力臂及斜柱杆端弯矩，减小斜柱弯曲变形及其对总竖向变形的贡献，应用于本工程外网筒4个角部区域，满足建筑功能要求，提高结构竖向刚度；

◆ 创新研究采用有效施工技术措施改善六边形网格结构重力荷载下受力性能；

◆ 提出并采用杆元计算模型节点刚域合理选取创新计算方法。

6.1　工　程　概　况

中钢天津响螺湾项目占地 26666.7m²，总建筑面积 395181m²，包括 T1、T2 两座塔

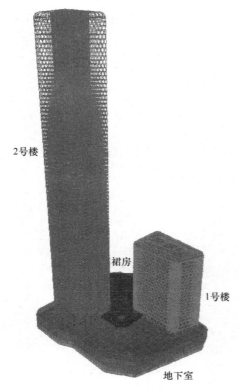

2号楼

裙房

1号楼

地下室

图 6.1.1　整体结构三维计算模型

楼、裙房及扩大地下室。T1 地面以上高度 102.9m，24 层，建筑面积约 65130m²，为高层酒店建筑；T2 地面以上高 358m，82 层，标准层平面 53m×53m，建筑面积约 225370m²，为超高层办公、酒店建筑。两栋塔楼之间设有 3 层商业裙房，和塔楼之间不设永久缝，高度约 16.0m，建筑面积约 11070m²。4 层扩大地下室，上部建筑主体结构贯通落地，扩大地下室柱网 8.5m×8.5m，建筑面积约 93611m²，主要为车库、机电用房。

T2 采用筒中筒结构体系。内筒为型钢钢筋混凝土筒体，墙体洞边角部受力较大处埋设型钢柱。外框筒中下部楼层采用钢管混凝土＋矩形钢管六边形网格，上部楼层采用矩形钢管菱形网格，中部楼层网格过渡，采用矩形钢管梁。外筒设置楼面钢管环梁，工字钢楼面梁与之铰接。为满足建筑不规则开洞要求，底层外框筒 1~4 层采用钢管混凝土框架柱＋斜柱＋框架梁结构。

T1 采用筒中筒结构体系，外筒为菱形网

格的型钢混凝土交叉柱外网筒,菱形网格尺寸为 5m×8m,内筒为钢筋混凝土筒体。为满足建筑立面开洞需要,在首层局部设置梁式或桁架式转换结构。

6.2 工程场地地质概况

项目位于天津市塘沽区响螺湾商务区滨河南路、滨河西路、坨场北道、滨河路所围成的地块内。整个场地地势总体较平坦,仅四周地势略高,自然地表大沽标高介于 2.04～1.25m。

本场地局部土层厚度及顶、底板标高有所变化,个别层位夹透镜体,地层垂直方向总体呈层状分布,水平方向土层总体分布较稳定,各主要土层层面坡度小于 10%,地层总体上均匀稳定。

(1)区域地质构造及地震稳定性

所处大地构造单元为华北准地台。华北断坳是华北准地台的二级构造单元,是新生代以来的裂陷区。天津处于华北断坳的东北部,本工程区三级构造单元为黄骅坳陷,四级构造单元为北塘凹陷。

场地位于唐山、通州区、沧州及渤海地震区的中间地带,在地质构造上主要受海河断裂及沧东断裂控制,该区域覆盖层厚度较大,故断裂活动对地表建筑物影响不大。

(2)场地抗震地段划分

该场地埋深 8.00～16.00m 段分布厚约 8.00m 的海相沉积淤泥质黏土,土质软,强度低,属软弱场地土。根据《建筑抗震设计规范》GB 50011—2001 第 4.1.1 条规定,本场地对建筑抗震属不利地段。

(3)饱和粉土的液化判别

场地埋深 20.00m 以上无成层饱和粉土分布。另据宏观调查,1976 年唐山地震波及天津时,该场地及附近没有喷砂冒水现象。结合本次勘察资料综合判定,本场地属非液化场地。

(4)震陷影响

埋深约 16.0m 以上主要由新填垫的杂填土、素填土及海相沉积淤泥质黏土组成,土质较差。抗震设防烈度为 7 度(0.15g),实测地基土剪切波速均大于 90m/s。本工程采用桩基础。不考虑震陷对本工程的影响。

(5)场地土类型及场地类别

本工程埋深 20.0m 范围内场地土等效剪切波速值为 125.6～128.5m/s,覆盖层厚度>80.0m。根据《建筑抗震设计规范》GB 50011 规定,场地土类型属软弱土,属Ⅳ类场地。

(6)地下水

地下潜水主要由大气降水补给,以蒸发形式排泄,水位随季节有所变化。潜水位年变幅的多年平均值为 0.80m 左右。根据室外地面整平标高、地面沉降发展趋势及地下水位变化趋势,本场地地下结构抗浮设计水位可按标高 2.30m 考虑。

腐蚀性判定:本场地地下水对混凝土结构无腐蚀性;对钢筋混凝土结构中的钢筋具有弱腐蚀性,腐蚀介质为 CL^-;对钢结构具有中等腐蚀性,腐蚀介质为 CL^-、SO_4^{2-}。在干湿交替的作用下，本场地地下水对混凝土结构有弱腐蚀性，腐蚀介质为 SO_4^{2-}；对钢筋混凝土结构中的钢筋具有强腐蚀性，腐蚀介质为 CL^-；对钢结构具有中等腐蚀性，腐蚀介质为 CL^-、SO_4^{2-}。

6.3 结构设计标准

6.3.1 设计使用年限/设计基准期（表 6.3.1）

设计使用年限及设计基准期   表 6.3.1

	T2	T1 及裙房	相关规范
设计基准期	50 年	50 年	建筑结构荷载规范 GB 50009 第 1.0.5 条
结构设计使用年限	50 年	50 年	建筑结构可靠度设计统一标准 GB 50068 第 1.0.5 条
耐久性	100 年	50 年	纪念性建筑和特别重要的建筑结构为 100 年
地震作用重现期	50 年	50 年	建筑抗震设计规范 GB 50011—2001 第 1.0.1 条
风荷载作用重现期	100 年	100 年	高层建筑混凝土结构技术规程 JGJ 3 第 3.2.2 条
雪荷载重现期	100 年	100 年	建筑结构荷载规范 GB 50009—2001 第 6.1.2 条

6.3.2 结构安全等级/结构重要性系数

结构安全等级及重要性系数   表 6.3.2

	T2	T1 及裙房	相关规范
结构安全等级	一级	二级	混凝土结构规范 GB 50010 第 3.2.1 条
结构重要性系数	1.1	1.0	混凝土结构规范 GB 50010 第 3.2.3 条

6.3.3 底部加强区高度

根据《高层建筑混凝土结构技术规程》JGJ 3 第 7.1.9 条，抗震设计时，结构底部加强部位的高度可取结构总高度 1/8，当结构高度超过 150m 时，底部加强部位的高度可取结构总高度 1/10。

T2 取地上 9 层，$h=40.1$m（结构总高度 358m，取 $H/10$，$h=36$m）

T1 取地上 5 层，$h=24.3$m（结构总高度 102.9m，取 $H/8$，$h=15$m，连接三层裙房，取裙房以上两层）

6.3.4 抗震性能目标（表 6.3.3、表 6.3.4）

T2 抗震性能目标   表 6.3.3

地震烈度水准	小震	中震	大震
最大位移角	1/500	1/200	1/120

地震烈度水准			小震	中震	大震
构件性能	外筒水平构件	楼面环梁	弹性	不屈服	部分进入塑性
		非楼面横梁			
	外筒六边形斜柱	底部1～4层		弹性	弹性
		上部角部		弹性	弹性
		上部中部		不屈服	不屈服
	外筒菱形交叉斜柱			不屈服	少量进入塑性
	内筒剪力墙	外墙		抗弯不屈服，抗剪弹性	钢板剪力墙内钢板弹性，底部加强区外墙弹性，其他混凝土墙体部分进入塑性
		内墙		不屈服	
	内筒连梁			少量进入塑性	部分进入塑性

T1 抗震性能目标   表 6.3.4

地震烈度水准			小震	中震	大震
	最大位移角		1/1000	1/300	1/120
构件性能	外筒楼面环梁		弹性	不屈服	部分进入塑性
	外筒斜柱	上部	弹性	基本弹性	少量进入塑性
		底部		不屈服	
	内筒剪力墙			基本弹性	少量进入塑性
	楼面梁			少量进入塑性	部分进入塑性
	两内筒间钢梁			弹性	少量进入塑性
	内筒连梁			少量进入塑性	部分进入塑性
	外筒转换桁架			弹性	少量进入塑性

6.3.5 抗震等级（表6.3.5）

抗震等级   表 6.3.5

		T2		T1	裙房
		底部加强区	非底部加强区		
内筒剪力墙	外墙	特一级	特一级	一级	—
	内墙	特一级	一级	一级	—
混凝土框架		—	—	一级	一级

6.3.6 抗震设防类别

T2 为乙类；其他为丙类。

6.3.7 整体结构控制指标

扭转周期比：结构扭转为主的第一自振周期/平动为主的第一自振周期，即 T_t/T_1

<0.9；

位移角控制：对于 T2，有

50 年重现期风荷载作用下：1/500

多遇地震作用下：1/500

罕遇地震作用下：1/80

对于 T1，有

50 年重现期风荷载、多遇地震作用下：1/1000

竖向构件轴压比限值：见表 6.3.6。

竖向构件轴压比限值 表 6.3.6

	构件	轴压比
T2	钢板剪力墙	≤0.5
	钢筋混凝土剪力墙	
	外筒钢管混凝土柱	≤0.75
T1	内筒钢筋混凝土剪力墙	≤0.5
	外筒型钢混凝土柱	≤0.7
	外筒钢筋混凝土柱	≤0.75

应力比限值：$\leqslant 0.9 f_y$（正常荷载最不利组合下）；

$\leqslant 1.0 f_y$（中震不屈服/中震弹性复核）。

整体稳定指标：整体结构的线性屈曲临界荷载系数大于 10；

考虑初始缺陷和几何非线性的屈曲临界荷载系数大于 5；

主要抗侧力构件的屈曲迟于整体屈曲出现；

非抗侧力构件的屈曲临界荷载系数大于 3。

风振舒适度准则：10 年重现期下结构顶点最大加速度限值<0.25m/s²。

楼盖舒适度标准：控制加速度响应小于 ATC 1999 年发布的《减小楼板振动》设计指南中的办公环境标准限值。

6.4 荷载分析与效应组合

6.4.1 重力荷载

结构自重包括楼板、梁、柱、墙按各自重度由程序计算，其中扣除了混凝土板梁墙柱重叠部分重量。各楼的恒荷载和活荷载根据使用功能按相应的建筑做法和规范计取，幕墙荷载根据幕墙设计提供荷载计取，局部设备用房隔墙荷载按实际情况考虑。

6.4.2 风荷载

以下仅列举 T2 的数据。

6.4.2.1 规范及风洞试验风荷载

工程地处天津塘沽滨海区，地貌类型取 B 类。考虑建筑物超高及重要性，基本风压取 100 年重现期 $0.6kN/m^2$。风载体型系数按照《高层建筑混凝土结构技术规程》JGJ 3—2002 第 3.2.5 条取 1.3，高度系数、风振系数按照规范取值。

鉴于项目超高，业主委托 RWTI 进行了风洞试验，根据规范计算得到的风荷载和风洞试验得到的风荷载值对比如表 6.4.1 所示。

表 6.4.1

规范与风洞试验结果值对比

	F_x（kN）	F_y（kN）	M_z（kN·m）
中国规范	39761	39761	—
RWDI 风洞试验	36600	35000	194000

按照中国规范计算出的风荷载较 RWDI 的略大，结构设计时按照 2 种风荷载计算，包络控制结构承载力和位移。

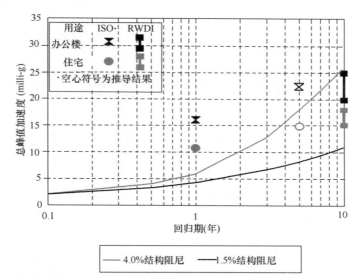

回归期（年）	峰值加速度 总值-[X,Y and 扭转分量]		峰值扭转速度（milli-rads/sec）		
	4.0%结构阻尼	1.5%结构阻尼	4.0%结构阻尼	1.5%结构阻尼	CTBUH标准
1	3.6-[3.7,1.6,0.5]	5.8-[6.0,2.6,0.7]	0.1	0.1	1.5
5	6.8-[6.9,3.4,0.7]	11.1-[11.2,5.5,1.1]	—	—	—
10	8.3-[8.3,4.7,0.8]	13.6-[13.6,7.6,1.3]	0.1	0.2	3.0

图 6.4.1 国际标准组织及 RWDI 推荐的加速度准则

6.4.2.2 风振舒适度

说明：

（1）图 6.4.1 给出国际标准制组织（ISO10137：2007（E））的加速度准则和 RWDI 对大楼不同用途推荐的加速度准则。

（2）对居住舒适度另一个有意义的指标是扭转振动的峰值速度。高层建筑和城市环境协会（CTBUH）对 1 年与 10 年回归期的扭转振动速度提出相应限制。如图 6.4.1 所示。

（3）图 6.4.1 给出大楼最高层的预计风致加速度。除了图中所示的总峰值加速度外，还在表格中给出 X 方向、Y 方向以及扭转的峰值分量加速度。大楼的峰值加速度是根据给定的大楼固有频率以及结构阻尼比分别为 1.5% 和 4.0% 求出，并表示为回归期的函数。结果表明，1 年和 5 年回归期的峰值加速度均满足基于 ISO 的准则。10 年回归期的峰值加速度满足 CTBUH 建议的加速度限值，所以可以判定大楼的居住舒适性满足要求。

6.4.3　地震作用

6.4.3.1　反应谱参数

（1）规范反应谱参数

抗震设防烈度 7 度；设计基本地震加速度值 0.15g；设计地震分组第一组；场地类别 Ⅳ 类。

场地特征周期 $T_g = 0.65s$；$\alpha_{max} = 0.12$（小震）、0.36（中震）、0.72（大震）。

（2）安评报告反应谱参数（表 6.4.2、表 6.4.3）

50 年基准期（阻尼比 0.04）安评谱参数　　　　　　　　　　表 6.4.2

超越概率	PGA (m/s²)	PGA (g)	T_1 (s)	T_g (s)	T_2 (s)	α_{max}	β_{max}	γ	η
63%	0.582	0.059	0.1	0.5	2.5	0.17	3	0.914	0.0034
10%	1.701	0.173	0.2	0.65	3.25	0.5	3	0.914	0.0113
2%	3.236	0.33	0.3	0.9	4.5	1	3	0.914	0.021

50 年基准期（阻尼比 0.05）（安评谱参数）　　　　　　　　表 6.4.3

超越概率	PGA (m/s²)	PGA (g)	T_1 (s)	T_g (s)	T_2 (s)	α_{max}	β_{max}	γ	η
63%	0.574	0.058	0.15	0.55	2.75	0.16	2.9	0.9	0.0032
10%	1.577	0.161	0.2	0.7	3.5	0.48	2.9	0.9	0.0096
2%	3.157	0.322	0.3	0.9	4.5	0.86	2.9	0.9	0.0172

（3）根据超限审查专家组意见调整后的反应谱参数（设计采用）

本工程所处地区场地类别介于 Ⅲ、Ⅳ 之间，特征周期介于 0.52～0.53s，设计特征周期取 0.55s。

T2 结构体系为混凝土内筒、钢管混凝土＋钢结构外筒，阻尼比取 0.04。

T1 为混凝土筒中筒结构体系，裙房为混凝土框架结构体系，阻尼比取 0.05。

地震影响系数最大值（小震）按安评报告取值：

T2 阻尼比 0.04，$\alpha_{max} = 0.17$（小震）、0.50（中震）、1.00（大震）

T1 阻尼比 0.05，$\alpha_{max} = 0.16$（小震）、0.48（中震）、0.86（大震）

T2 地震波峰值加速度：

依据规范，考虑阻尼调整系数；

小震水平加速度最大值采用 70gal，大震水平加速度最大值采用 412gal。

T1 地震波峰值加速度：

小震水平加速度最大值采用 71gal，大震水平加速度最大值采用 382gal。

反应谱曲线的衰减段按规范规定取值。

三向地震作用效应组合系数 1∶0.85∶0.65。

6.4.4 温度作用

温度作用计算取当地气温统计资料，见表 6.4.4。本工程温差计算仅考虑结构所经历的整体温差（以下简称温差）的影响。设结构施工阶段混凝土合拢温度取为施工结构组相对应时段内的平均气温，地上结构温差则取为施工期阶段内最低（高）气温与相应合拢温度的差值。地下室结构考虑地下室内温度较地面温度变化较小，该部分结构温差取为施工期阶段内最低气温与相应合拢温度的差值。

天津市 1997～2009 年历史月气温统计材料：（℃）　　　　表 6.4.4

月份	1	2	3	4	5	6	7	8	9	10	11	12
月平均气温	−2.8	0.9	6.7	14.4	20.3	24.2	26.5	25.8	21.4	13.9	5.2	−0.8
月最高气温	6.7	13	23.2	29.3	32.8	36.3	34.8	32.4	26.8	26.8	18.2	9.4
月最低气温	−11.8	−10.2	−4.7	2.3	9.2	14.2	18.8	15.9	10.1	1.5	−4.7	−10.5

考虑工程规模、施工计划进度及气候条件等复杂影响因素，分别假设结构在最热月（7 月）及最冷月（1 月）开始施工两种情况，地下室底板施工 2 个月，地下室每层施工一个月，即±0.00m 以下施工完毕需 6 个月，地下室及底板收缩后浇带在 2 个月后且温度处于 5℃～10℃之间低温合拢。地上结构按照 1、2 号塔楼 3 层/月（10 天/层）的施工进度划分施工阶段，塔楼结构施工完毕后封闭塔楼后浇带、塔楼与裙房间后浇区，假设施工一年半后，整体沉降趋于稳定，封闭地下室底板沉降后浇带。主体施工完成后进入 2 年装饰期。

此外，温差计算时考虑桩基对结构的有限约束刚度，同时，根据 CEB-FIP CODE90 模式计算混凝土的徐变、收缩效应。

6.4.5 效应组合

按高规、抗规考虑恒、活载，风包括横风向风振，地震包括三向地震及单向偶然偏心等各种效应组合（表 6.4.5～表 6.4.8）。

无地震作用参与的承载力极限状态荷载效应组合　　　　表 6.4.5

	组合	恒载	活（雪）载	风压
1	恒＋活（雪）	1.2	1.4	
2	恒＋活（雪）	1.35	0.7×1.4	
3	恒＋风	1.0		1.4
4	恒＋活（雪）＋风	1.2	1.4	0.6×1.4
5	恒＋风＋活（雪）	1.2	0.7×1.4	1.4

有地震参与组合的承载力极限状态荷载效应组合   表 6.4.6

组合	恒载	活(雪)载	X向地震	Y向地震	45°地震	双向地震（X向为主）	双向地震（Y向为主）	Z向地震	风
X向地震与风荷载	1.2	0.6	1.3						±0.2×1.4
Y向地震与风荷载	1.2	0.6		1.3					±0.2×1.4
45°方向地震与风荷载	1.2	0.6			1.3				±0.2×1.4
竖向地震与风荷载	1.2	0.6						1.3	±0.2×1.4
X、竖向地震与风荷载	1.2	0.6	1.3					0.5	±0.2×1.4
Y、竖向地震与风荷载	1.2	0.6		1.3				0.5	±0.2×1.4
45°方向、竖向地震与风荷载	1.2	0.6			1.3			0.5	±0.2×1.4
双向地震（X向为主）与风荷载	1.2	0.6				1.3			±0.2×1.4
双向地震（Y向为主）与风荷载	1.2	0.6					1.3		±0.2×1.4
三向地震（X向为主）与风荷载	1.2	0.6				1.3		0.5	±0.2×1.4
三向地震（Y向为主）与风荷载	1.2	0.6					1.3	0.5	±0.2×1.4
竖向地震为主，与双向水平地震（X向为主）组合	1.2	0.6				0.5		1.3	
竖向地震为主，与双向水平地震（Y向为主）组合	1.2	0.6					0.5	1.3	

注：计算水平地震作用和同时计算水平与竖向地震作用时，考虑抗震承载力调整系数。仅计算竖向地震作用，承载力抗震调整系数取 1.0。

反应谱大震（中震）基本弹性（不屈服）复核采用的荷载组合   表 6.4.7

组合	恒载	活(雪)载	X向地震	Y向地震	45°角地震	双向地震（X向为主）	双向地震（Y向为主）	Z向地震
X向地震作用	1.0	0.5	1					
Y向地震作用	1.0	0.5		1				
45°方向地震作用	1.0	0.5			1			
竖向地震作用	1.0	0.5						1
X、竖向地震作用	1.0	0.5	1					0.5
Y、竖向地震作用	1.0	0.5		1				0.5
45°方向、竖向地震作用	1.0	0.5			1			0.5
双向地震（X向为主）	1.0	0.5				1		
双向地震（Y向为主）	1.0	0.5					1	
三向地震（X向为主）	1.0	0.5				1		0.5
三向地震（Y向为主）	1.0	0.5					1	0.5

材料	结构构件	受力状态	γ_{RE}
钢	梁、柱		0.75
混凝土	梁	受弯	0.75
	轴压比小于 0.15 的柱	偏压	0.75
	轴压比不小于 0.15 的柱	偏压	0.80
	抗震墙	偏压	0.85
	各类构件	受剪 偏拉	0.85

注：1. 小震反应谱抗震组合时考虑抗震承载力调整系数 γ_{RE}。

2. 核心筒底部加强区内力调整。

3. 斜交外网筒轴力参与抗侧，不采用框架柱剪力调整，承载力计算中考虑底部外网筒小震作用效应增大 20%。

4. 横风向风振采用三向同时输入，均方根法效应组合。

5. 中震不屈服：荷载分项系数 1，材料取标准强度，抗震承载力调整系数为 $\gamma_{RE}=1$。

6. 中震弹性：考虑材料分项系数，材料取设计强度，考虑抗震承载力调整系数 γ_{RE}。

7. 中震基本弹性：荷载分项系数 1，材料取标准强度，考虑抗震承载力调整系数 γ_{RE}。

6.5 结 构 材 料

所选结构材料见表 6.5.1 和表 6.5.2。

混凝土材料表   表 6.5.1

构件	桩	承台、基础梁	地下室		T2			T1		
			外墙、梁板	内墙、柱	楼板	剪力墙	钢管混凝土	剪力墙	外筒斜柱	梁、板
等级	C40	C30	C30	C60	C30	C60	C80	C60~C40	C60	C30

钢筋：主筋采用 HRB400 级或 HRB335 级，箍筋采用 HPB235 级或 HRB335 级。

钢 材 表   表 6.5.2

构件	裙房		T2			T1
	钢梁	钢柱	外框筒	楼面梁	钢板剪力墙钢板及型钢	外框筒型钢
等级	Q345B	Q390GJC	Q345B、Q420GJC	Q345B	Q345B	Q345B

6.6 结 构 构 成

6.6.1 T2 结构构成

采用筒中筒结构体系。

6.6.1.1 T2 内筒结构构成

内筒为钢筋混凝土筒体，墙体洞边角部受力较大处埋设型钢柱，核心筒外墙厚度由底

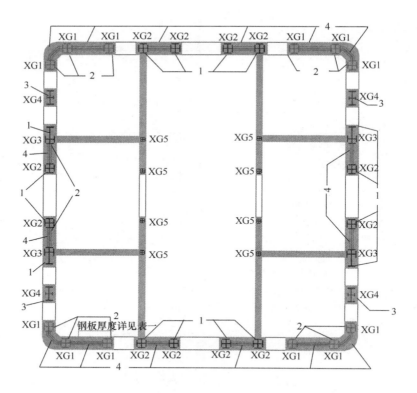

图 6.6.1 核心筒平面布置图

1—型钢类型 1；2—型钢类型 2；3—型钢类型 3；4—钢板

层到顶层为 1150~400mm，其中 0~136.8m 标高（0~32 层）采用钢板剪力墙，周边型钢柱、楼层梁约束，136.8m 标高以上采用型钢混凝土剪力墙；内墙由底层到顶层为 550~350mm；混凝土强度等级 C60，连梁高 700mm，宽同墙厚，局部受力较大连梁内设型钢梁。

（1）核心筒内型钢布置见图 6.6.1 和图 6.6.2。

（2）内筒内墙截面厚度（混凝土强度等级 C60）及型钢柱截面尺寸（表 6.6.1、图 6.6.3、图 6.6.4）。

T2 内筒内墙厚及型钢截面尺寸　　　　　　　　　　表 6.6.1

楼层编号	结构标高（m）	核心筒内墙厚（mm）	XG5 截面（mm） $H \times B \times t_w \times t_f$
01~25	0~103.05	550	300×200×25
25~36	103.05~149.25	500	300×200×25
36~52	149.25~217.15	450	250×180×16×20
52~68	217.15~284.30	400	200×100×12×16
68~结构顶	284.30~357.70	350	150×100×10×12

（3）内筒外墙截面厚度（混凝土强度等级 C60）（表 6.6.2、表 6.6.3）。

478

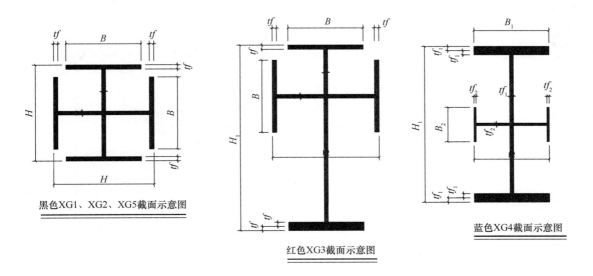

黑色XG1、XG2、XG5截面示意图

红色XG3截面示意图

蓝色XG4截面示意图

图 6.6.2　型钢柱截面示意

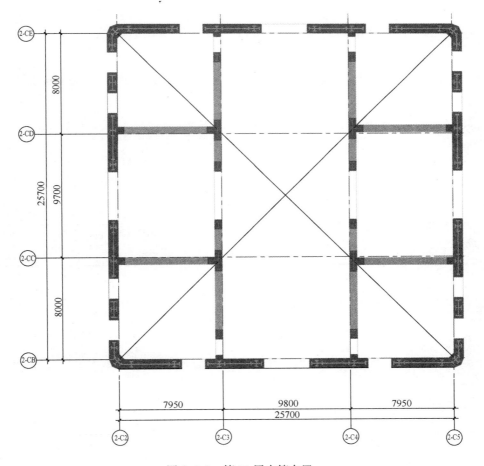

图 6.6.3　第 30 层内筒布置

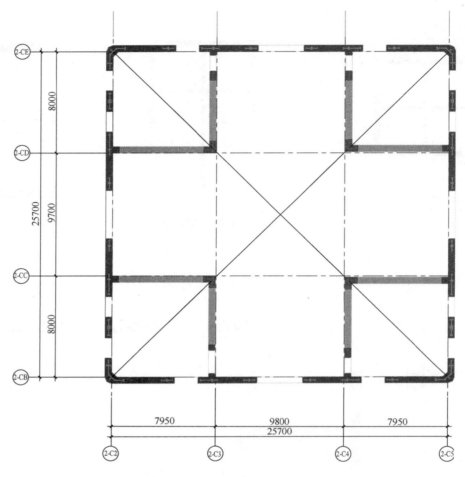

图 6.6.4 第 70 层内筒布置

T2 内筒外墙厚   表 6.6.2

楼层编号	结构标高（m）	核心筒外墙厚（mm）		
		核心筒墙厚	混凝土厚度	钢板厚度
01～08	0～31.65	1150	1100	50
08～13	31.65～52.65	1050	1000	50
13～18	52.65～73.75	950	905	45
18～23	73.75～94.65	850	810	40
23～33	94.65～136.65	750	715	35
33～41	136.65～170.25	750	750	
41～60	170.25～250.75	600	600	
60～72	250.75～300.30	500	500	
72～结构顶	300.30～357.70	400	400	

楼层编号	结构标高 (m)	XG1 截面 (mm) $H \times B \times t_w \times t_f$	XG2 截面 (mm) $H \times B \times t_w \times t_f$	XG3 截面 (mm) $H_1(H_2) \times B \times t_w \times t_f$	XG4 截面 (mm) $H_1(H_2) \times B_1(B_2) \times t_{w1}(t_{w2}) \times t_{f1}(t_{f2})$	备注
01~08	0~31.65	850×600×45	850×600×40	1550(850)×800×40	1300(850)×850(400) ×40(20)×40(20)	钢板剪力墙
08~13	31.65~ 52.65	750×550×45	750×550×40	1550(750)×550×40	1300(750)×750(400) ×40(20)×40(20)	钢板剪力墙
13~18	52.65~ 73.75	650×500×35	650×500×35	1550(650)×500×35	1300(650)×650(400) ×35(20)×35(20)	钢板剪力墙
18~23	73.75~ 94.65	550×400×30	550×400×30	1550(550)×400×30	1300(550)×550(350) ×35(16)×35(16)	钢板剪力墙
23~33	94.65~ 136.65	450×350×25	450×350×25	1550(450)×350×25	1300(450)×450(350) ×25(16)×25(16)	钢板剪力墙
33~41	136.65~ 170.25	400×300×25	400×300×25	1550(400)×300×25	1300(400)×400(350) ×25(16)×25(16)	钢筋混凝土 剪力墙
41~60	170.25~ 250.75	300×200×25	300×200×25	1550(300)×200×25	1300(300)×300(350) ×25(16)×25(16)	钢筋混凝土 剪力墙
60~72	250.75~ 300.30	250×180×16 ×20	250×180×16 ×20	1550(250)×180 ×16×20	1300(250)×250(300) ×18(12)×20(12)	钢筋混凝土 剪力墙
72~ 结构顶	300.30~ 357.70	200×100×12 ×16	200×100× 12×16	1550(200)×100 ×12×16	1300(200)×200(300) ×12(12)×16(12)	钢筋混凝土 剪力墙

钢板与型钢梁、柱关系图见图 6.6.5。

6.6.1.2 T2 外筒结构构成

外框筒底部楼层采用钢管混凝土＋矩形钢管正六边形网格,上部楼层采用矩形钢管菱形网格,中部楼层采用矩形钢管异形网格过渡。外筒设置楼面钢环梁,工字钢楼面梁与之铰接连接 (图 6.6.6、图 6.6.7)。

为满足建筑不规则开洞要求,底层外框筒 1~4 层采用钢管混凝土框架柱＋斜柱＋框架梁结构。

按照以下四种类型分别介绍外网筒截面尺寸:

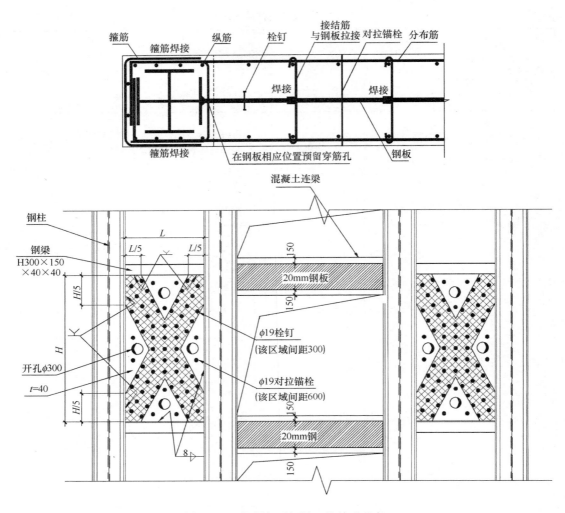

图 6.6.5　钢板与型钢梁、柱关系示意

（1）楼面环梁：（钢材型号采用 Q345B）（表 6.6.4）

环梁类型表 表 6.6.4

标高（m）	楼层	环梁类型 1	环梁类型 2
23.4～99	F5～23	B600×300×20	B800×800×25
103.2～128.4	F24～30	B600×300×20	B800×700×25×30
132.6～191.4	F31～45	B600×300×20	B800×600×25
196.2～221.5	F46～52	B700×600×25	
225.7～259.3	F53～61	B650×400×20	
263.5～284.4	F62～67	B500×400×16	
288.4～顶	F68～顶	B400×400×16	

（2）六边形斜柱及非楼面横梁（图 6.6.8、表 6.6.5～表 6.6.8）

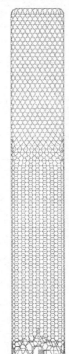

菱形斜柱

六边形斜柱

楼面环梁

六边形非楼面横梁

图 6.6.6　外网筒构成示意

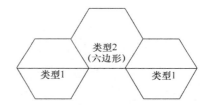

图 6.6.7　楼面环梁示意

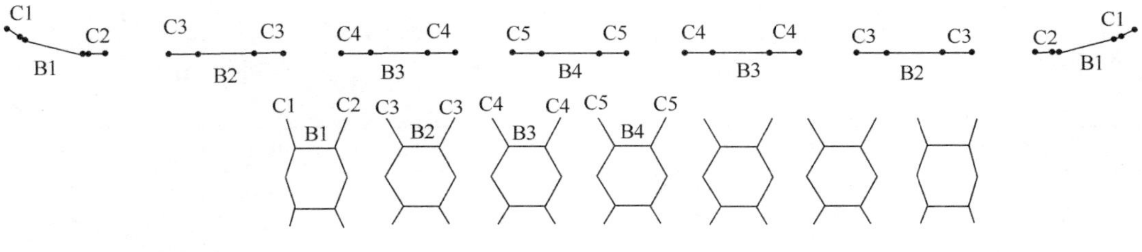

图 6.6.8　六边形网筒立面布置图

六边形斜柱截面表（钢材型号采用 Q420GJ SB 表示钢管混凝土，B 表示钢结构）　　　　　　　表 6.6.5

标高（m）	楼层	C1	C2	C3	C4	C5
23.4～44.4	F5～10	B850×1100 ×100	B850×1000 ×90	SB1000×1000 ×35	SB1000×900 ×35	SB1000×800 ×35
44.4～73.8	F10～17	B850×1000 ×90	B850×1000 ×80	SB1000×900 ×35	SB1000×800 ×35	SB1000×700 ×35
73.8～99	F17～23	B850×1000 ×80	B850×1000 ×70	SB1000×800 ×35	SB1000×800（700） ×35	SB1000×700 ×35
99～128.4	F23～30	B850×1000 ×70	B850×1000 ×50	SB1000×800 ×35	SB1000×700 ×35	B1000×700 ×35
128.4～145.2	F30～34	B850×900 ×70	B850×900 ×50	SB1000×700 ×35	B1000×700 ×35	B1000×700 ×35

标高（m）	楼层	C1	C2	C3	C4	C5
145.2～162	F34～38	B850×900×70	B850×900×50	SB1000×700×35	B1000×600×30	B1000×600×30
162～187.2	F38～44	B850×900×50	B800×900×50	SB1000×600×35	B900×600×30	B900×600×30
187.2～209.7	F45～49	B850×900×50	B800×900×50	SB900×600×35	B900×600×30	B900×600×30

六边形非楼面横梁截面（钢材型号采用 Q345B）　　　　表 6.6.6

标高（m）	楼层	B1	B2	B3	B4
23.4～44.4	F5～10	B1100×750×35×35	B800×1000×25×30	B800×900×25	B800×800×25
44.4～73.8	F10～17	B1100×650×30×35	B800×900×25	B800×800×25	B800×700×25
73.8～99	F17～23	B1100×650×30×35	B800×800×25	B800×700×25	B800×700×25
99～128.4	F23～30	B1100×650×30×35	B800×800×25	B800×700×25	B800×700×25
128.4～145.2	F30～34	B1100×550×30×30	B800×700×25	B800×700×25	B800×700×25
145.2～162	F34～38	B1100×550×30×30	B800×700×25	B800×600×25	B800×600×25
162～187.2	F38～45	B1100×550×30×30	B800×600×25	B800×600×25	B800×600×25
187.2～209.7	F45～49	B1100×550×50×50Q420	B800×600×25	B800×600×25	B800×600×25

注：根据建筑要求，六边形非楼面梁截面与柱截面宽度相同。

六边形非楼面横梁与斜柱刚度比　　　　表 6.6.7

标高（m）	楼层	B1/C1		B2/C3		B3/C4		B4/C5	
		轴向刚度	主轴抗弯刚度	轴向刚度	主轴抗弯刚度	轴向刚度	主轴抗弯刚度	轴向刚度	主轴抗弯刚度
23.4～44.4	F5～10	0.36	0.35	0.33	0.33	0.31	0.29	0.32	0.29
44.4～73.8	F10～17	0.35	0.31	0.31	0.29	0.32	0.29	0.33	0.30
73.8～99	F17～23	0.39	0.34	0.32	0.29	0.32	0.29	0.33	0.30
99～128.4	F23～30	0.45	0.38	0.32	0.29	0.33	0.30	0.63	0.43
128.4～145.2	F30～34	0.42	0.32	0.33	0.30	0.63	0.43	0.63	0.43
145.2～162	F34～38	0.42	0.32	0.33	0.30	0.63	0.43	0.63	0.43
162～187.2	F38～45	0.57	0.41	0.34	0.30	0.78	0.64	0.78	0.64
187.2～209.7	F45～49	1	0.63	0.38	0.40	0.78	0.64	0.78	0.64

环梁类型 2 与斜柱刚度比　　　　表 6.6.8

标高（m）	楼层	1/C1		1/C2		1/C3		1/C4		1/C5	
		轴向刚度	主轴抗弯刚度	轴向刚度	主轴抗弯刚度	轴向刚度	主轴抗弯刚度	轴向刚度	主轴抗弯刚度	轴向刚度	主轴抗弯刚度
23.4～44.4	F5～10	0.33	0.315	0.375	0.375	0.405	0.36	0.435	0.405	0.48	0.435
44.4～73.8	F10～17	0.375	0.375	0.42	0.405	0.435	0.405	0.48	0.435	0.525	0.495

标高（m）	楼层	1/C1		1/C2		1/C3		1/C4		1/C5	
		轴向刚度	主轴抗弯刚度	轴向刚度	主轴抗弯刚度	轴向刚度	主轴抗弯刚度	轴向刚度	主轴抗弯刚度	轴向刚度	主轴抗弯刚度
73.8~99	F17~23	0.42	0.405	0.48	0.45	0.48	0.435	0.48	0.435	0.525	0.495
99~128.4	F23~30	0.48	0.465	0.675	0.6	0.48	0.45	0.54	0.495	1.035	0.735
128.4~145.2	F30~34	0.36	0.315	0.48	0.42	0.465	0.39	0.885	0.57	0.885	0.57
145.2~162	F34~38	0.36	0.315	0.48	0.42	0.465	0.39	0.945	0.645	0.945	0.645
162~187.2	F38~44	0.48	0.42	0.645	0.585	0.51	0.45	1.17	0.96	1.17	0.96
187.2~209.7	F45~49	0.48	0.42	0.645	0.585	0.57	0.6	1.17	0.96	1.17	0.96

非楼面横梁在重力荷载下受力较小，水平荷载下受力变化不大，截面变化不多；斜柱截面由下至上不断减小，非楼面横梁与斜柱刚度比大部分在 0.3~0.8 之间，由下至上该刚度比逐渐增大。环梁类型 2 考虑组合楼板的共同作用，截面刚度提高 1.5 倍，与斜柱刚度比大部分在 0.3~1.0 之间。

（3）菱形网格示意（图 6.6.9）

（4）外筒底部不规则网格构成

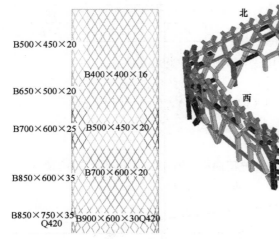

图 6.6.9 菱形网格示意

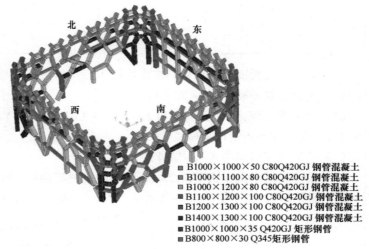

图 6.6.10 外筒底部不规则网格结构示意

构成见图 6.6.10。

6.6.1.3 T2 楼盖系统

楼盖体系是由型钢梁与混凝土楼面共同组合而成的组合楼盖体系，型钢梁两端铰接，顶面设有剪力键，同混凝土楼面协同变形共同工作，混凝土楼板相当于梁的一部分受压翼缘，同钢梁共同组成了组合梁，提高了楼盖的刚度。

标准层楼板厚度取 100~120mm，设备层楼面局部取 150mm，为了节约钢材，蜂窝型钢梁可采用 H 型钢或焊接 H 型钢及热轧工字钢再加工形成。采用此种方法可节约钢材约 20%，并允许设备管线穿过钢梁，保证建筑净高要求。

6.6.2 T1 结构构成

T1 平面尺寸约为（38.9～46.6 m）×（65.9～79.5m）。北面与裙房相连。采用筒中筒结构体系，外筒为菱形网格的型钢混凝土交叉柱外网筒，交叉柱的菱形网格的尺寸为 5m×8m，与楼面环梁（楼层高为 4m）共同构成菱形网格，与钢筋混凝土核心内筒共同工作。为满足建筑开洞需要，在首层局部设置梁式或桁架式转换结构。

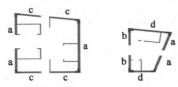

图 6.6.11 T1 内筒构成示意

6.6.2.1 内筒结构构成（内置型钢 1～6 层）（图 6.6.11）

（1）内筒外墙截面厚度（表 6.6.9）。

T1 内筒外墙截面厚度　　　　　　表 6.6.9

编号	结构层	墙厚（mm）	编号	结构层	墙厚（mm）
a	1 层-12 层	600	c	10 层-15 层	400
a	13 层-18 层	500		16 层-24 层	300
a	19 层-24 层	400	d	1 层-4 层	600
b	1 层-12 层	500	d	5 层	500
b	13 层-18 层	400	d	6 层-9 层	450
b	19 层-24 层	300	d	10 层-15 层	400
c	1 层-5 层	500	d	16 层-24 层	300
c	6 层-9 层	450			

（2）内筒内墙截面厚度：核心筒内墙厚由底层到顶层为 200mm。

（3）连梁：高 800mm，宽同墙厚。

混凝土强度等级：C60（1 层-11 层），C50（12 层-17 层），C40（18 层-24 层）。

6.6.2.2 交叉柱外网筒结构构成

（1）外筒底部网格构成（1 层-4 层）

为满足建筑需求，在底部西立面、东南侧设置转换梁；在北立面设置转换桁架（$H=$ 2.4m），如图 6.6.12～图 6.6.15 及表 6.6.10～表 6.6.12 所示。

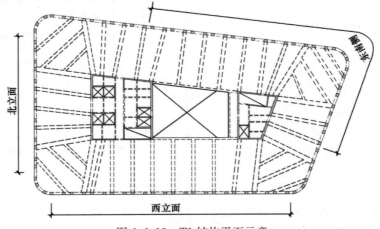

图 6.6.12 T1 结构平面示意

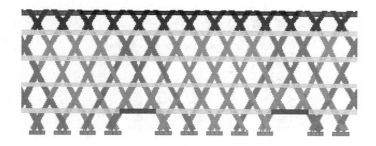

图 6.6.13 T1 西立面

T1 西立面杆件截面表   表 6.6.10

	截面尺寸（mm）	备 注
斜柱	■ 700×1300	型钢含钢率＝4.6%
	■ 700×1100	型钢含钢率＝5.0%
	■ 700×900	型钢含钢率＝5.2%
	■ 700×800	型钢含钢率＝5.3%
转换梁	■ 700（B）×800（H）×30（t）	矩形钢管
环梁	■ 700×800	钢筋混凝土

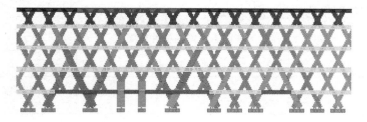

图 6.6.14 T1 东南侧立面

T1 东南侧杆件截面表   表 6.6.11

	截面尺寸（mm）	备 注
直柱	■ 700×1700	型钢含钢率＝4.7%
斜柱	■ 700×1500	型钢含钢率＝4.7%
	■ 700×1300	型钢含钢率＝4.6%
	■ 700×1100	型钢含钢率＝5.0%
	■ 700×900	型钢含钢率＝5.2%
	■ 700×800	型钢含钢率＝5.3%
转换梁	■ 700（B）×800（H）×30（t）	矩形钢管
环梁	■ 700×800	钢筋混凝土

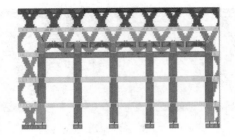

图 6.6.15　T1 北立面

T1 北立面杆件截面　　　　　　　　　　　　　　表 6.6.12

	截面尺寸（mm）	备　　注
直柱	■ 700×1700	型钢含钢率＝4.7%
	■ 700×1500	型钢含钢率＝4.7%
斜柱	■ 700×800	型钢含钢率＝5.3%
转换桁架	上下弦杆 ■ 700（B）×1000（H）×35（t）	矩形钢管
	腹杆 ■ 600（B）×600（H）×30（t）	矩形钢管
环梁	■ 700×800	钢筋混凝土

（2）外筒上部网格构成（5 层-24 层）

外筒上部网格杆件截面　　　　　　　　　　　　表 6.6.13

构件	结构层	截面尺寸（mm）		备　　注
斜柱	5 层-8 层	600×800		型钢含钢率＝5.9%
	9 层-14 层			型钢含钢率＝4.0%
	15 层-24 层			钢筋混凝土
环梁		拐角	其余部位	
	5 层	700×800	700×600	
	6 层-16 层	600×800	600×550	
	17 层-22 层	600×700	600×550	
	23 层	600×700	600×600	
	24 层	600×700		

受建筑窗洞尺寸限制及幕墙工艺要求，斜柱截面高度取 800mm，厚度（进深方向）为 600mm；交叉斜柱以承受轴力为主，在 5～14 层局部构件内设型钢，以满足承载力要求。

6.6.2.3　楼盖系统

楼盖采用钢筋混凝土扁梁（宽扁梁）—板（120 厚）体系。混凝土强度等级 C30。中庭处梁跨度约 21m，采用矩形钢管梁（表 6.6.14）。

楼 盖 梁 截 面		表 6.6.14
	截面尺寸（mm）	备　注
楼面梁	800×550	
	1200×550	拐角处
中庭处梁	500（B）×800（H）×35（t）	矩形钢管

6.6.3　T2/T1 竖向构件地下室部分

6.6.3.1　T2 竖向构件地下室部分

T2 外筒不规则钢管混凝土构件在地下室内转为直柱。直柱较上部斜柱截面高度增加 100～200mm，满足承载力及轴压比要求；同时在外网筒钢管混凝土柱之间增加 400mm 厚混凝土剪力墙，考虑建筑洞口及机电设备开洞。此两项措施提高了 T2 外筒在±0.00 以下抗侧刚度，避免 T2±0.00 上下层刚度突变。

T2 内筒地下室内墙厚度 550mm 不变，外墙厚度 1300mm，较±0.00 以上外墙厚度加厚 150mm，材料为 C60 混凝土，型钢柱及墙体内钢板延伸落入承台。

6.6.3.2　T1 竖向构件地下室部分

T1 外筒斜交叉型钢混凝土柱在地下室内转为直柱，截面高度较地上加大 200mm，与混凝土梁形成框架结构，地下室内竖向构件较上部斜柱截面扩大，满足承载力及轴压比要求，并保证地下室与首层竖向构件抗侧刚度不产生突变。

T1 内筒在地下室内墙厚度 300mm，外墙厚度 550、650mm，分别较±0.00 标高墙体厚度加厚 50mm。材料为 C60 混凝土。

6.6.4　裙房构成

裙房结构共三层，建筑面积约 11070m²，位于 T1、T2 之间。考虑地下室已为一整体及上部建筑功能、耐久性要求，裙房与 1、T2 间不设永久缝，南侧、西侧分别与 T1、T2 外网筒梁、柱相连，施工时设整跨后浇区（图 6.6.16）。结构体系采用框架体系。柱混凝土等级为 C60，梁、板混凝土等级为 C30，钢材等级为 Q390GJC、Q345B。

裙房二层为酒店大堂休息厅，下设有大空间宴会厅，跨度 36m×48m，采用圆钢管混凝土柱（$\phi1000(D)×50(t)$mm）—交叉工字钢梁（$1800(H)×1000(B)×25(t_w)×50(t_f)$）构成框架，楼盖采用组合楼盖体系；其他部分采用钢筋混凝土圆柱（$D=600$mm）—钢筋混凝土梁（截面 $800(B)×400(H)$）；楼板 180mm 厚，酒店入口停车落客处采用 200mm 厚板，局部用 400mm 厚板。

裙房三层为高级娱乐厅和设备机房，采用圆钢管混凝土柱（截面 $\phi1000(D)×50(t)$mm）/圆钢管柱（截面 $\phi1000(D)×45(t)$mm）—工字钢梁构成框架，钢梁截面为 $900(H)×600(B)×16(t_w)×35(t_f)$，

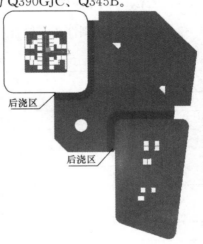

后浇区

后浇区

图 6.6.16　裙房后浇区的设置示意

$600(H)\times300(B)\times12(t_w)\times25(t_f)$；楼盖为组合楼盖，楼板为 140mm 厚。

裙房屋面，上部有不规则天窗洞口，采用圆钢管混凝土柱/圆钢管柱—工字钢梁共同支撑屋顶，局部悬挑约 7m。预留天窗开洞处，钢梁为矩形钢管梁（截面为 $1800(H)\times900(B)\times25(t_w)\times35(t_f)$）及工字钢梁（截面为 $1800(H)\times800(B)\times25(t_w)\times40(t_f)$）；其他部分采用工字钢梁（截面为 $900(H)\times600(B)\times16(t_w)\times35(t_f)$，$450(H)\times300(B)\times11(t_w)\times18(t_f)$）。楼盖为组合楼盖，楼板为 140mm 厚。

6.7 超限情况判别及针对超限的相应措施

根据建质［2006］220 号《超限高层建筑工程抗震设防专项审查技术要点》，本项目超限内容如下：

（1）T2 高度超限

T2 高 358m，属于《高层建筑混凝土结构技术规程》中规定的超 B 级高度高层建筑结构。

（2）T2、T1 外网筒采用创新结构体系

（3）大底盘多塔

3 层裙房为大底盘，4 层以上二幢高层。两栋高层高度和体型差异很大，震动特性完全不同。

6.7.1 T2 高度及高宽比

根据《高层建筑混凝土结构技术规程》JGJ 3，有表 6.7.1。

T2 高度及高宽比 表 6.7.1

	判断依据	项目情况	超限判断
高度	8 度区 B 级筒中筒：170m	358m	超限
高宽比	8 度区 B 级：6	6.88	

6.7.2 塔楼结构规则性

建筑结构一般规则性超限检查见表 6.7.2。

一般性规则性超限检查 表 6.7.2

序号	不规则类型	T2 超限判断	T1 超限判断
1	扭转不规则	无	无
2	偏心布置	无	无
3	凹凸不规则	无	无
4	组合平面	无	无
5	楼板不连续	底部和设备层有	无
6	刚度突变	无	无
7	尺寸突变	无	无
8	构件间断	无	无
9	承载力突变	无	无

建筑结构严重规则性超限检查见表 6.7.3。

严重规则性超限检查   表 6.7.3

序号	不规则类型	T2 超限判断	T1 超限判断
1	扭转偏大	无	无
2	抗扭刚度弱	无	无
3	层刚度偏小	无	无
4	高位转换	无	无
5	厚板转换	无	无
6	塔楼偏置	无	无
7	复杂连接	无	无
8	多重复杂	无	无

6.7.3 嵌固端的确定

地下室顶板嵌固端假定考虑因素：

（1）4 层地下室，全部地下室均有与地下室顶板相连接的封闭外墙。

（2）首层楼板开洞较少，局部洞口周围作特别加强，使其楼板平面内刚度足够将塔楼底部的基底剪力传递至较大范围直到四周的连续墙，进而作用在四周土体中。

（3）塔楼竖向构件（剪力墙/柱）地下室区域予以加强，并在楼梯间布置剪力墙，提高地下室抗侧刚度。

（4）地下室 1 层结构的侧向刚度双向均大于地上一层结构的侧向刚度的 2 倍以上（表6.7.4）。

地下一层与地上一层刚度比   表 6.7.4

塔 楼	T2	T1
地上一层 X 向刚度（kN/m）	19214545	74526
地下一层 X 向刚度（kN/m）	52666553	2416445
地下一层/地上一层 X 向刚度比	2.74	32.4
地上一层 Y 向刚度（kN/m）	18591406	101561
地下一层 Y 向刚度（kN/m）	52661479	2462340
地下一层/地上一层 Y 向刚度比	2.83	24.2

可见，满足《高规》5.3.7 条和《抗规》6.1.14 条中的相关要求，可取地下室顶板作为上部结构计算的嵌固端。

6.7.4 针对超限的主要抗震措施

6.7.4.1 T2 超高

（1）增强核心筒延型的措施

①核心筒墙体中的洞口的分布对墙体的抗震能力有较大的影响。墙体洞口布置按照均匀对称的原则。

②核心筒外墙抗震等级均按特一级。

③核心筒内墙抗震等级均按一级。

④中下部核心筒外墙采用钢板剪力墙。

⑤对抗剪承载力不够的连梁，在连梁中间布置窄翼型钢以增加其抗剪承载力。

⑥控制连梁剪压比小于 0.2。

（2）增强钢板剪力墙延性的措施

①控制钢板剪力墙折算轴压比小于 0.5。

②控制钢板剪力墙混凝土墙厚度 C 与钢板厚度 t 比为 25～30。

③钢板周边采用型钢柱和型钢梁边框加强，钢板和型钢全部双面角焊缝。

④控制钢板剪力墙竖向、水平分布钢筋配筋率小于 0.5%，大于 0.35%。

⑤钢板对角区外设置直径 300～400mm 的混凝土灌注孔，间距 1200～1500mm，内设钢筋混凝土芯柱，箍筋加密。

⑥控制钢板剪力墙栓钉间距 300mm。

⑦钢板剪力墙 1/5 角区熔透焊 其余双面角焊缝。

⑧控制钢板受拉、受剪应力。

⑨控制钢板剪力墙满足抗剪中震弹性，抗弯中震不屈服，中震弹性下钢板拉应力小于 150MPa。

（3）增强钢筋混凝土墙延性的措施

①控制钢筋混凝土剪力墙轴压比小于 0.5。

②核心筒角部增设型钢，增加延性，降低钢筋混凝土剪力墙应力水平。

③剪力墙水平和竖向分布筋最小配筋率适当提高，取 0.40%。

④剪力墙沿竖向变厚度、变混凝土强度等级时均匀缓慢并错位 2 层。

（4）增加外网筒延性的措施

①控制外网筒钢管混凝土斜柱轴压比小于 0.7。

②控制钢管混凝土和矩形钢管斜柱构件重力荷载、小震、风最不利组合下应力比小于 0.85。

③控制钢管混凝土和矩形钢管底部斜柱中震弹性最不利组合下应力比小于 1.0。

④控制钢管混凝土和矩形钢管斜柱中震不屈服最不利组合下应力比小于 1.0。

⑤外网筒节点阴角区采用铸钢弧板过渡，避免阴角区高应力。

⑥关键构件采用高建钢，并要求厚度方向性能，确保钢板延性。

⑦外网筒变截面尺寸均匀缓慢并错位 2 层。

6.7.4.2 创新的结构体系

（1）深入的理论研究

①六边形网格结构性能研究；

②六边形横梁合理刚度的选用；

③六边形斜柱倾斜角度优化；

④通过施工措施优化外筒角部斜柱受力。

（2）细致深化的计算

①楼板局部有限元分析；

②楼板刚度退化影响分析；

③杆元壳元对比及杆元模型节点刚域合理取值；

④关键节点的局部有限元分析；

⑤抗连续倒塌分析；

⑥线性、非线性屈曲稳定分析；

⑦人行激励下楼盖舒适度分析；

⑧风振舒适度分析；

⑨整体结构温度收缩徐变分析；

⑩动力弹塑性分析。

6.7.4.3 大底盘多塔

（1）将嵌固层设在地下室顶板，为了确保能够在该楼层提供足够的水平约束，能够将塔楼底部的基底剪力传递至较大范围直到四周的连续墙，进而作用在四周土体中，采取三个措施：①地下室顶板采用 250mm 厚现浇钢筋混凝土楼板，采用双层双向配筋，保证配筋率不小于 0.5%；②保证地下室顶板的完整性；③保证全部地下室均有与地下室顶板相连接的封闭外墙。

（2）设计按照以地下室顶板为嵌固端的单塔和以地下室底板为嵌固端的总装计算模型结果双控。

6.8 结构计算模型及分析软件

结构设计按照以下单塔和总装计算模型结果双控：

（1）以地下室顶板为嵌固端的 T2 单塔计算模型；

（2）以地下室顶板为嵌固端的 T1 单塔计算模型；

（3）以地下室底板为嵌固端的 T2＋T1＋裙房＋地下室总装计算模型。

结构计算模型见表 6.8.1。

结构计算模型　　　　　　　　　　　　　　　　　表 6.8.1

计算程序	计算模型	主要计算内容
ETABS V9.1.6	单塔弹性楼盖	重力、风荷载计算分析/反应谱小震分析/反应谱中震复核
	单塔刚性楼盖	重力、风荷载计算分析/反应谱小震分析/反应谱中震复核
SAP2000 V11.0.8	单塔弹性楼盖	重力、风荷载计算分析/反应谱小震分析/反应谱中震复核
	单塔弹性楼盖	整体结构线性/非线性屈曲稳定分析
	单塔弹性楼盖	抗连续倒塌分析
	单塔弹性楼盖	小震弹性时程分析
	单塔弹性楼盖	施工模拟分析
	多塔弹性楼盖＋地下室＋裙房	重力、风荷载计算分析/反应谱小震分析/反应谱中震复核
	多塔弹性楼盖＋地下室＋裙房	施工模拟温差收缩效应计算分析
MIDAS 7.3.0	单塔弹性楼盖：带地下室（不带商业裙房）	整体结构分析、风振舒适度分析、楼盖舒适度分析

计算程序	计算模型	主要计算内容
SAFE V12.0.1	整体地下室	底板计算
ANSYS 10.0	节点局部有限元模型	节点分析
Abaqus 6.7	T2 单体模型	动力弹塑性分析

6.9 结 构 设 计 策 略

6.9.1 六边形网格结构性能研究

本工程六边形外网筒结构为整体结构中最主要的主体结构之一，它承担了 50% 左右的整体结构总重力和总水平力。六边形外网筒与框筒、交叉柱网筒不同，具有较好的抗侧刚度和延性，但重力荷载下受力变形极其不利。深入研究完善改进六边形网筒结构工作性能，扬长避短，从而实现六边形外网筒结构的安全合理经济，达到建筑和结构的协调。

（1）由于六边形网格的固有特性，重力荷载下斜柱杆端的相对位移使弯矩和剪力成为主要内力，同时轴力还比通常的框架柱大，因此六边形网格中最主要的构件斜柱在重力荷载作用下应力水平较高，受力不利。因此，传统的筒体框架结构内外筒刚接及伸臂结构，不适用于这种结构，本工程采用内外筒铰接共同承担重力、水平力是较为适宜的。

（2）六边形网格具有一定的竖向承载力和竖向刚度。与其他结构相比，六边形网格结构在重力荷载作用下竖向变形大，竖向刚度最差，交叉网格结构次之，框筒结构最好。重力作用下相连斜杆杆端弯矩基本自相平衡，水平杆（楼面梁、非楼面梁）弯矩和剪力很小，轴压力也由于斜柱剪力的作用而小于斜柱轴力，应力水平较低。

（3）六边形网格结构具有较好的抗侧刚度和抗侧承载能力。水平荷载下六边形网格斜柱、非楼面梁协调工作，既承受轴力又承受弯矩剪力，呈现剪弯型变形特性，其抗侧刚度介于弯曲型交叉柱网格结构和剪切型框架结构之间。

（4）当减小六边形网格结构横梁刚度时，结构抗侧刚度相应减小，但对结构竖向承载力和竖向刚度影响不大；有利的是结构仍具有一定的抗侧刚度和抗侧承载力，同时可以诱导整体结构进入延性破坏机制，利于整体结构的抗震与抗连续倒塌，而且能节约材料，降低造价。

（5）六边形网格结构斜柱为直接承受重力荷载和水平荷载的关键构件，为确保结构安全可靠必须加强；六边形网格结构在非楼面梁、楼面梁重力荷载作用下应力水平低，水平荷载作用下非楼面梁为主要受力构件，且其内力以弯矩为主，与高层剪力墙连梁工作性能接近。作为六边形网筒钢结构的延性构件，非楼面梁和楼面环梁可以适当弱化。

（6）水平荷载作用下非楼面梁屈服后水平荷载继续增大，楼面梁逐渐进入屈服，与此同时斜柱剪力弯矩有所增大；此后六边形网格结构退化为多跨多层折线柱排架结构；若水平荷载继续增大，网格结构根部进入屈服。从这个六边形网格结构水平荷载作用下的破坏过程和形态看，斜柱应设底部加强区进行加强。

（7）六边形网格结构承受重力荷载性能较差，若为提高整体结构抗侧刚度设置伸臂，将加重六边形网格结构竖向负担，同时效率不高。

（8）六边形网格结构在重力荷载作用下荷载由中部向角部转移，传力不直接。采取一定的施工措施可以避免中部楼层荷载向角部大量转移，降低六边形网格结构角部斜柱在重力荷载作用下的应力。同时将过渡层角部区域杆件在结构生成后通过附加连接构件在零应力区焊接连接，有效地减小了过渡区域不规则网格的受力，从而提高构件的安全性。同时进行施工阶段整体结构的抗风和重力荷载作用下整体结构承载力和稳定验算。

（9）六边形网格结构楼板在重力荷载作用下受到一定的拉应力，采用有限元分析，考虑组合楼板中栓钉的作用并适当配置钢筋，能保证楼板的承载力和裂缝控制要求。

6.9.2 六边形横梁合理刚度

分析六边形横梁刚度变化对斜柱内力和结构抗侧刚度的影响。

分析工况 1：简化计算模型

六边形单元在重力荷载作用下，斜杆弯矩分布如图 6.9.1 所示，斜柱反弯点位于杆长 1/2 处，取出虚线框内局部模型进行分析，在斜柱反弯点处施加水平连杆，约束其水平变形，考察当水平杆刚度 EA 变化时，斜柱竖向刚度以及弯矩、剪力、轴力变化趋势。

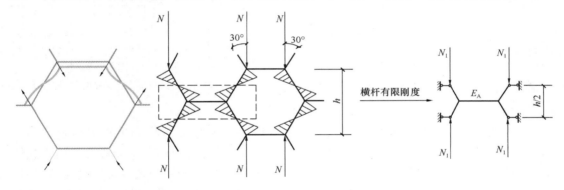

图 6.9.1 考虑横梁刚度变化影响时的简化模型

在图 6.9.1 中，初始取斜柱、水平杆杆件截面均为 $650 \times 650 \times 16 \times 16$ 方钢管，二者具有相同的轴向刚度，施加竖向荷载 $N_1 = 1000$kN。

当水平杆轴向刚度 EA 逐渐变化，而斜柱杆件刚度保持不变时，斜柱变形及内力变化值如图 6.9.2～图 6.9.5 所示。

由上图可知，随着水平杆轴向刚度的增大，斜柱竖向变形逐渐减小，其竖向刚度逐渐增强，同时斜柱内轴力逐渐增大，弯矩及剪力逐渐减小。须注意的是，水平杆轴向刚度的增大与斜柱竖向刚度的提高并非线性关系，当水平杆轴向刚度大于斜柱轴向刚度 2 倍时，提高水平杆刚度对提高斜柱竖向刚度贡献很小，而当水平杆轴向刚度小于斜柱轴向刚度 0.2 倍时，斜柱竖向刚度随水平杆刚度的减小而迅速减小。当水平杆轴向刚度为斜柱轴向刚度 0.3～0.8 倍时，提高水平杆刚度，可以最有效地提高斜柱竖向刚度并减小其弯矩。

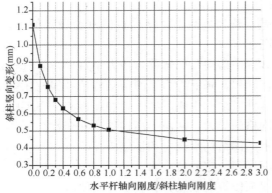

图 6.9.2　水平杆轴向刚度变化时斜柱竖向变形

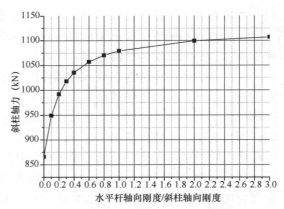

图 6.9.3　水平杆轴向刚度变化时斜柱轴力

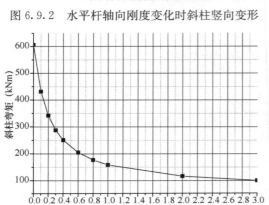

图 6.9.4　水平杆轴向刚度变化时斜柱弯矩

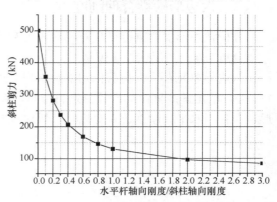

图 6.9.5　水平杆轴向刚度变化时斜柱剪力

分析工况 2：网筒模型

在网筒模型中，六边形单元在水平方向并非理想约束，而将产生水平变形，如图 6.9.6 和图 6.9.7 所示，因此水平杆刚度变化对斜柱内力及整体刚度的贡献效率较理想情况有所降低，在网筒顶部施加竖向荷载，当水平杆截面取为与中间斜柱轴向刚度相同时，观察杆件内力及整体变形，然后减小或放大水平杆轴向刚度，考察该因素对周围构件及整体刚度的影响。

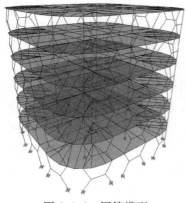

图 6.9.6　网筒模型

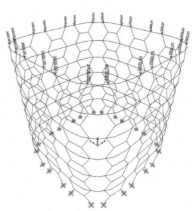

图 6.9.7　竖向加载图

水平杆轴向刚度变化时，斜柱内力及变形等如图 6.9.8～图 6.9.10 所示。

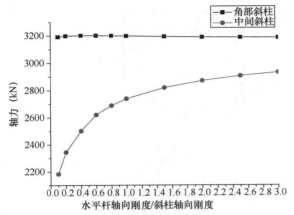

图 6.9.8　水平杆轴向刚度变化时斜柱轴力

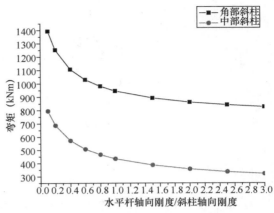

图 6.9.9　水平杆轴向刚度变化时斜柱弯矩

　　结论：竖向荷载作用下，六边形网格单元水平杆件应力水平较低。水平荷载作用下，六边形水平杆刚度减小，将对结构侧向位移以及水平杆轴力有较大影响，对斜柱内力影响不大。水平杆刚度变化与结构侧移变形并非线性关系，水平杆刚度为斜柱刚度的 30%～80% 时，较为合理，可保证六边形网格结构在竖向、水平荷载下正常工作。水平杆刚度小于 0.3 倍斜柱刚度后，整体结构抗侧刚度退化加剧，工作状态较为不利。适当弱化水平杆刚

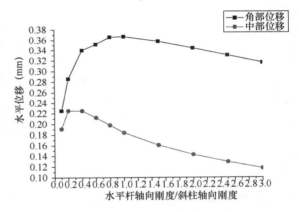

图 6.9.10　水平杆轴向刚度变化时斜柱剪力

度，水平荷载作用下，水平杆轴力减小，弯矩相对增大，杆端弯矩产生的应力水平相对提高，从而有利于水平杆在大震下首先进入弯曲屈服，若保证其强剪弱弯，可类同于剪力墙结构中的连梁，为整体六边形结构提供较好延性，有利于整体结构抗震及抗连续倒塌，同时具有较大经济效益。

6.9.3　六边形斜柱倾斜角度优化

　　修改原则：不影响建筑立面开窗，当六边形斜柱边倾斜角度 α 逐渐减小时，减小斜柱截面高度，即减少了斜柱截面，使之仍处在原结构范围线之内。

　　设斜柱截面为 A，轴向刚度为 EA，弯曲刚度为 EI。斜柱顶部施加垂直荷载 $P=100000\mathrm{kN}$，矩形钢管斜柱倾角 30 度时截面高度 1200mm，截面宽度 1100m，壁厚 100mm。

　　（1）杆系理论分析

　　工况 1：当横杆刚度完全退化为零时，六边形单元退化为两根折线柱

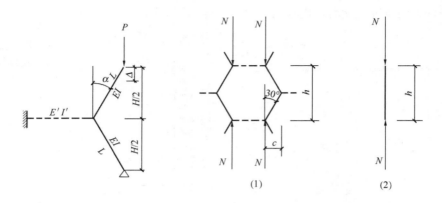

图 6.9.11　六边形斜柱计算模型

如图 6.9.11 所示，设斜柱截面为 A，轴向刚度为 EA，弯曲刚度为 EI。

$$L = \frac{H}{2\cos\alpha} \tag{6.9.1}$$

$$\Delta_m = 2\frac{PL^3\sin^2\alpha}{3EI} \tag{6.9.2}$$

$$\Delta_N = 2\frac{PL\cos^2\alpha}{EA} \tag{6.9.3}$$

$$\Delta_V = 2\frac{PL\sin^2\alpha}{GA} \tag{6.9.4}$$

$$\Delta = \Delta_m + \Delta_n + \Delta_V \tag{6.9.5}$$

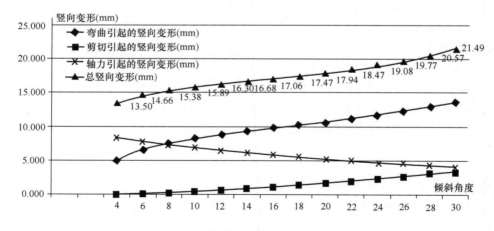

图 6.9.12　钢管竖向变形随角度变化曲线

如图 6.9.12 所示，随着倾斜角度的减小，截面面积和截面惯性矩均减小，杆件长度减小，轴力引起的竖向变形增大，弯曲引起的竖向变形减小，由于弯曲引起的竖向变形占主要成分，总竖向变形减小，竖向刚度增大。

工况 2：当横杆水平刚度为无穷大时

计算模型如图 6.9.13 所示。

计算参数同图 6.9.11。

荷载 P 作用下斜柱顶部节点竖向变形：$\Delta = \Delta_m + \Delta_n + \Delta_V$

一次超静定，未知数——水平连杆反力 x，

$$\frac{PL\cos\alpha\sin\alpha + xL\sin^2\alpha}{EA} + \frac{-PL^3\cos\alpha\sin\alpha/3 + xL^3\cos^2\alpha/3}{EI} + \frac{-PL\cos\alpha\sin\alpha + xL\cos^2\alpha}{GA} = 0 \quad (6.9.6)$$

$$x = \frac{PL\cos\alpha\sin\alpha/A - PL^3\cos\alpha\sin\alpha/3I - PL\cos\alpha\sin\alpha/0.4A}{L\sin^2\alpha/A + L^3\cos^2\alpha/3I + L\cos^2\alpha/0.4A} \quad (6.9.7)$$

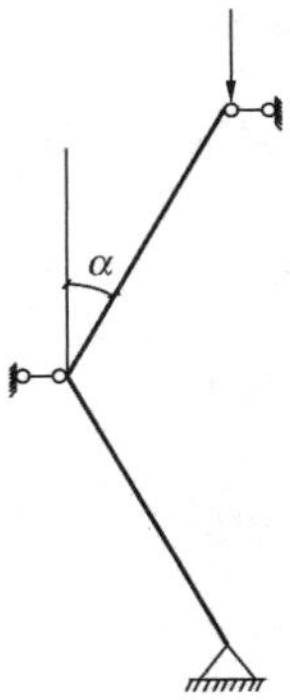

图 6.9.13 横梁水平刚度无限大计算模型

荷载 P 作用下斜柱顶部节点竖向变形：$\Delta = \Delta_m + \Delta_n + \Delta_V$

其中：

$$\Delta_m = 2\frac{PL^3\sin^2\alpha}{3EI} - 2\frac{xL^3\cos\alpha\sin\alpha}{3EI}; \quad (6.9.8)$$

$$\Delta_N = 2\frac{PL\cos^2\alpha}{EA} + 2\frac{xL\sin\alpha\cos\alpha}{EA} \quad (6.9.9)$$

$$\Delta_V = 2\frac{PL\sin^2\alpha}{GA} - 2\frac{xL\sin\alpha\cos\alpha}{GA} \quad (6.9.10)$$

如图 6.9.14 所示，随着角度减小，总竖向变形呈逐渐减小的趋势。

（2）ANSYS 有限元块元分析

以工况 1 三根杆件为例：以构件 B1200×1100×100 倾斜角度 30°、构件尺寸 B850×1100×100 倾斜角度 19°、构件尺寸 B400×1100×100 倾斜角度 0°进行分析，汇总见表 6.9.1。

结构竖向变形图（mm） **表 6.9.1**

倾斜角度 α	30°	19°	0°
杆件截面	B1200×1100×100	B850×1100×100	B400×1100×100
平面内惯性矩 I（m^4）	0.0834	0.0357	0.0053
截面面积（m^2）	0.42	0.35	0.26
$L=H/2/\cos\alpha$（m）	2.425	2.22	2.1
理论分析 Δ（mm）	21.49	17.7	7.8
局部有限元块元分析 Δ（mm）	21.65	17.24	7.4

分析：

（1）随着倾斜角度的减小，截面面积和截面惯性矩均减小，杆件长度减小，轴力引起的竖向变形增大，弯曲引起的竖向变形减小，由于弯曲引起的竖向变形占主要成分，总竖向变形减小，竖向刚度增大。

（2）有限元块元分析结果与杆系分析结果一致。

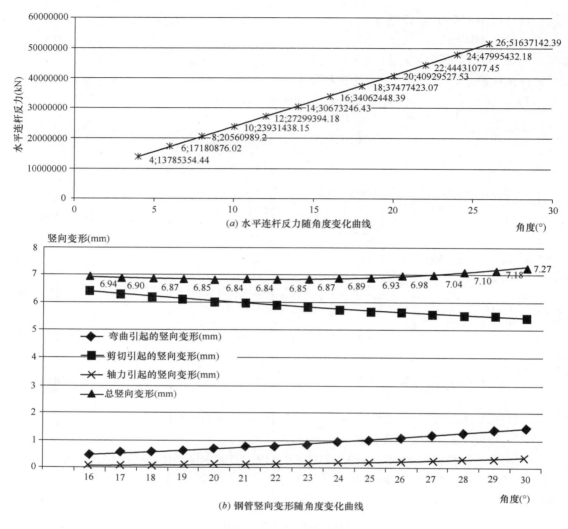

(a) 水平连杆反力随角度变化曲线

(b) 钢管竖向变形随角度变化曲线

图 6.9.14　工况二计算结果

6.9.4　施工措施优化外筒角部斜柱和楼板受力

6.9.4.1　六边形网筒结构受力性能及施工措施

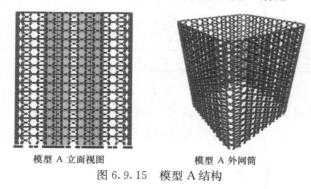

模型 A 立面视图　　　模型 A 外网筒

图 6.9.15　模型 A 结构

以 T2 塔楼 15 个标准层结构模型（模型 A）为例，每层楼板施加 2.0kN/m² 均布附加荷载，分析外筒斜柱在竖向荷载、水平地震作用下内力分布规律。斜柱采用钢管混凝土截面 1000 × 700 × 35（Q420，C80），水平构件采用矩形钢管截面。初始模型中，网筒斜柱截面角部及中部一致。模型 A 结构见图 6.9.15。

模型 A 角部斜柱与中部斜柱截面一致时，模型 A 外网筒斜柱受力规律见图 6.9.16。

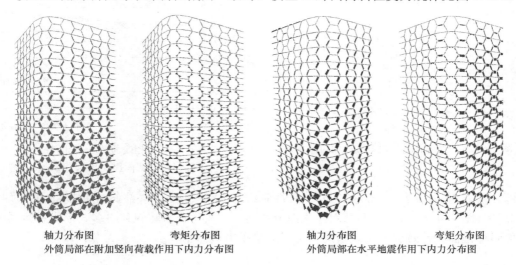

轴力分布图 弯矩分布图
外筒局部在附加竖向荷载作用下内力分布图

轴力分布图 弯矩分布图
外筒局部在水平地震作用下内力分布图

图 6.9.16　模型 A 六边形网筒结构在水平、竖向荷载下内力分布图

由图 6.9.16 可见，模型 A 角部斜柱与中部斜柱截面一致时，竖向荷载下，斜柱与横梁角部与中部内力分布均匀，竖向荷载可以直接有效地向下传递至基底。水平地震作用下，网筒底部角部斜柱轴力、弯矩约为中部斜柱的 1.5～2.0 倍，角部斜柱截面需增大以满足结构设计承载力的需要，采用 1100×1000×45（Q420，C80），截面面积是中部斜柱的 1.6 倍，截面主惯性矩为中部斜柱的 2 倍，相同竖向荷载作用下构件截面修改后模型 A 外筒内力分布见图 6.9.17。

竖向荷载下，角部斜柱较中部斜柱截面增大后，中部斜柱内力有所减小，角部斜柱内力有所增大，其中角部斜柱内轴力约为中部的 1.15 倍，弯矩约为中部斜柱的 1.7

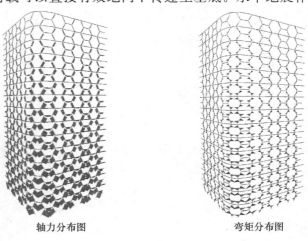

轴力分布图 弯矩分布图

图 6.9.17　角部截面增大后模型 A 外筒局部在附加竖向荷载作用下内力分布图

倍。竖向荷载向下传递过程中产生了向角部的转移。

选取网筒底部斜柱 a、b，见图 6.9.18，比较其截面属性与内力分布关系。由图 6.9.19 可知，随着角部截面面积及惯性矩的增大，竖向荷载下角部斜柱内轴力、弯矩均逐渐增加，中部斜柱内力有所减小，由于中部斜柱根数相对较多，所以减小速度较慢。

由以上分析可知，六边形网筒结构角部斜柱与中部斜柱截面相同时，重力荷载可以分别直接向下传递。水平荷载作用下，角部斜柱受力大于中部斜柱，角部斜柱截面需增大以满足结构设计承载力的需要。此时由于六边形网格结构节点刚接，角部斜柱截面大，将导

501

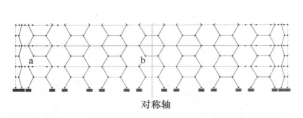

图 6.9.18　所选取的典型斜柱立面位置示意

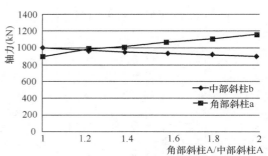

图 6.9.19　竖向荷载下角部斜柱 a 与
中部斜柱 b 截面属性与内力分布关系

致部分中部重力荷载向角部转移，重力荷载传力不直接，角部斜柱负担加重，如图 6.9.20～图 6.9.21 所示。角部斜柱截面继续增大，重力荷载将转移更多，形成恶性循环，角部斜柱截面设计较为困难，角部六边形横梁受力愈加不利。

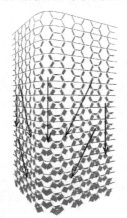

图 6.9.20　下部六边形网格　　图 6.9.21　下部六边形网格区域　　图 6.9.22　过渡区构件重力
区域重力荷载下轴力分布　　重力荷载下水平构件弯矩分布　　荷载下轴力分布

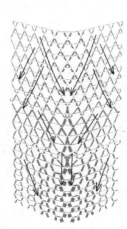

本工程外筒承担结构自重占其承担的总重力荷载 54%，采取施工措施，设法让中部结构自重自承担，不让其向六边形网格角部斜柱转移，将显著改善角部结构受力状态，提高整体结构安全性、经济性。两项施工措施如下：

施工措施 1：主体结构施工期间，释放连接下部六边形角部斜柱的楼面水平钢梁的杆端弯矩及轴力，就可切断六边形网格中部结构自重向角部斜柱转移的路径，下部六边形网格区域结构自重自承担，不向角部转移，主体结构生成后，将此横梁与节点外伸短梁焊接连接。

施工措施 2：由于六边形网格角部斜柱截面大于中部斜柱截面，上部 30 层菱形交叉网格结构中部自重仍将被部分转移至下部六边形网格角部斜柱。主体结构施工期间，过渡区顶层每个角部 8 根斜柱不连接，上部交叉网格结构自重只能向中部六边形斜柱传递，可进一步减轻角部斜柱负担。主体结构生成后，将此斜柱与节点外伸短管焊接连接。采取施工措施前后过渡区构件重力荷载下轴力分布见图 6.9.22 和图 6.9.23。

施工措施 1、2 过程示意见图 6.9.24。

502

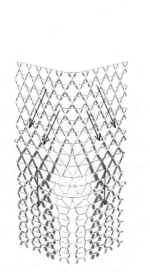

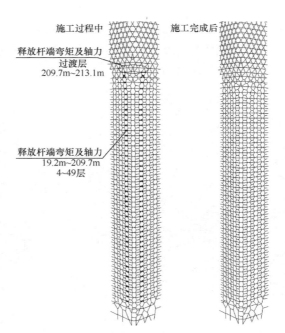

图 6.9.23　采取施工措施 2 后　　　　　图 6.9.24　施工措施 1、2 过程示意
过渡区构件重力荷载下轴力分布

6.9.4.2　采取施工措施后结构变形及节点设计

（1）施工措施 1

整体结构模拟施工分析计算可得到，结构自重以及施工荷载作用下，后接钢梁左右两节点 A、B 水平位移差 0～2.5mm，竖向位移差随楼层升高逐步增大，顶部（209.7m 标高，第 49 层）最大位移差 59mm，六边形标准层顶部（194.1m 标高，第 45 层）位移差为 52mm，各楼层位移差如图 6.9.25 所示。第 45 层该梁净长 1418mm，最大转角 2.1°。施工期间该梁腹板两端设置间隙定位螺栓定位，M20 定位螺栓，孔径 $\phi36mm$，该梁两端

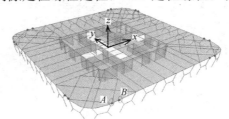

A、B 点位置

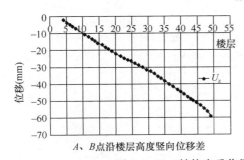

A、B 点沿楼层高度竖向位移差

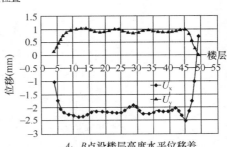

A、B 点沿楼层高度水平位移差

图 6.9.25　结构自重作用下后接钢梁左右两端位移差

与节点外伸短梁预留间隙 20mm，可适应该梁两端变形差，如图 6.9.26 所示。主体结构施工后，后接钢梁与节点外伸短梁贴板焊缝连接，形成整体结构，承担后期附加恒载、活载及水平荷载作用，详见图 6.9.27。

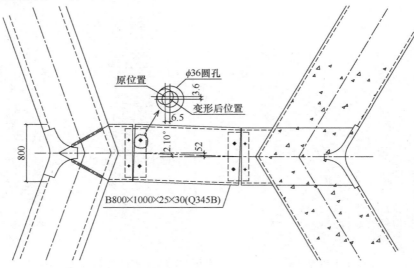

图 6.9.26 施工过程中变形分析

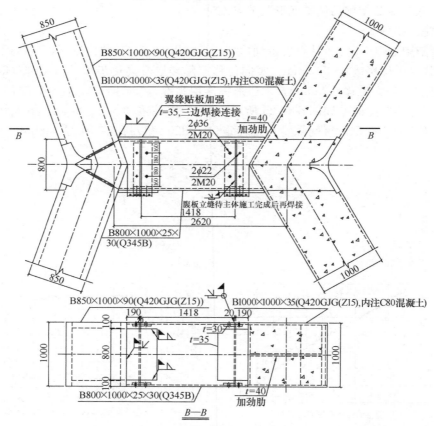

图 6.9.27 后接钢梁示意图

由图 6.9.25 可以看到，后接钢梁合拢前两端竖向变形差由上至下逐层递减，曲线平滑，为补偿中部结构竖向构件的压缩变形，各层在施工时预留一定的高度，可使得合拢前结构自重作用下六边形网筒中部与角部基本找平。结构第 i 层预留高度包括 $i+1$ 层施工前 i 层以下结构自重产生的 i 层楼面处下沉变形以及施工完成后 i 层以上结构总自重产生的 i 层楼面处的下沉变形，各层预留高度如图 6.9.28 所示，最大预留高度 2.65mm。

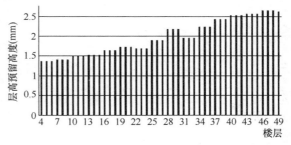

图 6.9.28　4～49 层中部结构楼层预留高度

标高 191.4m 楼层（第 45 层）外筒中部结构标高预留 2.55mm 后该楼层变形图见图 6.9.29。

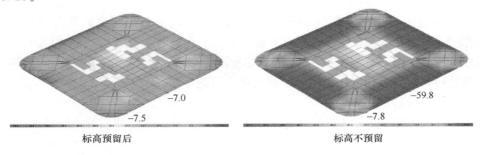

图 6.9.29　结构生成后 191.4m 处第 45 层楼面变形图（相对位移，mm）

同时结合混凝土施工，减小混凝土收缩应力，在对应位置设置混凝土楼板后浇带，如图 6.9.30 所示，可释放外网筒中、角部竖向变形差的影响，主体结构合拢后，楼板后浇带逐层合拢。

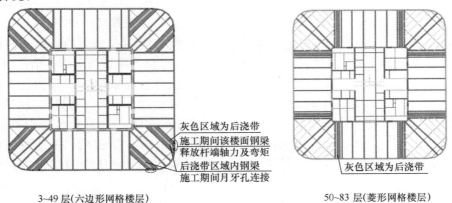

图 6.9.30　楼板后浇带的设置

（2）施工措施 2

整体结构模拟施工分析计算可得到，结构自重以及施工荷载作用下，过渡区后接斜柱上下两端节点位移差如表 6.9.2 所示，其中水平位移较小，影响可不计，各层累计至该层后接杆端竖向位移差最大为 67mm。过渡区各节点竖向变形值如图 6.9.31 及表 6.9.2 所示，过渡区以下楼层经施工标高预留措施后，合拢前六边形网筒中部与角部基本找平。

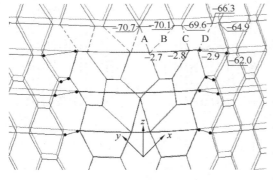

图 6.9.31　结构刚生成后接斜柱两端节点
竖向位移（mm，负值表示方向向下）

过渡区后接杆件结构自重作用下两端位移差

（杆件编号见图 6.9.31）表 6.9.2

杆件号	杆件节点上下位移差（mm）		
	X 方向	Y 方向	Z 方向
A	0.28	0.14	−67.94
B	0.43	0.10	−67.38
C	0.40	0.04	−66.72
D	0.20	0.09	−63.42

以斜柱 B 为例，杆件净长 1615mm，转角 1.51°，施工期间两端采用间隙套管定位，套管内孔较后接斜柱放大 20mm，后接斜柱两端与节点外伸短管预留间隙 40mm，可适应后接斜柱上下端变形差，如图 6.9.32 所示。主体结构施工后，后接斜柱与套管垫板焊接，形成整体结构，承担后期附加恒载、活载及水平荷载作用。

6.9.4.3　施工措施效果

在结构生成过程中采取上述两项施工措施，分析结构自重生成后的主要构件内力及应力情况。

（1）底部斜柱

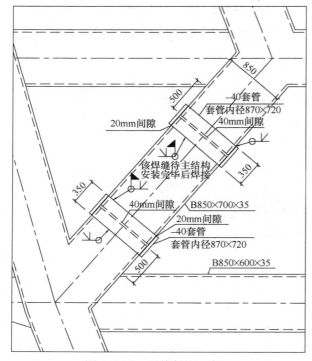

图 6.9.32　后接斜柱示意图

结构第 6 层角部斜柱 A 及中部斜柱 B 采取施工措施前后内力及应力水平对比见图 6.9.33 及表 6.9.3。

由表 6.9.3 可知，不采用施工措施，自重作用下结构第六层六边形角部斜柱 A 轴力约为中部斜柱 B 的 1.9 倍，弯矩约为 1.2 倍，中震作用组合下角部斜柱 A 轴力约为中部斜柱 B 的 2.3 倍，弯矩约为中部的 1.5 倍，中部与角部斜柱受力差异较大。采取施工措施后，角部斜柱内力减小，中部斜柱内力增加，自重作用

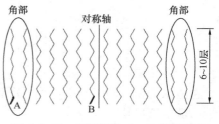

图 6.9.33　底部斜柱 A、B 位置示意

下角部斜柱 A 轴力减小 6800kN，减小 43％，弯矩减小 1300kNm，减小 37％，中部斜柱 B 内力增加 22％。与附加恒活风荷载以及地震作用组合后，角部斜柱应力水平降低约 10％，中部斜柱应力水平增加 5％，结构受力趋于均匀，安全性得以提高。

六边形构件 A、B 采取施工措施前后内力及应力水平对比　　　表 6.9.3

构件	荷载组合	不采取施工措施			采取施工措施			采取施工措施后杆件内力变化（负号为减小）	
		内力		应力 MPa	内力		应力 MPa	弯矩	轴力
		弯矩 kNm	轴力 kN		弯矩 kNm	轴力 kN			
A 角部	自重	3328	15715	0.236	2070	8933	0.144	**−37.80％**	**−43.16％**
	重力荷载设计组合	9257	43598	0.655	7320	33153	0.514	−20.92％	−23.96％
	重力荷载、风载设计组合	7680	37495	0.552	6019	28542	0.432	−21.63％	−23.88％
	重力荷载、风载、小震设计组合	10062	47993	0.743	8427	39250	0.632	−16.25％	−18.22％
	重力荷载、中震设计组合	12499	59289	**1.002**	11279	52731	**0.882**	−9.76％	−11.06％
B 中部	自重	2783	8155	0.219	3411	9923	0.267	22.57％	21.68％
	重力荷载设计组合	7667	22539	0.605	8635	26261	0.679	12.63％	16.51％
	重力荷载、风载设计组合	6556	19635	0.521	7385	21968	0.585	12.64％	11.88％
	重力荷载、风载、小震设计组合	7426	22480	0.613	7842	24312	0.684	5.60％	8.15％
	重力荷载、中震设计组合	8386	25775	**0.792**	8876	27148	**0.806**	5.84％	5.33％

（2）过渡区斜柱

结构第 52 层（交叉网格底部）角部斜柱 A 及中部斜柱 B 采取施工措施前后内力及应力水平对比见图 6.9.34 及表 6.9.4。

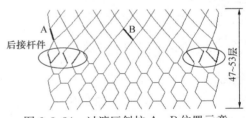

图 6.9.34　过渡区斜柱 A、B 位置示意

过渡区构件 A、B 采取施工措施前后内力及应力水平对比　　　表 6.9.4

构件	荷载组合	不采取施工措施		采取施工措施		采取施工措施后杆件轴力变化（负号为减小）
		轴力 kN	应力 MPa	轴力 kN	应力 MPa	
A 角部	自重	4035	0.168	858	0.036	**−78.74％**
	重力荷载设计组合	13234	0.547	8062	0.326	−39.08％
	重力荷载、风载设计组合	11003	0.492	7399	0.302	−32.75％
	重力荷载、风载、小震设计组合	14285	0.644	10473	0.474	−26.69％
	重力荷载、中震设计组合	17326	**0.872**	14466	**0.710**	**−16.51％**
B 中部	自重	2441	0.104	3871	0.156	**58.58％**
	重力荷载设计组合	8330	0.346	9956	0.398	19.52％
	重力荷载、风载设计组合	7112	0.305	8736	0.649	22.83％
	重力荷载、风载、小震设计组合	9117	0.405	10595	0.469	16.21％
	重力荷载、中震设计组合	11366	**0.543**	12475	**0.590**	**9.76％**

由表 6.9.4 分析可知，施工过程中，上部交叉网格的自重荷载向网筒中部传递，过渡区角部受力大幅减小，其中交叉网格底部角部构件 A 自重作用下轴力减小 78％，中部构件 B 轴力增加 58％，与后期附加重力荷载以及风荷载、地震作用组合后，构件 A 轴力减小 16％，构件 B 内力增加 10％，角部与中部竖向构件内力趋于均匀，提高了结构安全性。

（3）长期变形影响分析

T2 外筒结构部分采用钢管混凝土截面，含钢率较高，约 13％～18％，见表 6.9.5，环梁、上部交叉网格、六边形水平杆、角部斜柱以及部分六边形中部斜柱采用矩形钢管截面，外筒结构钢管混凝土斜柱受弯剪为主。钢管内混凝土受钢管约束，钢管内混凝土长期徐变效应对整体结构的受力、变形影响较小，主体结构施工合拢后，结构自重后期由中部向角部的转移量级很小。

本工程型钢混凝土斜柱的含钢率　　　　　　　　　　表 6.9.5

钢管截面	H （mm）	B （mm）	t_w （mm）	t_f （mm）	钢管面积 （mm²）	含钢率
SB1000×1000×35	1000	1000	35	35	135100	13.5％
SB1000×900×35	1000	900	35	35	128100	14.2％
SB1000×800×35	1000	800	35	35	121100	15.1％
SB1000×700×35	1000	700	35	35	114100	16.3％
SB1000×600×35	1000	600	35	35	107100	17.9％
SB900×600×35	900	600	35	35	100100	18.5％

6.9.5　楼板局部有限元分析

重力荷载下六边形网筒楼面环梁一拉一压交错发生，与之相连楼板分段受拉受压，随着重力荷载增大，下部楼层楼板拉应力增大。

SAP2000 软件计算中，楼板与环梁之间采用共用节点连接协同变形，内力根据构件的材料弹性模量按比例分配，楼板应力计算结果明显偏大。

实际楼板与环梁之间通过栓钉连接，栓钉有限刚度在组合楼板工作中将产生一定的滑移。针对角部楼板和中间楼板局部拉应力较高的区域，进行 ANSYS 有限元分析，考虑栓钉弹簧刚度，分析楼板内拉应力水平。

（1）栓钉的弹簧刚度计算方法：

所有材料均为弹性的，不考虑材料和几何非线性。以单根组合梁为例，有限元模型如图 6.9.35 所示。其中钢梁和混凝土板均采用弹性壳单元模拟，忽略混凝土板中钢筋作用，钢和混凝土材料均假设为线弹性。

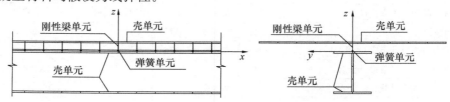

图 6.9.35　线性有限元分析模型

根据栓钉的实际剪力－滑移关系，钢梁与混凝土板之间的连接采用刚性梁单元加一维线性弹簧单元进行模拟，如图 6.9.36 所示，其中 A 点位于混凝土板中面上，B 与 B' 点位于混凝土板和钢梁交界面上，未发生滑移时位置重合。A、B 点之间用刚性梁单元连接，保证 A、B 点之间位移关系符合弹性薄板假设，h_c 为混凝土板厚。在弹性分析范围内，滑移发生在 x、y 方向，z 方向上通常不会发生掀起。所以模型中将 B 与 B' 两点在 x、y 向均用一维线性弹簧单元连接，除 x、y 方向平动自由度以外，B 与 B' 两点其他自由度耦合。当梁在 x 向发生弯曲变形时，变形前 B 与 B' 点重合，变形后钢梁与混凝土板交界面在 x 向发生滑移，滑移值 $s=\mathrm{BB'}$，如图 6.9.37 所示。设弹簧单元刚度为 K，弹簧单元间距为 p，则交界面上 x 方向单位长度剪切刚度为 K/p。假设实际结构中栓钉间距为 p'，按完全剪力连接设计的栓钉最大抗剪承载力为 V_u，同一截面栓钉个数为 n_s，则钢与混凝土交界面单位长度上的剪切刚度取为 $k_s=n_s V_u K_0/p'$，$K_0=1\mathrm{mm}^{-1}$（清华大学试验研究表明，可取 $K_0=0.6\sim 1\mathrm{mm}^{-1}$），$V_u=0.43A_s\sqrt{E_c f_c}\leqslant 0.7A_s f_u$（$A_s$ 为栓杆面积，f_u 为栓钉钢材极限强度）。保证有限元模型中 $K/p=k_s$ 即可。

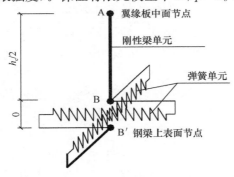

图 6.9.36　栓钉单元示意图

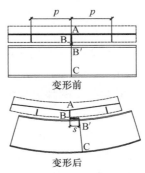

图 6.9.37　钢-混凝土交界面滑移

本项目弹簧刚度取值如下：

$$0.43A_s\sqrt{E_c f_c}=0.43\times 3.14\times \frac{19^2}{4}\times \sqrt{30000\times 14.3}=79813\mathrm{N}$$

$$0.7A_s f_u=0.7\times 3.14\times \frac{19^2}{4}\times 235=46616\mathrm{N}\quad 取\ V_u=46616\mathrm{N}$$

$$k_s=n_s V_u K_0/p'=2\times 46616\times 1/150=621\mathrm{N/mm^2}$$

其中 n_s 为栓钉排数，p' 为栓钉间距

有限元分析模型中弹簧单元间距 300mm，单个单元刚度：$K = 620\times 300 = 186363\mathrm{N/mm}$

（2）按此方法局部有限元计算结果

A 区组合楼盖

取楼板拉应力较大的一跨作为分析对象：混凝土板厚 100mm，平面尺寸为 4800mm×2000mm，混凝土强度等级为 C30；钢梁截面尺寸为 400×650×20，跨度为 4800mm，钢材为 Q345；栓钉选用 2 排 φ19，间距 150mm。弹簧单元间距为 300mm；两端拉力 T =2100kN。

分析结果：钢梁两端的弹簧变形与内力较大，越靠近钢梁中部越小。钢梁端部弹簧内

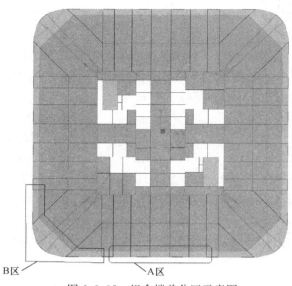

B区 A区

图 6.9.38 组合楼盖分区示意图

力与变形最大，弹簧力为 35802N（相应的变形为 35802/186363＝0.19mm）。

B 区组合楼盖

混凝土板厚 100mm，板宽 4000mm，混凝土强度等级为 C30；钢梁截面尺寸为 400×650×20、800×800×25（为便于建模分析，以 400×650×38.3 截面代替，保持轴向刚度不变），钢材为 Q345；栓钉选用两排 φ19，间距 150mm。

分析结果：弹簧内力为 123974N，对应的弹簧变形为 0.67mm；其他弹簧的内力都在 40000N 以内，变形在 0.22mm 以内。

上部菱性楼层角部楼板：

混凝土板厚 100mm，板宽 4000mm，混凝土强度等级为 C30；钢梁截面尺寸为 700×300×20，钢材为 Q345；栓钉选用两排 φ19，间距 150mm。

分析结果：钢梁两端的弹簧变形与内力较大，最大弹簧力为 47530N，相应的变形为 27354/186363＝0.147mm。

结论：

考虑栓钉的有限刚度作用后，楼板边缘在重力荷载设计组合下最大拉应力约 2.3MPa，环梁内最大拉应力约 100MPa，在此基础上适当加强楼板配筋，可满足承载力及裂缝宽度控制要求。

栓钉有限刚度实际降低了楼板刚度对整体结构的影响与贡献，在此基础上分析楼板刚度退化的影响。

6.9.6 楼板刚度退化影响分析

重力荷载作用下，楼板与外网筒六边形连接边缘以及与菱形区域连接的楼板角部存在一定拉应力，考虑该部分楼板受拉开裂，将该部分楼板弹性模量退化取其 20%，考察对结构影响。

6.9.6.1 模态分析 （表 6.9.6）

楼板刚度退化后结构整体模态　　　　　　表 6.9.6

	周期	质量参与系数							
	s	U_X	U_Y	U_Z	$SumU_X$	$SumU_Y$	$SumU_Z$	R_Z	$SumR_Z$
1	6.007	0.000	0.560	0.000	0.000	0.560	0.000	0.000	0.000
2	5.787	0.560	0.000	0.000	0.560	0.560	0.000	0.000	0.000
3	1.880	0.000	0.000	0.000	0.560	0.560	0.000	0.740	0.740
4	1.506	0.000	0.220	0.000	0.560	0.780	0.000	0.000	0.740

	周期	质量参与系数							
	s	U_X	U_Y	U_Z	$SumU_X$	$SumU_Y$	$SumU_Z$	R_Z	$SumR_Z$
5	1.500	0.220	0.000	0.000	0.770	0.780	0.000	0.000	0.740
6	1.470	0.000	0.000	0.000	0.770	0.780	0.000	0.000	0.740
7	0.723	0.001	0.087	0.000	0.780	0.860	0.000	0.000	0.740
8	0.720	0.084	0.001	0.000	0.860	0.870	0.000	0.000	0.740
9	0.618	0.000	0.000	0.500	0.860	0.870	0.500	0.002	0.740
10	0.620	0.000	0.000	0.011	0.860	0.870	0.510	0.110	0.860
11	0.450	0.000	0.038	0.000	0.860	0.900	0.510	0.000	0.860
12	0.448	0.037	0.000	0.000	0.900	0.900	0.510	0.000	0.860
13	0.434	0.000	0.000	0.180	0.900	0.900	0.690	0.000	0.860
14	0.431	0.000	0.000	0.000	0.900	0.900	0.690	0.000	0.860
15	0.410	0.000	0.000	0.000	0.900	0.900	0.690	0.000	0.860
16	0.406	0.000	0.000	0.000	0.900	0.900	0.690	0.000	0.860

楼板刚度退化后，整体结构刚度退化很小，约1%。

6.9.6.2 重力荷载下外网筒受力性能

（1）构件内力分析

经过计算分析，重力荷载下，楼板刚度退化后，角部斜柱轴力减小10%，中部斜柱轴力基本不变，非楼面横梁轴力减小15%，楼面环梁轴力有不同程度的增大，最大增幅50%，楼板刚度退化后环梁相邻段拉压水平分布趋于均匀；角部斜柱平面内弯矩减小7%，中部斜柱弯矩增大4%～10%，越靠近中部增大的幅度越大；角部斜柱剪力减小7%，中部斜柱剪力增大4%～10%。也就是说，楼板刚度退化将楼板承担的轴力传递给环梁，环梁轴力均匀，减小角部斜柱受力，增加中部斜柱受力，设计将按此种工况进行包络设计。

（2）结构位移分析

楼板刚度退化后，外网筒重力荷载下水平位移略有增加，影响很小。

6.9.6.3 水平地震作用下外网筒受力性能

地震作用下，楼板刚度退化后，杆件的内力变化不大于1%。

总之，楼板刚度退化对整体结构模态影响很小，外网筒重力荷载、水平荷载作用下构件承载力影响可控，设计采用包络控制，整体结构刚度和承载力不受楼板刚度退化的影响。

设计充分考虑楼板刚度退化影响，控制结构安全性、稳定性。

6.9.7 杆元壳元对比及杆元模型节点刚域合理取值

6.9.7.1 杆元壳元对比分析模型

以六层六边形网筒结构为例，采用壳元模型及杆元模型分别计算，分析比较两个模型的构件受力及整体刚度。

网筒采用混凝土结构构件，斜柱截面 1000mm×600mm，六边形横梁 800mm×500mm，楼面环梁 600mm×400mm，采用 C60 混凝土。两个模型斜柱柱顶施加竖向节点荷载，共计 120000kN，顶部楼面梁施加水平荷载 2000kN/m，计算模型见图 6.9.39、图 6.9.40。

图 6.9.39　壳元模型示意图

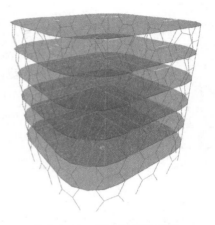

图 6.9.40　杆元模型示意图

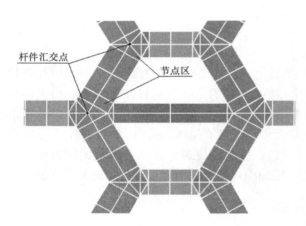

图 6.9.41　梁柱节点示意图

6.9.7.2　梁柱节点的刚域及计算取值

如图 6.9.41 所示，深色区域为六边形斜柱与梁的汇交节点区，在该重合区域，梁与柱的变形都会受到限制，其刚度通常会比梁或者斜柱的刚度大很多，因此在运用结构分析软件（例如 ETABS、SAP2000 等）进行结构分析时，引进了刚域的概念，即假定一个刚度无穷大的区域，但由于节点重合区域刚度实际上是有限的，因此软件中设置刚域系数来调节其范围。在杆元计算中，节点区的刚度通过刚域系数来反映，刚域系数为 1 时，节点区为无限刚度，刚域系数为 0 时，不考虑节点区的刚度，因此可通过设置节点区的刚域系数来模拟壳元计算中的节点区刚度。

（1）刚域系数的计算方法

如图 6.9.42 所示柱宽度为 $2a$，节点重合区域对梁弯曲刚度的影响，相当于存在从轴线交点沿梁长度为 x 的刚域，则其刚域系数为：$\mu = x/a$

刚域系数为 1，即为整个重合区域刚度是无穷大的，构件有效长度到重合区域边缘止，刚域系数为 0，即为不考虑重合

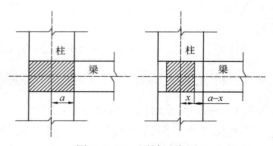

图 6.9.42　刚域示意图

区域刚度的影响，构件有效长度到构件模型的端部节点。刚域系数通常凭经验取值，对于一般结构凭经验取值不会对结构造成重大影响，但本工程构件粗短，截面尺寸与长度比值较大，构件刚域系数取值的大小将对结构刚度分析产生较大的影响。

对于以轴压为主的构件，在构件端部施加轴压力，对于以弯矩为主的构件，在构件端部施加剪力以模拟弯矩，然后用节点中构件的相对变形与单根同样长度的构件变形相比较，看构件在节点中的变形，相当于单根构件减小多长时的变形，然后用这个减小量与重合区域长度相比，即为构件的刚域系数。

（2）分析软件

采用有限元分析软件 ANSYS，采用单元 solid45、solid92，模拟钢材和混凝土，肋板与混凝土之间假定完全粘结，钢材弹性模量 206000MPa，泊松比 0.3，混凝土弹性模量 36000MPa，泊松比 0.2。

（3）分析结果

非楼面六边形节点：

斜柱截面为 1000×600，梁截面为 800×500，斜柱与梁长度均取在反弯点处为 1250mm，在斜柱端施加 1.0×10^5 kN 的剪力，在梁端施加固定约束。

计算结果：斜柱顶端形心竖向位移为：$U_Y = -17.933$

当单根斜柱顶端形心产生相同 Y 向变形时，单根斜柱长度为 1070mm，单根斜柱变形分析结果（模型左侧为形心位置）：

刚域计算：因节点区域刚度影响使得斜柱变形减小，相当于斜柱长度减小 $1250 - 1070 = 180$mm，此 180mm 即为刚域长度。节点形心至阴角处横截面的距离为 290mm，则刚域系数为：$180/290 = 0.62$。

楼面处钢筋混凝土节点：按如上所述方法，斜柱节点刚域长度为 335mm，节点形心至阴角处横截面的距离为 630mm，则刚域系数为：$335/630 = 0.532$。

6.9.7.3 杆元壳元对比结果

杆元模型中斜柱刚域系数按照上节计算结果取值，分析计算模态、刚度及构件受力，并与壳元模型比较，分析两种不同分析模型的结果差异。

1）位移

（1）竖向位移

由图 6.9.43、图 6.9.44 可见，杆元模型竖向位移与壳元模型较为接近，误差约 2%。

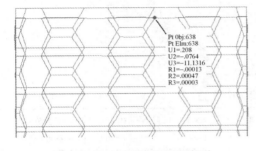

图 6.9.43 杆元模型竖向变形

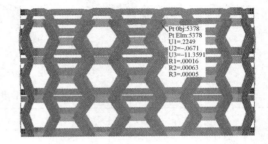

图 6.9.44 壳元模型竖向变形

（2）水平位移

513

由图 6.9.45、图 6.9.46 可见，杆元模型水平位移与壳元模型较为接近，误差约 4.7%。

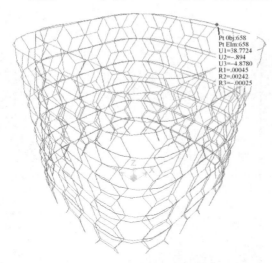

图 6.9.45　杆元模型水平变形

图 6.9.46　壳元模型水平变形

2）竖向荷载下构件受力

（1）壳元模型

壳元模型取中部及角部梁柱杆件分析其受力，构件编号及内力见图 6.9.47 及表 6.9.7。

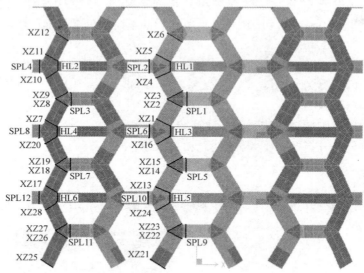

图 6.9.47　构件编号

竖向荷载作用下构件内力　　　　　　　　　　　　　表 6.9.7

构件	荷载	轴力 （kN）	平面外剪力 （kN）	平面内剪力 （kN）	M1 （kN·m）	平面内弯矩 （kN·m）	平面外弯矩 （kN·m）
HL1	V	−980	0	0	0	0	−2
HL2	V	−320	−566	1	−2	−3	−145

构件	荷载	轴力 （kN）	平面外剪力 （kN）	平面内剪力 （kN）	M1 （kN·m）	平面内弯矩 （kN·m）	平面外弯矩 （kN·m）
HL3	V	−989	0	0	0	−1	−2
HL4	V	−318	−561	−1	−2	1	−143
HL5	V	−1031	0	0	0	1	−2
HL6	V	−305	−628	8	2	−11	−162
SPL01	V	2223	0	0	0	1	−8
SPL02	V	−775	−5	−1	−3	1	−7
SPL03	V	1614	−178	3	0	−3	−256
SPL04	V	−524	70	1	0	2	−30
SPL05	V	2227	0	0	0	3	−7
SPL06	V	−762	−6	15	−4	9	−7
SPL07	V	1591	−175	−16	1	11	−253
SPL08	V	−565	75	1	1	6	−30
SPL09	V	3099	0	0	0	−107	−4
SPL10	V	−817	−8	25	9	21	−5
SPL11	V	1983	−228	83	−9	−106	−329
SPL12	V	−401	61	0	−8	−37	−35
XZ01	V	−1659	−1	5088	2	−1189	−3
XZ02	V	1659	1	−5088	0	−1300	3
XZ03	V	1652	−1	5092	1	1300	5
XZ04	V	−1652	1	−5092	1	1178	−5
XZ05	V	−1651	−2	5093	4	−1178	−1
XZ06	V	1651	2	−5093	−1	−1300	1
XZ07	V	−1796	298	4631	−239	−1168	203
XZ08	V	1796	−298	−4631	−192	−1387	−206
XZ09	V	1805	−302	4622	192	1390	−201
XZ10	V	−1805	302	−4622	245	1181	199
XZ11	V	−1802	304	4622	−241	−1181	202
XZ12	V	1802	−304	−4622	−198	−1385	−204
XZ13	V	−1668	−4	5100	8	−1196	2
XZ14	V	1668	4	−5100	−2	−1307	−2
XZ15	V	1654	−4	5108	5	1307	6

构件	荷载	轴力 (kN)	平面外剪力 (kN)	平面内剪力 (kN)	M1 (kN·m)	平面内弯矩 (kN·m)	平面外弯矩 (kN·m)
XZ16	V	−1654	4	−5108	1	1175	−6
XZ17	V	−1831	296	4591	−241	−1239	194
XZ18	V	1831	−296	−4591	−186	−1371	−196
XZ19	V	1781	−297	4639	187	1366	−202
XZ20	V	−1781	297	−4639	241	1168	200
XZ21	V	−1029	9	5497	−22	−1034	−6
XZ22	V	1029	−9	−5497	2	−1164	6
XZ23	V	1562	9	5190	0	1117	0
XZ24	V	−1562	−9	−5190	−14	1227	0
XZ25	V	−1441	389	4921	−503	−1412	211
XZ26	V	1441	−389	−4921	−295	−1426	−220
XZ27	V	1891	−341	4565	224	1445	−283
XZ28	V	−1891	341	−4565	271	1256	280

（2）杆元模型

相应位置构件杆元模型计算结果：

竖向荷载作用下：

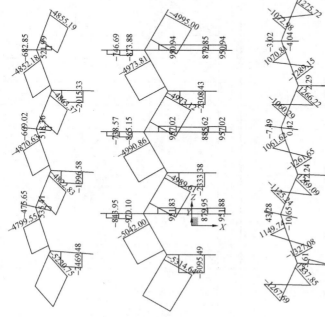

图 6.9.48　轴力图（kN）

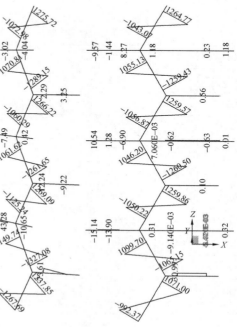

图 6.9.49　平面内弯矩图（kNm）

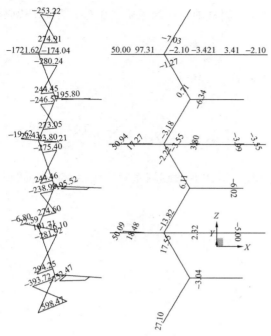

图 6.9.50 平面外弯矩图（kNm）

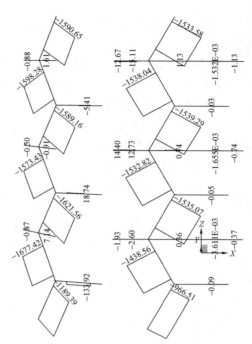

图 6.9.51 平面内剪力（kN）

分析：

由图 6.9.48～图 6.9.52 所示计算结果分析可知，斜柱节点刚域系数合理取值时，杆元模型与壳元模型构件内力及整体刚度均差别不大，误差小于 5%，采用杆元模型计算可较好地反映实际计算结果。

通过计算分析确定构件节点区的刚域系数的合理取值，引入杆元模型计算中，与壳元模型相比，计算简化且误差很小，这一计算方法可以应用于本工程整体结构设计。

6.9.7.4 本工程梁柱节点的刚域取值

采用 ANSYS 有限元软件分别建模计算六边形及菱形交叉节点的刚域系数，在杆元模型的整体分析中针对不同构件输入合理的刚域系数。

（1）六边形斜柱节点 1（钢管）

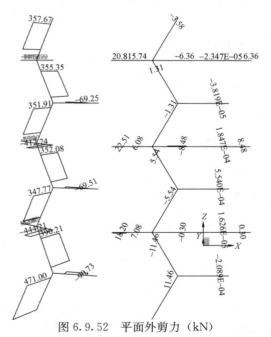

图 6.9.52 平面外剪力（kN）

截面尺寸：斜柱：钢管 1000×900×50×50（mm）

梁：钢管 800×900×25×25（mm）

斜柱与梁长度均取 1250mm

斜柱剪弯刚域系数：0.55

梁轴压刚域系数：0.56

上述构件节点区域壁厚加厚为原壁厚 2 倍时，斜柱剪弯刚域系数：0.65，梁轴压刚域系数：0.6。

（2）中部六边形节点 2（钢管）

截面尺寸：六边形斜柱：钢管 $900 \times 600 \times 30 \times 30$（mm）

梁：钢管 $800 \times 600 \times 30 \times 30$（mm）

斜柱与梁长度均取 1250mm

斜柱剪弯刚域系数：0.55

梁轴压刚域系数：0.44

上述构件节点区域壁厚加厚为原壁厚 2 倍时，斜柱剪弯刚域系数：0.6，梁轴压刚域系数：0.54。

（3）中部六边形节点 3（钢管混凝土）

截面尺寸：斜柱：钢管 $1100 \times 700 \times 35 \times 35$（mm），混凝土：C60

梁：钢管 $800 \times 700 \times 30 \times 30$（mm）

斜柱与梁长度均取 1250mm

柱剪弯刚域系数：0.71

梁轴压刚域系数：0.58

（4）菱形交叉节点 1（钢管）

截面尺寸：斜柱：钢管 $700 \times 600 \times 20 \times 20$（mm）

斜柱长度取 1250mm

斜柱轴压刚域系数：0.204

上述构件节点区域壁厚加厚为原壁厚 2 倍时，斜柱轴压刚域系数：0.58。

（5）菱形交叉节点 2（钢管）

截面尺寸：斜柱：钢管 $400 \times 400 \times 16 \times 16$（mm）

斜柱长度取 1250mm

斜柱轴压刚域系数：0.15

上述构件节点区域壁厚加厚为 30mm 时，斜柱轴压刚域系数：0.52。

6.9.8 延性设计

（1）筒体剪力墙弱连梁；

（2）六边形外网筒非楼面梁、楼面梁强剪弱弯；

（3）六边形外网筒斜柱和筒体内外墙控制轴压比，剪压比；

（4）强节点弱构件：

节点区域局部加厚，降低节点区域应力水平，达到节点区域在最大设计荷载下基本保持弹性，或经弹塑性构件先于节点破坏。

通过 ANSYS 局部有限元软件分析关键节点，保证节点承载力高于构件承载力。

构造措施：采取美国 FEMA355D 贴板加强的改进方法，同时通过阴角局部铸钢板圆弧过渡控制节点设计应力低于汇交构件最大设计应力。六边形网筒非楼面梁先行进入塑性，避免连接焊缝过早脆性破坏。

6.10 T2 结构设计

6.10.1 模态分析

采用特征值法及里兹法分别计算结构模态，振型质量参与及振型如表 6.10.1 所示。

T2 结构模态

表 6.10.1

	周期	质量参与系数							
	s	U_X	U_Y	U_Z	$SumU_X$	$SumU_Y$	$SumU_Z$	R_Z	$SumR_Z$
1	5.98	0.01	0.56	0.00	0.01	0.56	0.00	0.00	0.00
2	5.95	0.56	0.01	0.00	0.56	0.57	0.00	0.00	0.00
3	1.87	0.00	0.00	0.00	0.56	0.57	0.00	0.74	0.74
4	1.60	0.00	0.22	0.00	0.56	0.79	0.00	0.00	0.74
5	1.57	0.22	0.00	0.00	0.78	0.79	0.00	0.00	0.74
6	0.79	0.00	0.08	0.00	0.78	0.87	0.00	0.00	0.74
7	0.76	0.08	0.00	0.00	0.86	0.87	0.00	0.00	0.74
8	0.67	0.00	0.00	0.00	0.86	0.87	0.00	0.11	0.85
9	0.63	0.00	0.00	0.50	0.86	0.87	0.50	0.00	0.85
10	0.49	0.00	0.04	0.00	0.86	0.90	0.50	0.00	0.85
11	0.48	0.04	0.00	0.00	0.90	0.90	0.50	0.00	0.85
12	0.43	0.00	0.00	0.00	0.90	0.90	0.50	0.04	0.89
13	0.43	0.00	0.00	0.18	0.90	0.90	0.69	0.00	0.89
14	0.36	0.00	0.02	0.00	0.90	0.92	0.69	0.00	0.89
15	0.35	0.02	0.00	0.00	0.92	0.92	0.69	0.00	0.89
16	0.34	0.00	0.00	0.06	0.92	0.92	0.75	0.00	0.89

结论：

第一、二阶为结构 Y、X 正向的平动振型，第三阶为扭转振型，扭转周期/第一平动周期＝1.872/5.982＝0.312，第 4～16 阶振型为结构的高阶平动及扭转振型，参与质量较少，竖向周期 0.629s。

结构有效质量参与系数：X 方向 91.9％，Y 方向 92.3％，满足规范超过 90％ 的要求。

6.10.2 刚重比 (表 6.10.2)

刚 重 比

表 6.10.2

楼层	方向	EJ	G	EJ/GH^2
STORY1	X	1.006×10^{21}	2.911×10^9	2.70
STORY1	Y	9.918×10^{20}	2.911×10^9	2.66

根据《高层建筑混凝土结构技术规程》5.4.1 条，结构整体稳定性满足要求，需考虑

重力二阶效应的不利影响。

6.10.3　重力荷载作用内外筒分担比例

重力荷载作用下内筒与外筒分担比例见表 6.10.3。

内筒与外筒在重力荷载作用下竖向反力　　　　　　　　　　表 6.10.3

	工况	竖向反力 F_z（MN）	外筒（内筒）反力/内外筒总基底反力
内筒	附加恒载	318	52.16%
	活载×0.5	211	56.45%
	自重	1210	62.83%
	总重力荷载代表值	1740	59.77%
外筒	附加恒载	292	47.84%
	活载×0.5	162	43.55%
	自重	715	37.17%
	总重力荷载代表值	1171	40.23%

总重力荷载代表值：2911.3MN，按建筑面积计：2911270/222000＝13.11kN/m²。

由以上分析可知，重力荷载作用下，除顶部四层外，内筒及外筒水平变形较小，基本对称均匀，六边形网筒未产生外鼓或内凹的相对较大水平变形。

6.10.4　规范风荷载效应分析

本工程地处天津塘沽滨海区，地貌类型取 B 类。考虑建筑物超高及重要性，基本风压取 100 年重现期 0.6kN/m²。

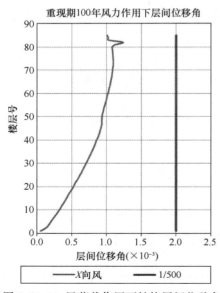

重现期100年风力作用下层间位移角

图 6.10.1　风荷载作用下结构层间位移角

6.10.4.1　最大层间位移及层间位移角

由图 6.10.1 可见，风荷载作用下楼层最大层间位移角 1/911＜1/500，满足规范要求；楼层整体侧移及最大层间位移比较变化均匀，表明整个结构沿竖向水平刚度无明显突变。

6.10.4.2　顶点位移与结构总高的比值

顶点位移/总高＝278/358000＝1/1287

6.10.4.3　内外筒分担剪力比例（图 6.10.2）

结论：10 层以下内筒分配的楼层剪力较多，承担剪力约占总剪力的 50%～65%；10 层以上外筒承担的剪力逐渐增多，46～54 层外网筒由六边形网格向菱形交叉网格过渡区段内，外筒抗侧刚度逐渐增大，因此在此区段外筒承担大部分剪力，约占总剪力的 65%～80%；第 70 层以上内外筒承担的剪力比较均匀。

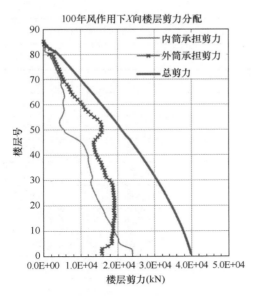
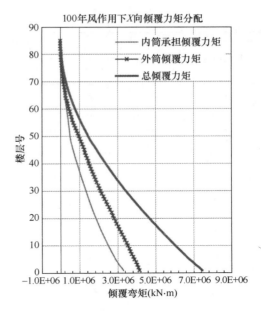

图 6.10.2 风荷载作用下内外筒分担剪力比例 图 6.10.3 风荷载作用下结构内外筒倾覆弯矩分配

6.10.4.4 内外筒分担倾覆弯矩 (图 6.10.3)

结论：内外筒倾覆弯矩分布曲线平滑，外筒承担的倾覆弯矩约占总倾覆弯矩的 55％。

6.10.5 风洞实验分析

RWDI 风洞试验风荷载效应分析

RWDI 风洞试验风荷载与规范风荷载相比，基底剪力略小，基底倾覆弯矩略大。根据风洞试验报告建议，将 X、Y 向剪力及扭转按照 24 种组合系数进行组合后，对结构整体进行设计计算。24 种顺、横及扭转风荷载组合下结构顶点位移及最大层间位移角如表 6.10.4 所示。

可见，考虑顺、横风向及扭转效应组合后，各楼层 X 向最大层间位移角为 1/1126，Y 向最大层间位移角为 1/1230，满足规范要求。

24 种风荷载组合下结构顶点位移及最大层间位移角   表 6.10.4

风载组合工况	结构顶点位移（mm）		最大层间位移角	
	X 向	Y 向	X 向	Y 向
WIND1	232	62	1/1128	1/4141
WIND2	233	64	1/1126	1/4069
WIND3	232	−138	1/1129	1/1891
WIND4	232	−136	1/1127	1/1910
WIND5	−233	61	1/1127	1/4177
WIND6	−232	64	1/1128	1/4101

风载组合工况	结构顶点位移（mm）		最大层间位移角	
	X 向	Y 向	X 向	Y 向
WIND7	−233	−96	1/1126	1/2711
WIND8	−232	−94	1/1127	1/2744
WIND9	69	189	1/3754	1/1374
WIND10	70	191	1/3731	1/1369
WIND11	139	−212	1/1885	1/1230
WIND12	139	−210	1/1881	1/1237
WIND13	−116	189	1/2256	1/1382
WIND14	−115	191	1/2264	1/1366
WIND15	−70	−213	1/3729	1/1231
WIND16	−69	−210	1/3747	1/1235
WIND17	104	60	1/2514	1/4209
WIND18	70	77	1/3730	1/3449
WIND19	103	−108	1/2520	1/2432
WIND20	82	−102	1/3210	1/2504
WIND21	−93	60	1/2807	1/4230
WIND22	−127	76	1/2058	1/3463
WIND23	−93	−109	1/2800	1/2425
WIND24	−127	−92	1/2054	1/2778

6.10.6 小震反应谱作用效应分析

6.10.6.1 剪重比 （表 6.10.5）

小震反应谱分析基底反力（重力荷载代表值为 2911.3MN） 表 6.10.5

工况	基底剪力			剪重比（%）		
	Q_x（MN）	Q_y（MN）	Q_z（MN）	X	Y	竖重比
XIX	88995	1034	1209	3.06%		
XIY	1029	88594	383		3.04%	
XIXY	88999	75308	1253	3.06%	2.59%	
XIYX	75648	88598	1097	2.60%	3.04%	
XIXY45	82596	82196	1153	2.84%	2.82%	
XIX45	62944	62526	776	2.16%	2.15%	

工况	基底剪力			剪重比（%）		
	Q_x（MN）	Q_y（MN）	Q_z（MN）	X	Y	竖重比
XIY45	62923	62773	1004	2.16%	2.16%	
XIZ	820	254	194957			6.70%

注：XIX 指 X 方向安评报告反应谱小震；XIY 指 Y 方向安评报告反应谱小震；

　　XIX45 指 X 方向偏 45°安评报告反应谱小震；XIZ 指 Z 方向安评报告反应谱小震；

结构剪重比大于 2.8%，满足规范要求。

6.10.6.2　最大层间位移及层间位移角

X、Y 向小震作用下楼层最大层间位移角如图 6.10.4 所示。

可见，X 向小震作用下楼层最大层间位移角 1/514＜1/500，Y 向小震作用下楼层最大层间位移角 1/505＜1/500，满足规范要求；楼层最大层间位移变化均匀，结构沿竖向无明显刚度突变。

6.10.6.3　顶点位移与结构总高的比值

X 向小震作用下 X 向顶点位移/总高＝493.7/358000＝1/725

Y 向小震作用下 Y 向顶点位移/总高＝498.9/358000＝1/718

6.10.6.4　楼层最大位移与平均位移比值（图 6.10.5）

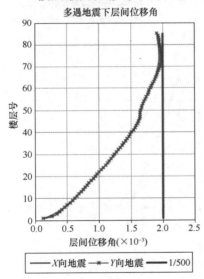

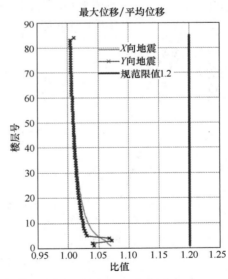

图 6.10.4　小震作用下结构层间位移角　　　图 6.10.5　小震作用下楼层扭转位移比

分析：楼层最大位移与平均位移最大比值为 1.072＜1.2，满足规范要求。

6.10.6.5　内外筒分担剪力比例（图 6.10.6）

结论：15 层以下，内筒分配的楼层剪力较多，内筒承担剪力约占总剪力的 50%～65%；15 层以上外筒承担的剪力逐渐增多，46～54 层外网筒由六边形网格向菱形交叉网格过渡区段内，外筒抗侧刚度逐渐增大，因此在此区段外筒承担大部分剪力，约占总剪力的 65%～80%；70 层以上内外筒承担的剪力比较均匀。

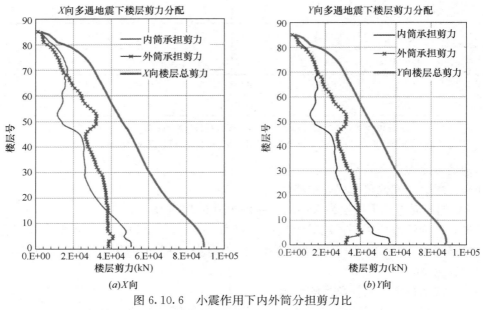

(a)X向   (b)Y向

图 6.10.6   小震作用下内外筒分担剪力比

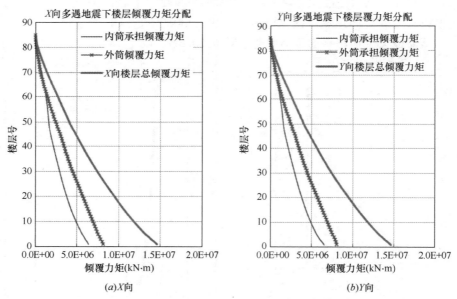

(a)X向   (b)Y向

图 6.10.7   小震作用下内外筒分担倾覆弯矩比

6.10.6.6　内外筒分担倾覆弯矩比例（图 6.10.7）

结论：内外筒倾覆弯矩分布变化均匀，外筒承担的倾覆弯矩约占总倾覆弯矩的 55%。

6.10.6.7　楼层侧向刚度（图 6.10.8、图 6.10.9）

分析：

（1）楼层下层刚度均大于上层刚度的 70%，且大于其上三层平均值的 80%，满足规范要求。

（2）结构 41~51 层之间楼层层剪力变化均匀，而层高、层间位移非均匀变化，因此通过层剪力及层间位移计算楼层刚度时，在该区域楼层产生刚度突变，而采用楼层剪力及

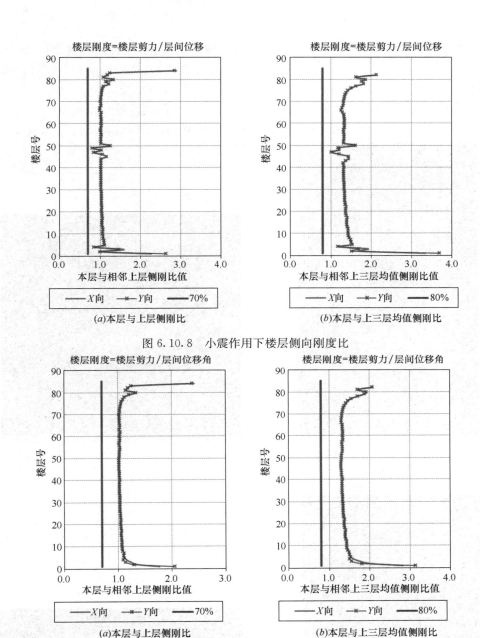

图 6.10.8 小震作用下楼层侧向刚度比

图 6.10.9 小震作用下内外筒楼层侧向刚度

层间位移角计算楼层刚度时，在此区域楼层比较均匀。

（3）结构顶部四层无楼板，质量小，地震作用小，层间位移角并未急剧减小，层刚度有所减小。

6.10.7 结构构件设计

6.10.7.1 外筒结构构件设计应力

（1）SAP2000 程序计算杆件应力比

SAP2000 计算程序中的处理方式：通过截面轴向刚度 EA、抗弯刚度 EI、抗剪刚度 GA 等效的原则，将与组合截面轴向刚度 EA、抗弯刚度 EI、抗剪刚度 GA 等效的原则折算为相应刚度的等效钢管构件，按照钢结构构件进行截面设计。

截面钢管混凝土 SD1000×1000×35，钢管 Q420GJZ15，混凝土 C80。

重力荷载组合设计值下外筒应力水平分布见图 6.10.10、图 6.10.11。

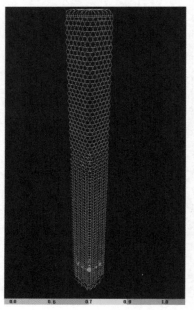
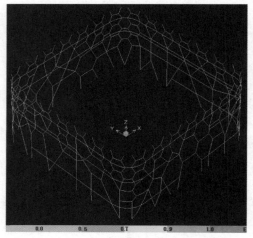

图 6.10.10　重力组合作用下外网筒应力比　　图 6.10.11　重力组合作用下底部外网筒应力比

恒、活、风载设计组合下外网筒应力水平分布见图 6.10.12、图 6.10.13。

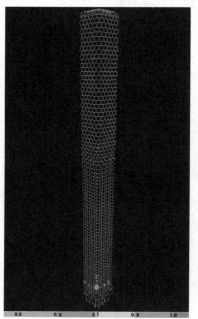
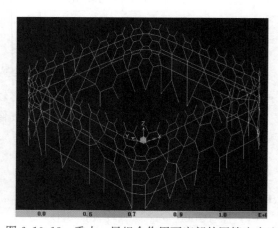

图 6.10.12　重力、风组合作用下外网筒应力比　图 6.10.13　重力、风组合作用下底部外网筒应力比

526

恒、活、小震反应谱、风载设计组合下外筒应力水平分布见图 6.10.14、图 6.10.15。

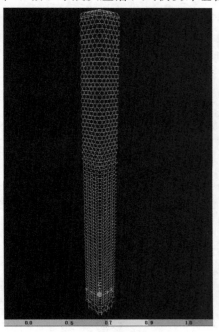

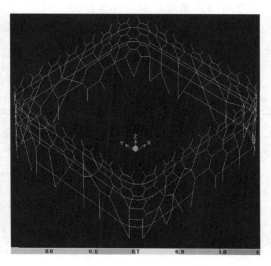

图 6.10.14　重力、小震、风组合作用
下外网筒应力比

图 6.10.15　重力、小震风组合作用下
底部外网筒应力比

恒、活、中震弹性反应谱组合下外网筒应力水平分布见图 6.10.16、图 6.10.17。

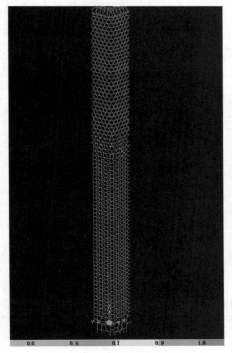

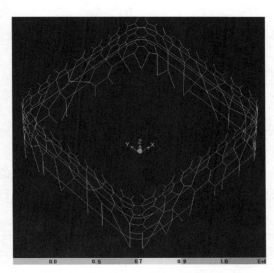

图 6.10.16　重力、中震、风组合
作用下外网筒应力比

图 6.10.17　重力、中震、风组合作用
下底部外网筒应力比

结论：

外筒构件在重力荷载设计组合下应力水平基本低于 0.6~0.7；

外筒构件在风荷载设计组合下应力水平基本低于 0.7~0.75；

外筒构件在小震反应谱设计组合下应力水平基本低于 0.75~0.8；

外网筒构件满足中震不屈服承载力要求。

（2）钢管混凝土柱轴压比（混凝土强度等级 C80，钢材等级 Q420GJ）（表 6.10.6）

钢管混凝土柱轴压比及混凝土分担系数 表 6.10.6

截面	SC1000×1000×35×35	SC1000×1000×50×50	SC1000×1100×100×100	SC1000×1200×100×100	SC1000×600×35×35	SC1000×700×35×35
轴压比	0.56	0.72	0.57	0.69	0.55	0.54
混凝土工作承担系数	0.56	0.47	0.31	0.32	0.48	0.51
截面	SC1000×800×35×35	SC1000×900×35×35	SC1200×1100×100×100	SC1200×1300×100×100	SC1400×1300×100×100	SC900×600×35×35
轴压比	0.56	0.64	0.41	0.70	0.62	0.53
混凝土工作承担系数	0.53	0.55	0.32	0.35	0.37	0.47

根据矩形钢管混凝土柱技术规程（CECS159：2004）4.4.2 条，满足矩形钢管混凝土柱的混凝土工作承担系数在 0.1~0.7 之间的要求。

6.10.7.2 内筒剪力墙及连梁受力分析

（1）剪力墙

1）混凝土墙厚度 C 与钢板厚度 t 比例在 15~30 之间（表 6.10.7）

墙厚与钢板厚度 表 6.10.7

墙厚度（mm）	混凝土厚度（mm）	钢板厚度（mm）	比例
1150	1110	40	28
1050	1010	40	25
950	915	35	26
850	820	30	27
750	725	25	29

2）轴压比

内筒外墙（C60 混凝土）在重力荷载代表值下轴压比统计如表 6.10.8 所示（墙肢编号见图 6.10.18）。

重力荷载代表值下内筒外墙轴压比 表 6.10.8

标高（m）	170.4m	0	170.4m	250.9m
墙肢编号	QZ141	QZ201	QZ641	QZ560
轴压比	0.34	0.35	0.35	0.38

528

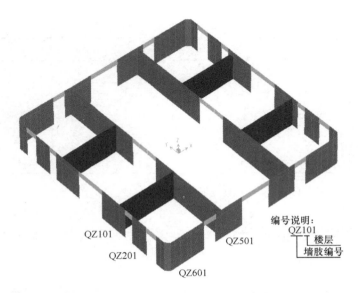

编号说明:
QZ101 ── 楼层
└──── 墙肢编号

图 6.10.18 墙肢截面编号 (以上述四个墙肢为例,该区域以上为空调机房,荷载最大)

内筒内墙 (C60 混凝土) 在重力荷载代表值下轴压比分布见表 6.10.9。

重力荷载代表值下内筒内墙轴压比 表 6.10.9

标高 (m)	0	0	0
墙肢编号	QZN101	QZN201	QZN301
轴压比	0.37	0.46	0.37

轴压比<0.5,满足要求。

3) 抗剪承载力

受剪截面限制条件 (参考高规 7.2.2 条和 6.2.6 条),对内筒外墙中震弹性组合 (1.3 恒+0.5 活+1.3XY 双向中震+0.5 竖向地震) 和内筒内墙中震不屈服标准组合 (1.0 恒 +0.5 活+1.0XY 双向中震+0.5 竖向地震) 进行复核,满足承载力要求。

4) 抗剪连接件设计

采用直径 19、强度等级 4.6 级的栓钉,以标高 0m、4.2m 为例,见表 6.10.10。

抗剪连接件设计 表 6.10.10

标高 (m)	0	0	0	4.2m	4.2m	4.2m
墙肢编号	QZ101	QZ601	QZ501	QZ102	QZ602	QZ502
墙厚 b (mm)	1150	1150	1150	1150	1150	1150
墙肢长度 h (mm)	4400	7000	4000	4400	7000	4000
钢板长度	2400	4150	2000	2400	4150	2000
钢板厚度 (mm)	40	40	40	40	40	40
栓钉面积 A_s (mm²)	283	283	283	283	283	283
水平钢筋配筋 (4 排)	18@200	18@200	18@200	18@200	18@200	18@200

标高（m）	0	0	0	4.2m	4.2m	4.2m
A_{sv}/s	5.08	5.08	5.08	5.08	5.08	5.08
N_{vc}	71.13	71.13	71.13	71.13	71.13	71.13
N_f	8928.00	15438.00	7440.00	8928.00	15438.00	7440.00
n_f	126	217	105	126	217	105
实配	400	400	400	400	400	400

按照构造，对角区内间距 300，其余区域按照计算。

5）抗弯承载力

中震不屈服标准组合（1.0 恒＋0.5 活＋1.0XY 双向中震＋0.5 竖向地震）复核抗弯承载力。

钢板剪力墙的抗弯计算：

考虑计算假定简化公式：按单筋矩形截面设计；假定受拉钢筋和受拉型钢进入屈服。

计算复核结果：经过计算，端部型钢截面承受大部分弯矩，按照压弯计算结果配置端部型钢截面。

6）内筒外墙（C60 混凝土）拉应力复核

风荷载设计组合下（1.0 恒＋1.4 风），内筒墙体无拉应力产生。小震反应谱设计组合下（1.2 恒＋0.5 活＋1.3XY 双向小震＋0.28 风）内筒墙体无拉应力产生。中震不屈服标准组合下（1.0 恒＋0.5 活＋1.0XY 双向中震＋0.5 竖向地震）内筒内墙有拉应力；内筒外墙型钢、钢板和竖向分布钢筋（考虑 0.5％的竖向分布钢筋）承受所有拉应力。

计算复核结果：内筒外墙混凝土在中震不屈服作用下有拉应力产生，角部受力最大，不考虑混凝土受拉承载力，型钢以及钢板应力小于 200MPa。

（2）连梁

连梁设计控制标准：

风荷载作用下受弯及受剪弹性状态，连梁刚度不折减；

小震作用下受弯及受剪弹性状态，连梁刚度折减 0.7。

风荷载作用下：连梁抗弯及抗剪承载力均满足要求，纵向钢筋配筋率 0.5％～1.2％，配箍率 0.1％～0.5％。

小震反应谱作用下：结构内筒外墙连梁抗弯满足要求，纵向钢筋配筋率 1.2％～2.3％，配箍率 0.4％～1.5％。局部下部楼层抗剪承载力不足，根据计算结果在底部加强区连梁内设置窄翼型钢，与钢板剪力墙内型钢梁连接。

6.10.7.3 楼面组合钢梁计算结果

利用 ANSYS 有限元软件，对钢梁采用 shell63 单元，作为钢梁有效翼缘的混凝土板采用 solid45 单元对考虑混凝土板作用的钢梁进行弹性承载力分析。有效混凝土翼缘长度按规范取 12 倍的板厚。

组合梁两端铰接，荷载主要为板本身的均布荷载和次梁传过来的集中荷载，采用荷载组合 1.0 恒＋1.0 活、1.2 恒＋1.4 活设计。

计算结果表明，大部分开孔钢梁出现孔边应力集中，按照最大应力小于钢材屈服强度的承载力原则和钢梁频率控制原则进行设计。

6.10.7.4 外网筒关键节点有限元分析结果

（1）节点设计原则

强节点弱构件

节点区域局部加厚，降低节点区域应力水平，达到节点区域在最大设计荷载下基本保持弹性，或经弹塑性构件先于节点破坏。

（2）分析软件、荷载、模型参数

软件：ANSYS10.0

单元：solid45、solid65、solid92

荷载：1.2恒＋0.6活＋1.3水平双向小震＋0.5竖向地震＋0.28风

模型：钢材弹性模量206000MPa，泊松比0.3；混凝土弹性模量36000MPa，泊松比0.2；

下部六边形外筒钢材：屈服强度420MPa；上部菱形外筒钢材：屈服强度345MPa；铸钢屈服强度：350MPa。

（3）节点分析结果

1）六边形中部钢管混凝土节点（图6.10.19、图6.10.20）

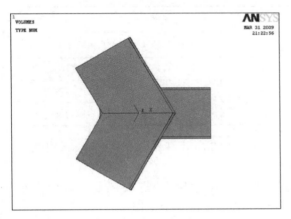 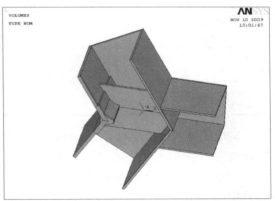

图6.10.19　中部节点模型图　　　　　　图6.10.20　节点内部构造图

构造加强：倒角半径：300mm，与构件连接部位厚度70（2倍壁厚），三边按中轴线对称。竖向加劲肋厚度40mm。荷载见表6.10.11。

中部节点荷载　　　　　　　　　表6.10.11

构件位置	构件尺寸（mm）	节点荷载	
		轴力（kN）	弯矩（kN·m）
上	1000×1000×35	−28416	10469
下	1000×1000×35	−27158	11384
水平	800×1000×25×30	约束	约束

经过分析，节点在阴角应力集中处应力最大为 321MPa，节点大部分区域应力在 250MPa 以下，处于弹性状态，可以保证结构的正常安全工作。

2）六边形角部钢管节点（图 6.10.21、图 6.10.22）

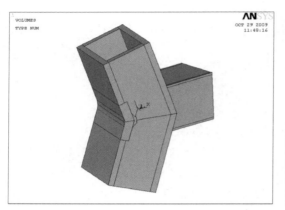 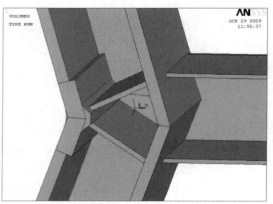

图 6.10.21　角部节点模型图　　　　　　　　图 6.10.22　角部节点内部构造图

角部节点荷载　　　　　　　　　　　　　　　　　表 6.10.12

构件位置	构件尺寸（mm）	节点荷载		
		轴力（kN）	弯矩 M33（kN.m）	弯矩 M22（kN·m）
上	850×1100×100×100	−40276	9444	1708
下	850×1100×100×100	−41090	8896	1779
水平	1100×750×35×35	约束	约束	约束

构造加强：倒角半径：300mm，与构件连接部位厚度 150（1.5 倍壁厚），三边按中轴线对称。加紧肋厚度 45mm。荷载见表 6.10.12。

经过分析，节点除阴角应力集中处应力达到 433MPa 外，节点大部分区域应力在 240MPa 以下，节点基本处于弹性状态，可以保证结构的正常安全工作。

3）棱形角部钢管节点（图 6.10.23、图 6.10.24）

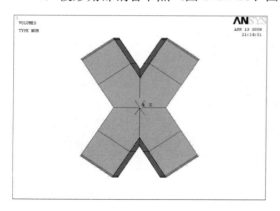 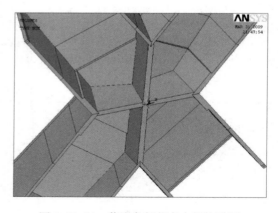

图 6.10.23　菱形角部节点模型图　　　　　　图 6.10.24　菱形角部节点内部构造图

构件位置	构件尺寸（mm）	节点荷载		
		轴力（kN）	弯矩 M22（kN·m）	弯矩 M33（kN·m）
上左	850×600×35	8708	1011	950
上右	850×600×35	7459	871	840
下左	850×600×35	约束	约束	约束
下右	850×600×35	8526	813	995.40

加强构造：阴角局部加厚为 50mm，肋板厚 60mm。荷载见表 6.10.13。

经过分析，节点阴角应力集中处应力最大达到 639MPa，但应力集中区域非常小，节点大部分区域应力在 200MPa 以下，节点基本处于弹性状态，可以保证结构的正常安全工作。

6.10.8 线性屈曲稳定分析

本工程结构整体稳定很大程度取决于外网筒钢管混凝土柱的稳定，因此外网筒钢管混凝土柱的稳定性至关重要，对于整个结构的安全性、经济性有很大的影响。

6.10.8.1 整体结构屈曲模态分析

结构的屈曲与荷载分布模式密切相关。下面选取恒载（不含结构自重）和活荷载标准值作为屈曲分析每步加载值对整体结构进行线性屈曲分析。其整体屈曲模态如图 6.10.25 所示。

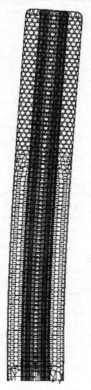 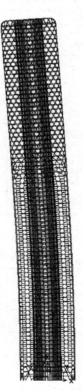

(a) 第1阶Y向屈曲（临界荷载系数K=45.57）　　　(b) 第2阶X向屈曲（临界荷载系数K=49.51）

图 6.10.25 结构整体屈曲模态

该整体屈曲模态特点：由于主体结构沿 Y 向刚度较 X 向弱，故 Y 向整体屈曲系数比 X 向低。

6.10.8.2 外网筒屈曲稳定分析

（1）顶部菱形网格的屈曲（表6.10.14）

顶部菱形网格杆件屈曲荷载及计算长度　　　　　　　　　表6.10.14

	N_{self} (kN)	N_{dead} (kN)	N_{live} (kN)	K	临界荷载 (kN)	斜柱构件长度 (mm)	构件截面	惯性矩 I	计算长度系数
菱形斜柱	845	860	426	100.53	130126	2360	B400×400×16	6.5E+8	1.34
外筒菱形楼层	1126	1001	643	126.37	208878	2443	B500×450×20	1.154E+9	1.37
外筒中部过渡层	2447	1801	1427	114.6	37757	3830	B900×600×30	5.18E+9	1.37

结论：中部及上部菱形网格平面外计算长度均取1.5。

（2）外筒底部不规则网格的屈曲

外筒底部南立面第1阶屈曲（$K=105.1$）（表6.10.15）

外筒底部南立面杆件屈曲荷载及计算长度　　　　　　　　表6.10.15

	N_{self} (kN)	N_{dead} (kN)	N_{live} (kN)	临界荷载 (kN)	构件长度 L (mm)	构件截面	惯性矩 I	计算长度系数	设计计算长度系数取值
1	16946	7763	8309	1706113.2	4452	SD1000×1100×100	6.35E+10	1.95	2
2	18646	8372	8975	1841815.7	4331	SD1000×1200×100	7.98E+10	2.17	2.5
3	19814	8567	9143	1881135	9030	SD1000×1200×100	7.98E+10	1.03	2
4	11668	5342	5737	1176070.9	4271	SD1000×1200×100	7.98E+10	2.75	3
5	12978	5831	6248	1282480.9	3561	SD1000×1200×100	7.98E+10	3.16	4
6	14456	6401	6865	1408712.6	5478	SD1000×1200×100	7.98E+10	1.96	2
7	12848	5531	5927	1217083.8	4190	SD1000×1200×100	7.98E+10	2.75	3
8	13750	6234	6642	1367017.6	3751	SD1000×1200×100	7.98E+10	2.90	3
9	14252	6360	6766	1393794.6	5173	SD1000×1200×100	7.98E+10	2.08	2.5

外筒底部西立面第1阶屈曲（$K=133.4$）（表6.10.16）

外筒底部西立面杆件屈曲荷载及计算长度　　　　　　　　表6.10.16

	N_{self} (kN)	N_{dead} (kN)	N_{live} (kN)	临界荷载 (kN)	构件长度 L (mm)	构件截面	惯性矩 I	计算长度系数	设计计算长度系数取值
1	24477	10894	11221	2974618	5058	SD1000×1200×100	7.98E+10	1.46	1.5
2	24809	10953	11284	2991225	4200	SD1000×1200×100	7.98E+10	1.75	2
3	14380	6557	6797	1795804	3283	SD1000×1100×100	6.35E+10	2.58	2.5
4	18872	8388	8788	2310150	8200	SD1000×1200×100	7.98E+10	1.02	2
5	19209	8429	8873	2327296	4271	SD1000×1200×100	7.98E+10	1.95	2

	N_{self} (kN)	N_{dead} (kN)	N_{live} (kN)	临界荷载 (kN)	构件长度 L (mm)	构件截面	惯性矩 I	计算长度系数	设计计算长度系数取值
6	20577	9190	9718	2542904	7922	SD1000×1200×100	7.98E+10	1.01	2
7	21207	9318	9854	2578752	4814	SD1000×1200×100	7.98E+10	1.65	2
8	20929	9337	9905	2587812	7900	SD1000×1200×100	7.98E+10	1.00	2
9	21330	9492	9919	2610757	4200	SD1000×1200×100	7.98E+10	1.88	2
10	13439	6200	6494	1706819	5500	SD1000×1100×100	6.35E+10	1.58	2
11	14309	6446	6818	1783727	4200	SD1000×1200×100	7.98E+10	2.27	2.5
12	14410	6357	6699	1756080	6100	SD1000×1200×100	7.98E+10	1.57	2
13	14486	6774	6718	1814319	4200	SD1000×1200×100	7.98E+10	2.25	2.5
14	12557	5589	5910	1546524	7440	SD1000×1200×100	7.98E+10	1.38	2
15	13760	5964	6296	1649244	5000	SD1000×1200×100	7.98E+10	1.98	2

外筒底部东立面第 1 阶屈曲模态（K=150.74）（表 6.10.17）

外筒底部东立面杆件屈曲荷载及计算长度　　　　　　　　表 6.10.17

	N_{self} (kN)	N_{dead} (kN)	N_{live} (kN)	临界荷载 (kN)	构件长度 L (mm)	构件截面	惯性矩 I	计算长度系数	设计计算长度系数取值
1	21602	9831	10070	3021479	8646	SD1000×1200×100	7.98E+10	0.85	1
2	20833	9356	10031	2943229	14998	SD1000×1200×100	7.98E+10	0.49	1
3	14970	6758	7928	2228738	5520	SD1000×1200×100	7.98E+10	1.54	2
4	15935	7021	7574	2215985	10768	SD1000×1200×100	7.98E+10	0.79	1
5	11253	5148	5599	1631256	5520	SD1000×1200×100	7.98E+10	1.81	2
6	17851	7928	8599	2509131	6080	SD1000×1200×100	7.98E+10	1.32	2
7	18526	8040	8753	2549903	4730	SD1000×1200×100	7.98E+10	1.69	2
8	23934	10629	11418	3347299	5400	SD1000×1200×100	7.98E+10	1.29	2
9	24609	11985	11371	3545292	4200	SD1000×1200×100	7.98E+10	1.61	2
10	28581	11938	12685	3740252	7435	SD1200×1300×100	1.29E+11	1.13	2
11	28685	12672	13453	3966768	4200	SD1200×1300×100	1.29E+11	1.94	2

外筒底部北立面第 1 阶屈曲（K=155.72）（表 6.10.18）

外筒底部北立面杆件屈曲荷载及计算长度　　　　　　　　表 6.10.18

	N_{self} (kN)	N_{dead} (kN)	N_{live} (kN)	临界荷载 (kN)	构件长度 L (mm)	构件截面	惯性矩 I	计算长度系数	设计计算长度系数取值
1	16734	7533	7816	2406880	5514	SD1000×1200×100	7.98E+10	1.49	2

	N_{self} (kN)	N_{dead} (kN)	N_{live} (kN)	临界荷载 (kN)	构件长度 L (mm)	构件截面	惯性矩 I	计算长度系数	设计计算长度系数取值
2	14993	6649	6873	2120639	3770	SD1000×1200×100	7.98E+10	2.32	2.5
3	15201	6549	6785	2091571	5400	SD1000×1200×100	7.98E+10	1.63	2
4	10835	4882	5065	1559782	4794	SD1000×1200×100	7.98E+10	2.13	2.5
5	21079	9259	9596	2957180	4000	SD1000×1200×100	7.98E+10	1.85	2
6	19635	8458	8765	2701601	4840	SD1000×1200×100	7.98E+10	1.60	2
7	15199	6922	7195	2213498	2662	SD1000×1200×100	7.98E+10	3.21	3
8	12290	5483	5674	1749658	5439	SD1000×1200×100	7.98E+10	1.77	2
9	11739	5839	5525	1781341	3518	SD1000×1200×100	7.98E+10	2.71	3
10	17732	7917	8234	2532766	4125	SD1000×1200×100	7.98E+10	1.94	2
11	17172	7519	7823	2406228	9950	SD1000×1200×100	7.98E+10	0.82	1
12	16248	7292	7522	2323084	4694	SD1000×1200×100	7.98E+10	1.78	2
13	17090	8639	7771	2572455	8190	SD1000×1200×100	7.98E+10	0.97	1
14	16787	7173	7253	2263204	7017	SD1000×1200×100	7.98E+10	1.21	2
15	28700	12639	12867	4000494	6927	SD1200×1300×100	1.29E+11	1.17	2
16	30208	13365	13803	4260809	8709	SD1200×1300×100	1.29E+11	0.90	1

6.10.8.3 施工阶段外网筒稳定性分析

工况：结构自重

外筒中部过渡层及中上部网格第1阶屈曲（$K=79.31$）（表6.10.19）

施工阶段外筒中部杆件屈曲荷载及计算长度　　　　表6.10.19

部位	N_{self} (kN)	临界荷载 (kN)	构件长度 L (mm)	构件截面	惯性矩 I	计算长度系数	设计计算长度系数取值
中部过渡层	4556	365892	4046	B850×700×35	8.04E+9	1.65	2
中部及上部菱形网格平面外	7602	610516	3788	B900×600×30	5.18E+9	1.09	1.5

6.10.8.4 内核心筒线性屈曲稳定分析

外网筒的屈曲模态先出现而且十分密集，核心筒的屈曲模态相对靠后，为了得到核心筒的屈曲模态，先将恒载与活载等效为节点荷载，直接加于墙柱节点。选取恒载（不含结构自重）和活荷载标准值作为屈曲分析每步加载值对核心筒进行线性屈曲分析。

核心筒的整体屈曲模态显示墙体的局部稳定性较好，局部屈曲模态未出现。

6.10.9 非线性屈曲稳定分析

以第1阶整体屈曲模态的位移形态作为初始缺陷，以顶点位移（$H/500=358/500=$

0.716m）为基准重新生成所有点的坐标。初始工况为 1.0 恒＋1.0 活，做考虑几何非线性的屈曲分析，Z 向最大基底反力为 55213MN，初始工况下自重作用下基底反力 1925MN，附加恒＋活下竖向反力 1356kN，整体结构的临界荷载系数 $K = 25238/（1925+1356）= 17 \gg 5$。

6.11 T2 抗连续倒塌分析

本工程抗连续倒塌分析采用图 6.11.1～图 6.11.7 所示的计算模型。

6.11.1 失效工况

本工程结构的主要抗侧力构件为以六边形为基本元素的外网筒，分析验算了外网筒 7 种典型构件失效破坏后结构的抗连续倒塌能力，并在此基础上，对必须的部位予以了加强。

工况 1：外筒底部角部一对标准六边形斜柱及相连环梁、楼板失效（图 6.11.1）。

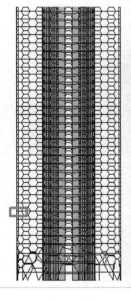 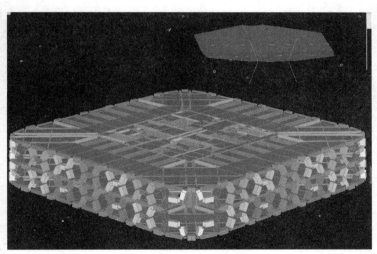

图 6.11.1 工况 1 计算模型示意

工况 2：外筒底部中部一对标准六边形斜柱及相连环梁、楼板失效（图 6.11.2）。
工况 3：外筒底部西南角构件及相连环梁、楼板失效（图 6.11.3）。
工况 4：外筒底部东北角构件及相连环梁、楼板失效（图 6.11.4）。
工况 5：外筒底部东南角构件及相连环梁、楼板失效（图 6.11.5）。
工况 6：外筒底部西北角构件及相连环梁、楼板失效（图 6.11.6）
工况 7：外筒底部中部构件（选取受力较大构件）及相连环梁、楼板失效（图 6.11.7）。

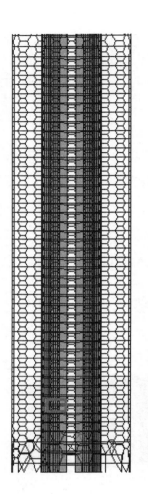

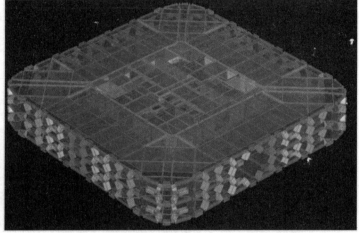

图 6.11.2　工况 2 计算模型示意

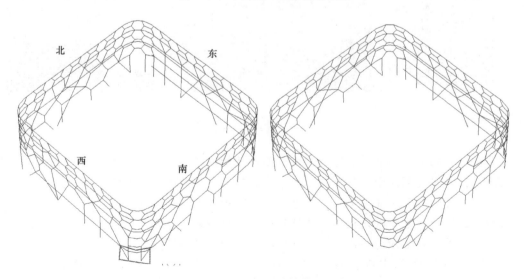

图 6.11.3　工况 3 计算模型示意

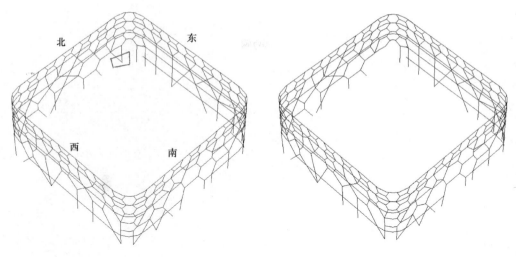

图 6.11.4 工况 4 计算模型示意

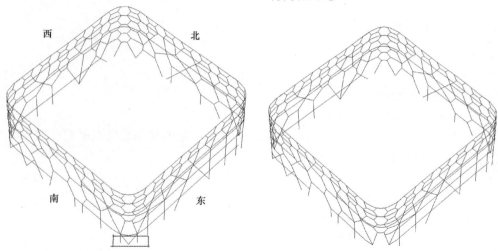

图 6.11.5 工况 5 计算模型示意

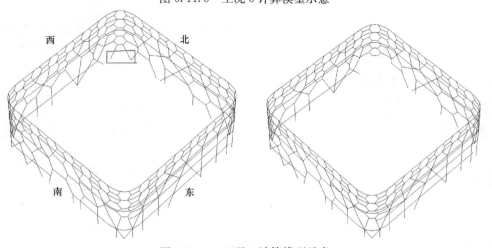

图 6.11.6 工况 6 计算模型示意

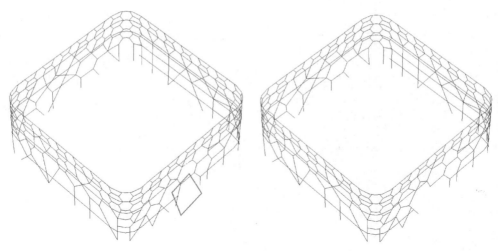

图 6.11.7　工况 7 计算模型示意

6.11.2　荷载组合

剩余结构构件承载力应满足下式要求：

$$R \geqslant \beta S \tag{6.11.1}$$

式中　S——剩余结构构件内力设计值；

R——剩余结构构件承载力设计值；

β——效应折减系数。对中部水平构件取 0.67，对角部和悬挑水平构件取 1.0，其他构件取 1.0。本工程统一按 1.0 考虑。

$$S = A(S_{Gk} + \Sigma \psi_{qi} S_{qik}) + \psi_{cw} S_{qwk} \tag{6.11.2}$$

式中　S_{Gk}——永久荷载标准值产生的内力；

S_{qik}——竖向可变荷载标准值产生的内力；

ψ_{qi}——可变荷载的准永久值系数；

ψ_{cw}——风荷载组合值系数，取 0.2；

S_{qwk}——风荷载标准值；

A——竖向荷载动力放大系数。当构件直接与被拆除竖向构件相连时，荷载动力放大系数取 2.0，其他构件取 1.0。

6.11.3　材料参数选择

构件截面承载力计算时，混凝土强度可取标准值。

钢材强度，正截面承载力验算时，可取标准值的 1.25 倍，受剪承载力验算时可取标准值。

6.11.4　分析结果

（1）工况 1

通过在重力荷载标准值作用下对失效前后相邻节点位移、相邻杆件内力变化和抗连续倒塌组合作用下相邻杆件应力比进行对比，得到如下结论：该类型构件失效后，相邻节点竖向位移增大 50%，与其直接相连斜柱的内力均减小较多，与其直接相连的横梁的弯矩、剪力增大很多；与其相邻的斜柱的轴力增大 35%，弯矩和剪力增大 50%。失效后相邻构件的承载力满足要求，应力比小于钢材屈服强度。也就是说该部分构件失效后引起的倒塌荷载可以被相邻构件承担，不会引起整体结构连续倒塌。

（2）工况 2

通过在重力荷载标准值作用下对失效前后相邻节点位移、相邻杆件内力变化和抗连续倒塌组合作用下相邻杆件应力比进行对比，得到如下结论：该类型构件失效后，相邻节点位移增大 1 倍，与其直接相连斜柱的内力均减小较多，与其直接相连的横梁的弯矩、剪力增大较多；与其相邻的斜柱的轴力增大 50%，弯矩和剪力增大 1 倍。考虑中部构件效应折减系数，失效后相邻构件的承载力满足要求，应力比小于钢材屈服强度，其中横梁应力比较高，但即使横梁失效，与其相邻斜柱应力比仍可满足要求。也就是说该部分构件失效后引起的倒塌荷载可以被相邻构件承担，不会引起整体结构连续倒塌。但是相比而言，中部六边形构件失效后荷载转移到相邻构件的能力比工况 1 差。

（3）工况 3

通过在重力荷载标准值作用下对失效前后相邻节点位移、相邻杆件内力变化和抗连续倒塌组合作用下相邻杆件应力比进行对比，得到如下结论：该类型构件失效后，相邻节点位移为 17mm，与其直接相连构件的内力均减小较多，与其直接相连的横梁的弯矩、剪力增大较多；与其相邻的构件的内力有不同程度的增加；失效后相邻竖向构件的承载力满足要求，应力比小于钢材屈服强度，部分横梁应力比超过钢材屈服强度，但是即使这些横梁破坏，也不会引起整体结构连续倒塌。也就是说该部分构件失效后引起的倒塌荷载可以被相邻构件承担，内力重新分配，不会引起整体结构连续倒塌。

（4）工况 4

通过在重力荷载标准值作用下对失效前后相邻节点位移、相邻杆件内力变化和抗连续倒塌组合作用下相邻杆件应力比进行对比，得到如下结论：该类型构件失效后，相邻节点位移为 12mm，与其直接相连构件的内力均减小较多，与其直接相连的横梁的弯矩、剪力增大较多；与其相邻的构件的内力有不同程度的增加；失效后相邻竖向构件的承载力满足要求，应力比小于钢材屈服强度。也就是说该部分构件失效后引起的倒塌荷载可以被相邻构件承担，内力重新分配，不会引起整体结构连续倒塌。

（5）工况 5

通过在重力荷载标准值作用下对失效前后相邻节点位移、相邻杆件内力变化和抗连续倒塌组合作用下相邻杆件应力比进行对比，得到如下结论：该类型构件失效后，相邻节点位移为 7mm，与其直接相连构件的内力均减小较多，与其直接相连的横梁的弯矩、剪力有一定增大；与其相邻的构件的内力有不同程度的增加；失效后相邻竖向构件的承载力满足要求，应力比小于钢材屈服强度，部分横梁应力比超过钢材屈服强度，但是即使这些横梁破坏，也不会引起整体结构连续倒塌。也就是说该部分构件失效后引起的倒塌荷载可以被相邻构件承担，内力重新分配，不会引起整体结构连续倒塌。

（6）工况 6

通过在重力荷载标准值作用下对失效前后相邻节点位移、相邻杆件内力变化和抗连续倒塌组合作用下相邻杆件应力比进行对比，得到如下结论：该类型构件失效后，相邻节点位移为 13mm，与其直接相连构件的内力均减小较多；与其相邻的构件的内力有不同程度的增加；失效后相邻竖向构件的承载力满足要求，应力比小于钢材屈服强度。也就是说该部分构件失效后引起的倒塌荷载可以被相邻构件承担，内力重新分配，不会引起整体结构连续倒塌。

（7）工况 7

通过在重力荷载标准值作用下对失效前后相邻节点位移、相邻杆件内力变化和抗连续倒塌组合作用下相邻杆件应力比进行对比，得到如下结论：该类型构件失效后，相邻节点位移为 17mm，与其直接相连构件的内力均减小较多，与其直接相连的横梁的弯矩、剪力增大较多；与其相邻的构件的内力有不同程度的增加；失效后相邻竖向构件的承载力满足要求，应力比小于钢材屈服强度，部分横梁应力比超过钢材屈服强度，但是即使这些横梁破坏，也不会引起整体结构连续倒塌。也就是说该部分构件失效后引起的倒塌荷载可以被相邻构件承担，内力重新分配，不会引起整体结构连续倒塌。

6.11.5　结论

（1）分析各个关键类型构件，计算结果表明，本工程以六边形网格为基本元素，底部不规则网格的外网筒具有很好的连续性和延性。意外事故发生时，结构有能力在局部发生破坏之后进行荷载的重分布和内力调整，局部柱破坏时，引起的倒塌荷载容易被周边的构件承担，整个结构具有较优良的抗连续倒塌能力。

（2）采用静荷载模拟分析构件失效，不能反映实际倒塌瞬间的动力效应，但是相对简单可行，可以定性判断结构的抗连续倒塌能力。

（3）本工程外网筒整体性很好，冗余度较高，延性较好，在可能出现的失效情况下，能进行有效的内力重分布，结构不会因为局部构件的失效而引起大范围的倒塌，结构抗连续倒塌能力较强。

6.12　混凝土长期徐变收缩效应影响分析

6.12.1　混凝土徐变收缩模型

对于超高层建筑混凝土结构，在长期重力荷载作用下，混凝土竖向构件的压应力水平较高，长期的徐变变形以及竖向收缩变形沿高度的累积效应可能对结构整体的变形和内力分布产生较大的影响。

本工程混凝土结构长期徐变收缩效应采用 CEB-FIP CODE90 建议模式预测混凝土长期的徐变、收缩变形效应，该徐变计算模式采用双曲线函数表达形式，参数取值相对简单，有利于工程分析应用。

6.12.2　本工程徐变收缩效应相关参数取值

与施工模拟分析相结合，自施工阶段开始考虑混凝土的徐变收缩效应，每个分析阶段中均进行两次计算，先进行弹性分析，再进行徐变收缩效应分析，每次计算均重新调整结构整体刚度矩阵，直至结构封顶后几十年。自重随施工逐层生成，施工过程中取施工荷载

$2.0kN/m^2$，随施工逐段施加，施工完成后卸载，直至结构封顶；施工完成后，施加附加恒荷载及活荷载。

根据本工程结构特点和天津市气象资料，采用以下主要分析参数：

加载龄期 t_0：计为混凝土构件拆模时间，取为 7 天；

施工工期：地下室约 6 个月，地上部分平均 10 天/层，约 3 年；

预测年限：至施工完成后 20 年；

构件名义厚度 h：根据不同构件的截面和长度尺寸分别计算；

相对湿度 RH：根据天津市气象统计资料，取 50%；

水泥类型系数 β_{sc}：5（普通水泥）；

收缩开始时龄期 t_s：3 天。

根据以上徐变收缩模型及参数取值，并考虑钢筋影响效应，得到本工程结构混凝土的徐变系数及收缩应变曲线，如图 6.12.1、图 6.12.2 所示 C60 混凝土剪力墙（厚 400mm）长期效应曲线。

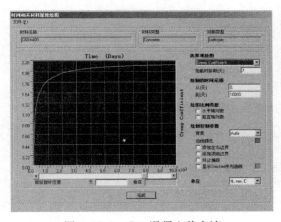

图 6.12.1　C60 混凝土剪力墙
（厚 400mm）徐变系数曲线

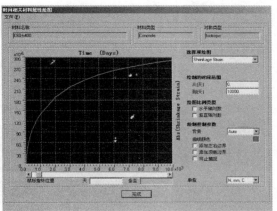

图 6.12.2　C60 混凝土剪力墙
（厚 400mm）收缩应变曲线

6.12.3　收缩徐变分析主要计算结果

6.12.3.1　内外筒竖向变形差异

施工阶段至主体结构施工完成时，由于结构施工过程中逐层找平找正，基本不存在内外筒竖向变形及其差异；进入后期装修及使用阶段，附加恒活载，内外筒体将发生竖向弹性压缩变形，且同时随着时间的推移，在包括结构自重的总重力荷载下，混凝土的长期徐变效应及收缩效应将使内筒竖向压缩变形不断增大，与此同时，内筒与主体结构外筒变形协调，直至几十年后趋向稳定（本工程计算时间取 20 年）。内外筒顶层的竖向压缩变形变化发展过程如下：

T1（图 6.12.3）：

$H=97.2m$ 处各阶段的内外筒体的竖向变形差异（重力荷载代表值下，重力方向为负）统计见表 6.12.1。

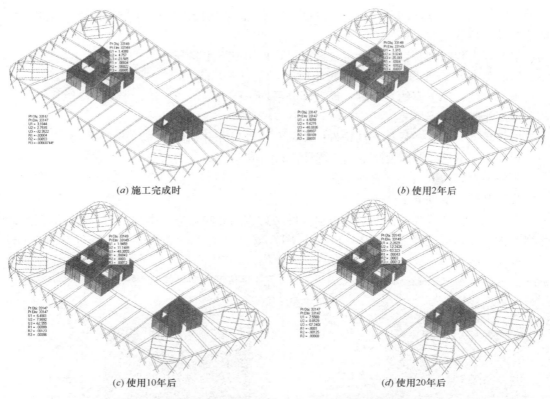

(a) 施工完成时　　　　　　　　　　　　　(b) 使用2年后

(c) 使用10年后　　　　　　　　　　　　　(d) 使用20年后

图 6.12.3　长期徐变收缩效应下 T1 内外筒体竖向变形差异

T1 *H*=97.2m 处内外筒竖向变形差异　　　　　　　　表 6.12.1

时　间	内筒顶变形（mm）	外筒顶变形（mm）	内外筒变形差（mm）
施工完成	−23	−32	9
使用 2 年后	−35	−48	13
使用 10 年后	−48	−62	14
使用 20 年后	−53	−67	14

由上表可知，T1 由于内外筒结构均主要为混凝土材料，因此徐变收缩引起的内外筒竖向变形差异变化较小，内外筒构件的内力变化也较小。

T2（图 6.12.4）：

H＝337m 处各阶段的内外筒体的竖向变形差异（重力荷载代表值下，重力方向为负）统计见表 6.12.2。

T2 *H*=337m 处内外筒竖向变形差异　　　　　　　　表 6.12.2

时间	内筒顶变形（mm）	外筒顶变形（mm）	内外筒变形差（mm）
施工完成	−18	−13	−5
使用 2 年后	−65	−59	−6
使用 10 年后	−102	−57	−45
使用 20 年后	−113	−56	−57

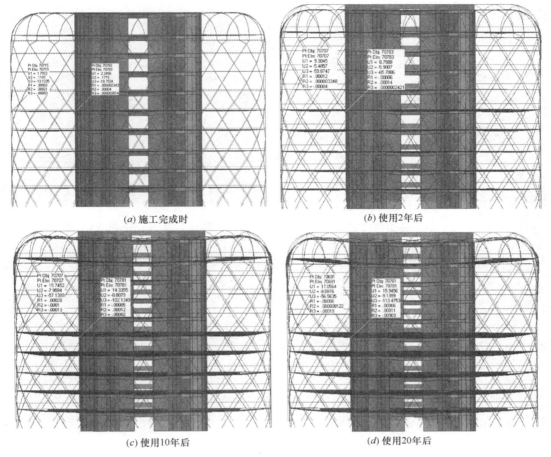

(a) 施工完成时 (b) 使用2年后

(c) 使用10年后 (d) 使用20年后

图 6.12.4 考虑长期徐变收缩效应下 T2 内外筒体竖向变形差异

可见，T2 结构施工刚完成时内外筒体竖向变形差异较小，但由于混凝土内筒的徐变收缩效应，施工完成后经过 10～20 年长期使用，混凝土筒体在重力作用下竖向变形仍不断增大，外网筒主要为钢结构构件，且钢管混凝土构件内混凝土收缩徐变效应亦受到钢管的约束限制，因此外筒在使用期内竖向变形变化较小，20 年后，内筒竖向变形可能达到

113mm，内外筒竖向变形差异达 57mm 左右。整个过程中内外筒顶竖向压缩变形差异范围 6～57mm，分配到每层层高的变化均在 1mm 以内，不影响建筑正常使用，是可以接受的，且连系内外筒楼面钢梁两端铰接，楼板整浇连续，因此内筒竖向压缩变形变化对外筒影响较小。

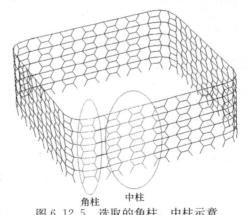

角柱   中柱

图 6.12.5 选取的角柱、中柱示意

6.12.3.2 外网筒内力分布变化

从主体结构施工开始，至附加恒活载，直到结构使用几十年的整个过程中，T2 内筒由于混凝土徐变收缩而刚度退化，变形增加。T2 外筒内力变化分析如下（标高 23.4～44.4m）（图 6.12.5～

图 6.12.9)。

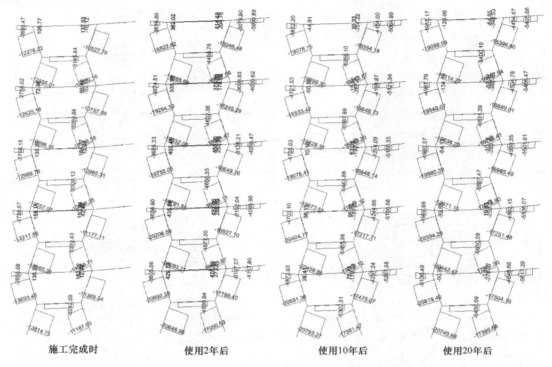

施工完成时　　　　　　使用2年后　　　　　　使用10年后　　　　　　使用20年后

图 6.12.6　考虑混凝土长期徐变收缩效应下 T2 外筒角柱重力荷载代表值下轴力（kN）

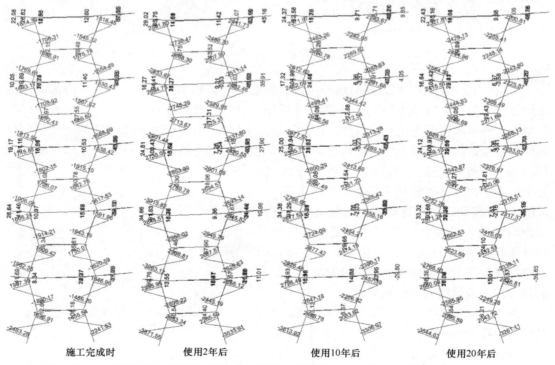

施工完成时　　　　　　使用2年后　　　　　　使用10年后　　　　　　使用20年后

图 6.12.7　考虑混凝土长期徐变收缩效应下 T2 外筒角柱重力荷载代表值下弯矩（kNm）

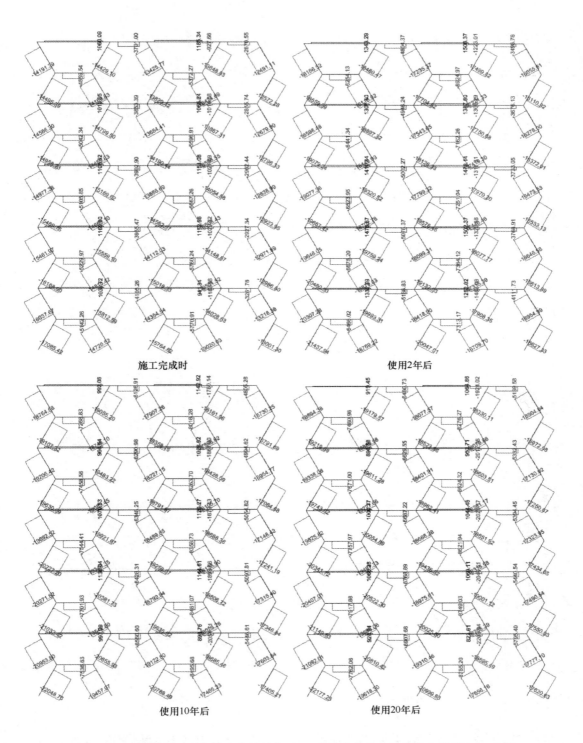

施工完成时

使用2年后

使用10年后

使用20年后

图 6.12.8 考虑混凝土长期徐变收缩效应下 T2 外筒中柱重力荷载代表值下轴力（kN）

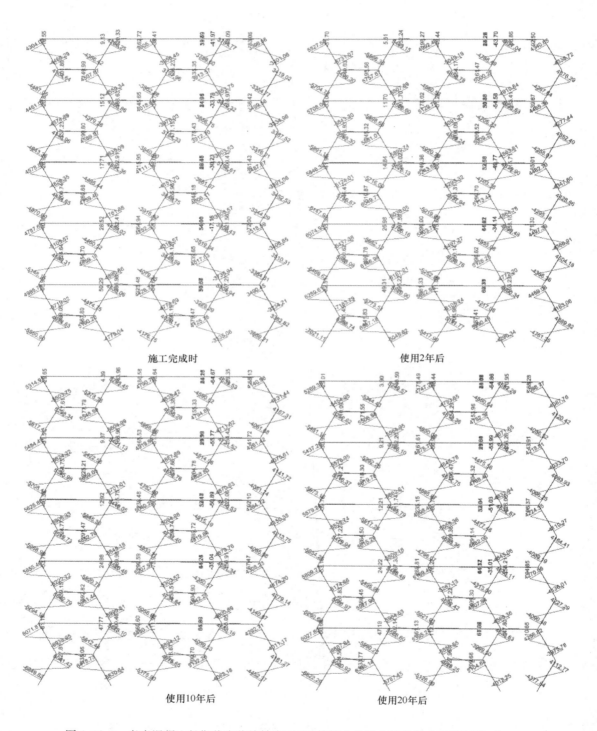

施工完成时

使用2年后

使用10年后

使用20年后

图 6.12.9　考虑混凝土长期徐变收缩效应下 T2 外筒中柱重力荷载代表值下弯矩（kNm）

548

由以上结果分析可知，使用期间内随着时间的推移，T2外筒斜柱轴力逐渐增加，弯矩逐渐减小，横梁轴力逐渐增加，使用10年后内力趋于稳定，且较刚开始使用期间内力变化小于5%。

6.12.3.3　内筒应力分布变化（图6.12.10）

使用20年后，内筒底部压应力水平下降约10%。

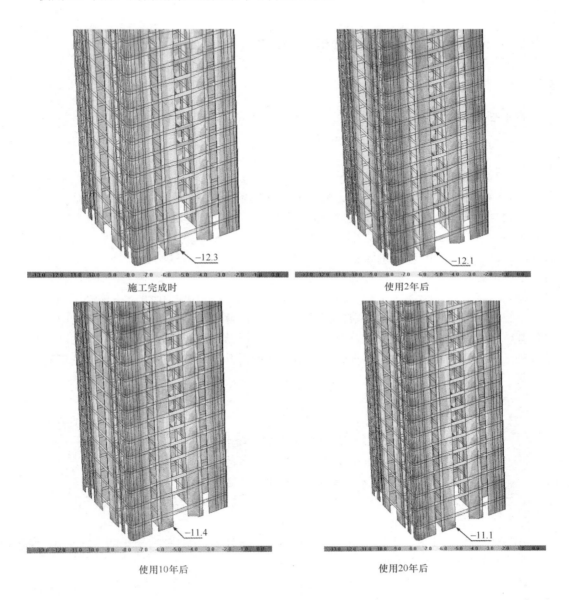

图6.12.10　考虑混凝土长期徐变收缩效应下T2外内筒重力荷载代表值下压应力（MPa）

6.12.4　主要结论

（1）在长期重力荷载作用下，由于徐变收缩效应，20年后内外筒体竖向差异变形可能达 57mm，但不会对结构的使用和安全产生明显影响。建议施工过程中适当预留内外筒之间的高差，以免影响上部楼层地面平整。

（2）由于长期徐变收缩变形，混凝土筒体刚度退化，重力荷载由内筒向外筒逐渐转移；20 年后，T2 内筒压应力水平下降 8%～10%，外筒轴力和弯矩则平均增幅不超过 10%，均在可控范围内，设计中需适当考虑外筒构件承载力安全性。

6.13 整体结构温差效应及施工全过程模拟

6.13.1 气象统计资料

本工程温差计算采用工程所在地（天津地区）的气象统计资料，见表 6.4.4。

6.13.2 施工全过程模拟

本工程结构施工全过程模拟如下：

（1）综合考虑工程规模、施工计划进度及气候条件等复杂影响因素，分别假设结构在最热月（7 月）及最冷月（1 月）开始施工两种情况，地下室底板施工 2 个月，地下室每层施工一个月，即±0.00m 及以下施工完毕需 6 个月，地下室及底板收缩后浇带在 2 个月后且温度处于 5℃～10℃之间低温合拢。地上结构按照 1、2 号塔楼 3 层/月（10 天/层）的施工进度划分施工阶段，塔楼结构施工完毕后封闭塔楼后浇带、塔楼与裙房间后浇区，假设施工一年半后，整体沉降趋于稳定，封闭地下室底板沉降后浇带，主体施工完成后进入 2 年装饰期。计算分析中主体结构将随着时间发展逐层生成，同时逐层施加随时间变化的温差，并考虑混凝土徐变收缩效应及桩基础对上部结构的有限刚度约束。其中在最热月开始施工时，整个温差效应计算阶段先降温，然后再升温，以此循环，经历了最不利负温及正温工况，结构从 7 月开始施工的顺序如下：

7～8 月，地下室底板施工；

9 月，地下四层（B4）施工；

10 月，地下三层（B3）施工，合拢底板温度后浇带；

11 月，地下三层（B2）施工，合拢 B4 温度后浇带；

12 月，地下三层（B1）施工，合拢 B3 温度后浇带；

第二年 1 月，T1 和 T2 的 1～3 层内筒、裙房 1 层施工，合拢 B2 温度后浇带，该部分构件为施工组 G1；

第二年 2 月，T1 和 T2 的 3～6 层内筒、1～3 层外筒，裙房 2 层施工，合拢 B1 温度后浇带，该部分构件为施工组 G2；

第二年 3 月，T1 和 T2 的 6～9 层内筒、3～6 层外筒，裙房 3 层施工，该部分构件为施工组 G3；

第二年 4 月，T1 和 T2 的 9～12 层内筒、6～9 层外筒施工，该部分构件为施工组 G4。

依此类推，T1 在第二年 9 月主体结构完工，封闭 T1 楼板后浇带；假定开始施工一年半后基础沉降稳定（＜1～2mm/月），即在第二年 12 月封闭地下室底板沉降后浇带；

T2 在第四年 5 月主体结构完工，封闭 T1、T2 与裙房间的后浇区，主体结构全部施工完毕。

（2）整个工程施工装饰期假定为 24 个月，结构进入装饰期以后，随着装修逐步完成，受到地下室封闭、建筑做法覆盖等有利因素影响，大部分结构构件的温度场变化相对结构施工阶段都将显著减小，同时混凝土的徐变、收缩变形也随着时间的延续而逐渐趋向稳定。

施工组分组如图 6.13.1 所示。

6.13.3 温差取值

结合天津市气象统计资料及施工模拟全过程，设结构施工阶段混凝土合拢温度取为施工结构组相对应时段内的平均气温，地上结构温差则取为施工期阶段内最低（高）气温与相应合拢温度的差值。地下室结构考虑地下室内温度较地面温度变化小，因此取该部分结构温差为施工期阶段内最低气温升 2℃（最低气温降 2℃）与相应合拢温度的差值。

施工各阶段温差取值计算结果如表 6.13.1、表 6.13.2 所示。

从最热月 7 月开始施工（表 6.13.1）。

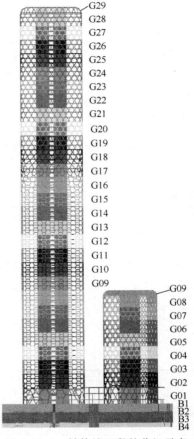

图 6.13.1 结构施工段的分组示意

| 7 月份开始施工各阶段温差取值 | | | | | | | | | | | | | 表 6.13.1 |

月　份	7	8	9	10	11	12	1	2	3	4	5	6	7
合拢温度℃	26.5	25.8	21.4	13.9	5.2	−0.8	−2.8	0.9	6.7	14.4	20.3	24.2	26.5
月最低气温℃	18.8	15.9	10.1	1.5	−4.7	−10.5	−11.8	−10.2	−4.7	2.3	9.2	14.2	18.8
降温增量：													
施工阶段													
地下室底板		−9.9	−5.8	−8.6	−6.2	−5.8	−1.3	−0.4	3.5	5	4.9	3	2.6
B4			−11.3	−8.6	−6.2	−5.8	−1.3	−0.4	3.5	5	4.9	3	2.6
B3				−12.4	−6.2	−5.8	−1.3	−0.4	3.5	5	4.9	3	2.6
B2					−9.9	−5.8	−1.3	−0.4	3.5	5	4.9	3	2.6
B1						−9.7	−1.3	−0.4	3.5	5	4.9	3	2.6
G1							−9	1.6	5.5	7	6.9	5	4.6
G2								−11.1	5.5	7	6.9	5	4.6
G3									−11.4	7	6.9	5	4.6
G4										−12.1	6.9	5	4.6
G5											−11.1	5	4.6
G6												−10	4.6
G7													−7.7

551

月 份	7	8	9	10	11	12	1	2	3	4	5	6	7
合拢温度℃	26.5	25.8	21.4	13.9	5.2	−0.8	−2.8	0.9	6.7	14.4	20.3	24.2	26.5
月最高气温℃	34.8	32.4	26.8	26.8	18.2	9.4	6.7	13	23.2	29.3	32.8	36.3	34.8
升温增量:													
施工阶段													
地下室底板		6.6	−5.6	0	−8.6	−8.8	−2.7	4.3	8.2	4.1	1.5	1.5	0.5
B4			5.4	0	−8.6	−8.8	−2.7	4.3	8.2	4.1	1.5	1.5	0.5
B3				12.9	−8.6	−8.8	−2.7	4.3	8.2	4.1	1.5	1.5	0.5
B2					13	−8.8	−2.7	4.3	8.2	4.1	1.5	1.5	0.5
B1						10.2	−2.7	4.3	8.2	4.1	1.5	1.5	0.5
G1							9.5	6.3	10.2	6.1	3.5	3.5	−1.5
G2								12.1	10.2	6.1	3.5	3.5	−1.5
G3									16.5	6.1	3.5	3.5	−1.5
G4										14.9	3.5	3.5	−1.5
G5											12.5	3.5	−1.5
G6												12.1	−1.5
G7													8.3

从最冷月 1 月开始施工（表 6.13.2）。

1 月份开始施工各阶段温差取值 表 6.13.2

月 份	1	2	3	4	5	6	7	8	9	10	11	12	1
合拢温度℃	−2.8	0.9	6.7	14.4	20.3	24.2	26.5	25.8	21.4	13.9	5.2	−0.8	−2.8
月最低气温℃	−11.8	−10.2	−4.7	2.3	9.2	14.2	18.8	15.9	10.1	1.5	−4.7	−10.5	−11.8
降温增量:													
施工阶段													
地下室底板		−11.1	5.5	7	6.9	5	2.6	−0.9	−3.8	−6.6	−4.2	−3.8	0.7
B4			−11.4	7	6.9	5	2.6	−0.9	−3.8	−6.6	−4.2	−3.8	0.7
B3				−12.1	6.9	5	2.6	−0.9	−3.8	−6.6	−4.2	−3.8	0.7
B2					−11.1	5	2.6	−0.9	−3.8	−6.6	−4.2	−3.8	0.7
B1						−10	4.6	−2.9	−5.8	−8.6	−6.2	−5.8	−1.3
G1							−7.7	−2.9	−5.8	−8.6	−6.2	−5.8	−1.3
G2								−9.9	−5.8	−8.6	−6.2	−5.8	−1.3
G3									−11.3	−8.6	−6.2	−5.8	−1.3
G4										−12.4	−6.2	−5.8	−1.3
G5											−9.9	−5.8	−1.3
G6												−9.7	−1.3
G7													−9

续表

月 份	1	2	3	4	5	6	7	8	9	10	11	12	1
合拢温度℃	−2.8	0.9	6.7	14.4	20.3	24.2	26.5	25.8	21.4	13.9	5.2	−0.8	−2.8
月最高气温℃	6.7	13	23.2	29.3	32.8	36.3	34.8	32.4	26.8	26.8	18.2	9.4	6.7

升温增量：

施工阶段	1	2	3	4	5	6	7	8	9	10	11	12	1
地下室底板		12.1	10.2	6.1	3.5	3.5	0.5	−0.4	−3.6	2	−6.6	−6.8	−0.7
B4			16.5	6.1	3.5	3.5	0.5	−0.4	−3.6	2	−6.6	−6.8	−0.7
B3				14.9	3.5	3.5	0.5	−0.4	−3.6	2	−6.6	−6.8	−0.7
B2					12.5	3.5	0.5	−0.4	−3.6	2	−6.6	−6.8	−0.7
B1						12.1	−1.5	−2.4	−5.6	0	−8.6	−8.8	−2.7
G1							8.3	−2.4	−5.6	0	−8.6	−8.8	−2.7
G2								6.6	−5.6	0	−8.6	−8.8	−2.7
G3									5.4	0	−8.6	−8.8	−2.7
G4										12.9	−8.6	−8.8	−2.7
G5											13	−8.8	−2.7
G6												10.2	−2.7
G7													9.5

注：以上施工计划仅为计算最不利状态而设置，并不反映实际施工进展和工序，以4层/月（7天/层）的施工进度划分施工阶段。

　　装饰期内结构外围护已形成，室内温差变化较小，装饰期内温度变化不起控制作用。且由于降温时混凝土结构的变形趋势与混凝土收缩变形基本一致，二者的叠加较不利于混凝土缩裂变形及受拉应力水平的控制，从最热月7月份开始施工时结构将经历最不利负温差，因此主要分析以此工况为例。

6.13.4　桩基有限刚度

　　根据《建筑桩基技术规范》JGJ 94计算桩基对结构基础的有限约束刚度，计算模型中采用非线性弹簧约束代替无限刚约束，不同桩数基础刚度计算见表6.13.3。

桩 基 刚 度　　　　　　　　　　　表6.13.3

桩径	承台厚度	桩布置	竖向刚度 (kN/m)	水平刚度 (kN/m)	转动刚度 (kN·m)（主轴）	转动刚度 (kN·m)（次轴）
800	1500	单桩	7.189E+05	8.227E+04	4.110E+05	4.110E+05
800	1500	3桩	2.157E+06	3.205E+05	4.366E+06	4.366E+06
800	1500	4桩	2.876E+06	4.078E+05	5.814E+06	5.814E+06
800	1500	5桩	3.594E+06	5.058E+05	1.037E+07	1.037E+07
800	1500	6桩	4.313E+06	6.000E+05	1.493E+07	1.493E+07

桩径	承台厚度	桩布置	竖向刚度 （kN/m）	水平刚度 （kN/m）	转动刚度 （kN·m）（主轴）	转动刚度 （kN·m）（次轴）
800	1500	7 桩	5.032E+06	6.823E+05	1.534E+07	1.534E+07
800	2000	7 桩	5.032E+06	7.651E+05	1.543E+07	1.544E+07
1200	4500	单桩	1.157E+06	1.849E+05	1.603E+06	1.603E+06
1000	2500	单桩	1.119E+06	1.301E+05	8.731E+05	8.731E+05

6.13.5 整体结构温差收缩效应分析结果

根据以上分析方法及施工模拟步骤，进行了本工程整体总装结构考虑施工装饰期全过程的温差收缩效应分析，并将主要分析结果简要叙述如下。

6.13.5.1 结构变形

（1）地下室结构

分析结果显示：B4 结构组施工完成后地下室顶板最大水平变形 5.5mm，B3 结构组施工完成后地下室顶板最大水平变形 7.0mm，B2 结构组施工完成后地下室顶板最大水平变形 7.8mm，B1 结构组施工完成后地下室顶板最大水平变形 7.4mm。可见地下室外墙角部在温度作用下产生水平位移较大，以外墙东南角上节点 A 为例（如图 6.13.2 所示，标高 -16.500m），给出该节点在至结构完工的各施工阶段温度变化下的水平位移（图 6.13.3）。

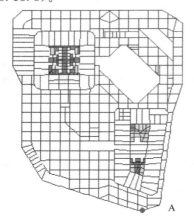

图 6.13.2　外墙东南角节点 A 平面示意　　图 6.13.3　A 点最大水平位移值随时间变化统计（绝对值）

由图 6.13.3 可见，施工期间内 A 点最大水平变形约 41mm，整体结构变形随着季节温差高低变化而上下波动。

（2）内外筒竖向变形

施工模拟过程中，施工段层层找平，结构在刚生成时位移为零，然后随后期荷载的施加逐渐产生位移，以 T2 标高 99.0m 及 225.7m、T1 标高 97.2m 为例给出在施工期间温差变化下内外筒的竖向变形差异。

T1：施工期间温差变化下标高 97.2m 内外筒的竖向变形差异（图 6.13.4）。

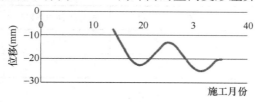

图 6.13.4　T1 施工期间温度变化下标高 97.2m 内外筒竖向变形差异

T2：施工期间温差变化下标高 99.0m、225.7m 内外筒的竖向变形差异（图 6.13.5、图 6.13.6）。

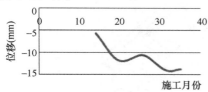

图 6.13.5　T2 标高 99.0m 内外筒的竖向变形差异

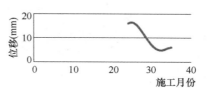

图 6.13.6　T2 标高 225.7m 内外筒的竖向变形差异

由上图可见，T2 温度引起的内外筒竖向变形差异均较小，并随着季节温差高低变化而上下波动，T2 波动范围从 5~15mm，T1 波动范围从 10~25mm，分配到每层层高内变化均较小，影响不大。

6.13.5.2　梁柱内力

（1）地下室结构

与地下室人防剪力墙及地下室外墙相接的梁、柱内力相对较大，梁板内拉应力约 0.3MPa，东北区域框架结构梁柱温度内力很小。图 6.13.7 中圈示梁在施工过程随时间的内力变化如图 6.13.8 所示。

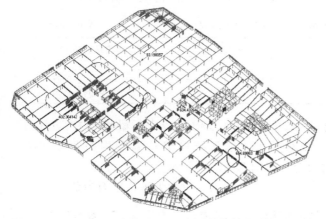

图 6.13.7　B4 施工组完成后地下室梁柱结构轴力分布图（kN）

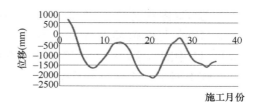

图 6.13.8　选取典型梁在施工期间内力变化

施工期间该 T 形梁折算梁板最大内力如表 6.13.4 所示（拉力为正，压力为负）。

施工期间该 T 形梁折算梁板最大内力 表 6.13.4

截 面	总内力（kN）	梁分担轴力（kN）	板分担轴力（kN）	梁板内平均轴向应力（MPa）
T100×100L425B25	−2106	−985	−1121	−0.98
T100×100L425B25	654	306	348	0.31

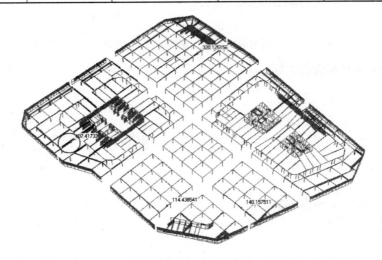

图 6.13.9　B3 施工组完成后地下室梁柱结构轴力分布图（kN）

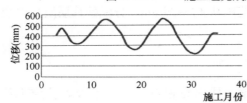

图 6.13.10　选取典型梁在施工期间内力变化

与 T2 内筒剪力墙及地下室外墙相接的梁温度内力相对较大，梁板内拉应力约 0.25MPa，与坡道墙相连的梁柱内力也相对较大，框架结构梁柱温度内力很小。图 6.13.9 中圈示梁在施工过程随时间的内力变化如图 6.3.10 所示。

施工期间该 T 形梁折算梁板最大内力如表 6.13.5 所示（拉力为正，压力为负）。

施工期间该 T 形梁折算梁板最大内力　　　　表 6.13.5

截 面	总内力 （kN）	梁分担轴力 （kN）	板分担轴力 （kN）	梁板内平均轴应力 （MPa）
T80×100L425B25	561.9	269.9	292	0.34

与 T2 内筒剪力墙及地下室外墙相接的梁温度内力相对较大，梁板内拉应力约 0.36MPa，与坡道墙相连的梁柱内力也相对较大，框架结构梁柱温度内力很小。图 6.13.11 中圈示梁在施工过程随时间的内力变化如图 6.13.12 所示。

施工期间该 T 形梁折算梁板最大内力如表 6.13.6 所示（拉力为正，压力为负）。

施工期间该 T 形梁折算梁板最大内力　　　　表 6.13.6

截面	总内力（kN）	梁分担轴力（kN）	板分担轴力（kN）	梁板内平均轴应力（MPa）
T70×100L425B13	414	221	192	0.36

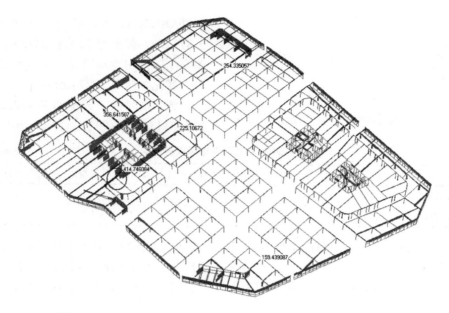

图 6.13.11　B2 施工组完成后地下室梁柱结构轴力分布图（kN）

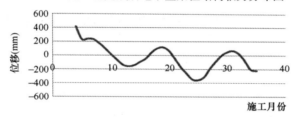

图 6.13.12　选取典型梁在施工期间内力变化

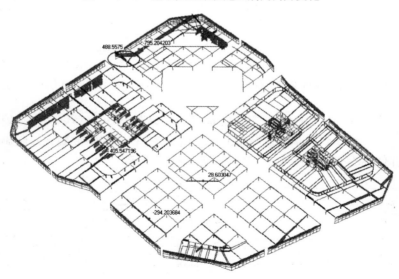

图 6.13.13　B1 施工组完成后地下室梁柱结构轴力分布图（kN）

与 T2 内筒剪力墙及地下室外墙相接的梁温度内力相对较大，与坡道墙相连的梁柱内

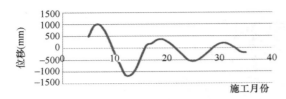

力也相对较大，梁板内拉应力约0.31MPa，框架结构梁柱温度内力很小。图6.13.13中圈示梁在施工过程随时间的内力变化如图6.13.14所示。

图 6.13.14 选取典型梁在施工期间内力变化

施工期间该 T 形梁折算梁板最大内力如表 6.13.7 所示（拉力为正，压力为负）。

施工期间该 T 形梁折算梁板最大内力   表 6.13.7

截面	总内力（kN）	梁分担轴力（kN）	板分担轴力（kN）	梁板内平均轴向应力（MPa）
T70×100L425B25	−1149	−506	−643	−0.72
T70×100L425B25	1002	442	560	0.63

由以上分析可知，地下室内梁板构件在施工期间温差作用下应力水平总体较低，在与剪力墙相连的水平构件内温度应力相对较高，但拉应力水平均低于混凝土受拉应力设计值，影响不大。坡道附近及内筒剪力墙附近柱轴力稍高，设计中将考虑这一影响，保证承载力安全。

（2）T1 外筒

选取较早施工而经历较长时间温差周期作用的局部底部楼层杆件分析如图6.13.15所示（标高0～20.4m）。

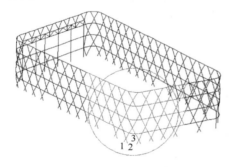

图 6.13.15　T1 外筒选取典型杆件示意

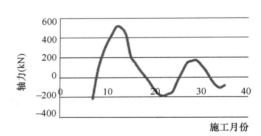

图 6.13.16　斜柱 1 轴力随时间变化

G09 施工组在 T1 施工完成和结构全部施工完成时斜柱 1（700×900 C60 型钢混凝土）、斜柱 2（700×1100 C60 型钢混凝土）和横梁 3（C30 型钢混凝土）随施工阶段在温度作用下的杆件轴力变化如图 6.13.16～图 6.13.18 所示。

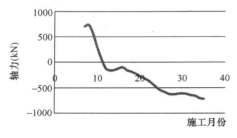

图 6.13.17　斜柱 2 轴力随时间变化

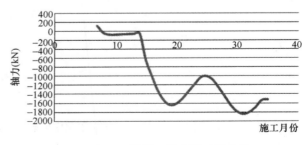

图 6.13.18　横梁 3 轴力随时间变化

由以上分析可知，T1 外筒底部斜柱在温度作用下有拉力、压力产生，网筒角部结构受力较大，拉力可被自重作用抵消，压力最大约 700kN，不起控制作用。角部横梁在温度作用下产生较大的轴压力，混凝土压应力约 3MPa，中部横梁受拉，混凝土拉应力 1.2 MPa，影响较小。

（3）T1 梁板

以 9.600m 标高楼面为例，图 6.13.19 为 G02 施工组完成时 T1 楼面梁（T 形截面）结构内力分布图。

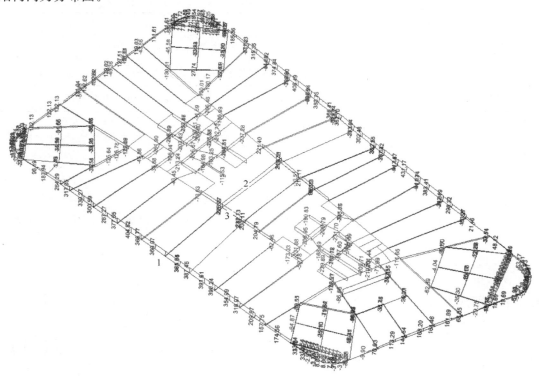

图 6.13.19　G02 施工组完成时 T1 楼面梁（T 形截面）结构内力分布图（kN）

由图 6.13.19 可见，外筒环梁 1（700×800 C30 混凝土矩形截面）及楼面梁 2（900×600 C30 混凝土 T 形截面）、梁 3（900×600 C30 混凝土 T 形截面）在温度作用下内力相对较大，给出这三根杆件在施工期间温度内力随时间变化趋势如图 6.13.20～图 6.13.22 所示。

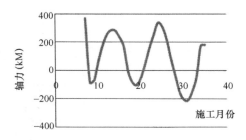

图 6.13.20　外筒环梁 1 轴力随时间变化

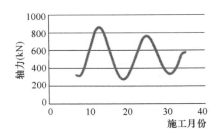

图 6.13.21　楼面梁 2 轴力随时间变化

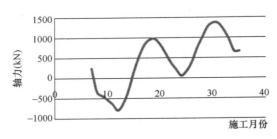

图 6.13.22 楼面梁 3 轴力随时间变化

外筒环梁 1 最大内力见表 6.13.8（拉力为正，压力为负）。

施工期间外筒环梁 1 最大内力

表 6.13.8

截　面		总内力（kN）	梁轴向应力（MPa）
矩形梁	700×800	−210	−0.375
矩形梁	700×800	368	0.66

楼面梁 2、3 折算梁板最大内力见表 6.13.9（拉力为正，压力为负）。

施工期间楼面梁 2、3 折算梁板最大内力

表 6.13.9

截　面	总内力（kN）	梁分担轴力（kN）	板分担轴力（kN）	梁板内平均轴向应力（MPa）
T90×60L450B15	861	430.5	430.5	0.80
T90×60L450B15	−800	−400	−400	−0.74
	1365	682.5	682.5	1.26

由以上分析可知，T1 梁板在施工期间温度变化过程中应力基本在 −0.4~1.3 MPa 之间，小于混凝土受拉应力设计值，考虑梁中已有腰筋及拉通筋，可满足承载力及裂缝宽度要求。

（4）T2 外筒

选取较早施工而经历较长时间温差周期作用的局部底部楼层杆件分析（标高 23.4m~44.4m）：对 G05 施工组施工完成时外筒施工至标高 52.8m、G20 施工组施工完成时外筒施工至标高 242.5m 及结构全部施工完成时构件内力对比，斜柱 1（B850×1000×90 Q420 矩形钢管）、斜柱 2（B1000×1000×50 Q420 C80 钢管混凝土）、斜柱 3（B1000×900×50 Q420 C80 钢管混凝土）、横梁 4（B800×800×25 Q345 矩形钢管）（图 6.13.23）随施工阶段在温度作用下的杆件轴力变化如图 6.13.24~图 6.13.27 所示。

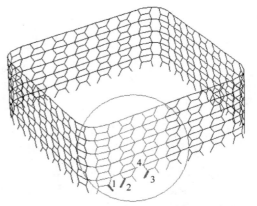

图 6.13.23　T2 外筒选取典型杆件示意

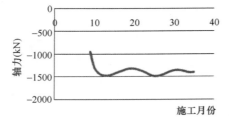

图 6.13.24　柱 1 轴力随时间变化

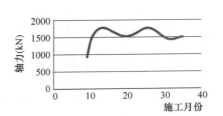

图 6.13.25　斜柱 2 轴力随时间变化

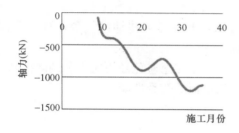

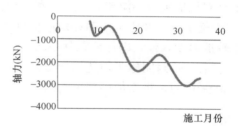

图 6.13.26　斜柱 3 轴力随时间变化　　　　　图 6.13.27　横梁 4 轴力随时间变化

由以上分析可知，T2 外筒底部斜柱在温度作用下有拉力、压力产生，拉力可被自重作用抵消，压力最大约 1300～1500kN，不到自重作用下轴压力的 10%，考虑到温度作用不与中震作用组合，因此温度作用对斜柱不起控制作用。横梁在温度作用下产生较大的轴压力，最大约 40MPa，设计中与其他荷载组合设计该构件。

6.13.5.3　地下室墙体应力

墙体在温差收缩效应下的各阶段应力分布结果显示：地下室墙体结构在温差效应变化影响下，大部分墙体单元水平向平均应力的分布范围基本处于 -3.0～2.0MPa；温度、沉降后浇带合拢后改部分单元拉应力接近 2.5～3.0MPa，设计时予以配筋加强；在整个施工期内，墙体内剪应力 S12 相对较低，基本不超过 1.0MPa。

6.13.6　主要结论

过对本工程整体结构温差效应的模拟分析，得出以下主要结论：

（1）通过对整体结构的温差收缩效应的计算分析表明，在施工期内，温差收缩效应作用下，T2 内外筒体间出现变形差异，但不超过 2～3cm；T2 外筒斜柱在温度作用均有拉力、压力产生，拉力可被自重作用抵消，压力数值较小，不起控制作用；T2 外网筒横梁在温度作用下轴压力最大约 40MPa，设计中须与其他荷载作用组合，合理考虑温度作用影响；T1 梁板在施工期间温度应力基本在 -0.4～1.3 MPa 之间，小于混凝土受拉应力设计值。

（2）地下室内梁板构件在施工期间温差作用下应力水平总体较低，在与剪力墙相连的水平构件内温度应力相对较高，但拉应力水平均低于混凝土受拉应力设计值，影响不大。坡道附近及内筒剪力墙附近柱轴力稍高，设计中将合理考虑温度与重力荷载的设计组合。

（3）考虑混凝土长期徐变收缩效应对于本工程结构不会产生明显的不利影响，但要考虑到外网筒构件的长期安全度；本工程结构形式基本对称，也不属超长结构体系，虽天津市一年内温差变化幅度较大，考虑施工期内整体温差效应分析表明，结构并不会产生明显的不利影响。

（4）综合上述，本工程结构设计采用的后浇带及后合拢施工方案，同时注意控制结构施工进度和实际气象条件等，可有效保证工程施工顺利进行，确保工程质量。针对受力较不利及局部应力集中等位置，施工图深化设计阶段将予以适当调整和加强。同时注意采取以下针对性措施减小温差效应的不利影响：

　　① 施工方案及施工工期计划应依据本报告建议，并参考天津地区气象条件，确保混凝土较低温度入模，即保证在月平均气温以下入模；

　　② 后浇带封闭施工须选择低温月（≤10℃）进行，注意避免经历较不利的降温状态；

　　③ 采用通长板筋加局部短筋的配筋方式，增强楼板的抗裂性能。

参 考 文 献

1 GB 50010—2011 混凝土结构设计规范．北京：中国建筑工业出版社，2012

2 JGJ 3—2010 高层建筑混凝土结构技术规程．北京：中国建筑工业出版社，2010

3 GB 50011—2010 建筑抗震设计规范．北京：中国建筑工业出版社，2010

4 American Concrete Institute. Building Code Requirements for Structural Concrete 1999

5 BRITISH STANDARD 8110-1-1997. Structural use of concrete—Part 1：Code of practice for design and construction. 1997

6 BRITISH STANDARD 8110-1-1997. Structural of Concrete：Part1：Code of Practice for Design and Construction [S]．London：British Standards Institutions，1997.

7 BS5950 Structural Use of Steelwork in Building：Part9：Code of Practice for Stressed Skin Design [S]．London：British Standards Institutions，2000.

8 BS 6399：Part 2：Code of practice for wind loads [S]．London：British Standards Institutions，2000.

9 Eurocode 4：Design of composite steel and concrete structures [S]．London：British Standards Institutions，2001.

10 Fu Xueyi. Research on structural design of a super highrise building in Qatar. The IES Journal Part A：Civil & Structural Engineering，186—197 August 2008，Singapore

11 傅学怡．实用高层建筑结构设计（第二版）．北京：中国建筑工业出版社，2010

12 傅学怡，吴兵，陈贤川等．卡塔尔某超高层建筑结构设计研究综述．建筑结构学报．2008，01

13 傅学怡，吴兵，陈贤川等．卡塔尔某超高层建筑结构设计．深圳大学学报（理工版）．2007，01

14 傅学怡，吴兵．混凝土结构温差收缩效应分析计算．土木工程学报 2007，10

15 傅学怡，孙璨．混凝土徐变应变全量递推方法研究及程序设计．计算力学学报．2011，28（2）

16 傅学怡，孙璨．长期受弯构件应力应变分布及变形规律研究．湖南大学学报：自然科学版．2010.37（3）

17 傅学怡等．结构抗连续倒塌设计分析方法探讨．建筑结构学报．2009，S1

18 傅学怡等．钢筋混凝土柱收缩徐变分析．建筑结构学报．2009，S1

19 孟美莉，傅学怡，吴兵．卡塔尔某超高层建筑部分预应力环梁设计研究．建筑结构．2008，04

20 孙璨，傅学怡，吴兵．基于变形能原理的高层混凝土整体结构徐变效应分析．四川建筑科学研究．2009，01

21 傅学怡，孙璨，吴兵，等．高层及超高层钢筋混凝土结构的徐变影响分析 [J]．深圳大学学报（理工版）.2006，23（4）

22 傅学怡等．高层建筑结构设计若干问题探讨．建筑结构技术通讯．2007，5

23 傅学怡，孙璨，吴兵．高层及超高层钢筋混凝土结构的徐变影响分析．深圳大学学报（理工版）．2006，04

24 傅学怡，吴兵等．卡塔尔外交部大楼结构设计研究综述//第十九届全国高层建筑结构学术交流会论文集．长春．2006，08

25 傅学怡，吴兵等．卡塔尔外交部大楼结构抗连续倒塌设计研究//第十九届全国高层建筑结构学术交流会论文集．长春．2006，08

26 傅学怡，孙璨等．卡塔尔外交部大楼结构徐变影响分析//第十九届全国高层建筑结构学术交流会论文集．长春．2006，08

27　傅学怡，吴兵等．卡塔尔外交部大楼结构部分预应力环梁设计研究//第十九届全国高层建筑结构学术交流会论文集．长春．2006，08

28　吴兵，傅学怡等．卡塔尔外交部大楼结构温度效应计算分析//第十九届全国高层建筑结构学术交流会论文集．长春．2006，08

29　傅学怡，江化冰等．卡塔尔外交部大楼结构交叉柱节点设计研究//第十九届全国高层建筑结构学术交流会论文集．长春．2006，08

30　陈贤川，傅学怡等．卡塔尔外交部大楼结构外网筒交叉斜柱计算长度系数分析研究//第十九届全国高层建筑结构学术交流会论文集．长春．2006，08

31　ATC Design Guide 1，Minimizing Floor Vibration，Applied Technology Council，1999

32　ISO2631-1：1997. Mechanical vibration serviceability of footbridges under human-induced excitation：A literature review，1997

33　傅学怡，高颖，肖从真，等．深圳大梅沙万科总部上部结构设计综述．建筑结构．2009.

34　傅学怡，高颖，肖从真，等．深圳大梅沙万科总部上部结构设计综述//第二十届全国高层建筑结构学术交流会论文集．大连．2008，10

35　高颖，傅学怡，陈贤川，等．深圳大梅沙万科总部上部结构施工方案研究//第二十届全国高层建筑结构学术交流会论文集．大连．2008，10

36　中建国际设计深圳顾问有限公司．深圳万科总部工程施工图设计报告［R］.2007.

37　白川保友．对舒适度标准的重新评价［J］.日本交通技术.

38　宋志刚，金伟良．工程结构振动舒适度的抗力模型［J］.浙江大学学报，2004.

39　宋志刚，金伟良．行走作用下梁板结构振动舒适度的烦恼率分析［J］.振动工程学报学报，2005.

40　JG 3006—93 钢绞线钢丝束无粘结预应力筋［S］.北京：中国建筑工业出版社，1993.

41　JGJ 92—2004 无粘结预应力混凝土结构技术规程［S］.北京：中国建筑工业出版社，2004.

42　傅学怡，吴兵，陈朝晖，等．深圳北站结构设计．建筑结构学报．2011，12

43　吴兵，傅学怡，孟美莉．深圳北站组合梁抗弯承载力及稳定性分析．钢结构．2012，10

44　吴兵，傅学怡，曲家新．深圳北站东西广场联系人行天桥舒适度分析．特种结构.2012，3

45　吴兵，傅学怡，孟美莉，等．深圳火车北站高架轻轨列车振动效应分析．工业建筑.2013，8.

46　中铁第四勘察设计研究院有限公司，深圳大学建筑设计研究院．深圳北站抗震超限专项审查报告［R］.2009.1

47　傅学怡，吴兵，陈朝晖，等．深圳火车北站结构设计研究综述//第二十一届全国高层建筑结构学术交流会论文集．南京．2010.6

48　孟美莉，吴兵，傅学怡，等．深圳火车北站站房下部结构设计//第二十一届全国高层建筑结构学术交流会论文集．南京．2010.6

49　吴兵，孟美莉，傅学怡．深圳北站站房多维多点输入时程地震反应分析//第二十一届全国高层建筑结构学术交流会论文集．南京．2010.6

50　吴兵，傅学怡，等．深圳北站站房楼盖人行舒适度分析//第二十一届全国高层建筑结构学术交流会论文集．南京．2010.6

51　吴兵，傅学怡，等．深圳火车北站温差收缩效应分析//第二十一届全国高层建筑结构学术交流会论文集．南京．2010.6

52　湖南大学土木工程学院．深圳北站风洞试验报告［R］.长沙.2009

53　浙江大学空间结构研究中心．深圳北站雨棚结构缩尺模型试验报告［R］.杭州.2009

54　夏禾，张楠．车辆与结构动力相互作用．北京：科学出版社，2005：P15-30.

55　张楠，夏禾，程潜．制动力作用下车辆—车站结构耦合系统分析［J］.振动和冲击.2011，30 (2)：134-143

56 傅学怡，杨向兵，高颖，等．济南奥体中心体育场结构设计．空间结构．2009.15（1）．

57 傅学怡，杨想兵，高颖．济南奥体中心体育场悬挑罩棚结构设计［A］//第七届全国现代结构工程学术会议论文集［c］．2007.

58 高颖，傅学怡，杨想兵．济南奥体中心体育场钢结构支撑卸载全过程模拟．空间结构．2009.15（1）．

59 田春雨，肖从真，杨向兵，等．济南奥体中心体育场节点模型试验研究．空间结构．2009.15（1）．

60 王娴明．建筑结构试验［M］．北京：清华大学出版社，1988.

61 GB 50017—2003．钢结构设计规范［S］．北京：中国计划出版社，2003.

62 中国建筑科学研究院．济南奥林匹克体育中心体育场节点模型试验报告［R］．2008.

63 王奇，白雪霜，程绍革，等．济南奥体中心体育场结构模型模拟地震振动台试验研究济南奥体中心体育场结构设计．空间结构．2009.15（1）．

64 中建国际设计顾问有限公司．济南奥体中心体育场抗震超限审查报告［R］．2006.

65 傅学怡，顾磊．国家游泳中心结构设计与研究［J］．空间结构．2005，11（3）：14 21.

66 中国建筑科学研究院工程抗震研究所．济南奥体中心体育场结构模型模拟地震振动台试验报告［R］．2008.

67 中国地震局工程力学研究所．济南奥林匹克体育中心工程场地地震安全性评价报告［R］．2006.

68 傅学怡，吴国勤，黄用军，等．平安金融中心结构设计研究综述．建筑结构．2012，4

69 傅学怡，余卫江，孙璨，等．深圳平安金融中心重力荷载作用下长期变形分析与控制．建筑结构学报．2014，35（1）．

70 杨先桥，傅学怡，黄用军，等．深圳平安金融中心塔楼动力弹塑性分析．建筑结构学报．2011，32（7）．

71 傅学怡，徐娜．新型矩形钢管混凝土柱节点轴压传力机制研究．深圳大学学报（理工版）．2012，29（4）

72 傅学怡，李元齐，雷敏，等．超大截面矩形钢管混凝土柱钢-混凝土共同工作合理构造措施．土木工程学报．2013，46（12）

73 杨先桥，傅学怡，黄用军．SAP2000 到 ABAQUS 及 NASTRAN 的模型转换程序 SAPTRANS 介绍［J］．建筑结构：技术通讯．2013，2（11）

74 闫晓荣，林皋．基于混凝土应力一应变关系的正交各向异性损伤模型及其应用［J］．水科学与工程技术，2005（4）

75 Thornton Tomasetti, Inc.，中建国际设计顾问有限公司．平安国际金融中心结构工程超限高层专项审查送审报告［R］．2011.

76 广州数力工程顾问有限公司．深圳平安国际金融中心第三方罕遇地震弹塑性时程分析报告［R］．2011.

77 丁洁民，巢斯，赵昕，等．上海中心大厦结构分析中若干关键问题［J］．建筑结构学报．2010，31（6）

78 北京金土木软件技术有限公司．SAP 2000 中文版使用指南［M］．北京：人民交通出版社，2006.

79 傅学怡，高颖，周颖，等．天津响螺湾超高层结构设计．土木工程学报．2012，45（12）：1-8.

80 中建国际设计顾问有限公司．天津响螺湾超高层结构工程超限高层专项审查送审报告［R］．2007.